# 基于各向异性介质的深度域地震成像技术

刘定进　李 博　郭 恺　等编著

中国石化出版社

## 内容提要

本书基于各向异性波动理论，系统全面地论述了各向异性介质射线追踪、参数建模和偏移成像的原理、方法及实现过程。全书共8章，包括绪论、各向异性介质弹性波基本理论、经典各向异性介质叠前深度偏移方法、各向异性介质射线追踪技术、各向异性介质深度域速度建模技术、各向异性介质高斯束叠前深度偏移技术、各向异性介质逆时叠前深度偏移技术、结束语。

本书具有一定的理论价值和实用价值，适合从事地球物理研究的科研人员或从事地球物理工作的处理、解释人员阅读。

图书在版编目（CIP）数据

基于各向异性介质的深度域地震成像技术／刘定进，李博，郭恺编著. —北京：中国石化出版社，2019.2
ISBN 978-7-5114-5208-5

Ⅰ.①基… Ⅱ.①刘… ②李… ③郭… Ⅲ.①地震层析成像-研究 Ⅳ.①P631.4

中国版本图书馆CIP数据核字（2019）第022817号



**中国石化出版社出版发行**
地址:北京市朝阳区吉市口路9号
邮编:100020 电话:(010)59964577
发行部电话:(010)59964526
http://www.sinopec-press.com
E-mail:press@sinopec.com
北京柏力行彩有限公司印刷
全国各地新华书店经销
*
787×1092毫米16开本21.25印张457千字
2019年4月第1版 2019年4月第1次印刷
定价:148.00元

# 编　委　会

**主　编：** 刘定进

**副主编：** 李　博　郭　恺

**编　委：** 蔡杰雄　张　兵　徐兆涛　蒋　波　王鹏燕
刘小民　段心标　白英哲　郑　浩　许　璐
倪　瑶　张慧宇

# 前　言

一系列研究成果表明，地球介质具有广泛的波动各向异性效应。如陆相石油储层很多是由泥岩和砂岩薄互层构成的，两种薄互层厚度远小于地震波波长，导致地震波在其中传播时显现出各向异性特性；四川盆地普遍存在的页岩薄互层表现出垂向各向异性属性，其中裂缝定向发育造成速度随方位发生变化，表现为正交各向异性特征。随着波动理论研究的深入和野外勘探的精细化，各向异性受到越来越多的关注，研究地震波在各向异性介质中的传播规律与成像方法是地震学和勘探地震学研究领域的前沿课题。

传统地震学和地震勘探主要以地球介质具有完全弹性和各向同性的物理假设为基础，由于早期的地震勘探方位较窄、偏移成像方法简单，硬件设施又相对落后，地震数据体现不出各向异性特性，采用各向同性处理能够取得较好的效果。近年来，为了获得高品质的地震数据，宽方位采集技术得到了越来越广泛的应用，使地下介质的各向异性问题日益突出，采用各向同性的地震数据处理方法会导致地震成像质量降低和地震成像深度误差，迫切需要各向异性偏移成像方法提供支撑；另外，一些高精度地震成像新技术（如 RTM 成像技术）克服了偏移孔径和偏移倾角的限制，引入了更多的大偏移距数据，必须要考虑各向异性因素的影响；同时，计算机的发展使各向异性复杂处理成为可能。因此，为了更精确地刻画地下地质构造，开展地震各向异性偏移成像方法研究是高精度地震成像技术的必然发展趋势。

波兰科学家 Rudzki 于 19 世纪末至 20 世纪初首次提出各向异性的课题。20 世纪 50 年代，Gassmann 等进行了各向异性介质对地震波传播影响方面的研究。20 世纪 70 年代，Levin 等给出了椭圆各向异性介质中反射波、折射波和多次波的特性描述，从而为各向异性介质地震处理方法研究奠定了扎实的理论基础。20 世纪 90 年代，Tsvankin 等进行了各向异性介质反射波时距曲线方程的推导，在各向异性介质地震资料处理及成像技术的发展历程中树立了一个里程碑。21 世纪初，伴随着地震成像方法的发展，各向异性介质地震成像方法飞速发展，基于各向异性介质的 Kirchhoff 偏移、单程波动方程偏移、高斯束偏移、RTM 偏移等得到发展并逐渐实现实用化。

目前在工业界应用最多的各向异性叠前深度偏移方法主要有基于射线理论的 Kirchhoff 积分法偏移和基于波动理论的波动方程偏移两类。近年来，在这两类理论基础上分别发展了精度更高的高斯射线束偏移（高斯束）和逆时偏移技术（RTM）。高斯束偏移将波动方程和射线理论紧密结合，通过运动学射线追踪和动力学射线追踪获取射线轨迹和中心射线附近的高频能量分布，既保持了传统射线方法的高效性和灵活性，又考虑了波场的动力学特征，能够比较好地处理多波至、焦散（射线交叉）等复杂波现象，是较好的兼顾成像精度和计算效率的方法。RTM 同时采用全声波方程延拓震源和检波点波场，克服了偏移倾角和偏移孔径的限制，可以有效地处理纵横向存在剧烈变化的地球介质物性特征，该技术具有相位准确、成像精度高、对介质速度横向变化和高陡倾角适应性强、甚至可以利用回转波、多次波等成像等优点。RTM 是目前理论最先进、成像精度最高的地震偏移成像方法。现阶段，高斯束偏移和逆时偏移方法发展迅速，已经成为地震勘探的主流成像技术，同时，这两项方法的核心算法可以准确地拓展到各向异性介质，为各向异性处理提供先进的偏移成像方法。

本书共分为 8 章：第 1 章对地震各向异性的基本概念、影响范围和处理方法的发展历程进行了较为系统的阐述；第 2 章主要介绍各向异性介质弹性波传播原理及特征；第 3 章对一些经典的各向异性介质叠前深度偏移成像方法进行了回顾；第 4 章主要介绍多种各向异性介质射线追踪方法；第 5 章主要介绍各向异性介质深度域速度建模相关技术；第 6 章主要介绍各向异性介质高斯束叠前深度偏移成像技术；第 7 章主要介绍各向异性介质逆时叠前深度偏移（RTM）成像技术；第 8 章是笔者对各向异性介质处理方法的认识，以及对各向异性领域发展趋势的展望。

本书前言由刘定进、李博、郭恺执笔；第 1 章由郭恺、蔡杰雄、徐兆涛执笔；第 2 章由刘定进、李博、张慧宇执笔；第 3 章由郑浩、白英哲、段心标执笔；第 4 章由王鹏燕、蒋波、刘小民执笔；第 5 章由郭恺、张兵、刘小民执笔；第 6 章由蔡杰雄、倪瑶、蒋波执笔；第 7 章由刘定进、李博、段心标、许璐执笔；第 8 章由刘定进、李博、郭恺执笔。全书由刘定进、李博、郭恺负责修改与统稿。

本书内容涉及的研究项目得到了中国石化科技部、油田勘探开发事业部、石油工程技术服务有限公司、石油物探技术研究院、南方分公司、西北油田分公司、东北油气分公司、华北分公司、胜利油田分公司、江苏油田分公司的支持。在本书的编写过程中，特别得到了石油物探技术研究院领导的指导和关心及同事的大力支持，同时也得到了同济大学海洋与地球科学学院王华忠教授及学生的支持和帮助。笔者在此一并表示衷心的感谢。

由于笔者水平有限，书中难免会有疏漏之处，敬请读者批评指正。

# 目　　录

1　绪论 ……………………………………………………………………………… 1

1.1　地震各向异性的成因 ……………………………………………………… 1

1.2　地震各向异性的影响 ……………………………………………………… 3

1.3　国内外研究现状及发展历程 ……………………………………………… 6

2　各向异性介质弹性波基本理论 …………………………………………… 17

2.1　各向异性介质弹性波方程 ……………………………………………… 17

2.2　各向异性介质的对称性 ………………………………………………… 22

2.3　各向异性介质弹性矩阵坐标变换 ……………………………………… 28

2.4　各向异性介质弹性波传播特征 ………………………………………… 34

2.5　本章小结 ………………………………………………………………… 68

3　经典各向异性介质叠前深度偏移方法 …………………………………… 69

3.1　各向异性射线类（Kirchhoff）叠前深度偏移 …………………………… 69

3.2　各向异性单程波波动方程叠前深度偏移 ……………………………… 75

3.3　本章小结 ………………………………………………………………… 108

4　各向异性介质射线追踪技术 ……………………………………………… 109

4.1　TI 介质射线追踪技术 …………………………………………………… 109

4.2　ORT 介质射线追踪技术 ………………………………………………… 138

4.3　本章小结 ………………………………………………………………… 142

**5　各向异性介质深度域速度建模技术** …… 143

5.1　TTI 介质速度初始建模技术 …… 144
5.2　TTI 介质速度精细建模技术 …… 167
5.3　本章小结 …… 208

**6　各向异性介质高斯束叠前深度偏移技术** …… 210

6.1　各向同性介质高斯束方法基本原理 …… 212
6.2　TTI 介质动力学射线追踪方程近似 …… 224
6.3　TTI 介质高斯束偏移技术 …… 227
6.4　TTI 介质高斯束偏移成像道集提取技术 …… 228
6.5　优选束偏移技术 …… 231
6.6　应用实例 …… 232
6.7　本章小结 …… 243

**7　各向异性介质逆时叠前深度偏移技术** …… 245

7.1　各向异性介质 RTM 偏移算子构建 …… 246
7.2　基于 GPU 平台的各向异性 RTM 成像技术 …… 267
7.3　组合噪音压制技术（针对偏移噪音） …… 275
7.4　各向异性介质 RTM 共成像点道集提取技术 …… 302
7.5　实际资料试处理 …… 307
7.6　本章小结 …… 321

**8　结束语** …… 322

8.1　各向异性处理技术的应用前提 …… 322
8.2　各向异性处理技术的发展趋势 …… 323

**参考文献** …… 325

# 1 绪　　论

地球介质普遍存在地震各向异性效应，研究地震波在各向异性介质中的传播规律与成像方法是地震学和勘探地震学研究领域的前沿课题。传统地震学和地震勘探主要是以地球介质具有完全弹性和各向同性的物理假设为基础，而采用各向同性的地震数据处理方法处理各向异性介质的地震资料，会导致地震成像质量降低和地震成像深度误差。之所以采用各向同性假设，一方面是因为各向同性介质模型是地球介质模型的一个很好的近似，在某种程度上可以解决一些实际问题；另一方面由于观测技术的限制和观测精度不高，难以通过观测资料提炼出明显的波动各向异性，因而地震各向异性没有得到足够的重视；再者，以前的处理解释技术还不足以对复杂的各向异性资料进行研究。近年来，为了获得高品质的地震数据，宽方位采集技术得到了越来越广泛的应用，使地下介质的各向异性问题日益突出，迫切需要各向异性偏移成像方法提供支撑；另外，一些高精度地震成像新技术（如RTM 成像技术）克服了偏移孔径和偏移倾角的限制，引入了更多的大偏移距数据，必须要考虑各向异性因素的影响；同时，计算机的发展使各向异性复杂处理成为可能。因此，为了更精确地刻画地下地质构造，开展地震各向异性偏移成像方法研究是高精度地震成像技术的必然发展趋势。

## 1.1　地震各向异性的成因

引起地震各向异性的因素很多，成因很复杂。许多地球物理学家和地震学家通过对地震波在地球介质中的传播现象进行观测，对地震波在各向异性介质中的传播规律和形成机理做了大量的研究工作，认识到地球介质存在各向异性，发现地壳上大多数沉积的岩石展现出地震各向异性特征（Crampin，1984、1989）。综合起来，地下岩石的地震各向异性成因主要来源于三个方面：固有各向异性、裂隙诱导各向异性和长波长各向异性。

### 1.1.1　固有各向异性

固有各向异性是由岩石的固有结构和特性产生的（张美根，2001）。从 20 世纪 50 年代开始，地球物理工作者通过对地球岩石进行的一系列观测和实验室研究，发现了固有各向异性的证据，证实了地震各向异性是客观存在的。天然地震学家从海上和陆上的观测资料中发现深部地壳岩石和上地幔存在各向异性（Jolly，1956；Hess，1964）。Nur（1969）在实验室研究中发现，对岩石施加压力会产生各向异性。Bachman（1979）从深海钻井岩芯中发现了横向各向同性。Jones 和 Wang（1981）也从岩芯中发现了强的横向各向同性。

固有各向异性形成的物理机制包括以下几点。

（1）晶体各向异性。组成岩石的矿物组分因具有结晶作用，使得结晶固体的晶体在有择优取向排列时形成晶体各向异性，在上地幔，由橄榄石晶体的优选定向排列引起上地幔各向异性。在高温条件下，地下岩石在地下应力场作用下，通过液态熔体的分异作用、重结晶和塑性变形，晶体也会发生择优取向而引起各向异性。

（2）直接的应力作用导致各向异性。地壳中的岩石在足够大的应力作用下，原来各向同性的固体会变成各向异性，定向应力以某种方式修改了晶体结构的细节，从而产生了与应力有关的各向异性，一般认为这种各向异性显得非常微弱，不如矿物组分的定向排列产生的各向异性那样常见。

（3）岩性各向异性。在沉积过程中受到重力或水流的作用，沉积岩石中的矿物颗粒会被压扁、拉长而定向排列，引起岩性各向异性。如现场横向各向同性的黏土岩和页岩可能是由于矿物颗粒的取向排列而展现出岩性各向异性。

固有各向异性是引起地下介质各向异性的最主要因素，主要表现为同一时期沉积地层由于晶体内部定向排列导致地震波速度具有方向性，即不同方向的地震波速度不一致。通常情况下，地球物理学者普遍认为晶体沉积条件与地层产状相同，即晶体的各向异性对称轴方向与地层法线方向相同，因此，地震波在各向异性介质中传播时依然遵循斯奈尔定律，不受各向异性效应的影响。当地层水平或近似水平时，介质表现为 VTI 各向异性特性；当地层产状垂直或接近垂直时，介质表现为 HTI 各向异性特性；当地层产状介于水平和垂直之间时，介质表现为 TTI 各向异性特性。

### 1.1.2 裂隙诱导各向异性

由于受到应力场的作用，岩石中形成择优取向排列的裂缝、裂隙和孔隙，这些裂缝、裂隙或孔隙可能充满气体或流体等充填物，地震波在裂隙岩石中的传播相当于在均匀弹性各向异性固体中的传播，可称此裂隙岩石具有等效各向异性。Crampin（1987）把这种具有气体或流体等充填物的择优取向裂隙称为广泛扩容各向异性（EDA，extensive dilatancy anisotropy）。

由于地壳岩石易受到构造应力场的作用而产生定向排列的裂隙或裂缝，现在普遍认为地壳大多数岩石中存在定向排列的流体充填的裂隙，可广泛引起横波分裂，通过理论与实验室研究证实，EDA 介质可引起横波分裂现象（Crampin，1978、1984；Hudson，1981、1982）。对于 EDA 介质，Hudson 给出了等效各向异性的弹性常数 $C_{ij}$ 的两种近似形式：一种是对各向同性弹性常数的一阶扰动；另一种是对各向异性弹性常数的二阶扰动，认为等效各向异性的弹性常数 $C_{ij}$ 是由不含裂隙时各向同性固体的弹性常数 $C_0$ 加上裂隙对裂隙的一阶相互作用 $C_1$ 和裂隙对裂隙的二阶相互作用 $C_2$ 等部分组成。

裂隙诱导各向异性是引起地下介质各向异性的另一重要因素，普遍性仅次于固有各向异性，并且通常跟固有各向异性同时出现，如裂缝性页岩气构造。裂隙诱导各向异性是由于裂缝的填充介质与周围岩石岩性差异导致的地震波传播速度发生变化，具体表现为：沿裂缝方向地震波传播快，垂直于裂缝方向地震波传播慢。由于裂缝在空间中具有方位性，即裂缝一般是沿着一个方向发育的，因此，裂隙诱导各向异性介质的地震波传播也具有方位性，表现为沿着某一方位传播速度快，其他方位传播速度慢。可以说裂隙诱导各向异性只能在三维情况下体现出来，而固有各向异性既可以体现在三维情况中，也可以体现在二维情况中。

### 1.1.3 长波长各向异性

沉积地层中周期性的薄互层，只要单层的厚度小于地震波长，当地震波通过时便会表现出长波长各向异性。Postma 等（1955）研究表明，小于地震波长的旋回性薄互层（PTL，period thin-layer）等效于横向各向同性介质，解释了当时地震资料时深转换的误差问题。在这一理论的指导下，激起了勘探地震学家对各向异性研究的兴趣，后来有许多学者在这方面作了大量的研究工作，丰富和发展了 Postma 理论，为勘探地震学各向异性奠定了应用研究的理论基础（Jolly，1956；Krey，Helbig，1956；Backus，1962；Berryman，1979）。在这一时期，一系列的观测和研究都表明了真实地球介质的波动各向异性是客观存在的。因为形成油气藏的储集层通常是沉积岩（即分层的），Postma 理论对今天勘探地球物理工作者开展地震各向异性研究，寻找隐蔽油气藏具有重要的理论指导意义。

长波长各向异性的本质是由于地层岩性变化导致地震波速度出现各向异性。Ian F Jones 教授于 2017 年的 SEG 会议上表示，长波长各向异性严格来说不属于地震各向异性范畴，虽然长波长各向异性介质等效于横向各向同性介质，也具有明显的各向异性特性，但是形成机理却完全不同。因此，长波长各向异性与前两种各向异性性质不同，不应列入地球物理界常说的地震各向异性范畴。

## 1.2 地震各向异性的影响

地下介质经过长期的地质运动变得非常复杂，很难用一种模型完整地描述和表示。各向同性介质是最早用来描述地球介质的模型，显然，地球介质不是完全各向同性的，只是各向异性程度不同。早期采用各向同性介质假设符合当时的技术现状和勘探需求，但是，随着采集技术和处理技术的飞速发展，各向异性对地震勘探的各个环节都产生了巨大的影响。本节重点讨论各向异性对速度建模和地震成像的影响，以及简单的解决方案，并在后续章节详细论述。

### 1.2.1 各向异性对速度建模的影响

速度模型在地震处理中的重要性不言而喻。均匀各向同性介质中地震波的传播相对简单，各个方向的地震波速度都相同。但是在各向异性介质中，地震波沿各个方向出射时速度不同，为了准确描述各向异性介质的地震波速度，引入了各向异性参数，参数的增加导致建模难度也随之增加。各向异性对速度建模的影响主要有以下几方面。

#### 1.2.1.1 地震波速度的方向性

本节所讨论的速度均为声波速度，在各向异性介质中为伪声波速度。各向同性地震处理一般只需要介质的地震波速度，这个速度是三维的，即在空间上每一点的速度值唯一。对于各向异性而言，虽然也只需要速度，但是这个速度不是三维的，如 TI 介质的速度是五维的（空间三维加两个角度），T-ORT 介质的速度是六维的（空间三维加三个角度）。

各向异性介质的地震波速度需要更多的参数加以描述，如 VTI（具有垂直对称轴的横向各向同性）介质有 3 个参数（3 个 Thomsen 参数），HTI（具有水平对称轴的横向各向同性）介质有 4 个参数（3 个 Thomsen 参数和裂缝方位角），TTI（具有倾斜对称轴的横向各向同性）介质有 5 个参数（3 个 Thomsen 参数以及对称轴倾角和方位角），ORT（正交各向异性）介质有 6 个参数（6 个 Thomsen 参数），T-ORT（倾斜正交各向异性）介质有 9 个参数（6 个 Thomsen 参数、地层倾角和方位角、裂缝方位角）等。

均匀各向同性介质某一点的速度沿各个方向都相同，波前面（或射线等时面）是标准的圆球。而均匀各向异性介质某一点的速度沿各个方向不同，波前面不再是标准的圆球，TTI 各向异性的波前面是椭球，椭球的方向与地层倾角和方位角有关，ORT 各向异性的波前是不规则形状，但是在垂向切片仍为椭圆。

综上所述，各向异性对地震波速度的影响非常大，相比于各向同性发生了巨大变化，并且随着各向异性程度的增加，准确描述地震波的速度也越来越困难，给建模和成像造成了很大的影响。

#### 1.2.1.2 射线追踪的效率

射线追踪是层析反演中非常关键的步骤，射线追踪的速度直接决定了层析迭代反演的效率。各向异性介质的多参数性增大了射线追踪方程的复杂程度，增加了射线追踪方程的求解时间，降低了射线追踪的效率，延长了层析迭代反演时间，影响了勘探开发的周期。因此，各向异性介质的处理要比各向同性更为复杂、耗时，本书第四章将介绍几种提高各向异性射线追踪效率的方法。

#### 1.2.1.3 速度建模的精度

各向同性介质多参数同时层析反演非常不稳定，因此工业界通常的解决方法是逐个反演，很好地解决了同时反演的不稳定问题。但是，各向异性参数相互耦合、相互影响、相互制约，共同作用于地震波速度，都对射线旅行时有贡献，单独反演没有考虑其他参数的影响，势必会影响速度建模的精度。

同时反演相比于逐一顺序反演，具有更强的理论先进性。只用旅行时残差建立的反演方程是欠定的，必然会造成多解性，降低反演精度。针对这个问题，采用增加约束条件和制定针对性策略增加反演精度，这部分内容会在第五章详细介绍。

#### 1.2.1.4 层析反演的稳定性

TTI 各向异性介质的参数主要包括 $V_{P0}$、$\varepsilon$ 和 $\delta$，这三个参数数量级相差极大，同时反演会极不稳定，就像绑腿齐步走的游戏，一群大人中间夹几个孩子，大家同时走必然会摔倒，就算不摔倒也不和谐。因此，同时反演各向异性多参数将会非常不稳定，ORT 各向异性介质的不稳定性更严重，一般的解决方法是归一化方法和等效参数方法，这部分内容会在第五章详细介绍。

### 1.2.2 各向异性对地震成像的影响

如果各向异性介质从一开始就按照各向同性处理，只要解决了一些关键问题，如起伏地表、静校正、噪音、多次波、速度模型等，最终通常都能得到一个质量较高的成像剖面。但是，该结果的精度往往较低，主要体现为井震矛盾，包括井震深度误差、横向误差、产状误差等。各向异性对地震成像的影响主要有以下几方面。

#### 1.2.2.1 成像质量

各向同性（或各向异性非常弱）介质，只靠速度就能把成像道集完全拉平，即只要速度准确，成像道集的近、远偏移距能够同时被拉平，从而达到最佳的成像效果。对于各向异性介质，无论如何调整速度，都无法把成像道集的近、远偏移距同时拉平，这个时候，如果速度准确的话，成像道集的近偏移距是平的（近偏移距旅行时主要由速度决定），而远偏移距上翘（远偏移距旅行时由速度和各向异性参数共同决定），此时如果将成像道集叠加成像，必然会降低分辨率和信噪比，如果强行切除大偏移距数据，则会造成有效信息的损失。只有引入各向异性参数，才能将远偏移距道集拉平，有效提高成像质量。

#### 1.2.2.2 成像精度

笔者认为成像精度和成像质量的具体含义略有不同，成像质量是剖面的信噪比、分辨率、聚焦程度、波组特征等，而成像精度包括成像深度、水平位置、地层走向等的准确程度。针对各向异性介质的成像道集无法拉平的情况，通常的处理方法是不断调整速度，使叠加效果达到最佳，这时成像道集不是水平的，而是呈现微小的抛物线状。虽然此时成像质量较高，但是存在较大的成像深度误差（速度不准导致），引入各向异性参数后，校平了成像道集，改变了速度值，从而调整了成像深度，缩小了井震误差。

#### 1.2.2.3 成像效率

众所周知，偏移成像（特别是逆时偏移成像）是非常耗时的工作，引入各向异性参数后，输入参数增加了数倍，相应内存同样增加数倍，对机器的内存要求提高，I/O 耗时将会增加。另外，参数增加导致波场延拓方程更加复杂，解方程的过程也会变复杂，耗时至少增加一倍。特别是 RTM 成像技术，本身各向同性 RTM 就非常耗时，发展到各向异性后，RTM 处理严重影响工程进度，我们将在第七章讨论如何提高 TTI-RTM 的效率。

综上所述，各向异性给地震处理带来的影响不可忽视，如果不考虑各向异性因素，地震成像的质量和精度将受到限制，无法满足地震勘探日益精细的需求，本书将从各向异性速度建模和地震成像两部分讨论如何把各向异性处理做好。

## 1.3 国内外研究现状及发展历程

各向异性介质地震波传播理论早在 19 世纪就已奠定，至 20 世纪中期，多数工作都处于理论研究阶段。随着石油勘探形式的发展，地震波偏移成像及配套技术也不断往前推进。近二十年来，随着采集（三维宽方位采集、三维全方位采集、三维 VSP 采集、多分量采集）技术的进步、处理技术的发展、计算机能力的提高，地震资料各向异性偏移及其参数估计得到了飞速的发展。如今，各向异性介质中的地震成像及各向异性参数估计已经从勘探地震学的前沿课题转为实际资料处理的有效工具。

Helbig 和 Thomsen（2005）详细回顾了早期诸多学者为各向异性介质中地震波传播理论做出的重要研究工作（在此仅回顾部分本文认为重要的工作）。Crampin（1978、1984）通过理论与实验室研究证实，EDA 介质可引起横波分裂现象。Crampin（1981、1985），Willis 等（1986），Martin 和 Davis（1987）也证明各向异性介质中 S 波和 PS 波在两个正交的极化方向会分裂成快横波和慢横波。基于 Alford（1986）提出的横波处理表征参数以及其修正形式，可以方便地处理垂直对称轴的裂隙介质中的方位各向异性。20 世纪 90 年代高质量的多分量海上资料的采集和处理证明，在不考虑速度各向异性前提下，PP 波、PS 波成像结果与实际构造存在明显的深度差。然而，由于采集及其他原因，即便是各项同性介质中 S 波的处理也尚未成为主流。相对 S 波，P 波成像早，地震勘探中应用更为广泛，但各向异性对其结果的影响要小得多，尤其是对窄方位、中短排列观测的 P 波数据几乎可以忽略各向异性的影响。P 波成像中忽略各向异性的另一个重要原因是 P 波的反射时间与空变的各向异性参数之间没有建立良好的显示表达式。

英国以 Crampin S A 为代表，自 20 世纪 70 年代开始专注于各向异性研究，他从地球深部资料中发现 S 波分裂，并提出了广泛扩容各向异性模型，简称 EDA 模型，形成了一套对横波分裂的检测技术。Crampin 在 EDA 模型的基础上，发展了一种预应力饱和流体岩石非线性各向异性孔隙弹性理论（APE）。俄罗斯以 Cheskonov N I 为代表，着重于波动理论研究，研究薄互层组引起的视各向异性应力诱导和非均匀性介质中各向异性与建立热动力模型。Marrtynov 等利用虚谱算法，对定向排列的 EDA 介质中点力源激发的地震波传播进行了三维数字模拟，讨论了裂隙密度与排列方向对纵波和横波偏振特征的影响。此外，还研究了应力与微组构引起的各向异性。美国在波动射线正演模拟、数字仿真、VSP 资料中分裂现象检测和反演成像等方面做了大量工作，特别是在太平洋地区和洛杉矶盆地的各向异性研究。美国科罗拉多矿业学院以 Tsvankin 为首的研究小组在非均匀 TI 介质 P 波数据三维走时反演、各向异性介质中转换波速度分析及 P 波、PS 波数据联合反演、倾斜 TI 介质的深度偏移和方位各向异性介质中的 AVOA 等方面也做了大量的研究工作，发表了多篇论文。夏威夷地区地震波速度的各向异性（各向异性因子达 8%）研究具有重要意义。Blackroom 等对地幔各向异性的模拟与地震波的传播进行了探讨；此外，还研究了各向异性在波振幅中的显示。美国目前主要是利用 S 波分裂来估计油气田盆地中裂隙和孔隙储集体的物理参数，这对裂隙孔隙储集体的勘探以及油气开发具有重要的指导意义。

在我国，中国科学院、国家地震局、中国石油大学、清华大学、吉林大学等许多研究所和高校均对各向异性问题进行了深入的研究。1998 年 6 月，在中科院地球物理所的积极倡导下，在北京十三陵召开了由国家基金委主办、中国石油天然气总公司物探局承办、中科院地球物理所协办的中国首届地震各向异性学术讨论会，这次会议从各向异性的理论、方法、实验、应用以及存在的问题和应用前景等方面进行了广泛、深入的讨论，这是我国各向异性研究的一次全面、深入的总结，取得了许多重要成果，标志着我国各向异性研究的新开端。

近年来，面向 TI 介质的各向异性叠前深度偏移技术已经在墨西哥湾、北海、非洲以及北美山地油气勘探中得到了初步应用，并已被证实对改善成像剖面主要层位的深度与产状同井资料的一致性很有帮助（Vestrum，2003；Bear，2005；Elbig 和 Thomsen，2005）。基于地震波方位各向异性的裂隙检测技术，在碳酸盐储层、致密碎屑岩储层的油气勘探、开发领域也得到了应用（Li，1999；Grechka 和 Tsvankin，2006）。叠前深度偏移是强横向非均匀介质复杂构造成像与速度模型建立依赖的关键技术。其算法的实现要么基于射线理论，如 Kirchhoff 偏移和高斯束偏移，要么基于波动理论，如单程波方程深度延拓偏移和双程波方程逆时延拓偏移。近十余年来，各向异性介质深度偏移方法也得到了极大的发展，先后出现了 TI 介质 Kirchhoff 偏移（Kumar 等，2004）、高斯束偏移（Zhu 等，2007）、单程波方程偏移（Han 和 Wu，2003；Shan，2006；吴国忱，2005）与逆时偏移（Zhou 等，2006；Zhang 等，2009；康玮、程玖兵，2011）等深度域成像方法。一些学者研究发现，在复杂介质条件下，即使偏移速度是合理的，传统的偏移距域和炮域共成像点道集都可能存在假象干扰（Xu 等，2001）。为此，诸多学者一直致力于研究射线理论或波动理论基础上的角度域成像方法。

### 1.3.1 各向异性地震波正演模拟

地震波正演模拟是模拟地震波在地球介质中的传播过程，并研究地震波的传播特性与地球介质参数的关系，通过正演模拟达到对实际观测地震记录的最优逼近（孙成禹，2004）。地震波在地球介质中的传播，是一个非常复杂的物理过程，地震波波动方程只有在简单介质条件下才有精确的解析解。随着研究介质模型趋于复杂化，很难寻找到波动方程的解析解，地震波正演模拟通常采用地震波数值模拟方法。开展地震波的正演模拟研究，对人们正确认识地震波的传播规律，验证所求地球模型的正确性，进行实际地震资料的地质解释与储层预测以及地球资源开发等，均具有重要的理论和实际意义。

地震波数值模拟是在地震波传播理论的基础上，通过数值计算来模拟地震波在地球介质中的传播（董良国，2003）。在地震学向真实地球介质地震波理论发展的过程中，地震波数值模拟起到了非常重要的作用，在理论研究和实际应用上都得到了广泛的应用。伴随着计算机技术的飞速发展，进一步推动了地震波场数值模拟技术的发展。目前，各向异性介质中地震波正演模拟的数值方法主要有：射线追踪法、有限差分法、反射率法、伪谱法、波动射线法和有限元法等，这些数值正演模拟方法各有优缺点。

#### 1.3.1.1 各向异性介质射线追踪

射线追踪方法是进行几何地震学研究的基础，射线追踪主要是通过求解程函方程计算地震波旅行时，通过求解输运方程计算地震波振幅（Cerveny，1984）。在各向异性介质中，Byun（1984）、Tanimoto（1987）、Shearer 和 Chapman（1989）等研究了地震波正演模拟的射线追踪技术。各向异性介质中体波计算的射线追踪是基于 Cerveny（1972）的射线理论，是以波动方程的高频近似为前提，适用于物性参数缓变介质模型的地震波场模拟。该方法的主要优点是计算成本低、效率高，还具有很强的适应性，能处理较复杂形状的地质体和不同的各向异性对称类型（Gajewski 和 Psencik，1978）。射线追踪方法的缺点是：由于是高频近似，计算精度低；不能很好地描述地震波的临界反射、转换波和层间的多次波；不适合物性参数变化较大介质模型的地震波场模拟；由于在各向异性中体波间的相互耦合，用射线追踪方法描述起来存在一些困难（Chapman 和 Shearer，1988）。

射线追踪不仅用于地震波正演模拟，还用于偏移成像和射线理论速度建模中。目前各向异性介质射线追踪方法主要有打靶法、波前构建法、插值法、最短路径法和程函方程法（赵爱华，2006）。打靶法基于渐进射线理论（Cerveny V，2001），能够适用于一般各向异性介质，但对于 TTI 这种复杂介质则会出现阴影区问题。波前构建法是根据当前的波前，利用射线理论估计新的波前，白海军等（2012）虽然利用群速度和相速度表达的射线追踪方程避免了复杂的特征值求解问题，但是实现方案较为复杂。插值法基于费马原理（邓怀群，2000；马德堂，2006、2011），分为向前确定走时和向后确定射线路径两个过程，在各向异性介质中往往得不到精确的出射点位置。最短路径法基于惠更斯原理和费马原理（Moser，1991；Zhou B，2005；Bai C，2007），能同时求取震源到模型所有节点的走时和相应的射线路径，但只适用于各向异性介质初至波射线追踪。Vidale（1988）基于扩张波前的思想建立了经典的程函方程射线追踪系统，之后，Alkhalifah（2000）提出了各向异性程函方程公式，并在此基础上建立了各向异性射线追踪系统，该方法稳定性强、精度高，是 VTI 介质射线追踪最主要的方法，这种方法在 VTI 介质中运算效率较高，能够达到生产需求，但是 TTI 介质程函方程公式复杂了许多，严重降低了程函方程法射线追踪速度，到 ORT 介质，程函方程进一步复杂化，程函方程各向异性射线追踪将无法满足生产需求。郭恺等（2017）提出了基于相速度的各向异性介质射线追踪方法，简化了各向异性介质射线追踪方程，大大提高了运算效率，笔者将在本书第六章详细介绍该方法。

#### 1.3.1.2 各向异性波动方程数值模拟

地震波传播理论总体上可分为积分型波动传播理论和微分型波动传播理论（牛滨华，2002）。积分型波动传播理论是基于惠更斯（Huygens）、菲涅尔（Fresnel）、克希霍夫（Kirchhoff）积分等原理建立起的理论体系，微分型波动传播理论是基于连续介质微分体积元弹性动力学原理建立起的理论体系。地震波数值模拟方法是和地震波传播理论紧密结合在一起的。在波动地震学理论中，使用积分方程和微分方程描述地震波传播，地震波数值模拟也相应地分为积分方程数值模拟方法和微分方程数值模拟方法。

*1. 积分方程数值模拟方法*

在积分型地震波传播理论的发展过程中，Aki（定量地震学，1980）、Bleistein（Mathematics of Multidimensional Seismic Inversion，1987）、Wu R S（地震波的散射与衰减，1993）等地震学家做出了重要贡献，丰富和发展了积分型地震波理论，为利用积分法研究地震波正演模拟问题奠定了理论基础。积分方程数值模拟方法又可分为体积积分方法和边界积分方法。由于该方法具有半解析解特征，它在地震波正反演和地震波成像方面有明显的优势。积分方程法的核心是求取或计算 Green 函数，主要是用来解决均匀背景介质上的非均匀地质体产生的波场计算问题，要给出特定的边界条件，因此该方法的应用范围受到了限制。

*2. 微分方程的数值模拟方法*

微分方程数值模拟方法是微分型波动地震学中广泛使用的地震波正演模拟方法。微分方程法是对介质模型网格化，通过数值求解描述地震波传播的微分方程来模拟地震波场传播。微分方程数值模拟方法可分为单程波和全程波模拟：单程波模拟计算速度快、效率高，但经过了一定的物理性近似，在应用时受到不同程度的限制，一些地震波的传播现象无法模拟；全程波模拟是基于弹性波全波方程，计算效率相对较低，但它是能较完整地描述弹性波的主要方法。微分方程数值模拟方法适应性强，对介质模型没有限制，在地震波正演模拟中普遍使用，主要缺点是计算量大，对计算机内存要求较高。利用微分方程法进行地震波正演模拟，使用比较多的是有限差分方法（FD）、有限元方法（FE）、傅里叶变换法（PS）。这些方法各有优缺点：有限差分方法适应性强、计算快速，但必须以规则网格剖分介质，存在数值频散，且需要采用吸收边界条件；有限元方法适合处理任意形状的介质分界面及起伏的自由界面，但使用不方便，效率低，对计算机性能要求高；傅里叶变换法（或称伪谱法、虚谱法）是利用傅里叶变换计算波场的空间导数，照顾了空间导数的整体性质，模拟精度高，数值频散较小，但不适合复杂介质模型的地震波模拟，边界处理相对比较困难。

在地震波场正演模拟方法中，微分方程数值模拟方法是主流方法，国内外许多学者致力于将微分方程法应用到各向异性介质地震波场的数值模拟中。在国外方面：Mora（1989）、Tsingas 等（1990）、Igel 等（1995）研究了利用有限差分方法进行各向异性介质地震波正演模拟问题；Kosloff（1989）、Carcione 等（1992）研究了伪谱法地震波场正演。在国内方面：自 1985 年以来，何樵登教授及其弟子们采用有限差分法、有限元法、傅里叶变换法等对各向异性波动的正问题进行了的研究，使我国研究地震各向异性走在前列；牛滨华（1994、1995、1998）利用有限元方法研究了 EDA 介质中的地震波场、横波分裂现象和 P 波各向异性；中国科学院院士藤吉文、研究员张中杰等多年来在各向异性地震波理论、有限差分正演模拟、地球深部各向异性等方面进行了深入探讨与研究，发表了多篇有关各向异性的研究和综述文章；阴可（1998）、董良国（1999）在各向异性弹性波的物理模拟方面进行了深入的研究工作；张美根（2000）利用有限元方法对各向异性地震波正反演问题进行了的研究。

3. *波动方程有限差分方法*

在微分方程数值模拟方法中，波动方程有限差分方法是一种使用更广泛的地震波数值模拟方法。该方法是将波动方程中的介质参数及波场函数进行离散化，以差分算子代替微分算子，在有限精度内实现对地震波的传播问题进行模拟的一种数值计算方法。这种方法能够较精确地模拟任意非均匀介质中的地震波场，并含有多次反射波、转换波和绕射波等。波动方程有限差分法按其实现的域分为时间－空间域有限差分法和频率－空间域有限差分法两种（张宝金，2003）。时间－空间域有限差分数值模拟方法发展较早，也比较成熟，其优点是：物理意义直观，易于实现，模拟精度高，在工业界获得了普遍使用。而频率－空间域有限差分方法是应频率－空间域反演技术的发展而发展起来的，起步较晚，发展也较不成熟，该方法的优点是：适合与频率有关介质模型的地震波数值模拟（如衰减系数、频变各向异性介质）；在波动方程反演和层析中，可以只对几个有限的频率进行数值模拟，提高计算效率；非常适合多震源地震波数值模拟情况，并对观测系统没有要求；频率－空间域有限差分方法易于实现并行计算；由于是隐式求解，可将模拟误差均匀分布在每个差分网格点上。尽管波动方程有限差分方法在数值模拟方面有许多优点，但它也有个非常致命的弱点：网格频散，数值频散现象严重，为克服数值频散，必须在单位波长内采用更多的采样点数，从而增加了计算量，在工业界很少使用。它的计算成本高于射线追踪方法但低于有限元方法。

4. *微分方程法数值频散问题*

无论是各向同性介质还是各向异性介质，地震波正演模拟所追求的目标是：模拟精度要高，执行效率要快。微分方程数值模拟方法在求解波动方程时，或多或少都会产生不期望的数值频散或称网格频散，导致了数值模拟结果分辨率降低。究其根源，是因为微分方程法是先对介质、波场函数进行网格剖分，利用离散化的微分方程去逼近微分波动方程，从而使得波动方程的系数发生变化，即使波传播的相速度变成了离散空间间隔的函数。因此，当每一波长内空间采样点太少（即空间网格太粗）时，就会产生数值频散。

地震波在传播过程中存在物理耗散与物理频散现象：物理耗散是指波的振幅因物理阻尼作用而衰减的现象；物理频散是由于物理介质的原因，波的相速度随波数发生变化的现象。用离散化的微分方程逼近波动方程时对方程的介质系数引入了误差项，这些误差项会使计算结果振幅值衰减和相速度发生变化，其作用相当于物理耗散和频散，这种虚假的物理效应称作数值频散。这种数值频散实质上是一种因离散化求解波动方程而产生的伪波动，既不同于波动方程本身引起的物理频散，也不同于因波传播的速度、频率和角度而引起的频散，它是微分方程法求解波动方程时所固有的本质特征，无法避免。为了消除这种数值频散，如何提高模拟精度是微分方程方法所必须面对的关键问题之一。

为了达到这一日标，许多人都做出了努力：在时间－空间域有限差分方面，从 Alford 等（1976）的二阶差分方法到 Dablain（1986）的高阶差分方法；从规则网格到交错网格（Virieux，1986；Ozdenvar 和 Mcmechan，1997；董良国，2000；Ketil Hokstad，2003）。在频率－空间域有限差分方面，Churl-Hyun Jo（1996）提出了旋转九点差分格式对各向同性的 P 波模拟；Pratt（1995）采用了 25 点差分格式和优化方法对弹性波正演模拟，减少了数值频散，提高了地震波场的模拟精度。还有的学者采用了求解守恒方程的通量校正传输方法（FCT）。FCT 方法来自于流体动力学连续方程的求解中，Boris 和 Book（1973）、Book（1975）等发展了一种通量校正传输方法（FCT，flux-corrected transport），有效地压制了在粗网格情况下差分计算产生的数值频散，FCT 方法也适用于速度梯度变化大与间断的介质情况。一种适用于求解各向异性介质中一阶声波和弹性波方程的 FCT 有限差分算法，其过程主要分为三步：有限差分计算、漫射平滑处理和反漫射处理。这种方法适用于陡倾角、强变速情况下的地震波正演模拟，是一种很有前途的正演模拟方法，并成功地应用到实际模型正演模拟当中。

*5. 微分方程法边界处理*

边界处理是微分方程数值模拟方法中所面对的另一个关键问题。在地震波传播理论研究中，波动方程适用于无限介质空间，通常假设地球介质为半无限空间介质，微分方程法数值模拟是要模拟地震波在这半无限空间介质中的传播过程。用计算机进行模拟时，介质的范围必须是有限的，即人为地限定地球介质的计算区域。在这个计算区域上，除了地表是自由边界外，其他的边界都是人工截断边界，这种人为边界不能当作第一类边界（刚性边界——Dirichlet 边界），也不能认为是第二类边界（自由边界——Neumann 边界），更不是混合边界。当地震波通过这种人工边界时，就会产生反射，干扰了有效波的信息，就得不到与实际相符合的地震波正演记录，这种人工边界反射是一种严重干扰，必须加以消除。因此，在利用微分方程进行地震波正演模拟时，除了要解正常的波动方程外，还必须对边界进行适当的处理，设计一个没有反射的人工截断边界，使得人工截断边界尽量保持波向边界传播的频散关系，即波动方程和人工截断边界要非常耦合，这样才能模拟地震波在半无限空间介质中的传播过程。否则，任何频散关系的差异都会导致补偿项（反射波）的出现，除非波场能量为零（张宝金，2003）。

无论是各向同性介质还是各向异性介质，微分方程法的地震波数值模拟都面临边界条件处理问题，这是地震波正演模拟的成败所在。典型的边界条件按原理来分有两类：某种

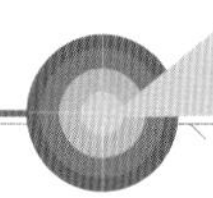



单程波构成的吸收边界条件和波动沿波的传播方向逐渐衰减的衰减边界条件。自边界条件问世以来，计算数学、计算物理和地球物理领域的许多学者致力于边界问题的研究，也从不同的角度提出了多种构造边界条件的方法：波动方程分解法，如 Reynolds（1978）的透明边界条件；傍轴近似方法，利用不同精度近似的单程波方程作为吸收边界条件（Clayton 和 Engquist，1980；Higdon，1991）；阻尼衰减法，在靠近边界的一定宽度区域设为衰减带，使得向边界传播的波场在此区域内逐渐得到衰减，降低人为反射，直至没有明显的反射波回到计算区域（Cerjan，1985；Kosloff，1986；Sochacki，1987；Sarma，1998）；最佳匹配层法（PML，the perfectly matched layer），是一种比较新的吸收边界条件构造方法，是在模拟电磁波时被提出的，主要是在边界处加一个匹配层，在匹配层中通过一个阻尼因子来衰减边界反射（Berenger，1994）。

对各向异性地震波来说，由于其传播规律的复杂性，不能把原来对各向同性波动吸收效果好的边界条件直接照搬过来用，还要做些延伸拓展工作。经过研究表明，各向异性地震波数值模拟一般采用吸收 + 衰减的混合边界条件，会取得理想的边界吸收效果。

#### 1.3.1.3 各向异性反射率正演模拟

反射率法是一种数值变换方法，是实现半空间层状介质全波场模拟的有效方法。在特定介质（水平层状介质）条件下，得到波动方程的谐波形式解，在这一解的基础上进行数值计算，合成地震反射/透射记录，这是反射率法的核心思想。Fuchs 和 Muller（1971）最早提出反射率法之后，Kennett（1974、1975）、Kind（1976）、Stephen（1977）、Kerry（1979）、Illingworth（1981）、Fryer（1981）、Clarke（1983）等的工作使得该方法逐渐完善，没有数值不稳定问题也易于实现。Booth 和 Crampin（1983）修改了 Fuchs 和 Muller 的反射率法，计算了层状各向异性介质模型的合成地震记录。Talor（1987）发展了 Booth 和 Crampin 的反射率法，实现了方位各向异性介质中的波场模拟问题。Fryer 和 Frazer（1984）使用嵌入算法在笛卡儿坐标系下描述了计算方位各向异性层状介质中的合成地震记录的精确算法，Fryer 和 Frazer（1987）对具有水平对称面的介质给出了系统矩阵的特征值和特征向量的解析表达式。Mallick 和 Frazer（1990）用这种方法计算了方位各向异性层状介质中的合成地震记录。反射率法的精度高于有限差分和射线追踪方法，它的主要缺点是：只能处理垂向非均匀介质情况；为了避免转换时的空间假频，反射率函数在波数域采样要足够多；为了避免时域卷绕要计算出长频序列；速度梯度带经常用许多薄层近似。

### 1.3.2 各向异性地震成像

各向异性是沉积岩石中普遍存在的现象（Thomsen，1986）。在地震资料常规处理中，通常假设地下岩石是各向同性介质。因此，在各向异性条件下，如果忽略了速度各向异性，会产生提取速度不准确、影响时深转换精度的问题，特别是造成地下成像不准确、断层面等陡倾角反射界面成像质量差（Alkhalifah，1996），就会严重影响在各向同性假设条件下反射地震波的数据处理，如正常时差校正（NMO）、速度分析、偏移成像（MIGRA-

TION)、倾角时差校正(DMO)和 AVO 分析等。

#### 1.3.2.1 速度各向异性

在地震资料数据处理中，尤其是面对复杂构造，常常勉强假设地球介质为各向同性(isotropic)。实际沉积岩石引起地震各向异性多表现为速度各向异性。地震各向异性的成因有三个方面：组成岩石的矿物颗粒有择优取向形成固有各向异性(intrinsic anisotropy)；沉积岩石常为砂岩泥岩薄互层或灰岩页岩薄互层，尽管各个单层是各向同性，只要地震波长远远大于单层厚度，整体上形成薄层各向异性(thin layer anisotropy or extrinsic anisotropy)；垂直平行排列的裂隙或裂缝带形成速度的方位各向异性(azimuthal anisotropy)，是横波勘探的主要对象。

实际沉积岩石 EDA 介质和 PTL 介质都可归结为横向各向同性，即 TI(transversely isotropic)介质模型，其速度(沿层面)在垂直于介质对称轴的平面内保持不变，在纵向上为非均匀性。TI 介质的对称轴为水平时，称其为水平对称轴的横向各向同性(HTI，horizontal transverse isotropy)，如近铅垂向排列的平行裂缝；TI 介质的对称轴为铅垂方向，称其为垂直对称轴横向各向同性(VTI，vertical transverse isotropy)；两种情况结合在一起形成正交各向异性。

沉积岩石的速度各向异性普遍表现为横向速度大于纵向速度，但比值一般在 1.05 ~ 1.20 之间，Thomsen(1986)称之为弱各向异性(weak anisotropy)，在理论推导和实验的基础上给出了表示弱各向异性的五个参数——Thomsen 参数。相对应的，描述 EDA 介质的等效 Hudson 模型称为高频模型。为了便于各向异性介质射线追踪和旅行时计算，Cerveny(1993)提出一种代表类型 FAI(factorized anisotropic inhomogeneous)介质模型，指层速度随深度线性递增，递增梯度保持不变，速度纵横比值不变，从而使计算简化，但实际不同地质年代地层的叠置与 FAI 模型有差距，对大偏移距尤为明显。

#### 1.3.2.2 NMO 叠加

在 VTI 介质条件下，对地震资料进行常规 NMO 叠加会引起深度及位置误差。这是由于速度是各向异性，即地震波水平传播速度和垂向传播速度不同所致。对 VTI 介质，纯纵波和纯横波的概念只有在水平方向和垂直方向上成立，且地震波传播的相速度和群速度相等。双曲线反射时差方程中的速度是短排列的时差速度，在短排列中所有射线速度接近垂直传播，在各向异性条件下，双曲线方程中的时差速度和垂直方向射线速度不相等，因为时差反映的是波至时间水平方向的变化，是与水平射线速度有关。因此，预测反射层深度应该用垂向射线深度，如果用正常时差速度会产生时深闭合差。

Dellinger(1991)进一步指出，通过短排列的地面资料，观测不到椭圆各向异性的存在，但可以通过由于各向异性的时差速度影响深度闭合差而体现出来。在弱各向异性的 NMO 叠加需要长排列的地面观测资料，这时需要两个参数：短排列的时差速度和非椭圆率，反射时差方程为非双曲线时差方程。由于大炮检距数据采集的应用，出现了非双曲线时差问题，进行地震数据水平叠加时，就会遇到各向异性问题。Tsvankin 和 Thomsen

(1994) 给出了四次项 Taylor 展开的非双曲线反射时差方程，Alkhalifah 和 Tsvankin (1995) 对这个方程进行了简化修改，方便于工业界应用。J Toldi (1999) 通过实例指出，当炮检距与埋深相当时，由于各向异性的存在，动校正出现问题：用 VNMO (0) 对中、远道校正过量，出现“曲棍球球棍”现象；采用速度谱的 VS，远区校正过量，中区校正不足，体现了各向异性的存在；利用非双曲线时差的速度和非椭圆率参数就解决了 NMO 叠加问题。

### 1.3.2.3 各向异性 DMO

DMO 是一种部分叠前时间偏移，考虑了倾角反射层的影响，不依赖地下模型，目的是倾斜界面与水平界面在同一 NMO 速度时成像。DMO 算子是旅行时之比，Alkhalifah (1996) 将这一原理对实际资料应用，证实了各向同性速度不会使水平层和倾斜层同时聚焦，但在各向异性 DMO 叠加剖面中，所有倾角反射层都同时聚焦。Fowler DMO 算法是生成多个常速扫描叠加剖面，用 Stolt F-K 叠后偏移算子对这一系列叠加剖面进行偏移，这两者结合通常称为 Fowler 叠前时间偏移。Anderson (1996) 将这一各向同性介质的处理方法拓展到各向异性介质的处理中。

### 1.3.2.4 各向异性地震偏移

地震偏移是一种基于波动方程的处理，是通过将同相轴移动到其正确的空间位置并聚焦绕射能量到其散射点来消除反射记录中的失真现象 (Samuel H Gray, 2000)。地震偏移方法从空间维数角度有二维和三维之分；从数据域角度有时间 - 空间域、频率 - 波数域和各种双域等；从数值计算角度可分为有限差分法、积分 - 微分法、积分法等；从叠加先后角度又有叠前偏移和叠后偏移 (马在田，2002)。由上述的维数、数据域和各种数值计算方法可以组成各种地震偏移方法。在均匀各向同性地震波理论成功应用于地震偏移成像以来 (J F Claerbout, 1972；马在田，1980)，人们对各向同性波的波动方程地震偏移做了大量深入的研究工作，发表了许多关于地震偏移的研究文献，并在工业界获得了成功应用。然而，地球介质的各向异性是普遍存在的，发展各向异性波动方程偏移技术是非常必要的。随着地震勘探精度的提高，开展各向异性地震偏移方法研究成了新的科研关注对象。国外研究各向异性地震偏移的问题步伐较快，有许多学者研究过各向异性地震偏移问题；国内这方面的研究相对少些，滕吉文 (1994)、张秉铭 (1997) 利用有限差分方法，张美根 (2001) 利用有限元方法进行过各向异性波的地震偏移研究。下面从时间偏移与深度偏移的角度介绍各向异性波动方程的地震偏移的研究进展。

1. 时间偏移与深度偏移

时间偏移与深度偏移是数据域的地震偏移方法。时间偏移是指不考虑射线弯曲，深度偏移是指偏移算法遵从射线弯曲。实际上时间偏移和深度偏移的区别是模糊的，它们之间最大的差别是怎样利用速度场。时间偏移采用的是成像速度场，即在每个输出位置使偏移成像最佳聚焦的那个速度场，该速度场在各位置间是不变的，用于时间偏移的成像速度场根本不要求与真实的地质速度场有什么联系。从本质上说，时间偏移在每个成像点实施的是常速偏移，时间偏移的目的是产生成像而不是产生地质上有效的速度场。深度偏移采用的是层速度场，即地球地质模型。所用的层速度是实际地球速度的平均，平均运算一般是对一些特征距离（如波长）等进行。这就使得深度偏移能比时间偏移更精确地模拟地下的地震波特性，把深度偏移，尤其是叠前深度偏移用作一种速度估算工具。

然而，深度偏移估算速度已成为地球物理学家面临的重大难题之一，叠前深度偏移没有达到人们所期望的速度估算精度和可靠性。在石油工业界定位钻探构造目的层时，在水平和垂直方向上仍受到不闭合的困扰。没有考虑速度各向异性是问题存在的原因之一，改善速度各向异性的估算有可能改善深度偏移的效果。如果速度估算正确，深度偏移应该能够产生精确定位的构造成像。总体来说，时间偏移与深度偏移都能适应非水平层状的地质构造（马在田，2002），但它们对速度模型的适应程度是不同的。时间偏移只有在速度横向变化不大的情况下才是准确的。如果速度的横向变化很大，则时间的偏移的结果是不正确的，这时需要进行深度偏移。其原因在于深度偏移对速度模型的精度要求远比时间偏移对速度模型的要求要高，深度偏移更依赖于速度模型，如果速度模型不正确，则深度偏移结果不但位置不正确，而且一般成像质量远不如时间偏移，尽管这时取得的时间偏移的位置和构造形态是不正确的。因此，在进行深度偏移前一定要提取正确的速度模型。

2. 各向异性时间偏移

在时间偏移中，如果各向异性存在，用各向同性算法成像，Alkhalifah 和 Larner（1994）通过模型验证得出：在叠后时间偏移剖面上，倾斜反射层在横向上定位有误差，定位误差是平均上覆各向异性非椭圆率、反射层倾角和各向异性上覆厚度的函数；绕射没有完全收敛，在角上有绕射尾巴。Alkhalifah 和 Tsvankin（1995）进一步给出如下结论：在极化各向异性介质中，所有 P 波的时间域处理可以只用两个成像参数（水平层的时差速度和非椭圆率）来实现。这个结论为工业界应用带来方便。

3. 各向异性深度偏移成像

在各向异性介质条件下，采用传统各向同性的深度偏移算法会引起偏移误差。在各向同性介质条件下，为使地震波更好地成像，把注意力集中在弹性参数（P 波速度、S 波速度）的计算上。但在 1986 年 Thomsen 就指出，由于地球介质存在各向异性，这种计算存在很大的误差。Martin、Ehinger 和 Rasolofosaon（1992）给出了这方面的例证：用各向同性算法对 TI 介质的物理模型数据进行构造成像会产生误差，尤其在陡倾角情况下误差更大。Larner（1993）、Alkhalifah（1994）、Isaac 和 Lawton（1999）分析了横向各向异性介质对常规偏移结果的影响。

由于各向异性的普遍存在，许多学者提出了 TI 介质的深度成像方法：Meadows、Coen 和 Liu（1987）将均匀介质的 Stolt 成像方法扩展到椭圆各向异性介质上；Uren、Gardner 和 McDonald（1990）提出了均匀 TI 介质 2D 叠后 Stolt 偏移方法；Gonzalez、Lynn 和 Robinson（1991）研究了横向各向同性介质中波场的频率波数域（F-K）叠前偏移；Kitchenside（1991）研究了各向异性介质中相移法偏移，在 1993 年又提出均匀 TI 介质 2D 偏移算法——Fourier 域的波场外推算子应用到了频率空间域；Meadows 和 Abriel（1994）提出了均匀 TI 介质的相移 3D 相移时间算法。Le Rousseeau（1997）、Ferguson 和 Margrave（1998）提出了非均匀的 TI 介质深度成像非稳相移方法（对观测系统有限制），Ferguson 和 Margrave（2002）对此方法又做了进一步改进，使其适应性更强，提出了对称非稳相移方法；Sena 和 Toksoz（1993）、Hokstad（1998）研究了各向异性波的克希霍夫偏移；Alkhalifah（1995）实现了各向异性波的高斯束深度偏移（GBM 方法）；Ristow（1998）研究了方位各向异性介质的三维有限差分偏移；Uzcategui（1995）采用显示算子实现了横向各向同性介质的二维深度偏移。在 TI 介质中利用声波近似，Le Rousseeau（2001）将标量波的广义屏算子应用到 VTI 介质成像上，解决了非均匀各向异性介质成像问题。

以上这些深度成像方法都严格地限制在 TI 介质上，并都有一定的假设条件。Meadows 和 Abriel（1994）、Kitchenside（1991）和 Gonzalez（1991）都是假设均匀 TI 介质；Meadows 等（1987）是假设椭圆各向异性；Sena 和 Toksoz（1993）是假设弱各向异性；Uzcategui（1995）的深度偏移方法满足于 VTI 介质；Le Rousseau（1997）、Ferguson 和 Margrave（1998）对观测系统提出一定的限制；Le Rousseau（2001）虽能利用广义屏算子解决非均匀 TI 介质成像，但只是给出了广义屏的一阶近似。通过对以上各向异性成像方法的调研，在各向异性成像方法方面还有许多问题需要探讨与研究：各向异性介质中相速度与群速度表征；频散关系的建立；均匀各向异性弹性波成像算子的求取；非均匀各向异性介质成像问题等。

#### 1.3.2.5 各向异性速度建模

速度建模是偏移成像的核心环节，速度模型不准确，再先进的偏移方法都无法得到准确的成像结果。现阶段，各向异性偏移成像方法发展迅速，包括射线类和波动类，都有针对各向异性的成熟偏移理论和商业软件模块，然而，各向异性速度建模发展相对滞后，虽然各大商业软件都有各向异性速度建模模块，但是每个软件的建模思路和建模方法相差巨大，可谓“仁者见仁，智者见智”，并没有一套认可度较高的各向异性速度建模流程，这种现象也加大了各向异性速度建模的难度。

Thomsen（1986）利用 Thomsen 参数描述弱各向异性介质模型，简化了 VTI 介质的参数数量。层析的实现域有两种，一种是在未偏移的时间域中通过拟合观测旅行时反演参数，另一种是在深度成像域中拉平 CIG 道集来实现，各向异性建模采用后者（Bishop，1985；Billette，1998；Zhou H，2003）。Woodward（2008）对用于深度域成像速度建模的反射层析进行了详尽的阐述。Tsvankin（1995）认为速度和各向异性参数对地震波旅行时的影响相互耦合，反演很可能存在多解性。Grechka（2001）证实，即使对于层状地质模型，层析反演所估算的各向异性参数仍然不是唯一解。因此各向异性层析最大的挑战之一是速度与各向异性参数之间的耦合。Zhou（2003）将速度固定，仅反演各向异性参数 $\varepsilon$、$\delta$ 或 NMO 速度、$\eta$。Bakulin（2009）利用井数据通过局部各向异性层析估算 VTI 介质参数，随后对层析方程进行正则化来约束层析更新的形态（Bakulin，2010），使更新模型与地下构造更吻合。

# 2 各向异性介质弹性波基本理论

地球介质实际上是一种非均匀、非完全弹性、各向异性、多相态的介质。地震学理论是以地球介质为研究对象，通过地震波正演和反演进一步研究地球介质的结构和组分，在其理论发展过程中紧紧地和地球模型联系在一起的，有什么样的地球模型就有什么样的地震学理论。地震学理论正是由简单的波动理论向真实地球介质波动理论步步逼近的过程，所建立的理论地球介质模型和实际地球介质越接近，以此为基础的地震学理论适应范围也越广，所描述的问题就越全面，随之而来的是造成定解问题复杂、求解困难。地震波理论属于地震学的范畴，地震波理论与弹性波理论在本质上是一致的。本章主要介绍各向异性弹性波传播的基本理论，这些内容为后续的各向异性研究奠定了理论基础。

## 2.1 各向异性介质弹性波方程

各向异性介质弹性波波动方程是研究地震各向异性的理论基础，是研究地震波传播规律的根本出发点。弹性动力学问题涉及的物体都是弹性的，即物体在外力的作用下产生的变形属于弹性变形，外力撤销后，变形消失。地震波传播所依赖的介质变形可归结为弹性变形，属于弹性动力学的范畴。弹性动力学提供的三个基本方程分别为本构方程（Hooke's Law 方程）、运动微分方程（Navier 方程）、几何方程（Cauchy 方程），它们是描述弹性介质内部质点的位移、应力和应变之间相互联系的普遍规律，是建立各向异性弹性波动方程的基础。

### 2.1.1 本构方程

本构方程描述的是应力与应变之间的关系，它反映了介质所固有的物理性质，是在弹性范围内基于 Green 弹性和 Cauchy 弹性确立的。本构方程的一般表达式为：

$$\sigma_{ij} = C_{ijkl}e_{kl} \tag{2-1}$$

式（2-1）又称为广义虎克定律，描述的是在弹性形变范围内应力与应变的关系是一种线性关系。$\sigma_{ij}$是应力张量，$e_{kl}$ 是应变张量，$C_{ijkl}$是刚度张量，又称弹性矩阵，其元素称为弹性刚度常数，简称弹性常数，每个下标（$i$, $j$, $k$, $l$）的取值范围为 1、2、3，每个应力和应变张量有 9 个分量，这样组成的刚度张量有 81 个分量。在 Hooke 定律公式中，每个下标（$i$, $j$, $k$, $l$）的取值范围为 1、2、3，分别代表 $x$、$y$、$z$ 三个坐标轴的方向。应力

单位是 $N/m^2$，即单位面积上所受的力，严格地说它不是一种力，是压强；应变是无量纲的量，因此刚度张量分量的单位是 $N/m^2$。地震波在地球介质中传播，除了在震源附近发生非线性形变外，都可用线性微分方程来描述。

根据应变张量的对称性，只有六个分量是独立的。

$$e_{kl} = e_{lk} = \frac{1}{2}\left(\frac{\partial u_k}{\partial x_l} + \frac{\partial u_l}{\partial x_k}\right) \tag{2-2}$$

应力是作用于单位截面积上平衡的面力，与平衡物体的内力有关，不包括非平衡力和扭转力。因此，应力张量也是对称的，只有六个独立分量。

$$\sigma_{ij} = \sigma_{ji} \tag{2-3}$$

根据应力、应变张量的对称性，可以证明刚度张量 $C_{ijkl}$ 有如下的对称性：

$$C_{ijlk} = C_{ijkl} \tag{2-4}$$

$$C_{jikl} = C_{ijkl} \tag{2-5}$$

由于式（2-4）、式（2-5）所示的两种对称性，弹性刚度张量由 81 个分量减为 36 个分量。另外，由弹性固体的应变能函数的存在，$C_{ijkl}$ 的独立弹性常数由 36 个减到 21 个。

$$E_{\text{potential}} = \frac{1}{2}C_{ijkl}e_{ij}e_{kl} \tag{2-6}$$

这是描述极端各向异性介质弹性刚度张量所需的弹性常数个数。当介质的对称性增加，存在对称轴和对称面时，描述弹性介质所需的弹性常数还会进一步减少。

通常广义虎克定律可写成矩阵方程的形式，表示应力与应变的关系，弹性刚度系数矩阵是 6×6 的对称矩阵，其元素带 4 个下标。

$$\begin{bmatrix}\sigma_{11}\\ \sigma_{22}\\ \sigma_{33}\\ \sigma_{23}\\ \sigma_{31}\\ \sigma_{12}\end{bmatrix} = \begin{bmatrix} C_{1111} & C_{1122} & C_{1133} & C_{1123} & C_{1113} & C_{1112}\\ C_{2211} & C_{2222} & C_{2233} & C_{2223} & C_{2213} & C_{2212}\\ C_{3311} & C_{3322} & C_{3333} & C_{3323} & C_{3313} & C_{3312}\\ C_{2311} & C_{2322} & C_{2333} & C_{2323} & C_{2313} & C_{2312}\\ C_{1311} & C_{1322} & C_{1333} & C_{1323} & C_{1313} & C_{1312}\\ C_{1211} & C_{1222} & C_{1233} & C_{1223} & C_{1213} & C_{1212}\end{bmatrix}\begin{bmatrix}e_{11}\\ e_{22}\\ e_{33}\\ 2e_{23}\\ 2e_{31}\\ 2e_{12}\end{bmatrix} \tag{2-7}$$

这个系统还可以写成 Voigt 矩阵形式，弹性刚度矩阵元素带有 2 个下标，即：$C_{ijkl} = c_{mn}$ $(m,n = 1,2,\cdots,6)$，其对应关系如下：$11 \to 1$，$22 \to 2$，$33 \to 3$，23 和 $32 \to 4$，13 和 $31 \to 5$，12 和 $21 \to 6$。

$$\begin{bmatrix}\sigma_{11}\\ \sigma_{22}\\ \sigma_{33}\\ \sigma_{23}\\ \sigma_{31}\\ \sigma_{12}\end{bmatrix} = \begin{bmatrix} c_{11} & c_{12} & c_{13} & c_{14} & c_{15} & c_{16}\\ c_{21} & c_{22} & c_{23} & c_{24} & c_{25} & c_{26}\\ c_{31} & c_{32} & c_{33} & c_{34} & c_{35} & c_{36}\\ c_{41} & c_{42} & c_{43} & c_{44} & c_{45} & c_{46}\\ c_{51} & c_{52} & c_{53} & c_{54} & c_{55} & c_{56}\\ c_{61} & c_{62} & c_{63} & c_{64} & c_{65} & c_{66}\end{bmatrix}\begin{bmatrix}\varepsilon_{11}\\ \varepsilon_{22}\\ \varepsilon_{33}\\ \varepsilon_{23}\\ \varepsilon_{31}\\ \varepsilon_{12}\end{bmatrix} \tag{2-8}$$

式（2－8）可写成简化为：

$$\boldsymbol{\sigma} = \boldsymbol{C} \cdot \boldsymbol{\varepsilon} \tag{2-9}$$

其中：

$$\boldsymbol{\sigma} = (\sigma_{11}, \sigma_{22}, \sigma_{33}, \sigma_{23}, \sigma_{31}, \sigma_{12})^{\mathrm{T}} \tag{2-10}$$

$$\boldsymbol{\varepsilon} = (\varepsilon_{11}, \varepsilon_{22}, \varepsilon_{33}, \varepsilon_{23}, \varepsilon_{31}, \varepsilon_{12})^{\mathrm{T}} \tag{2-11}$$

$$\boldsymbol{C} = \begin{bmatrix} c_{11} & c_{12} & c_{13} & c_{14} & c_{15} & c_{16} \\ c_{21} & c_{22} & c_{23} & c_{24} & c_{25} & c_{26} \\ c_{31} & c_{32} & c_{33} & c_{34} & c_{35} & c_{36} \\ c_{41} & c_{42} & c_{43} & c_{44} & c_{45} & c_{46} \\ c_{51} & c_{52} & c_{53} & c_{54} & c_{55} & c_{56} \\ c_{61} & c_{62} & c_{63} & c_{64} & c_{65} & c_{66} \end{bmatrix} \tag{2-12}$$

显然矩阵 $\boldsymbol{C}$ 也是对称矩阵，矩阵 $\boldsymbol{C}$ 的逆矩阵 $\boldsymbol{A} = \boldsymbol{C}^{-1}$ 称为柔度矩阵。式（2－9）即为常用的本构方程。

### 2.1.2 运动微分方程

当弹性物体受到非零外力时，该外力要转化为物体内的应力，并使弹性介质内部发生应变和位移，形成弹性波场。弹性介质的应力、应变和位移以及能量都是动态的运动过程。在微分体积元尺度下，弹性波场的这种动态变化可以用牛顿第二定律描述，由此可以建立运动微分方程：

$$\rho \frac{\partial^2}{\partial t^2}\boldsymbol{U} = \boldsymbol{L\sigma} + \rho \boldsymbol{F} \tag{2-13}$$

式中，$\rho$ 为介质密度；$t$ 为时间变量；$\boldsymbol{U} = (u_x, u_y, u_z)^{\mathrm{T}}$ 为位移矢量；$\boldsymbol{F} = (f_x, f_y, f_z)^{\mathrm{T}}$ 为单位质量元素上的体力向量；$\boldsymbol{\sigma}$ 为应力向量；$\boldsymbol{L}$ 为偏导数算子矩阵：

$$\boldsymbol{L} = \begin{bmatrix} \frac{\partial}{\partial x} & 0 & 0 & 0 & \frac{\partial}{\partial z} & \frac{\partial}{\partial y} \\ 0 & \frac{\partial}{\partial y} & 0 & \frac{\partial}{\partial z} & \frac{\partial}{\partial x} & 0 \\ 0 & 0 & \frac{\partial}{\partial z} & \frac{\partial}{\partial y} & \frac{\partial}{\partial x} & 0 \end{bmatrix} \tag{2-14}$$

### 2.1.3 几何方程

几何方程描述的是位移与应变之间的关系，其表达式为：

$$\varepsilon = \boldsymbol{L}^{\mathrm{T}}\boldsymbol{U} \tag{2-15}$$

式中，$\varepsilon$ 为应变向量；$\boldsymbol{U}$ 为位移矢量；$\boldsymbol{L}^{\mathrm{T}}$ 为偏导数算子矩阵 $\boldsymbol{L}$ 的转置，可以写成下标形式：

$$\varepsilon_{kl} = \frac{1}{2}\left(\frac{\partial u_k}{\partial x_l} + \frac{\partial u_l}{\partial x_k}\right) \tag{2-16}$$

### 2.1.4 各向异性介质波动方程

根据弹性动力学原理提供的本构方程、运动微分方程和几何方程，可进一步建立一般各向异性介质弹性波的波动方程：

$$\rho\frac{\partial^2}{\partial t^2}\boldsymbol{U} = \boldsymbol{L}(\boldsymbol{C}\,\boldsymbol{L}^{\mathrm{T}}\boldsymbol{U}) + \rho\boldsymbol{F} \tag{2-17}$$

式（2-17）还可写成下标形式：

$$\rho\frac{\partial u_i}{\partial t^2} - C_{ijkl}\frac{\partial u_k}{\partial x_j \partial x_l} = \rho f_i \tag{2-18}$$

式（2-17）和式（2-18）即为以位移表示的一般各向异性介质弹性波的波动方程，详尽描述了均匀各向异性完全弹性介质中各质点在不同时刻的位移情况和弹性波在该介质中的传播规律，再配以确定的初始条件和边界条件，便可构成特定的地震波动力学问题。弹性波波动方程是根据本构方程、几何方程和运动微分方程的内在联系综合导出的，本构方程、几何方程和运动微分方程都各自具有明确的物理意义。

### 2.1.5 各向异性介质弹性波 Christoffel 方程

一般各向异性介质弹性波方程是很复杂的，各向异性介质地震波传播特征在很多方面不同于各向同性的地震波。Christoffel 方程是由波动方程导出的，用以研究地震波的传播特征：相速度和群速度等，在地震波理论研究与实际应用中起着非常重要的作用。弹性波场的规律特点本质体现在速度场的规律特点上（牛滨华，2002），通过速度场中时间与空间、运动学与动力学的分析研究，实现研究地震波场的分布特点和规律，进而认识地球介质构造和物性分布。所以速度是研究地震波传播规律和描述介质特性的重要参数，是弹性波传播理论中的核心内容。本节根据弹性波方程推导 Christoffel 方程及其解的一般形式。

根据弹性波方程式（2-17）推导 Christoffel 方程的一般形式，也适用于特定的各向异性介质。为了研究弹性波的传播特征，去掉式（2-17）的体力项，方程变为：

$$\rho\frac{\partial^2}{\partial t^2}\boldsymbol{U} = \boldsymbol{L}(\boldsymbol{C}\,\boldsymbol{L}^{\mathrm{T}}\boldsymbol{U}) \tag{2-19}$$

弹性波方程式（2-19）的平面波解为：

$$\boldsymbol{U} = \boldsymbol{P}\exp[ik(\boldsymbol{n}\cdot\boldsymbol{x} - vt)] \tag{2-20}$$

式中，$\boldsymbol{U} = (u_x, u_y, u_z)^{\mathrm{T}}$ 为位移矢量；$\boldsymbol{x} = (x, y, z)^{\mathrm{T}}$ 为位置矢量；$\boldsymbol{n} = (n_x, n_y, n_z)^{\mathrm{T}}$ 为波的传播方向；$v$ 为平面波传播的速度即相速度；$k = \frac{\omega}{v}$ 为波数；$t$ 为时间；$\boldsymbol{P} = (p_x, p_y, p_z)^{\mathrm{T}}$ 为波的偏振方向，在波前满足 $\boldsymbol{n}\cdot\boldsymbol{x} - vt = const$。

将平面波解式（2-20）代入波动方程式（2-19）中，则有

$$\begin{bmatrix} \Gamma_{11}-\rho v^2 & \Gamma_{12} & \Gamma_{13} \\ \Gamma_{21} & \Gamma_{22}-\rho v^2 & \Gamma_{23} \\ \Gamma_{31} & \Gamma_{32} & \Gamma_{33}-\rho v^2 \end{bmatrix}\begin{bmatrix} p_x \\ p_y \\ p_z \end{bmatrix}=0 \tag{2-21}$$

其中：

$$\Gamma_{11}=c_{11}n_x^2+c_{66}n_y^2+c_{55}n_z^2+2c_{56}n_yn_z+2c_{15}n_zn_x+2c_{16}n_xn_y$$

$$\Gamma_{12}=c_{16}n_x^2+c_{26}n_y^2+c_{45}n_z^2+(c_{25}+c_{46})n_yn_z+(c_{14}+c_{56})n_zn_x+(c_{12}+c_{66})n_xn_y$$

$$\Gamma_{13}=c_{15}n_x^2+c_{46}n_y^2+c_{35}n_z^2+(c_{45}+c_{36})n_yn_z+(c_{13}+c_{55})n_zn_x+(c_{14}+c_{56})n_xn_y$$

$$\Gamma_{21}=c_{16}n_x^2+c_{26}n_y^2+c_{45}n_z^2+(c_{25}+c_{46})n_yn_z+(c_{14}+c_{56})n_zn_x+(c_{12}+c_{66})n_xn_y$$

$$\Gamma_{22}=c_{66}n_x^2+c_{22}n_y^2+c_{44}n_z^2+2c_{24}n_yn_z+2c_{46}n_zn_x+2c_{26}n_xn_y$$

$$\Gamma_{23}=c_{56}n_x^2+c_{24}n_y^2+c_{34}n_z^2+(c_{23}+c_{44})n_yn_z+(c_{36}+c_{45})n_zn_x+(c_{25}+c_{46})n_xn_y$$

$$\Gamma_{31}=c_{15}n_x^2+c_{46}n_y^2+c_{35}n_z^2+(c_{36}+c_{45})n_yn_z+(c_{13}+c_{55})n_zn_x+(c_{14}+c_{56})n_xn_y$$

$$\Gamma_{32}=c_{56}n_x^2+c_{24}n_y^2+c_{34}n_z^2+(c_{23}+c_{44})n_yn_z+(c_{36}+c_{45})n_zn_x+(c_{25}+c_{46})n_xn_y$$

$$\Gamma_{33}=c_{55}n_x^2+c_{44}n_y^2+c_{33}n_z^2+2c_{34}n_yn_z+3c_{35}n_zn_x+2c_{45}n_xn_y$$

式中，$\boldsymbol{\Gamma}$ 是 Christoffel 矩阵，其矩阵元素 $\Gamma_{ij}$ 与介质的弹性参数、波的传播方向有关。根据弹性矩阵的对称性，Christoffel 矩阵也是对称的，即 $\Gamma_{12}=\Gamma_{21}$，$\Gamma_{13}=\Gamma_{31}$，$\Gamma_{23}=\Gamma_{32}$，式（2－21）就是著名的 Kelvin-Christoffel 方程。从数学角度讲，Christoffel 方程描述的是本征值问题，为使波的偏振矢量 $\boldsymbol{P}$ 有非零解，就需要使 Christoffel 矩阵行列式为零，即：

$$\det\begin{bmatrix} \Gamma_{11}-\rho v^2 & \Gamma_{12} & \Gamma_{13} \\ \Gamma_{21} & \Gamma_{22}-\rho v^2 & \Gamma_{23} \\ \Gamma_{31} & \Gamma_{32} & \Gamma_{33}-\rho v^2 \end{bmatrix}=0 \tag{2-22}$$

式（2－22）是 Kelvin-Christoffel 方程的另一种表示形式，它是关于 $\rho v^2$ 的一元三次方程。在各向异性介质中，给定任意传播方向，Christoffel 方程会产生三个可能的相速度根，分别对应 P 波和两个 S 波。因此，S 波通过各向异性介质时会产生横波分裂现象，两个 S 波分别以不同的相速度和偏振方向传播。在特定方向上，分裂的 S 波的相速度是一致的，以相同的相速度传播，这时又会产生 S 波奇异性（shear-wave singularities）（Crampin，1991；Helbig，1991；Tsvankin，2001）。在各向同性介质中，两个 S 波以相同的相速度和偏振方向传播。由于 Christoffel 矩阵是实的对称矩阵，三个本征值对应的偏振矢量 $\boldsymbol{P}$ 是相互正交的。除了特定的传播方向外，偏振矢量 $\boldsymbol{P}$ 和传播方向 $\boldsymbol{n}$ 既不平行也不垂直，即在各向异性介质中没有纯 P 波和纯 S 波。由于这个原因，各向异性波动理论称弹性波为 quasi-P 波、quasi-S1 和 quasi-S2 波。

由式（2－22）可知，Christoffel 方程是关于波动方程相速度 $\rho v^2$ 的三次方程，一元三次方程根有显式的解析表达式，由此可得出极端各向异性介质相速度的显式表达式（Tsvankin，2001）。将 Christoffel 式（2－22）变换表示形式，令：

$$\begin{aligned} x &= \rho v^2 \\ a &= -(\Gamma_{11} + \Gamma_{22} + \Gamma_{33}) \\ b &= \Gamma_{11}\Gamma_{22} + \Gamma_{11}\Gamma_{33} + \Gamma_{22}\Gamma_{33} - \Gamma_{12}^2 - \Gamma_{13}^2 - \Gamma_{23}^2 \\ c &= \Gamma_{11}\Gamma_{23}^2 + \Gamma_{22}\Gamma_{13}^2 + \Gamma_{33}\Gamma_{12}^2 - \Gamma_{11}\Gamma_{22}\Gamma_{33} - 2\Gamma_{12}\Gamma_{13}\Gamma_{23} \end{aligned} \tag{2-23}$$

将式（2－23）代入式（2－22）得：

$$x^3 + ax^2 + bx + c = 0 \tag{2-24}$$

为方便求解，设一个中间变量 $x = y - \frac{a}{3}$，以去掉式（2－24）中的二次项得到如下的方程：

$$y^3 + dy + q = 0 \tag{2-25}$$

其中：

$$\begin{cases} d = -\dfrac{a^2}{3} + b \\ q = 2\left(\dfrac{a}{3}\right)^3 - \dfrac{ab}{3} + c \end{cases} \tag{2-26}$$

由于 Christoffel 矩阵是实的对称矩阵，式（2－25）的系数 $d$ 是负数。因此，当 $Q = \left(\frac{d}{3}\right)^3 + \left(\frac{q}{2}\right)^2 \leqslant 0$ 成立时，式（2－25）的根是实数根。这时方程的解可以表示为：

$$y_{1,2,3} = 2\sqrt{\frac{-d}{3}}\cos\left(\frac{\beta}{3} + k\frac{2\pi}{3}\right) \tag{2-27}$$

式中，$k = 0,1,2$；$\beta = -\dfrac{q}{2\sqrt{\left(\frac{-d}{3}\right)^3}}$，$0 \leqslant \beta \leqslant \pi$。由式（2－27）得出一般各向异性介质的相速度的表达式：

$$\rho v^2 = y - \frac{a}{3} \tag{2-28}$$

由式（2－28）可知，当 $k = 0$ 时，方程有最大根对应着 P 波的相速度；当 $k = 1,2$ 时，方程的两个根对应着分裂 S 波的相速度。

## 2.2 各向异性介质的对称性

### 2.2.1 晶体对称性

各向异性和非均匀性是密切相关的两个概念。广义上讲，当材料的物理特性在同一点处随方向发生变化时，则认为材料是各向异性的，而当材料的物理特性在相同的方向测量时随位置发生变化，则材料被认为是非均匀的。所有的各向异性都起源于非均匀性，而且各种非均匀性在某一尺度上也是各向异性的。因此，非均匀性的尺度是非常重要的，在地球物理研究中，地震各向异性指的是在地震波长的尺度上任何包含内部结构（如晶体或排列的裂缝）的均匀性材料，其弹性特性随方向发生变化。

对于纯粹的弹性固体（如晶体），其特性变化可由各向异性弹性常数的四阶张量来充分描述。地震学家对地震各向异性也是采用类似各向异性弹性常数来描述。那么，一般各向异性有那些呢？根据晶体矿物学中对晶体矿物的分类体系，地震学家按地球介质中波动物理可实现的对称性，对弹性各向异性介质做出了相应的描述。物理上可实现的各向异性对称系统有 8 个，即三斜晶系、单斜晶系、正交晶系、正方晶系、三方晶系、六方晶系、立方晶系和各向同性晶系。根据对称性的不同，这 8 个系统又可分为 32 个晶体对称类。对称性指的是一种材料进行物理上或概念上的变换后仍保留变换前的情况。这些变换主要有旋转、反射、反演、旋转反演和旋转反射，其最基本的对称性变换是旋转和反射、其他的都可由简单的组合旋转和反射而成。一个旋转对称性指的是保留晶体为对称时的最小旋转角度。

### 2.2.2 各向异性介质分类

地球介质各向异性是普遍存在的。根据晶体矿物学中对晶体对称性的分类体系，地震学家按地球介质中波动物理可实现的对称性，将实际地球介质各向异性基本对称性分为 10 类（Crampin，1989），下面给出各类地球介质在本构坐标系下的弹性常数矩阵的分布情况（图 2－1）。

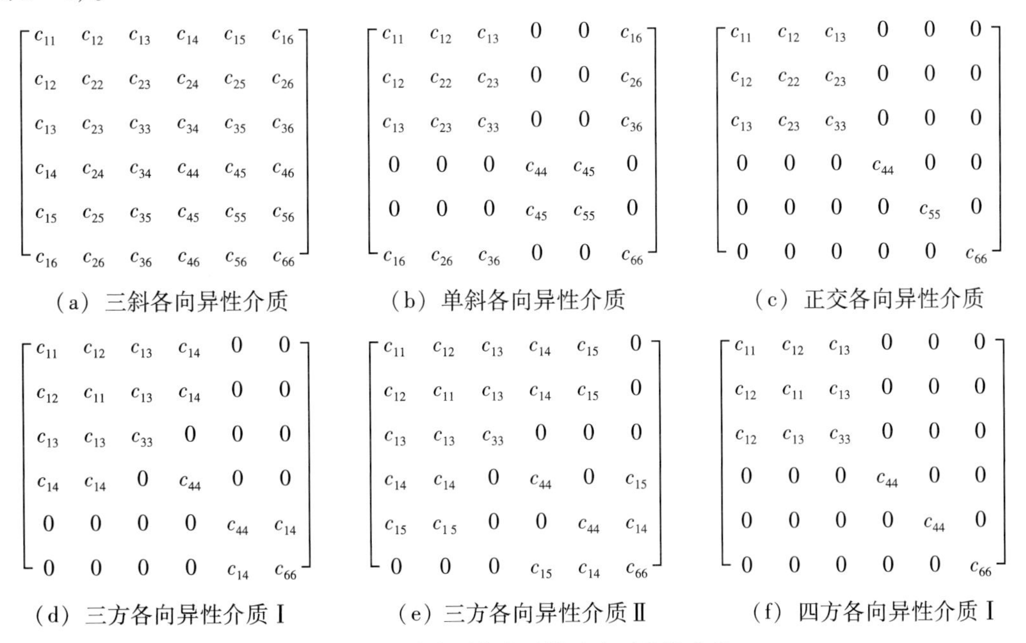

$$\begin{bmatrix} c_{11} & c_{12} & c_{13} & c_{14} & c_{15} & c_{16} \\ c_{12} & c_{22} & c_{23} & c_{24} & c_{25} & c_{26} \\ c_{13} & c_{23} & c_{33} & c_{34} & c_{35} & c_{36} \\ c_{14} & c_{24} & c_{34} & c_{44} & c_{45} & c_{46} \\ c_{15} & c_{25} & c_{35} & c_{45} & c_{55} & c_{56} \\ c_{16} & c_{26} & c_{36} & c_{46} & c_{56} & c_{66} \end{bmatrix}$$

（a）三斜各向异性介质

$$\begin{bmatrix} c_{11} & c_{12} & c_{13} & 0 & 0 & c_{16} \\ c_{12} & c_{22} & c_{23} & 0 & 0 & c_{26} \\ c_{13} & c_{23} & c_{33} & 0 & 0 & c_{36} \\ 0 & 0 & 0 & c_{44} & c_{45} & 0 \\ 0 & 0 & 0 & c_{45} & c_{55} & 0 \\ c_{16} & c_{26} & c_{36} & 0 & 0 & c_{66} \end{bmatrix}$$

（b）单斜各向异性介质

$$\begin{bmatrix} c_{11} & c_{12} & c_{13} & 0 & 0 & 0 \\ c_{12} & c_{22} & c_{23} & 0 & 0 & 0 \\ c_{13} & c_{23} & c_{33} & 0 & 0 & 0 \\ 0 & 0 & 0 & c_{44} & 0 & 0 \\ 0 & 0 & 0 & 0 & c_{55} & 0 \\ 0 & 0 & 0 & 0 & 0 & c_{66} \end{bmatrix}$$

（c）正交各向异性介质

$$\begin{bmatrix} c_{11} & c_{12} & c_{13} & c_{14} & 0 & 0 \\ c_{12} & c_{11} & c_{13} & c_{14} & 0 & 0 \\ c_{13} & c_{13} & c_{33} & 0 & 0 & 0 \\ c_{14} & c_{14} & 0 & c_{44} & 0 & 0 \\ 0 & 0 & 0 & 0 & c_{44} & c_{14} \\ 0 & 0 & 0 & 0 & c_{14} & c_{66} \end{bmatrix}$$

（d）三方各向异性介质 Ⅰ

$$\begin{bmatrix} c_{11} & c_{12} & c_{13} & c_{14} & c_{15} & 0 \\ c_{12} & c_{11} & c_{13} & c_{14} & c_{15} & 0 \\ c_{13} & c_{13} & c_{33} & 0 & 0 & 0 \\ c_{14} & c_{14} & 0 & c_{44} & 0 & c_{15} \\ c_{15} & c_{15} & 0 & 0 & c_{44} & c_{14} \\ 0 & 0 & 0 & c_{15} & c_{14} & c_{66} \end{bmatrix}$$

（e）三方各向异性介质 Ⅱ

$$\begin{bmatrix} c_{11} & c_{12} & c_{13} & 0 & 0 & 0 \\ c_{12} & c_{11} & c_{13} & 0 & 0 & 0 \\ c_{12} & c_{13} & c_{33} & 0 & 0 & 0 \\ 0 & 0 & 0 & c_{44} & 0 & 0 \\ 0 & 0 & 0 & 0 & c_{44} & 0 \\ 0 & 0 & 0 & 0 & 0 & c_{66} \end{bmatrix}$$

（f）四方各向异性介质 Ⅰ

图 2－1　地球介质各向异性基本对称性分类

$$\begin{bmatrix} c_{11} & c_{12} & c_{13} & 0 & 0 & c_{16} \\ c_{12} & c_{11} & c_{13} & 0 & 0 & c_{16} \\ c_{13} & c_{13} & c_{33} & 0 & 0 & 0 \\ 0 & 0 & 0 & c_{44} & 0 & 0 \\ 0 & 0 & 0 & 0 & c_{44} & 0 \\ c_{16} & c_{16} & 0 & 0 & 0 & c_{66} \end{bmatrix}$$

（g）四方各向异性介质Ⅱ

$$\begin{bmatrix} c_{11} & c_{12} & c_{12} & 0 & 0 & 0 \\ c_{12} & c_{11} & c_{12} & 0 & 0 & 0 \\ c_{12} & c_{12} & c_{11} & 0 & 0 & 0 \\ 0 & 0 & 0 & c_{44} & 0 & 0 \\ 0 & 0 & 0 & 0 & c_{44} & 0 \\ 0 & 0 & 0 & 0 & 0 & c_{44} \end{bmatrix}$$

（h）六方各向异性介质（TI 介质）

$$\begin{bmatrix} c_{11} & c_{12} & c_{13} & 0 & 0 & 0 \\ c_{12} & c_{11} & c_{13} & 0 & 0 & 0 \\ c_{13} & c_{13} & c_{33} & 0 & 0 & 0 \\ 0 & 0 & 0 & c_{44} & 0 & 0 \\ 0 & 0 & 0 & 0 & c_{44} & 0 \\ 0 & 0 & 0 & 0 & 0 & c_{66} \end{bmatrix}$$

$$c_{66} = (c_{11} - c_{12})/2$$

（i）六方各向异性介质

$$\begin{bmatrix} c_{11} & c_{12} & c_{12} & 0 & 0 & 0 \\ c_{12} & c_{11} & c_{12} & 0 & 0 & 0 \\ c_{12} & c_{12} & c_{11} & 0 & 0 & 0 \\ 0 & 0 & 0 & c_{44} & 0 & 0 \\ 0 & 0 & 0 & 0 & c_{44} & 0 \\ 0 & 0 & 0 & 0 & 0 & c_{44} \end{bmatrix}$$

$$c_{44} = (c_{11} - c_{12})/2$$

（j）各向同性介质

图 2-1　地球介质各向异性基本对称性分类（续）

对波的传播而言，具有物理意义的各向异性对称系统是按照镜像对称平面的排列来分类的。一般而言，单斜对应有一个对称平面，正交对应有三个相互正交的对称平面，三方对应有三个对称平面。四方、三方和立方分别都有各自的对称平面，只有三斜对称没有对称平面，而六方对称实际上是横向各向同性的。需要指出的是，尽管以上只是针对刚度张量而言的，但同样也可以用于屈度张量。屈度张量与刚度张量具有相同的对称特性，不过屈度常数上的约束并不总是与刚度常数上的约束相同。

### 2.2.3　常见的各向异性介质

地下介质是各向异性的，在勘探地震中各向异性主要体现在地震波速度随传播方向发生变化、体波间的相互耦合、横波发生分裂、地震波速度频散依赖于传播方向。究其成因，主要来源于三个方面：固有各向异性、裂隙诱导各向异性和长波长各向异性。固有各向异性主要指地下岩石晶体本身的定向排列及成岩过程中受外力颗粒定向分布引起的各向异性。由于地壳岩石易受到构造应力场的作用而产生定向排列的裂隙或裂缝，现在普遍认为地壳中大多数岩石中存在定向排列的流体充填的裂隙，可广泛引起横波分裂，地震波在裂隙岩石中的传播相当于在均匀弹性各向异性固体中的传播，可称此裂隙岩石具有等效各向异性。这种裂隙诱导的各向异性也被称为广泛扩容各向异性（EDA，extensive dilatancy anisotropy）。沉积地层中周期性的薄互层，单层的厚度小于地震波长的旋回性薄互层介质（PTL，period thin-layer），当地震波通过时会表现出长波长各向异性。

裂隙诱导各向异性和周期薄互层各向异性，经常被叫做横向各向同性介质（TI，transverse isotropy）。具有垂直对称轴的 TI 介质称为 VTI 介质（transverse isotropy with a vertical axis of symmetry），具有水平对称轴的 TI 介质称为 HTI 介质（transverse isotropy with a horizontal axis of symmetry），HTI 介质可以看成是 VTI 介质旋转 90°得到的。如果薄层中发育有定向裂隙组，并且裂隙面与薄层面正交，就会产生正交各向异性，即正交各向异性介质（orthorhombic anisotropy），也有人称之为 PTL + EDA 介质。以上三种各向异性岩层模型见图 2－2。

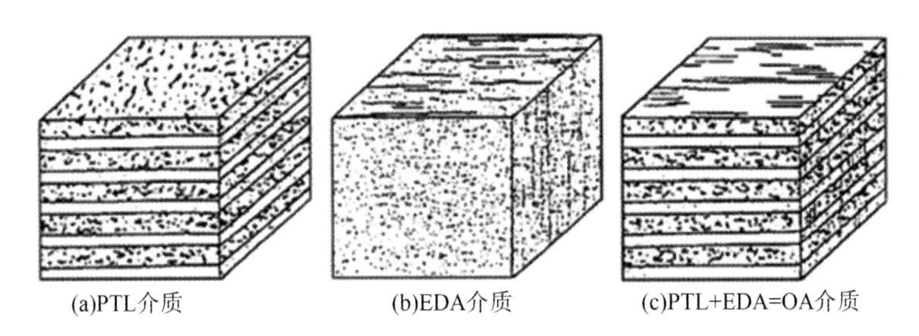


图 2－2　实际各向异性介质模型

### 2.2.3.1　各向同性介质

均匀各向同性（isotropy）岩石中，所有平面都是对称面，且弹性特性在所有方向都是相同的。目前勘探地震学理论都是基于各向同性介质模型，因为各向同性介质模型处理起来相对容易，并且也是实际中比较常见的，至少是层状介质模型的层间介质认为是各向同性的。各向同性表现为不含裂隙的固有各向同性、含随机分布裂隙的岩石、随机分布的晶体或颗粒的岩石。其弹性矩阵为：

$$C = \begin{bmatrix} c_{11} & c_{12} & c_{12} & 0 & 0 & 0 \\ c_{12} & c_{11} & c_{12} & 0 & 0 & 0 \\ c_{12} & c_{12} & c_{11} & 0 & 0 & 0 \\ 0 & 0 & 0 & c_{44} & 0 & 0 \\ 0 & 0 & 0 & 0 & c_{44} & 0 \\ 0 & 0 & 0 & 0 & 0 & c_{44} \end{bmatrix} \tag{2-29}$$

各向同性的弹性矩阵通常表示为熟悉的 Lame 系数 $\lambda$ 和 $\mu$ 形式：

$$C = \begin{bmatrix} \lambda+2\mu & \lambda & \lambda & 0 & 0 & 0 \\ \lambda & \lambda+2\mu & \lambda & 0 & 0 & 0 \\ \lambda & c_{12} & \lambda+2\mu & 0 & 0 & 0 \\ 0 & 0 & 0 & \mu & 0 & 0 \\ 0 & 0 & 0 & 0 & \mu & 0 \\ 0 & 0 & 0 & 0 & 0 & \mu \end{bmatrix} \tag{2-30}$$

### 2.2.3.2 横向各向同性介质

横向各向同性介质 TI 是具有柱对称轴的介质，根据其对称轴在空间定向是垂直还是水平又分别称为 VTI 介质（图 2－3）和 HTI 介质（图 2－4）。TI 介质弹性矩阵具有 5 个独立的弹性常数，VTI 介质弹性矩阵为：

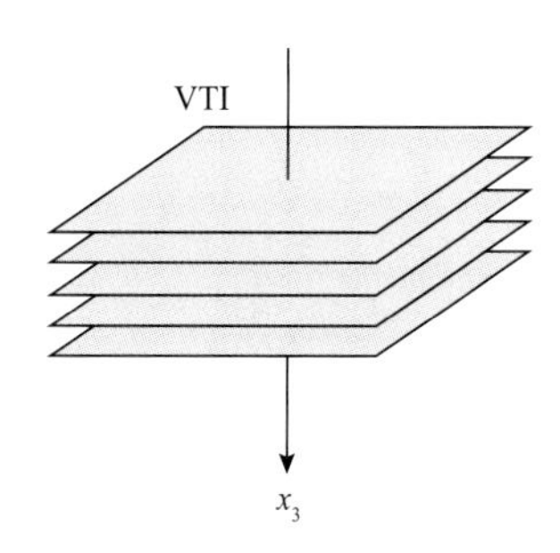


图 2－3 VTI 介质示意图

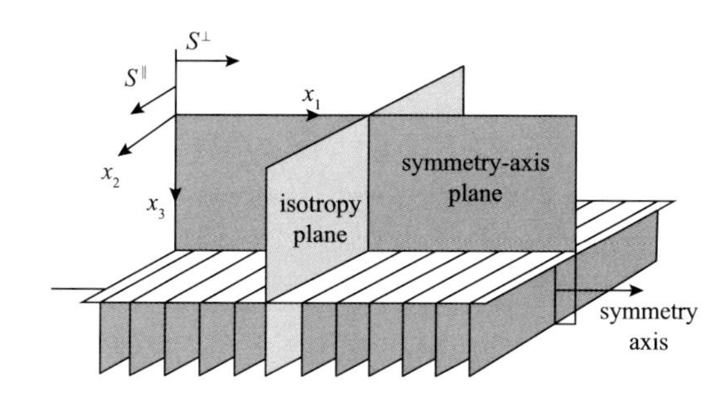


图 2－4 HTI 介质示意图

$$C=\begin{bmatrix} c_{11} & c_{11}-2c_{66} & c_{13} & 0 & 0 & 0 \\ c_{11}-2c_{66} & c_{11} & c_{13} & 0 & 0 & 0 \\ c_{13} & c_{13} & c_{33} & 0 & 0 & 0 \\ 0 & 0 & 0 & c_{44} & 0 & 0 \\ 0 & 0 & 0 & 0 & c_{44} & 0 \\ 0 & 0 & 0 & 0 & 0 & c_{66} \end{bmatrix} \tag{2-31}$$

VTI 是非常重要的各向异性模型，因为实际中 70% 的沉积岩石展现 TI 介质的各向异性，常用来描述由周期性的薄互层、岩石内部结构和平行排列的微裂隙引起的各向异性。当 VTI 介质的对称轴在观测坐标系中具有倾角时就会形成 TTI 介质（图 2－5）。

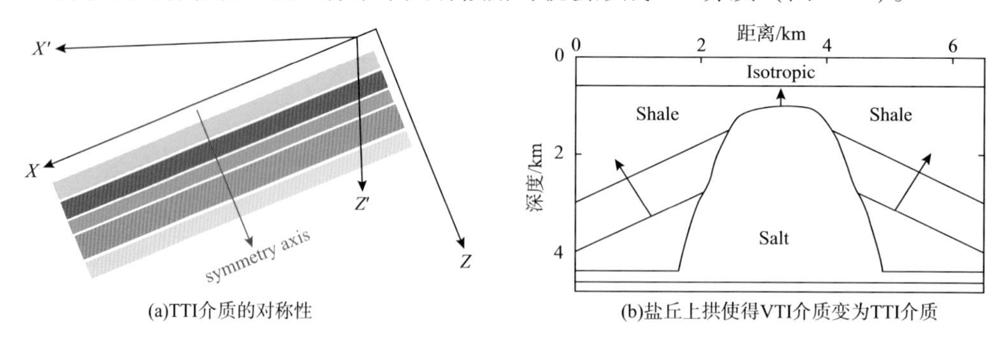


(a)TTI介质的对称性

(b)盐丘上拱使得VTI介质变为TTI介质

图 2－5 TTI 介质示意图

VTI 和 HTI 介质可以认为是 OA 介质的特例，HTI 又可以看作是 VTI 介质的垂直对称轴旋转 90°得到的。勘探地球物理学家认为：地壳中介质的各向异性主要是由定向裂隙和薄互层引起的。VTI 介质一般认为由周期性薄互层（PTL，periodic thin layer）形成，是地学研究最早的一类各向异性。在地壳中，特别是在沉积盆地中，层状岩石将导致 PTL

各向异性；HTI 介质一般是由平行排列的垂直裂隙、裂缝而产生的。由于地壳中普遍存在平行排列的流体充填的垂直裂隙、微裂隙或优势定向排列的孔隙空间，Crampin（1984）将这一现象称为广泛扩容各向异性（EDA，extensive dilatancy anisotropy）介质。它的弹性矩阵为：

$$C=\begin{bmatrix} c_{11} & c_{12} & c_{12} & 0 & 0 & 0 \\ c_{12} & c_{22} & c_{22}-2c_{44} & 0 & 0 & 0 \\ c_{12} & c_{22}-2c_{44} & c_{22} & 0 & 0 & 0 \\ 0 & 0 & 0 & c_{44} & 0 & 0 \\ 0 & 0 & 0 & 0 & c_{55} & 0 \\ 0 & 0 & 0 & 0 & 0 & c_{55} \end{bmatrix} \tag{2-32}$$

#### 2.2.3.3 正交各向异性介质

正交各向异性介质具有三个相互正交的对称面。固体地球物理学家认为，正交对称性在上地幔中由相对于扩张中心排列的正交晶体橄榄石引起。而在沉积盆地中，一般认为是由周期性薄互层（PTL）和具有水平对称轴的垂直裂缝（EDA）组合而导致的正交各向异性介质。三种实际各向异性介质模型如图 2－2 所示，正交各向异性介质的弹性矩阵有 9 个独立弹性常数。这是一个实际存在的地球介质模型（图 2－6），因为需要确定 9 个弹性参数，在实际应用中很少应用。正交各向异性的弹性矩阵为：

$$C=\begin{bmatrix} c_{11} & c_{12} & c_{13} & 0 & 0 & 0 \\ c_{12} & c_{22} & c_{23} & 0 & 0 & 0 \\ c_{13} & c_{23} & c_{33} & 0 & 0 & 0 \\ 0 & 0 & 0 & c_{44} & 0 & 0 \\ 0 & 0 & 0 & 0 & c_{55} & 0 \\ 0 & 0 & 0 & 0 & 0 & c_{66} \end{bmatrix} \tag{2-33}$$

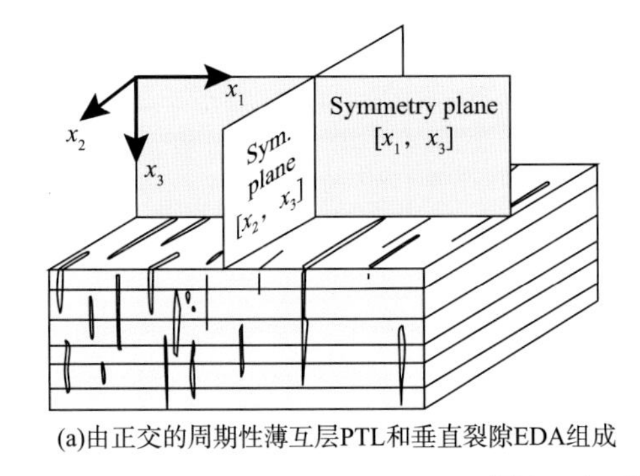

(a)由正交的周期性薄互层PTL和垂直裂隙EDA组成

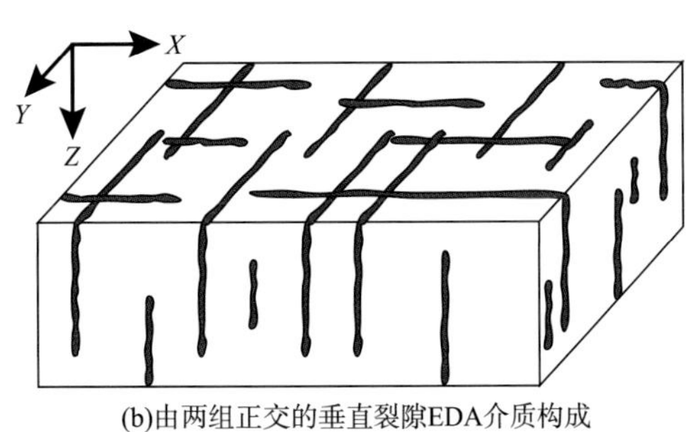

(b)由两组正交的垂直裂隙EDA介质构成

图 2－6　ORT 介质示意图

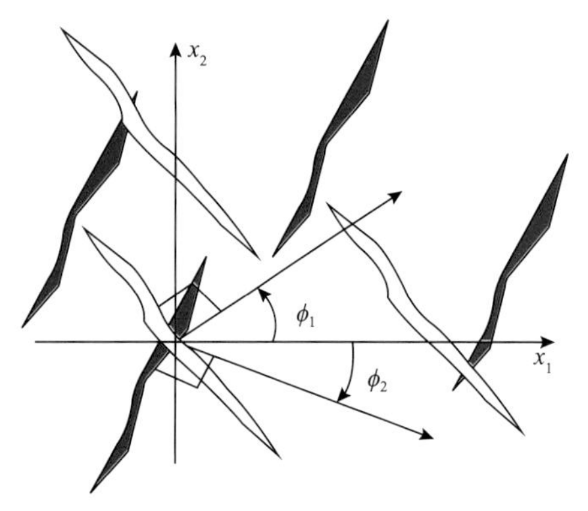


图 2－7　单斜各向异性介质示意图
（由不同时期的两套非正交的平行裂隙组成，
或者由水平地层中嵌入同一时期的倾斜地层组成）

#### 2.2.3.4　单斜各向异性介质

单斜系统（monoclinic system）中的弹性矩阵具有 13 个独立弹性常数，单斜各向异性介质只有一个对称面（图 2－7）。一般认为不同时期两套非正交的平行裂隙而形成，其对称面垂直于两套裂隙面的交线，或由水平地层中嵌入的同一时期的倾斜地层组成，如沉积地层中前积和后积现象（Macbeth，1995；Anderson，1996）。然而，在实际应用中还是很复杂的。下式是以 *xoy* 平面为对称面单斜各向异性介质的弹性矩阵：

$$C = \begin{bmatrix} c_{11} & c_{12} & c_{13} & 0 & 0 & c_{16} \\ c_{12} & c_{22} & c_{23} & 0 & 0 & c_{26} \\ c_{13} & c_{23} & c_{33} & 0 & 0 & c_{36} \\ 0 & 0 & 0 & c_{44} & c_{45} & 0 \\ 0 & 0 & 0 & c_{45} & c_{55} & 0 \\ c_{16} & c_{26} & c_{36} & 0 & 0 & c_{66} \end{bmatrix} \tag{2-34}$$

#### 2.2.3.5　极端各向异性介质

极端各向异性（arbitrary anisotropy）是非对称性系统或称为三斜系统（triclinic system），没有对称面，弹性矩阵具有 21 个独立弹性常数。这是各向异性介质的一般形式，可用来描述具有任意方向各向异性的岩石介质，其弹性矩阵为：

$$C = \begin{bmatrix} c_{11} & c_{12} & c_{13} & c_{14} & c_{15} & c_{16} \\ c_{12} & c_{22} & c_{23} & c_{24} & c_{25} & c_{26} \\ c_{13} & c_{23} & c_{33} & c_{34} & c_{35} & c_{36} \\ c_{14} & c_{24} & c_{34} & c_{44} & c_{45} & c_{46} \\ c_{15} & c_{25} & c_{35} & c_{45} & c_{55} & c_{56} \\ c_{16} & c_{26} & c_{36} & c_{46} & c_{56} & c_{66} \end{bmatrix} \tag{2-35}$$

## 2.3　各向异性介质弹性矩阵坐标变换

### 2.3.1　Bond 变换矩阵

在理论上讨论各向异性介质的弹性矩阵都是本构坐标系下的弹性矩阵（牛滨华，

1995）。在进行地震波正演模拟中，由于本构坐标系与观测坐标系可能不一致，需要对本构坐标系下的弹性矩阵进行坐标变换，将本构坐标系的弹性矩阵变换到观测坐标系下的极化各向异性或方位各向异性介质的弹性矩阵。其变换方法如下：设 $OXYZ$ 为观测坐标系，$O^0X^0Y^0Z^0$ 为本构坐标系，表 2－1 为两个坐标系转换的方向余弦关系。

**表 2－1　坐标系转换的方向余弦表**

| | $x^0$ | $y^0$ | $z^0$ |
|---|---|---|---|
| $x$ | $\alpha_1$ | $\beta_1$ | $\gamma_1$ |
| $y$ | $\alpha_2$ | $\beta_2$ | $\gamma_2$ |
| $z$ | $\alpha_3$ | $\beta_3$ | $\gamma_3$ |

设 $\boldsymbol{\sigma}$、$\boldsymbol{\varepsilon}$、$\boldsymbol{C}$ 为观测坐标系下的应力向量、应变向量和弹性矩阵，$\boldsymbol{\sigma}^0$、$\boldsymbol{\varepsilon}^0$、$\boldsymbol{C}^0$ 为本构坐标系下的应力向量、应变向量和弹性矩阵，则两个坐标系之间应力、应变有如下的变换关系式：

$$\boldsymbol{\sigma} = \boldsymbol{M} \cdot \boldsymbol{\sigma}^0 \tag{2-36}$$

$$\boldsymbol{\varepsilon} = \boldsymbol{M}^{\mathrm{T}} \cdot \boldsymbol{\varepsilon}^0 \tag{2-37}$$

其中：
$$\boldsymbol{M} = \begin{bmatrix} \alpha_1^2 & \beta_1^2 & \gamma_1^2 & 2\beta_1\gamma_1 & 2\alpha_1\gamma_1 & 2\alpha_1\beta_1 \\ \alpha_2^2 & \beta_2^2 & \gamma_2^2 & 2\beta_2\gamma_2 & 2\alpha_2\gamma_2 & 2\alpha_2\beta_2 \\ \alpha_3^2 & \beta_3^2 & \gamma_3^2 & 2\beta_3\gamma_3 & 2\alpha_3\gamma_3 & 2\alpha_3\beta_3 \\ \alpha_2\alpha_3 & \beta_2\beta_3 & \gamma_2\gamma_3 & \beta_2\gamma_3 + \beta_3\gamma_2 & \gamma_2\alpha_3 + \gamma_3\alpha_2 & \alpha_2\beta_3 + \alpha_3\beta_2 \\ \alpha_1\alpha_3 & \beta_1\beta_3 & \gamma_1\gamma_3 & \beta_1\gamma_3 + \beta_3\gamma_1 & \gamma_1\alpha_3 + \gamma_3\alpha_1 & \alpha_1\beta_3 + \alpha_3\beta_1 \\ \alpha_1\alpha_2 & \beta_1\beta_2 & \gamma_1\gamma_2 & \beta_1\gamma_2 + \beta_2\gamma_1 & \gamma_1\alpha_2 + \gamma_2\alpha_1 & \alpha_1\beta_2 + \alpha_2\beta_1 \end{bmatrix}$$

经过推导可以得出：

$$\boldsymbol{\sigma} = \boldsymbol{M} \cdot \boldsymbol{C}^0 \cdot \boldsymbol{M}^{\mathrm{T}} \cdot \boldsymbol{\varepsilon} \tag{2-38}$$

由本构方程可知：

$$\boldsymbol{C} = \boldsymbol{M} \cdot \boldsymbol{C}^0 \cdot \boldsymbol{M}^{\mathrm{T}} \tag{2-39}$$

式（2－39）即为弹性矩阵从本构坐标系变换到观测坐标系的变换公式，由于：

$$\boldsymbol{C}^{\mathrm{T}} = (\boldsymbol{M} \cdot \boldsymbol{C}^0 \cdot \boldsymbol{M}^{\mathrm{T}})^{\mathrm{T}} = \boldsymbol{M} \cdot \boldsymbol{C}^0 \cdot \boldsymbol{M}^{\mathrm{T}} = \boldsymbol{C} \tag{2-40}$$

所以，弹性矩阵经过坐标旋转变换以后仍然为对称矩阵，这也是张量矩阵的一个性质。弹性矩阵的坐标旋转变换称为 Bond 变换，矩阵 $\boldsymbol{M}$ 为 Bond 变换矩阵，其转置矩阵为 $\boldsymbol{M}^{\mathrm{T}}$。在数值模拟中对弹性矩阵的计算分为两步：首先计算本构坐标系下的弹性矩阵 $\boldsymbol{C}^0$（又称 Voigt 矩阵，在这里取为正交各向异性的弹性矩阵），其次利用 Bond 变换计算观测坐标系下的弹性矩阵 $\boldsymbol{C}$，再将其应用于弹性波正演模拟中。

## 2.3.2　TTI 介质弹性矩阵坐标变换

Bond 变换矩阵 $\boldsymbol{M}$ 针对不同的情况有具体形式，即观测系统与各向异性介质的对称轴有夹角。如图 2－8 所示，$OXYZ$ 构成三维（3D）观测系统。

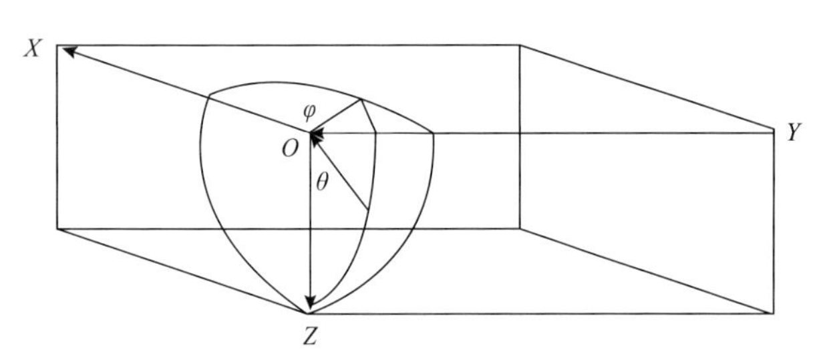

图 2-8　各向异性介质与观测系统的关系

在 3D 观测系统内，设 TI 介质的对称轴在 $OXZ$ 平面内与观测系统 $Z$ 轴的夹角为 $\theta$，这个角称为极化角；在 $OXY$ 平面内与 $X$ 轴的夹角为 $\varphi$，这个角称为方位角。对 VTI 介质，当其对称轴与观测系统有极化角存在时称为极化各向异性（polar anisotropy）；对 HTI 介质，当其对称轴与观测系统有方位角存在时引起的各向异性称为方位各向异性（azimuth anisotropy）。有时对同一种 TI 介质可能在观测系统下既存在极化角又存在方位角，这时既要研究其极化各向异性又要研究其方位各向异性。针对以上三种情况，Bond 变换矩阵分别有极化各向异性 $\boldsymbol{M}_{\theta^0}$、方位各向异性 $\boldsymbol{M}_{\varphi^0}$ 和极化方位各向异性 $\boldsymbol{M}_{\theta^0\varphi^0}$，其矩阵表示如下：

$$M_{\theta^0} = \begin{bmatrix} \cos^2\theta^0 & 0 & \sin^2\theta^0 & 0 & -\sin2\theta^0 & 0 \\ 0 & 1 & 0 & 0 & 0 & 0 \\ \sin^2\theta^0 & 0 & \cos^2\theta^0 & 0 & \sin2\theta^0 & 0 \\ 0 & 0 & 0 & \cos\theta^0 & 0 & \sin\theta^0 \\ \frac{1}{2}\sin2\theta^0 & 0 & -\frac{1}{2}\sin2\theta^0 & 0 & \cos2\theta^0 & 0 \\ 0 & 0 & 0 & -\sin\theta^0 & 0 & \cos\theta^0 \end{bmatrix} \tag{2-41}$$

$$M_{\varphi^0} = \begin{bmatrix} \cos^2\varphi^0 & \sin^2\varphi^0 & 0 & 0 & 0 & -\sin2\varphi^0 \\ \sin^2\varphi^0 & \cos^2\varphi^0 & 0 & 0 & 0 & \sin2\varphi^0 \\ 0 & 0 & 1 & 0 & 0 & 0 \\ 0 & 0 & 0 & \cos\varphi^0 & \sin\varphi^0 & 0 \\ 0 & 0 & 0 & -\sin\varphi^0 & \cos\varphi^0 & 0 \\ \frac{1}{2}\sin2\varphi^0 & -\frac{1}{2}\sin2\varphi^0 & 0 & 0 & 0 & \cos2\varphi^0 \end{bmatrix} \tag{2-42}$$

通过上述 Bond 变换矩阵就可以得到极化方位各向异性、方位各向异性和极化各向异性介质的弹性矩阵。其中 $\boldsymbol{C}_{\theta\varphi}$ 具有如下表达式：

$$\boldsymbol{C}_{\theta\varphi} = \boldsymbol{M}_{\varphi}\boldsymbol{M}_{\theta}\cdot\boldsymbol{C}^0\boldsymbol{M}_{\theta}^{\mathrm{T}}\boldsymbol{M}_{\varphi}{}^{\mathrm{T}} = \begin{bmatrix} c_{11} & c_{12} & c_{13} & c_{14} & c_{15} & c_{16} \\ c_{12} & c_{22} & c_{23} & c_{24} & c_{25} & c_{26} \\ c_{13} & c_{23} & c_{33} & c_{34} & c_{35} & c_{36} \\ c_{14} & c_{24} & c_{34} & c_{44} & c_{45} & c_{46} \\ c_{15} & c_{25} & c_{35} & c_{45} & c_{55} & c_{56} \\ c_{16} & c_{26} & c_{36} & c_{46} & c_{56} & c_{66} \end{bmatrix} \tag{2-43}$$

其中：

$$c_{11} = [(\cos^2\varphi\cos^2\theta c_{11}^0 + \sin^2\varphi c_{12}^0 + \cos^2\varphi\sin^2\theta c_{13}^0)\cos^2\theta + (\cos^2\varphi\cos^2\theta c_{13}^0 + \sin^2\varphi c_{23}^0 + \cos^2\varphi\sin^2\theta c_{33}^0)\sin^2\theta + \cos^2\varphi\sin^2 2\theta c_{55}^0]\cos^2\varphi + (\cos^2\varphi\cos^2\theta c_{12}^0 + \sin^2\varphi c_{22}^0 + \cos^2\varphi\sin^2\theta c_{23}^0)\sin^2\varphi - (-\sin2\varphi\sin^2\theta c_{44}^0 - \sin2\varphi\cos^2\theta c_{66}^0)\sin2\varphi$$

$$c_{12} = [(\cos^2\varphi\cos^2\theta c_{11}^0 + \sin^2\varphi c_{12}^0 + \cos^2\varphi\sin^2\theta c_{13}^0)\cos^2\theta + (\cos^2\varphi\cos^2\theta c_{13}^0 + \sin^2\varphi c_{23}^0 + \cos^2\varphi\sin^2\theta c_{33}^0)\sin^2\theta + \cos^2\varphi\sin^2 2\theta c_{55}^0]\sin^2\varphi + (\cos^2\varphi\cos^2\theta c_{44}^0 - \sin2\varphi\cos^2\theta c_{66}^0 + \cos^2\varphi\sin^2\theta c_{23}^0)\sin^2\varphi - (-\sin2\varphi\sin^2 c_{44}^0 - \sin2\varphi\cos^2\theta c_{66}^0)\sin2\varphi$$

$$c_{13} = (\cos^2\varphi\cos^2\theta c_{11}^0 + \sin^2\varphi c_{12}^0 + \cos^2\varphi\sin^2\theta c_{13}^0)\sin^2\theta + (\cos^2\varphi\cos^2\theta c_{13}^0 + \sin^2\varphi c_{23}^0 + \cos^2\varphi\sin^2\theta c_{33}^0)\cos^2\theta - \cos^2\varphi\sin^2 2\theta c_{55}^0$$

$$c_{14} = (\sin2\varphi\sin\theta\cos\theta c_{44}^0 - \sin2\varphi\cos\theta\sin\theta c_{66}^0)\cos\varphi + [0.5(\cos^2\varphi\cos^2\theta c_{11}^0 + \sin^2\varphi c_{12}^0 + \cos^2\varphi\sin^2\theta c_{13}^0)\sin2\theta - 0.5(\cos^2\varphi\cos^2\theta c_{13}^0 + \sin^2\varphi c_{23}^0 + \cos^2\varphi\sin^2\theta c_{33}^0)\sin2\theta - \cos^2\varphi\sin2\theta c_{55}^0(\cos^2\theta - \sin^2\theta)]\sin\varphi$$

$$c_{15} = -(\sin2\varphi\sin\theta\cos\theta c_{44}^0 - \sin2\varphi\cos\theta\sin\theta c_{66}^0)\sin\varphi + [0.5(\cos^2\varphi\cos^2\theta c_{11}^0 + \sin^2\varphi c_{12}^0 + \cos^2\varphi\sin^2\theta c_{13}^0)\sin2\theta - 0.5(\cos^2\varphi\cos^2\theta c_{13}^0 + \sin^2\varphi c_{23}^0 + \cos^2\varphi\sin^2\theta c_{33}^0)\sin2\theta - \cos^2\varphi\sin2\theta c_{55}^0(\cos^2\theta - \sin^2\theta)]\cos\varphi$$

$$c_{16} = 0.5[(\cos^2\varphi\cos^2\theta c_{11}^0 + \sin^2\varphi c_{12}^0 + \cos^2\varphi\sin^2\theta c_{13}^0)\cos^2\theta + (\cos^2\varphi\cos^2\theta c_{13}^0 + \sin^2\varphi c_{23}^0 + \cos^2\varphi\sin^2\theta c_{33}^0)\sin^2\theta + \cos^2\varphi\sin^2 2\theta c_{55}^0]\sin2\varphi - 0.5(\cos^2\varphi\cos^2\theta c_{12}^0 + \sin^2\varphi c_{22}^0 + \cos^2\varphi\sin^2\theta c_{23}^0)\sin2\varphi + (-\sin2\varphi\sin^2\theta c_{44}^0 - \sin2\varphi\cos^2\theta c_{66}^0)\cos2\varphi$$

$$c_{22} = [(\sin^2\varphi\cos^2\theta c_{11}^0 + \cos^2\varphi c_{12}^0 + \sin^2\varphi\sin^2\theta c_{13}^0)\cos^2\theta + (\sin^2\varphi\cos^2\theta c_{13}^0 + \cos^2\varphi c_{23}^0 + \sin^2\varphi\sin^2\theta c_{33}^0)\sin^2\theta\sin^2\varphi\sin^2 2\theta c_{55}^0]\sin^2\varphi + (\sin^2\varphi\cos^2\theta c_{12}^0 + \cos^2\varphi c_{22}^0 + \sin^2\varphi\sin^2\theta c_{23}^0)\cos^2\varphi + (\sin2\varphi\sin^2\theta c_{44}^0 + \sin2\varphi\cos^2\theta c_{66}^0)\sin2\varphi$$

$$c_{23} = (\sin^2\varphi\cos^2\theta c_{11}^0 + \cos^2\varphi c_{12}^0 + \sin^2\varphi\sin^2\theta c_{13}^0)\sin^2\theta + (\sin^2\varphi\cos^2\theta c_{13}^0 + \cos^2\varphi c_{23}^0 + \sin^2\varphi\sin^2\theta c_{33}^0)\cos^2\theta - \sin^2\varphi\sin^2 2\theta c_{55}^0$$

$$c_{24} = (-\sin2\varphi\sin\theta\cos\theta c_{44}^0 + \sin2\varphi\cos\theta\sin\theta c_{66}^0)\cos\varphi + [0.5(\sin^2\varphi\cos^2\theta c_{11}^0 + \cos^2\varphi c_{12}^0 + \sin^2\varphi\sin^2\theta c_{13}^0)\sin2\theta - 0.5(\sin^2\varphi\cos^2\theta c_{13}^0 + \cos^2\varphi c_{23}^0 + \sin^2\varphi\sin^2\theta c_{33}^0)\sin2\theta - \sin^2\varphi\sin2\theta c_{55}^0(\cos^2\theta - \sin^2\theta)]\sin\varphi$$

$$c_{25} = -(-\sin2\varphi\sin\theta\cos\theta c_{44}^0 + \sin2\varphi\cos\theta\sin\theta c_{66}^0)\sin\varphi + [0.5(\sin^2\varphi\cos^2\theta c_{11}^0 + \cos^2\varphi c_{12}^0 + \sin^2\varphi\sin^2\theta c_{13}^0)\sin2\theta - 0.5(\sin^2\varphi\cos^2\theta c_{13}^0 + \cos^2\varphi c_{23}^0 + \sin^2\varphi\sin^2\theta c_{33}^0)\sin2\theta - \sin^2\varphi\sin2\theta c_{55}^0(\cos^2\theta - \sin^2\theta)]\cos\varphi$$

$$c_{26} = 0.5[(\sin^2\varphi\cos^2\theta c_{11}^0 + \cos^2\varphi c_{12}^0 + \sin^2\varphi\sin^2\theta c_{13}^0)\cos^2\theta + (\sin^2\varphi\cos^2\theta c_{13}^0 + \cos^2\varphi c_{23}^0 + \sin^2\varphi\sin^2\theta c_{33}^0)\sin^2\theta + \sin^2\varphi\sin^2 2\theta c_{55}^0]\sin2\varphi - 0.5(\sin^2\varphi\cos^2\theta c_{12}^0 + \cos^2\varphi c_{22}^0 + \sin^2\varphi\sin^2\theta c_{23}^0)\sin2\varphi + (\sin2\varphi\sin^2\theta c_{44}^0 + \sin2\varphi\cos^2\theta c_{66}^0)\cos2\varphi$$

$$c_{33} = (\sin^2\theta c_{11}^0 + \cos^2\theta c_{13}^0)\sin^2\theta + (\sin^2\theta c_{13}^0 + \cos^2\theta c_{33}^0)\cos^2\theta + \sin^2 2\theta c_{55}^0$$

$$c_{34} = [0.5(\sin^2\theta c_{11}^0 + \cos^2\theta c_{13}^0)\sin2\theta - 0.5(\sin^2\theta c_{13}^0 + \cos^2\theta c_{33}^0)\sin2\theta + \sin2\theta c_{55}^0(\cos^2\theta - \sin^2\theta)]\sin\varphi$$

$$c_{35} = [0.5(\sin^2\theta c_{11}^0 + \cos^2\theta c_{13}^0)\sin2\theta - 0.5(\sin^2\theta c_{13}^0 + \cos^2\theta c_{33}^0)\sin2\theta + \sin2\theta c_{55}^0(\cos^2\theta - \sin^2\theta)]\cos\varphi$$

$$c_{36} = 0.5[(\sin^2\theta c_{11}^0 + \cos^2\theta c_{13}^0)\cos^2\theta + (\sin^2\theta c_{13}^0 + \cos^2\theta c_{33}^0)\sin^2\theta - \sin^2 2\theta c_{55}^0]\sin2\varphi - 0.5(\sin^2\theta c_{12}^0 + \cos^2\theta c_{23}^0)\sin2\varphi$$

$$c_{44} = (\cos\varphi\cos^2\theta c_{44}^0 + \cos\varphi\sin^2\theta c_{66}^0)\cos\varphi + [0.5(0.5\sin\varphi\sin2\theta c_{11}^0 - 0.5\sin\varphi\sin2\theta c_{13}^0)\sin2\theta - 0.5(0.5\sin\varphi\sin2\theta c_{13}^0 - 0.5\sin\varphi\sin2\theta c_{23}^0)\sin2\theta + \sin\varphi(\cos^2\theta - \sin^2\theta)^2 c_{55}^0]\sin\varphi$$

$$c_{45} = -(\cos\varphi\cos^2\theta c_{44}^0 + \cos\varphi\sin^2\theta c_{66}^0)\sin\varphi + [0.5(0.5\sin\varphi\sin2\theta c_{11}^0 - 0.5\sin\varphi\sin2\theta c_{13}^0)\sin2\theta - 0.5(0.5\sin\varphi\sin2\theta c_{13}^0 - 0.5\sin\varphi\sin2\theta c_{23}^0)\sin2\theta + \sin\varphi(\cos^2\theta - \sin^2\theta)^2 c_{55}^0]\cos\varphi$$

$$c_{46} = 0.5[(0.5\sin\varphi\sin2\theta c_{11}^0 - 0.5\sin\varphi\sin2\theta c_{13}^0)\cos^2\theta + (0.5\sin\varphi\sin2\theta c_{13}^0 - 0.5\sin\varphi\sin2\theta c_{33}^0)\sin^2\theta - \sin\varphi(\cos^2\theta - \sin^2\theta)\sin2\theta c_{55}^0]\sin2\varphi - 0.5(0.5\sin\varphi\sin2\theta c_{12}^0 - 0.5\sin\varphi\sin2\theta c_{23}^0)\sin2\varphi + (-\cos\varphi\cos\theta\sin\theta c_{44}^0 + \cos\varphi\sin\theta\cos\theta c_{66}^0)\cos2\varphi$$

$$c_{55} = -(-\sin\varphi\cos^2\theta c_{44}^0 - \sin\varphi\sin^2\theta c_{66}^0)\sin\varphi + [0.5(0.5\cos\varphi\sin2\theta c_{11}^0 - 0.5\cos\varphi\sin2\theta c_{13}^0)\sin2\theta - 0.5(0.5\cos\varphi\sin2\theta c_{13}^0 - 0.5\cos\varphi\sin2\theta c_{33}^0)\sin2\theta + \cos\varphi(\cos^2\theta - \sin^2\theta)^2 c_{55}^0]\cos\varphi(-\cos\varphi\cos\theta\sin\theta c_{44}^0 + \cos\varphi\sin\theta\cos\theta c_{66}^0)\cos2\varphi$$

$$c_{56} = 0.5[(0.5\cos\varphi\sin2\theta c_{11}^0 - 0.5\cos\varphi\sin2\theta c_{13}^0)\cos^2\theta + (0.5\cos\varphi\sin2\theta c_{13}^0 - 0.5\cos\varphi\sin2\theta c_{33}^0)\sin^2\theta - \cos\varphi(\cos^2\theta - \sin^2\theta)\sin2\theta c_{55}^0]\sin2\varphi - 0.5(0.5\cos\varphi\sin2\theta c_{12}^0 - 0.5\cos\varphi\sin2\theta c_{23}^0)\sin2\varphi + (\sin\varphi\cos\theta\sin\theta c_{44}^0 - \sin\varphi\sin\theta\cos\theta c_{66}^0)\cos2\varphi$$

$$c_{66} = 0.5[(0.5\sin2\varphi\cos^2\theta c_{11}^0 - 0.5\sin2\varphi c_{12}^0 + 0.5\sin2\varphi\sin^2\theta c_{13}^0)\cos^2\theta + (0.5\sin2\varphi\cos^2\theta c_{13}^0 - 0.5\sin2\varphi c_{23}^0 + 0.5\sin2\varphi\sin^2\theta c_{33}^0)\sin^2\theta + 0.5\sin2\varphi\sin^2 2\theta c_{55}^0]\sin2\varphi - 0.5(0.5\sin2\varphi\cos^2\theta c_{12}^0 - 0.5\sin2\varphi c_{22}^0 + 0.5\sin2\varphi\sin^2\theta c_{23}^0)\sin2\varphi + (\cos2\varphi\sin^2\theta c_{44}^0 + \cos2\varphi\cos^2\theta c_{66}^0)\cos2\varphi$$

$\boldsymbol{C}_\theta$ 具有如下表达式：

$$\boldsymbol{C}_\theta = \boldsymbol{M}_\theta \cdot \boldsymbol{C}^0 \boldsymbol{M}_\theta^{\mathrm{T}} = \begin{bmatrix} c_{11} & c_{12} & c_{13} & c_{14} & c_{15} & c_{16} \\ c_{12} & c_{22} & c_{23} & c_{24} & c_{25} & c_{26} \\ c_{13} & c_{23} & c_{33} & c_{34} & c_{35} & c_{36} \\ c_{14} & c_{24} & c_{34} & c_{44} & c_{45} & c_{46} \\ c_{15} & c_{25} & c_{35} & c_{45} & c_{55} & c_{56} \\ c_{16} & c_{26} & c_{36} & c_{46} & c_{56} & c_{66} \end{bmatrix} \tag{2-44}$$

其中：

$$c_{11}=(\cos^2\theta c_{11}^0+\sin^2\theta c_{13}^0)\cos^2\theta+(\cos^2\theta c_{13}^0+\sin^2\theta c_{33}^0)\sin^2\theta+\sin^2 2\theta c_{55}^0$$

$$c_{12}=\cos^2\theta c_{12}^0+\sin^2\theta c_{23}^0,\ c_{14}=0,\ c_{16}=0$$

$$c_{13}=(\cos^2\theta c_{11}^0+\sin^2\theta c_{13}^0)\sin^2\theta+(\cos^2\theta c_{13}^0+\sin^2\theta c_{33}^0)\cos^2\theta-\sin^2 2\theta c_{55}^0$$

$$c_{15}=0.5(\cos^2\theta c_{11}^0+\sin^2\theta c_{13}^0)\sin 2\theta-0.5(\cos^2 c_{13}^0+\sin^2\theta c_{33}^0)\sin 2\theta-\sin 2\theta c_{55}^0(\cos^2\theta-\sin^2\theta)$$

$$c_{22}=c_{22}^0,\ c_{23}=\sin^2\theta c_{12}^0+\cos^0\theta c_{23}^0,\ c_{24}=0,\ c_{26}=0$$

$$c_{25}=0.5\sin 2\theta c_{12}^0-0.5\sin 2\theta c_{23}^0$$

$$c_{33}=(\sin^2\theta c_{11}^0+\cos^2\theta c_{13}^0)\sin^2\theta+(\sin^2\theta c_{13}^0+\cos^2\theta c_{33}^0)\cos^2\theta+\sin^2 2\theta c_{55}^0$$

$$c_{35}=0.5(\sin^2\theta c_{11}^0+\cos^2\theta c_{13}^0)\sin 2\theta-0.5(\sin^2 c_{13}^0+\cos^2\theta c_{33}^0)\sin 2\theta+\sin 2\theta c_{55}^0(\cos^2\theta-\sin^2\theta)$$

$$c_{34}=0,\ c_{36}=0$$

$$c_{44}=\cos^2\theta c_{44}^0+\sin^2\theta c_{66}^0,\ c_{45}=0,\ c_{46}=-\cos\theta\sin\theta c_{44}^0+\cos\theta\sin\theta c_{66}^0$$

$$c_{55}=0.25(\sin 2\theta c_{11}^0-\sin 2\theta c_{13}^0)\sin 2\theta-0.25(\sin 2\theta c_{13}^0-\sin 2\theta c_{33}^0)\sin 2\theta+(\cos^2\theta-\sin^2\theta)^2 c_{55}^0$$

$$c_{56}=0$$

$$c_{66}=\sin^2\theta c_{44}^0+\cos^2\theta c_{66}^0$$

$\boldsymbol{C}_\varphi$ 具有如下表达式：

$$\boldsymbol{C}_\varphi=\boldsymbol{M}_\varphi\cdot\boldsymbol{C}^0\boldsymbol{M}_\varphi^{\mathrm{T}}=\begin{bmatrix} c_{11} & c_{12} & c_{13} & c_{14} & c_{15} & c_{16}\\ c_{12} & c_{22} & c_{23} & c_{24} & c_{25} & c_{26}\\ c_{13} & c_{23} & c_{33} & c_{34} & c_{35} & c_{36}\\ c_{14} & c_{24} & c_{34} & c_{44} & c_{45} & c_{46}\\ c_{15} & c_{25} & c_{35} & c_{45} & c_{55} & c_{56}\\ c_{16} & c_{26} & c_{36} & c_{46} & c_{56} & c_{66} \end{bmatrix} \tag{2-45}$$

其中：

$$c_{11}=(\cos^2\varphi c_{11}^0+\sin^2\varphi c_{12}^0)\cos^2\varphi+(\cos^2\varphi c_{12}^0+\sin^2\varphi c_{22}^0)\sin^2\varphi+\sin^2 2\varphi c_{66}^0$$

$$c_{12}=(\cos^2\varphi c_{11}^0+\sin^2\varphi c_{12}^0)\sin^2\varphi+(\cos^2\varphi c_{12}^0+\sin^2\varphi c_{22}^0)\cos^2\varphi-\sin^2 2\varphi c_{66}^0$$

$$c_{13}=\cos^2\varphi c_{13}^0+\sin^2\varphi c_{23}^0$$

$$c_{14}=0,\ c_{15}=0$$

$$c_{16}=0.5(\cos^2\varphi c_{11}^0+\sin^2\varphi c_{12}^0)\sin 2\varphi-0.5(\cos^2\varphi c_{12}^0+\sin^2\varphi c_{22}^0)\sin 2\varphi-\sin 2\varphi c_{66}^0\cos 2\varphi$$

$$c_{22}=(\sin^2\varphi c_{11}^0+\cos^2\varphi c_{12}^0)\sin^2\varphi+(\sin^2\varphi c_{12}^0+\cos^2\varphi c_{22}^0)\cos^2\varphi+\sin^2 2\varphi c_{66}^0$$

$$c_{23}=\sin^2\varphi c_{13}^0+\cos^2\varphi c_{23}^0,\ c_{24}=0,\ c_{25}=0$$

$$c_{26}=0.5(\sin^2\varphi c_{11}^0+\cos^2\varphi c_{12}^0)\sin 2\varphi-0.5(\sin^2\varphi c_{12}^0+\cos^2\varphi c_{22}^0)\sin 2\varphi+\sin 2\varphi c_{66}^0\cos 2\varphi$$

$$c_{33}=c_{33}^0,\ c_{34}=0,\ c_{35}=0,\ c_{36}=0.5\sin 2\varphi c_{13}^0-0.5\sin 2\varphi c_{23}^0$$

$$c_{44}=\cos^2\varphi c_{44}^0+\sin^2\varphi c_{55}^0,\ c_{45}=-\cos\varphi\sin\varphi c_{44}^0+\sin\varphi\cos\varphi c_{55}^0,\ c_{46}=0$$
$$c_{55}=\sin^2\varphi c_{44}^0+\cos^2\varphi c_{55}^0,\ c_{56}=0$$
$$c_{66}=0.25(\sin2\varphi c_{11}^0-\sin2\varphi c_{12}^0)\sin2\varphi-0.25(\sin2\varphi c_{12}^0-\sin2\varphi c_{22}^0)\sin2\varphi+\cos^2 2\varphi c_{66}^0$$

## 2.4 各向异性介质弹性波传播特征

### 2.4.1 常见各向异性介质的波动方程

从固体弹性理论的角度出发，引起地震各向异性的地球介质可归结为周期性的薄互层介质和垂直排列的裂隙介质。在理论上可视为三种常见各向异性介质：VTI 介质、HTI 介质和 OA 介质。从一般各向异性介质的波动方程出发，根据各向异性介质弹性矩阵的具体情况，展开成 TI 介质［VTI 介质和 HTI 介质］和 ORT 介质的波动方程。

VTI 介质：

$$\begin{aligned}
&c_{11}\frac{\partial^2 u_x}{\partial x^2}+c_{66}\frac{\partial^2 u_x}{\partial y^2}+c_{55}\frac{\partial^2 u_x}{\partial z^2}+(c_{12}+c_{66})\frac{\partial^2 u_y}{\partial x\partial y}+(c_{11}+c_{55})\frac{\partial^2 u_x}{\partial x^2}+\rho f_x=\frac{\partial^2 u_x}{\partial t^2}\\
&c_{66}\frac{\partial^2 u_y}{\partial x^2}+c_{22}\frac{\partial^2 u_y}{\partial y^2}+c_{44}\frac{\partial^2 u_y}{\partial z^2}+(c_{12}+c_{66})\frac{\partial^2 u_x}{\partial x\partial y}+(c_{23}+c_{44})\frac{\partial^2 u_z}{\partial y\partial z}+\rho f_y=\frac{\partial^2 u_y}{\partial t^2}\\
&c_{55}\frac{\partial^2 u_z}{\partial x^2}+c_{44}\frac{\partial^2 u_z}{\partial y^2}+c_{33}\frac{\partial^2 u_z}{\partial z^2}+(c_{13}+c_{55})\frac{\partial^2 u_x}{\partial x\partial z}+(c_{23}+c_{44})\frac{\partial^2 u_y}{\partial y\partial z}+\rho f_z=\frac{\partial^2 u_z}{\partial t^2}
\end{aligned}\tag{2-46}$$

HTI 介质：

$$\begin{aligned}
&c_{11}\frac{\partial^2 u_x}{\partial x^2}+c_{66}\frac{\partial^2 u_x}{\partial y^2}+c_{55}\frac{\partial^2 u_x}{\partial z^2}+(c_{12}+c_{66})\frac{\partial^2 u_y}{\partial x\partial y}+(c_{11}+c_{55})\frac{\partial^2 u_x}{\partial x^2}+\rho f_x=\frac{\partial^2 u_x}{\partial t^2}\\
&c_{66}\frac{\partial^2 u_y}{\partial x^2}+c_{22}\frac{\partial^2 u_y}{\partial y^2}+c_{44}\frac{\partial^2 u_y}{\partial z^2}+(c_{12}+c_{66})\frac{\partial^2 u_x}{\partial x\partial y}+(c_{23}+c_{44})\frac{\partial^2 u_z}{\partial y\partial z}+\rho f_y=\frac{\partial^2 u_y}{\partial t^2}\\
&c_{55}\frac{\partial^2 u_z}{\partial x^2}+c_{44}\frac{\partial^2 u_z}{\partial y^2}+c_{33}\frac{\partial^2 u_z}{\partial z^2}+(c_{13}+c_{55})\frac{\partial^2 u_x}{\partial x\partial z}+(c_{23}+c_{44})\frac{\partial^2 u_y}{\partial y\partial z}+\rho f_z=\frac{\partial^2 u_z}{\partial t^2}
\end{aligned}\tag{2-47}$$

ORT 介质：

$$\begin{aligned}
&c_{11}\frac{\partial^2 u_x}{\partial x^2}+c_{66}\frac{\partial^2 u_x}{\partial y^2}+c_{55}\frac{\partial^2 u_x}{\partial z^2}+(c_{12}+c_{66})\frac{\partial^2 u_y}{\partial x\partial y}+(c_{11}+c_{55})\frac{\partial^2 u_x}{\partial x^2}+\rho f_x=\frac{\partial^2 u_x}{\partial t^2}\\
&c_{66}\frac{\partial^2 u_y}{\partial x^2}+c_{22}\frac{\partial^2 u_y}{\partial y^2}+c_{44}\frac{\partial^2 u_y}{\partial z^2}+(c_{12}+c_{66})\frac{\partial^2 u_x}{\partial x\partial y}+(c_{23}+c_{44})\frac{\partial^2 u_z}{\partial y\partial z}+\rho f_y=\frac{\partial^2 u_y}{\partial t^2}\\
&c_{55}\frac{\partial^2 u_z}{\partial x^2}+c_{44}\frac{\partial^2 u_z}{\partial y^2}+c_{33}\frac{\partial^2 u_z}{\partial z^2}+(c_{13}+c_{55})\frac{\partial^2 u_x}{\partial x\partial z}+(c_{23}+c_{44})\frac{\partial^2 u_y}{\partial y\partial z}+\rho f_z=\frac{\partial^2 u_z}{\partial t^2}
\end{aligned}\tag{2-48}$$

## 2.4.2 各向异性介质的 Thomsen 参数表征

各向异性介质相对于各向同性介质更加复杂，弹性矩阵的弹性常数增多，且物理意义模糊，难以掌握每个弹性常数对地震波传播的影响，增加了地震各向异性处理的难度。本节引入 Thomsen 参数，明确各参数的物理意义，简化各向异性介质表征方程，降低各向异性介质的处理难度。

### 2.4.2.1 TI 介质的 Thomsen 参数表征

弹性介质模型的性质是由弹性矩阵 ***C*** 确定的，弹性矩阵 ***C*** 确定了应力与应变之间的关系，但由其确定弹性波动方程系数的物理意义很不直观，由此导致波传播的相速度隐含在波动方程的系数中，其物理意义不明确，也很复杂。为方便理论研究和实际应用，围绕波传播的相速度公式，展现公式的物理意义，Thomsen（1986）提出了一套表征 TI 介质弹性性质的参数，定义如下：

$$
\begin{gathered}
V_{\mathrm{P0}} = \sqrt{\frac{c_{33}}{\rho}},\ V_{\mathrm{S0}} = \sqrt{\frac{c_{55}}{\rho}}, \varepsilon = \frac{c_{11} - c_{33}}{2c_{33}} \\
\gamma = \frac{c_{66} - c_{44}}{2c_{44}},\ \delta = \frac{(c_{13} + c_{44})^2 - (c_{33} - c_{44})^2}{2c_{33}(c_{33} - c_{44})}
\end{gathered}
\qquad (2-49)
$$

式中，定义 TI 介质的 Thomsen 参数为：$V_{\mathrm{P0}}$、$V_{\mathrm{S0}}$、$\varepsilon$、$\delta$ 和 $\gamma$，共 5 个参数。这里的 $V_{\mathrm{P0}}$、$V_{\mathrm{S0}}$ 分别为 qP 波和 qS 波垂直 TI 介质各向同性面的相速度；$\varepsilon$、$\delta$ 和 $\gamma$ 是表示 TI 介质各向异性强度的三个无量纲因子。其中，$\varepsilon$ 是度量 qP 波各向异性强度参数，$\varepsilon$ 越大，介质的纵波各向异性越大，$\varepsilon = 0$，纵波无各向异性；$\delta$ 是连接 $V_{\mathrm{P0}}$ 和 $V_{\mathrm{P90}}$ 之间的一种过渡性参数；$\gamma$ 可以看成是度量 qS 波各向异性强度或横波分裂强度的参数，$\gamma$ 越大，介质的横波各向异性越大，$\gamma = 0$ 时，横波无各向异性。一般情况下，$\varepsilon$ 和 $\gamma$ 的单调性是一致的，即同时增减或为零（牛滨华等，2002）。

根据 TI 介质的 Thomsen 参数表征，使得介质弹性参数的物理意义更加明显。Thomsen 参数式（2－49）是用弹性参数表示的；反之，TI 介质弹性参数也可用 Thomsen 参数表征。VTI 介质弹性矩阵元素的 Thomsen 参数表征如下：

$$
\begin{aligned}
& c_{11} = \rho(1 + 2\varepsilon)V_{\mathrm{P0}}^2, c_{22} = \rho(1 + 2\varepsilon)V_{\mathrm{P0}}^2, c_{33} = \rho V_{\mathrm{P0}}^2, c_{44} = c_{55} = \rho V_{\mathrm{S0}}^2 \\
& c_{66} = \rho(1 + 2\gamma)V_{\mathrm{S0}}^2, f = 1 - V_{\mathrm{S0}}^2/V_{\mathrm{P0}}^2 = 1 - c_{55}/c_{33} \\
& c_{12} = \rho V_{\mathrm{P0}}^2[1 + 2\varepsilon - 2(1 - f)(1 + 2\gamma)] \\
& c_{13} = \rho V_{\mathrm{P0}}^2 \sqrt{f(f + 2\delta)} - \rho V_{\mathrm{S0}}^2, c_{23} = \rho V_{\mathrm{P0}}^2 \sqrt{f(f + 2\delta)} - \rho V_{\mathrm{S0}}^2
\end{aligned}
\qquad (2-50)
$$

### 2.4.2.2 TI 介质 Thomsen 参数对速度的影响

Thomsen 参数表征不但减少了各向异性介质的弹性系数个数，简化了各向异性公式，并且明确了各个参数的物理意义。上述 Thomsen 参数的物理意义为文字定义，下面以图像的形式进一步直观地描述 Thomsen 参数。波前面（等时线）是速度的直观表现，它的形状代表了速度的大小，这里我们通过观察纵波相速度的二维波前面来研究 Thomsen 参数的物理意义。

由图 2－9～图 2－13 可以看出，当固定 $V_{P0}=2000\text{m/s}$ 和 $\delta=0$，只改变 $\varepsilon$ 的时候，波前面的纵向没有发生变化，横向发生了变化，$\varepsilon$ 越大，波前面越扁，纵横差异越大。说明 $\varepsilon$ 参数决定的是纵波在对称轴方向和垂直对称轴方向的速度差异大小，即各向异性的大小。

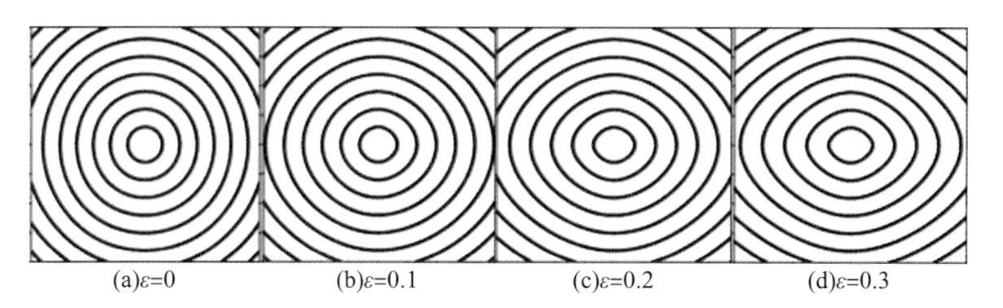


图 2－9　固定 $V_{P0}=2000\text{m/s}$ 和 $\delta=0$，只改变 $\varepsilon$ 的波前面示意图

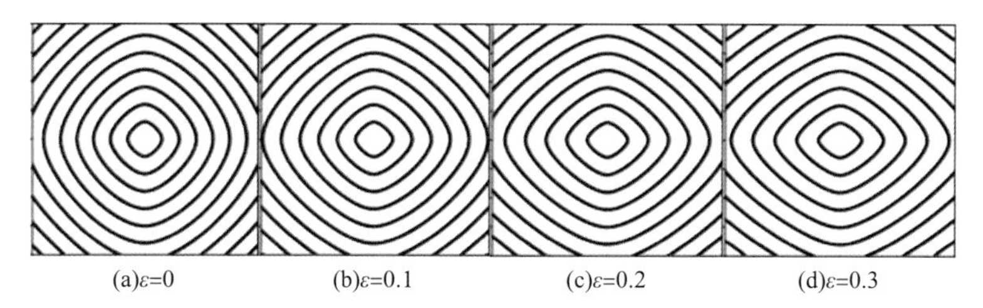


图 2－10　固定 $V_{P0}=2000\text{m/s}$ 和 $\delta=-0.3$，只改变 $\varepsilon$ 的波前面示意图

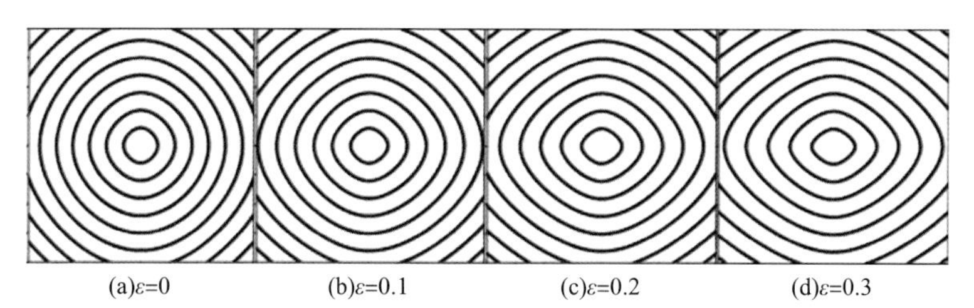


图 2－11　固定 $V_{P0}=2000\text{m/s}$ 和 $\delta=-0.15$，只改变 $\varepsilon$ 的波前面示意图

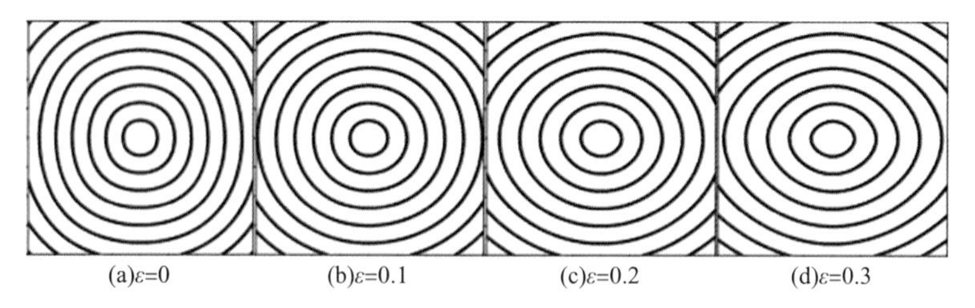


图 2－12　固定 $V_{P0}=2000\text{m/s}$ 和 $\delta=0.15$，只改变 $\varepsilon$ 的波前面示意图

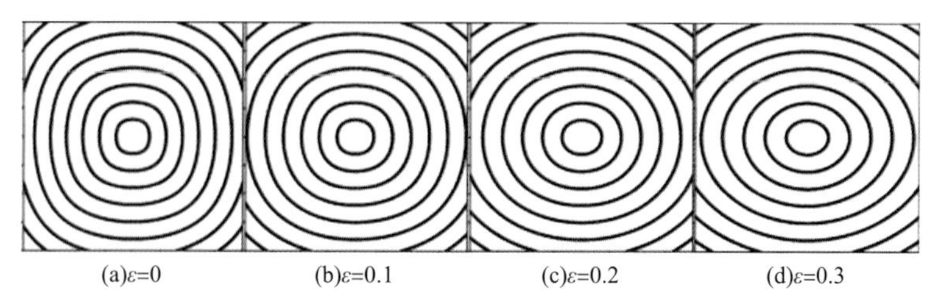


图 2－13　固定 $V_{P0}=2000\text{m/s}$ 和 $\delta=0.3$，只改变 $\varepsilon$ 的波前面示意图

由图 2－14～图 2－17 可以看出，当固定 $V_{P0}$ = 2000m/s 和 $\varepsilon$ = 0，只改变 $\delta$ 的时候，波前面的横向和纵向都没有发生变化，只是连接横向和纵向的中间部分发生了变化，$\delta$ 越小，纵向到横向变化越快，$\delta$ 越大，纵向到横向变化越慢。说明 $\delta$ 参数决定的是纵横变化率，即 $\delta$ 决定的是除对称轴方向和垂直对称轴方向的速度大小。

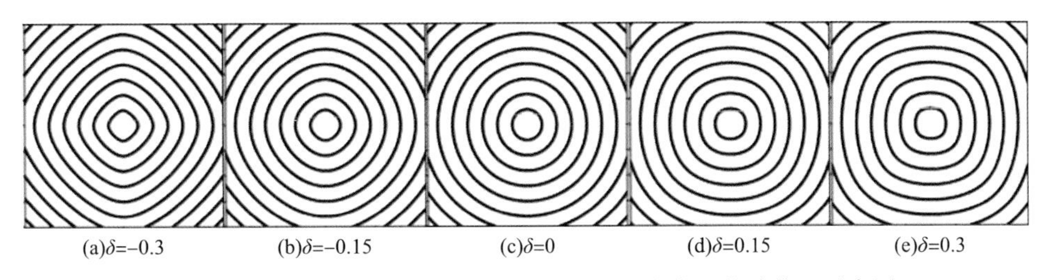


图 2－14　固定 $V_{P0}$ = 2000m/s 和 $\varepsilon$ = 0，只改变 $\delta$ 的波前面示意图

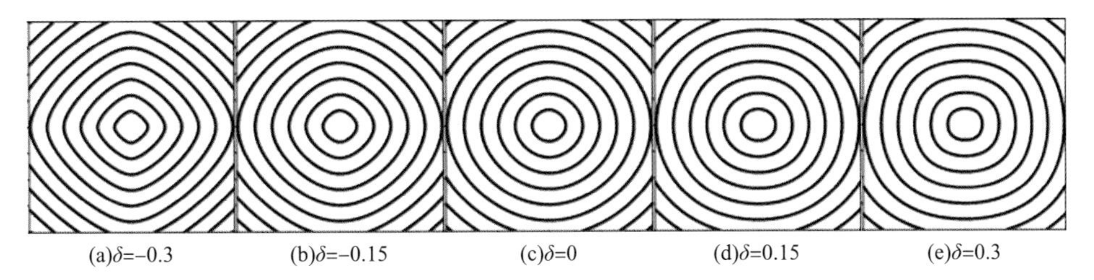


图 2－15　固定 $V_{P0}$ = 2000m/s 和 $\varepsilon$ = 0.1，只改变 $\delta$ 的波前面示意图

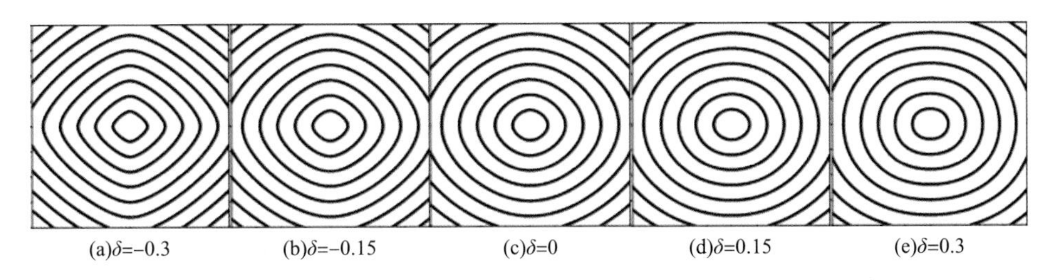


图 2－16　固定 $V_{P0}$ = 2000m/s 和 $\varepsilon$ = 0.2，只改变 $\delta$ 的波前面示意图

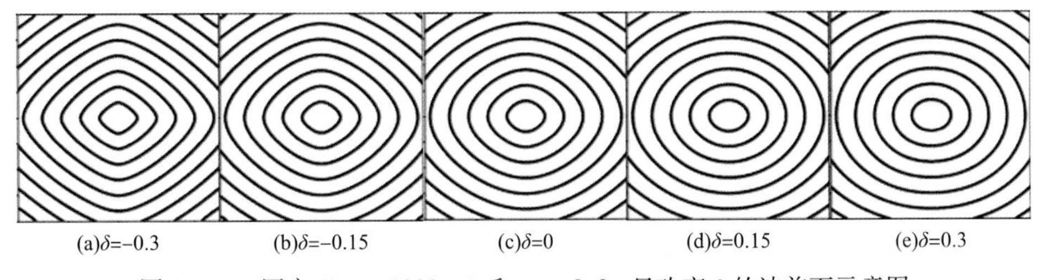


图 2－17　固定 $V_{P0}$ = 2000m/s 和 $\varepsilon$ = 0.3，只改变 $\delta$ 的波前面示意图

从以上分析可以看出，各向异性介质的特点是垂直于对称轴方向的速度一定大于或等于对称轴方向的速度，因此，$\varepsilon$ 参数必然大于等于零，一般的，$0 \leqslant \varepsilon \leqslant 0.5$；而纵横方向的过渡速度可大可小，因此，过渡参数 $\delta$ 可正可负，一般的，$-0.2 \leqslant \delta \leqslant 0.5$（Tsvankin，2001）。图 2－18 是几种常见介质的实验室实测各向异性参数值。

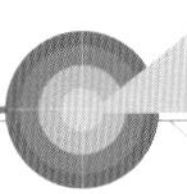

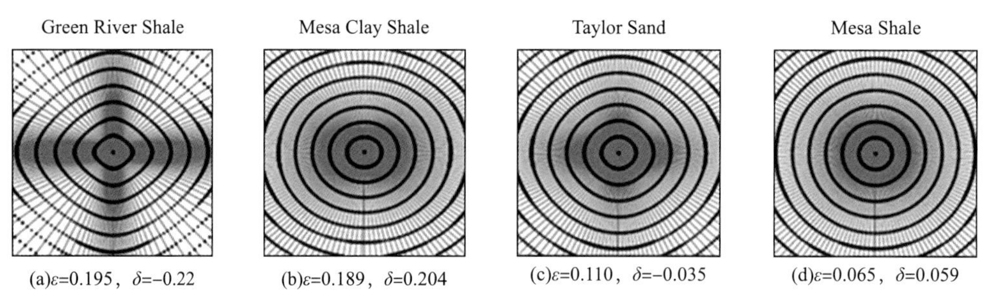


(a)$\varepsilon$=0.195，$\delta$=-0.22　(b)$\varepsilon$=0.189，$\delta$=0.204　(c)$\varepsilon$=0.110，$\delta$=-0.035　(d)$\varepsilon$=0.065，$\delta$=0.059

图 2-18　几种常见介质的实验室实测各向异性参数值

### 2.4.2.3　ORT 介质的 Thomsen 参数表征

根据介质的对称性，本构坐标系下的正交各向异性（ORT）介质和 VTI 介质有三个共同的对称面，即三个坐标平面，两种介质在对称面内具有相同的 Christoffel 方程形式，Tsvankin 根据这一共性给出了与 Thomsen 参数具有同等作用的一组表征正交各向异性介质的参数，使通过地震属性反演实际正交各向异性地层参数更易实施。

除了三个对称面，正交各向异性与 VTI 介质还有三个相同的对称轴，$z$ 轴为垂直对称轴，$x$、$y$ 轴为水平对称轴。9 个各向异性参数包括两个垂直速度和 7 个无量纲参数，具体表达式如下：

$$
\begin{aligned}
&V_{\mathrm{P0}} = \sqrt{\frac{c_{33}}{\rho}}, V_{\mathrm{S0}} = \sqrt{\frac{c_{55}}{\rho}}, \varepsilon^{(1)} = \frac{c_{22} - c_{33}}{2c_{33}}, \varepsilon^{(2)} = \frac{c_{11} - c_{33}}{2c_{33}} \\
&\gamma^{(1)} = \frac{c_{66} - c_{55}}{2c_{55}}, \gamma^{(2)} = \frac{c_{66} - c_{44}}{2c_{44}}, \delta^{(1)} = \frac{(c_{23} + c_{44})^2 - (c_{33} - c_{44})^2}{2c_{33}(c_{33} - c_{44})} \\
&\delta^{(2)} = \frac{(c_{13} + c_{55})^2 - (c_{33} - c_{55})^2}{2c_{33}(c_{33} - c_{55})}, \delta^{(3)} = \frac{(c_{12} + c_{66})^2 - (c_{11} - c_{66})^2}{2c_{11}(c_{11} - c_{66})}
\end{aligned}
\tag{2-51}
$$

式中，$V_{\mathrm{P0}}$ 为纵波垂向速度；$V_{\mathrm{S0}}$ 为纵向传播的横波在 $x_1$ 方向上的速度；$\varepsilon^{(1)}$ 为$[x_2,x_3]$平面内的 VTI 各向异性参数 $\varepsilon$；$\varepsilon^{(2)}$ 为$[x_1,x_3]$平面内的 VTI 各向异性参数 $\varepsilon$（对应于 VTI 介质各向异性参数 $\varepsilon$）；$\delta^{(1)}$ 为$[x_2,x_3]$平面内的 VTI 各向异性参数 $\delta$；$\delta^{(2)}$ 为$[x_1,x_3]$平面内的 VTI 各向异性参数 $\delta$（对应于 VTI 介质各向异性参数 $\delta$）；$\delta^{(3)}$ 为$[x_1,x_2]$平面内的 VTI 各向异性参数 $\delta$；$\gamma^{(1)}$ 为$[x_2,x_3]$平面内的 VTI 各向异性参数 $\gamma$；$\gamma^{(2)}$ 为$[x_1,x_3]$平面内的 VTI 各向异性参数 $\gamma$（对应于 VTI 介质各向异性参数 $\gamma$）。

由于 2 个垂直速度和 6 个各向异性参数可以表征为 $c_{11}$，$c_{22}$，$c_{33}$，$c_{44}$，$c_{55}$，$c_{66}$，$c_{13}$ 和 $c_{23}$，剩余的 $c_{12}$ 可以由 $\delta^{(3)}$ 得到，因此，无需引入 $\varepsilon^{(3)}$ 和 $\gamma^{(3)}$。

特别的，当 $\varepsilon^{(1)} = \varepsilon^{(2)} = \varepsilon, \delta^{(1)} = \delta^{(2)} = \delta, \gamma^{(1)} = \gamma^{(2)} = \gamma, \delta^{(3)} = 0$ 时，ORT 介质退回 VTI 介质；当 $\varepsilon^{(1)} = 0, \delta^{(1)} = 0, \gamma^{(1)} = 0$ 时，为水平对称轴与 $x$ 方向平行的 HTI 介质。

### 2.4.2.4　ORT 介质 Thomsen 参数对速度的影响

现阶段的各向异性处理一般只针对声波（纵波），因此这里通过观察纵波相速度的三维速度曲面来研究 Thomsen 参数的物理意义，只有 $V_{P0}$，没有 $V_{S0}$。ORT 介质相比于 TI 介质，弹性波各向异性参数增加了 4 个，其中，$\delta^{(3)}$ 代表 $xoy$ 面（水平面）内的各向异性变化，说明 ORT 各向异性仅存在于三维情况中，这里通过三维相速度在 $xoy$、$xoz$ 和 $yoz$ 面内投影分析各个参数对速度的影响。

当 $V_{P0}=2000\text{m/s}$，其他各向异性参数均为零时，为各向同性介质，从图 2-19 中可以看出，速度曲线为标准的圆球体，$xoy$ 面、$xoz$ 面和 $yoz$ 面的投影均为标准的圆形，各个方向的速度都相等，没有各向异性存在。后面的分析均以各向同性的纵波相速度曲面为标准进行对比。

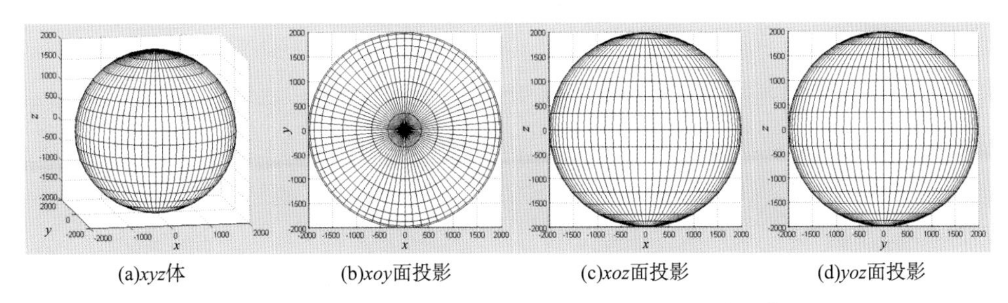

(a)xyz体　(b)xoy面投影　(c)xoz面投影　(d)yoz面投影

图 2-19　ISO 介质声波相速度曲面（$V_{P0}=2000\text{m/s}$，其他参数 $=0$）

当 $V_{P0}=2000\text{m/s}$，$\varepsilon^{(1)}=\varepsilon^{(2)}=0.2$，$\delta^{(1)}=\delta^{(2)}=0.1$，$\delta^{(3)}=0$ 时，为 VTI 各向异性介质，$xoz$ 面投影和 $yoz$ 面投影有明显改变，且这两个面内的各向异性大小一致，均为二维 VTI 各向异性情况（图 2-20）。

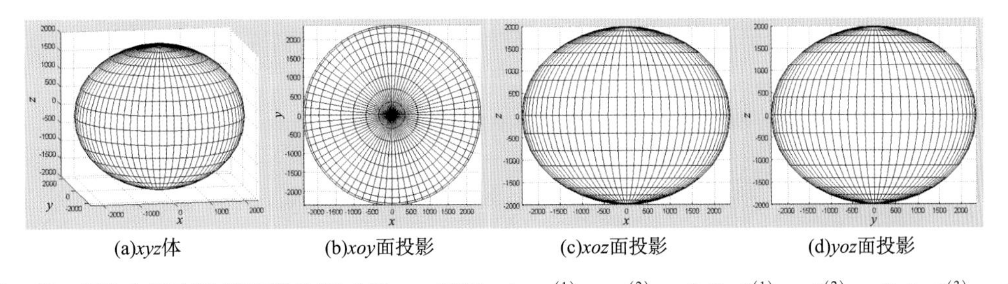

(a)xyz体　(b)xoy面投影　(c)xoz面投影　(d)yoz面投影

图 2-20　VTI 介质声波相速度曲面（$V_{P0}=2000\text{m/s}$，$\varepsilon^{(1)}=\varepsilon^{(2)}=0.2$，$\delta^{(1)}=\delta^{(2)}=0.1$，$\delta^{(3)}=0$）

当 $V_{P0}=2000\text{m/s}$，$\varepsilon^{(2)}$ 不为零，其他各向异性参数均为零时，$xoy$ 面投影和 $xoz$ 面投影有明显改变，在 $xoy$ 面内，$y$ 方向速度变大，各向异性凸显，这是由 $yoz$ 面内的各向异性造成的，并且随着 $\varepsilon^{(1)}$ 的增加，各向异性程度变大，纵横向速度差增大，在 $xoz$ 面内没有各向异性存在，说明 $\varepsilon^{(2)}$ 只存在于 $yoz$ 面内，同时影响 $xoz$ 面的各向异性（图 2-21、图 2-22）。

当 $V_{P0}=2000\text{m/s}$，$\varepsilon^{(2)}$ 不为零，其他各向异性参数均为零时，$xoy$ 面投影和 $xoz$ 面投影有明显改变，在 $xoy$ 面内，$x$ 方向速度变大，各向异性凸显，这是由 $xoz$ 面内的各向异性造成的，并且随着 $\varepsilon^{(2)}$ 的增加，各向异性程度变大，纵横向速度差增大，在 $yoz$ 面内没有各向异性存在，说明 $\varepsilon^{(2)}$ 只存在于 $xoz$ 面内，同时影响 $xoy$ 面的各向异性（图 2-23、图 2-24）。

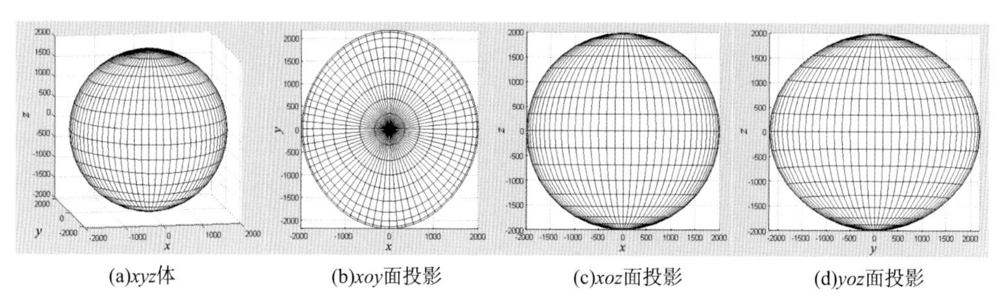

(a)xyz体　(b)xoy面投影　(c)xoz面投影　(d)yoz面投影

图 2-21　ORT 介质声波波相速度曲面（$V_{P0}$ = 2000m/s，$\varepsilon^{(1)}$ = 0.1，其他参数 = 0）

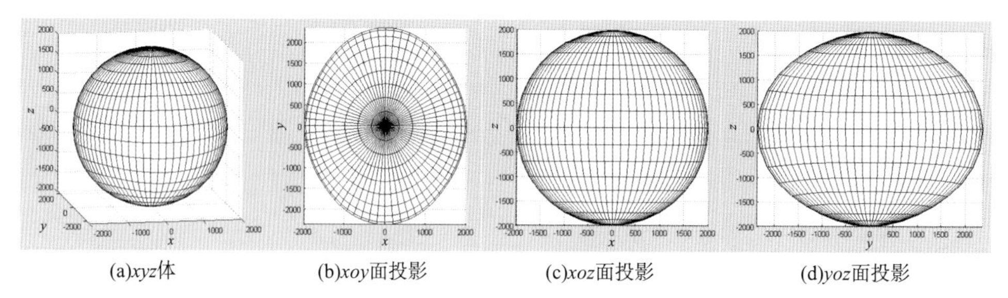

(a)xyz体　(b)xoy面投影　(c)xoz面投影　(d)yoz面投影

图 2-22　ORT 介质声波相速度曲面（$V_{P0}$ = 2000m/s，$\varepsilon^{(1)}$ = 0.2，其他参数 = 0）

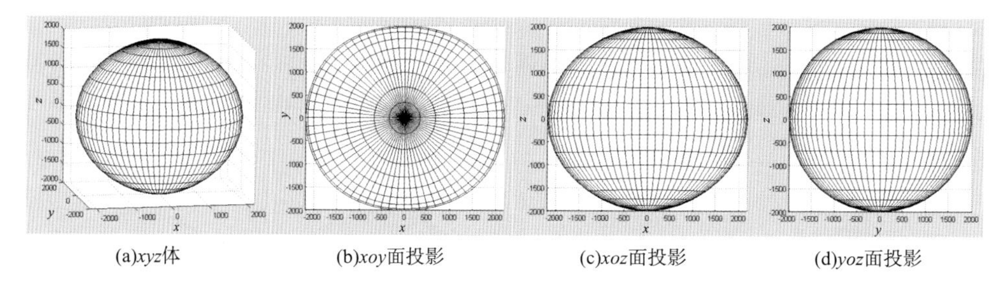

(a)xyz体　(b)xoy面投影　(c)xoz面投影　(d)yoz面投影

图 2-23　ORT 介质声波相速度曲面（$V_{P0}$ = 2000m/s，$\varepsilon^{(2)}$ = 0.1，其他参数 = 0）

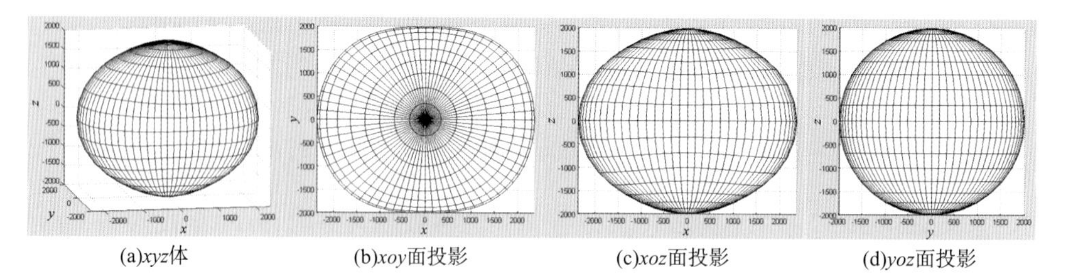

(a)xyz体　(b)xoy面投影　(c)xoz面投影　(d)yoz面投影

图 2-24　ORT 介质声波相速度曲面（$V_{P0}$ = 2000m/s，$\varepsilon^{(2)}$ = 0.2，其他参数 = 0）

当 $V_{P0}$ = 2000m/s，$\delta^{(1)}$ 不为零，其他各向异性参数均为零时，*yoz* 面投影有明显改变，在 *yoz* 面内，纵横向速度没有变化，非纵横向的速度发生了变化，也就是连接纵横向速度的变化率发生了变化，存在各向异性，并且随着 $\delta^{(1)}$ 绝对值的增加，各向异性程度增大，当 $\delta^{(1)}$ 小于零时，非纵横向速度变小，当 $\delta^{(1)}$ 大于零时，非纵横向速度变大。在 *xoy* 和 *xoz* 面内没有各向异性存在，说明 $\delta^{(1)}$ 只存在于 *yoz* 面内，且不影响 *xoy* 面的各向异性（图 2-25、图 2-26）。

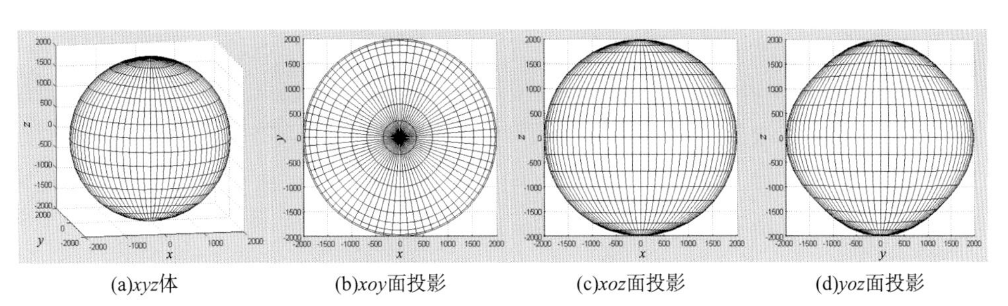

(a)$xyz$体　(b)$xoy$面投影　(c)$xoz$面投影　(d)$yoz$面投影

图 2－25　ORT 介质声波相速度曲面（$V_{P0}$ = 2000m/s, $\delta^{(1)}$ = －0.2，其他参数 = 0）

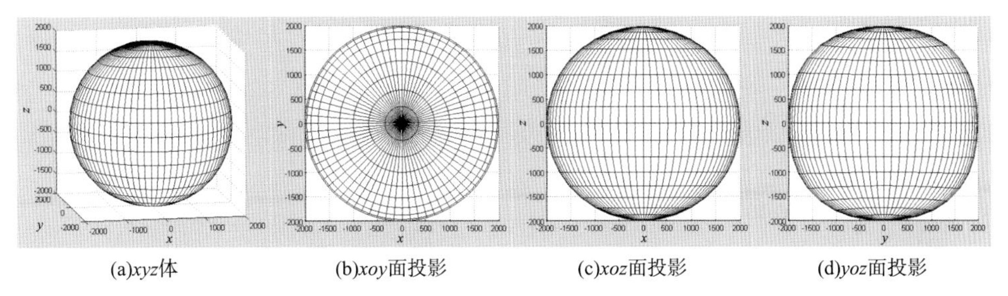

(a)$xyz$体　(b)$xoy$面投影　(c)$xoz$面投影　(d)$yoz$面投影

图 2－26　ORT 介质声波相速度曲面（$V_{P0}$ = 2000m/s, $\delta^{(1)}$ = 0.2，其他参数 = 0）

当 $V_{P0}$ = 2000m/s，$\delta^{(2)}$ 不为零，其他各向异性参数均为零时，$xoz$ 面投影有明显改变，在 $xoz$ 面内，纵横向速度没有变化，非纵横向的速度发生了变化，也就是连接纵横向速度的变化率发生了变化，存在各向异性，并且随着 $\delta^{(2)}$ 绝对值的增加，各向异性程度增大，当 $\delta^{(2)}$ 小于零时，非纵横向速度变小，当 $\delta^{(2)}$ 大于零时，非纵横向速度变大。在 $xoy$ 和 $yoz$ 面内没有各向异性存在，说明 $\delta^{(2)}$ 只存在于 xoz 面内，且不影响 $xoy$ 面的各向异性（图 2－27、图 2－28）。

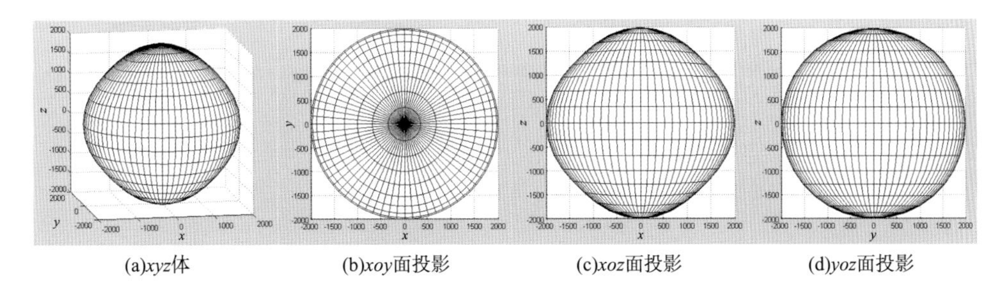

(a)$xyz$体　(b)$xoy$面投影　(c)$xoz$面投影　(d)$yoz$面投影

图 2－27　ORT 介质声波相速度曲面（$V_{P0}$ = 2000m/s, $\delta^{(2)}$ = －0.2，其他参数 = 0）

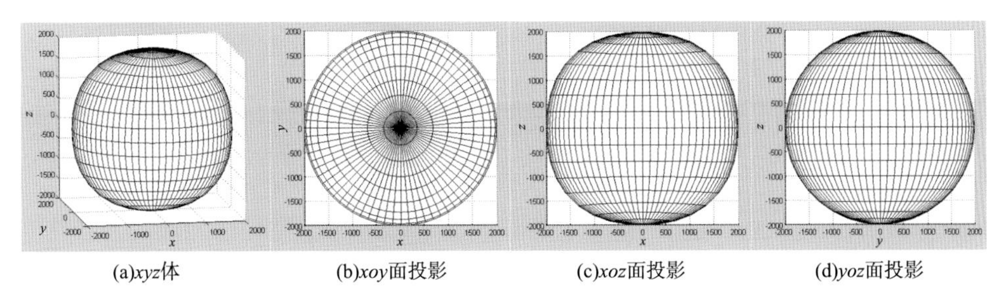

(a)$xyz$体　(b)$xoy$面投影　(c)$xoz$面投影　(d)$yoz$面投影

图 2－28　ORT 介质声波相速度曲面（$V_{P0}$ = 2000m/s, $\delta^{(2)}$ = 0.2，其他参数 = 0）

当 $V_{P0}=2000\mathrm{m/s}$, $\delta^{(3)}$ 不为零，其他各向异性参数均为零时，$xoy$ 面投影有明显改变，在 $xoy$ 面内，$x$ 方向和 $y$ 方向速度没有变化，其他方向的速度发生了变化，存在各向异性，并且随着 $\delta^{(3)}$ 绝对值的增加，各向异性程度增大，当 $\delta^{(3)}$ 小于零时，非 $x$ 方向和 $y$ 方向速度变小，当 $\delta^{(3)}$ 大于零时，非 $x$ 方向和 $y$ 方向速度变大。在 $xoz$ 和 $yoz$ 面内没有各向异性存在，说明 $\delta^{(3)}$ 只存在于 $xoy$ 面内（图 2－29～图 2－32）。

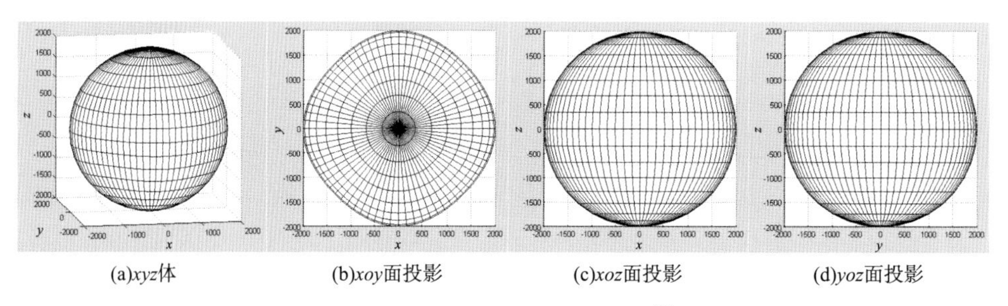


图 2－29　ORT 介质声波相速度曲面（$V_{P0}=2000\mathrm{m/s}$, $\delta^{(3)}=-0.2$, 其他参数 $=0$）

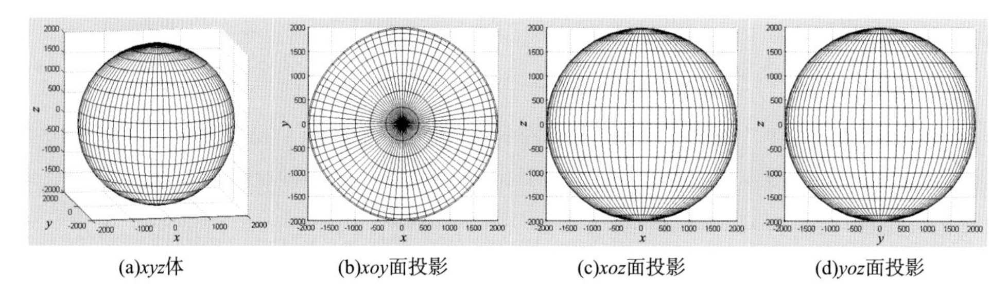


图 2－30　ORT 介质声波相速度曲面（$V_{P0}=2000\mathrm{m/s}$, $\delta^{(3)}=-0.1$, 其他参数 $=0$）

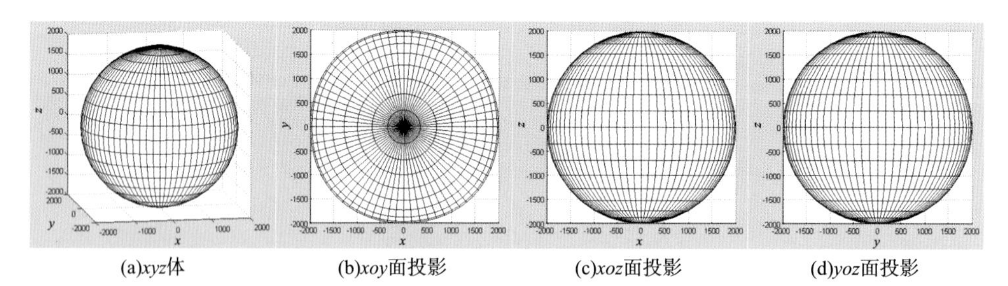


图 2－31　ORT 介质声波相速度曲面（$V_{P0}=2000\mathrm{m/s}$, $\delta^{(3)}=0.1$, 其他参数 $=0$）

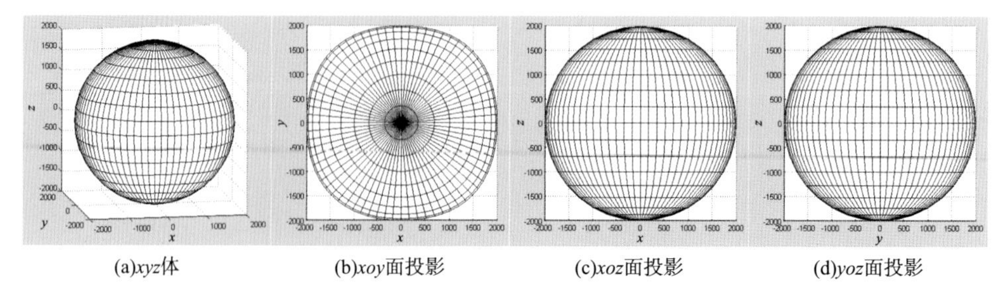


图 2－32　ORT 介质声波相速度曲面（$V_{P0}=2000\mathrm{m/s}$, $\delta^{(3)}=0.2$, 其他参数 $=0$）

### 2.4.3 TI 介质弹性波相速度与群速度

地震波速度有两种：相速度和群速度，各向同性介质的两种速度重叠，而各向异性介质的相速度与群速度是分离的。从源点出发到波前面某一点的速度称为群速度，是射线或能量传播的速度；垂直于波前面的射线速度称为相速度，是波前面或平面波传播的速度。两种速度对于各向异性介质都非常重要，是各向异性介质射线追踪、速度建模和偏移成像不可缺少的重要参数。本节主要讨论相速度与群速度公式推导和理论曲线形态等。

#### 2.4.3.1 一般各向异性介质弹性波群速度公式

群速度是各向异性介质弹性波的一个重要特征，在地震波旅行时正演和反演中起着非常重要的作用。各向异性介质弹性波的群速度是相速度的函数，计算群速度可用 Berryman（1979）公式：

$$\boldsymbol{V}_{\mathrm{G}} = \frac{\partial kV}{\partial k_x}\boldsymbol{i} + \frac{\partial kV}{\partial k_y}\boldsymbol{j} + \frac{\partial kV}{\partial k_z}\boldsymbol{k} \tag{2-52}$$

式中，$\boldsymbol{V}$ 是相速度；$\boldsymbol{k}$ 是波矢量模；$k_x = k\sin\theta\cos\varphi$；$k_y = k\sin\theta\sin\varphi$；$k_z = k\cos\theta$。为了公式的适用性，利用 Crampin（1981）推导各向异性介质群速度的思想，在这里推导 TTI 介质三维群速度公式。先讨论 $V_{\mathrm{G}}$ 的 $x$ 分量 $V_{\mathrm{G}x}$，给出如下形式：

$$V_{\mathrm{G}x} = \frac{\partial kV}{\partial k_x} = \frac{\partial kV}{\partial k}\frac{\partial k}{\partial k_x}\bigg|_{k_y,k_z=const} + \frac{\partial kV}{\partial \theta}\frac{\partial \theta}{\partial k_x}\bigg|_{k_y,k_z=const} + \frac{\partial kV}{\partial \varphi}\frac{\partial \varphi}{\partial k_x}\bigg|_{k_y,k_z=const} \tag{2-53}$$

令 $k_x = \sqrt{k^2 - k_y^2 - k_z^2}$，则有：

$$\frac{\partial k_x}{\partial k}\bigg|_{k_y,k_z=const} = \frac{\partial\sqrt{k^2 - k_y^2 - k_z^2}}{\partial k}\bigg|_{k_y,k_z=const} = \frac{k}{\sqrt{k^2 - k_y^2 - k_z^2}} = \frac{1}{\sin\theta\cos\varphi} \tag{2-54}$$

即 $\frac{\partial k}{\partial k_x}\Big|_{k_y,k_z=const} = \sin\theta\cos\varphi$，则有：

$$\frac{\partial kV}{\partial k}\frac{\partial k}{\partial k_x}\bigg|_{k_y,k_z=const} = V\sin\theta\cos\varphi \tag{2-55}$$

又因为 $k_z = k\cos\theta = const$，则有 $\cos\theta - k\sin\theta\frac{\partial\theta}{\partial k}\Big|_{k_z=const} = 0$，即 $\frac{\partial\theta}{\partial k}\Big|_{k_z=const} = \frac{\cos\theta}{k\sin\theta}$，所以可得：

$$\frac{\partial kV}{\partial \theta}\frac{\partial \theta}{\partial k_x}\bigg|_{k_y,k_z=const} = \frac{\partial kV}{\partial \theta}\frac{\partial k}{\partial k_x}\frac{\partial \theta}{\partial k}\bigg|_{k_z=const} = k\frac{\partial V}{\partial \theta}\sin\theta\cos\varphi\frac{\cos\theta}{k\sin\theta} = \frac{\partial V}{\partial \theta}\cos\theta\cos\varphi \tag{2-56}$$

又因为 $k_y = k\sin\theta\sin\varphi = const$，则有：

$$\begin{aligned}\frac{\partial k_x}{\partial \varphi}\bigg|_{k_y,k_z=const} &= \frac{\partial k\sin\theta\cos\varphi}{\partial \varphi}\bigg|_{k_y,k_z=const} = \frac{\partial k\sin\theta\sin\varphi\,\mathrm{ctan}\varphi}{\partial \varphi}\bigg|_{k_y,k_z=const} \\ &= k\sin\theta\sin\varphi\frac{\partial\,\mathrm{ctan}\varphi}{\partial \varphi} = k\sin\theta\sin\varphi\left(-\frac{1}{\sin^2\varphi}\right) = -\frac{k\sin\theta}{\sin\varphi}\end{aligned} \tag{2-57}$$

即 $\left.\dfrac{\partial\varphi}{\partial k_x}\right|_{k_y,k_z=const} = -\dfrac{\sin\varphi}{k\sin\theta}$，则可得：

$$\left.\frac{\partial kV}{\partial\varphi}\frac{\partial\varphi}{\partial k_x}\right|_{k_y,k_z=const} = k\frac{\partial V}{\partial\varphi}\left(-\frac{\sin\varphi}{k\sin\theta}\right) = -\frac{\sin\varphi}{\sin\theta}\frac{\partial V}{\partial\varphi} \tag{2-58}$$

所以可得一般各向异性介质群速度的矢量公式：

$$\begin{aligned} V_{Gx} &= \left(V\sin\theta + \cos\theta\frac{\partial V}{\partial\theta}\right)\cos\varphi - \frac{\sin\varphi}{\sin\theta}\frac{\partial V}{\partial\varphi} \\ V_{Gy} &= \left(V\sin\theta + \cos\theta\frac{\partial V}{\partial\theta}\right)\sin\varphi + \frac{\cos\varphi}{\sin\theta}\frac{\partial V}{\partial\varphi} \\ V_{Gz} &= V\cos\theta - \sin\theta\frac{\partial V}{\partial\theta} \end{aligned} \tag{2-59}$$

#### 2.4.3.2 TTI介质弹性波相速度与群速度

1. TTI介质弹性矩阵

在倾斜地层中，TI介质的对称轴具倾角，实质上是VTI介质的对称轴在观测坐标系下偏转形成TTI介质。TTI介质弹性矩阵结构和单斜各向异性介质的弹性矩阵相似，但其独立的弹性参数和VTI介质一样是五个独立的弹性参数，结果使得描述TTI介质的弹性波方程和单斜各向异性介质具有同样的形式。设VTI介质的弹性矩阵为 $C_V^0$，$c_{66}^0 = 0.5\left(c_{11}^0 - c_{12}^0\right)$，写成如下形式：

$$\boldsymbol{C}_V^0 = \begin{bmatrix} c_{11}^0 & c_{12}^0 & c_{13}^0 & 0 & 0 & 0 \\ c_{12}^0 & c_{11}^0 & c_{13}^0 & 0 & 0 & 0 \\ c_{13}^0 & c_{13}^0 & c_{33}^0 & 0 & 0 & 0 \\ 0 & 0 & 0 & c_{44}^0 & 0 & 0 \\ 0 & 0 & 0 & 0 & c_{44}^0 & 0 \\ 0 & 0 & 0 & 0 & 0 & c_{66}^0 \end{bmatrix} \tag{2-60}$$

设TTI介质弹性矩阵为 $C_T$，根据Bond变换，可得：

$$\boldsymbol{C}_T = \boldsymbol{M}_{\theta^0}\cdot\boldsymbol{C}_V^0\cdot\boldsymbol{M}_{\theta^0}^T = \begin{bmatrix} c_{11} & c_{12} & c_{13} & c_{14} & c_{15} & c_{16} \\ c_{12} & c_{22} & c_{23} & c_{24} & c_{25} & c_{26} \\ c_{13} & c_{23} & c_{33} & c_{34} & c_{35} & c_{36} \\ c_{14} & c_{24} & c_{34} & c_{44} & c_{45} & c_{46} \\ c_{15} & c_{25} & c_{35} & c_{45} & c_{55} & c_{56} \\ c_{16} & c_{26} & c_{36} & c_{46} & c_{56} & c_{66} \end{bmatrix} \tag{2-61}$$

其中矩阵元素分别为：

$$c_{11} = \left(\cos^2\theta^0 c_{11}^0 + \sin^2\theta^0 c_{13}^0\right)\cos^2\theta^0 + \left(\cos^2\theta^0 c_{13}^0 + \sin^2\theta^0 c_{33}^0\right)\sin^2\theta^0 + \sin^2 2\theta^0 c_{44}^0$$

$$c_{12} = \cos^2\theta^0 c_{12}^0 + \sin^2\theta^0 c_{13}^0$$

$$c_{14}=0,\ c_{16}=0$$
$$c_{13}=(\cos^2\theta^0c_{11}^0+\sin^2\theta^0c_{13}^0)\sin^2\theta^0+(\cos^2\theta^0c_{13}^0+\sin^2\theta^0c_{33}^0)\cos^2\theta^0-\sin^22\theta^0c_{44}^0$$
$$c_{15}=0.5(\cos^2\theta^0c_{11}^0+\sin^2\theta^0c_{13}^0)\sin2\theta^0-0.5(\cos^2\theta^0c_{13}^0+\sin^2\theta^0c_{33}^0)\sin2\theta^0-\sin2\theta^0c_{44}^0(\cos^2\theta^0-\sin^2\theta^0),$$
$$c_{22}=c_{11}^0,\ c_{23}=\sin^2\theta^0c_{12}^0+\cos^2\theta^0c_{13}^0,\ c_{24}=0,\ c_{26}=0$$
$$c_{25}=0.5\sin2\theta^0c_{12}^0-0.5\sin2\theta^0c_{13}^0$$
$$c_{33}=(\sin^2\theta^0c_{11}^0+\cos^2\theta^0c_{13}^0)\sin^2\theta^0+(\sin^2\theta^0c_{13}^0+\cos^2\theta^0c_{33}^0)\cos^2\theta^0+\sin^22\theta^0c_{44}^0$$
$$c_{35}=0.5(\sin^2\theta^0c_{11}^0+\cos^2\theta^0c_{13}^0)\sin2\theta^0-0.5(\sin^2\theta^0c_{13}^0+\cos^2\theta^0c_{33}^0)\sin2\theta^0+\sin2\theta^0c_{44}^0(\cos^2\theta^0-\sin^2\theta^0)$$
$$c_{34}=0,\ c_{36}=0$$
$$c_{44}=\cos^2\theta^0c_{44}^0+\sin^2\theta^0c_{66}^0,\ c_{45}=0,\ c_{46}=-\cos\theta^0\sin\theta^0c_{44}^0+\cos\theta^0\sin\theta^0c_{66}^0$$
$$c_{55}=0.25(\sin2\theta^0c_{11}^0-\sin2\theta^0c_{13}^0)\sin2\theta^0-0.25(\sin2\theta^0c_{13}^0-\sin2\theta^0c_{33}^0)\sin2\theta^0+(\cos^2\theta^0-\sin^2\theta^0)^2c_{44}^0$$
$$c_{56}=0,\ c_{66}=\sin^2\theta^0c_{44}^0+\cos^2\theta^0c_{66}^0$$

也可简写为：

$$\boldsymbol{C}_\mathrm{T}=\begin{bmatrix}c_{11}&c_{12}&c_{13}&0&c_{15}&0\\c_{12}&c_{22}&c_{23}&0&c_{25}&0\\c_{13}&c_{23}&c_{33}&0&c_{35}&0\\0&0&0&c_{44}&0&c_{46}\\c_{15}&c_{25}&c_{35}&0&c_{55}&0\\0&0&0&c_{46}&0&c_{66}\end{bmatrix}\tag{2-62}$$

2. TTI 介质的相角和群角

TTI 介质是 VTI 介质在空间旋转了一个角度形成的，对称轴不再是垂直方向，而与 $z$ 轴形成了一个夹角，相速度也相应的旋转了一个角度（图 2-33）。设 TTI 介质中出射角（射线方向与 $z$ 轴的夹角）为 $\theta$，对称轴倾角（对称轴与 $z$ 轴的夹角）为 $\theta'$，射线方位角（射线方向水平投影的方位角）为 $\varphi$，对称轴方位角（对称轴水平投影的方位角）为 $\varphi'$，则 TTI 介质中相角 $\gamma$ 可表示为：

$$\begin{cases}\cos\gamma=\sin\theta\sin\theta'\cos(\varphi-\varphi')+\cos\theta\cos\theta'\\\sin\gamma=\sqrt{[\sin\theta\cos\theta'\cos(\varphi-\varphi')-\cos\theta\sin\theta']^2+\sin^2\theta\sin^2(\varphi-\varphi')}\end{cases}\tag{2-63}$$

式（2-63）中，令方位角 $\varphi'-\varphi=0$ 可退化为二维情况，令对称轴倾角 $\theta'=0$ 可退化为各向同性情况。

3. TTI 介质弹性波相速度

根据一般各向异性介质的 Kelvin-Christoffel 方程，结合 TTI 介质的弹性矩阵 $\boldsymbol{C}_\mathrm{T}$，令 $\boldsymbol{P}=(p_x,p_y,p_z)^\mathrm{T}$ 为偏振方向，$k$ 为波数，$\boldsymbol{n}=(n_x,n_y,n_z)^\mathrm{T}$ 为传播方向，可得到如下适应 TTI 介质

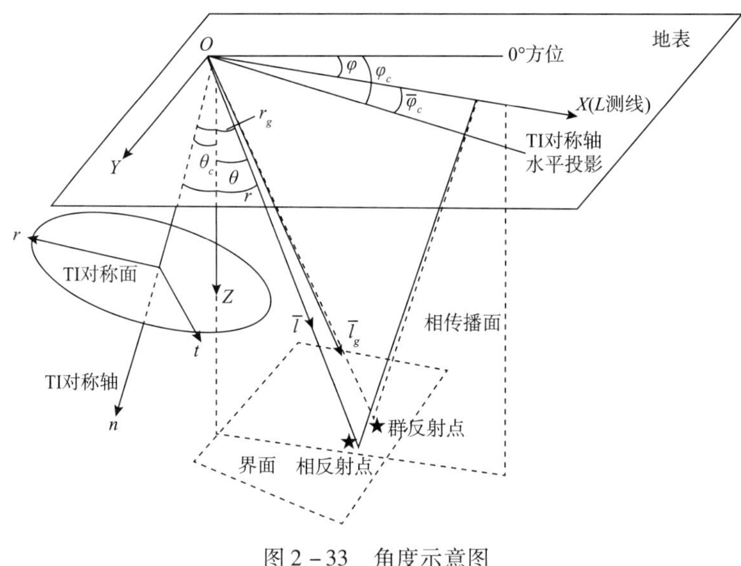


图 2-33　角度示意图

Kelvin-Christoffel 方程：

$$\begin{bmatrix} \Gamma_{11}-\rho V^2 & \Gamma_{12} & \Gamma_{13} \\ \Gamma_{12} & \Gamma_{22}-\rho V^2 & \Gamma_{23} \\ \Gamma_{13} & \Gamma_{23} & \Gamma_{33}-\rho V^2 \end{bmatrix} \begin{bmatrix} p_x \\ p_y \\ p_z \end{bmatrix} = 0 \tag{2-64}$$

其中：

$$\Gamma_{11} = c_{11}n_x^2 + c_{66}n_y^2 + c_{55}n_z^2 + 2c_{15}n_zn_x$$

$$\Gamma_{12} = (c_{25}+c_{46})n_yn_z + (c_{12}+c_{66})n_xn_y$$

$$\Gamma_{13} = c_{15}n_x^2 + c_{46}n_y^2 + c_{35}n_z^2 + (c_{13}+c_{55})n_zn_x$$

$$\Gamma_{22} = c_{66}n_x^2 + c_{22}n_y^2 + c_{44}n_z^2 + 2c_{46}n_zn_x$$

$$\Gamma_{23} = (c_{23}+c_{44})n_yn_z + (c_{25}+c_{46})n_xn_y$$

$$\Gamma_{33} = c_{55}n_x^2 + c_{44}n_y^2 + c_{33}n_z^2 + 2c_{35}n_zn_x$$

因为考虑到三维空间 $OXYZ$ 平面内的波动特征，设弹性波传播方向为：$\boldsymbol{n} = (n_x, n_y, n_z)^{\mathrm{T}} = (\sin\theta\cos\varphi, \sin\theta\sin\varphi, \cos\theta)^{\mathrm{T}}$，Kelvin-Christoffel 方程中元素写成：

$$\begin{cases} \Gamma_{11} = c_{11}\sin^2\theta\cos^2\varphi + c_{66}\sin^2\theta\sin^2\varphi + c_{55}\cos^2\theta + 2c_{15}\sin\theta\cos\theta\cos\varphi \\ \Gamma_{12} = (c_{25}+c_{46})\sin\theta\cos\theta\cos\varphi + (c_{12}+c_{66})\sin^2\theta\sin\varphi\cos\varphi \\ \Gamma_{13} = c_{15}\sin^2\theta\cos^2\varphi + c_{46}\sin^2\theta\sin^2\varphi + c_{35}\cos^2\theta + (c_{13}+c_{55})\sin\theta\cos\theta\cos\varphi \\ \Gamma_{22} = c_{66}\sin^2\theta\cos^2\varphi + c_{22}\sin^2\theta\sin^2\varphi + c_{44}\cos^2\theta + 2c_{46}\sin\theta\cos\theta\cos\varphi \\ \Gamma_{23} = (c_{23}+c_{44})\sin\theta\cos\theta\cos\varphi + (c_{25}+c_{46})\sin^2\theta\sin\varphi\cos\varphi \\ \Gamma_{33} = c_{55}\sin^2\theta\cos^2\varphi + c_{44}\sin^2\theta\sin^2\varphi + c_{33}\cos^2\theta + 2c_{35}\sin\theta\cos\theta\cos\varphi \end{cases} \tag{2-65}$$

将 TTI 介质弹性系数矩阵代入式（2-65）可得：

$$\begin{aligned}
\Gamma_{11} = & c_{11}^0\cos^2\theta^0(n_x\cos\theta^0+n_z\sin\theta^0)^2+c_{33}^0\sin^2\theta^0(-n_x\sin\theta^0+n_z\cos\theta^0)^2- \\
& 2c_{13}^0\sin\theta^0\cos\theta^0(-n_x\sin\theta^0+n_z\cos\theta^0)(n_x\cos\theta^0+n_z\sin\theta^0)+ \\
& c_{44}^0[(-n_x\sin2\theta^0+n_z\cos2\theta^0)^2+n_y^2\sin^2\theta^0]+c_{66}^0n_y^2\cos^2\theta^0 \\
\Gamma_{12} = & c_{11}^0n_y\cos\theta^0(n_x\cos\theta^0+n_z\sin\theta^0)-c_{13}^0n_y\sin\theta^0(-n_x\sin\theta^0+n_z\cos\theta^0)- \\
& c_{44}^0n_y\sin\theta^0(-n_x\sin\theta^0+n_z\cos\theta^0)-c_{66}^0n_y\cos\theta^0(n_x\cos\theta^0+n_z\sin\theta^0) \\
\Gamma_{13} = & c_{11}^0\sin\theta^0\cos\theta^0(n_x\cos\theta^0+n_z\sin\theta^0)^2-c_{33}^0\sin\theta^0\cos\theta^0(n_x\cos\theta^0+n_z\sin\theta^0)^2+ \\
& c_{13}^0\cos2\theta^0(-n_x\sin\theta^0+n_z\cos\theta^0)(n_x\cos\theta^0+n_z\sin\theta^0)+c_{66}^0n_y^2\sin\theta^0\cos\theta^0+ \\
& c_{44}^0[(n_x\cos2\theta^0+n_z\sin2\theta^0)(-n_x\sin2\theta^0+n_z\cos2\theta^0)-n_y^2\sin\theta^0\cos\theta^0] \\
\Gamma_{22} = & c_{11}^0n_y^2+c_{44}^0(-n_x\sin\theta^0+n_z\cos\theta^0)^2+c_{66}^0(n_x\cos\theta^0+n_z\sin\theta^0)^2 \\
\Gamma_{23} = & c_{11}^0n_y\sin\theta^0(n_x\cos\theta^0+n_z\sin\theta^0)+c_{13}^0n_y\cos\theta^0(-n_x\sin\theta^0+n_z\cos\theta^0)+ \\
& c_{44}^0n_y\cos\theta^0(-n_x\sin\theta^0+n_z\cos\theta^0)-c_{66}^0n_y\sin\theta^0(n_x\cos\theta^0+n_z\sin\theta^0) \\
\Gamma_{33} = & c_{11}^0\sin^2\theta^0(n_x\cos\theta^0+n_z\sin\theta^0)^2+c_{33}^0\cos^2\theta^0(-n_x\sin\theta^0+n_z\cos\theta^0)^2+ \\
& 2c_{13}^0\sin\theta^0\cos\theta^0(-n_x\sin\theta^0+n_z\cos\theta^0)(n_x\cos\theta^0+n_z\sin\theta^0)+ \\
& c_{44}^0[(n_x\cos2\theta^0+n_z\sin2\theta^0)^2+n_y^2\cos^2\theta^0]+c_{66}^0n_y^2\sin^2\theta^0
\end{aligned}$$

为使方程（2－64）有非零解，必须使 $\det[\Gamma]=0$ 可得：

$$\begin{aligned}
\det[\Gamma] = & (\Gamma_{11}-\rho V^2)(\Gamma_{22}-\rho V^2)(\Gamma_{33}-\rho V^2)+2\Gamma_{12}\Gamma_{13}\Gamma_{23}- \\
& (\Gamma_{11}-\rho V^2)\Gamma_{23}^2-(\Gamma_{22}-\rho V^2)\Gamma_{13}^2-(\Gamma_{33}-\rho V^2)\Gamma_{12}^2=0
\end{aligned} \tag{2-66}$$

即：

$$\begin{aligned}
& (\rho V^2)^3-(\Gamma_{11}+\Gamma_{22}+\Gamma_{33})(\rho V^2)^2+(\Gamma_{11}\Gamma_{33}+\Gamma_{22}\Gamma_{33}+\Gamma_{22}\Gamma_{11}-\Gamma_{23}^2- \\
& \Gamma_{13}^2-\Gamma_{12}^2)\rho V^2-(\Gamma_{11}\Gamma_{22}\Gamma_{33}+2\Gamma_{12}\Gamma_{13}\Gamma_{23}-\Gamma_{11}\Gamma_{23}^2-\Gamma_{22}\Gamma_{13}^2-\Gamma_{33}\Gamma_{12}^2)=0
\end{aligned} \tag{2-67}$$

为方便起见，令：

$$\begin{aligned}
A &= \Gamma_{11}+\Gamma_{22}+\Gamma_{33} \\
B &= \Gamma_{11}\Gamma_{22}+\Gamma_{11}\Gamma_{33}+\Gamma_{22}\Gamma_{33}-\Gamma_{12}^2-\Gamma_{13}^2-\Gamma_{23}^2 \\
C &= \Gamma_{11}\Gamma_{22}\Gamma_{33}+2\Gamma_{12}\Gamma_{13}\Gamma_{23}-\Gamma_{11}\Gamma_{23}^2-\Gamma_{22}\Gamma_{13}^2-\Gamma_{33}\Gamma_{12}^2
\end{aligned} \tag{2-68}$$

则式（2－67）记作：

$$(\rho V^2)^3-A(\rho V^2)^2+B\rho V^2-C=0 \tag{2-69}$$

其中：

$$\begin{aligned}
A = & c_{11}^0[(n_x\cos\theta^0+n_z\sin\theta^0)^2+n_y^2]+c_{33}^0(-n_x\sin\theta^0+n_z\cos\theta^0)^2+c_{44}^0(n_x^2+n_y^2+n_z^2)+ \\
& c_{44}^0(-n_x\sin\theta^0+n_z\cos\theta^0)^2+c_{66}^0[(n_x\cos\theta^0+n_z\sin\theta^0)^2+n_y^2] \\
B = & \{c_{66}^0[(n_x\cos\theta^0+n_z\sin\theta^0)^2+n_y^2]+c_{44}^0(-n_x\sin\theta^0+n_z\cos\theta^0)^2\}\times\{c_{44}^0(n_x^2+n_y^2+ \\
& n_z^2)+c_{11}^0[(n_x\cos\theta^0+n_z\sin\theta^0)^2+n_y^2]+c_{33}^0(-n_x\sin\theta^0+n_z\cos\theta^0)^2\}+c_{11}^0c_{44}^0[(n_x\cos\theta^0+ \\
& n_z\sin\theta^0)^2+n_y^2]^2+c_{33}^0c_{44}^0(-n_x\sin\theta^0+n_z\cos\theta^0)^4+(c_{11}^0c_{33}^0-c_{13}^0c_{13}^0-2c_{13}^0c_{44}^0)
\end{aligned}$$

$$(-n_x\sin\theta^0+n_z\cos\theta^0)^2[(n_x\cos\theta^0+n_z\sin\theta^0)^2+n_y^2]$$

$$C=\{c_{66}^0[(n_x\cos\theta^0+n_z\sin\theta^0)^2+n_y^2]+c_{44}^0(-n_x\sin\theta^0+n_z\cos\theta^0)^2\}\times\{c_{11}^0c_{44}^0[(n_x\cos\theta^0+n_z\sin\theta^0)^2+n_y^2]^2+c_{33}^0c_{44}^0(-n_x\sin\theta^0+n_z\cos\theta^0)^4+(c_{11}^0c_{33}^0-c_{13}^0c_{13}^0-2c_{13}^0c_{44}^0)(-n_x\sin\theta^0+n_z\cos\theta^0)^2[(n_x\cos\theta^0+n_z\sin\theta^0)^2+n_y^2]\}$$

将式（2－69）进行因式分解可得：

$$\{\rho V^2-[c_{66}^0((n_x\cos\theta^0+n_z\sin\theta^0)^2+n_y^2)+c_{44}^0(-n_x\sin\theta^0+n_z\cos\theta^0)^2]\}\times\{(\rho V^2)^2-[c_{44}^0(n_x^2+n_y^2+n_z^2)+c_{11}^0((n_x\cos\theta^0+n_z\sin\theta^0)^2+n_y^2)+c_{33}^0(-n_x\sin\theta^0+n_z\cos\theta^0)^2]\rho v^2+[c_{11}^0c_{44}^0((n_x\cos\theta^0+n_z\sin\theta^0)^2+n_y^2]^2+c_{33}^0c_{44}^0(-n_x\sin\theta^0+n_z\cos\theta^0)^4+(c_{11}^0c_{33}^0-c_{13}^0c_{13}^0-2c_{13}^0c_{44}^0)(-n_x\sin\theta^0+n_z\cos\theta^0)^2((n_x\cos\theta^0+n_z\sin\theta^0)^2+n_y^2)]\}=0 \tag{2-70}$$

求解可得 TTI 介质中 SH、P 和 SV 波的相速度公式：

$$\begin{aligned}
V_{\mathrm{SH}}&=\sqrt{\frac{1}{\rho}\{c_{66}^0[(n_x\cos\theta^0+n_z\sin\theta^0)^2+n_y^2]+c_{44}^0(-n_x\sin\theta^0+n_z\cos\theta^0)^2\}}\\
V_{\mathrm{SV}}&=\sqrt{\frac{1}{2\rho}}\{(c_{11}^0+c_{44}^0)[(n_x\cos\theta^0+n_z\sin\theta^0)^2+n_y^2]+(c_{33}^0+c_{44}^0)(-n_x\sin\theta^0+n_z\cos\theta^0)^2-\sqrt{D}\}^{1/2}\\
V_{\mathrm{P}}&=\sqrt{\frac{1}{2\rho}}\{(c_{11}^0+c_{44}^0)[(n_x\cos\theta^0+n_z\sin\theta^0)^2+n_y^2]+(c_{33}^0+c_{44}^0)(-n_x\sin\theta^0+n_z\cos\theta^0)^2+\sqrt{D}\}^{1/2}
\end{aligned} \tag{2-71}$$

其中：

$$D=\{(c_{11}^0-c_{44}^0)[(n_x\cos\theta^0+n_z\sin\theta^0)^2+n_y^2]-(c_{33}^0-c_{44}^0)(-n_x\sin\theta^0+n_z\cos\theta^0)^2\}^2+4(c_{13}^0+c_{44}^0)^2[(n_x\cos\theta^0+n_z\sin\theta^0)^2+n_y^2](-n_x\sin\theta^0+n_z\cos\theta^0)^2$$

因为波传播方向 $\boldsymbol{n}=(n_x,n_y,n_z)^{\mathrm{T}}=(\sin\theta\cos\varphi,\sin\theta\sin\varphi,\cos\theta)^{\mathrm{T}}$，又令如下符号：

$$D=\{(c_{11}^0-c_{44}^0)[(\sin\theta\cos\varphi\cos\theta^0+\cos\theta\sin\theta^0)^2+\sin^2\theta\sin^2\varphi]-(c_{33}^0-c_{44}^0)\cdot(-\sin\theta\cos\varphi\sin\theta^0+\cos\theta\cos\theta^0)^2\}^2+4(c_{13}^0+c_{44}^0)^2\cdot[(\sin\theta\cos\varphi\cos\theta^0+\cos\theta\sin\theta^0)^2]+\sin^2\theta\sin^2\varphi\times(-\sin\theta\cos\varphi\sin\theta^0+\cos\theta\cos\theta^0)^2 \tag{2-72}$$

$$E=-\sin\theta\cos\varphi\sin\theta^0+\cos\theta\cos\theta^0$$

$$F=(\sin\theta\cos\varphi\cos\theta^0+\cos\theta\sin\theta^0)^2+\sin^2\theta\sin^2\varphi$$

$$G=\sin\theta\cos\varphi\cos\theta^0+\cos\theta\sin\theta^0$$

则 TTI 介质弹性波的相速度公式（2－71）变为：

$$V_{\mathrm{P}}=\sqrt{\frac{1}{2\rho}(c_{44}^0+c_{11}^0F+c_{33}^0E^2+\sqrt{D})}$$

$$V_{SV}=\sqrt{\frac{1}{2\rho}(c_{44}^0+c_{11}^0F+c_{33}^0E^2-\sqrt{D})}$$
$$V_{SH}=\sqrt{\frac{1}{\rho}(c_{66}^0F+c_{44}^0E^2)} \tag{2-73}$$

4. TTI 介质弹性波群速度

根据 TTI 介质的相速度表示式［式（2－59）］，可得 TTI 介质三维空间 qP 波［式（2－74）］、qSV 波［式（2－75）］和 qSH 波［式（2－76）］的群速度表示式。

qP 波群速度：

$$\begin{aligned}
V_{Gx}^{P}=&\Big\{\left[(c_{11}^0+c_{44}^0)\cos\theta^0G-(c_{33}^0+c_{44}^0)\sin\theta^0E\right]\sqrt{D}+2(c_{13}^0+c_{44}^0)^2\\
&E(\cos\theta^0EG-\sin\theta^0F)+\left[(c_{11}^0-c_{44}^0)F-(c_{33}^0-c_{44}^0)E^2\right]\\
&\left[(c_{11}^0-c_{44}^0)\cos\theta^0G+(c_{33}^0-c_{44}^0)\sin\theta^0E\right]\Big\}\frac{1}{2\rho V_P\sqrt{D}}\\
V_{Gy}^{P}=&\frac{\sin\theta\cos\varphi}{2\rho V_P\sqrt{D}}\Big\{(c_{11}^0+c_{44}^0)\sqrt{D}+2(c_{13}^0+c_{44}^0)^2E^2+(c_{11}^0-c_{44}^0)\\
&\left[(c_{11}^0-c_{44}^0)F-(c_{33}^0-c_{44}^0)E^2\right]\Big\}\\
V_{Gz}^{P}=&\Big\{\left[(c_{11}^0+c_{44}^0)\sin\theta^0G+(c_{33}^0+c_{44}^0)\cos\theta^0E\right]\sqrt{D}+2(c_{13}^0+c_{44}^0)^2\\
&E(\sin\theta^0EG+\cos\theta^0F)+\left[(c_{11}^0-c_{44}^0)F-(c_{33}^0-c_{44}^0)E^2\right]\\
&\left[(c_{11}^0-c_{44}^0)\sin\theta^0G-(c_{33}^0-c_{44}^0)\cos\theta^0E\right]\Big\}\frac{1}{2\rho V_P\sqrt{D}}
\end{aligned} \tag{2-74}$$

qSV 波群速度：

$$\begin{aligned}
V_{Gx}^{SV}=&\Big\{\left[(c_{11}^0+c_{44}^0)\cos\theta^0G-(c_{33}^0+c_{44}^0)\sin\theta^0E\right]\sqrt{D}-\Big[2(c_{13}^0+c_{44}^0)^2\\
&E\left(\cos\theta^0EG-\sin\theta^0F\right)+\left((c_{11}^0-c_{44}^0)F-(c_{33}^0-c_{44}^0)E^2\right)\\
&\left((c_{11}^0-c_{44}^0)\cos\theta^0G+(c_{33}^0-c_{44}^0)\sin\theta^0E\right)\Big]\Big\}\frac{1}{2\rho V_{SV}\sqrt{D}}\\
V_{Gy}^{SV}=&\frac{\sin\theta\cos\varphi}{2\rho V_{SV}\sqrt{D}}\Big\{(c_{11}^0+c_{44}^0)\sqrt{D}-\Big[2(c_{13}^0+c_{44}^0)^2E^2+(c_{11}^0-c_{44}^0)\\
&\left((c_{11}^0-c_{44}^0)F-(c_{33}^0-c_{44}^0)E^2\right)\Big]\Big\}\\
V_{Gz}^{SV}=&\Big\{\left[(c_{11}^0+c_{44}^0)\sin\theta^0G+(c_{33}^0+c_{44}^0)\cos\theta^0E\right]\sqrt{D}-\Big[2(c_{13}^0+c_{44}^0)^2\\
&E\left(\sin\theta^0EG+\cos\theta^0F\right)+\left((c_{11}^0-c_{44}^0)F-(c_{33}^0-c_{44}^0)E^2\right)\\
&\left((c_{11}^0-c_{44}^0)\sin\theta^0G-(c_{33}^0-c_{44}^0)\cos\theta^0E\right)\Big]\Big\}\frac{1}{2\rho V_{SV}\sqrt{D}}
\end{aligned} \tag{2-75}$$

qSH 波群速度：

$$
\begin{aligned}
V_{Gx}^{SH} &= \frac{1}{\rho V_{SH}}\left(c_{66}^{0}G\cos\theta^{0} - c_{44}^{0}E\sin\theta^{0}\right)\\
V_{Gy}^{SH} &= \frac{c_{66}^{0}\sin\theta\sin\varphi}{\rho V_{SH}}\\
V_{Gz}^{SH} &= \frac{1}{\rho V_{SH}}\left(c_{66}^{0}G\sin\theta^{0} + c_{44}^{0}E\cos\theta^{0}\right)
\end{aligned}
\tag{2-76}
$$

5. TTI 介质弹性波速度的 Thomsen 参数表征

介质模型的弹性性质是由弹性矩阵 $C$ 确定的，弹性矩阵 $C$ 确定了应力与应变之间的关系，但由其确定弹性波动方程系数的物理意义很不直观，由此导致波传播的相速度公式的物理意义不明确，为方便理论研究和实际应用，展现公式的物理意义，利用 Thomsen（1986）表征 TI 介质参数，对 TTI 介质弹性波的相速度及群速度公式进行 Thomsen 参数表征，有了 Thomsen 参数表征，使得 TTI 介质的弹性参数物理意义更加明显。

利用 Thomsen 参数将 TTI 介质弹性波相速度式（2－73）改写成如下形式：

$$
\begin{aligned}
V_{P} &= \sqrt{\frac{1}{2}\left[V_{S0}^{2} + (1+2\varepsilon)V_{P0}^{2}F + V_{P0}^{2}E^{2} + \sqrt{D}\right]}\\
V_{SV} &= \sqrt{\frac{1}{2}\left[V_{S0}^{2} + (1+2\varepsilon)V_{P0}^{2}F + V_{P0}^{2}E^{2} - \sqrt{D}\right]}\\
V_{SH} &= V_{S0}\sqrt{\left[(1+2\gamma)F + E^{2}\right]}
\end{aligned}
\tag{2-77}
$$

利用 Thomsen 参数可将 TTI 介质弹性波群速度式（2－75）～式（2－77）改写成如下形式：

qP 波群速度：

$$
\begin{aligned}
V_{Gx}^{P} = \frac{1}{2V_{P}\sqrt{D}}\Big\{&\left[\left((1+2\varepsilon)V_{P0}^{2} + V_{S0}^{2}\right)\cos\theta^{0}G - (V_{P0}^{2} + V_{S0}^{2})\sin\theta^{0}E\right]\sqrt{D} + \\
&2(V_{P0}^{2} - V_{S0}^{2})\left[(1+2\delta)V_{P0}^{2} - V_{S0}^{2}\right]E\left(\cos\theta^{0}EG - \sin\theta^{0}F\right) + \\
&\left[\left((1+2\varepsilon)V_{P0}^{2} - V_{S0}^{2}\right)F - (V_{P0}^{2} - V_{S0}^{2})E^{2}\right]\times\\
&\left[\left((1+2\varepsilon)V_{P0}^{2} - V_{S0}^{2}\right)\cos\theta^{0}G + (V_{P0}^{2} - V_{S0}^{2})\sin\theta^{0}E\right]\Big\}\\
V_{Gy}^{P} = \frac{\sin\theta\cos\varphi}{2V_{P}\sqrt{D}}\Big\{&\left[(1+2\varepsilon)V_{P0}^{2} + V_{S0}^{2}\right]\sqrt{D} + 2(V_{P0}^{2} - V_{S0}^{2})\\
&\left[(1+2\delta)V_{P0}^{2} - V_{S0}^{2}\right]E^{2} + \left[(1+2\varepsilon)V_{P0}^{2} - V_{S0}^{2}\right]\\
&\left[\left((1+2\varepsilon)V_{P0}^{2} - V_{S0}^{2}\right)F - (V_{P0}^{2} - V_{S0}^{2})E^{2}\right]\Big\}\\
V_{Gz}^{P} = \frac{1}{2V_{P}\sqrt{D}}\Big\{&\left[\left((1+2\varepsilon)V_{P0}^{2} + V_{S0}^{2}\right)\sin\theta^{0}G + \left(V_{P0}^{2} + V_{S0}^{2}\right)\cos\theta^{0}E\right]\sqrt{D} +
\end{aligned}
\tag{2-78}
$$

$$2(V_{P0}^2 - V_{S0}^2)\left[(1+2\delta)V_{P0}^2 - V_{S0}^2\right]E\left(\sin\theta^0 EG + \cos\theta^0 F\right) +$$

$$\left[\left((1+2\varepsilon)V_{P0}^2 - V_{S0}^2\right)F - \left(V_{P0}^2 - V_{S0}^2\right)E^2\right] \times$$

$$\left[\left((1+2\varepsilon)V_{P0}^2 - V_{S0}^2\right)\sin\theta^0 G - \left(V_{P0}^2 - V_{S0}^2\right)\cos\theta^0 E\right]\Big\}$$

qSV 波群速度：

$$V_{Gx}^{SV} = \frac{1}{2V_{SV}\sqrt{D}}\Big\{\left[\left((1+2\varepsilon)V_{P0}^2 + V_{S0}^2\right)\cos\theta^0 G - \left(V_{P0}^2 + V_{P0}^2\right)\sin\theta^0 E\right]\sqrt{D} -$$

$$\Big[2(V_{P0}^2 - V_{S0}^2)\left((1+2\delta)V_{P0}^2 - V_{S0}^2\right)E\left(\cos\theta^0 EG - \sin\theta^0 F\right) +$$

$$\left(\left((1+2\varepsilon)V_{P0}^2 - V_{S0}^2\right)F - \left(V_{P0}^2 - V_{P0}^2\right)E^2\right) \times$$

$$\left(\left((1+2\varepsilon)V_{P0}^2 - V_{S0}^2\right)\cos\theta^0 G + \left(V_{P0}^2 - V_{P0}^2\right)\sin\theta^0 E\right)\Big]\Big\}$$

$$V_{Gy}^{SV} = \frac{\sin\theta\cos\varphi}{2V_{SV}\sqrt{D}}\Big[\left((1+2\varepsilon)V_{P0}^2 + V_{S0}^2\right)\sqrt{D} - \Big[2(V_{P0}^2 - V_{S0}^2)$$

$$\left((1+2\delta)V_{P0}^2 - V_{S0}^2\right)E^2 + \left((1+2\varepsilon)V_{P0}^2 - V_{S0}^2\right) \tag{2-79}$$

$$\left(\left((1+2\varepsilon)V_{P0}^2 - V_{S0}^2\right)F - \left(V_{P0}^2 - V_{P0}^2\right)E^2\right)\Big]\Big\}$$

$$V_{Gz}^{SV} = \frac{1}{2\rho V_{SV}\sqrt{D}}\Big\{\left(\left((1+2\varepsilon)V_{P0}^2 + V_{S0}^2\right)\sin\theta^0 G + \left(V_{P0}^2 + V_{P0}^2\right)\cos\theta^0 E\right)\sqrt{D} -$$

$$\Big[2(V_{P0}^2 - V_{S0}^2)\left((1+2\delta)V_{P0}^2 - V_{S0}^2\right)E\left(\sin\theta^0 EG + \cos\theta^0 F\right) +$$

$$\left(\left((1+2\varepsilon)V_{P0}^2 - V_{S0}^2\right)F - \left(V_{P0}^2 - V_{P0}^2\right)E^2\right) \times$$

$$\left(\left((1+2\varepsilon)V_{P0}^2 - V_{S0}^2\right)\sin\theta^0 G - \left(V_{P0}^2 - V_{P0}^2\right)\cos\theta^0 E\right)\Big]\Big\}$$

qSH 波群速度：

$$\begin{aligned} V_{Gx}^{SH} &= \frac{V_{S0}^2}{V_{SH}}\left[(1+2\gamma)\cos\theta^0 G - \sin\theta^0 E\right] \\ V_{Gy}^{SH} &= \frac{V_{S0}^2}{V_{SH}}(1+2\gamma)\sin\theta\sin\varphi \\ V_{Gz}^{SH} &= \frac{V_{S0}^2}{V_{SH}}\left[(1+2\gamma)\sin\theta^0 G + \cos\theta^0 E\right] \end{aligned} \tag{2-80}$$

#### 2.4.3.3 VTI 介质弹性波相速度与群速度

VTI 介质作为 TTI 介质的特例，当 TTI 介质极角 $\theta^0 = 0$ 时，则为 VTI 介质，因此 VTI 介质弹性波的相速度、群速度可由 TTI 介质 $\theta^0 = 0$ 时的相速度、群速度得到。在 TTI 介质中，当 $\theta^0 = 0$ 时：

$$D = \left[ (c_{11}^0 - c_{44}^0) \sin^2\theta - (c_{33}^0 - c_{44}^0) \cos^2\theta \right]^2 + 4(c_{13}^0 + c_{44}^0)^2 \sin^2\theta \cos^2\theta \quad (2-81)$$

$E = \cos\theta, F = \sin^2\theta, G = \sin\theta\cos\varphi$

1. VTI 介质相速度与群速度

VTI 介质弹性波相速度为：

$$\begin{aligned} V_{\mathrm{P}} &= \sqrt{\frac{1}{2\rho}\left(c_{44}^0 + c_{11}^0 \sin^2\theta + c_{33}^0 \cos^2\theta + \sqrt{D}\right)} \\ V_{\mathrm{SV}} &= \sqrt{\frac{1}{2\rho}\left(c_{44}^0 + c_{11}^0 \sin^2\theta + c_{33}^0 \cos^2\theta - \sqrt{D}\right)} \\ V_{\mathrm{SH}} &= \sqrt{\frac{1}{\rho}\left(c_{66}^0 \sin^2\theta + c_{44}^0 \cos^2\theta\right)} \end{aligned} \quad (2-82)$$

qP 波群速度为：

$$\begin{aligned} V_{\mathrm{G}x}^{\mathrm{P}} &= \frac{\left[ (c_{11}^0 + c_{44}^0) \sqrt{D} + 2 (c_{13}^0 + c_{44}^0)^2 \cos^2\theta \right] \sin\theta\cos\varphi}{2\rho V_{\mathrm{P}} \sqrt{D}} + \\ &\quad \frac{\left[ (c_{11}^0 \sin^2\theta - c_{33}^0 \cos^2\theta + c_{44}^0 \cos 2\theta)(c_{11}^0 - c_{44}^0) \right] \sin\theta\cos\varphi}{2\rho V_{\mathrm{P}} \sqrt{D}} \\ V_{\mathrm{G}y}^{\mathrm{P}} &= \frac{\left[ (c_{11}^0 + c_{44}^0) \sqrt{D} + 2 (c_{13}^0 + c_{44}^0)^2 \cos^2\theta \right]}{2\rho V_{\mathrm{P}} \sqrt{D}} \sin\theta\sin\varphi + \\ &\quad \frac{\left[ (c_{11}^0 \sin^2\theta - c_{33}^0 \cos^2\theta + c_{44}^0 \cos 2\theta)(c_{11}^0 - c_{44}^0) \right]}{2\rho V_{\mathrm{P}} \sqrt{D}} \sin\theta\sin\varphi \\ V_{\mathrm{G}z}^{\mathrm{P}} &= \frac{\left[ (c_{33}^0 + c_{44}^0) \sqrt{D} + 2 (c_{13}^0 + c_{44}^0)^2 \sin^2\theta \right]}{2\rho V_{\mathrm{P}} \sqrt{D}} \cos\theta - \\ &\quad \frac{\left[ (c_{11}^0 \sin^2\theta - c_{33}^0 \cos^2\theta + c_{44}^0 \cos 2\theta)(c_{33}^0 - c_{44}^0) \right]}{2\rho V_{\mathrm{P}} \sqrt{D}} \cos\theta \end{aligned} \quad (2-83)$$

qSV 波群速度为：

$$\begin{aligned} V_{\mathrm{G}x}^{\mathrm{SV}} &= \frac{\left\{ (c_{11}^0 + c_{44}^0) \sqrt{D} - \left[ 2 (c_{13}^0 + c_{44}^0)^2 \cos^2\theta + (c_{11}^0 \sin^2\theta - c_{33}^0 \cos^2\theta + c_{44}^0 \cos 2\theta)(c_{11}^0 - c_{44}^0) \right] \right\}}{2\rho V_{\mathrm{SV}} \sqrt{D}} \sin\theta\cos\varphi \\ V_{\mathrm{G}y}^{\mathrm{SV}} &= \frac{\left\{ (c_{11}^0 + c_{44}^0) \sqrt{D} - \left[ 2 (c_{13}^0 + c_{44}^0)^2 \cos^2\theta + (c_{11}^0 \sin^2\theta - c_{33}^0 \cos^2\theta + c_{44}^0 \cos 2\theta)(c_{11}^0 - c_{44}^0) \right] \right\}}{2\rho V_{\mathrm{SV}} \sqrt{D}} \sin\theta\sin\varphi \\ V_{\mathrm{G}z}^{\mathrm{SV}} &= \frac{\left\{ (c_{33}^0 + c_{44}^0) \sqrt{D} - \left[ 2 (c_{13}^0 + c_{44}^0)^2 \sin^2\theta - (c_{11}^0 \sin^2\theta - c_{33}^0 \cos^2\theta + c_{44}^0 \cos 2\theta)(c_{33}^0 - c_{44}^0) \right] \right\}}{2\rho V_{\mathrm{SV}} \sqrt{D}} \cos\theta \end{aligned}$$

(2-84)

SH 波群速度为：

$$
\begin{aligned}
V_{Gx}^{SH} &= \frac{c_{66}^{0}}{\rho V_{SH}}\sin\theta\cos\varphi \\
V_{Gy}^{SH} &= \frac{c_{66}^{0}}{\rho V_{SH}}\sin\theta\sin\varphi \\
V_{Gz}^{SH} &= \frac{c_{44}^{0}}{\rho V_{SH}}\cos\theta
\end{aligned} \tag{2-85}
$$

2. VTI 介质弹性波速度的 Thomsen 参数表征

利用 Thomsen 参数将 VTI 介质弹性波相速度改写成如下形式：

$$
\begin{aligned}
V_{P} &= \sqrt{\frac{1}{2}\left\{V_{S0}^{2} + V_{P0}^{2}\left[(1+2\varepsilon)\sin^{2}\theta + \cos^{2}\theta\right] + \sqrt{D}\right\}} \\
V_{SV} &= \sqrt{\frac{1}{2}\left\{V_{S0}^{2} + V_{P0}^{2}\left[(1+2\varepsilon)\sin^{2}\theta + \cos^{2}\theta\right] - \sqrt{D}\right\}} \\
V_{SH} &= V_{S0}\sqrt{(1+2\gamma)\sin^{2}\theta + \cos^{2}\theta}
\end{aligned} \tag{2-86}
$$

其中：

$$
\begin{aligned}
D = &\left\{\left[(1+2\varepsilon)V_{P0}^{2} - V_{S0}^{2}\right]\sin^{2}\theta - \left(V_{P0}^{2} - V_{S0}^{2}\right)\cos^{2}\theta\right\}^{2} + \\
&4(V_{P0}^{2} - V_{S0}^{2})\cdot\left[(1+2\delta)V_{P0}^{2} - V_{S0}^{2}\right]\sin^{2}\theta\cos^{2}\theta
\end{aligned}
$$

利用 Thomsen 参数将 VTI 介质弹性波群速度改写成如下形式：

qP 波群速度为：

$$
\begin{aligned}
V_{Gx}^{P} = &\frac{\sin\theta\cos\varphi}{2V_{P}\sqrt{D}}\left\{\left[\left(1+2\varepsilon\right)V_{P0}^{2} + V_{S0}^{2}\right]\sqrt{D} + 2\left(V_{P0}^{2} - V_{S0}^{2}\right)\left[(1+2\delta)V_{P0}^{2} - V_{S0}^{2}\right]\cos^{2}\theta + \right. \\
&\left.\left[\left(1+2\varepsilon\right)V_{P0}^{2}\sin^{2}\theta - V_{P0}^{2}\cos^{2}\theta + V_{S0}^{2}\cos2\theta\right]\left[\left(1+2\varepsilon\right)V_{P0}^{2} - V_{S0}^{2}\right]\right\} \\
V_{Gy}^{P} = &\frac{\sin\theta\sin\varphi}{2V_{P}\sqrt{D}}\left\{\left[\left(1+2\varepsilon\right)V_{P0}^{2} + V_{S0}^{2}\right]\sqrt{D} + 2\left(V_{P0}^{2} - V_{S0}^{2}\right)\left[(1+2\delta)V_{P0}^{2} - V_{S0}^{2}\right]\cos^{2}\theta + \right. \\
&\left.\left[\left(1+2\varepsilon\right)V_{P0}^{2}\sin^{2}\theta - V_{P0}^{2}\cos^{2}\theta + V_{S0}^{2}\cos2\theta\right]\left[\left(1+2\varepsilon\right)V_{P0}^{2} - V_{S0}^{2}\right]\right\} \\
V_{Gz}^{P} = &\frac{\cos\theta}{2V_{P}\sqrt{D}}\left\{\left(V_{P0}^{2} + V_{S0}^{2}\right)\sqrt{D} + 2\left(V_{P0}^{2} - V_{S0}^{2}\right)\left[(1+2\delta)V_{P0}^{2} - V_{S0}^{2}\right]\sin^{2}\theta - \right. \\
&\left.\left[\left(1+2\varepsilon\right)V_{P0}^{2}\sin^{2}\theta - V_{P0}^{2}\cos^{2}\theta + V_{S0}^{2}\cos2\theta\right]\left(V_{P0}^{2} - V_{S0}^{2}\right)\right\}
\end{aligned} \tag{2-87}
$$

qSV 波群速度为：

$$
\begin{aligned}
V_{Gx}^{SV} = &\frac{\sin\theta\cos\varphi}{2V_{SV}\sqrt{D}}\left\{\left[\left(1+2\varepsilon\right)V_{P0}^{2} + V_{S0}^{2}\right]\sqrt{D} - 2\left(V_{P0}^{2} - V_{S0}^{2}\right)\left[(1+2\delta)V_{P0}^{2} - V_{S0}^{2}\right]\cos^{2}\theta - \right. \\
&\left.\left[\left(1+2\varepsilon\right)V_{P0}^{2}\sin^{2}\theta - V_{P0}^{2}\cos^{2}\theta + V_{S0}^{2}\cos2\theta\right]\left[\left(1+2\varepsilon\right)V_{P0}^{2} - V_{S0}^{2}\right]\right\}
\end{aligned}
$$

$$V_{Gy}^{SV}=\frac{\sin\theta\sin\varphi}{2V_{SV}\sqrt{D}}\left\{\left[\left(1+2\varepsilon\right)V_{P0}^2+V_{S0}^2\right]\sqrt{D}-2\left(V_{P0}^2-V_{S0}^2\right)\left[(1+2\delta)V_{P0}^2-V_{S0}^2\right]\cos^2\theta-\right.$$

$$\left.\left[\left(1+2\varepsilon\right)V_{P0}^2\sin^2\theta-V_{P0}^2\cos^2\theta+V_{S0}^2\cos2\theta\right]\left[\left(1+2\varepsilon\right)V_{P0}^2-V_{S0}^2\right]\right\}$$

$$V_{Gz}^{SV}=\frac{\cos\theta}{2V_{SV}\sqrt{D}}\left\{\left(V_{P0}^2+V_{S0}^2\right)\sqrt{D}-2\left(V_{P0}^2-V_{S0}^2\right)\left[(1+2\delta)V_{P0}^2-V_{S0}^2\right]\sin^2\theta+\right.$$

$$\left.\left[\left(1+2\varepsilon\right)V_{P0}^2\sin^2\theta-V_{P0}^2\cos^2\theta+V_{S0}^2\cos2\theta\right]\left(V_{P0}^2-V_{S0}^2\right)\right\} \tag{2-88}$$

qSH 波群速度为：

$$V_{Gx}^{SH}=\frac{\left(1+2\gamma\right)V_{S0}^2}{V_{SH}}\sin\theta\cos\varphi=\frac{V_{S0}\left(1+2\gamma\right)}{\sqrt{\left(1+2\gamma\right)\sin^2\theta+\cos^2\theta}}\sin\theta\cos\varphi$$

$$V_{Gy}^{SH}=\frac{\left(1+2\gamma\right)V_{S0}^2}{V_{SH}}\sin\theta\sin\varphi=\frac{V_{S0}\left(1+2\gamma\right)}{\sqrt{\left(1+2\gamma\right)\sin^2\theta+\cos^2\theta}}\sin\theta\sin\varphi \tag{2-89}$$

$$V_{Gz}^{SH}=\frac{V_{S0}^2}{V_{SH}}\cos\theta=\frac{V_{S0}}{\sqrt{\left(1+2\gamma\right)\sin^2\theta+\cos^2\theta}}\cos\theta$$

#### 2.4.3.4 TI 介质弹性波速度理论曲线

本节通过各向异性介质弹性波方程画出相速度和群速度的理论曲线，包括 qP 波、qSV 波和 qSH 波，直观地描述各向异性介质地震波速度，包括 ISO（各向同性）、VTI 和不同旋转角的 TTI 介质。

本节所有介质的纵横波速度值都为：$V_{P0}=3460\text{m/s}$，$V_{S0}=2000\text{m/s}$，采用 Green River Shale、Mesa Clay Shale、Taylor Sand 和 Mesa Shale 四种岩石各向异性参数进行分析，参数如图 2-34 所示。

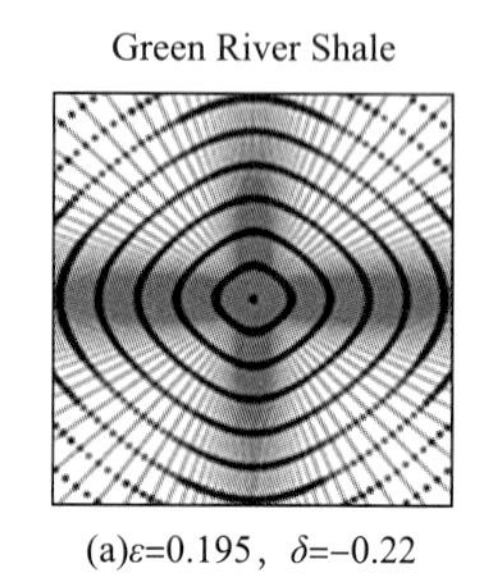

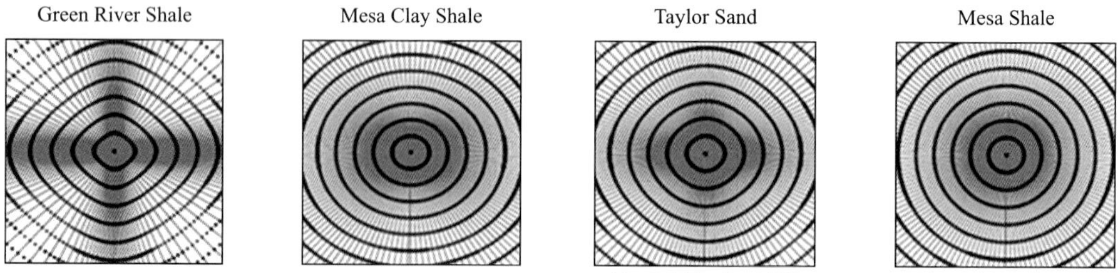

(a)$\varepsilon=0.195$，$\delta=-0.22$

Mesa Clay Shale

(b)$\varepsilon=0.189$，$\delta=0.204$

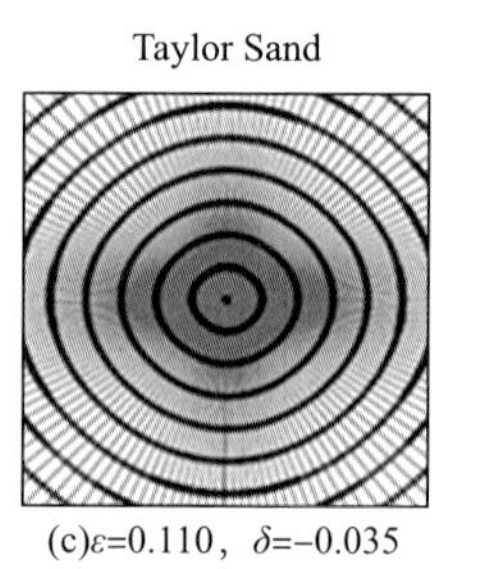

(c)$\varepsilon=0.110$，$\delta=-0.035$

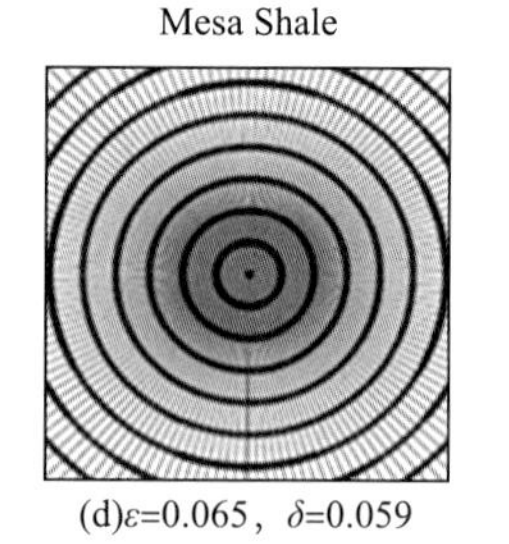

(d)$\varepsilon=0.065$，$\delta=0.059$

图 2-34　不同岩石各向异性参数及波前面

1. ISO 介质地震波速度理论曲线

各向同性介质的相速度和群速度相同，qP 波、qSV 波和 qSH 波相同，都是标准的圆球型（图 2-35）。

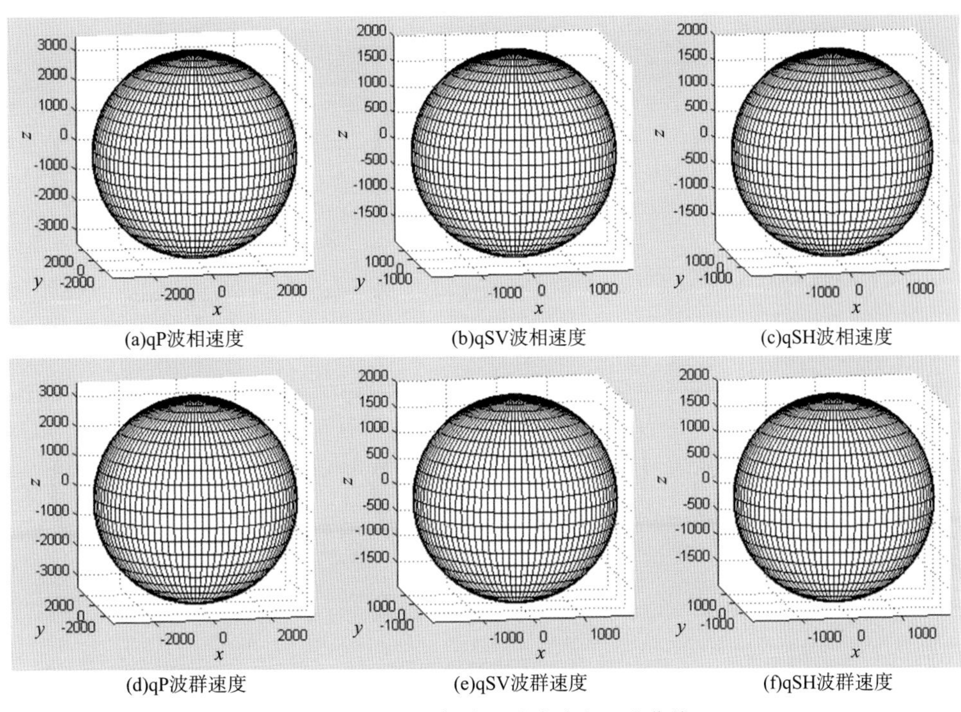

(a)qP波相速度　(b)qSV波相速度　(c)qSH波相速度

(d)qP波群速度　(e)qSV波群速度　(f)qSH波群速度

图 2－35　ISO 介质地震波速度理论曲线

2. VTI 介质地震波速度理论曲线

VTI 介质的地震波速度不再是圆球形，有些是椭球形，有些是不规则形状，但对称轴都是垂向的（图 2－36～图 2－39）。

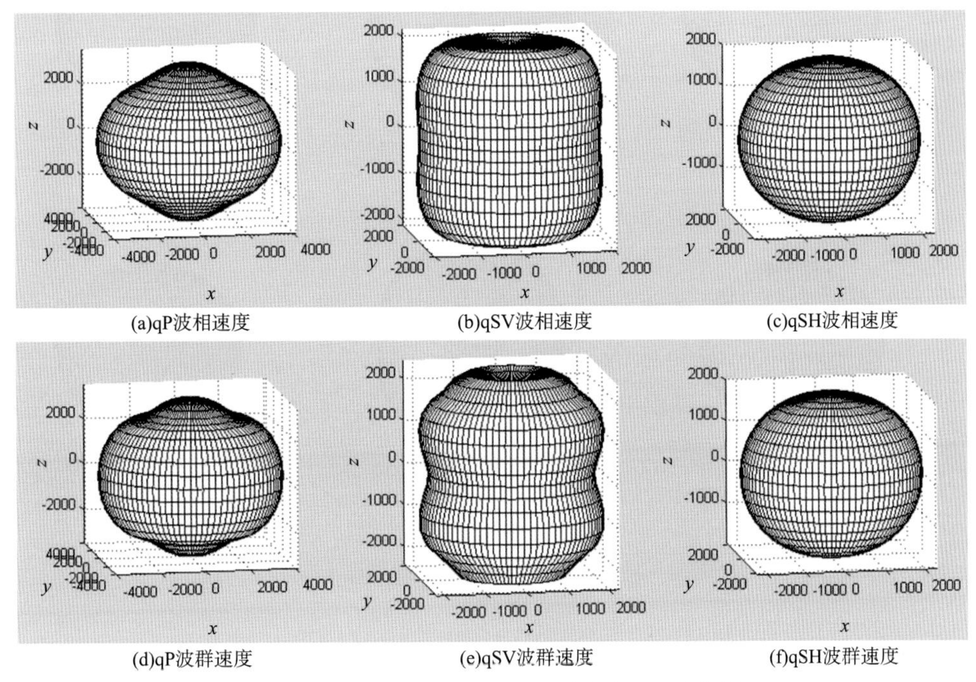

(a)qP波相速度　(b)qSV波相速度　(c)qSH波相速度

(d)qP波群速度　(e)qSV波群速度　(f)qSH波群速度

图 2－36　Green River Shale 地震波速度理论曲线

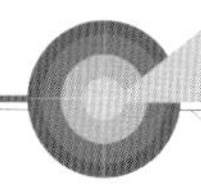

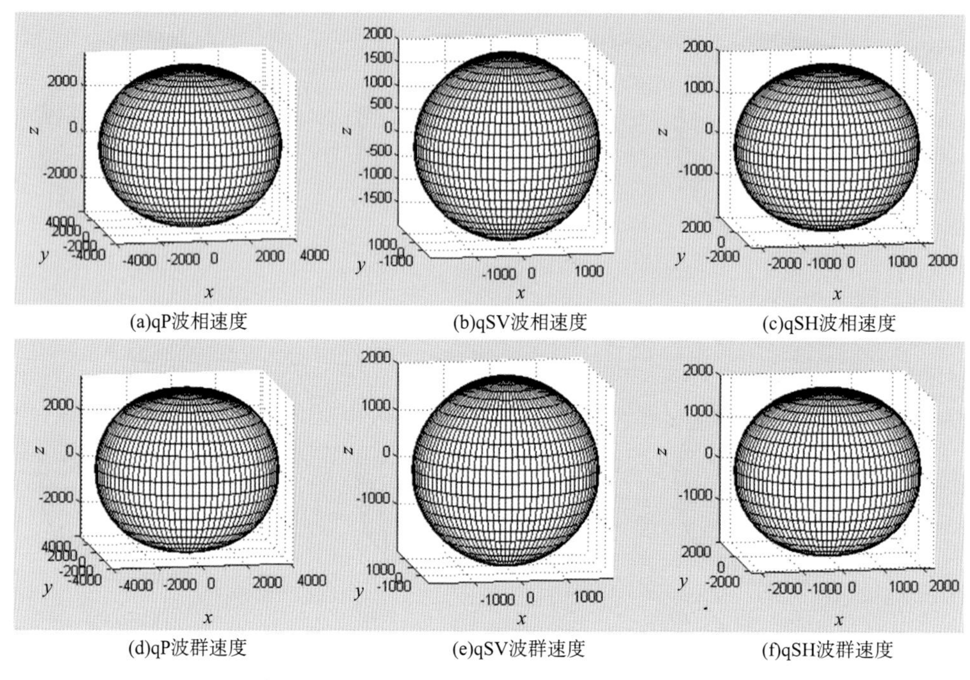


图 2-37　Mesa Clay Shale 地震波速度理论曲线

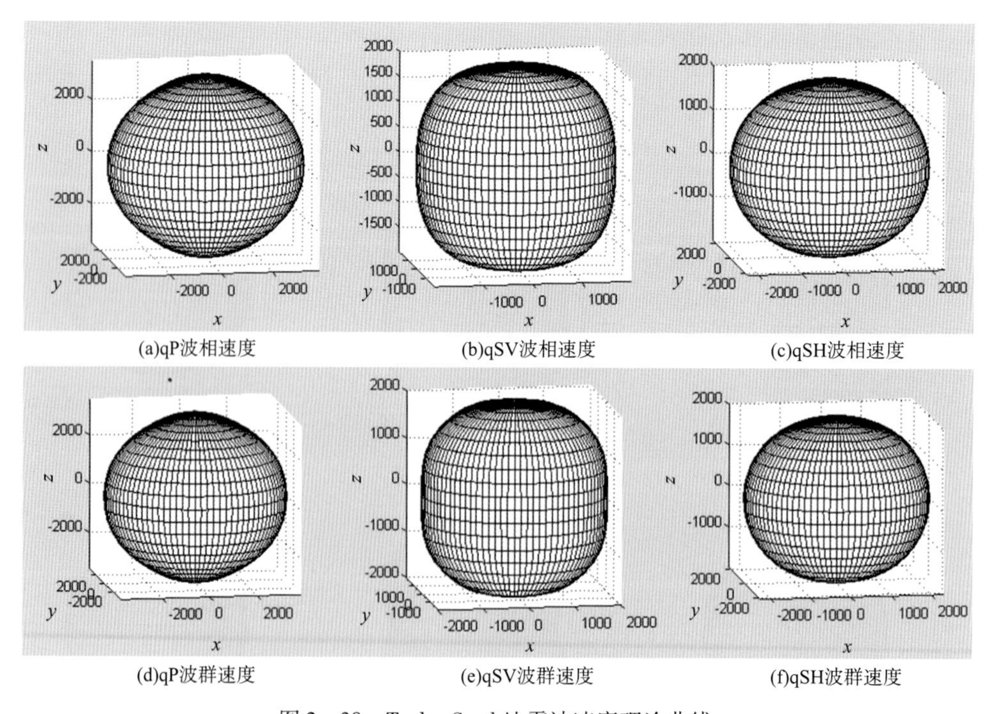


图 2-38　Taylor Sand 地震波速度理论曲线

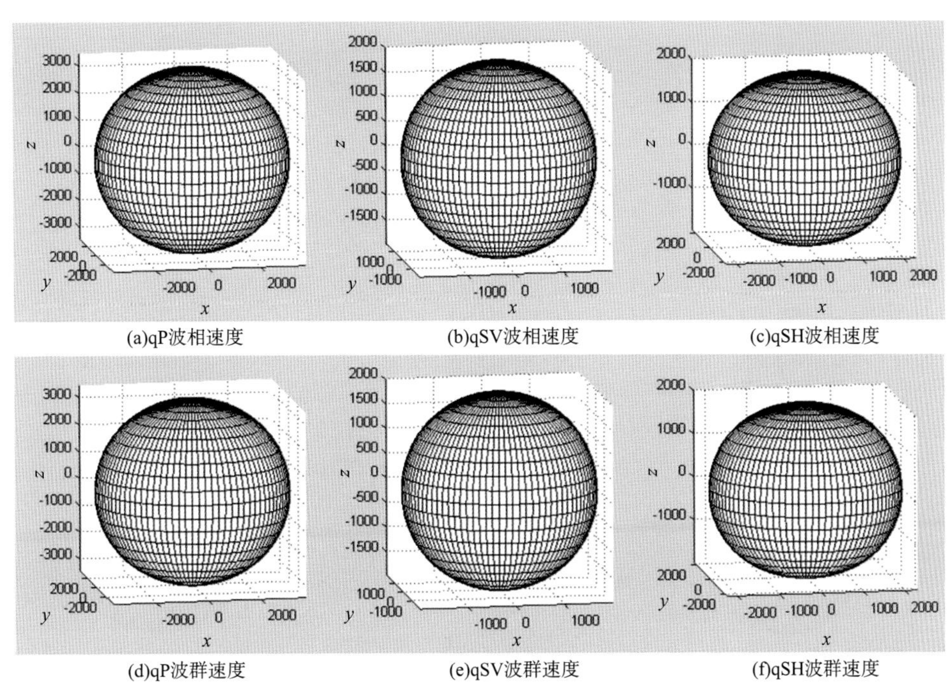


(a)qP波相速度　(b)qSV波相速度　(c)qSH波相速度

(d)qP波群速度　(e)qSV波群速度　(f)qSH波群速度

图 2－39　Mesa Shale 地震波速度理论曲线

3. TTI 介质地震波速度理论曲线

TTI 介质的地震波速度形状与 VTI 相同，但是随着对称轴的旋转，形态也跟着旋转，加剧了地震波传播的复杂性（图 2－40～图 2－47）。

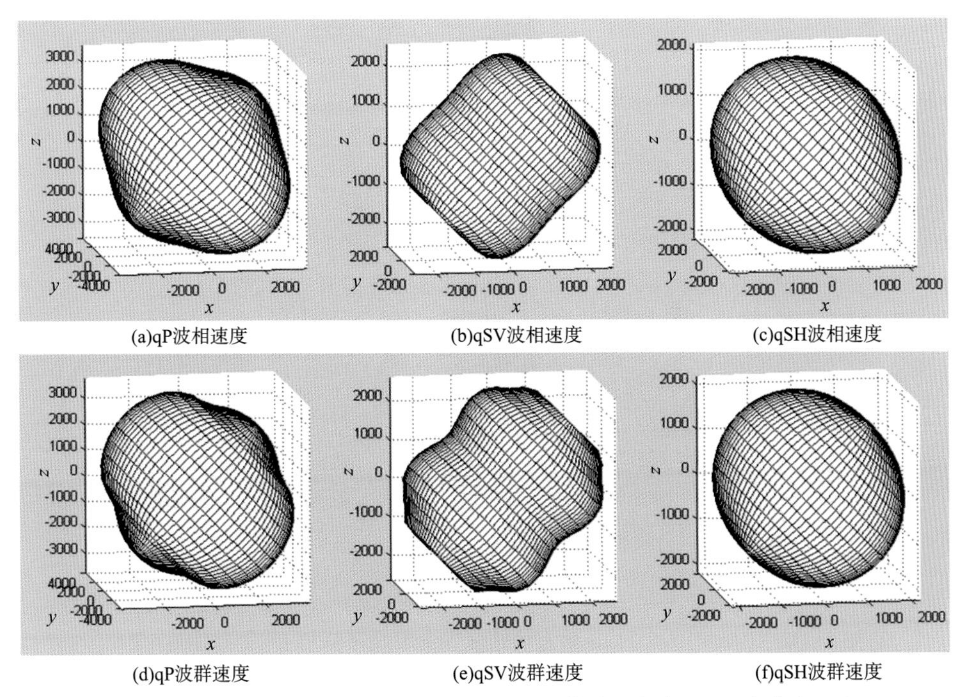


(a)qP波相速度　(b)qSV波相速度　(c)qSH波相速度

(d)qP波群速度　(e)qSV波群速度　(f)qSH波群速度

图 2－40　Green River Shale 地震波速度理论曲线（倾角 45°，方位角 0°）

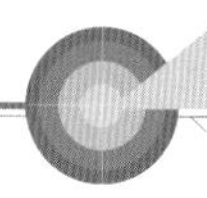

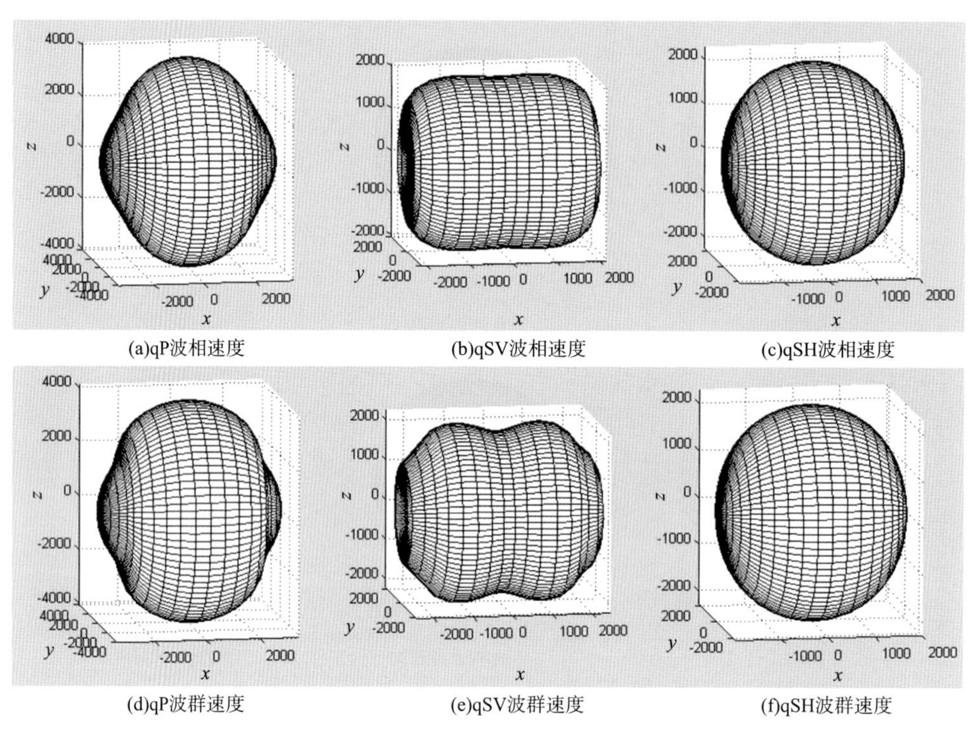


(a)qP波相速度　(b)qSV波相速度　(c)qSH波相速度

(d)qP波群速度　(e)qSV波群速度　(f)qSH波群速度

图 2-41　Green River Shale 地震波速度理论曲线（倾角 90°，方位角 0°）

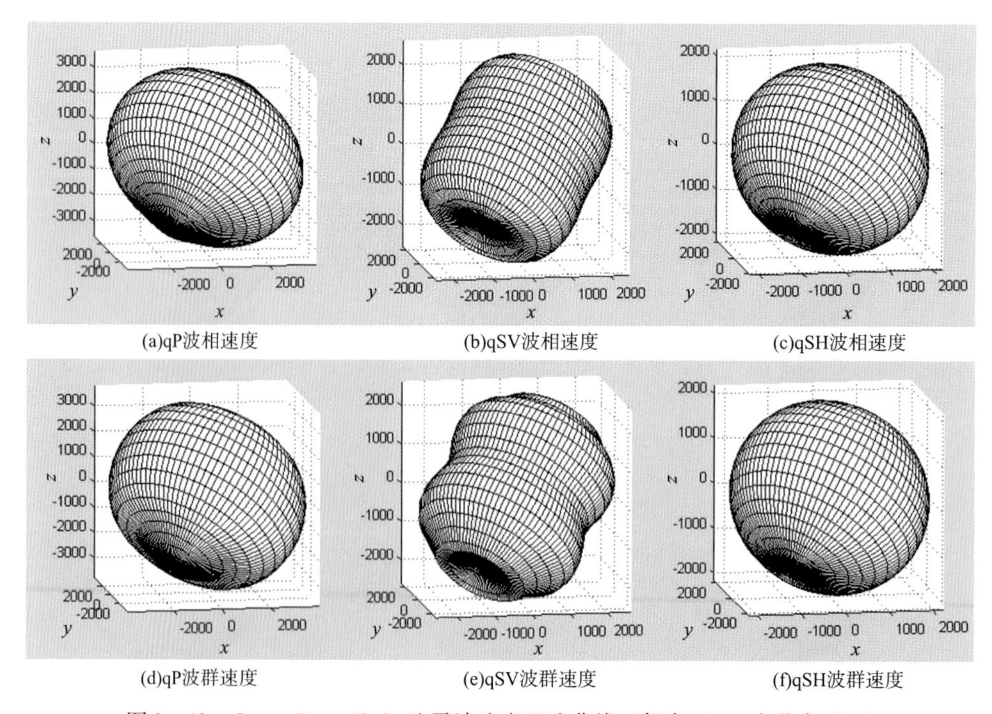


(a)qP波相速度　(b)qSV波相速度　(c)qSH波相速度

(d)qP波群速度　(e)qSV波群速度　(f)qSH波群速度

图 2-42　Green River Shale 地震波速度理论曲线（倾角 45°，方位角 45°）

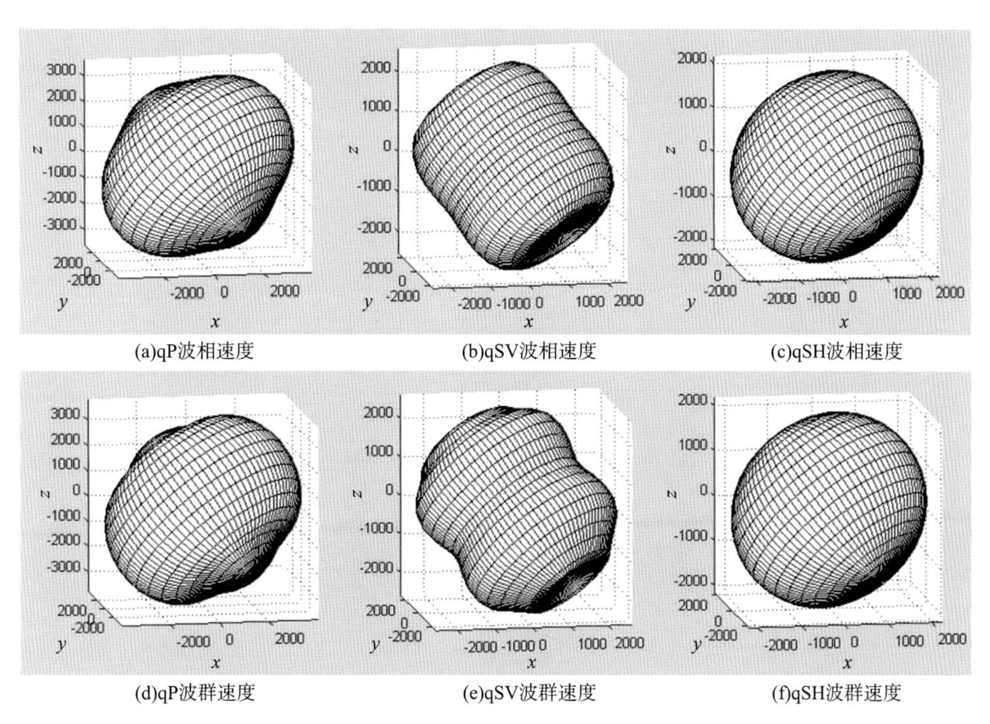

(a)qP波相速度　(b)qSV波相速度　(c)qSH波相速度

(d)qP波群速度　(e)qSV波群速度　(f)qSH波群速度

图 2－43　Green River Shale 地震波速度理论曲线（倾角－45°，方位角－45°）

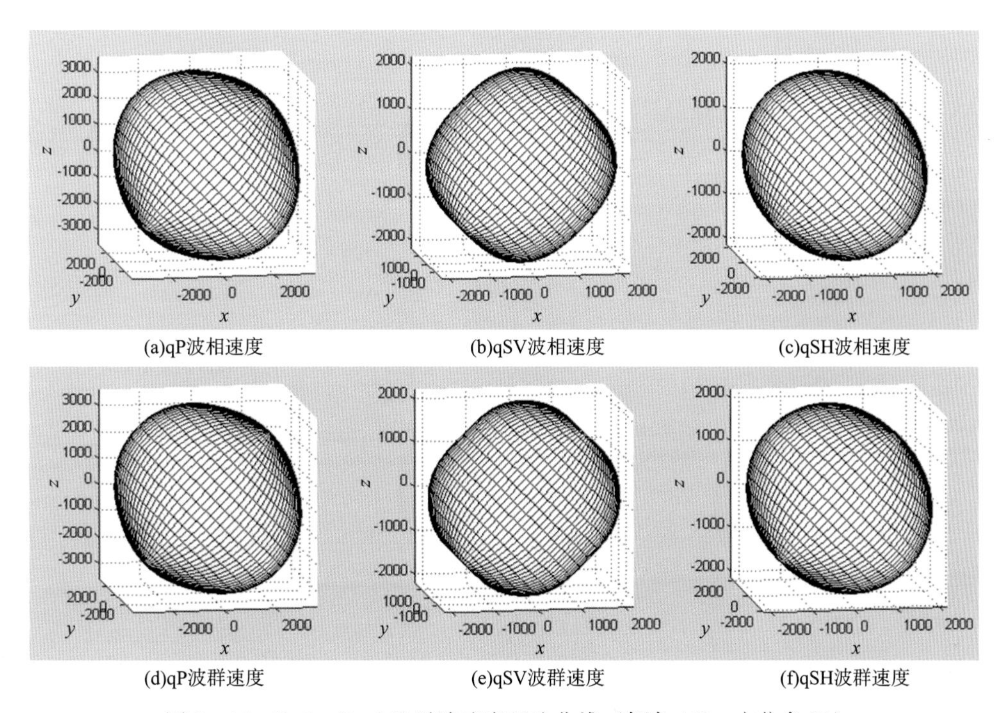

(a)qP波相速度　(b)qSV波相速度　(c)qSH波相速度

(d)qP波群速度　(e)qSV波群速度　(f)qSH波群速度

图 2－44　Taylor Sand 地震波速度理论曲线（倾角 45°，方位角 0°）

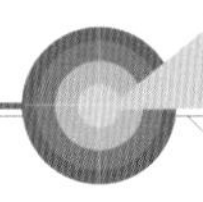

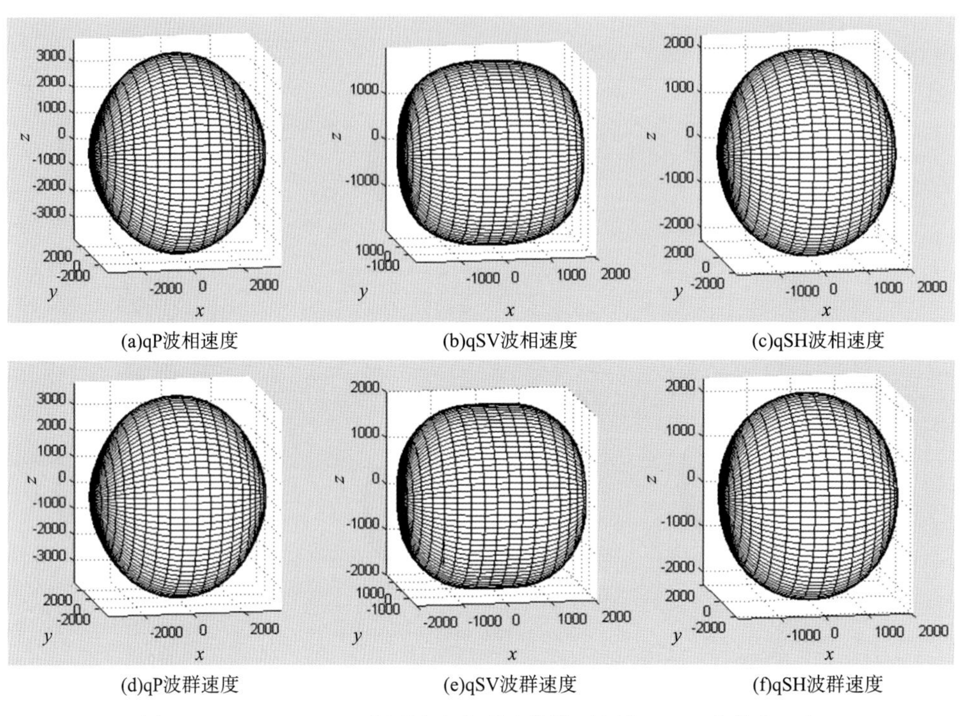


(a)qP波相速度　(b)qSV波相速度　(c)qSH波相速度

(d)qP波群速度　(e)qSV波群速度　(f)qSH波群速度

图 2－45　Taylor Sand 地震波速度理论曲线（倾角 90°，方位角 0°）

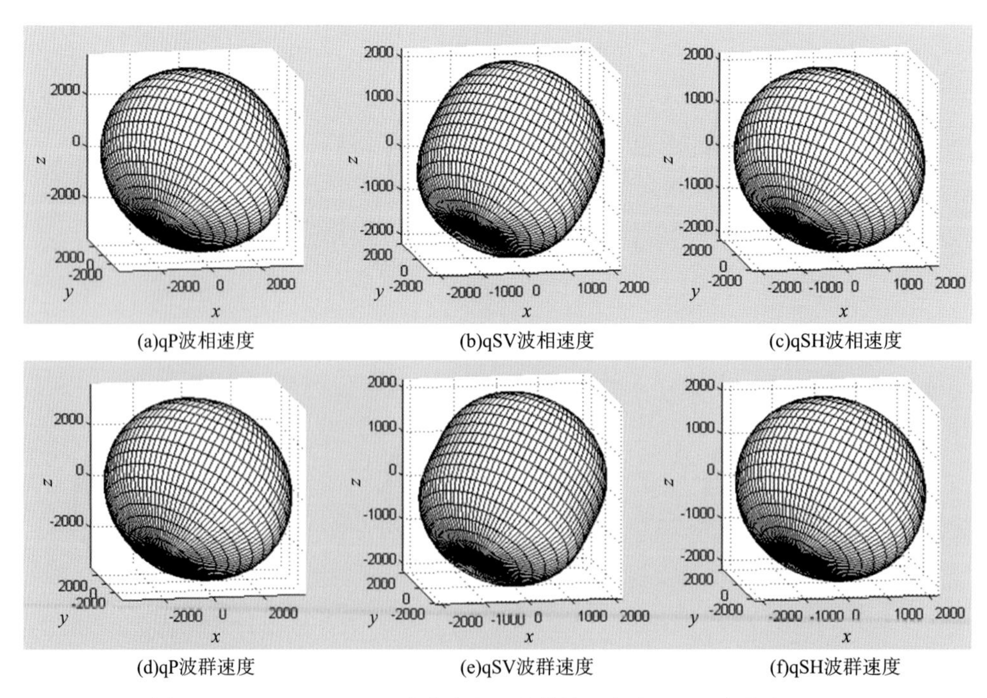


(a)qP波相速度　(b)qSV波相速度　(c)qSH波相速度

(d)qP波群速度　(e)qSV波群速度　(f)qSH波群速度

图 2－46　Taylor Sand 地震波速度理论曲线（倾角 45°，方位角 45°）

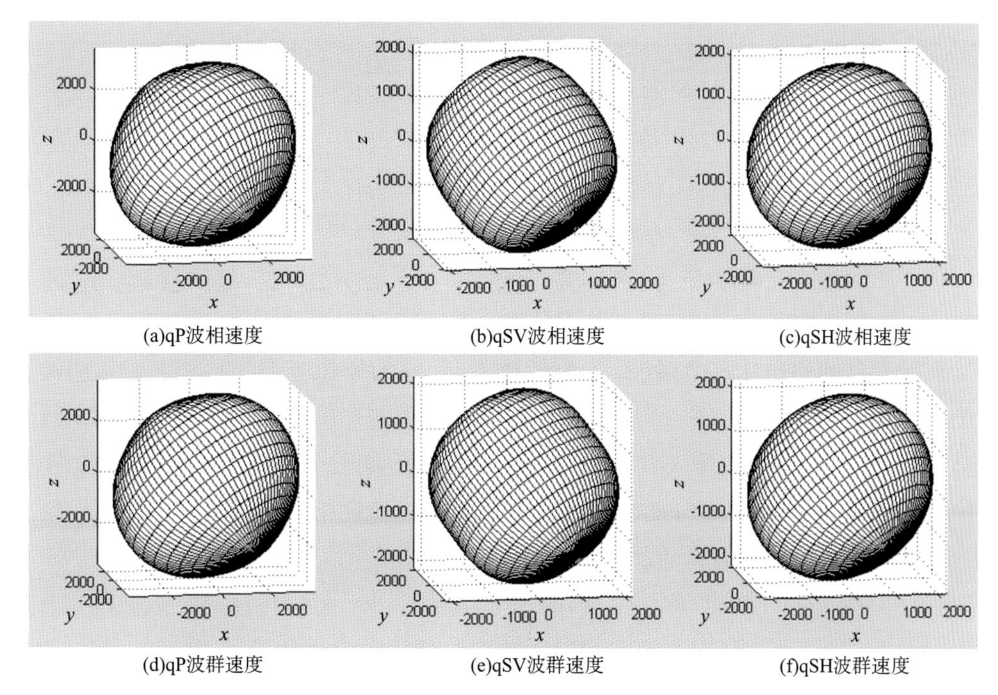


图 2－47　Taylor Sand 地震波速度理论曲线（倾角 －45°，方位角 －45°）

## 2.4.4　ORT 介质弹性波相速度与群速度

除了特定的方向，地震波在各向异性介质中传播时其偏振方向不再与传播方向平行或垂直，所以将三种地震波分别称为：准 P 波、准 SV 波和准 SH 波（或称为 qP 波、qSV 波和 qSH 波）。本节通过正交各向异性介质在对称轴方向和对称面内的理论相速度解，初步认识正交各向异性介质内的波场传播特征。

### 2.4.4.1　ORT 介质弹性波相速度

1. 本构坐标系下对称轴方向的相速度

当正交各向异性介质的对称轴与坐标轴重合时，地震波沿坐标轴传播时的偏振方向与传播方向平行或垂直，为纯 P 波、SV 波和 SH 波。正交各向异性介质的 9 个独立的弹性参数中，对角线上的 6 个元素规定了沿坐标轴传播时的三种体波的相速度。沿 $x$、$y$、$z$ 三个坐标轴传播的纵波速度分别为 $\sqrt{c_{11}/\rho}$、$\sqrt{c_{22}/\rho}$、$\sqrt{c_{33}/\rho}$；沿 $z$ 方向传播，$y$ 方向偏振以及沿 $y$ 方向传播，$z$ 方向偏振的横波速度为 $\sqrt{c_{44}/\rho}$；相似的，沿 $z$ 方向传播，$x$ 方向偏振以及沿 $x$ 方向传播，$z$ 方向偏振的横波波速为 $\sqrt{c_{55}/\rho}$，$\sqrt{c_{66}/\rho}$ 为沿 $x$ 方向传播，$y$ 方向偏振以及沿 $y$ 方向传播，$x$ 方向偏振的横波速度（表 2－2）。

表 2-1　正交介质坐标轴方向的相速度

| 偏振方向 | 传播方向 | | |
|---|---|---|---|
| | $x$ | $y$ | $z$ |
| $x$ | $V_{P1} = \sqrt{c_{11}/\rho}$ | $V_{S21} = \sqrt{c_{66}/\rho}$ | $V_{S31} = \sqrt{c_{55}/\rho}$ |
| $y$ | $V_{S12} = \sqrt{c_{66}/\rho}$ | $V_{P2} = \sqrt{c_{22}/\rho}$ | $V_{S32} = \sqrt{c_{44}/\rho}$ |
| $z$ | $V_{S13} = \sqrt{c_{55}/\rho}$ | $V_{S23} = \sqrt{c_{44}/\rho}$ | $V_{P3} = \sqrt{c_{33}/\rho}$ |

$V_{Pij}$下标 $P$ 代表纵波，$S$ 为横波，$i$ 为传播方向，$j$ 为偏振方向，1、2、3 分别代表 $x$、$y$、$z$ 方向。当地震波沿对称轴（$z$ 轴）传播时，会产生两个偏振互相垂直（分别平行于 $x$、$y$ 方向）的横波，且传播速度不同（$c_{44} \neq c_{55}$），即发生横波分裂现象；但是特殊的，VTI 介质中，当地震波沿主对称轴 $z$ 方向传播时，两个横波速度相同，观测不到分裂现象。

2. 本构坐标系下对称面内的相速度

当波在非对称轴方向的对称面中（$xoz$ 面、$yoz$ 面、$xoy$ 面）传播时，纵波的偏振方向与传播方向出现偏角，传播平面内的剪切波偏振与传播方向同样不再是 90°，记三种波的相速度分别为 $V_{qP}$、$V_{qSV}$、$V_{qSH}$。

（1）地震波在 $xoz$ 面内传播时，传播方向 $\boldsymbol{n} = \left(\sin\theta, 0, \cos\theta\right)^{T}$。

$$
\begin{aligned}
V_{qSH}\left(\theta\right) &= \sqrt{\left(c_{66}\sin^2\theta + c_{44}\cos^2\theta\right)/\rho} \\
V_{qP}(\theta) &= \frac{1}{\sqrt{2\rho}}\sqrt{c_{11}\sin^2\theta + c_{33}\cos^2\theta + c_{55} + D(\theta)} \\
V_{qSV}(\theta) &= \frac{1}{\sqrt{2\rho}}\sqrt{c_{11}\sin^2\theta + c_{33}\cos^2\theta + c_{55} - D(\theta)}
\end{aligned}
\tag{2-90}
$$

其中：$D(\theta) = \sqrt{[(c_{11} - c_{55})\sin^2\theta - (c_{33} - c_{55})\cos^2\theta]^2 + 4(c_{13} + c_{55})\sin^2\theta\cos^2\theta}$

SH 波的偏振方向为（0，1，0），垂直于传播平面 $xoz$，为纯 SH 波。

（2）地震波在 $yoz$ 面内传播时，传播方向 $\boldsymbol{n} = (0, \sin\theta, \cos\theta)^{T}$。

$$
\begin{aligned}
V_{qSH}(\theta) &= \sqrt{(c_{66}\sin^2\theta + c_{55}\cos^2\theta)/\rho} \\
V_{qP}(\theta) &= \frac{1}{\sqrt{2\rho}}\sqrt{c_{22}\sin^2\theta + c_{33}\cos^2\theta + c_{44} + D(\theta)} \\
V_{qSV}(\theta) &= \frac{1}{\sqrt{2\rho}}\sqrt{c_{22}\sin^2\theta + c_{33}\cos^2\theta + c_{44} - D(\theta)}
\end{aligned}
\tag{2-91}
$$

其中：$D(\theta) = \sqrt{[(c_{22} - c_{44})\sin^2\theta - (c_{33} - c_{44})\cos^2\theta]^2 + 4(c_{23} + c_{44})\sin^2\theta\cos^2\theta}$

同样的第三类波的偏振方向仍然与传播平面垂直，为纯 SH 波。

（3）地震波在 $xoy$ 面内传播时，传播方向 $\boldsymbol{n} = (\cos\varphi, \sin\varphi, 0)^{T}$。

$$
\begin{aligned}
V_{\mathrm{qSH}}(\varphi) &= \sqrt{(c_{55}\cos^2\varphi + c_{44}\sin^2\varphi)/\rho} \\
V_{\mathrm{qP}}(\varphi) &= \frac{1}{\sqrt{2\rho}}\sqrt{c_{11}\cos^2\varphi + c_{22}\sin^2\varphi + c_{66} + D(\varphi)} \\
V_{\mathrm{qSV}}(\varphi) &= \frac{1}{\sqrt{2\rho}}\sqrt{c_{11}\cos^2\varphi + c_{22}\sin^2\varphi + c_{66} - D(\varphi)}
\end{aligned}
\tag{2-92}
$$

其中：$D(\varphi) = \sqrt{[(c_{11}-c_{66})\cos^2\varphi - (c_{22}-c_{66})\sin^2\varphi]^2 + 4(c_{12}+c_{66})\sin^2\varphi\cos^2\varphi}$

不难发现，在本构坐标系下，$xoz$、$yoz$ 和 $xoy$ 三个坐标平面即为正交各向异性系统的对称面，波在对称面中传播时，qSH 波的偏振方向都与传播平面垂直，为纯 SH 波。

3. 倾斜观测坐标系下的相速度

由于对称性质，地震波在介质对称面内传播时的 SH 波是解耦的，Christoffel 方程解的表达式较容易推导，但是在非对称面内时，三种相速度解相互耦合，增加了求解的难度。当观测坐标与本构坐标存在夹角时，观测面与介质的对称面可能不重合，而且为了更真实地了解地下介质构造，需要接收多方位的地震数据，因此有必要从整体上研究地震波在各向异性介质一般方向上的波速。本节以观测系统与本构系统存在极化角 $\theta^0$ 为例，讨论倾斜坐标系下正交各向异性介质的理论相速度值。

当观测坐标系下介质的对称轴与坐标轴 $z$ 轴呈 0°时，坐标面 $xoz$ 面仍是介质对称面，本文给出地震波在 $xoz$ 面内传播时的相速度，传播方向 $\boldsymbol{n} = (cos\varphi, \sin\varphi, 0)^{\mathrm{T}}$：

$$
\begin{aligned}
V_{\mathrm{qSH}}(\theta,\theta^0) &= \sqrt{\frac{1}{\rho}[c_{66}^0(n_x\cos\theta^0 + n_z\sin\theta^0)^2 + c_{44}^0(-n_x\sin\theta^0 + n_z\cos\theta^0)^2]} \\
V_{\mathrm{qP}}(\theta,\theta^0) &= \frac{1}{\sqrt{2\rho}}\sqrt{c_{55}^0 + c_{11}^0(n_x\cos\theta^0 + n_z\sin\theta^0)^2 + c_{33}^0(-n_x\sin\theta^0 + n_z\cos\theta^0)^2 + \sqrt{D}} \\
V_{\mathrm{qSV}}(\theta,\theta^0) &= \frac{1}{\sqrt{2\rho}}\sqrt{c_{55}^0 + c_{11}^0(n_x\cos\theta^0 + n_z\sin\theta^0)^2 + c_{33}^0(-n_x\sin\theta^0 + n_z\cos\theta^0)^2 - \sqrt{D}}
\end{aligned}
\tag{2-93}
$$

其中：
$$
\begin{aligned}
D = {} & \left[\left(c_{11}^0 - c_{55}^0\right)\left(n_x\cos\theta^0 + n_z\sin\theta^0\right)^2 - \left(c_{33}^0 - c_{55}^0\right)\left(-n_x\sin\theta^0 + n_z\cos\theta^0\right)^2\right]^2 + \\
& 4\left(c_{13}^0 + c_{55}^0\right)\left(n_x\cos\theta^0 + n_z\sin\theta^0\right)^2\left(-n_x\sin\theta^0 + n_z\cos\theta^0\right)^2
\end{aligned}
$$

其中，qSH 波的偏振方向为（0，1，0），与传播平面垂直，仍是纯 SH 波。

此时 $yoz$ 面和 $xoy$ 面不再是对称面，含有符号变量的三次方程的求解更为复杂，很难得到显示的表达式，但是当介质的弹性参数已知时，式（2－30）的解可以通过盛金公式得到。

### 2.4.4.2 ORT 介质弹性波群速度

群速度是地震波最大能量的传播速度，由于各向异性介质中波速随方向改变，因此群速度变成了与方向有关的矢量，通过相速度关于波矢量的导数求得：

$$
\boldsymbol{V}_{\mathrm{g}} = \left(\frac{\partial\omega}{\partial k_x}, \frac{\partial\omega}{\partial k_y}, \frac{\partial\omega}{\partial k_z}\right) \tag{2-94}
$$

式中，$\boldsymbol{V}_g$ 为群速度向量；$\omega = kv$ 为角频率；$\boldsymbol{k} = \left(k_x, k_y, k_z\right)$ 为波矢量；$k$ 为波矢量的模。

根据求导的链式法可以得到式（2－94）在笛卡尔坐标系下的群速度各分量形式：

$$
\begin{aligned}
V_{Gx} &= \left(v\sin\theta + \cos\theta\frac{\partial v}{\partial\theta}\right)\cos\varphi - \frac{\sin\varphi}{\sin\theta}\frac{\partial v}{\partial\varphi} \\
V_{Gy} &= \left(v\sin\theta + \cos\theta\frac{\partial v}{\partial\theta}\right)\sin\varphi + \frac{\cos\varphi}{\sin\theta}\frac{\partial v}{\partial\varphi} \\
V_{Gz} &= v\cos\theta - \sin\theta\frac{\partial v}{\partial\theta}
\end{aligned}
\tag{2-95}
$$

特殊的，在介质对称面内式（2－95）可以简化，得到群速度的标量表达式：

$$
V_G^2(\theta) = v^2(\theta) + \left[\mathrm{d}v(\theta)/\mathrm{d}\theta\right]^2 \tag{2-96}
$$

式（2－96）是 Berryman 研究 TI 介质时得到的结论，但由推导过程不难发现该公式适用于计算任意各向异性介质对称面内的群速度，但是前提条件是要已知相速度的解析表达式。

根据式（2－96），结合极化角 $\theta^0$ 下的相速度公式（2－93）可以推导 $xoz$ 平面内的三种群速度表达式，是关于传播方向 $\theta$ 的函数：

$$
\begin{aligned}
\frac{\mathrm{d}V_P}{\mathrm{d}\theta} &= \frac{EF}{2\rho V_P}\left\{\begin{aligned}&c_{11}^0 - c_{33}^0 + \frac{1}{\sqrt{D}}\left[\left(c_{11}^0 - c_{55}^0\right)E^2 - \left(c_{33}^0 - c_{55}^0\right)F^2\right]\left(c_{11}^0 + c_{33}^0 - 2c_{55}^0\right) + \\ &2\left(c_{11}^0 + c_{55}^0\right)^2\left(F^2 - E^2\right)\end{aligned}\right\} \\
\frac{\mathrm{d}V_{SV}}{\mathrm{d}\theta} &= \frac{EF}{2\rho V_{SV}}\left\{\begin{aligned}&c_{11}^0 - c_{33}^0 - \frac{1}{\sqrt{D}}\left[\left(c_{11}^0 - c_{55}^0\right)E^2 - \left(c_{33}^0 - c_{55}^0\right)F^2\right]\left(c_{11}^0 + c_{33}^0 - 2c_{55}^0\right) + \\ &2\left(c_{11}^0 + c_{55}^0\right)^2\left(F^2 - E^2\right)\end{aligned}\right\} \\
\frac{\mathrm{d}V_{SH}}{\mathrm{d}\theta} &= \frac{EF}{\rho V_{SH}}\left(c_{66}^0 - c_{44}^0\right)
\end{aligned}
\tag{2-97}
$$

式中，$E = n_x\cos\theta^0 + n_z\sin\theta^0$；$F = -n_x\sin\theta^0 + n_z\cos\theta^0$。将式（2－97）中的三式分别代入式（2－96）即得相应的群速度。$\theta^0 = 0^\circ$ 时退化为本构坐标系下的群速度。

由于非对称面内的相速度表达式较难得到，因此可以利用 Christoffel 隐式方程将群速度公式（2－94）做替换，根据相速度与频率 $\omega$ 的关系 $v = \omega/k$，平面波的位移表达式可以改写成如下形式，用以表示频散关系：

$$
\det(k^2\boldsymbol{\Gamma} - \rho\omega^2) = -(\rho\omega^2)^3 + A_1(\rho\omega^2)^2 - B_1\rho\omega^2 + C_1 = 0 \tag{2-98}
$$

此时观测坐标系对应的方程系数分别为：

$$
A_1 = k^2A,\ B_1 = k^4B,\ C_1 = k^6C
$$

$$
k^2\Gamma_{11} = c_{11}k_x^2 + c_{66}k_y^2 + c_{55}k_z^2 + 2c_{15}k_zk_x
$$

$$k^2\Gamma_{12} = (c_{25}+c_{46})k_yk_z + (c_{12}+c_{66})k_xk_y$$

$$k^2\Gamma_{13} = c_{15}k_x^2 + c_{46}k_y^2 + c_{35}k_z^2 + (c_{13}+c_{55})k_zk_x$$

$$k^2\Gamma_{22} = c_{66}k_x^2 + c_{22}k_y^2 + c_{44}k_z^2 + 2c_{46}k_zk_x$$

$$k^2\Gamma_{23} = (c_{23}+c_{44})k_yk_z + (c_{25}+c_{46})k_xk_y$$

$$k^2\Gamma_{33} = c_{55}k_x^2 + c_{44}k_y^2 + c_{33}k_z^2 + 2c_{35}k_zk_x$$

式（2－98）是关于频率和波矢量的函数，记作：

$$\det(k^2\boldsymbol{\Gamma} - \rho\omega^2) \triangleq F(\omega, k_x, k_y, k_z) = 0 \tag{2-99}$$

由隐函数的偏微分性质可得：

$$\frac{\partial\omega}{\partial k_i} = -\frac{\partial F}{\partial k_i}\bigg/\frac{\partial F}{\partial\omega} \quad (i = x, y, z) \tag{2-100}$$

于是，群速度公式（2－94）变为：

$$\boldsymbol{V}_{\mathrm{g}} = -\left(\frac{\partial F}{\partial k_x}, \frac{\partial F}{\partial k_y}, \frac{\partial F}{\partial k_z}\right)\bigg/\frac{\partial F}{\partial\omega} \tag{2-101}$$

式（2－101）使群速度理论值的求取更加简单可行，只需要介质相速度的具体值，就可以计算出相应的群速度曲线。根据式（2－99）～式（2－101），以及关系式 $v = \omega/k$，$k_i = kn_i$，$i = x, y, z$，推导了在极化角 $\theta^0$ 下介质的三维群速度关于相速度和传播方向的表达式：

$$\boldsymbol{V}_{\mathrm{g}} = (V_{\mathrm{g}i}) = \{[(\rho v_i^2)^2\overline{A}_i - \rho v_i^2\overline{B}_i + \overline{C}_i][\rho v(3(\rho v_i^2)^2 - 2A\rho v_i^2 + B)]^{-1}\} \tag{2-102}$$

式中，$i = x, y, z$；$A, B, \overline{A}, \overline{B}, \overline{C}$ 表达式为：

$$\begin{cases} A = \Gamma_{11} + \Gamma_{22} + \Gamma_{33} \\ B = \Gamma_{11}\Gamma_{22} + \Gamma_{11}\Gamma_{33} + \Gamma_{22}\Gamma_{33} - \Gamma_{12}^2 - \Gamma_{13}^2 - \Gamma_{23}^2 \end{cases}$$

$$\begin{cases} \overline{A}_x = (c_{11}+c_{66}+c_{55})n_x + (c_{15}+c_{46}+c_{35})n_z \\ \overline{B}_x = [(c_{66}+c_{55})n_x + (c_{46}+c_{35})n_z]\Gamma_{11} + [(c_{11}+c_{55})n_x + (c_{15}+c_{35})n_z]\Gamma_{22} + \\ \qquad [(c_{66}+c_{11})n_x + (c_{46}+c_{15})n_z]\Gamma_{33} - (c_{12}+c_{66})n_y\Gamma_{12} - (c_{25}+c_{46})n_y\Gamma_{23} - \\ \qquad [2c_{15}n_x + (c_{13}+c_{55})n_z]\Gamma_{13} \\ \overline{C}_x = (c_{11}n_x + c_{15}n_z)\Gamma_{22}\Gamma_{33} + [(c_{66}n_x + c_{46}n_z)\Gamma_{33} + (c_{55}n_x + c_{35}n_z)\Gamma_{22}]\Gamma_{11} + \\ \qquad (c_{12}+c_{66})n_y\Gamma_{13}\Gamma_{23} + (c_{25}+c_{46})n_y\Gamma_{13}\Gamma_{12} + [2c_{15}n_x + (c_{13}+c_{55})n_z]\Gamma_{12}\Gamma_{23} - \\ \qquad (c_{11}n_x + c_{15}n_z)\Gamma_{23}^2 - (c_{25}+c_{46})n_y\Gamma_{23}\Gamma_{11} - (c_{66}n_x + c_{46}n_z)\Gamma_{13}^2 - [2c_{15}n_x + \\ \qquad (c_{13}+c_{55})n_z]\Gamma_{22}\Gamma_{13} - (c_{55}n_x + c_{35}n_z)\Gamma_{12}^2 - (c_{12}+c_{66})n_y\Gamma_{12}\Gamma_{33} \end{cases}$$

$$
\begin{cases}
\bar{A}_y = (c_{66} + c_{22} + c_{44})n_y \\
\bar{B}_y = [(c_{44} + c_{66})\Gamma_{22} + (c_{22} + c_{44})\Gamma_{11} + (c_{66} + c_{22})\Gamma_{33}]n_y - 2c_{46}n_y\Gamma_{13} - \\
\quad [(c_{25} + c_{46})n_z + (c_{12} + c_{66})n_x]\Gamma_{12} - [(c_{23} + c_{44})n_z + (c_{25} + c_{46})n_x]\Gamma_{23} \\
\bar{C}_y = [c_{66}\Gamma_{22}\Gamma_{33} + (c_{22}\Gamma_{33} + c_{44}\Gamma_{22})\Gamma_{11}]n_y + [(c_{25} + c_{46})n_z + (c_{12} + c_{66})n_x]\Gamma_{13}\Gamma_{23} + \\
\quad [(c_{23} + c_{44})n_z + (c_{25} + c_{46})n_x]\Gamma_{13}\Gamma_{12} + 2c_{46}n_y\Gamma_{12}\Gamma_{23} - c_{66}n_y\Gamma_{23}^2 - c_{22}n_y\Gamma_{13}^2 - \\
\quad c_{44}n_y\Gamma_{12}^2 - [(c_{23} + c_{44})n_z + (c_{25} + c_{46})n_x]\Gamma_{23}\Gamma_{11} - 2c_{46}n_y\Gamma_{22}\Gamma_{13} - \\
\quad [(c_{25} + c_{46})n_z + (c_{12} + c_{66})n_x]\Gamma_{12}\Gamma_{33}
\end{cases}
$$

$$
\begin{cases}
\bar{A}_z = (c_{55} + c_{44} + c_{33})n_z + (c_{15} + c_{46} + c_{35})n_x \\
\bar{B}_z = [(c_{44} + c_{33})n_z + (c_{46} + c_{35})n_x]\Gamma_{11} + [(c_{33} + c_{55})n_z + (c_{15} + c_{35})n_x]\Gamma_{22} + \\
\quad [(c_{55} + c_{44})n_z + (c_{46} + c_{15})n_x]\Gamma_{33} - (c_{25} + c_{46})n_y\Gamma_{12} - (c_{23} + c_{44})n_y\Gamma_{23} - \\
\quad [2c_{35}n_z + (c_{13} + c_{55})n_x]\Gamma_{13} \\
\bar{C}_z = (c_{55}n_z + c_{15}n_x)\Gamma_{22}\Gamma_{33} + [(c_{44}n_z + c_{46}n_x)\Gamma_{33} + (c_{33}n_z + c_{35}n_x)\Gamma_{22}]\Gamma_{11} + \\
\quad (c_{25} + c_{46})n_y\Gamma_{13}\Gamma_{23} + (c_{23} + c_{44})n_y\Gamma_{13}\Gamma_{12} + [2c_{35}n_z + (c_{13} + c_{55})n_x]\Gamma_{12}\Gamma_{23} - \\
\quad (c_{55}n_z + c_{15}n_x)\Gamma_{23}^2 - (c_{23} + c_{44})n_y\Gamma_{23}\Gamma_{11} - (c_{44}n_z + c_{46}n_x)\Gamma_{13}^2 - [2c_{35}n_z + \\
\quad (c_{13} + c_{55})n_x]\Gamma_{22}\Gamma_{13} - (c_{33}n_z + c_{35}n_x)\Gamma_{12}^2 - (c_{25} + c_{46})n_y\Gamma_{12}\Gamma_{33}
\end{cases}
$$

#### 2.4.4.3 ORT 介质弹性波速度理论曲线

ORT 介质地震波速度理论曲线的复杂程度进一步增强，由于有裂缝的存在，对称性进一步降低，从速度曲面不易观察出对称轴，因此也更难建模与成像（图 2-48 ~ 图 2-51）。

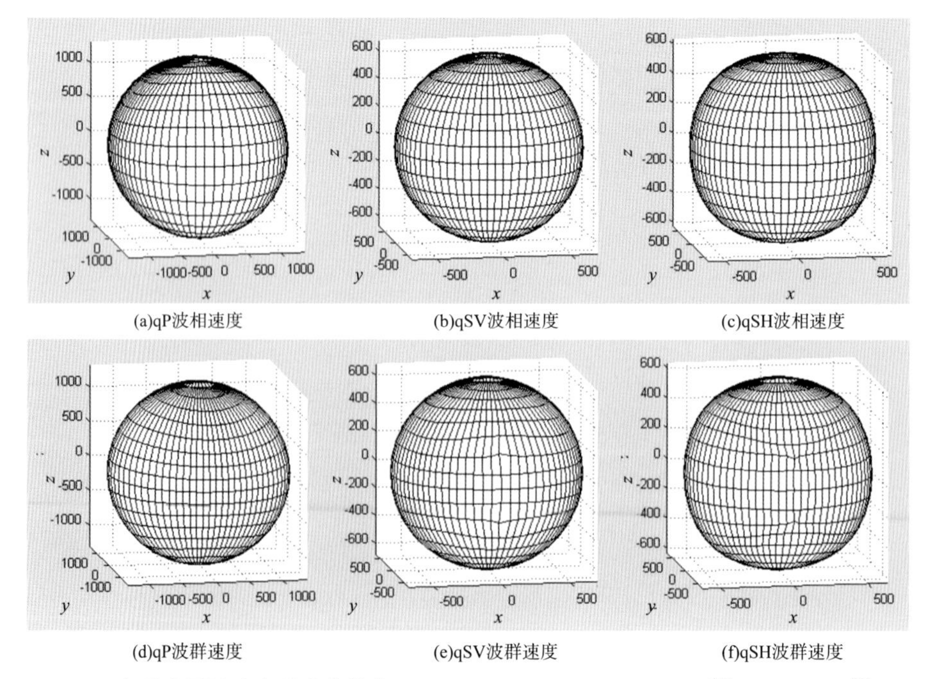


图 2-48 ORT 介质地震波速度理论曲线 [$V_{P0} = 1305\text{m/s}, V_{S0} = 630\text{m/s}, \varepsilon^{(1)} = 0.297, \varepsilon^{(2)} = 0.035, \delta^{(1)} = 0.266, \delta^{(2)} = 0.001, \delta^{(3)} = 0.221, \gamma^{(1)} = 0.096, \gamma^{(2)} = 0.016$]

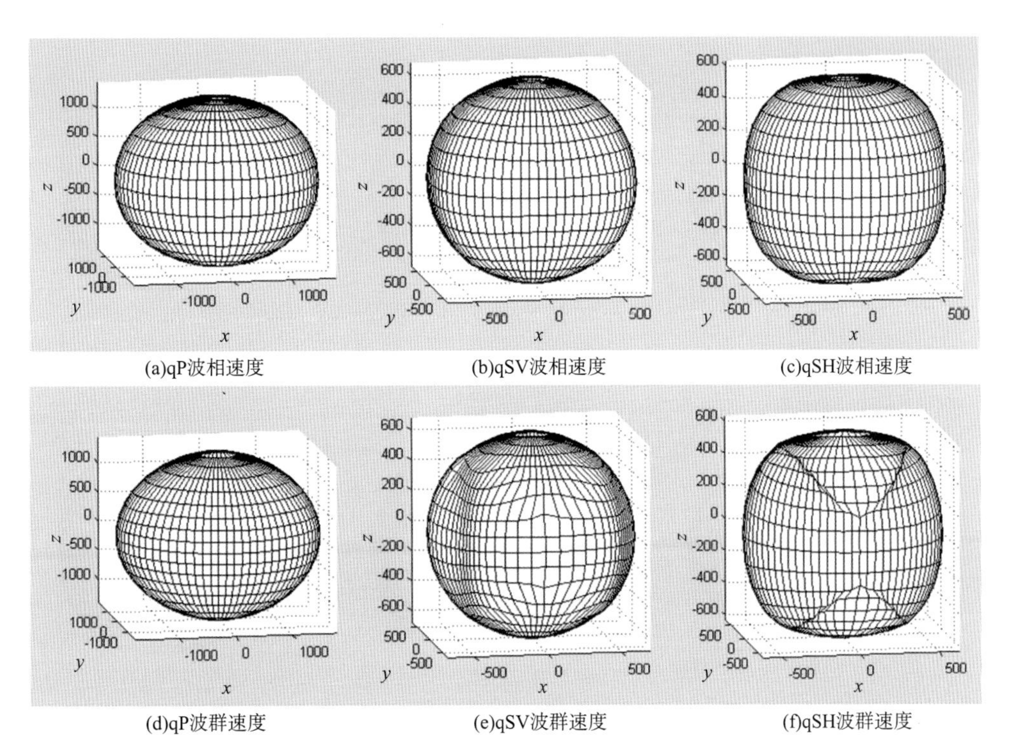


(a)qP波相速度　(b)qSV波相速度　(c)qSH波相速度

(d)qP波群速度　(e)qSV波群速度　(f)qSH波群速度

图 2-49　ORT 介质地震波速度理论曲线 [$V_{P0}$ = 1426m/s, $V_{S0}$ = 630m/s, $\varepsilon^{(1)}$ = 0.316, $\varepsilon^{(2)}$ = 0.273, $\delta^{(1)}$ = 0.290, $\delta^{(2)}$ = 0.180, $\delta^{(3)}$ = -0.023, $\gamma^{(1)}$ = 0.096, $\gamma^{(2)}$ = 0.016]

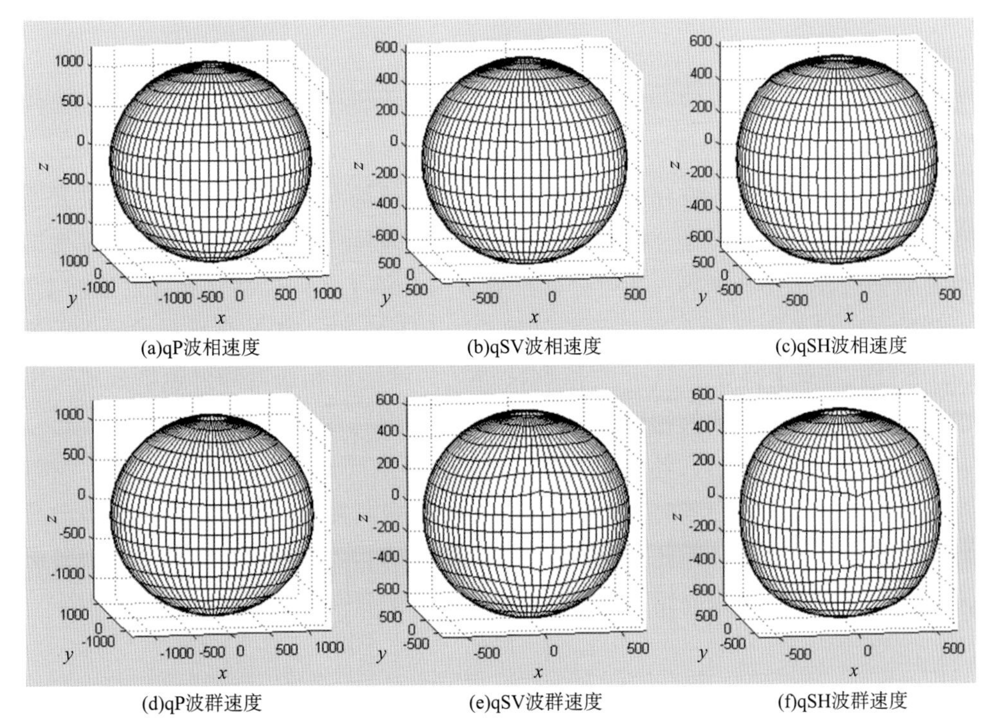


(a)qP波相速度　(b)qSV波相速度　(c)qSH波相速度

(d)qP波群速度　(e)qSV波群速度　(f)qSH波群速度

图 2-50　ORT 介质地震波速度理论曲线 [$V_{P0}$ = 1253m/s, $V_{S0}$ = 630m/s, $\varepsilon^{(1)}$ = 0.139, $\varepsilon^{(2)}$ = 0.034, $\delta^{(1)}$ = 0.103, $\delta^{(2)}$ = -0.003, $\delta^{(3)}$ = 0.068, $\gamma^{(1)}$ = 0.052, $\gamma^{(2)}$ = 0.015]

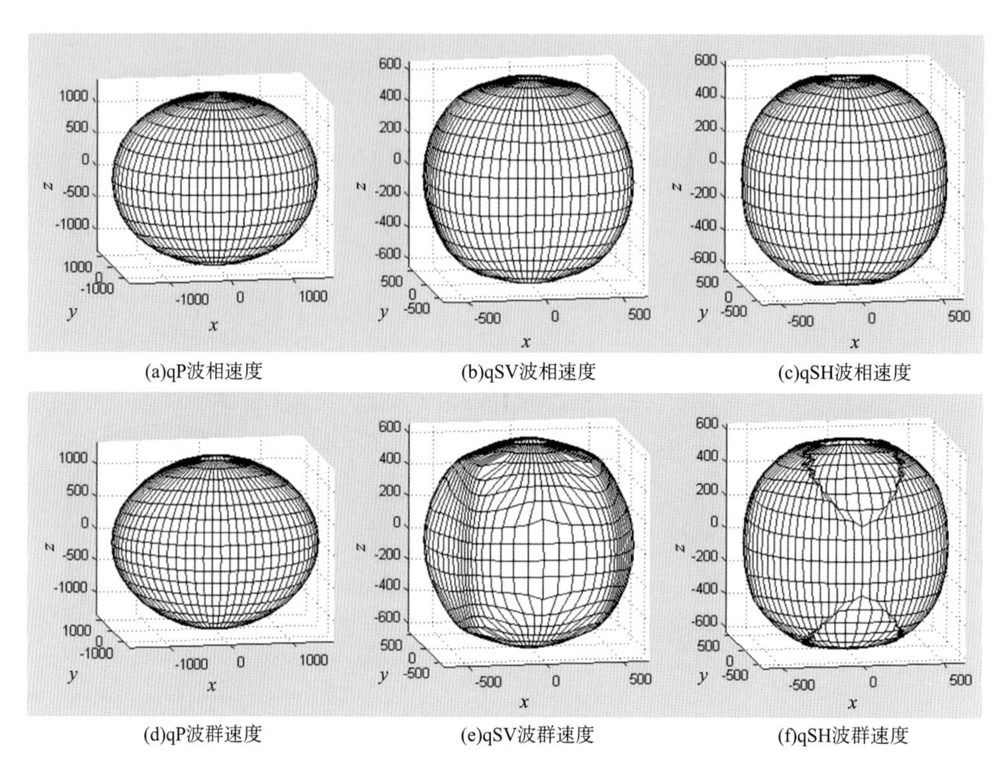


图 2-51　ORT 介质地震波速度理论曲线 [$V_{P0}$ = 1339m/s, $V_{S0}$ = 630m/s, $\varepsilon^{(1)}$ = 0.146, $\varepsilon^{(2)}$ = 0.262, $\delta^{(1)}$ = 0.114, $\delta^{(2)}$ = 0.157, $\delta^{(3)}$ = -0.126, $\gamma^{(1)}$ = 0.052, $\gamma^{(2)}$ = 0.015]

## 2.5　本章小结

本章全面概述了各向异性介质和各向异性弹性波的基本理论，包括各向异性介质弹性波方程，各向异性介质的分类、性质和弹性矩阵，各向异性介质弹性矩阵及坐标变换，各向异性介质弹性波传播特征等。通过公式推导详细介绍了各向异性介质弹性波波动方程；基于对称轴详细对各向异性介质进行了分类，如 PTL 介质、EDA 介质和 OA 介质等；在 Thomsen 参数的基础上推导了 TI 介质和 ORT 介质的弹性波相速度和群速度公式，用详细通俗的方式分析了各个参数的物理意义和对速度的影响。

从本章的介绍可以看出，各向异性介质相对于各向同性介质，其波动方程、相速度、群速度都有很大的不同，在各向异性介质中波的传播极其复杂，各向同性只是各向异性的一个特例，相对比较简单。因此，想要做好各向异性的相关处理，必须充分理解各向异性介质和各向异性参数，本章介绍的内容将为后续章节的研究做好理论上的准备。

# 3 经典各向异性介质叠前深度偏移方法

随着勘探地震的发展，成像技术的要求越来越高，为了满足工业生产的需要，许多偏移方法由各向同性介质拓展到了各向异性介质，如 Kirchhoff 偏移（Sena 和 Toksoz，1993；Druzhinin，2003；Vanelle 和 Gajewski，2013）、高斯束偏移（Zhu，2007）、广义屏偏移、逆时偏移等。其中，高斯束偏移和逆时偏移是近些年成像研究的热点，代表着偏移方法的研究前沿，其具体细节可见其他章节。本章主要聚焦于射线类（Kirchhoff）偏移、单程波波动方程偏移等经典偏移方法。

既然已经有先进的偏移方法应用于各向异性介质，那么了解和研究经典偏移方法的意义是什么呢？首先，先进的偏移方法并非一蹴而就，它们都是在前人经验和理论的基础上发展而来的，了解经典方法的发展历程有助于加深对新方法的理解；其次，针对各向异性的复杂性，经典偏移方法面临的问题与新方法面临的问题在本质上大多是一致的，但解决起来前者更为简单，因此，经典偏移方法的研究是前沿方法研究的理论基础，对前沿方法的研究有着至关重要的作用。

## 3.1 各向异性射线类（Kirchhoff）叠前深度偏移

Kirchhoff 偏移方法是一种经典的射线类偏移方法，起源于 Hagedoorn（1954）提出的尺规作图方法——弧构建技术，即利用同相轴的等时线包络确定反射层位置，这就是最早的绕射叠加概念。1978 年，Schneider 将绕射叠加想法和 Kirchhoff 积分联系起来，为 Kirchhoff 偏移理论提供了坚实的理论基础。1987 年，Bleistein 提出了现代意义的 Kirchhoff 偏移理论，明确了振幅和走时的表达式。Kirchhoff 偏移是一种利用 Kirchhoff 型积分进行波场外推的偏移方法，相比波动方程偏移，它具有高角度、占用内存少、计算效率高等特点，在工业生产中得到了广泛的应用。

虽然 Kirchhoff 偏移在生产中已应用多年，但随着勘探技术的发展，Kirchhoff 偏移的理论仍然在不断地拓展和完善，例如真振幅研究（Albertin，2004；Bleistein，2005；Vanelle，2013）。其中，Bleistein（2005）的真振幅理论更是广泛应用于高斯束偏移（Gray，2009）。各向异性介质的 Kirchhoff 偏移研究最早可追溯于 Geoltrain 和 Cohen（1989），在已知背景

场模型的条件下，他们利用 Kirchhoff-WKBJ 解成像了某种特定反射层。随后，Sena（1993）第一次用格林张量函数构建了各向异性介质的 Kirchhoff 偏移公式，其中射线振幅和走时都采用解析表达式。Gerea（2000）给出了一个多分量保幅偏移实例，但只适用于 VTI 介质。Druzhinin（2003）提出了一种弹性波场解耦 Kirchhoff 偏移公式，该公式适用于共炮和共接收点的保幅叠前深度偏移。针对以上 Kirchhoff 偏移公式都需要计算动力学追踪方程，Vanelle 和 Gajewski（2013）提出了一种只利用走时就可以进行 Kirchhoff 偏移的方法，主要是利用相邻出射点的走时确定振幅系数。

无论是声波场还是弹性波场，Kirchhoff 偏移的理论基础都是加权绕射叠加。根据进行绕射叠加的域进行划分，可以分为成像域和数据域两种叠加方式。从数值角度考虑，成像域的加权绕射叠加实现起来更为简洁、快速，所以这里只介绍成像域的 Kirchhoff 偏移理论。假设地下介质中的每点都为绕射点，对介质进行网格剖分，接着计算每个炮点或检波点到绕射点的格林函数（主要是旅行时表），然后根据旅行时表从地震记录上拾取子波放在输出点的位置上。之后针对每个炮检对、每个绕射点进行上述循环，将结果进行加权叠加就可以得到最终的成像剖面。上述过程不仅适用于声波场，也适用于弹性波场，包括各向同性介质和各向异性介质。在上述过程中，最为基础和重要的环节就是依据射线理论进行射线追踪。目前最为通用的方法就是依据运动学追踪方程计算射线路径和走时，依据动力学追踪方程计算振幅。弹性波场的射线追踪方程最早可追溯于 Cerveny（1972），但基于弹性参数的射线方程求解起来实在复杂，所以 Zhu（2005）提出了一种基于相速度的射线追踪方程，其不仅形式简单、计算方便，而且易于拓展到各种 TI 介质。

### 3.1.1 基于弹性参数的射线追踪

设密度归一化的弹性参数为 $a_{ijkl}=c_{ijkl}/\rho$，慢度矢量 $p_i=\partial\tau/\partial x_i$，Christoffel 矩阵满足 $\Gamma_{jk}=a_{ijkl}p_ip_l$。其中，$c_{ijkl}$ 为弹性参数，$\rho$ 为密度，$\tau(x_i)$ 表示射线上的走时，这里下角标小写字母的取值为 1，2，3；大写字母的取值为 1，2。

弹性波场中的程函方程满足（Cerveny，1972）：

$$(\Gamma_{jk}-G\delta_{jk})g_k=0 \tag{3-1}$$

其中：

$$G(x_i,p_i)=1 \tag{3-2}$$

这里，矢量 $\boldsymbol{g}$ 为单位特征向量，满足 $g_kg_k=1$。求解式（3-1）可得：

$$G=\Gamma_{jk}g_jg_k=a_{ijkl}p_ip_lg_jg_k \tag{3-3}$$

因为 $p_i=\partial\tau/\partial x_i$，所以式（3-2）是非线性一阶偏微分方程。将其重新写成 Hamiltonian 形式：

$$H(x_i,p_i)=[G(x_i,p_i)-1]/2 \tag{3-4}$$

利用特征矩阵法求解，其特征值是3D 空间曲线 $x_i=x_i(u)$，$u$ 为沿着射线变化的参数，可以选择为弧长 $s$，也可以选择走时 $\tau$ 为参变量。沿着这条射线，需要满足条件 $H(x_i,p_i)=$

0，同时旅行时 $T(u)$ 可以通过求积分来简单算出。特征线是一阶常微分方程系统的解，非线性偏微分方程式（3－4）的特征线方程组的标准形式如下：

$$\frac{\mathrm{d}x_i}{\mathrm{d}u} = \frac{\partial H}{\partial p_i} = \frac{1}{2}\frac{\partial G}{\partial p_i} = a_{ijkl}p_l g_j g_k$$
$$\frac{\mathrm{d}p_i}{\mathrm{d}u} = -\frac{\partial H}{\partial p_i} = -\frac{1}{2}\frac{\partial G}{\partial x_i} = -\frac{1}{2}\frac{\partial a_{mjkl}}{\partial x_i}p_m p_l g_j g_k \tag{3-5}$$

若选择走时 $\tau$ 为参变量，则有 $\mathrm{d}t/\mathrm{d}u = 1$。

若要直接求解基于弹性参数的射线方程组式（3－5），首先要知道介质的弹性参数，其次在射线追踪每一步还要求解一个复杂的特征值问题，可谓是相当的耗时。因此，Zhu（2005）通过引入相速度和群速度的表达式，由式（3－5）重新整理出更为简单快捷的射线追踪方程。

### 3.1.2 基于相速度的射线追踪

根据 Cerveny（2001）的推导，沿 $x_i$ 方向传播的群速度可表示为：

$$V_i = a_{ijkl}p_l g_j g_k \tag{3-6}$$

则式（3－5）中的第一个式子可重新整理为 $\mathrm{d}x_i/\mathrm{d}\tau = V_i$。进一步假设特征值 $G$ 和其导数 $\partial G/\partial x_i$ 是关于慢度 $p_i$ 的二次齐次函数，则：

$$v^2 = G\left(x_i, n_i\right)$$
$$\frac{\partial G\left(x_i, p_i\right)}{\partial x_i} = \frac{1}{v^2}\frac{\partial G\left(x_i, n_i\right)}{\partial x_i} = \frac{2}{v}\frac{\partial v}{\partial x_i} \tag{3-7}$$

式中，矢量 $\boldsymbol{n}$ 是慢度矢量 $\boldsymbol{p}$ 的单位矢量，$v = v(x_i, n_i)$ 为相速度。

将式（3－7）代入式（3－5）重新整理可得基于相速度的射线追踪方程：

$$\frac{\mathrm{d}x_i}{\mathrm{d}\tau} = V_i$$
$$\frac{\partial p_i}{\partial \tau} = -\frac{\partial \ln v}{\partial x_i} \tag{3-8}$$

式中，$V_i$ 为群速度；$v$ 为相速度。式（3－8）即为基于相速度的运动学射线追踪方程。

接下来，直接给出基于相速度的动力学追踪方程（Zhu，2005）：

$$\frac{\mathrm{d}Q_I}{\mathrm{d}\tau} = A_{IJ}Q_J + B_{IJ}P_J$$
$$\frac{\mathrm{d}P_I}{\mathrm{d}\tau} = -C_{IJ}Q_J - D_{IJ}P_J \tag{3-9}$$

式中，$Q_I = \partial y_I/\partial\gamma$；$P_I = \partial q_I/\partial\gamma$。这里，坐标 $y_I$ 为局部笛卡尔坐标系，$q_I$ 为射线中心坐标系，$\gamma$ 为射线坐标系。参数 $A_{IJ}$、$B_{IJ}$、$C_{IJ}$ 和 $D_{IJ}$ 满足：

$$A_{IJ} = \frac{\partial^2 \ln v}{\partial y_J \partial q_I},\ B_{IJ} = \frac{\partial V_J}{\partial q_I}$$
$$C_{IJ} = v^{-1}\frac{\partial^2 v}{\partial y_I \partial y_J},\ D_{IJ} = \frac{\partial^2 \ln v}{\partial y_I \partial q_J} \tag{3-10}$$

基于相速度的射线追踪方程组式（3-8）和式（3-9）具有如下特点：①与各向同性介质中的射线追踪方程形式类似，可借鉴或直接应用现有的各向同性介质射线追踪方程的数值解法；②方程组中不再出现弹性参数，表达简洁，而且对于常用的各向异性介质模型，如 TI 介质和正交各向异性介质等，其群速度和相速度都可以用 Thomsen 参数表达。

### 3.1.3　弹性波场的 Kirchhoff 叠前深度偏移

本节将推导适用于弹性波场的 Kirchhoff 偏移公式，其基本思路与声波场类似，但因为涉及弹性动力学格林定理和多波解耦，所以过程更为复杂。图 3-1 为弹性波场的 Kirchhoff

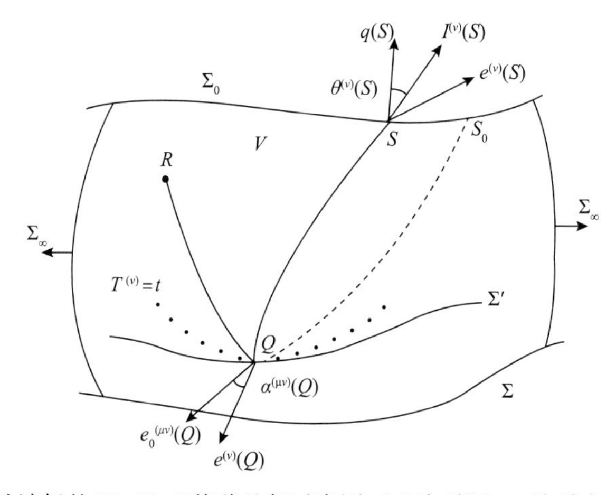

图 3-1　弹性波场的 Kirchhoff 偏移几何示意图（$S$ 为震源，$R$ 接受点，$Q$ 为成像点）

偏移几何示意图，$\partial V$ 为包含成像点 $Q$ 的闭合曲面，由三部分组成：包括地面观测平面 $\sum_0$，无限接近于反射体的平面 $\sum$，以及连接两个平面的无限远的垂直圆柱平面 $\sum_\infty$。根据 Wapenaar 和 Berkhout（1989）的推导，弹性波场 $\boldsymbol{u}(Q,t)$ 满足弹性动力学格林定理：

$$u_m(Q) = -\int_{\Sigma_0+\Sigma}\{q_j(S)C_{ijkl}(S)[u_i(S,R)\partial_k g_{km}(S,Q) - g_{im}(S,Q)\partial_k u_l(S,R)]\mathrm{d}\sigma(S)\} \quad (Q \in V) \tag{3-11}$$

式中，$u_i(S,R)$ 是波场矢量 $\boldsymbol{u}(S,R,\omega)$ 的 $i$ 阶分量，$q_j$ 是 $\partial V$ 上单位法向矢量的第 $j$ 阶分量，$C_{ijkl}(S)$ 是震源 $S$ 的弹性参数，$\mathrm{d}\sigma$ 是 $\partial V$ 上的无限小面元。式（3-11）中，$g_{im}(S,Q)$ 为格林位移张量函数，表示在震源 $S$ 处沿 $x_m$ 轴方向作用于成像点 $Q$ 的 $x_i$ 轴方向的位移分量。在均匀介质边界条件，满足互易定理，即 $g_{im}(S,Q) = g_{mi}(Q,S)$。假如知道波场的边界值 $\boldsymbol{u}(S,R,t)$ 和 $\nabla_S\boldsymbol{u}(S,R,t)$ 以及它们的梯度值，则可以根据式（3-11）计算体积 $V$ 内的任一波场值。

接下来，推导 $\boldsymbol{u}(S,R,t)$ 表达式。假设频率域波场 $u$ 满足以下叠加形式（Druzhinin，1998）：

$$\boldsymbol{u} = \sum_{\mu=1}^{M} \boldsymbol{u}^{(\mu)} \tag{3-12}$$

其中：

$$\boldsymbol{u}^{(\mu)} = \boldsymbol{a}^{(\mu)} u^{(\mu)} \tag{3-13}$$

$$u^{(\mu)} = A^{(\mu)} \exp[i\varphi^{(\mu)}] \tag{3-14}$$

式中，上角标 $\mu = 1,2,\cdots,M$，表示不同种类的元波类型。比如各种反射或折射 Q 波、S 波。式（3-13）和式（3-14）被称为复数道矢量表达（Vidale，1986），其中 $\boldsymbol{a}^{(\mu)}$、$A^{(\mu)}$ 和 $\varphi^{(\mu)}$ 分别表示第 $\mu$ 种波的极化方向矢量，振幅函数和相位函数。在高频渐近理论中（Chapman 和 Coates，1994），相位函数满足 $\varphi^{(\mu)} = \omega\tau^{(\mu)}$，这里走时函数 $\tau^{(\mu)}$ 可以表示各种初至波或多种反射、转换波走时。式（3-12）以叠加的方式显式表达各种波的耦合，其理论依据是弹性动力学运动方程的线性特性（Wapennar 和 Berkhout，1989；Cerveny，2001）。

同理，频率域格林位移张量函数满足（Ben-Menahem，1991；Druzhinin，1998）：

$$g_{im} = \sum_{\nu=1}^{N} g^{(\nu)} e_i^{(\nu)} e_m^{(\nu)} \tag{3-15}$$

其中：

$$g^{(\nu)} = G^{(\nu)} \exp[si\Phi^{(\nu)}] \tag{3-16}$$

式中，$G^{(\nu)}$ 和 $\Phi^{(\nu)}$ 分别表示振幅函数和相位函数。式（3-15）中，$\boldsymbol{e}^{(\nu)}$ 为单位极化矢量，在正演模拟或偏移运算中，若格林函数正向传播，$s = 1$；若格林函数反因果传播，$s = -1$。同样在高频渐近理论中，相位函数满足 $\Phi^{(\nu)} = \omega T^{(\nu)}$。

将式（3-12）和式（3-15）代入式（3-11），同时考虑式（3-13）、式（3-14）和式（3-16），根据高频渐近理论，有：

$$\partial_k \boldsymbol{u}^{(\mu)} \approx i\omega \boldsymbol{u}^{(\mu)} \partial_k \tau^{(\mu)} \tag{3-17}$$

$$\partial_k g_{im} \approx i\omega \sum_{\nu=1}^{N} g^{(\nu)} e_i^{(\nu)} e_m^{(\nu)} \partial_k T^{(\nu)} \tag{3-18}$$

因此，多波反向延拓波场满足：

$$\boldsymbol{u}(Q) \approx \sum_{\mu,\nu} u^{(\mu\nu)}(Q) \tag{3-19}$$

其中：

$$\boldsymbol{u}^{(\mu\nu)}(Q) \approx i\omega \int_{\Sigma_0+\Sigma} \{e^{(\nu)}(Q)\Psi^{(\mu\nu)}(S,Q,R)A^{(\mu)}(S,R) \times G^{(\nu)}(S,Q)\exp[i\varphi^{(\mu\nu)}(S,Q,R)]\mathrm{d}\sigma(S)\} \tag{3-20}$$

$$\varphi^{(\mu\nu)}(S,Q,R) = \omega[\tau^{(\mu)}(S,R) - T^{(\nu)}(S,Q)] \tag{3-21}$$

$$\Psi^{(\mu\nu)}(S,Q,R) = q_j(S)C_{ijkl}(S) \times [e_l^{(\nu)}(S)a_i^{(\mu)}(S)\partial_k T^{(\nu)}(S,Q) + e_i^{(\nu)}(S)a_l^{(\mu)}(S)\partial_k \tau^{(\mu)}(S,R)] \tag{3-22}$$

根据稳相法（Bleistein，1984；Schleicher，2001），在边界上满足：

$$\partial_k \tau^{(\mu)}(S,R) = \partial_k T^{(\nu)}(S,Q) \quad (S \in \Sigma_0) \tag{3-23}$$

$$\partial_k \tau^{(\mu)}(S,R) = -\partial_k T^{(\nu)}(S,Q) \quad \left(S \in \sum\right) \tag{3-24}$$

根据式（3－23）和式（3－24）可推导出：

$$\boldsymbol{a}^{(\mu)}(S) = \begin{cases} \boldsymbol{e}^{(\nu)}(S) & \left(S \in \sum_0\right) \\ -\boldsymbol{e}^{(\nu)}(S) & \left(S \in \sum\right) \end{cases} \tag{3-25}$$

根据式（3－24）和式（3－25）可知，式（3－19）的积分为零。此外，根据Schleicher（2001）的推导，有：

$$\begin{aligned} q_j(S)C_{ijkl}(S)e_i^{(\nu)}(S)a_l^{(\mu)}\partial_k T^{(\nu)}(S,Q) &= \rho(S)q_j(S)v_j^{(\nu)}(S) \\ &= \rho(S)v^{(\nu)}(S)\cos\theta^{(\nu)}(S) \end{aligned} \tag{3-26}$$

式中，$v_j^{(\nu)}$ 是群速度 $\boldsymbol{v}^{(\nu)}$ 的 $j$ 阶分量，并且 $v^{(\nu)} = |v^{(\nu)}|$，$\theta^{(\nu)} = \cos^{-1}[\boldsymbol{l}^{(\nu)} \cdot \boldsymbol{q}]$ 是射线传播方向矢量 $\boldsymbol{l}^{(\nu)} = \boldsymbol{v}^{(\nu)}/v^{(\nu)}$ 与法向矢量 $\boldsymbol{q}$ 的锐角夹角（图3－1）。

联合式（3－23）~式（3－26），对式（3－19）进行稳相近似可得：

$$\boldsymbol{u}(Q,\xi) \approx \sum_{\nu=1}^{N} \boldsymbol{u}^{(\nu)}(Q,\xi) \quad (\xi = \omega, t) \tag{3-27}$$

其中：

$$\boldsymbol{u}^{(\nu)}(Q,\omega) = 2i\omega\int_{\Sigma_0} \boldsymbol{e}^{(\nu)}(Q)u^{(\nu)}(S,R,\omega) g^{(\nu)}(S,Q)\Psi^{(\nu)}(S,Q)\mathrm{d}\sigma(S) \tag{3-28}$$

或者：

$$\boldsymbol{u}^{(\nu)}(Q,t) = 2\int_{\Sigma_0} \dot{\boldsymbol{u}}^{(\nu)}(S,R,t) G^{(\nu)}(S,Q)\Psi^{(\nu)}(S,Q)\mathrm{d}\sigma(S) \tag{3-29}$$

其中：

$$\dot{\boldsymbol{u}}^{(\nu)}(S,R,t) = \boldsymbol{e}^{(\nu)}(Q)\dot{u}^{(\nu)}(S,R,t) \tag{3-30}$$

$$u^{(\nu)}(S,R,\xi) = \boldsymbol{u}^{(\nu)}(S,R,\xi) \cdot e^{(\nu)}(S) \tag{3-31}$$

$$\Psi^{(\nu)}(S,Q) = \rho(S)v^{(\nu)}(S)\cos\theta^{(\nu)}(S) \tag{3-32}$$

函数 $g^{(\nu)}(S,Q)$ 满足式（3－16），其中 $s = -1$。

最后推导成像条件，由于之前的推导中不同类型的波都是解耦的，所以这里的成像条件也是解耦的。定义数量积：

$$u^{(\mu\nu)}(Q,\xi) = \boldsymbol{u}(Q,\xi) \cdot e_0^{(\mu\nu)}(Q) \tag{3-33}$$

式中，$\boldsymbol{u}(Q,\xi)$ 为转换波场，满足式（3－27）；$e_0^{(\mu\nu)}(Q)$ 为 $Q$ 点单位极化矢量，是沿射线 $RQ$ 入射的 $\mu$ 型波镜面反射产生 $\nu$ 型波方向。

用式（3－33）替换式（3－27）中的 $\boldsymbol{u}(Q,\omega)$，并且当 $\eta \neq \nu$ 时，$e^{(\eta)}(Q) \cdot e_0^{(\mu\nu)}(Q) \approx 0$，得：

$$u^{(\mu\nu)}(Q,\omega) \approx 2i\omega\int_{\Sigma_0} u^{(\nu)}(S,R,\omega)g^{(\nu)}(S,Q) \Psi^{(\nu)}(S,Q)\Omega^{(\mu\nu)}(Q)\mathrm{d}\sigma(S) \tag{3-34}$$

其中：

$$\Omega^{(\mu\nu)}(Q) = \boldsymbol{e}^{(\nu)}(Q) \cdot e_0^{(\mu\nu)}(Q) \tag{3-35}$$

式中，$\Omega^{(\mu\nu)}$ 为倾斜因子，在波形解耦过程中起着非常重要的作用，它与 Takahashi（1995）根据经验提出的入射角权函数相类似，当 $\alpha^{(\mu\nu)} \to 0$ 时，可以增强镜面反射点对波场的贡献，压制来自其他点的噪声。因为 $e_0^{(\mu\nu)}(Q)$ 是散射点 $Q$ 的预期极化方向，所以 $\Omega^{(\mu\nu)}$ 可被视为是极化方向滤波器，以确保 $Q$ 点位移矢量在法向方向 $e_0^{(\mu\nu)}(Q)$ 的投影最短。例如，$\Omega^{(\mu\nu)}$ 就可以处理各向同性介质的剪切波耦合问题，因为 SV 波的极化方向与 SH 波的极化方向相互垂直。

类似声波长的 Kirchhoff 偏移成像条件，弹性波场解耦的成像条件满足：

$$I^{(\mu\nu)}(Q,t) \approx \int_{-\infty}^{+\infty} H(\omega)\exp(-i\omega t)\frac{u^{(\mu\nu)}(Q,\omega)}{u^{(\mu)}(R,Q)} \quad (t \to 0) \tag{3-36}$$

式中，$I^{(\mu\nu)}(Q,t=0)$ 为成像结果；$u^{(\mu\nu)}(Q,\omega)$ 满足式（3-34）；$u^{(\mu)}(R,Q)$ 是入射波场，满足式（3-14）；$H(\omega)$ 是频率域滤波窗函数。

根据 Cervney（2001）的推导，构建镜面反射射线 $RQS_0$，$S_0 \in \Sigma_0$（图 3-1）。接下来，可以定义经过振幅正则化的镜面反射/透射系数 $K^{(\mu\nu)}(Q)$，入射波为 $\mu$ 型波，出射波为 $\nu$ 型波，得：

$$K^{(\mu\nu)}(Q,t) \approx \sec\theta^{(\nu)} \lim_{t\to 0} I^{(\mu\nu)}(Q,t)/f(t) \tag{3-37}$$

式中，$f(t) \to F(\omega)$ 表示数据 $\boldsymbol{u}(S,R,\omega)$ 经零相位反褶积后的子波函数。

将式（3-29）代入式（3-37）可重新整理得：

$$K^{(\mu\nu)}(Q) = \frac{4\pi}{A^{(\mu)}(R,Q)} \times \int_{\Sigma_0} \{\dot{\boldsymbol{u}}_0[S,R,t=\tau^{(\mu\nu)}(S,Q,R)]\cdot \boldsymbol{e}^{(\nu)}(S)\} \times G^{(\nu)}(S,Q)\Psi^{(\nu)}(S,Q)\Omega^{(\mu\nu)}(Q)\mathrm{d}\sigma(S) \tag{3-38}$$

式中，$\tau^{(\mu\nu)}(S,Q,R) = \tau^{(\mu)}(R,Q) + T^{(\nu)}(S,Q) \equiv \tau^{(\mu\nu)}$，$\tau^{(\mu\nu)}$ 为射线路径 $SQR$ 的走时；$\dot{\boldsymbol{u}}_0(S,R,t)$ 是经过 $i\omega H(\omega)F_0(\omega)$ 滤波后的输入数据倾斜因子 $\Psi^{(\nu)}(S,Q)$ 和 $\Omega^{(\mu\nu)}(Q)$ 分别满足式（3-32）和式（3-35）；射线振幅 $G^{(\nu)}(S,Q)$ 满足：

$$G^{(\mu\nu)}(S,Q) = \frac{1}{4\pi}\frac{\exp[-i\pi sign(\omega)\chi^{(\nu)}(S,Q)/2]}{\sqrt{\rho(S)v^{(\nu)}(S)\rho(Q)v^{(\nu)}(Q)J^{(\nu)}(S,Q)}} + O\left(\frac{1}{\omega}\right) \tag{3-39}$$

式中，$\chi^{(\nu)}(S,Q)$ 是 KMAH 指标；$J^{(\nu)}(S,Q)$ 是相对几何扩散因子，满足 $J^{(\nu)}(S,Q) = J^{(\nu)}(Q)/J^{(\nu)}(S)$。

射线振幅 $A^{(\mu)}(R,Q)$ 满足：

$$A^{(\nu)}(R,Q) = \sqrt{\frac{\rho(R)v^{(\nu)}(R)J^{(\nu)}(R)}{\rho(Q)v^{(\nu)}(Q)J^{(\nu)}(Q)}} \tag{3-40}$$

综上所述，式（3-38）就是弹性波场的真振幅 Kirchhoff 偏移公式，它可以提过角度相关的反射系数，通过入射波和出射波走时、振幅和极化方向可自动解耦成像。通过极化投影式（3-30）和振幅权函数式（3-32）可实现波场分离及噪声压制。

## 3.2 各向异性单程波波动方程叠前深度偏移

地下介质是不均匀和各向异性的，意味着地震波的传播速度不仅依赖于它们的空间位置，而且依赖于它们的传播方向。由于各向异性情况下声波方程的渐进解已变的很复杂，基于渐进解的积分类解法在计算效率上的优势已不是很明显，基于单程波方程的波动方程偏移在各向异性介质偏移上有了更大的应用前景。各向同性介质波动方程深度偏移算子研究中，双域法是一类有效的单程波求解思路，已发展的偏移方法如分裂步傅里叶法、傅里叶有限差分法、广义屏法，以及最优分裂傅里叶偏移方法等均为双域法。已有学者尝试将这类方法应用至各向异性介质的波动方程深度偏移算子研究中，如 Born 近似方法、广义屏方法及最优分裂傅里叶方法等，下面将详细介绍几种传统的各向异性单程波波动方程叠前深度偏移方法原理。

### 3.2.1　Born 近似叠前深度偏移

根据地震波散射理论，利用 Born 近似建立 VTI 介质 qP 波单程双域传播算子。该算子是借鉴各向同性 Born 近似单程波双域传播算子的基本思想，区别在于如何使其适应各向异性介质，其基本思路是将速度场分解为层内常速背景和层内变速扰动，在各向异性介质中变速扰动可以看成由两部分组成：速度扰动和各向异性参数扰动。对各向同性背景场相当于解常速介质的声波方程，可通过相移法实现；对变速扰动，可认为这种非均匀性相当于散射源（二次源），入射波场作用于这些散射源上，由此产生散射波场，对各向异性参数也可以看作是在各向同性介质上弹性参数的一阶扰动，这种各向异性也相当于散射源，入射波场作用于这些散射源上，也当作产生散射波场来处理。

#### 3.2.1.1　Born 近似延拓算子

1. 地震散射波场

考虑弹性介质，地震波在弹性介质中传播，其传播规律服从弹性介质纵波波动方程为：

$$\nabla^2 u(\boldsymbol{r}) - \frac{1}{C^2(\boldsymbol{r})}\frac{\partial^2 u(\boldsymbol{r})}{\partial t^2} = 0 \tag{3-41}$$

其在频率域中的表达式为：

$$\nabla^2 u(\boldsymbol{r},\omega) - \frac{\omega^2}{C^2(\boldsymbol{r})}u(\boldsymbol{r},\omega) = 0 \tag{3-42}$$

式（3-42）为弹性介质标量 Helmholtz 方程，为了确保 Helmholtz 方程在无边界介质中解的唯一性，防止波从无穷远处向源点传播，设式（3-42）满足 Sommerfeld 辐射边界条件：

$$r\left[\frac{\partial u}{\partial r} - \frac{i\omega}{C(\boldsymbol{r})}u\right] = 0, r \to \infty, r = |\boldsymbol{r}| \tag{3-43}$$

根据扰动理论，非均匀介质中的波速 $C(\boldsymbol{r})$ 可以看作是在已知均匀的背景参考速度 $C_0(\boldsymbol{r})$ 叠加一个扰动量 $\varepsilon(\boldsymbol{r})$，为此令：

$$F(\boldsymbol{r}) = \frac{C_0^2(\boldsymbol{r})}{C^2(\boldsymbol{r})} - 1 = \frac{s^2(\boldsymbol{r}) - s_0^2(\boldsymbol{r})}{s_0^2(\boldsymbol{r})} = \varepsilon(\boldsymbol{r}) \tag{3-44}$$

将式（3－44）代入式（3－42），则可得：

$$\nabla^2 u(\boldsymbol{r},\omega) + \frac{\omega^2}{C_0^2(\boldsymbol{r})}u(\boldsymbol{r},\omega) = -\frac{\omega^2}{C_0^2(\boldsymbol{r})}F(\boldsymbol{r})u(\boldsymbol{r},\omega) \tag{3-45}$$

令 $k^2 = \omega^2/C_0^2(\boldsymbol{r})$，即 $k = \omega/C_0(\boldsymbol{r})$，则式（3－45）变为：

$$\nabla^2 u(\boldsymbol{r},\omega) + k^2 u(\boldsymbol{r},\omega) = -k^2 F(\boldsymbol{r})u(\boldsymbol{r},\omega) = -k^2\varepsilon(\boldsymbol{r})u(\boldsymbol{r},\omega) \tag{3-46}$$

根据地震波散射理论，总波场 $u(\boldsymbol{r},\omega)$ 可以分解为入射波场 $u_i(\boldsymbol{r},\omega)$ 和散射波场 $u_s(\boldsymbol{r},\omega)$，即：

$$u(\boldsymbol{r},\omega) = u_i(\boldsymbol{r},\omega) + u_s(\boldsymbol{r},\omega) \tag{3-47}$$

将式（3－47）代入式（3－46），得

$$\nabla^2 u_i(\boldsymbol{r},\omega) + k^2 u_i(\boldsymbol{r},\omega) + \nabla^2 u_s(\boldsymbol{r},\omega) + k^2 u_s(\boldsymbol{r},\omega) = -k^2\varepsilon(\boldsymbol{r})u(\boldsymbol{r},\omega) \tag{3-48}$$

式中，$u_i(\boldsymbol{r},\omega)$ 是背景参考介质中无扰动量时方程的解，即 $u_i(\boldsymbol{r},\omega)$ 满足方程：

$$\nabla^2 u_i(\boldsymbol{r},\omega) + k^2 u_i(\boldsymbol{r},\omega) = 0 \tag{3-49}$$

将式（3－49）代入式（3－48），可得到散射波场满足的波动方程：

$$\nabla^2 u_s(\boldsymbol{r},\omega) + k^2 u_s(\boldsymbol{r},\omega) = -k^2\varepsilon(\boldsymbol{r})u(\boldsymbol{r},\omega) \tag{3-50}$$

散射波场方程是有源场的非齐次波动方程，求解非齐次波动方程可采用等效力的概念的格林函数方法来求解，式（3－50）式右端项 $-k^2\varepsilon(\boldsymbol{r})u(\boldsymbol{r},\omega)$ 表示总场作用于扰动介质后，由于介质的非均匀性引起的散射源（称为二次源）。式（3－50）可用 Green 函数法求解，因而有：

$$\nabla^2 G(\boldsymbol{r},\omega) + k^2 G(\boldsymbol{r},\omega) = -\delta(\boldsymbol{r},\boldsymbol{r}_g) \tag{3-51}$$

这里选取 $V = G$，$u = u_s$，所以：

$$\nabla^2 G = -\delta(\boldsymbol{r},\boldsymbol{r}_g) - k^2 G \tag{3-52}$$

$$\nabla^2 u_s = -k^2\varepsilon(\boldsymbol{r})u(\boldsymbol{r},\omega) - k^2 u_s(\boldsymbol{r},\omega) \tag{3-53}$$

将 $\nabla^2 G$、$\nabla^2 u_s$、$G$、$u_s$ 代入格林公式：

$$\iiint_V (V\nabla^2 u - u\nabla^2 V)\mathrm{d}V = \iint_S\left(V\frac{\partial u}{\partial n} - u\frac{\partial V}{\partial n}\right)\mathrm{d}S \tag{3-54}$$

可以得到：

$$\iiint_V \{G[-k^2\varepsilon(\boldsymbol{r})u(\boldsymbol{r},\omega) - k^2 u_s(\boldsymbol{r},\omega)] - u_s[-\delta(\boldsymbol{r},\boldsymbol{r}_g) - k^2 G]\}\mathrm{d}V = \iint_S\left[G\frac{\partial u_s}{\partial n} - u_s\frac{\partial G}{\partial n}\right]\mathrm{d}S \tag{3-55}$$

式（3－55）左端项为：

$$\begin{aligned}
&\iiint_V [-Gk^2\varepsilon(\boldsymbol{r})u(\boldsymbol{r},\omega) - k^2 G u_s(\boldsymbol{r},\omega) + u_s\delta(\boldsymbol{r},\boldsymbol{r}_g) + k^2 G u_s(\boldsymbol{r},\omega)]\mathrm{d}V \\
&= -\iiint_V Gk^2\varepsilon(\boldsymbol{r})u(\boldsymbol{r},\omega)\mathrm{d}V + \iiint_V u_s(\boldsymbol{r},\omega)\delta(\boldsymbol{r},\boldsymbol{r}_g)\mathrm{d}V \\
&= -\iiint_V Gk^2\varepsilon(\boldsymbol{r})u(\boldsymbol{r},\omega)\mathrm{d}V + u_s(\boldsymbol{r},\omega)
\end{aligned} \tag{3-56}$$

整理式（3－55）、式（3－56）可得：

$$u_s(\boldsymbol{r},\omega) = \iiint_V G(\boldsymbol{r},\boldsymbol{r}_g,\omega)k^2\varepsilon(\boldsymbol{r},\omega)u(\boldsymbol{r},\omega)\mathrm{d}V + \iint_S [G(\boldsymbol{r},\boldsymbol{r}_g,\omega)\frac{\partial u_s(\boldsymbol{r},\omega)}{\partial n} - u_s(\boldsymbol{r},\omega)\frac{\partial G(\boldsymbol{r},\boldsymbol{r}_g,\omega)}{\partial n}]\mathrm{d}S \tag{3-57}$$

式（3－57）是地震散射波场的积分表达式。当选取自由空间的 Green 函数，即 $R \to \infty$时，面积积分对散射波场的贡献可忽略不记，这时散射波场的表达式可变为：

$$u_s(\boldsymbol{r},\omega) = \iiint_V G(\boldsymbol{r},\boldsymbol{r}_g,\omega)k^2\varepsilon(\boldsymbol{r},\omega)u(\boldsymbol{r},\omega)\mathrm{d}V \tag{3-58}$$

所以可得到总波场的表示式：

$$u(\boldsymbol{r},\omega) = u_i(\boldsymbol{r},\omega) + u_s(\boldsymbol{r},\omega) = u_i(\boldsymbol{r},\omega) + \iiint_V G(\boldsymbol{r},\boldsymbol{r}_g,\omega)k^2\varepsilon(\boldsymbol{r},\omega)u(\boldsymbol{r},\omega)\mathrm{d}V \tag{3-59}$$

式（3－59）是一个非线性方程，即著名的 Lippmann-Swinger 方程。

2. 一阶 Born 近似

在实际计算地震散射波场，不可能严格按式（3－59）积分方程来计算，由于是非线性问题，一般采用近似方法来求解。使用最多的是扰动方法，在扰动序列中，每个扰动序列都是由前次扰动迭代而来。这时当介质的散射波场非常弱时［$u_s(\boldsymbol{r},\omega) \ll u_i(\boldsymbol{r},\omega)$］，只考虑第一级散射近似，称为一阶 Born 近似（the first-order born approximation），即散射场远远小于入射场，其表达式可以写成：

$$u(\boldsymbol{r},\omega) = u_i(\boldsymbol{r},\omega) + \iiint_V G(\boldsymbol{r},\boldsymbol{r}_g,\omega)k^2\varepsilon(\boldsymbol{r},\omega)u_i(\boldsymbol{r},\omega)\mathrm{d}V \tag{3-60}$$

式（3－60）就是地震散射波场的一阶 Born 近似表达式。一般情况下，Born 近似只有当散射场远远小于入射场时才有效，即介质的非均匀性非常弱，且传播距离非常短；前向散射与背向散射的 Born 近似是不同的（吴如山，2001），前向散射发散是 Born 近似的一个弱点，前向散射场和入射场都是以相同的速度传播，因此前向散射 Born 近似不是能量守恒的；与前向散射正好相反，背向散射由于没有入射场，只是背向散射场的总和，再由于双程旅行时的差异，背向散射不会发散，这时使用 Born 近似比较好。

3. 高阶 Born 近似

实际上，Born 近似是对散射序列的一种线性化近似，它忽略了散射序列中的高阶项，这就使得 Born 近似仅适用于弱散射情况。当介质的强散射大扰动量存在时，由于散射序列中的高阶项产生的影响不可忽略，这样应用 Born 近似时产生的误差很大。因此，为了提高计算地震波波总场的精度，就要使用高阶 Born 近似，以解决非均匀介质的多次散射问题。根据总波场计算公式（3－59），将一阶 Born 近似记为：

$$u_1(\boldsymbol{r}) = u_i(\boldsymbol{r}) + \iiint_V u_i(\boldsymbol{r}_g)\varepsilon(\boldsymbol{r}_g)G(\boldsymbol{r},\boldsymbol{r}_g)\mathrm{d}^3\boldsymbol{r}_g \tag{3-61}$$

为了提高散射场的计算精度，用式（3－61）$u_1(\boldsymbol{r})$ 代替式（3－59）右边积分中的总

场 $u(\boldsymbol{r})$，这时就可得到所谓的二阶 Born 近似 $u(\boldsymbol{r}) \approx u_2(\boldsymbol{r})$：

$$u_2(\boldsymbol{r}) = u_i(\boldsymbol{r}) + \iiint_V u_1(\boldsymbol{r}_g)\varepsilon(\boldsymbol{r}_g)G(\boldsymbol{r},\boldsymbol{r}_g)\mathrm{d}^3\boldsymbol{r}_g \tag{3-62}$$

这样一直代替下去，可得到一系列的散射近似序列：

$$u_1(\boldsymbol{r}), u_2(\boldsymbol{r}), u_3(\boldsymbol{r}), \cdots, u_n(\boldsymbol{r}), \cdots \tag{3-63}$$

这里每一项都是前一项递归而来，即：

$$u_{n+1}(\boldsymbol{r}) = u_i(\boldsymbol{r}) + \iiint_V u_n(\boldsymbol{r}_g)\varepsilon(\boldsymbol{r}_g)G(\boldsymbol{r},\boldsymbol{r}_g)\mathrm{d}^3\boldsymbol{r}_g \tag{3-64}$$

为了更深入理解其物理意义，以 $u_2(\boldsymbol{r})$ 为例写成另外表示形式：

$$u_2(\boldsymbol{r}) = u_i(\boldsymbol{r}) + \iiint_V \mathrm{d}^3\boldsymbol{r}_g\varepsilon(\boldsymbol{r}_g)G(\boldsymbol{r},\boldsymbol{r}_g)\left[u_i(\boldsymbol{r}_g) + \iiint_V u_i(\boldsymbol{r}_{gg})\varepsilon(\boldsymbol{r}_{gg})G(\boldsymbol{r},\boldsymbol{r}_{gg})\mathrm{d}^3\boldsymbol{r}_{gg}\right] \tag{3-65}$$

即：

$$\begin{aligned} u_2(\boldsymbol{r}) = {} & u_i(\boldsymbol{r}) + \iiint_V u_i(\boldsymbol{r}_g)\varepsilon(\boldsymbol{r}_g)G(\boldsymbol{r},\boldsymbol{r}_g)\mathrm{d}^3\boldsymbol{r}_g + \\ & \iiint_V\iiint_V u_i(\boldsymbol{r}_g)\varepsilon(\boldsymbol{r}_g)G(\boldsymbol{r}_g,\boldsymbol{r}_{gg})\varepsilon(\boldsymbol{r}_{gg})G(\boldsymbol{r},\boldsymbol{r}_{gg})\mathrm{d}^3\boldsymbol{r}_g\mathrm{d}^3\boldsymbol{r}_{gg} \end{aligned} \tag{3-66}$$

从式（3－66）可以看到，右端第二项积分是关于散射体的一次散射，第三项是关于散射体的二次散射，如果依次进行这个过程，就可得到多次散射的积分表达式，这样这个公式就变得越来越长，为了方便表示可以用下列符号，尤其是对 $u_2(\boldsymbol{r})$ 可以简写成：

$$u_2 = u_i + u_i\varepsilon G + u_i\varepsilon G\varepsilon G \tag{3-67}$$

类似地可以得到多次散射的 Born 近似表示式：

$$u_n = u_i + u_i\varepsilon G + u_i\varepsilon G\varepsilon G + \cdots + u_i\underbrace{\varepsilon G\varepsilon G\cdots\varepsilon G}_{n\text{个}\varepsilon G\text{因子}} \tag{3-68}$$

### 3.2.1.2 VTI 介质 Born 近似延拓算子

从 VTI 介质 qP 波波动方程出发，进行入射波场和散射波场分解。VTI 介质频率空间域二维 qP 波波动方程为：

$$\left[\chi(x,z)\frac{\partial^2}{\partial x^2} + \frac{\partial^2}{\partial z^2} + 2\eta(x,z)\frac{V_{\mathrm{P0}}^2(x,z)}{\omega^2}\frac{\partial^4}{\partial x^2\partial z^2} + \frac{\omega^2}{V_{\mathrm{P0}}^2(x,z)}\right]p(x,z;\omega) = 0 \tag{3-69}$$

式中，$p(x,z;\omega)$ 为频率－空间域的波场；$\omega$ 为圆频率；$V_{\mathrm{P0}}(x,z)$ 为 VTI 介质 qP 波垂直方向传播速度，相当于各向同性介质 P 波速度；参数 $\chi(x,z)$、$\eta(x,z)$ 是 VTI 介质各向异性参数 $\varepsilon(x,z)$ 和 $\delta(x,z)$ 的组合参数，即 $\chi(x,z) = 1 + 2\varepsilon(x,z)$，$\eta(x,z) = \varepsilon(x,z) - \delta(x,z)$。

对式（3－69）进行整理可得：

$$\frac{\partial^2}{\partial z^2}p(x,z;\omega) = -\frac{\dfrac{\omega^2}{V_{\mathrm{P0}}^2(x,z)}\left[1 + \chi(x,z)\dfrac{V_{\mathrm{P0}}^2(x,z)}{\omega^2}\partial_x^2\right]}{1 + 2\eta(x,z)\dfrac{V_{\mathrm{P0}}^2(x,z)}{\omega^2}\partial_x^2}p(x,z;\omega) \tag{3-70}$$

将式（3－70）进一步整理：

$$\frac{\partial^2}{\partial z^2}p(x,z;\omega) = -\left\{\frac{\omega^2}{V_{P0}^2(x,z)}\frac{\chi(x,z)}{2\eta(x,z)} + \frac{\dfrac{\omega^2}{V_{P0}^2(x,z)}\left[1+\dfrac{\chi(x,z)}{2\eta(x,z)}\right]}{1+2\eta(x,z)\dfrac{V_{P0}^2(x,z)}{\omega^2}\partial_x^2}\right\}p(x,z;\omega) \tag{3-71}$$

式（3－71）两边乘以系数$2\eta(x,z)\dfrac{V_{P0}^2(x,z)}{\omega^2}\partial_x^2$，可得：

$$2\eta(x,z)\frac{V_{P0}^2(x,z)}{\omega^2}\partial_x^2\frac{\partial^2}{\partial z^2}p(x,z;\omega) = -\left\{\chi(x,z)\partial_x^2 + \frac{[2\eta(x,z)-\chi(x,z)]\partial_x^2}{1+2\eta(x,z)\dfrac{V_{P0}^2(x,z)}{\omega^2}\partial_x^2}\right\}p(x,z;\omega) \tag{3-72}$$

将关系式$\chi(x,z)=1+2\varepsilon(x,z)$和$\eta(x,z)=\varepsilon(x,z)-\delta(x,z)$代入，变为：

$$2\eta(x,z)\frac{V_{P0}^2(x,z)}{\omega^2}\partial_x^2\frac{\partial^2}{\partial z^2}p(x,z;\omega) = \left\{-[1+2\varepsilon(x,z)]\partial_x^2 + \frac{[1+2\delta(x,z)]\partial_x^2}{1+2\eta(x,z)\dfrac{V_{P0}^2(x,z)}{\omega^2}\partial_x^2}\right\}p(x,z;\omega) \tag{3-73}$$

式（3－73）两边加上$2\varepsilon(x,z)\partial_x^2p(x,z;\omega)$，可得到如下公式：

$$\left[2\varepsilon(x,z)\partial_x^2 + 2\eta(x,z)\frac{V_{P0}^2(x,z)}{\omega^2}\partial_x^2\frac{\partial^2}{\partial z^2}\right]p(x,z;\omega) = \left\{-\partial_x^2 + \frac{[1+2\delta(x,z)]\partial_x^2}{1+2\eta(x,z)\dfrac{V_{P0}^2(x,z)}{\omega^2}\partial_x^2}\right\}p(x,z;\omega) \tag{3-74}$$

令$\Delta V=\dfrac{V_0^2(z)}{V_{P0}^2(x,z)}-1$，$V_0(z)$为背景速度，它只是深度$z$的函数，而在每一层内为常数，对式（3－69）进行整理可得：

$$\left[\frac{\partial^2}{\partial x^2}+\frac{\partial^2}{\partial z^2}+\frac{\omega^2}{V_0^2(z)}\right]p(x,z;\omega) = -\left\{2\varepsilon(x,z)\frac{\partial^2}{\partial x^2} + 2\eta(x,z)\frac{V_{P0}^2(x,z)}{\omega^2}\frac{\partial^4}{\partial x^2\partial z^2} + \frac{\omega^2}{V_0^2(z)}\left[\frac{V_0^2(z)}{V_{P0}^2(x,z)}-1\right]\right\}p(x,z;\omega) \tag{3-75}$$

将式（3－74）代入式（3－75）可得：

$$\left[\frac{\partial^2}{\partial x^2}+\frac{\partial^2}{\partial z^2}+\frac{\omega^2}{V_0^2(z)}\right]p(x,z;\omega)$$
$$=-\left\{\frac{\omega^2}{V_0^2(z)}\left[\frac{V_0^2(z)}{V_{P0}^2(x,z)}-1\right]-\partial_x^2+\frac{[1+2\delta(x,z)]\partial_x^2}{1+2\eta(x,z)\dfrac{V_{P0}^2(x,z)}{\omega^2}\partial_x^2}\right\}p(x,z;\omega) \tag{3-76}$$

式（3－76）是各向异性 qP 波非齐次 Helmholtz 方程形式，可写成如下形式：

$$[\nabla^2+k_0^2(z)]p(x,z;\omega)=-F(x,z,\varepsilon,\delta)p(x,z;\omega) \tag{3-77}$$

其中：$$F(x,z,\varepsilon,\delta)=\frac{\omega^2}{V_0^2(z)}\left[\frac{V_0^2(z)}{V_{P0}^2(x,z)}-1\right]-\partial_x^2+\frac{[1+2\delta(x,z)]\partial_x^2}{1+2\eta(x,z)\dfrac{V_{P0}^2(x,z)}{\omega^2}\partial_x^2} \tag{3-78}$$

式中，$\nabla^2=\dfrac{\partial^2}{\partial x^2}+\dfrac{\partial^2}{\partial z^2}$ 为拉普拉斯算符；$k_0(z)$ 为背景参考波数，即 $k_0(z)=\dfrac{\omega}{V_0(z)}$，它也是深度 $z$ 的函数，而在每一层内为常数。式（3－78）在这里可以认为是广义慢度扰动（慢度扰动和各向异性参数作用）引起的散射源项。根据散射源性质不同，将散射源分解为慢度扰动散射源 $F_s$ 和各向异性散射源 $F_{\varepsilon,\delta}$ 两部分，即：

$$F(x,z,\varepsilon,\delta)=F_s(x,z)+F_{\varepsilon,\delta}(x,z,\varepsilon,\delta) \tag{3-79}$$

其中：
$$F_s(x,z)=\frac{\omega^2}{V_0^2(z)}\left[\frac{V_0^2(z)}{V_{P0}^2(x,z)}-1\right]$$
$$F_{\varepsilon,\delta}(x,z,\varepsilon,\delta)=-\partial_x^2+\frac{[1+2\delta(x,z)]\partial_x^2}{1+2\eta(x,z)\dfrac{V_{P0}^2(x,z)}{\omega^2}\partial_x^2} \tag{3-80}$$

1. 波场分解

根据地震波散射理论，按照地震波场叠加原理，将式（3－76）和式（3－77）中 qP 波的波场 $p(x,z;\omega)$ 分解成两部分：各向同性参考介质中波场 $p_0(x,z;\omega)$（即入射波场）和散射波场 $p_S(x,z;\omega)$，其中散射场又可分解为慢度扰动场 $p_s(x,z;\omega)$ 和各向异性扰动场 $p_{\varepsilon,\delta}(x,z;\omega)$。为此令：

$$p(x,z;\omega)=p_0(x,z;\omega)+p_S(x,z;\omega) \tag{3-81}$$

将式（3－81）代入式（3－77）可得：

$$[\nabla^2+k_0^2(z)][p_0(x,z;\omega)+p_S(x,z;\omega)]=-F(x,z,\varepsilon,\delta)p(x,z;\omega) \tag{3-82}$$

对于各向同性常速度背景介质中波场 $p_0(x,z;\omega)$ 满足齐次 Helmholtz 方程：

$$[\nabla^2+k_0^2(z)]p_0(x,z;\omega)=0 \tag{3-83}$$

把式（3－83）代入式（3－82）得到散射场方程：

$$[\nabla^2+k_0^2(z)]p_S(x,z;\omega)=-F(x,z,\varepsilon,\delta)p(x,y,z;\omega) \tag{3-84}$$

式（3－84）右端项 $F(x,z,\varepsilon,\delta)p(x,y,z;\omega)$ 表示由于总场 $p(x,z;\omega)$ 作用于介质后，由介质的非均匀性和各向异性扰动引起的散射源（也称为二次源）。

式（3－84）可以用 Green 函数法求解。引入各向同性介质 Green 函数 $G(x,z;x',z';\omega)$，则有：

$$[\nabla^2+k_0^2(z)]G(x,z;x',z';\omega)=-\delta(x-x',z-z') \tag{3-85}$$

利用 Green 公式：

$$\int_\Omega(v\nabla^2u-u\nabla^2v)\mathrm{d}\Omega=\int_S\left(v\frac{\partial u}{\partial n}-u\frac{\partial v}{\partial n}\right)\mathrm{d}S \tag{3-86}$$

取 $v=G$，$u=p_S$，并把式（3－84）和式（3－85）代入式（3－86）有：

$$\int_\Omega\left\{G\cdot F\cdot p_S-G\cdot k_0^2\cdot p_S\right\}\mathrm{d}\Omega+\int_\Omega\left\{k_0^2\cdot p_S\cdot G-p_S\cdot\delta\right\}\mathrm{d}\Omega=\int_S\left(G\frac{\partial p_S}{\partial n}-p_S\frac{\partial G}{\partial n}\right)\mathrm{d}S \tag{3-87}$$

整理式（3－87）可写成：

$$\int_\Omega G(x,z;x',z';\omega)F(x',z',\varepsilon,\delta)p(x',z';\omega)\mathrm{d}x'\mathrm{d}z'-p_S(x,z;\omega)=\int_S\left(G\frac{\partial\bar{u}_s}{\partial n}-\bar{u}_s\frac{\partial G}{\partial n}\right)\mathrm{d}S \tag{3-88}$$

为了简化，对于无限均匀介质，对无穷远边界，式（3－88）的右端积分为零。因此：

$$p_S(x,z;\omega)=\int_\Omega G(x,z;x',z';\omega)F(x',z',\varepsilon,\delta)p(x',z';\omega)\mathrm{d}x'\mathrm{d}z' \tag{3-89}$$

式（3－89）即为计算散射场的公式。它可以解释为：单位点源产生的场乘以点散射源的强度，然后在整个源分布范围内积分，可以得到散射场。则 qP 波总波场为：

$$p(x,z;\omega)=p_0(x,z;\omega)+\int_\Omega G(x,z;x',z';\omega)F(x',z',\varepsilon,\delta)p(x',z';\omega)\mathrm{d}x'\mathrm{d}z' \tag{3-90}$$

式（3－90）又称为 Lipmann-Schwinger 方程。

将散射场方程变换到波数域，则有：

$$p_S(k_x,z;\omega)=\iint G(k_x,z,x',z';\omega)F(x',z',\varepsilon,\delta)p(x',z';\omega)\mathrm{d}x'\mathrm{d}z' \tag{3-91}$$

将 $x'$ 的符号换成 $x$，则有：

$$p_S(k_x,z;\omega)=\iint G(k_x,z,x,z';\omega)F(x,z',\varepsilon,\delta)p(x,z';\omega)\mathrm{d}x\mathrm{d}z' \tag{3-92}$$

根据散射源项性质不同，将散射源项 $F$ 分解为慢度扰动散射源 $F_s$ 和各向异性散射源 $F_{\varepsilon,\delta}$ 两部分，因此将散射场也分解为慢度扰动散射场 $p_s(k_x,z;\omega)$ 和各向异性散射场 $p_{\varepsilon,\delta}(k_x,z;\omega)$ 两部分，即：

$$p_S(k_x,z;\omega)=p_s(k_x,z;\omega)+p_{\varepsilon,\delta}(k_x,z;\omega) \tag{3-93}$$

则慢度扰动散射场 $p_s(k_x,z;\omega)$ 和各向异性散射场 $p_{\varepsilon,\delta}(k_x,z;\omega)$ 可写成：

$$\begin{aligned}p_s(k_x,z;\omega)&=\iint F_s(x,z')G(k_x,z,x,z';\omega)p(x,z';\omega)\mathrm{d}x\mathrm{d}z'\\&=\iint\frac{\omega^2}{V_0^2(z')}\left[\frac{V_0^2(z')}{V_{\mathrm{P0}}^2(x,z')}-1\right]G(k_x,z,x,z';\omega)p(x,z';\omega)\mathrm{d}x\mathrm{d}z'\end{aligned} \tag{3-94}$$

$$p_{\varepsilon,\delta}(k_x,z;\omega) = \iint F_{\varepsilon,\delta}(x,z',\varepsilon,\delta)G(k_x,z,x,z';\omega)p(x,z';\omega)\mathrm{d}x\mathrm{d}z'$$
$$= \iint\left\{-\partial_x^2 + \frac{[1+2\delta(x,z')]\partial_x^2}{1+2\eta(x,z')\dfrac{V_{P0}^2(x,z')}{\omega^2}\partial_x^2}\right\}G(k_x,z,x,z';\omega)p(x,z';\omega)\mathrm{d}x\mathrm{d}z' \tag{3-95}$$

由于慢度扰动散射源 $F_s$ 可作如下近似（Huang，1999）：

$$\begin{aligned}F_s(x,z') &= \frac{\omega^2}{V_0^2(z')}\left[\frac{V_0^2(z')}{V_{P0}^2(x,z')}-1\right]\\ &\approx k_0(z')\omega\frac{1}{V_0(z')}2\left[\frac{V_0(z')}{V_{P0}(x,z')}-1\right]\\ &= 2k_0(z')\omega\left[\frac{1}{V_{P0}(x,z')}-\frac{1}{V_0(z')}\right]\\ &= 2k_0(z')\omega\Delta s(x,z')\end{aligned} \tag{3-96}$$

所以慢度扰动散射场 $p_s(k_x,z;\omega)$ 可近似写成如下形式：

$$\begin{aligned}p_s(k_x,z;\omega) &= \iint F_s(x,z)G(k_x,z,x,z';\omega)p(x,z';\omega)\mathrm{d}x\mathrm{d}z'\\ &\approx \iint 2k_0(z_i)\omega\Delta s(x,z_i)G(k_x,z,x,z';\omega)p(x,z';\omega)\mathrm{d}x\mathrm{d}z'\end{aligned} \tag{3-97}$$

2. 波场延拓

为了实现从 $z_i$ 处到 $z_i+\Delta z$ 处这 $\Delta z$ 间隔内的波场延拓，必须利用 $z_i$ 处波场 $p(x,z_i;\omega)$ 计算 $z_i+\Delta z$ 处入射场 $p_0(x,z_i+\Delta z;\omega)$ 和散射场 $p_S(x,z_i+\Delta z;\omega)$。$z_i+\Delta z$ 处延拓后的波场可表示为：

$$p(x,z_i+\Delta z;\omega) = p_0(x,z_i+\Delta z;\omega)+p_s(x,z_i+\Delta z;\omega)+p_{\varepsilon,\delta}(x,z_i+\Delta z;\omega) \tag{3-98}$$

下面计算入射波场的延拓。对于常速度 $V_0$ 背景场，由于层内背景速度为常数，故可用相移法求解。已知常速度各向同性背景介质中的波场 $p_0(x,z;\omega)$ 满足方程：

$$[\nabla^2+k_0^2(z)]p_0(x,z;\omega) = 0 \tag{3-99}$$

利用 Fourier 变换将式（3－99）从空间域变换到波数域，则有：

$$\left[-k_x^2+\frac{\partial^2}{\partial z^2}+k_0^2(z)\right]p_0(k_x,z;\omega) = 0 \tag{3-100}$$

整理可得：

$$\frac{\partial^2}{\partial z^2}p_0(k_x,z;\omega) = -[k_0^2(z)-k_x^2]p_0(k_x,z;\omega) \tag{3-101}$$

进行上下行波分离，可得：

$$\frac{\partial}{\partial z}p_0(k_x,z;\omega) = \pm ik_{z0}(z)p_0(k_x,z;\omega) \tag{3-102}$$

其中：

$$k_{z0}(z) = \sqrt{k_0^2(z)-k_x^2} \tag{3-103}$$

式（3－102）中负号为上行波方程，正号为下行波方程。利用偏微分方程的直接积分法可求得下行波方程解析解为：

$$p_0(k_x,z;\omega)=e^{ik_{z0}(z)z}p_0(k_x,0;\omega) \tag{3-104}$$

式中，$p_0(k_x,0;\omega)$ 为 $z=0$ 处波场。

因此，在 $z_i$ 处波数域波场为：

$$p_0(k_x,z_i;\omega)=e^{ik_{z0}(z_i)z_i}p_0(k_x,0;\omega) \tag{3-105}$$

在 $z_i+\Delta z$ 处波数域波场为：

$$p_0(k_x,z_i+\Delta z;\omega)=e^{ik_{z0}(z_i+\Delta z)(z_i+\Delta z)}p_0(k_x,0;\omega) \tag{3-106}$$

采用近似：$k_{z0}(z_i+\Delta z)\approx k_{z0}(z_i)$，则有：

$$p_0(k_x,z_i+\Delta z;\omega)\approx e^{ik_{z0}(z_i)(z_i+\Delta z)}p_0(k_x,0;\omega)=e^{ik_{z0}(z_i)\Delta z}p_0(k_x,z_i;\omega) \tag{3-107}$$

即：

$$p_0(k_x,z_i+\Delta z;\omega)=e^{ik_{z0}(z_i)\Delta z}p_0(k_x,z_i;\omega) \tag{3-108}$$

利用 Fourier 反变换将式（3－105）从波数域变换到空间域，可得：

$$p_0(x,z_i+\Delta z;\omega)=FT_{k_x}^{-1}\{e^{ik_{z0}(z_i)\Delta z}FT_x[p_0(x,z_i;\omega)]\} \tag{3-109}$$

式中，$FT_x$ 表示关于 $x$ 的 Fourier 变换，$FT_{k_x}^{-1}$表示关于 $k_x$ 的反 Fourier 变换。

下面讨论散射场 $p_s(x,z_i+\Delta z,\omega)$ 和 $p_{\varepsilon,\sigma}(x,z_i+\Delta z;\omega)$ 的计算。

根据式（3－89）和式（3－91），散射场 $p_s(k_x,z_i+\Delta z;\omega)$ 和 $p_{\varepsilon,\delta}(k_x,z_i+\Delta z;\omega)$ 可写成：

$$p_s(k_x,z_i+\Delta z;\omega)=\int_{z_i}^{z_i+\Delta z}\mathrm{d}z\int 2k_0(z)\omega\Delta s(x,z)G(k_x,z_i+\Delta z,x,z;\omega)p(x,z;\omega)\mathrm{d}x \tag{3-110}$$

$$p_{\varepsilon,\delta}(k_x,z_i+\Delta z;\omega)=\int_{z_i}^{z_i+\Delta z}\mathrm{d}z\int\left\{-\partial_x^2+\frac{[1+2\delta(x,z)]\partial_x^2}{1+2\eta(x,z)\dfrac{V_{P0}^2(x,z)}{\omega^2}\partial_x^2}\right\}\times G(k_x,z_i+\Delta z,x,z;\omega)p(x,z;\omega)\mathrm{d}x \tag{3-111}$$

式中，积分变量从 $z'$变为 $z$。因此，式（3－110）和式（3－111）积分中（$x,z$）表示从 $z_i$ 到 $z_i+\Delta z$ 间隔内的位置。式（3－110）和式（3－111）可近似写成：

$$p_s(k_x,z_i+\Delta z;\omega)\approx\Delta z\int 2k_0(z_i)\omega\Delta s(x,z_i)G(k_x,z_i+\Delta z,x,z_i;\omega)p(x,z_i;\omega)\mathrm{d}x \tag{3-112}$$

$$p_{\varepsilon,\delta}(k_x,z_i+\Delta z;\omega)\approx\Delta z\int\left\{-\partial_x^2+\frac{[1+2\delta(x,z_i)]\partial_x^2}{1+2\eta(x,z_i)\dfrac{V_{P0}^2(x,z_i)}{\omega^2}\partial_x^2}\right\}\times G(k_x,z_i+\Delta z,x,z_i;\omega)p(x,z_i;\omega)\mathrm{d}x \tag{3-113}$$

而均匀各向同性介质背景中的频率波数域下行 Green 函数 $G(k_x,z_i+\Delta z,x,z_i;\omega)$ 可写成如下形式（Huang，1999；Clayton 和 Stolt，1981）：

$$G(k_x,z_i+\Delta z,x,z_i;\omega)=\frac{i}{2k_{z0}(z_i)}\mathrm{e}^{ik_{z0}(z_i)\Delta z}\mathrm{e}^{-ik_xx} \tag{3-114}$$

其中：
$$k_{z0}(z_i)=\sqrt{\frac{\omega^2}{V_0(z_i)}-k_x^2} \tag{3-115}$$

将式（3－114）代入式（3－112）和式（3－113）可得：

$$\begin{aligned}p_s(k_x,z_i+\Delta z;\omega)&\approx\Delta z\int\mathrm{d}x2k_0(z_i)\omega\Delta s(x,z_i)\frac{i\mathrm{e}^{ik_{z0}(z_i)\Delta z}}{2k_{z0}(z_i)}\mathrm{e}^{-ik_xx}p(x,z_i;\omega)\\&=\frac{k_0(z_i)}{k_{z0}(z_i)}\mathrm{e}^{ik_{z0}(z_i)\Delta z}\int\mathrm{d}x\mathrm{e}^{-ik_xx}[i\omega\Delta s(x,z_i)\Delta z]p(x,z_i;\omega)\\&=\frac{k_0(z_i)}{k_{z0}(z_i)}\mathrm{e}^{ik_{z0}(z_i)\Delta z}FT_x\{[i\omega\Delta s(x,z_i)\Delta z]p(x,z_i;\omega)\}\end{aligned} \tag{3-116}$$

$$\begin{aligned}p_{\varepsilon,\delta}(k_x,z_i+\Delta z;\omega)&\approx\Delta z\int\mathrm{d}x\left\{-\partial_x^2+\frac{[1+2\delta(x,z_i)]\partial_x^2}{1+2\eta(x,z_i)\dfrac{V_{\mathrm{P0}}^2(x,z_i)}{\omega^2}\partial_x^2}\right\}i\frac{\mathrm{e}^{ik_{z0}(z_i)\Delta z}}{2k_{z0}(z_i)}\mathrm{e}^{-ik_xx}p(x,z_i;\omega)\\&=\frac{\mathrm{e}^{ik_{z0}(z_i)\Delta z}}{2k_{z0}(z_i)}\int\mathrm{d}x\mathrm{e}^{-ik_xx}i\Delta z\left\{-\partial_x^2+\frac{[1+2\delta(x,z_i)]\partial_x^2}{1+2\eta(x,z_i)\dfrac{V_{\mathrm{P0}}^2(x,z_i)}{\omega^2}\partial_x^2}\right\}p(x,z_i;\omega)\\&=\frac{\mathrm{e}^{ik_{z0}(z_i)\Delta z}}{2k_{z0}(z_i)}FT_x\left\{\left[i\Delta z\left(-\partial_x^2+\frac{[1+2\delta(x,z_i)]\partial_x^2}{1+2\eta(x,z_i)\dfrac{V_{\mathrm{P0}}^2(x,z_i)}{\omega^2}\partial_x^2}\right)\right]p(x,z_i;\omega)\right\}\end{aligned} \tag{3-117}$$

利用 Fourier 反变换将式（3－116）、式（3－117）从波数域变换到空间域，得到频率空间域散射场为：

$$p_s(x,z_i+\Delta z;\omega)=FT_{k_x}^{-1}\left\{\frac{k_0(z_i)}{k_{z0}(z_i)}\mathrm{e}^{ik_{z0}(z_i)\Delta z}FT_x[(i\omega\Delta s(x,z_i)\Delta z)p(x,z_i;\omega)]\right\} \tag{3-118}$$

$$p_{\varepsilon,\delta}(x,z_i+\Delta z;\omega)=FT_{k_x}^{-1}\left\{\frac{\mathrm{e}^{ik_{z0}(z_i)\Delta z}}{2k_{z0}(z_i)}FT_x\left\{\left[i\Delta z\left(-\partial_x^2+\frac{[1+2\delta(x,z_i)]\partial_x^2}{1+2\eta(x,z_i)\dfrac{V_{\mathrm{P0}}^2(x,z_i)}{\omega^2}\partial_x^2}\right)\right]p(x,z_i;\omega)\right\}\right\} \tag{3-119}$$

3. Born 近似 qP 波单程波算子

为计算式（3－118）和式（3－119），建立 qP 波单程双域传播算子（波场延拓算子），采用一阶 Born 近似，认为散射场远小于入射场，即 $p_0(x,z_i;\omega)\gg p_s(x,z_i;\omega)$，则总波场 $p(x,z_i;\omega)$ 即为入射场 $p_0(x,z_i;\omega)$，即：

$$p_0(x,z_i;\omega) = p(x,z_i;\omega) \tag{3-120}$$

因此，$z_i+\Delta z$ 处入射波场和散射可表示为：

$$p_0(x,z_i+\Delta z;\omega) = FT_{k_x}^{-1}\{\mathrm{e}^{ik_{z0}(z_i)\Delta z}FT_x[p(x,z_i;\omega)]\} \tag{3-121}$$

$$p_s(x,z_i+\Delta z;\omega) = FT_{k_x}^{-1}\left\{\frac{k_0(z_i)}{k_{z0}(z_i)}\mathrm{e}^{ik_{z0}(z_i)\Delta z}FT_x[(i\omega\Delta s(x,z_i)\Delta z)p(x,z_i;\omega)]\right\} \tag{3-122}$$

$$p_{\varepsilon,\delta}(x,z_i+\Delta z;\omega) = FT_{k_x}^{-1}\left\{\frac{\mathrm{e}^{ik_{z0}(z_i)\Delta z}}{2k_{z0}(z_i)}FT_x\left\{\left[i\Delta z\left(-\partial_x^2+\frac{(1+2\delta(x,z_i))\partial_x^2}{1+2\eta(x,z_i)\dfrac{V_{P0}^2(x,z_i)}{\omega^2}\partial_x^2}\right)\right]p(x,z_i;\omega)\right\}\right\} \tag{3-123}$$

则 $z_i+\Delta z$ 处总的波场为：

$$p(x,z_i+\Delta z;\omega) = p_0(x,z_i+\Delta z;\omega)+p_s(x,z_i+\Delta z;\omega)+p_{\varepsilon,\delta}(x,z_i+\Delta z;\omega) \tag{3-124}$$

式（3－121）、式（3－122）和式（3－123）组成 VTI 介质 Born 近似 qP 波单程双域传播算子，其运算过程描述如下：根据式（3－123），用 Fourier 变换方法计算从 $z_i$ 到 $z_i+\Delta z$ 之间各向同性常数速度背景入射场 $p_0(x,z_i+\Delta z;\omega)$，即相移项；用双域方法计算慢度散射场 $p_s(x,z_i+\Delta z;\omega)$；用有限差分算法计算各向异性修正项（各向异性散射项）$p_{\varepsilon,\delta}(x,z_i+\Delta z;\omega)$。Born 近似 qP 波单程双域传播算子与各向同性方法不同的是多一个各向异性扰动项，这里在计算各向异性散射项 $p_{\varepsilon,\delta}(x,z_i+\Delta z;\omega)$ 时，采用有限差分算法，引入变量 $q(x,z;\omega)$ 表示各向异性散射源 $F_{\varepsilon,\delta}(x,z,\varepsilon,\delta)$ 与波场 $p(x,z;\omega)$ 作用后的波场，则有：

$$q(z,z_i;\omega) = F_{\varepsilon,\delta}(x,z_i,\varepsilon,\delta)p(x,z_i;\omega) = \left\{-\partial_x^2+\frac{[1+2\delta(x,z_i)]\partial_x^2}{1+2\eta(x,z_i)\dfrac{V_{P0}^2(x,z_i)}{\omega^2}\partial_x^2}\right\}p(x,z_i;\omega) \tag{3-125}$$

因此 $z_i+\Delta z$ 处各向异性散射场 $p_{\varepsilon,\delta}(x,z_i+\Delta z;\omega)$ 计算式可写为：

$$p_{\varepsilon,\delta}(x,z_i+\Delta z;\omega) = FT_{k_x}^{-1}\left\{\frac{\mathrm{e}^{ik_{z0}(z_i)\Delta z}}{2k_{z0}(z_i)}FT_x[i\Delta z q(x,z_i;\omega)]\right\} \tag{3-126}$$

为了便于计算，再令：

$$q^q(x,z_i;\omega) = -\partial_x^2 p(x,z_i;\omega) \tag{3-127}$$

$$q^b(x,z_i;\omega) = \frac{[1+2\delta(x,z_i)]\partial_x^2}{1+2\eta(x,z_i)\dfrac{V_{P0}^2(x,z_i)}{\omega^2}\partial_x^2}p(x,z_i;\omega) \tag{3-128}$$

则有：

$$q(x,z_i;\omega) = q^a(x,z_i;\omega)+q^b(x,z_i;\omega) \tag{3-129}$$

对于 $q^a(x,z_i;\omega)$ 和 $q^b(x,z_i;\omega)$，用有限差分法求解。用符号 $i,j$ 表示（$i\Delta z,j\Delta x$），则 $q^a(x,z_i;\omega) = -\partial_x^2 p(x,z_i;\omega)$ 的二阶中心差分格式为：

$$q_{i,j}^{a} = -\frac{1}{\Delta x^{2}}(p_{i,j+1} - 2p_{i,j} + p_{i,j-1}) \tag{3-130}$$

利用式（3－130）可求得 $z_i$ 处每一点的 $q^a$ 值。为了便于用有限差分法求解，将式（3－128）整理成如下形式：

$$\left[1 + 2\eta(x,z_i)\frac{V_{P0}^{2}(x,z_i)}{\omega^{2}}\partial_x^{2}\right]q^{b}(x,z_i;\omega) = [1 + 2\delta(x,z_i)]\partial_x^{2}p(x,z_i;\omega) \tag{3-131}$$

对式（3－131）用差分代替求导，可得：

$$q_{i,j}^{b} + 2\eta\frac{V_{P0}^{2}}{\omega^{2}\Delta x^{2}}(q_{i,j+1}^{b} - 2q_{i,j}^{b} + q_{i,j-1}^{b}) = (1 + 2\delta)\frac{1}{\Delta x^{2}}(p_{i,j+1} - 2p_{i,j} + p_{i,j-1}) \tag{3-132}$$

将各向异性参数离散化，整理可得 $i,j$ 点差分方程为：

$$\begin{aligned}&2\eta_{i,j+1}\frac{V_{P0i,j+1}^{2}}{\omega^{2}\Delta x^{2}}q_{i,j+1}^{b} + \left(1 - 4\eta_{i,j}\frac{V_{P0i,j}^{2}}{\omega^{2}\Delta x^{2}}\right)q_{i,j}^{b} + 2\eta_{i,j-1}\frac{V_{P0i,j-1}^{2}}{\omega^{2}\Delta x^{2}}q_{i,j-1}^{b}\\&= \frac{1 + 2\delta_{i,j+1}}{\Delta x^{2}}p_{i,j+1} - 2\frac{1 + 2\delta_{i,j}}{\Delta x^{2}}p_{i,j} + \frac{1 + 2\delta_{i,j-1}}{\Delta x^{2}}p_{i,j-1}\end{aligned} \tag{3-133}$$

对于 $z_i$ 处每一点均可建立这样一个差分方程，联立求解得到 $z_i$ 处每一点 $q^b$。将 $q^a(x,z_i;\omega)$ 和 $q^b(x,z_i;\omega)$ 叠加得到 $z_i$ 处各向异性散射源 $F_{\varepsilon,\delta}(x,z,\varepsilon,\delta)$ 与波场 $p(x,z;\omega)$ 作用后的波场 $q(x,z;\omega)$，再根据式（3－116）实现从 $z_i$ 到 $z_i+\Delta z$ 间隔内由于各向异性扰动产生的各向异性扰动场的延拓。采用双域算法计算：为了考虑 $\Delta z$ 间隔内各向异性扰动，用有限差分算法计算各向异性散射源与波场作用后频率空间域波场，再将结果乘以 $[i\Delta z]$ 项；通过 Fourier 变换将频率空间域波场延拓结果变换到频率波数域；从 $z_i$ 处自由传播到 $z_i+\Delta z$ 处再乘以一个滤波项 $1/2k_{z0}(z_i)$；利用 Fourier 反变换将 $z_i+\Delta z$ 处各向异性扰动场从频率波数域变换到频率空间域。令 $\alpha(z_i)=\dfrac{k_0(z_i)}{k_{z0}(z_i)}$，由式（3－121）、式（3－122）和式（3－126）可以得到前向传播总波场为：

$$\begin{aligned}p(x,z_i+\Delta z;\omega) &= p_0(x,z_i+\Delta z;\omega) + p_s(x,z_i+\Delta z;\omega) + p_{\varepsilon,\delta}(x,z_i+\Delta z;\omega)\\&= FT_{k_x}^{-1}\{e^{ik_{z0}(z_i)\Delta z}FT_x[p(x,z_i;\omega)]\} + FT_{k_x}^{-1}\left\{\frac{e^{ik_{z0}(z_i)\Delta z}}{2k_{z0}(z_i)}FT_x[i\Delta z q(x,z_i;\omega)]\right\}+\\&\quad FT_{k_x}^{-1}\left\{\frac{k_0(z_i)}{k_{z0}(z_i)}e^{ik_{z0}(z_i)\Delta z}FT_x\{[i\omega\Delta s(x,z_i)\Delta z]p(x,z_i;\omega)\}\right\}\\&= FT_{k_x}^{-1}\{e^{ik_{z0}(z_i)\Delta z}FT_x[p(x,z_i;\omega)]\} + FT_{k_x}^{-1}\left\{\frac{\alpha(z_i)e^{ik_{z0}(z_i)\Delta z}}{2k_0(z_i)}FT_x[i\Delta z q(x,z_i;\omega)]\right\}+\\&\quad FT_{k_x}^{-1}\{\alpha(z_i)e^{ik_{z0}(z_i)\Delta z}FT_x\{[i\omega\Delta s(x,z_i)\Delta z]p(x,z_i;\omega)\}\}\end{aligned} \tag{3-134}$$

对于背向传播的波场，仅需将式（3－134）中 $i$ 前的符号取反即可。综上所述，式（3－134）为用来进行波场延拓的 VTI 介质 Born 近似 qP 波单程双域传播算子。

#### 3.2.1.3 VTI 介质扩展局部 Born 深度偏移

在解决各向异性波的问题时，无论是在正演和反演方面均有一种理论观点，即将各向异性看作是在各向同性上扰动。如 Hudson 在提出描述裂隙介质模型时，将裂隙介质的弹性参数分解为在各向同性体介质参数上的一阶和二阶扰动。这里就借助这样的理论观点，将各向异性波看作是在各向同性波的基础上的一种扰动，本书前面章节中深入研究了 VTI 介质基于 Born 近似的单程双域传播算子，VTI 介质扩展局部 Born 深度偏移算法是根据各向同性波扩展局部 Born 偏移方法（Huan 和 Wu，1999）拓展而来的。

扩展局部 Born 近似深度偏移方法是积分方程半解析法。先从波动方程的 Green 函数解出发，借助一系列数学手段推导了 Born 近似深度偏移算子，为了克服算子在计算中遇到奇点，特别采用 Taylor 展开方法得到扩展局部 Born 近似深度偏移方法。利用该方法处理 VTI 介质时，主要是根据地震波散射理论，将 VTI 介质模型分解为各向同性的背景速度、各向同性的慢度扰动、各向异性参数扰动（包括 $\varepsilon$ 和 $\delta$），这样将 VTI 介质 qP 波的波场由自由传播波场和散射波场组成，而散射波场是由两部分组成，各向同性慢度扰动和各向异性参数产生的散射波场，该方法中的 Green 函数是借助各向同性背景下的 Green 函数。在这里利用 VTI 介质的 Born 近似单程双域传播算子建立深度偏移算法，并用于叠后深度偏移和复杂模型的叠前深度偏移处理。

1. 波场外推

在波动方程深度偏移过程中，无论是叠前深度偏移还是叠后深度偏移，其主要过程均是利用波场外推算子进行波场外推的过程。在叠后资料的波场外推是将叠加剖面进行反向外推，取零时刻的波场值作为深度偏移成像值；而叠前深度偏移的共炮道集波场外推包括地震震源波场的正向外推和记录波场的反向外推。在这里利用 Born 近似 VTI 介质 qP 波单程波双域传播算子建立波场外推过程。

由于该方法主要是根据地震波散射理论，将 VTI 介质模型分解为各向同性背景速度、各向同性慢度扰动、各向异性参数扰动（包括 $\varepsilon$ 和 $\delta$），则 Born 近似 VTI 介质 qP 波单程双域传播算子由各向同性背景速度传播算子、各向同性慢度扰动传播算子和各向异性参数扰动传播算子构成：

$$B = B_0 + B_{\Delta s} + B_{\varepsilon,\delta} \tag{3-135}$$

式中，$B_0$ 是各向同性背景速度传播算子；$B_{\Delta s}$ 是各向同性的慢度扰动传播算子；$B_{\varepsilon,\delta}$ 是各向异性参数扰动传播算子，是各向同性基础上的各向异性修正项。经过 Born 近似 VTI 介质 qP 波单程双域传播算子作用，VTI 介质 qP 波波场可分解为各向同性背景介质中的波场 $qP_0$、各向同性慢度扰动散射场 $qP_{\Delta s}$ 以及各向异性散射场 $qP_{\varepsilon,\delta}$：

$$qP = qP_0 + qP_{\Delta s} + qP_{\varepsilon,\delta} \tag{3-136}$$

震源波场的正向外推过程为：设观测面上 $x = x_S$ 处激发的 qP 波波场为 $qP_D(\omega;x,z=0;x_S)$，利用 VTI 介质 Born 近似 qP 波单程双域传播算子将其从某一深度 $z$ 延拓到 $z+\Delta z$，在波数域的逐层向下外推公式可以写成：

$$qP_{D0}(\omega;k_x,z+\Delta z;x_S) = qP_D(\omega;k_x,z;x_S)B_0^-(k_x)$$
$$qP_{D\Delta s}(\omega;k_x,z+\Delta z;x_S) = qP_D(\omega;k_x,z;x_S)B_{\Delta s}^-(k_x) \quad (3-137)$$
$$qP_{D\varepsilon,\delta}(\omega;k_x,z+\Delta z;x_S) = qP_D(\omega;k_x,z;x_S)B_{\varepsilon,\delta}^-(k_x)$$

式中，$qP_D(\omega;k_x,z;x_S)$ 是 qP 波在 $z$ 处的波场；$qP_{D0}(\omega;k_x,z+\Delta z;x_S)$ 是 $z+\Delta z$ 处各向同性背景介质中的波场；$qP_{D\Delta s}(\omega;k_x,z+\Delta z;x_S)$ 是 $z+\Delta z$ 处各向同性慢度扰动散射场；$qP_{D\varepsilon,\delta}(\omega;k_x,z+\Delta z;x_S)$ 是 $z+\Delta z$ 处各向异性散射场；$B_0^-(k_x)$ 是各向同性背景速度下行传播算子；$B_{\Delta s}^-(k_x)$ 是各向同性慢度扰动下行传播算子；$B_{\varepsilon,\delta}^-(k_x)$ 是各向异性参数扰动下行传播算子。则 qP 波在 $z+\Delta z$ 处总波场 $qP_D(\omega;k_x,z+\Delta z;x_S)$ 为：

$$qP_D(\omega;k_x,z+\Delta z;x_S) = qP_{D0}(\omega;k_x,z+\Delta z;x_S) + qP_{D\Delta s}(\omega;k_x,z+\Delta z;x_S) + qP_{D\varepsilon,\delta}(\omega;k_x,z+\Delta z;x_S) \quad (3-138)$$

最终震源波场的正向外推过程可表示为：

$$qP_D(\omega;k_x,z+\Delta z;x_S) = qP_D(\omega;k_x,z;x_S)B^-(k_x) \quad (3-139)$$

式中，$qP_D(\omega;k_x,z+\Delta z;x_S)$ 与 $qP_D(\omega;k_x,z;x_S)$ 分别是 qP 波在 $z+\Delta z$ 和 $z$ 处的总波场；$B^-(k_x)$ 是 Born 近似 VTI 介质 qP 波下行单程波双域传播算子。

相类似地，记录波场的反向外推过程为：设观测面上该炮的记录波场为 $qP_U(\omega;k_x,z=z_0;x_S)$，在波数域沿 $z$ 方向将其从某一深度 $z$ 反向延拓到 $z+\Delta z$，逐层向下外推公式可以写成：

$$qP_{U0}(\omega;k_x,z+\Delta z;x_S) = qP_U(\omega;k_x,z;x_S)B_0^+(k_x)$$
$$qP_{U\Delta s}(\omega;k_x,z+\Delta z;x_S) = qP_U(\omega;k_x,z;x_S)B_{\Delta s}^+(k_x) \quad (3-140)$$
$$qP_{U\varepsilon,\delta}(\omega;k_x,z+\Delta z;x_S) = qP_U(\omega;k_x,z;x_S)B_{\varepsilon,\delta}^+(k_x)$$

式中，$qP_U(\omega;k_x,z;x_S)$ 是 qP 波在 $z$ 处的波场；$qP_{U0}(\omega;k_x,z+\Delta z;x_S)$ 是 $z+\Delta z$ 处各向同性背景介质中的波场；$qP_{U\Delta s}(\omega;k_x,z+\Delta z;x_S)$ 是 $z+\Delta z$ 处各向同性慢度扰动散射场；$qP_{U\varepsilon,\delta}(\omega;k_x,z+\Delta z;x_S)$ 是 $z+\Delta z$ 处各向异性散射场；$B_0^+(k_x)$ 是各向同性背景速度上行传播算子；$B_{\Delta s}^+(k_x)$ 是各向同性慢度扰动上行传播算子；$B_{\varepsilon,\delta}^+(k_x)$ 是各向异性参数扰动上行传播算子。则 qP 波在 $z+\Delta z$ 处总波场 $qP_U(\omega;k_x,z+\Delta z;x_S)$ 为：

$$qP_U(\omega;k_x,z+\Delta z;x_S) = qP_{U0}(\omega;k_x,z+\Delta z;x_S) + qP_{U\Delta s}(\omega;k_x,z+\Delta z;x_S) + qP_{U\varepsilon,\delta}(\omega;k_x,z+\Delta z;x_S) \quad (3-141)$$

最终记录波场的反向外推过程可表示为：

$$qP_U(\omega;k_x,z+\Delta z;x_S) = qP_U(\omega;k_x,z;x_S)B^+(k_x) \quad (3-142)$$

式中，$qP_U(\omega;k_x,z+\Delta z;x_S)$ 与 $qP_U(\omega;k_x,z;x_S)$ 分别是 qP 波在 $z+\Delta z$ 和 $z$ 处的总波场；$B^+(k_x)$ 是 Born 近似 VTI 介质 qP 波上行单程波双域传播算子。

对于 VTI 介质各向异性波的叠前深度偏移，是沿用各向同性波的叠前深度偏移的算法流程。基于共炮道集的叠前深度偏移是对每一炮分别成像，然后把所有炮的成像值在相应空间位置相加，最后得到整个深度偏移成像剖面。对其中某一炮，在每一步深度延拓过程中，先分别利用基于 Born 近似的 qP 波波场外推算子对震源波场和当前炮记录波场按各自的延拓公式计算，然后根据 VTI 介质 qP 波深度偏移成像条件，在两者延拓的波场中提取成像值，接着以延拓后的波场作为下一层延拓波场的初值，进行同样的延拓和成像计算（程久兵，2001），以解决 VTI 介质非均匀性的成像问题。

## 3.2.2 广义屏近似叠前深度偏移

地震波传播算子的计算效率和精度是制约三维叠前深度偏移的关键因素。广义屏传播算子（GSP，generalized screen propagator）是一种在双域中实现的广角单程波传播算子。这一方法略去了在非均匀体之间发生的交混回响，但它可以正确处理包括聚焦、衍射、折射和干涉在内的各种多次前向散射现象。该算法不仅考虑了背景慢度场和慢度场的一阶扰动，而且没有舍弃慢度场扰动的高阶项，它在 F-X 域对慢度场的高阶项也进行补偿校正，因此在构造复杂、大倾角、横向速度剧烈变化的区域，这种方法也可以取得很好的成像效果。这种算子可以直接应用于叠前偏移，通过将广义屏算子作用于双平方根方程，还可以获得一种高效率、高精度的炮检距域叠前深度偏移方法，用于二维共炮检距道集和三维共方位角道集的深度域成像。

### 3.2.2.1 广义屏延拓算子

各向同性介质中 P 波单程传播算子在频率－波数域可以表示为：

$$\tilde{P}_0(k_x,z+\Delta z,\omega)=\tilde{P}(k_x,z,\omega)e^{-ik_z\Delta z},k_z=\sqrt{\omega^2 s^2-k_z^{\ 2}} \tag{3-143}$$

同样，这里将复杂介质中某一点处的慢度场 $s(x,z)$ 分解为背景慢度场 $s_0(z)$ 和扰动慢度场 $\Delta s(x,z)$。这里 $s=1/v(x,z)$，$s_0=1/c$，$c$ 为背景速度。相应地，将单程波的垂直波数 $k_z$ 分解为背景垂直波数 $k_{z0}$ 与扰动介质散射波垂直波数 $k_r$，所以有：

$$k_{z0}=\sqrt{\omega^2 s_0^{\ 2}-k_s^{\ 2}} \tag{3-144}$$

$$k_z=\sqrt{\omega^2 s^2-k_x^{\ 2}}=k_{z0}\sqrt{1-\frac{\omega^2(s_0^{\ 2}-s)}{k_{z0}^{\ 2}}} \tag{3-145}$$

对式（3－145）泰勒展开并近似：

$$k_z=k_{z0}+k_{z0}\sum_{n=1}^{\infty}(-1)^n\frac{\frac{1}{2}\cdot\left(-\frac{1}{2}\right)\cdot\cdots\cdot\left(\frac{3}{2}-n\right)}{n}\left[\left(\frac{\omega^2 s_0^{\ 2}}{\omega^2 s_0^{\ 2}-k_s^{\ 2}}\right)\left(\frac{s_0^{\ 2}-s^2}{s_0^{\ 2}}\right)\right]^n \tag{3-146}$$

将式（3－146）代入式（3－143）得：

$$P(x,z_{i+1},\omega)=\exp\left\{ik_{z0}\Delta z\sum_{n=1}^{\infty}(-1)^n\frac{\frac{1}{2}\cdot\left(-\frac{1}{2}\right)\cdot\cdots\cdot\left(\frac{3}{2}-n\right)}{n}\left[\left(\frac{\omega^2{s_0}^2}{\omega^2{s_0}^2-{k_s}^2}\right)\left(\frac{{s_0}^2-s^2}{{s_0}^2}\right)\right]^n\right\}\exp(ik_{z0}\Delta z)P(x,z_i,\omega) \tag{3-147}$$

由于式（3－147）中第一个指数项的幂通常很小，根据 $x\to0$ 时 $e^x-1\to x$，得：

$$\exp\left\{ik_{z0}\Delta z\sum_{n=1}^{\infty}(-1)^n\frac{\frac{1}{2}\cdot\left(-\frac{1}{2}\right)\cdot\cdots\cdot\left(\frac{3}{2}-n\right)}{n}\left[\left(\frac{\omega^2{s_0}^2}{\omega^2{s_0}^2-{k_s}^2}\right)\left(\frac{{s_0}^2-s^2}{{s_0}^2}\right)\right]^n\right\}\approx$$
$$1+ik_{z0}\Delta z\sum_{n=1}^{\infty}(-1)^n\frac{\frac{1}{2}\cdot(-\frac{1}{2})\cdot\cdots\cdot(\frac{3}{2}-n)}{n}\left[\left(\frac{\omega^2{s_0}^2}{\omega^2{s_0}^2-{k_s}^2}\right)\left(\frac{{s_0}^2-s^2}{{s_0}^2}\right)\right]^n \tag{3-148}$$

将式（3－148）代入式（3－147），得到各向同性介质的广义屏延拓传播算子：

$$P(x,z_{i+1},\omega)=\left\{1+ik_{z0}\Delta z\sum_{n=1}^{\infty}(-1)^n\frac{\frac{1}{2}\cdot\left(-\frac{1}{2}\right)\cdot\cdots\cdot\left(\frac{3}{2}-n\right)}{n}\left[\left(\frac{\omega^2{s_0}^2}{\omega^2{s_0}^2-{k_s}^2}\right)\left(\frac{{s_0}^2-s^2}{{s_0}^2}\right)\right]^n\right\}\exp(ik_{z0}\Delta z)P(x,z_i,\omega) \tag{3-149}$$

式（3－149）中 $n$ 为广义屏算子的阶数，$n$ 值越大代表广义屏算子越逼近单程波的传播规律。广义屏延拓算子分别在 $\omega-k_x$ 域进行相移，在 $\omega-x$ 域进行时移。整个广义屏延拓过程可描述为：

$$\begin{aligned}P(x,z_{i+1},\omega)=&F_{k_x}^{-1}\{\exp(ik_{z0}\Delta z)F_x[P(x,z_i,\omega)]\}+\\&F_{k_x}^{-1}\{\frac{\exp(ik_{z0}\Delta z)}{(1-{k_s}^2/\omega^2{s_0}^2)^{1/2}}F_x\left[\frac{i\omega\Delta z}{2s_0}(s^2-{s_0}^2)P(x,z_i,\omega)\right]-\\&\frac{\exp(ik_{z0}\Delta z)}{(1-{k_s}^2/\omega^2{s_0}^2)^{3/2}}F_x\left[\frac{i\omega\Delta z}{8s_0}(s^2-{s_0}^2)P(x,z_i,\omega)\right]+\\&\frac{\exp(ik_{z0}\Delta z)}{(1-{k_s}^2/\omega^2{s_0}^2)^{5/2}}F_x\left[\frac{i\omega\Delta z}{32s_0}(s^2-{s_0}^2)P(x,z_i,\omega)\right]\end{aligned} \tag{3-150}$$

然而在实际的计算过程中，式（3－150）中 $1-{k_x}^2/\omega^2{s_0}^2$ 可能出现等于0情况，从而产生奇异值。为保证计算过程的稳定，需对此部分做一定的学术近似：

$$\left(1-\frac{{k_x}^2}{\omega^2{s_0}^2}\right)^{1/2}=1+\frac{1}{2}\frac{{k_x}^2}{\omega^2{s_0}^2}-\frac{1}{8}\left(\frac{{k_x}^2}{\omega^2{s_0}^2}\right)^2+\frac{1}{16}\left(\frac{{k_x}^2}{\omega^2{s_0}^2}\right)^3-\cdots \tag{3-151}$$

仅取式（3－151）中的前四项便可保证广义屏传播算子计算稳定。

#### 3.2.2.2 VTI 介质广义屏延拓算子

为了将延拓算子应用到横向变化较大、大倾角的复杂介质，陈生昌等利用单平方根算子垂直波数的渐进展开式，推导出单程波广义屏算子表达式。

VTI 介质 qP 波的频散方程为

$$k_z = \pm \frac{\omega}{V_{P0}} \sqrt{\frac{\omega^2 - (1 + 2\varepsilon) V_{P0}{}^2 k_x{}^2}{\omega^2 - 2(\varepsilon - \delta) V_{P0}{}^2 k_x{}^2}} \tag{3-152}$$

式中，$k_z$ 为垂直波数；$\omega$ 为圆频率；$V_{P0}$ 为 qP 波的垂直波速；$\varepsilon$、$\delta$ 为各向异性参数；$k_x$ 为水平波数。

由式（3－152）可得：

$$\begin{aligned} k_r(x,z,k_x) &= k_z(x,z,k_x) - k_{z0}(z,k_x) \\ &= \frac{\omega}{V_{P0}} \sqrt{\frac{\omega^2 - [1 + 2\varepsilon(x,z)] V_{P0}{}^2 k_x{}^2}{\omega^2 - 2[\varepsilon(x,z) - \delta(x,z)] V_{P0}{}^2 k_x{}^2}} - \frac{\omega}{V_0} \sqrt{\frac{\omega^2 - [1 + 2\varepsilon_0(z)] V_0{}^2 k_x{}^2}{\omega^2 - 2[\varepsilon_0(z) - \delta_0(z)] V_0{}^2 k_x{}^2}} \end{aligned} \tag{3-153}$$

将式（3－153）进行泰勒展开并保留至二阶项，整理后：

$$\begin{aligned} k_r(x,z,k_x) &= k_{\Delta s}(x,z,k_x) + k_{\Delta\varepsilon}(x,z,k_x) + k_{\Delta\delta}(x,z,k_x) \\ &= a_{s1}(z,k_x)\Delta s(x,z) + \frac{1}{2}a_{s2}(z,k_x)[\Delta s(x,z)]^2 + \\ &\quad a_{\varepsilon1}(z,k_x)\Delta\varepsilon(x,z) + \frac{1}{2}a_{\varepsilon2}(z,k_x)[\Delta\varepsilon(x,z)]^2 + \\ &\quad a_{\delta1}(z,k_x)\Delta\delta(x,z) + \frac{1}{2}a_{\delta2}(z,k_x)[\Delta\delta(x,z)]^2 \end{aligned} \tag{3-154}$$

其中：

$$\begin{aligned} a_{s1}(z,k_x) &= \frac{k_0[1 - 4(\varepsilon_0 - \delta_0)\lambda^2 + 2(1 + 2\varepsilon_0)(\varepsilon_0 - \delta_0)\lambda^4]}{k_{z0}[1 - 2(\varepsilon_0 - \delta_0)\lambda^2]^2} \\ a_{s2}(z,k_x) &= -\frac{\omega^2\lambda^2(1 + 2\delta_0)[1 + 4(\varepsilon_0 - \delta_0)\lambda^2 - 6(\varepsilon_0 - \delta_0)(1 + 2\varepsilon_0)\lambda^4]}{k_{z0}[1 - (1 + 2\varepsilon_0)\lambda^2][1 - 2(\varepsilon_0 - \delta_0)\lambda^2]^3} \\ a_{\varepsilon1}(z,k_x) &= -\frac{k_0{}^2(1 + 2\delta_0)\lambda^4}{k_{z0}[1 - 2(\varepsilon_0 - \delta_0)\lambda^2]^2} \\ a_{\varepsilon2}(z,k_x) &= -\frac{k_0{}^2\lambda^6(1 + 2\delta_0)[4 - (3 + 8\varepsilon_0 - 2\delta_0)\lambda^2]}{k_{z0}[1 - (1 + 2\varepsilon_0)\lambda^2][1 - 2(\varepsilon_0 - \delta_0)\lambda^2]^3} \\ a_{\delta1}(z,k_x) &= -\frac{k_0{}^2\lambda^2[1 - (1 + 2\varepsilon_0)\lambda^2]}{k_{z0}[1 - 2(\varepsilon_0 - \delta_0)\lambda^2]^2} \\ a_{\delta2}(z,k_x) &= \frac{3k_0{}^2\lambda^4[1 - (1 + 2\varepsilon_0)\lambda^2]}{k_{z0}[1 - 2(\varepsilon_0 - \delta_0)\lambda^2]^3} \end{aligned} \tag{3-155}$$

式中，$k_0 = \omega/V_0$，$\lambda = k_0/k_x$。

那么延拓算子可以改写为（等价无穷小公式 $e^x \approx 1 + x$）：

$$g(x,z,k_x) = g_0(x,z,k_x) + g_{\Delta s}(x,z,k_x) + g_{\Delta g}(x,z,k_x) + g_{\Delta\delta}(x,z,k_x)$$

$$
\begin{aligned}
&= \exp[\pm ik_{z0}(z,k_x)\Delta z]\exp[\pm i\omega\Delta s(z)\Delta z] \\
&\left\{
\begin{aligned}
&1 \pm i\Delta z\left\{\begin{aligned}&[a_{s1}(z,k_x)-a_{s1}(z,0)]\Delta s(x,z)+\\ &\frac{1}{2}[a_{s2}(z,k_x)-a_{s2}(z,0)][\Delta s(x,z)]^2\end{aligned}\right\}+ \\
&\pm i\Delta z\left\{a_{\varepsilon1}(z,k_x)\Delta\varepsilon(x,z)-\frac{1}{2}a_{\varepsilon2}(z,k_x)[\Delta\varepsilon(x,z)]^2\right\}+ \\
&\pm i\Delta z\left\{a_{\delta1}(z,k_x)\Delta\delta(x,z)-\frac{1}{2}a_{\delta2}(z,k_x)[\Delta\delta(x,z)]^2\right\}
\end{aligned}
\right.
\end{aligned}
\quad (3-156)
$$

式（3-156）即为VTI介质单程波广义屏传播算子。该算子在背景介质的相屏算子基础上增加了速度、各向异性参数扰动项，对介质的横向非均匀性进行有效补偿，提高了大角度入射波场的传播精度。

VTI介质qP波广义屏传播算子在实际延拓计算过程中，要在频率-空间域完成时移补偿以及速度、各向异性参数扰动的高阶补偿，在频率-波数域完成相移补偿，几种补偿方式交替进行，具体实现过程如下：

$$
\begin{aligned}
P(x,z+\Delta z,\omega) = P_0(x,z+\Delta z,\omega) + P_{\Delta s}(x,z+\Delta z,\omega) + \\
P_{\Delta\varepsilon}(x,z+\Delta z,\omega) + P_{\Delta\delta}(x,z+\Delta z,\omega)
\end{aligned}
\quad (3-157)
$$

其中：

$$
P_0(x,z+\Delta z,\omega) = F_{k_x}^{-}\{e^{ik_{z0}(z)\Delta z}F_x[e^{i\omega\Delta s(z)\Delta z}P(x,z,\omega)]\}
$$

$$
P_{\Delta s}(x,z+\Delta z,\omega) = F_{k_x}^{-}\left\{\begin{aligned}&[a_{s1}(z,k_x)-a_{s1}(z,0)]e^{ik_{z0}(z)\Delta z}F_x[e^{i\omega\Delta s(z)\Delta z}i\Delta s(x,z)\Delta zP(x,z,\omega)]+\\ &\frac{1}{2}[a_{s2}(z,k_x)-a_{s2}(z,0)]e^{ik_{z0}(z)\Delta z}F_x[e^{i\omega\Delta s(z)\Delta z}i(\Delta s(x,z))^2\Delta zP(x,z,\omega)]\end{aligned}\right\}
$$

$$
P_{\Delta\varepsilon}(x,z+\Delta z,\omega) = F_{k_x}^{-}\left\{\begin{aligned}&a_{\varepsilon1}(z,k_x)e^{ik_{z0}(z)\Delta z}F_x[e^{i\omega\Delta s(z)\Delta z}i\Delta\varepsilon(x,z)\Delta zP(x,z,\omega)]+\\ &\frac{1}{2}a_{\varepsilon2}(z,k_x)e^{ik_{z0}(z)\Delta z}F_x[e^{i\omega\Delta s(z)\Delta z}i(\Delta\varepsilon(x,z))^2\Delta zP(x,z,\omega)]\end{aligned}\right\}
$$

$$
P_{\Delta\delta}(x,z+\Delta z,\omega) = F_{k_x}^{-}\left\{\begin{aligned}&a_{\delta1}(z,k_x)e^{ik_{z0}(z)\Delta z}F_x[e^{i\omega\Delta s(z)\Delta z}i\Delta\delta(x,z)\Delta zP(x,z,\omega)]+\\ &\frac{1}{2}a_{\delta2}(z,k_x)e^{ik_{z0}(z)\Delta z}F_x[e^{i\omega\Delta s(z)\Delta z}i(\Delta\delta(x,z))^2\Delta zP(x,z,\omega)]\end{aligned}\right\}
$$

(3-158)

式（3-157）为上行波波场延拓计算过程，$P(x,z+\Delta z,\omega)$ 是延拓后的波场，$P(x,z,\omega)$ 是延拓前的波场，$\Delta z$ 是延拓步长，$F$ 代表傅里叶正变换，$F^{-}$ 代表傅里叶反变换，若要计算下行波场，只需要将方程中 $i$ 前改为负号。

#### 3.2.2.3 各向异性广义屏深度偏移算法

对于VTI介质各向异性波的叠前深度偏移，是沿用各向同性波的叠前深度偏移的算法流程。基于共炮道集的叠前深度偏移是对每一炮分别成像，然后把所有炮的成像值在相应空间位置相加，最后得到整个深度偏移成像剖面。对其中某一炮，在每一步深度延拓过程中，先分别利用基于广义屏近似的qP波波场外推算子对震源波场和当前炮记录波场按各自的延拓公式计算，然后根据 VTI 介质 qP 波深度偏移成像条件，在两者延拓的波场中提取成像值，接着以延拓后的波场作为下一层延拓波场的初值，进行同样的延拓和成像计算（程久兵，2001），以解决 VTI 介质非均匀性的成像问题。

### 3.2.3 傅里叶有限差分法（FFD）叠前深度偏移

在众多的偏移成像方法中，基于波动方程的傅里叶叠前深度偏移方法具有其独特的优势。与传统的时间域偏移方法相比，频率域偏移方法具有低数值频散、不受双向分裂误差影响的优势。这种偏移方法主要通过波场延拓外推以及成像这两部分来实现，而对波场的延拓外推则是偏移成像的核心部分。本小节叙述基于傅里叶变换单程波延拓算子的一些基础理论。

#### 3.2.3.1 傅里叶有限差分法延拓算子

隐函数有限差分方法是各向同性介质最有效的偏移方法，该方法可以处理横向变速问题，并且在实际应用中很稳定。为了解隐函数有限差分法，一般利用一个合理的函数将离散函数近似处理。传统方法中的15°和45°方程通过 Pade 扩展函数或者合理因子进行展开，获得函数的系数。Lee 和 Suh（1985）通过最小平方优化理论计算系数值，利用与45°同样的数据达到了65°的精度。通过 Pade 展开设计 TI 介质的隐函数有限差分法是非常困难的，因为离散关系比较复杂，Ristow（1999）基于 Pade 展开设计了弱各向异性的 VTI 介质隐函数有限差分法，并且提出了对一般 VTI 介质的优化处理技术。为了提高成像，Liu 等（2005）引入了一个相位校正算子。

利用 FD 校正算子，能够处理速度横向变化问题。Ristow 和 Ruhl（1994）提出其系数可以通过泰勒展开或者优化算法获得。Zhang 等（2005）、Fei 和 Liner（2006）研发了基于泰勒展开和 Pade 展开分析 VTI 介质的 FFD 偏移方法。单国建等（2008）研发了一种不基于泰勒展开的通过对离散关系进行偏移处理的方法。下面首先介绍各向异性平面波成像流程，其余成像技术的推导过程也类似。

各向同性介质离散关系表达式如下：

$$s_z^2 + s_r^2 = 1 \tag{3-159}$$

式中，$s_z = \dfrac{vk_z}{\omega}$，$s_r = \dfrac{v\sqrt{k_x^2 + k_y^2}}{\omega}$。给定 $s_r$ 可以计算出 $s_z$：

$$s_z = \pm\sqrt{1 - s_r^2} \tag{3-160}$$

对式（3-160）进行傅里叶反变换可以得到上行波和下行波的单程波方程。为了推导单程波的 FD 算法，对式（3-160）右端的平方根算子用一个数值函数进行近似：

$$\sqrt{1 - s_r^2} \approx 1.0 - \frac{\sum_{i=1}^{n} \alpha_i \left(s_r^2\right)^i}{1 - \sum_{i=1}^{n} \beta_i \left(s_r^2\right)^i} \tag{3-161}$$

式中，系数 $\alpha_i, \beta_i, i = 1,2,\cdots,n$，采用 Pade 有理式展开求取。例如，$n = 1$ 对应的二阶近似，也就是典型的45°方程：

$$\sqrt{1 - s_r^2} \approx 1.0 - \frac{\frac{1}{2}s_r^2}{1 - \frac{1}{4}s_r^2} \tag{3-162}$$

式中，系数 $\alpha_i, \beta_i, i = 1,2,\cdots,n$，通过最小平方优化可使得 FD 算法更加精确。

### 3.2.3.2 VTI 介质傅里叶有限差分法延拓算子

传统坐标系中 VTI 介质有一个垂向的对称轴，相速度取决于介质的垂向速度，以及传播方向和对称轴之间的夹角。在 VTI 介质中，相速度 qP 和 qSV 波表达式如下（Tsvankin，1996）：

$$\frac{v^2(\theta)}{v_{P0}^2} = 1 + \varepsilon \sin^2\theta - \frac{f}{2} \pm \frac{f}{2}\sqrt{\left(1 + \frac{2\varepsilon \sin^2\theta}{f}\right)^2 - \frac{2(\varepsilon - \delta)\sin^2 2\theta}{f}} \tag{3-163}$$

式中，$\theta$ 是相角，也就是波的传播方向与垂向坐标轴之间的夹角；$f = 1 - (v_{S0}/v_{P0})^2$，$v_{S0}$ 和 $v_{P0}$ 分别是 qSV 波和 qP 波与垂向之间的夹角。

对平面波传播，相角 $\theta$ 和波数 $k_x, k_y, k_z$ 通过下式建立关系：

$$\sin\theta = \frac{v(\theta)k_r}{\omega}, \cos\theta = \frac{v(\theta)k_z}{\omega} \tag{3-164}$$

式中，$k_r = \sqrt{k_x^2 + k_y^2}$。对式（3－44）取平方，并且将方程（3－159）代入方程（3－165）得到 VTI 介质的离散关系表达式：

$$d_4 s_z^4 + d_2 s_z^2 + d_0 = 0 \tag{3-166}$$

式中，$s_z = \frac{k_z v_{P0}}{\omega}$，系数 $d_0$，$d_2$，$d_4$ 分别是：

$$\begin{aligned} d_0 &= (2 - 2\varepsilon - f)s_r^2 - 1 - [(1 - f)(1 + 2\varepsilon)]s_r^4 \\ d_2 &= [-2(1 - f)(1 + \varepsilon) - 2f(\varepsilon - \delta)]s_r^2 + (2 - f) \\ d_4 &= f - 1 \end{aligned} \tag{3-167}$$

式中，$s_r = \frac{k_r v_{P0}}{\omega}$。VTI 介质的离散关系表达式（3－166）是一个四次方程，求解得到四个根：其中两个表示上行和下行的 qP 波，另外两个表示上行和下行的 qSV 波。Alkhalifah（1998）指出，在实际应用中，$v_{S0}$ 对 qP 波的相速度表达式贡献不大。假定 qSV 波速度比 qP 波速度小得多，那么 $f \approx 1$，qP 波的离散关系表达式可简化为：

$$s_z^2 = \frac{1 - (1 + 2\varepsilon)s_r^2}{1 - 2(\varepsilon - \delta)s_r^2} \tag{3-168}$$

对式（3－168）作傅里叶反变换$\left[s_z^2 \text{ 替换为 } -v_{P0}^2\frac{\partial t^2}{\partial z^2}, s_r^2 \text{ 替换为 } -v_{P0}^2\left(\frac{\partial t^2}{\partial x^2} + \frac{\partial t^2}{\partial y^2}\right)\right]$，可得到 VTI 介质的双程声波方程：

$$\left[\frac{\partial^4}{\partial z^2 \partial t^2} - 2(\varepsilon - \delta)v_{P0}^2\left(\frac{\partial^4}{\partial z^2 \partial x^2} + \frac{\partial^4}{\partial z^2 \partial y^2}\right)\right]P = \left[\frac{1}{v_{P0}^2}\frac{\partial^4}{\partial t^4} - (1 + 2\varepsilon)\left(\frac{\partial^4}{\partial t^2 \partial x^2} + \frac{\partial^4}{\partial t^2 \partial y^2}\right)\right]P \tag{3-169}$$

式中，$P = (x,y,z,t)$ 是时空域波场。将 $s_z$ 作为 $s_r$ 的函数求解方程式（3－168）可以得到各向同性介质中上行波和下行波的离散关系表达式：

$$s_z(\varepsilon,\delta;s_r) = \sqrt{\frac{1-(1+2\varepsilon)s_r^2}{1-2(\varepsilon-\delta)s_r^2}} \tag{3-170}$$

通过傅里叶反变换$\left[s_z \text{ 替换为 } i\frac{v_{P0}^2}{\omega}\frac{\partial}{\partial z},\ s_r^2 \text{ 替换为 } -\frac{v_{P0}^2}{\omega^2}\left(\frac{\partial^2}{\partial x^2}+\frac{\partial^2}{\partial y^2}\right)\right]$，可以得到 VTI 介质上行波和下行波单程波的波动方程：

$$\frac{\partial}{\partial z}P = \pm i\frac{\omega}{v_{P0}}\sqrt{\frac{1-(1+2\varepsilon)\dfrac{v_{P0}^2}{\omega^2}\left(\dfrac{\partial^2}{\partial x^2}+\dfrac{\partial^2}{\partial y^2}\right)}{1-2(\varepsilon-\delta)\dfrac{v_{P0}^2}{\omega^2}\left(\dfrac{\partial^2}{\partial x^2}+\dfrac{\partial^2}{\partial y^2}\right)}} \tag{3-171}$$

式中，$P = (x,y,z,\omega)$ 是频率空间域的波场。

通过 VTI 介质相速度的表达公式：

$$\frac{v^2(\theta)}{v_{P0}^2} = 1 + 2\delta\sin^2\theta\cos^2\theta + 2\varepsilon\sin^4\theta \tag{3-172}$$

给出一个合理函数表示 $s_z^{\mathrm{weak}}$ 的离散关系近似表达式：

$$s_z^{\mathrm{weak}} \approx 1 - \sum_{i=1}^{n}\frac{a_i\,(s_r^2)^2}{1-b_i\,(s_r^2)^i} \tag{3-173}$$

系数通过 Taylor 展开式或者 Pade 展开式获得。$n = 1$ 时，给出二阶近似表达式：

$$a_1 = 0.5(1+2\delta) \tag{3-174}$$

$$b_1 = \frac{2(\varepsilon-\delta)}{1+2\delta} + 0.25(1+2\delta) \tag{3-175}$$

如果 $\varepsilon = 0$，并且 $\delta = 0$，式（3－171）成为各向同性介质典型的45°方程。与各向同性介质不同的是，FD 系数在 VTI 介质中存在横向变化。对于一般意义下的 VTI 介质，Ristow（1999）利用相速度方程式（3－172），可以优化系数 $a_i$，$b_i$，$i = 1,2,\cdots,n$。

对于优化后的离散关系：

$$\bar{s}_z = 1 - \sum_{i=1}^{n}\frac{a_i s_r^2}{1-b_i s_r^2} \tag{3-176}$$

得到的离散误差表示为：

$$\mu = \frac{\bar{s}_z - s_z}{s_z} \tag{3-177}$$

同样，对于每一个 $s_r$，相位角 $\theta$ 满足：

$$\tan\theta = \frac{s_r}{s_z} \tag{3-178}$$

通过傅里叶反变换，可以得到下面的偏微分方程：

$$\frac{\partial P}{\partial z}=i\frac{\omega}{v_{\mathrm{P0}}}+i\frac{\omega}{v_{\mathrm{P0}}}\sum_{i=1}^{n}\frac{a_i\frac{v_{\mathrm{P0}}^2}{\omega^2}\left(\frac{\partial^2}{\partial x^2}+\frac{\partial^2}{\partial y^2}\right)}{1+b_i\frac{v_{\mathrm{P0}}^2}{\omega^2}\left(\frac{\partial^2}{\partial x^2}+\frac{\partial^2}{\partial y^2}\right)}P \tag{3-179}$$

式（3-179）通过联立求解。例如，二阶近似，式（3-179）改写为下面的联立偏微分方程：

$$\frac{\partial P}{\partial z}=i\frac{\omega}{v_{\mathrm{P0}}}P \tag{3-180}$$

$$\frac{\partial P}{\partial z}=i\frac{\omega}{v_{\mathrm{P0}}}\sum_{i=1}^{n}\frac{a_i\frac{v_{\mathrm{P0}}^2}{\omega^2}\left(\frac{\partial^2}{\partial x^2}+\frac{\partial^2}{\partial y^2}\right)}{1+b_i\frac{v_{\mathrm{P0}}^2}{\omega^2}\left(\frac{\partial^2}{\partial x^2}+\frac{\partial^2}{\partial y^2}\right)}P \tag{3-181}$$

式（3-180）是薄透镜项（Claerbout，1985），通过空间域的相移算子得到。式（3-181）通过 FD 流程求解实现。各向同性介质 $a_1$、$b_1$ 是固定值，而各向异性介质 $a_1$、$b_1$ 是各向异性参数 $\varepsilon$、$\delta$ 的函数，在横向上有变化。在式（3-181）代入 $a_1$、$b_1$，VTI 介质的 FD 算子如同各向同性介质的 FD 算子一样求解。

对于各向同性介质的 3D 传播算子（Claerbout，1985），式（3-181）被分解为 $x$、$y$ 分量：

$$\frac{\partial P}{\partial z}=i\frac{\omega}{v_{\mathrm{P}}}\left[\frac{a_1\frac{v_{\mathrm{P}}^2}{\omega^2}\frac{\partial^2}{\partial x^2}}{1+b_i\frac{v_{\mathrm{P}}^2}{\omega^2}\frac{\partial^2}{\partial x^2}}+\frac{a_1\frac{v_{\mathrm{P}}^2}{\omega^2}\frac{\partial^2}{\partial y^2}}{1+b_i\frac{v_{\mathrm{P}}^2}{\omega^2}\frac{\partial^2}{\partial y^2}}\right]P \tag{3-182}$$

双向分裂造成的数值误差可以通过频率域和空间域的相移校正滤波器来修正（Li，1991）。二阶近似情况下，相移校正算子如下：

$$P=P\mathrm{e}^{i\Delta zk_L} \tag{3-183}$$

$$k_L=\frac{\omega}{v_{\mathrm{P}}^r}\sqrt{\frac{1-(1+2\varepsilon_r)\frac{k_r^2}{(\omega/v_{\mathrm{P}}^r)^2}}{1-2(\varepsilon_r-\delta_r)\frac{k_r^2}{(\omega/v_{\mathrm{P}}^r)^2}}}-\frac{\omega}{v_{\mathrm{P}}^r}\left[1-\frac{a_1^r\left(\frac{\omega}{v_{\mathrm{P}}^r}k_x\right)^2}{1-b_1^r\left(\frac{\omega}{v_{\mathrm{P}}^r}k_x\right)^2}-\frac{a_1^r\left(\frac{\omega}{v_{\mathrm{P}}^r}k_y\right)^2}{1-b_1^r\left(\frac{\omega}{v_{\mathrm{P}}^r}k_y\right)^2}\right] \tag{3-184}$$

式中，$v_{\mathrm{P}}^r$ 是参考速度；$\varepsilon_r$ 和 $\delta_r$ 是参考各向异性参数；$a_1^r$，$b_1^r$ 是对应各向异性参数 $\varepsilon_r$ 和 $\delta_r$ 优化后的 FD 系数。各向异性介质 FFD 算法中最低的速度值 $c(z)$ 被认为是实际速度场的背景速度 $v(x,y,z)$。实际速度和参考速度波场延拓之间的差别表现在如下表达式：

$$\Delta s_z(\rho;s_r)=\frac{v}{\omega}\Delta k_z=\frac{v}{\omega}(k_z-k_z^r)=\sqrt{1-s_r^2}-\sqrt{\frac{1}{\rho^2}-s_r^2} \tag{3-185}$$

式中，$\rho = \dfrac{c(z)}{v(x,z)}$，$s_r = \dfrac{vk_r}{\omega}$，$k_r = \sqrt{k_x^2 + k_y^2}$。

偏移算子 $\Delta s_z$ 可被 $\Delta\bar{s}_z$ 近似处理为：

$$\Delta\bar{s}_z(\rho;s_r) = (1 - 1/\rho) - \sum_{i=1}^{n} \frac{a_i s_r^2}{1 - b_i s_r^2} \tag{3-186}$$

系数 $a_i$，$b_i$，$i = 1,2,\cdots,n$，可以通过 Taylor 展开、Pade 展开或者数值优化得到。利用这些系数，离散关系近似为：

$$k_z \approx \frac{\omega}{c}\sqrt{1 - \frac{c^2}{\omega^2}k_r^2} + \left(\frac{\omega}{v} - \frac{\omega}{c}\right) - \frac{\omega}{v}\sum_{i=1}^{n}\frac{a_i s_r^2}{1 - b_i s_r^2} \tag{3-187}$$

对于二阶近似，Ristow 和 Ruhl（1994）通过泰勒展开得到 $a_1 = 0.5(1 - \rho)$，$b_1 = 0.25(\rho^2 + \rho + 1)$，同时从优化算法也得到了 $b_1$。

对式（3-187）进行傅里叶反变换，得到 FFD 算子如下：

$$\frac{\partial P}{\partial z} = i\left[\frac{\omega}{c}\sqrt{1 + \frac{c^2}{\omega^2}\left(\frac{\partial^2}{\partial x^2} + \frac{\partial^2}{\partial y^2}\right)} + \left(\frac{\omega}{v} - \frac{\omega}{c}\right) + \frac{\omega}{v}\sum_{j=1}^{n}\frac{a_j \frac{v^2}{\omega^2}\left(\frac{\partial^2}{\partial x^2} + \frac{\partial^2}{\partial y^2}\right)}{1 + b_j \frac{v}{\omega}\left(\frac{\partial^2}{\partial x^2} + \frac{\partial^2}{\partial y^2}\right)}\right]P \tag{3-188}$$

式（3-188）右端的第一项通过频率波数域相移法求解，后两项通过频率空间域的 FD 法求解。实际速度接近于参考速度（$\rho = 1$）时，相移起主要作用，FFD 精度较高；实际速度大于参考速度时，FD 起主要作用，因此 FFD 适用于强横向变速情况。

#### 3.2.3.3 各向异性傅里叶有限差分法叠前深度偏移

在 VTI 介质中，各向异性参数为 $\varepsilon(x,y,z)$ 和 $\delta(x,y,z)$，速度场为 $v_{P0}(x,y,z)$，如果我们运用各向异性参数的 $\varepsilon^r(z)$、$\delta^r(z)$，速度场 $c_{P0}{}^r(z)$，实际参数与参考参数之间误差的离散关系如下：

$$\Delta s_z(\varepsilon,\delta,\varepsilon^r,\delta^r,\rho;s_r) = \frac{v_{P0}}{\omega}(k_z - k_z^r) \tag{3-189}$$

$$\Delta s_z(\varepsilon,\delta,\varepsilon^r,\delta^r,\rho;s_r) = \sqrt{\frac{1 - (1 + 2\varepsilon)s_r^2}{1 - 2(\varepsilon - \delta)s_r^2}} - \sqrt{\frac{1/\rho^2 - (1 + 2\varepsilon^r)s_r^2}{1 - 2\rho^2(\varepsilon^r - \delta^r)s_r^2}} \tag{3-190}$$

式中，$\rho = \dfrac{c_{P0}(z)}{v_{P0}(x,z)}$，$s_r = \dfrac{v_{P0}^2(k_x^2 + k_y^2)}{\omega}$，与各向同性介质一样：

$$\Delta\bar{s}_z(\varepsilon,\delta,\varepsilon^r,\delta^r,\rho;s_r) = (1 - 1/\rho) - \frac{\sum_{i=1}^{n}\alpha_i\,(s_r^2)^i}{1 - \sum_{i=1}^{n}\beta_i\,(s_r^2)^i} \tag{3-191}$$

系数通过加权最小平方优化得到：

$$\min \int_0^{s_r} \omega(s_r) \left[ \Delta s_z(\varepsilon, \delta, \varepsilon^r, \delta^r, \rho; s_r) - (1 - 1/\rho) - \frac{\sum_{i=1}^{n} \alpha_i (s_r^2)^i}{1 - \sum_{i=1}^{n} \beta_i (s_r^2)^i} \right] ds_r \quad (3-192)$$

将优化问题（3－185）改写成下述新的优化问题：

$$\min \int_0^{s_r} \omega(s_r) \left\{ [\Delta s_z(\varepsilon, \delta, \varepsilon^r, \delta^r, \rho; s_r) - (1 - 1/\rho)][1 - \sum_{i=1}^{n} \beta_i (s_r^2)^i] - [\sum_{i=1}^{n} \alpha_i (s_r^2)^i] \right\}^2 ds_r \quad (3-193)$$

可以通过线性最小平方方法求解。式（3－193）中的误差算子为 $\Delta s_z(\varepsilon, \delta, \varepsilon^r, \delta^r, \rho; s_r)$，系数 $\alpha_i$、$\beta_i$ 是 $\rho$、$\varepsilon$、$\delta$、$\varepsilon^r$、$\delta^r$ 的函数。利用隐函数法，式（3－191）的数理方程可以进一步展开为低阶数理方程：

$$\Delta \bar{s}_z(\varepsilon, \delta, \varepsilon^r, \delta^r, \rho; s_r) = (1 - 1/\rho) - \sum_{i=1}^{n} \frac{a_i s_r^2}{1 - b_i s_r^2} \quad (3-194)$$

系数 $a_i$、$b_i$ 由系数 $\alpha_i$、$\beta_i$ 得到，为 $\rho$、$\varepsilon$、$\delta$、$\varepsilon^r$、$\delta^r$ 的函数。对于二阶近似，$k_z$ 的离散函数表达式近似为：

$$k_z \approx \frac{\omega}{c_{P0}} \sqrt{\frac{1 - (1 + 2\varepsilon^r)\left(\frac{c_{P0} k_r}{\omega}\right)^2}{1 - 2(\varepsilon^r - \delta^r)\left(\frac{c_{P0} k_r}{\omega}\right)^2}} + \left(\frac{\omega}{v_{P0}} - \frac{\omega}{c_{P0}}\right) - \frac{\omega}{v_{P0}} \frac{a_1 \left(\frac{v_{P0} k_r}{\omega}\right)^2}{1 - b_1 \left(\frac{v_{P0} k_r}{\omega}\right)^2} \quad (3-195)$$

通过对式（3－195）傅里叶反变换，得到相应的偏微分方程。其解如下：

$$\frac{\partial P}{\partial z} = i \frac{\omega}{c_{P0}} \sqrt{\frac{1 - (1 + 2\varepsilon^r)\left(\frac{c_{P0} k_r}{\omega}\right)^2}{1 - 2(\varepsilon^r - \delta^r)\left(\frac{c_{P0} k_r}{\omega}\right)^2}} P \quad (3-196)$$

$$\frac{\partial P}{\partial z} = i \left(\frac{\omega}{v_{P0}} - \frac{\omega}{c_{P0}}\right) P \quad (3-197)$$

$$\frac{\partial P}{\partial z} = i \frac{\omega}{v_{P0}} \frac{a_1 \left(\frac{v_{P0}}{\omega}\right)^2 \left(\frac{\partial^2}{\partial x^2} + \frac{\partial^2}{\partial y^2}\right)}{1 + b_1 \left(\frac{v_{P0}}{\omega}\right)^2 \left(\frac{\partial^2}{\partial x^2} + \frac{\partial^2}{\partial y^2}\right)} P \quad (3-198)$$

式（3－196）通过频率波数域的相移法求解，式（3－197）和式（3－198）通过频率空间域的 FD 法求解。

与各向同性介质一样，选择 $z$ 处的最低速度作为该深度的参考速度，可以选择非零值或者零值作为各向异性参数的参考值。对于各向异性介质和横向变速介质，用零值意味着在 FD 校正之后有一个各向同性相移。与隐函数 FD 算法一样，我们将计算的系数保存于一个表格中。如果选用非零值，系数是一个五维的，因为波场延拓算子误差 $\Delta s_z$ 不仅与 $\varepsilon$、$\delta$、$\rho$ 有关，而且与参考参数 $\varepsilon^r$、$\delta^r$ 有关。如果选用零值作为参考值，那么系数表就是三维的了。

### 3.2.4 裂步傅里叶（SSF）叠前深度偏移

波动方程叠前深度偏移是实现复杂地质体正确成像的一种有效方法，基于单程波波动方程的裂步法傅里叶叠前深度偏移算法，是 Stoffa 在相移偏移法的基础上提出的一种深度域偏移方法。该方法基于速度场分裂的思想，把整个速度场视为常速背景和变速扰动的叠加。在逐层波场延拓时，可针对常速背景采用相移处理（即在频率－波数域实现），针对层内的变速扰动，在频率－空间域采用时移校正。该方法继承了相移法的优点，即没有倾角限制和频散的影响，同时也能适应速度场中等程度的横向变化，是一种快速、稳定、有效的叠前深度偏移方法。

#### 3.2.4.1 裂步傅里叶延拓算子

二维各向同性介质中的声波方程在时间－空间域可以表示为：

$$\frac{\partial^2 P}{\partial x^2}+\frac{\partial^2 P}{\partial z^2}-\frac{1}{v^2}\frac{\partial^2 P}{\partial t^2}=0 \tag{3-199}$$

式中，$P$ 为波场；$t$ 为旅行时；$v$ 为地震波在介质中的速度。

将式（3－199）沿 $x$、$t$ 方向作二维傅里叶变换，得到：

$$\frac{\partial^2 \tilde{P}}{\partial z^2}=-k_z^2\tilde{P} \tag{3-200}$$

式中，$\tilde{P}$ 为波场 $P(x,z,t)$ 对 $x$、$t$ 的二维傅里叶变换 $\tilde{P}(k_x,z,\omega)$，$k_x$ 与 $k_z$ 分别为水平波数与垂直波数，且 $k_z=\frac{\omega^2}{v^2}-{k_x}^2$。

如果地下介质为水平层状介质，此时式（3－199）中的 $k_z$ 为一恒定的值。这样就可以求得式（3－199）的解：

$$\tilde{P}(k_x,z,\omega)=c_1\mathrm{e}^{ik_z z}+c_2\mathrm{e}^{-ik_z z} \tag{3-201}$$

式中，$c_1$、$c_2$ 为待定系数；$\mathrm{e}^{ik_z z}$、$\mathrm{e}^{-ik_z z}$ 便是上、下行波相移延拓算子。式（3－201）表示上、下行波场依然耦合在一起。利用单程波方程解耦条件，取一个较小的延拓步长，将这层介质看作在这一步长内垂向速度不变，从而将式（3－201）解耦：

$$\tilde{P}(k_x,z,\omega)=c_1\mathrm{e}^{ik_z z} \tag{3-202}$$

$$\tilde{P}(k_x,z,\omega)=c_2\mathrm{e}^{-ik_z z} \tag{3-203}$$

然后便可以得到频率波数域内的波场向上、向下的相移延拓公式：

$$\tilde{P}(k_x,z+\Delta z,\omega)=\tilde{P}(k_x,z,\omega)\mathrm{e}^{ik_z\Delta z} \tag{3-204}$$

$$\tilde{P}(k_x,z+\Delta z,\omega)=\tilde{P}(k_x,z,\omega)\mathrm{e}^{-ik_z\Delta z} \tag{3-205}$$

式（3－204）与式（3－205）仅适用于均匀层状或者横向速度变化不大的介质，而对于横向速度变化剧烈的复杂介质就很难成像。为了解决该问题，Stoffa（1990）等利用裂步傅里叶（Split Step Fourier）方法来处理。该方法的主要思想为：将地下复杂介质分解成两部分，第一部分是一个水平层状介质，该部分作为背景速度场可直接利用式（3－204）、式（3－205）式相移延拓；第二部分是除背景场以外的一个速度扰动场，该部分将需要时移来校正。

对于地下介质，假设某一点处的速度为 $v(x,z)$，则该点的慢度（速度的倒数）表示为 $s(x,z)$。将慢度场分解为背景慢度场和扰动慢度场，满足：

$$s(x,z) = s_0(z) + \Delta s(x,z) \tag{3-206}$$

式中，背景慢度 $s_0(z)$ 仅与深度 $z$ 有关；$\Delta s(x,z)$ 为层内扰动慢度，它与空间坐标 $(x,z)$ 有关。

把式（3－204）代入式（3－199）可以得到：

$$\frac{\partial^2 P}{\partial x^2} + \frac{\partial^2 P}{\partial z^2} - (s_0 + \Delta s)^2 \frac{\partial^2 P}{\partial t^2} = 0 \tag{3-207}$$

将式（3－207）各向同性介质声波方程转换到频率域：

$$\frac{\partial^2 \tilde{P}}{\partial x^2} + \frac{\partial^2 \tilde{P}}{\partial z^2} + (s_0 + \Delta s)^2 \omega^2 \tilde{P} = \frac{\partial^2 \tilde{P}}{\partial x^2} + \frac{\partial^2 \tilde{P}}{\partial z^2} + ({s_0}^2 + 2s_0 \Delta s + \Delta s^2)^2 \omega^2 \tilde{P} = 0 \tag{3-208}$$

当 $\Delta s$ 相对于 $s_0$ 较小时，扰动慢度的二次项 $\Delta s^2$ 可以忽略，则式（3－208）化为：

$$\frac{\partial^2 \tilde{P}}{\partial x^2} + \frac{\partial^2 \tilde{P}}{\partial z^2} + {s_0}^2 \omega^2 \tilde{P} = -2s_0 \Delta s \omega^2 \tilde{P} \tag{3-209}$$

根据波场的可叠加性，将 $P(x,z,\omega)$ 分解为两部分：背景场 $P_0(x,z,\omega)$ 和扰动场 $P_s(x,z,\omega)$。

$$P(x,z,\omega) = P_0(x,z,\omega) + P_s(x,z,\omega) \tag{3-210}$$

式中，$P_0$ 通过相移公式（3－204）或式（3－205）求得：先将 $P_0(x,z,\omega)$ 变换至频率波数域 $(\omega - k)$ 得到 $\tilde{P}_0(k_x, z+\Delta z, \omega)$，对扰动慢度场 $\Delta s(x,z)$ 进行时移校正：

$$P(x,z+\Delta z,\omega) = P(x,z+\Delta z,\omega) \mathrm{e}^{i\omega \Delta s(x,y,z)\Delta z} \tag{3-211}$$

利用式（3－210）、式（3－211）便可以对上行波场完成 SSF 延拓外推。同理，将上述公式中指数项前添加“－”号，就可以得到 SSF 下行波延拓算子：

$$\tilde{P}_0(k_x,z+\Delta z,\omega) = \tilde{P}(k_x,z,\omega) \mathrm{e}^{-ik_z \Delta z} \tag{3-212}$$

$$\tilde{P}(k_x,z+\Delta z,\omega) = \tilde{P}_0(k_x,z+\Delta z,\omega) \mathrm{e}^{-i\omega \Delta s(x,z)\Delta z} \tag{3-213}$$

#### 3.2.4.2 VTI 介质裂步傅里叶延拓算子

根据式（3－204），在 $\omega - k$ 域计算由深度 $z$ 延拓到 $z+\Delta z$ 处的波场为：

$$P(k_x,z+\Delta z,\omega) = P(k_x,z,\omega) \mathrm{e}^{\pm ik_z(x,z,k_x)\Delta z} \tag{3-214}$$

式中，$P(k_x,z+\Delta z,\omega)$ 和 $P(k_x,z,\omega)$ 分别为 $z+\Delta z$ 和 $z$ 处的波场；$k_x$ 为水平波数；$k_z$ 为垂直波数；$\omega$ 为圆频率；$\mathrm{e}^{\pm ik_z(x,z,k_x)\Delta z}$ 为延拓算子，表示为：

$$g(x,z,k_x) = \exp[\pm ik_x(x,z,k_x)\Delta z] \tag{3-215}$$

式（3－215）中“＋”表示上行波，“－”表示下行波。在求解 VTI 介质中垂直波数 $k_z$ 时，通常将非均匀介质分解成背景介质和扰动介质。不同于各向同性介质，VTI 介质的背景介质参数场不仅是慢度场 $s_0(z)$ 的函数，还是各向异性参数场 $\varepsilon_0(z)$、$\delta_0(z)$ 的函数：扰动介质参数场包括慢度扰动 $\Delta s$ 和各向异性参数扰动 $\Delta\varepsilon$、$\Delta\delta$：

$$\begin{aligned} s(x,z) &= s_0(z) + \Delta s(x,z) \\ \varepsilon(x,z) &= \varepsilon_0(z) + \Delta\varepsilon(x,z) \\ \delta(x,z) &= \delta_0(z) + \Delta\delta(x,z) \end{aligned} \tag{3-216}$$

相应的将 VTI 介质单程波的垂直波数 $k_z$ 分解为各向异性背景垂直波数 $k_{z0}$ 与扰动垂直波数 $k_x$，即：

$$k_z(x,z,k_x) = k_{z0}(z,k_x) + k_x(x,z,k_x) \tag{3-217}$$

其中：

$$k_{z0} = \pm \frac{\omega}{V_0}\sqrt{\frac{\omega^2 - [1 + 2\varepsilon_0(z)]V_0^{\ 2}k_x^{\ 2}}{\omega^2 - 2[\varepsilon_0(z) - \delta_0(z)]V_0^{\ 2}k_x^{\ 2}}} \tag{3-218}$$

$$k_r(x,z,k_x) = k_{\Delta s}(x,z,k_x) + k_{\Delta\varepsilon}(x,z,k_x) + k_{\Delta\delta}(x,z,k_x) \tag{3-219}$$

式中，$V_0 = \min(V_{P0})$。一般地，慢度扰动项 $k_{\Delta s}(x,z,k_x)$ 主要影响小角度传播场，各向异性参数扰动项 $k_{\Delta\varepsilon}(x,z,k_x)$ 与 $k_{\Delta\delta}(x,z,k_x)$ 主要影响大角度传播波场。对于横向变化平缓的介质，忽略各向异性扰动的补偿项，仅考虑慢度扰动的低阶补偿，则式（3-219）变为：

$$k_r(x,z,k_x) = k_{\Delta s}(x,z,k_x) = \pm\,\omega\Delta s(x,z) \tag{3-220}$$

式（3-218）与式（3-220）便组成了 VTI 介质单程波垂直波数的裂步傅里叶展开式。类似于各向同性介质的裂步傅里叶传播算子，先对波场在 $\omega - k$ 域时移校正，再对时移校正后的波场在 $\omega - k$ 域相移校正：

$$P(x,z+\Delta z,\omega) = F_{k_x}^{-}\{e^{ik_{z0}(z)\Delta z}F_x[e^{i\omega\Delta s(z)\Delta z}P(x,z,\omega)]\} \tag{3-221}$$

式中，$P(x,z+\Delta z,\omega)$ 是延拓后的波场；$P(x,z,\omega)$ 是延拓前的波场；$\Delta z$ 是延拓步长；$F$ 代表傅里叶正变换；$F^-$ 代表傅里叶反变换；$k_{z0}$ 的值由式（3-218）描述。

#### 3.2.4.3 各向异性最优裂步相移（OSP）叠前深度偏移算法

一般而言，具有垂直对称轴的横向各向同性（VTI）介质是对地质构造各向异性的一个很好的近似。进一步应用双域法的研究思路来处理横向非均匀的三维各向异性介质，即将横向非均匀各向异性介质分解为横向均匀的速度及 Thomsen 各向异性参数场和速度及 Thomsen 各向异性参数扰动，在波数域中考虑横向均匀的速度及 Thomsen 各向异性参数场。而在空间域基于速度及 Thomsen 各向异性参数扰动对波数域的结果进行修正。另一方面，针对三维介质中基于单程波算法的波动方程偏移方法在实际工业应用中遇到的两个实际问题：一是各向异性波动方程深度偏移方法中，除对单程波算子进行研究，发展具有更高效率和精度的单程波算法外，在深度偏移实现上如何提高其计算效率；二是当地下构造沿 inline 及 crossline 方向均存在较陡角度时，波动方程偏移方法如何依据现行观测的方向采样较稀疏的三维地震数据对其准确成像，刘礼农提出了双域法各向异性波动方程深度偏移方法工业应用中如何提升计算效率及实现陡倾角构造成像的策略，该方法将各向异性复杂构造介质中的最优分裂 Fourier 方法发展为各向异性介质中的波场延拓算法。

各向异性介质偏移方法的研究首先必须确定使用何种宏观速度模型。VTI 各向异性总共有 5 个参数 $\varepsilon$、$\delta$、$\gamma$ 和 $V_{P0}$、$V_{S0}$，较弱的各向异性可忽略准 S 波速度对准 P 波传播的影响，因此该方法基于 P 波成像的 VTI 各向异性介质偏移，需要 1 个垂直方向的 P 波速度 $V_{S0}$ 和 2 个各项异性参数 $\varepsilon$、$\delta$，相应所应用的宏观速度模型是介质沿垂直方向的射线速度和 Thomsen 各向异性参数。若各向异性参数为零，这一方法即退化为各项同性介质中的偏移。

Tsvankin 定义了 VTI 介质中由 Thomsen 参数表示的相速度表达式 $V^2(\theta)$：

$$V^2(\theta) = V_{P0}^2\left[1 + \varepsilon\sin^2\theta - \frac{f}{2} \pm \frac{f}{2}\sqrt{\left(1 + \frac{2\varepsilon\sin^2\theta}{f}\right)^2 - \frac{8(\varepsilon - \delta)\sin^2\theta\cos^2\theta}{f}}\right] \tag{3-222}$$

式中，$f = 1 - V_{S0}^2/V_{P0}^2$，$\theta$ 为相角，有：

$$\sin\theta = \frac{V(\theta)\sqrt{k_x^2 + k_y^2}}{\omega}, \cos\theta = V(\theta)k_z/\omega \tag{3-223}$$

式中，$\omega$ 为频率；$k_x, k_y, k_z$ 分别为 $x, y, z$ 方向波数。式（3－105）可以适应于强各向异性情况，但此时必须考虑 S 波速度的影响，由于一般很难获得 $V_{S0}$，我们在 $V_{S0}$ 未知的情况下假定 $f = 0.5$，由式（3－223）可得：

$$\frac{1}{V^2(\theta)} = \frac{1}{\omega^2}(k_x^2 + k_y^2 + k_z^2) \tag{3-224}$$

将式（3－223）和式（3－224）代入式（3－222）得：

$$(1-f)k_z^4 - bk_z^2 + c = 0 \tag{3-225}$$

其中：

$$\begin{aligned} b &= (2-f)\omega^2/V_{P0}^2 - 2(1-f+\varepsilon-f\delta)(k_x^2 + k_y^2) \\ c &= \omega^4/V_{P0}^4 + (1-f)(1+2\varepsilon)(k_x^2 + k_y^2)^2 - (2-f+2\varepsilon)(k_x^2 + k_y^2)\omega^2/V_{P0}^2 \end{aligned} \tag{3-226}$$

与准 P 波有关的两个根是：

$$k_z^2 = \left[b - \sqrt{b^2 - 4(1-f)c}\right]/(2-2f) \tag{3-227}$$

他们分别对应上行和下行的准 P 波。

式（3－227）中具有正或零的实部的解 $k_z$，即对应下行的准 P 波，由 $k_z$ 可得到对应的相移算子：

$$\widetilde{W}^+(k_x, k_y, \omega/V_{P0}, V_{S0}/V_{P0}, \Delta z) = \exp(-jk_z\Delta z) \tag{3-228}$$

式中，$j$ 是虚数单位；$\Delta z$ 为波场传播层的厚度。波场反传（即深度延拓）算子可近似得到，为：

$$\widetilde{F}^+(k_x, k_y, \omega/V_{P0}, V_{S0}/V_{P0}, \Delta z) \approx \exp(jk_z\Delta z) \tag{3-229}$$

利用式（3－228）和式（3－229）的相移算子，即可得到 VTI 各向异性介质偏移的相移法，但这一方法只能适用于横向均匀的层状介质。这里，我们借用双域法的研究思路来处理横向非均匀的各向异性介质，即将横向非均匀各向异性介质分解为横向均匀的速度及 Thomsen 各向异性参数场和速度及 Thomsen 各向异性参数扰动，在波数域中考虑横向均匀的速度及 Thomsen 各向异性参数场，而在空间域基于速度及 Thomsen 各向异性参数扰动对波数域的结果进行修正。

定义各向异性介质中分裂的双域单程波算子如下：

$$\widetilde{W}_s^+(\bar{z},\Delta z,x,y,k_x,k_y) = \exp(-jk_z{}^0\Delta z)\exp[-j\omega\Delta z(1/V_{\mathrm{P0}} - 1/V_{\mathrm{P0}}^0)] \cdot \left\{1 - j\omega\Delta z\sum_{i=1}^{2}a_i u^i[(\omega/k_z^0)^{2i-1} - (V_{\mathrm{P0}}^0)^{2i-1}] - j\omega\Delta z\sum_{i=3}^{4}a_i r_{i-2}(k_z^0/\omega - 1/V_{\mathrm{P0}}^0)\right\} \tag{3-230}$$

$$\widetilde{F}_s^+(\bar{z},\Delta z,x,y,k_x,k_y) = \exp(jk_z{}^0\Delta z)\exp[j\omega\Delta z(1/V_{\mathrm{P0}} - 1/V_{\mathrm{P0}}^0)] \cdot \left\{1 + j\omega\Delta z\sum_{i=1}^{2}a_i u^i[(\omega/k_z^0)^{2i-1} - (V_{\mathrm{P0}}^0)^{2i-1}] + j\omega\Delta z\sum_{i=3}^{4}a_i r_{i-2}(k_z^0/\omega - 1/V_{\mathrm{P0}}^0)\right\} \tag{3-231}$$

式中，$\bar{z}$ 是该层介质的中点深度；$V_{\mathrm{P0}}^0(\bar{z})$ 是该层介质横向均匀的背景速度；$V_{\mathrm{P0}}(x,y,\bar{z})$ 每点的实际速度；$k_z^0(\omega,k_x,k_y)$ 是由背景速度决定的垂直波数；$u = 1/V_{\mathrm{P0}}^2(x,y,\bar{z}) - 1/V_{\mathrm{P0}}^0(\bar{z})$ 是速度扰动，横向均匀时它为零；$r_1$ 和 $r_2$ 是针对各向异性介质引入的各向异性参数扰动，定义为 $r_1 = \varepsilon(x,y,\bar{z}) - \varepsilon_0(\bar{z})$，$r_2 = \delta(x,y,\bar{z}) - \delta_0(\bar{z})$；$\varepsilon_0(\bar{z})$ 和 $\delta_0(\bar{z})$ 是该层介质横向均匀的背景各向异性参数；横向均匀的背景速度、背景各向异性参数可由速度和各向异性参数模型平均而得（速度项需采用慢度平均），$a_i$ 就是待定的算子系数，通过求取 $a_i(i = 1,2,3,4)$，实现式（3－230）和式（3－231）对实际单程波算子的最佳逼近。

系数 $a_i(i = 1,2,3,4)$ 可通过令 $\widetilde{W}_s^+$ 或 $\widetilde{F}_s^-$ 去逼近式（3－228）或式（3－229）中的准确的、空变的相移算子来求得，所谓空变的相移算子，就是允许式（3－228）或式（3－229）中相移算子中的速度和各向异性参数是空间变量的函数。以 $\widetilde{W}_s^+$ 为例，采用最优化方法，求 $a_i(i = 1,2,3,4)$，使得下式值最小：

$$e = \sum_{\omega=\omega_1}^{\omega_2}\sum_{n=1}^{N}\sum_{m=1}^{M}\sum_{(k_x,k_y)\in\Omega}\left|\widetilde{W}_s^+(\bar{z},\Delta z,x_{n,m},y_{n,m},\omega,k_x,k_y) - \exp[-j\Delta z(k_z)_{n,m}]\right|^2 s(\omega,k_x,k_y) \tag{3-232}$$

式中，$s(\omega,k_x,k_y)$ 为权系数；$x_{n,m}$ 和 $y_{n,m}$ 是离散的水平坐标值；$(k_z)_{n,m}$ 是根据 $(x_{n,m},y_{n,m},\bar{z})$ 处的速度和各向异性参数，由式（3－217）解得的垂直波数（实部为正）；区间 $\Omega$ 被定义如下：

$$[V(\theta_{\max}^x)k_x]^2/(\omega\sin\theta_{\max}^x)^2 + [V(\theta_{\max}^y)k_y]^2/(\omega\sin\theta_{\max}^y)^2 \leqslant 1 \tag{3-233}$$

式中，$\theta_{\max}^x$ 和 $\theta_{\max}^y$ 是 inline 和 crossline 方向的最大成像角度；$V(\theta_{\max}^x)$ 和 $V(\theta_{\max}^y)$ 是将 $\theta_{\max}^x$ 和 $\theta_{\max}^y$ 代入式（3－222）得到的相速度。

令 $\partial e/\partial a_i = 0(i = 1,2,3,4)$，可得有关系数 $a_i(i = 1,2,3,4)$ 的线性方程组，这样可解得深度 $\bar{z}$ 对应的单程波算子系数。求得系数后，沿用各向同性介质情况下发展的 OSP 方法，即可得到 VTI 各向异性介质中波场延拓算法：

$$P^{\pm}(x,y,z+\Delta z)=\Re^{-2}\{\exp(\mp j\Delta z k_z^0)(\Re(P_0^{\pm})+Q^{\pm})\}, \tag{3-234}$$

$$P_0^{\pm}=\exp\{\mp j\omega\Delta z[1/V_{P0}(x',y')-1/V_{P0}^0]\}P^{\pm}(x',y',z)$$

$$Q^{\pm}=\mp j\Delta z\omega\sum_{i=1}^{2}a_i[(\omega/k_z^0)^{2i-1}-(V_{P0}^0)^{2i-1}]\Re^2(P_0^{\pm}[u(x',y')]^i)\mp$$

$$j\Delta z\omega\sum_{i=1}^{2}a_i(k_z^0/\omega-1/V_{P0}^0)\Re^2[P_0^{\pm}r_{i-2}(x',y')]$$

式中，$P^{\pm}(x,y,z+\Delta z)$ 为单程波波场；± 分别代表向下和向上深度延拓；$\Re^2$ 和 $\Re^{-2}$ 分别代表二维正反傅里叶变换。利用 5 个二维傅里叶正变换和 1 个二维傅里叶反变换，即可实现三维 VTI 各向异性介质中波场的深度延拓。

为保证波场延拓的稳定性，需对式（3－116）的延拓结果做稳定化处理，即：

$$P_N^{\pm}(x,y,z_0+\Delta z)=\Re^{-2}\left[\exp(\mp j\Delta z k_z^0)\Re(P_0^{\pm})\exp(jq)\left|1+\frac{r}{1+jq}\right|^{-1}\left(1+\frac{r}{1+jq}\right)\right]$$

$$r+jq=Q^{\pm}[\Re^2(P_0)]/[|\Re^2(P_0)|^2+\sigma] \tag{3-235}$$

式中，$\sigma$ 是一个小实数。

作为各向异性单程波波动方程偏移的一种算法，该方法基于三维各向异性介质的频散关系，构建波数项和空间项分离的单程波算子表达式以优化算法，确定算子的待定系数，实现广角逼近三维介质的广义相移算子，可灵活处理强或弱各向异性介质的波动方程叠前深度偏移方法。

## 3.2.5 切比雪夫傅里叶（CF）叠前深度偏移

### 3.2.5.1 切比雪夫傅里叶延拓算子

为了对复杂构造区进行精确成像，Zhang（2010）利用单平方根算子垂直波数的 Chebyshev 展开式，给出了单程波 Chebyshev Fourier（CF）延拓算子表达式：

$$k_z\approx k_z^{\ *}+k_z^{\ A}-k_z^{\ A*}=\sqrt{\frac{\omega^2}{V_0^{\ 2}}-k_x^{\ 2}}+c_0\left(\frac{1}{V_{P0}}-\frac{1}{V_0}\right)\omega+c_1(V_{P0}-V_0)\frac{k_x^{\ 2}}{\omega}+$$

$$c_2(V_{P0}^{\ 3}-V_0^{\ 3})\frac{k_x^{\ 4}}{\omega^3}+c_3(V_{P0}^{\ 5}-V_0^{\ 5})\frac{k_x^{\ 6}}{\omega^5} \tag{3-236}$$

式中，$c_0=\dfrac{16389}{16384}, c_1=-\dfrac{257}{512}, c_2=-\dfrac{59}{512}, c_3=-\dfrac{5}{64}$。

式（3－236）中最右端第一项为背景场的相移项，在 $\omega-k$ 域实现；第二项为横向速度扰动的时移补偿项，在 $\omega-x$ 域实现；后三项为切比雪夫高阶补偿项，对速度扰动进行高阶补偿，分别在 $\omega-x$ 和 $\omega-k$ 域实现。

各向同性介质中，切比雪夫傅里叶传播算子在延拓过程中的具体实现如下。

第一步：在 $\omega - x$ 域，完成波场的时移校正：

$$p'(x,z+\Delta z,\omega) = p(x,z+\Delta z,\omega)\exp[\pm i\omega(\frac{c_0}{V_{P0}} - \frac{c_0}{V_0})\Delta z] \tag{3-237}$$

第二步：先后在 $\omega - x$ 和 $\omega - k$ 域，完成波场的切比雪夫高阶校正：

$$\begin{aligned} p''(k_x,z,\omega) = {} & F_x[p'(x,z,\omega)] + i\frac{k_x{}^2}{\omega}F_x\{[c_1V_{P0} - c_1V_0]p'(x,z,\omega)\} + \\ & i\frac{k_x{}^4}{\omega^3}F_x\{[c_2V_{P0}{}^3 - c_2V_0{}^3]p'(x,z,\omega)\} + \\ & i\frac{k_x{}^6}{\omega^5}F_x\{[c_3V_{P0}{}^5 - c_3V_0{}^5]p'(x,z,\omega)\} \end{aligned} \tag{3-238}$$

第三步：在 $\omega - k$ 域，完成波场的相移校正：

$$p''(k_x,z+\Delta z,\omega)\exp[i\sqrt{\frac{\omega^2}{V_0{}^2} - k_x{}^2}\Delta z] \tag{3-239}$$

第四步：将补偿反傅里叶变换到 $\omega - x$ 域，进行下一次延拓迭代计算。

#### 3.2.5.2 VTI 介质切比雪夫傅里叶延拓算子

利用单平方根算子垂直波数的渐进展开式，可以推导得到 VTI 介质单程波 Chebyshev Fourier（CF）延拓算子表达式，具体过程如下。

VTI 介质 qP 波的频散方程为：

$$k_z = \pm\frac{\omega}{V_{P0}}\sqrt{\frac{\omega^2 - (1+2\varepsilon)V_{P0}{}^2k_x{}^2}{\omega^2 - 2(\varepsilon-\delta)V_{P0}{}^2k_x{}^2}} \tag{3-240}$$

式中，$k_z$ 为垂直波数；$\omega$ 为圆频率；$V_{P0}$ 为 qP 波的垂直波速；$\varepsilon$、$\delta$ 为各向异性参数；$k_x$ 为水平波数。这里令 $a = 1+2\delta$，$b = 2(\varepsilon-\delta)$，$Y = \frac{(a+b)k_x{}^2V_{P0}{}^2}{\omega^2}$，因此上式可以转化为：

$$k_z = \pm\frac{\omega}{V_{P0}}\sqrt{\frac{1-Y}{1-\frac{Y}{a+b}}} \tag{3-241}$$

将方程（3-241）关于变量 $Y$ 泰勒展开：

$$k_z = \pm\frac{\omega}{V_{P0}}\sqrt{\frac{1-Y}{1-\frac{Y}{a+b}}} \approx 1 - \frac{1}{2}\alpha Y - \frac{1}{8}\beta Y^2 - \frac{1}{16}\gamma Y^3 - \frac{1}{128}\xi Y^4 \tag{3-242}$$

式中，$\alpha = \frac{a}{2(a+b)}$，$\beta = \frac{4ab+a^2}{8(a+b)^2}$，$\gamma = \frac{8ab^2+4a^2b+a^3}{16(a+b)^3}$，$\xi = \frac{64ab^3+48a^2b^2+24a^3b+5a^4}{16384(a+b)^4}$。

利用 $Y^0 = T_0$，$Y^1 = \frac{T_0+T_2}{2}$，$Y^2 = \frac{3T_0+4T_2+T_4}{8}$，$Y^3 = \frac{10T_0+15T_2+6T_4+T_6}{32}$，$Y^4 = \frac{35T_0+56T_2+28T_4+8T_6+T_8}{128}$ 对式（3-242）进行多项式代换时，舍去高阶项 $T_8$，再代

回式（3-242），得到三阶切比雪夫截断：

$$k_z{}^C \approx \frac{\omega}{V_{P0}}(c_0 + c_1 Y + c_2 Y^2 + c_3 Y^3) \tag{3-243}$$

式中，$c_0 = 1 + \xi, c_1 = -\alpha - 32\xi, c_2 = -\beta + 160\xi, c_3 = -\gamma - 256\xi$。

同理，对于参考垂直波数 $k_z{}^{*C}$，有：

$$k_z{}^{*C} \approx \frac{\omega}{V_{P0}}(c_0{}^* + c_1{}^* Y^* + c_2{}^* Y^{*2} + c_3{}^* Y^{*3}) \tag{3-244}$$

因此，可以推导出 VTI 介质单程波垂直波数的三阶切比雪夫展开式：

$$k_z = k_z{}^* + k_z{}^C - k_z{}^{*C} =$$

$$\frac{\omega}{V_0}\sqrt{\frac{\omega^2 - (1+\varepsilon^*)k_x{}^2 V_0{}^2}{\omega^2 - 2(\varepsilon^* - \delta^*)k_x{}^2 V_0{}^2}} + \omega\left(\frac{c_0}{V_{P0}} - \frac{c_0{}^*}{V_0}\right) + \frac{k_x{}^2}{\omega}[c_1(1+2\varepsilon)V_{P0} - c_1{}^*(1+2\varepsilon^*)V_0] +$$

$$\frac{k_x{}^4}{\omega^3}[c_2(1+2\varepsilon)^2 V_{P0}{}^3 - c_2{}^*(1+2\varepsilon^*)^2 V_0{}^3] + \frac{k_x{}^6}{\omega^5}[c_3(1+2\varepsilon)^3 V_{P0}{}^5 - c_3{}^*(1+2\varepsilon^*)^3 V_0{}^5] \tag{3-245}$$

式中，带“*”的参数均为参考值；$k_z$ 为垂直波数；$\omega$ 为圆频率；$V_{P0}$ 为 qP 波的垂直波速；$\varepsilon$、$\delta$ 为各向异性参数；$k_x$ 为水平波数，$\varepsilon^*$、$\delta^*$ 和 $V_0$ 均为背景参考值。等式右端第一项为背景场的相移项，在 $\omega-k$ 域实现；第二项为横向速度扰动的时移补偿项，在 $\omega-x$ 域实现；后三项为切比雪夫高阶补偿项，对速度扰动进行高阶补偿，先后在 $\omega-x$ 和 $\omega-k$ 域实现。

#### 3.2.5.3 各向异性切比雪夫傅里叶叠前深度偏移算法

VTI 介质 qP 波切比雪夫傅里叶传播算子在实际延拓计算过程中的具体实现过程如下。

第一步：在 $\omega-x$ 域，完成波场的时移校正：

$$p'(x, z+\Delta z, \omega) = p(x, z+\Delta z, \omega)\exp\left[\pm i\omega\left(\frac{c_0}{V_{P0}} - \frac{c_0{}^*}{V_0}\right)\Delta z\right] \tag{3-246}$$

第二步：先后在 $\omega-x$ 和 $\omega-k$ 域，完成波场的切比雪夫高阶校正：

$$p''(k_x, z, \omega) = F_x[p'(x,z,\omega)] + i\frac{k_x{}^2}{\omega}F_x\{[c_1(1+2\varepsilon)V_{P0} - c_1{}^*(1+2\varepsilon^*)V_0]p'(x,z,\omega)\} +$$

$$i\frac{k_x{}^4}{\omega^3}F_x\{[c_2(1+2\varepsilon)^2 V_{P0}{}^3 - c_2{}^*(1+2\varepsilon^*)^2 V_0{}^3]p'(x,z,\omega)\} +$$

$$i\frac{k_x{}^6}{\omega^5}F_x\{[c_3(1+2\varepsilon)^3 V_{P0}{}^5 - c_3{}^*(1+2\varepsilon^*)^3 V_0{}^5]p'(x,z,\omega)\} \tag{3-247}$$

第三步：在 $\omega-k$ 域，完成波场的相移校正：

$$p'''(k_x, z+\Delta z, \omega) = p''(k_x, z, \omega)\exp\left[\pm i\frac{\omega}{V_0}\sqrt{\frac{\omega^2 - (1+2\varepsilon^*)k_x{}^2 V_0{}^2}{\omega^2 - 2(\varepsilon^* - \delta^*)k_x{}^2 V_0{}^2}}\Delta z\right] \tag{3-248}$$

第四步：将波场反傅里叶变换到 $\omega - x$ 域，进行下一次延拓迭代计算。

## 3.3 本章小结

本章总结概述了几种经典的各向异性叠前深度偏移方法。根据绕射叠加原理，介绍了成像域的 Kirchhoff 叠前深度偏移。高效实用的各向异性 Kirchhoff 叠前深度偏移是目前各向异性偏移成像的主流技术，也是各向异性参数建模的有效配套工具，该方法具有高偏移角度、无频散、对观测系统和起伏地表适应性强、占用资源少和实现效率高的特点，但高频近似和单走时路径假设的处理使得该技术不适用于速度横向变化剧烈的介质高精度成像。基于各向异性介质的单程波动方程叠前深度偏移采用描述地震波在复杂介质中传播过程的波场延拓算子进行偏移成像，物理概念清晰，潜在地更稳健、更精确，能自然地处理多路径问题以及由速度变化引起的聚焦或焦散效应，并具有很好的振幅保持特性。

基于 Fourier 类偏移方法的优势在于无偏移倾角限制，计算效率高。为了提高其适应速度场横向变化的能力，通常是把速度场分解为常速背景和横向变速扰动，在频率－波数域相移处理的基础上增加对速度扰动的校正处理。其中，扩展的局部 Born 近似偏移方法应用了 Taylor 级数高阶项，在相同条件下，其精度高于 VTI 介质相屏算子，并且阶数越高，算子精度越高。在慢度扰动较小的情况下，VTI 介质 Born 近似的单程双域传播算子在传播角较小时与理论吻合较好，在传播角较大时出现偏离。随着慢度扰动增大，其最大偏移倾角减小，因此，慢度扰动是影响成像精度的关键。广义屏算法本身是在物理上基于薄板近似和屏近似条件，并借助于一系列的数学近似方法得到的，在速度场变化剧烈时并非绝对稳定，该方法在处理复杂地质体成像问题时往往要依据速度场的实际情况做一些计算上的调整。傅里叶有限差分法结合了相移偏移和有限差分偏移的优点，对复杂地质体成像具有非常好的效果。裂步傅里叶偏移作为广义屏算法的一种小角度近似，对于小角度范围的成像更为准确，这种方法计算稳定方便，可以解决大多数地质体的成像问题。切比雪夫傅里叶算法是对傅里叶方法的进一步改进，通过切比雪夫展开式降低计算阶数，从而提高偏移计算效率，降低计算量，且该方法在一定条件下几乎不受介质横向速度扰动影响，能获得较高的精度。

# 4 各向异性介质射线追踪技术

射线追踪在地震处理中使用广泛，它能够获取地震波的传播路径和传播时间，在射线类处理（如射线偏移和射线层析）中非常重要，射线追踪的精度直接决定了地震处理的精度，因此，射线追踪的目的是获取准确的地震波旅行时和传播路径。各向异性处理相比于各向同性处理更加复杂，运算更加耗时，各向异性介质射线追踪需要解决的首要问题就是效率问题，在提高效率的前提下保证精度。本章主要介绍 VTI、TTI 和 ORT 介质的射线追踪方法，以及有效提高射线追踪效率的创新方法，通过模型试算验证了各种方法的有效性与先进性。

## 4.1 TI 介质射线追踪技术

各向异性特征会改变地震波在介质中的传播规律，如地震波速度、偏振方向、振幅和衰减等，并且地震波在介质中随着传播方向的不同，传播速度也不同。射线追踪是进行几何地震学研究的基础，其主要任务是通过求解程函方程计算地震波旅行时，通过求解输运方程得到地震波振幅。

### 4.1.1 声学近似下的 TI 介质射线追踪技术

地下介质中的波传播可以通过求解弹性波方程来描述，此时的波场是一个三分量的位移矢量，其包含两种波的类型：压缩波和剪切波。弹性假设主要有两个缺点，一是忽略了地下介质是非弹性的特性，二是在利用有限差分来求解弹性波方程时三分量波场计算量大。因此，为了降低计算成本，采用声介质近似来描述 P 波的传播，在声介质中，波场是一个标量并非一个矢量。弹性介质中，P 波传播遇到一个界面时，一部分的 P 波能量会转化为 S 波能量；而在声介质中，P 波的所有能量均没有转化，完全被保留。qP 波方程不产生剪切波，可用于零偏移距和非零偏移距 P 波的正演。

#### 4.1.1.1 常规 TI 介质射线追踪技术

1. 准确的频散关系

体波在 TI 介质中传播的相速度和极化矢量是由 Christoffel 方程和刚度矩阵确定的。Tsvankin（2001）将耦合 P-SV 波对应的 Christoffel 矩阵方程表示为：

$$\begin{bmatrix} c_{11}\sin^2\theta + c_{55}\cos^2\theta - \rho V^2 & (c_{13}+c_{55})\cos\theta\sin\theta \\ (c_{13}+c_{55})\cos\theta\sin\theta & c_{55}\sin^2\theta + c_{33}\cos^2\theta - \rho V^2 \end{bmatrix}\begin{bmatrix} U_1 \\ U_3 \end{bmatrix} = 0 \tag{4-1}$$

令式（4－1）的行列式为零，得到耦合 P-SV 波的相速度表达式：

$$2\rho V^2(\theta) = (c_{11}+c_{55})\sin^2\theta + (c_{33}+c_{55})\cos^2\theta \pm \sqrt{[(c_{11}-c_{55})\sin^2\theta-(c_{33}-c_{55})\cos^2\theta]^2 + 4(c_{13}+c_{55})^2\sin^2\theta\cos^2\theta} \tag{4-2}$$

将 P-SV 波的相速度表达式中的弹性参数用 Thomsen 参数表示（Thomsen，1986），得到用 Thomsen 参数表征的 P-SV 波相速度表达式：

$$\frac{V^2(\theta)}{V_{P0}^2} = 1 + \varepsilon\sin^2\theta - \frac{f}{2} \pm \frac{f}{2}\sqrt{\left(1+\frac{2\varepsilon\sin^2\theta}{f}\right)^2 - \frac{2(\varepsilon-\delta)\sin^2 2\theta}{f}} \tag{4-3}$$

式（4－3）表示的相速度公式与准确的频散关系等价。

2. 声学近似下的频散关系及 qP 波方程的表达

由声学近似下的频散关系可以得到相应的 qP 波方程，为此很多学者对频散关系进行了深入研究，同时导出了不同的频散关系和相应的 qP 波方程。

Alkhalifah（2000）认为，即使是在很强的各向异性介质中，P 波速度和旅行时是独立于 $V_{S0}$ 的，因此认为 P 波旅行时仅是 $V_{P0}$、$\varepsilon$、$\delta$ 的函数。从弹性波方程的准确频散关系出发，将 $v_{sz}$ 代入其中，得到 VTI 介质的频散关系：

$$p_z^2 = \frac{v^2}{v_v^2}\left[\frac{1}{v^2} - \frac{p_x^2+p_y^2}{1-2v^2\eta(p_x^2+p_y^2)}\right] \tag{4-4}$$

其中，$v$ 是 NMO 速度 $V_{NMO}$，$v_v$ 为垂直速度 $V_{P0}$，它们满足如下关系：

$$V_{P0} = \sqrt{\frac{c_{33}}{\rho}}, V_{NMO}(0) = V_{P0}\sqrt{1+2\delta}, \eta = \frac{\varepsilon-\delta}{1+2\delta} \tag{4-5}$$

利用 $k = \omega\overrightarrow{p}$，式（4－5）变为：

$$k_z^2 = \frac{v^2}{v_v^2}\left[\frac{\omega^2}{v^2} - \frac{\omega^2(k_x^2+k_y^2)}{\omega^2-2v^2\eta(k_x^2+k_y^2)}\right] \tag{4-6}$$

式（4－6）两边同时乘以傅里叶域的波场 $\varphi(k_x,k_y,k_z,\omega)$，分别对 $k_x$、、$k_y$、$k_z$、$\omega$ 做反傅里叶变换得到 VTI 介质的 qP 波方程：

$$\frac{\partial^4\varphi}{\partial t^4} - (1+2\eta)v^2\left(\frac{\partial^4\varphi}{\partial x^2\partial t^2}+\frac{\partial^4\varphi}{\partial y^2\partial t^2}\right) = v_v^2\frac{\partial^4\varphi}{\partial z^2\partial t^2} - 2\eta v^2 v_v^2\left(\frac{\partial^4\varphi}{\partial x^2\partial z^2}+\frac{\partial^4\varphi}{\partial y^2\partial z^2}\right) \tag{4-7}$$

$\eta = 0$ 时对应椭圆各向异性介质的 qP 波方程：

$$\frac{\partial^2}{\partial t^2}\left[\frac{\partial^2 F}{\partial t^2} - v^2\left(\frac{\partial^2 F}{\partial x^2}+\frac{\partial^2 F}{\partial y^2}\right) - v_v^2\frac{\partial^2 F}{\partial z^2}\right] = 0 \tag{4-8}$$

对于各向同性介质而言，$v_v = v$，qP 波方程变为：

$$\frac{\partial^2 P}{\partial t^2} = v^2\left(\frac{\partial^2 P}{\partial x^2}+\frac{\partial^2 P}{\partial y^2}+\frac{\partial^2 P}{\partial z^2}\right) \tag{4-9}$$

然而，通过求解利用该频散关系得到的 qP 波方程存在一定的问题，从波场快照中出现钻石型的波场，Alkhalifah 认为这是钻石型的假象，然而 Grechka 等（2004）证实这种钻石型的假象是 SV 波，可见简单的令剪切波速度为零是不能把介质中的剪切波完全去除掉的；并且仅当 $\varepsilon-\delta \geqslant$ 时，qP 波方程才稳定可解，$\varepsilon-\delta<0$ 时，方程变得不稳定。

Zhou（2006）从 Alkhalifah（2000）的频散关系假设出发，并且考虑地下介质的复杂构造特性，得到 VTI 介质和 TTI 介质的声波方程。以二维情况为例，从 Tsvankin（2001）给出的相速度公式出发，相应相速度表示为：

$$\frac{v^2}{v_0^2}=1+\varepsilon\sin^2\bar{\theta}-\frac{f}{2}+\frac{f}{2}\sqrt{\left(1+\frac{2\varepsilon\sin^2\bar{\theta}}{f}\right)^2-\frac{8(\varepsilon-\delta)\sin^2\bar{\theta}\cos^2\bar{\theta}}{f}} \qquad (4-10)$$

式中，$V$ 是相速度；$v_0$ 是沿对称轴方向的速度；$\theta$ 表示相角与对称轴方向的夹角；$f=1-\left(\frac{V_{S0}}{V_{P0}}\right)^2$。

按照 Alkhalifah（2000）的 qP 波假设，假设沿对称轴的 S 波速度为零，即 $f=1$，经过一系列数学运算得到简化的相速度关系式：

$$\frac{\cos^2\bar{\theta}}{v^2}=\frac{1}{v_0^2}-(1+2\delta)\frac{\frac{\sin^2\bar{\theta}}{v^2}\frac{1}{v_0^2}}{\frac{1}{v_0^2}-2(\varepsilon-\delta)\frac{\sin^2\bar{\theta}}{v^2}} \qquad (4-11)$$

满足：

$$\sin\theta=\frac{vk_x}{\omega},\cos\theta=\frac{vk_z}{\omega} \qquad (4-12)$$

式中，$k_x$ 和 $k_z$ 是沿 $x$ 和 $z$ 方向的波数；$\omega$ 是角频率；$\theta$ 是相角与 $z$ 轴之间的夹角；$\theta_0$ 是对称轴与 $z$ 轴之间的夹角；$\bar{\theta}$ 是相速度与对称轴之间的夹角，满足 $\bar{\theta}=\theta-\theta_0$，$\cos\bar{\theta}=\cos(\theta-\theta_0)=\cos\theta\cos\theta_0+\sin\theta\sin\theta_0$，$\sin\bar{\theta}=\sin(\theta-\theta_0)=\sin\theta\cos\theta_0-\sin\theta\sin\theta_0$。

将上式代入式（4-12），再代入式（4-11）得到 TTI 介质的频散关系：

$$f_1=\frac{\omega^2}{v_0^2}-(1+2\delta)f_2-(1+2\delta)\cdot 2(\varepsilon-\delta)\frac{f_2\cdot f_2}{\frac{\omega^2}{v_0^2}-2(\varepsilon-\delta)f_2} \qquad (4-13)$$

其中：

$$f_1(k_x,k_z,\theta)=k_z^2\cos^2\theta-k_xk_z\sin2\theta_0+k_x^2\sin^2\theta$$
$$f_2(k_x,k_z,\theta)=k_x^2\cos^2\theta+k_xk_z\sin2\theta_0+k_z^2\sin^2\theta \qquad (4-14)$$

式（4-13）是傅里叶域中的四阶多项式，相应的在 $t-x$ 域是四阶微分方程将该式两边同时乘以傅里叶域的波场 $p(\omega,k_x,k_z)$，并引入一个辅助函数：

$$q(\omega,k_x,k_z)=\frac{2v_0^2(\varepsilon-\delta)f_2}{\omega^2-2v_0^2(\varepsilon-\delta)f_2}p(\omega,k_x,k_z) \qquad (4-15)$$

则式（4-14）变为：

$$f_1p(\omega,k_x,k_z)=\left[\frac{\omega^2}{v_0^2}-(1+2\delta)f_2\right]p(\omega,k_x,k_z)-(1+2\delta)f_2q(\omega,k_x,k_z) \qquad (4-16)$$

对式（4－15）和式（4－16）做傅里叶反变换，得到最终的 TTI 介质的 qP 波方程：

$$\begin{aligned}&\frac{1}{v_0^2}\frac{\partial^2 p}{\partial t^2}-(1+2\delta)Hp-H_0 p=(1+2\delta)Hq\\&\frac{1}{v_0^2}\frac{\partial^2 q}{\partial t^2}\frac{\partial^2 p}{\partial t^2}-2(\varepsilon-\delta)Hq=2(\varepsilon-\delta)Hp\end{aligned}\tag{4-17}$$

其中：

$$\begin{aligned}H&=\cos^2\theta_0\frac{\partial^2}{\partial x^2}+\sin^2\theta_0\frac{\partial^2}{\partial z^2}-\sin2\theta_0\frac{\partial^2}{\partial x\partial z}\\H_0&=\sin^2\theta_0\frac{\partial^2}{\partial x^2}+\cos^2\theta_0\frac{\partial^2}{\partial z^2}+\sin2\theta_0\frac{\partial^2}{\partial x\partial z}\end{aligned}\tag{4-18}$$

通过引入辅助函数 $q(t,x,z)$，可以将初始的四阶微分方程转化为更便于理解和实现的两个二阶微分方程。一个方程是控制波前的传播，另一个方程是补偿 TTI 介质横向和深度方向上的各向异性损失，该 qP 波方程有明显的物理意义。在两个微分算子 $H$ 和 $H_0$ 表达式中的 $\frac{\partial^2}{\partial x\partial z}$ 表示 TTI 介质中绕对称轴的角度旋转。$\theta_0=0°$ 对应 VTI 介质的声波方程，$\theta_0=90°$ 对应 HTI 介质的 qP 波方程。只有当 $\varepsilon-\delta\geq 0$ 时，式（4－17）才是适定的初值问题。

这种方法得到的 qP 波方程仅在水平和垂直方向上没有 SV 波的影响，其他方向仍然存在 SV 的影响，对 Alkhalifah（2000）的 qP 波方程稍做改进，运动学上与弹性波方程很好的近似，主要缺点是产生了假的 SV 波。

Liu（2009）从 Alkhalifah（2000）导出的 VTI 介质的四阶 qP 波方程出发，相应 3D VTI 介质的频散关系为：

$$k_z^2=\frac{V_{\mathrm{NMO}}^2}{V_{\mathrm{P}}^2}\left[\frac{\omega^2}{V_{\mathrm{NMO}}^2}-\frac{\omega^2(k_x^2+k_y^2)}{\omega^2-2V_{\mathrm{NMO}}^2\eta(k_x^2+k_y^2)}\right]\tag{4-19}$$

式中，$V_{\mathrm{NMO}}=V_{\mathrm{P}}\sqrt{1+2\delta}$，$\eta=\frac{\varepsilon-\delta}{1+2\delta}$。

将上述频散关系分离得到 P 波和 SV 波对应的 qP 波方程：

$$\frac{1}{V_{\mathrm{P}}^2}\frac{\partial^2}{\partial t^2}P=\frac{1}{2}\left\{\left[m\left(\frac{\partial^2}{\partial x^2}+\frac{\partial^2}{\partial y^2}\right)+\frac{\partial^2}{\partial z^2}\right]+\sqrt{\left[m\left(\frac{\partial^2}{\partial x^2}+\frac{\partial^2}{\partial y^2}\right)+\frac{\partial^2}{\partial z^2}\right]-8\gamma\left(\frac{\partial^2}{\partial x^2}+\frac{\partial^2}{\partial y^2}\right)\frac{\partial^2}{\partial z^2}}\right\}P\tag{4-20}$$

$$\frac{1}{V_{\mathrm{P}}^2}\frac{\partial^2}{\partial t^2}P_{\mathrm{SV}}=\frac{1}{2}\left\{\left[m\left(\frac{\partial^2}{\partial x^2}+\frac{\partial^2}{\partial y^2}\right)+\frac{\partial^2}{\partial z^2}\right]-\sqrt{\left[m\left(\frac{\partial^2}{\partial x^2}+\frac{\partial^2}{\partial y^2}\right)+\frac{\partial^2}{\partial z^2}\right]-8\gamma\left(\frac{\partial^2}{\partial x^2}+\frac{\partial^2}{\partial y^2}\right)\frac{\partial^2}{\partial z^2}}\right\}P_{\mathrm{SV}}\tag{4-21}$$

其中：

$$m(\overrightarrow{x})=1+2\varepsilon(\overrightarrow{x}),\gamma(\overrightarrow{x})=\varepsilon(\overrightarrow{x})-\delta(\overrightarrow{x}),\overrightarrow{x}=(x,y,z)\tag{4-22}$$

将 VTI 介质的频散关系分离，得到分离后的 qP 波和 qSV 波方程，得到的 qP 波方程在 $\varepsilon<\delta$ 时同样也是稳定可解的，qSV 波方程仅对 $\varepsilon\geq\delta$ 满足适定性。

Zhan（2011）从 Tsvankin（2001）准确相速度出发：

$$\frac{V^2(\theta)}{V_{P0}^2}=1+\varepsilon\sin^2\theta-\frac{f}{2}+\frac{f}{2}\left(1+\frac{2\varepsilon\sin^2\theta}{f}\right)\sqrt{1-\frac{2(\varepsilon-\delta)\sin^2 2\theta}{f\left(1+\frac{2\varepsilon\sin^2\theta}{f}\right)^2}} \tag{4-23}$$

将根号一阶展开（$\sqrt{1+X}=1+X/2$），得到近似的P波相速度：

$$\frac{V^2(\theta)}{V_{P0}^2}\approx 1+2\varepsilon\sin^2\theta-\frac{(\varepsilon-\delta)\sin^2 2\theta}{2\left(1+\frac{2\varepsilon\sin^2\theta}{f}\right)} \tag{4-24}$$

Pestana 等（2011）表明当 $\left|\frac{2(\varepsilon-\delta)\sin^2 2\theta}{f\left(1+\frac{2\varepsilon\sin^2\theta}{f}\right)^2}\right|\ll 1$ 时，式（4－24）是较为准确的P波频散关系。将 $\sin\theta=V(\theta)k_x/\omega,\cos\theta=V(\theta)k_z/\omega,V^2(\theta)=\omega^2/(k_x^2+k_z^2)$ 代入上式，得到相应频散关系：

$$\omega^2=V_{P0}^2\left[(1+2\varepsilon)k_x^2+k_z^2-\frac{2(\varepsilon-\delta)k_x^2k_z^2}{Fk_x^2+k_z^2}\right] \tag{4-25}$$

令式（4－25）中 $\varepsilon=0$ 得到 Etgen 和 Brandsberg-Dahl（2009）、Crawley 等（2010）提出的 VTI 介质的频散关系：

$$\omega^2=V_{P0}^2\left[(1+2\varepsilon)k_x^2+k_z^2-\frac{2(\varepsilon-\delta)k_x^2k_z^2}{k_x^2+k_z^2}\right] \tag{4-26}$$

坐标旋转可表示为：
$$\begin{pmatrix}\hat{k}_x\\ \hat{k}_z\end{pmatrix}=\begin{pmatrix}\cos\phi & \sin\phi\\ -\sin\phi & \cos\phi\end{pmatrix}\begin{pmatrix}k_x\\ k_z\end{pmatrix} \tag{4-27}$$

通过式（4－27）坐标旋转得到 TTI 介质的频散关系：

$$\begin{aligned}\omega^2=V_{P0}^2[&k_x^2+k_z^2+(2\delta\sin^2\phi\cos^2\phi+2\varepsilon\cos^4\phi)\frac{k_x^4}{k_x^2+k_z^2}+(2\delta\sin^2\phi\cos^2\phi+2\varepsilon\sin^4\phi)\frac{k_z^4}{k_x^2+k_z^2}+\\&(\delta\sin4\phi-4\varepsilon\sin2\phi\cos^2\phi)\frac{k_x^3k_z}{k_x^2+k_z^2}+(-\delta\sin4\phi-4\varepsilon\sin2\phi\cos^2\phi)\frac{k_xk_z^3}{k_x^2+k_z^2}+\\&(-\delta\sin^2 2\phi+3\varepsilon\sin^2 2\phi+2\delta\cos^2 2\phi)\frac{k_x^2k_z^2}{k_x^2+k_z^2}]\end{aligned} \tag{4-28}$$

式（4－28）两边乘以傅里叶域的波场 $p(\omega,k_x,k_z)$，两边对 $k_x$、$k_z$、$\omega$ 做反傅里叶变换，得到时间－波数域 TTI 介质的 qP 波方程：

$$\begin{aligned}\frac{\partial^2 p}{\partial t^2}=V_{P0}^2[&k_x^2+k_z^2+(2\delta\sin^2\phi\cos^2\phi+2\varepsilon\cos^4\phi)\frac{k_x^4}{k_x^2+k_z^2}+(2\delta\sin^2\phi\cos^2\phi+2\varepsilon\sin^4\phi)\frac{k_z^4}{k_x^2+k_z^2}+\\&(\delta\sin4\phi-4\varepsilon\sin2\phi\cos^2\phi)\frac{k_x^3k_z}{k_x^2+k_z^2}+(-\delta\sin4\phi-4\varepsilon\sin2\phi\cos^2\phi)\frac{k_xk_z^3}{k_x^2+k_z^2}+\\&(-\delta\sin^2 2\phi+3\varepsilon\sin^2 2\phi+2\delta\cos^2 2\phi)\frac{k_x^2k_z^2}{k_x^2+k_z^2}]p\end{aligned} \tag{4-29}$$

求解传统的 TTI 耦合的声波方程会出现数值计算的不稳定性，而求解式（4－29）解耦的 qP 波方程不仅稳定，而且可以很好地去除 SV 波的假象。

3. 声学近似下的程函方程和射线方程

声学近似下的声波方程虽然是物理上不可实现的，但是在运动学上声波方程是弹性波方程很好的近似。由声波方程可推导出能够描述波传播射线理论的程函方程和射线方程。不仅可以直接求解声波方程来求取旅行时，还可以通过求解射线方程进行正演旅行时的计算。本节主要介绍 Alkhalifah（2000）声学近似下的程函方程和射线方程，由准确频散关系出发，令剪切波速度为零得到近似频散关系，进而得到相应的 qP 波方程、程函方程和射线方程。

平面波解为：
$$\phi(x,y,z,t) = A(x,y,z)f[t-\tau(x,y,z)] \tag{4-30}$$

Alkhalifah（2000）将平面波解代入 qP 波方程式（4-7），取 $f[t-\tau(x,y,z)]$ 四阶导数项是系数，得到相应的程函方程：
$$v^2(1+2\eta)\left[\left(\frac{\partial\tau}{\partial x}\right)^2+\left(\frac{\partial\tau}{\partial y}\right)^2\right]+v_v^2\left(\frac{\partial\tau}{\partial z}\right)^2\times\left\{1-2v^2\eta\left[\left(\frac{\partial\tau}{\partial x}\right)^2+\left(\frac{\partial\tau}{\partial y}\right)^2\right]\right\}=1 \tag{4-31}$$

式中，$v_v = V_{P0}, v = V_{P0}\sqrt{1+2\delta}, \eta = \dfrac{\varepsilon-\delta}{1+2\delta}$。

取 $\eta=0, v_v=v$ 变为各向同性介质的程函方程：
$$v^2\left[\left(\frac{\partial\tau}{\partial x}\right)^2+\left(\frac{\partial\tau}{\partial y}\right)^2+\left(\frac{\partial\tau}{\partial z}\right)^2\right]=1 \tag{4-32}$$

通过特征值的方法，可以推导出一个描述射线轨迹的常微分方程组。为此，需要将式（4-31）改写为如下形式：
$$\varphi\left(x,y,z,\frac{\partial t}{\partial x},\frac{\partial t}{\partial y},\frac{\partial t}{\partial z}\right)=0 \tag{4-33}$$

式中，$p_x=\dfrac{\partial t}{\partial x}, p_y=\dfrac{\partial t}{\partial y}, p_z=\dfrac{\partial t}{\partial z}$，根据 Aki 和 Richards（1980），这个运动学方程的解满足如下关系：
$$\begin{aligned}&\frac{\mathrm{d}x}{\mathrm{d}s}=\frac{1}{2}\frac{\partial\varphi}{\partial p_x},\frac{\mathrm{d}y}{\mathrm{d}s}=\frac{1}{2}\frac{\partial\varphi}{\partial p_y},\frac{\mathrm{d}z}{\mathrm{d}s}=\frac{1}{2}\frac{\partial\varphi}{\partial p_z}\\&\frac{\mathrm{d}p_x}{\mathrm{d}s}=-\frac{1}{2}\frac{\partial\varphi}{\partial x},\frac{\mathrm{d}p_y}{\mathrm{d}s}=-\frac{1}{2}\frac{\partial\varphi}{\partial y},\frac{\mathrm{d}p_z}{\mathrm{d}s}=-\frac{1}{2}\frac{\partial\varphi}{\partial z}\\&\frac{\mathrm{d}t}{\mathrm{d}s}=\frac{1}{2}\left(p_x\frac{\partial\varphi}{\partial p_x}+p_y\frac{\partial\varphi}{\partial p_y}+p_z\frac{\partial\varphi}{\partial p_z}\right)\end{aligned} \tag{4-34}$$

式（4-34）分别对变量 $x,y,z,p_x,p_y,p_z$ 求导，可以得出一个常微分方程组，即射线方程：
$$\begin{cases}\dfrac{\mathrm{d}x}{\mathrm{d}s}=v^2p_x[1+2\eta(1-p_z^2v_v^2)]\\\dfrac{\mathrm{d}y}{\mathrm{d}s}=v^2p_y[1+2\eta(1-p_z^2v_v^2)]\\\dfrac{\mathrm{d}z}{\mathrm{d}s}=(1-2v^2\eta p_r^2)p_zv_v^2\end{cases} \tag{4-35}$$

$$\begin{cases}\dfrac{\mathrm{d}p_x}{\mathrm{d}s} = -v(1+2\eta)p_r^2 v_x - v^2 p_r^2 \eta_x + v p_r^2 p_z^2 v_v^2 (2\eta v_x + v\eta_x) - (1-2v^2\eta p_r^2) p_z^2 v_v\ (v_v)_x \\ \dfrac{\mathrm{d}p_y}{\mathrm{d}s} = -v(1+2\eta)p_r^2 v_y - v^2 p_r^2 \eta_y + v p_r^2 p_z^2 v_v^2 (2\eta v_y + v\eta_y) - (1-2v^2\eta p_r^2) p_z^2 v_v\ (v_v)_y \\ \dfrac{\mathrm{d}p_z}{\mathrm{d}s} = -v(1+2\eta)p_r^2 v^z - v^2 p_r^2 \eta_z + v p_r^2 p_z^2 v_v^2 (2\eta v_z + v\eta_z) - (1-2v^2\eta p_r^2) p_z^2 v_v\ (v_v)_z \end{cases} \tag{4-36}$$

$$\frac{\mathrm{d}T}{\mathrm{d}s} = v^2(1+2\eta)(p_x^2 + p_y^2) + (1 - 4v^2\eta p_x^2 - 4v^2\eta p_y^2) p_z^2 v_v^2 \tag{4-37}$$

式中，$v_x = \partial v/\partial x, v_y = \partial v/\partial y, v_z = \partial v/\partial z, p_r^2 = p_x^2 + p_y^2$。式（4－35）、式（4－36）和式（4－37）分别描述了TI介质声学近似意义下射线坐标、射线方向和走时信息。

4. 模型数值实验

图4－1和图4－2为三种不同模型的数值模拟结果。

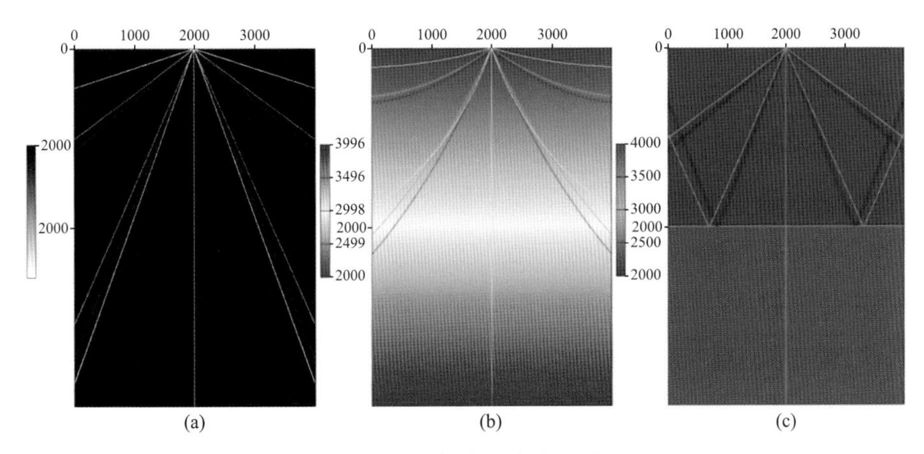


图4－1　射线追踪路径图

（a）常速度模型（2000m/s）不同各向异性参数的旅行时等值线图（黄：$\varepsilon=0$、$\delta=0$，蓝：$\varepsilon=0.065$、$\delta=0.059$，红：$\varepsilon=0.195$、$\delta=-0.22$）；

（b）速度梯度模型（背景速度为2000m/s，梯度变化为2000～4000m/s，梯度为0.5m/s）不同各向异性参数的旅行时等值线图（黄：$\varepsilon=0$、$\delta=0$，蓝：$\varepsilon=0.065$、$\delta=0.059$，红：$\varepsilon=0.195$、$\delta=-0.22$）；

（c）层状模型（第一层速度为2000m/s，第二层速度为4000m/s）不同各向异性参数的旅行时等值线图（黄：$\varepsilon=0$、$\delta=0$，红：第一层：$\varepsilon=0.065$、$\delta=0.059$，第二层 $\varepsilon=0.0195$、$\delta=-0.22$）

从射线路径图和旅行时等值线图可以看出，无论常速模型还是变速模型，垂直地面出射的地震波无论射线路径还是旅行时，各项同性和各向异性无差异，而且各向异性参数变化与否无差异，也就是说，垂直出射（90°出射）情况下的相速度与群速度一致。而随着出射角的增大，各项同性与各向异性、各向异性不同参数之间的差异越来越明显，说明随着角度的变化，相速度与群速度也随之变化。在图4－2（c）中，由于两层的波阻抗差异明显，在大角度处出现了全反射现象。

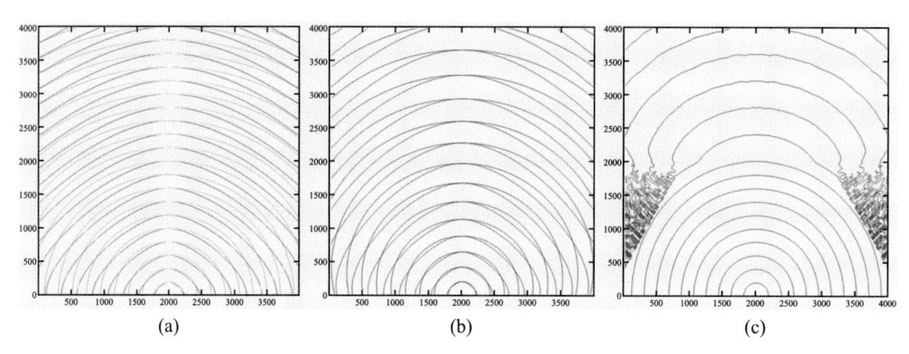

(a)　　(b)　　(c)

图 4－2　射线追踪旅行时等值线图

（a）常速度模型（2000m/s）不同各向异性参数的旅行时等值线图（黄：$\varepsilon=0$、$\delta=0$，蓝：$\varepsilon=0.065$、$\delta=0.059$，红：$\varepsilon=0.195$、$\delta=-0.22$）；

（b）速度梯度模型（背景速度为2000m/s，梯度变化为2000～4000m/s，梯度为0.5m/s）不同各向异性参数的旅行时等值线图（黄：$\varepsilon=0$、$\delta=0$，蓝：$\varepsilon=0.065$、$\delta=0.059$，红：$\varepsilon=0.195$、$\delta=-0.22$）；

（c）层状模型（第一层速度为2000m/s，第二层速度为4000m/s）不同各向异性参数的旅行时等值线图（黄：$\varepsilon=0$、$\delta=0$，红：第一层：$\varepsilon=0.065$、$\delta=0.059$，第二层 $\varepsilon=0.195$、$\delta=-0.22$）

图 4－3 为 hess 模型射线追踪路径图，从 $V_{P0}$ 模型可以发现，射线在某些不是反射层处发生了偏折，这是由于 $\varepsilon$ 造成的，从 $\varepsilon$ 模型射线路径（图 4－4）可以发现，偏折处与 $\varepsilon$ 层变化十分吻合，说明射线路径图是正确的。

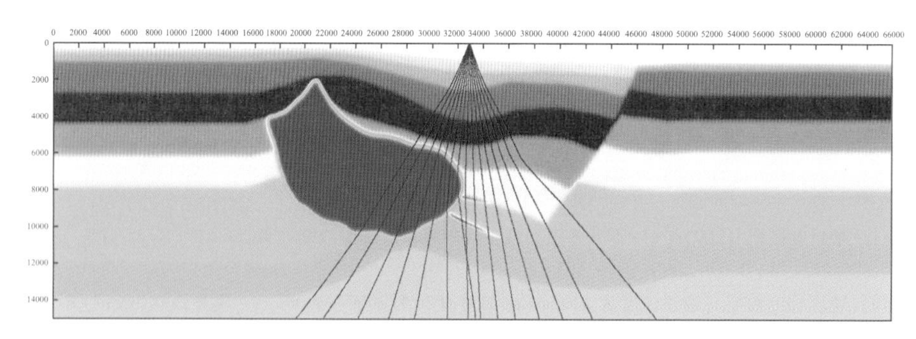

图 4－3　$V_{P0}$ 模型

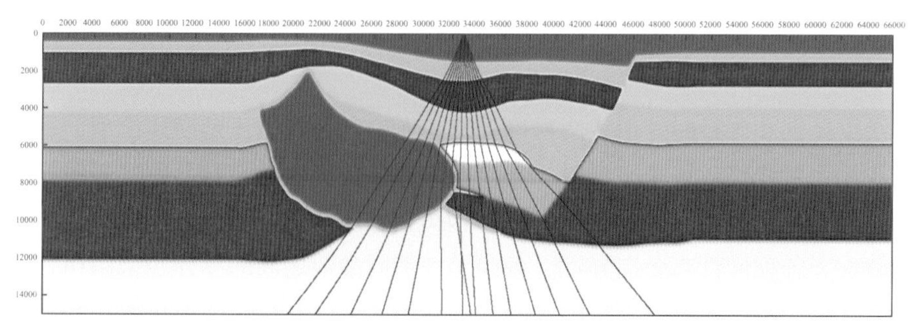

图 4－4　$\varepsilon$ 模型

### 4.1.1.2 改进的TI介质射线追踪技术

根据Zhan（2011）给出的2D VTI介质的频散关系式（4－25），对该式两边同时乘以傅里叶域的波场$\varphi(k_x,k_y,k_z,\omega)$，分别对$k_x$、$k_z$、$\omega$做反傅里叶变换得2D VTI介质$x$-$t$域的qP波方程：

$$F\frac{\partial^4\varphi}{\partial x^2 t^2}+\frac{\partial^4\varphi}{\partial z^2 t^2}=V_{P0}^2\left[(1+2\varepsilon)F\frac{\partial^4\varphi}{\partial x^4}+(1+2\delta+F)\frac{\partial^4\varphi}{\partial x^2 z^2}+\frac{\partial^4\varphi}{\partial z^4}\right] \tag{4-38}$$

将平面波解代入qP波方程，基于高频近似，取实部中$\omega^4$项前的系数对应相等，得到相应的程函方程：

$$F\left(\frac{\partial\tau}{\partial x}\right)^2+\left(\frac{\partial\tau}{\partial z}\right)^2=V_{P0}^2\left[(1+2\varepsilon)F\left(\frac{\partial\tau}{\partial x}\right)^4+(1+2\delta+F)\left(\frac{\partial\tau}{\partial x}\right)^2\left(\frac{\partial\tau}{\partial z}\right)^2+\left(\frac{\partial\tau}{\partial z}\right)^4\right] \tag{4-39}$$

各向同性时，即$\varepsilon=\delta=0, F=1$，上述程函方程变为：

$$V_{P0}^2\left[\left(\frac{\partial\tau}{\partial x}\right)^2+\left(\frac{\partial\tau}{\partial z}\right)^2\right]=1 \tag{4-40}$$

将式（4－39）改写为如下形式$\varphi(x,y,z,p_x,p_y,p_z)=0$，即：

$$\begin{aligned}\varphi(x,y,z,p_x,p_y,p_z)&=V_{P0}^2[(1+2\varepsilon)Fp_x^4+(1+2\delta+F)p_x^2p_z^2+p_z^4]-Fp_x^2-p_z^2\\&=0\end{aligned} \tag{4-41}$$

根据Aki和Richards（1980）给出形如式（4－41）方程解的形式，便可以推导出描述射线轨迹的常微分方程组，即2D情形时的射线方程：

$$\begin{cases}\dfrac{\mathrm{d}x}{\mathrm{d}s}=\dfrac{1}{2}\dfrac{\partial\varphi}{\partial p_x}=V_{P0}^2[2(1+2\varepsilon)Fp_x^3+(1+2\delta+F)p_xp_z^2]-Fp_x\\ \dfrac{\mathrm{d}z}{\mathrm{d}s}=\dfrac{1}{2}\dfrac{\partial\varphi}{\partial p_z}=V_{P0}^2[(1+2\delta+F)p_x^2p_z+2p_z^3]-p_z\end{cases} \tag{4-42}$$

$$\begin{cases}\dfrac{\mathrm{d}p_x}{\mathrm{d}s}=-\dfrac{1}{2}\dfrac{\partial\varphi}{\partial x}=\dfrac{1}{f}p_x^2\varepsilon_x-V_{P0}(V_{P0})_x[(1+2\varepsilon)(1+\dfrac{2\varepsilon}{f})p_x^4+2(1+\delta+\dfrac{\varepsilon}{f})p_x^2p_z^2+p_z^4]-\\ \qquad\dfrac{1}{f}V_{P0}^2[(1+f+4\varepsilon)p_x^4\varepsilon_x+(f\delta_x+\varepsilon_x)p_x^2p_z^2]\\ \dfrac{\mathrm{d}p_z}{\mathrm{d}s}=-\dfrac{1}{2}\dfrac{\partial\varphi}{\partial z}=\dfrac{1}{f}p_x^2\varepsilon_z-V_{P0}(V_{P0})_z[(1+2\varepsilon)(1+\dfrac{2\varepsilon}{f})p_x^4+2(1+\delta+\dfrac{\varepsilon}{f})p_x^2p_z^2+p_z^4]-\\ \qquad\dfrac{1}{f}V_{P0}^2[(1+f+4\varepsilon)p_x^4\varepsilon_z+(f\delta_x+\varepsilon_x)p_x^2p_z^2]\end{cases} \tag{4-43}$$

$$\frac{\mathrm{d}t}{\mathrm{d}s} = \frac{1}{2}\left(p_x\frac{\partial\varphi}{\partial p_x} + p_z\frac{\partial\varphi}{\partial p_z}\right) = 2V_{\mathrm{P0}}^2[(1+2\varepsilon)Fp_x^4 + (1+2\delta+F)p_x^2p_z^2 + p_z^4] - Fp_x^2 - p_z^2 \tag{4-44}$$

式中，$F = 1 + 2\varepsilon/f, f = 1 - \left(\frac{V_{\mathrm{S0}}}{V_{\mathrm{P0}}}\right)^2$。

与 Zhan（2011）给出的二维 VTI 介质频散关系一致的三维频散关系由 Pestana 等（2011）给出，其具体形式为：

$$\omega^2 = V_{\mathrm{P0}}^2k_z^2 + V_h^2k_r^2 - \frac{(V_h^2 - V_n^2)k_r^2k_z^2}{k_z^2 + Fk_r^2} \tag{4-45}$$

与二维情形一致，可以得到三维 VTI 介质 $x$-$t$ 域的 qP 波方程：

$$F\left(\frac{\partial^4\varphi}{\partial x^2t^2} + \frac{\partial^4\varphi}{\partial y^2t^2}\right) + \frac{\partial^4\varphi}{\partial z^2t^2} = V_h^2F\left(\frac{\partial^4\varphi}{\partial x^4} + \frac{\partial^4\varphi}{\partial y^4}\right) + (V_{\mathrm{P0}}^2F + V_n^2)\left(\frac{\partial^4\varphi}{\partial x^2z^2} + \frac{\partial^4\varphi}{\partial y^2z^2}\right) + 2V_h^2F\frac{\partial^4\varphi}{\partial x^2y^2} + V_{\mathrm{P0}}^2\frac{\partial^4\varphi}{\partial z^4} \tag{4-46}$$

由式（4-46）的 qP 波方程得到相应的程函方程：

$$F\left[\left(\frac{\partial\tau}{\partial x}\right)^2 + \left(\frac{\partial\tau}{\partial y}\right)^2\right] + \left(\frac{\partial\tau}{\partial z}\right)^2 = V_h^2F\left[\left(\frac{\partial\tau}{\partial x}\right)^4 + \left(\frac{\partial\tau}{\partial y}\right)^4\right] + (V_{\mathrm{P0}}^2F + V_n^2)\left[\left(\frac{\partial\tau}{\partial x}\right)^2 + \left(\frac{\partial\tau}{\partial y}\right)^2\right]\left(\frac{\partial\tau}{\partial z}\right)^2 + 2V_h^2F\left(\frac{\partial\tau}{\partial x}\right)^2\left(\frac{\partial\tau}{\partial y}\right)^2 + V_{\mathrm{P0}}^2\left(\frac{\partial\tau}{\partial z}\right)^4 \tag{4-47}$$

各向同性时，即 $\varepsilon = \delta = 0, F = 1$，上述程函方程变为：

$$V_{\mathrm{P0}}^2\left[\left(\frac{\partial\tau}{\partial x}\right)^2 + \left(\frac{\partial\tau}{\partial y}\right)^2 + \left(\frac{\partial\tau}{\partial z}\right)^2\right] = 1 \tag{4-48}$$

将式（4-47）改写为如下形式 $\varphi(x,y,z,p_x,p_y,p_z) = 0$，即：

$$\varphi(x,y,z,p_x,p_y,p_z) = V_{\mathrm{P0}}^2p_z^4 + V_h^2F(p_x^4 + p_y^4) + (V_{\mathrm{P0}}^2F + V_n^2)(p_x^2p_z^2 + p_y^2p_z^2) + 2V_h^2Fp_x^2p_y^2 - F(p_x^2 + p_y^2) - p_z^2 = 0 \tag{4-49}$$

同理可以推导出三维射线方程的具体表达式：

$$\begin{cases} \dfrac{\mathrm{d}x}{\mathrm{d}\sigma} = \dfrac{1}{2}\dfrac{\partial\varphi}{\partial p_x} = 2V_h^2Fp_x^3 + (V_{\mathrm{P0}}^2F + V_n^2)p_xp_z^2 + 2V_h^2Fp_xp_y^2 - Fp_x \\ \dfrac{\mathrm{d}y}{\mathrm{d}\sigma} = \dfrac{1}{2}\dfrac{\partial\varphi}{\partial p_y} = 2V_h^2Fp_y^3 + (V_{\mathrm{P0}}^2F + V_n^2)p_yp_z^2 + 2V_h^2Fp_x^2p_y - Fp_y \\ \dfrac{\mathrm{d}z}{\mathrm{d}\sigma} = \dfrac{1}{2}\dfrac{\partial\varphi}{\partial p_z} = 2V_{\mathrm{P0}}^2p_z^3 + (V_{\mathrm{P0}}^2F + V_n^2)(p_x^2 + p_y^2)p_z - p_z \end{cases} \tag{4-50}$$

$$
\begin{cases}
\dfrac{\mathrm{d}p_x}{\mathrm{d}\sigma} = -\dfrac{1}{2}\dfrac{\partial\varphi}{\partial x} \\
= \dfrac{1}{f}(p_x^2 + p_y^2)\varepsilon_x - V_{\mathrm{P0}}(V_{\mathrm{P0}})_x[(1+2\varepsilon)(1+\dfrac{2\varepsilon}{f})(p_x^4+p_y^4) + \\
2(1+\delta+\dfrac{\varepsilon}{f})(p_x^2p_z^2+p_y^2p_z^2) + 2(1+2\varepsilon)(1+\dfrac{2\varepsilon}{f})p_x^2p_y^2 + p_z^4] - \\
V_{\mathrm{P0}}^2[\dfrac{1+f+4\varepsilon}{f}(p_x^4+p_y^4)\varepsilon_x + (\delta_x+\dfrac{1}{f}\varepsilon_x)(p_x^2p_z^2+p_y^2p_z^2) + 2\dfrac{1+f+4\varepsilon}{f}p_x^2p_y^2\varepsilon_x] \\
\dfrac{\mathrm{d}p_y}{\mathrm{d}\sigma} = -\dfrac{1}{2}\dfrac{\partial\varphi}{\partial x} \\
= \dfrac{1}{f}(p_x^2 + p_y^2)\varepsilon_y - V_{\mathrm{P0}}(V_{\mathrm{P0}})_y[(1+2\varepsilon)(1+\dfrac{2\varepsilon}{f})(p_x^4+p_y^4) + \\
2(1+\delta+\dfrac{\varepsilon}{f})(p_x^2p_z^2+p_y^2p_z^2) + 2(1+2\varepsilon)(1+\dfrac{2\varepsilon}{f})p_x^2p_y^2 + p_z^4] - \\
V_{\mathrm{P0}}^2[\dfrac{1+f+4\varepsilon}{f}(p_x^4+p_y^4)\varepsilon_y + (\delta_y+\dfrac{1}{f}\varepsilon_y)(p_x^2p_z^2+p_y^2p_z^2) + 2\dfrac{1+f+4\varepsilon}{f}p_x^2p_y^2\varepsilon_y] \\
\dfrac{\mathrm{d}p_z}{\mathrm{d}\sigma} = -\dfrac{1}{2}\dfrac{\partial\varphi}{\partial x} \\
= \dfrac{1}{f}(p_x^2 + p_y^2)\varepsilon_z - V_{\mathrm{P0}}(V_{\mathrm{P0}})_z[(1+2\varepsilon)(1+\dfrac{2\varepsilon}{f})(p_x^4+p_y^4) + \\
2(1+\delta+\dfrac{\varepsilon}{f})(p_x^2p_z^2+p_y^2p_z^2) + 2(1+2\varepsilon)(1+\dfrac{2\varepsilon}{f})p_x^2p_y^2 + p_z^4] - \\
V_{\mathrm{P0}}^2[\dfrac{1+f+4\varepsilon}{f}(p_x^4+p_y^4)\varepsilon_z + (\delta_z+\dfrac{1}{f}\varepsilon_z)(p_x^2p_z^2+p_y^2p_z^2) + 2\dfrac{1+f+4\varepsilon}{f}p_x^2p_y^2\varepsilon_z]
\end{cases}
\tag{4-51}
$$

$$
\begin{aligned}
\frac{\mathrm{d}T}{\mathrm{d}\sigma} &= \frac{1}{2}\left(p_x\frac{\partial\varphi}{\partial p_x} + p_y\frac{\partial\varphi}{\partial p_y} + p_z\frac{\partial\varphi}{\partial p_z}\right) \\
&= 2[V_h^2F(p_x^4+p_y^4) + V_{\mathrm{P0}}^2p_z^4] + 2(V_{\mathrm{P0}}^2F + V_n^2)(p_x^2p_z^2+p_y^2p_z^2) + \\
&\quad 4V_h^2Fp_x^2p_y^2 - F(p_x^2+p_y^2) - p_z^2
\end{aligned}
\tag{4-52}
$$

#### 4.1.1.3 射线追踪的实现

由以上常微分方程可以看出，射线追踪需要确定射起始点位置坐标 $(x,y,z)$、射线初始点方向 $(p_x,p_y,p_z)$ 和入射时刻 $t$，通过使用龙格库塔积分法便可以求解上述常微分方程组。给点积分步长 $s$，通过多次迭代求解得到射线路径上各点的坐标 $(x,y,z)$ 以及每个坐标点对应的走时 $t$。我们可以根据计算走时的精度需要以及计算效率调整积分步长 $s$。

具体实现步骤如图 4-5 所示。

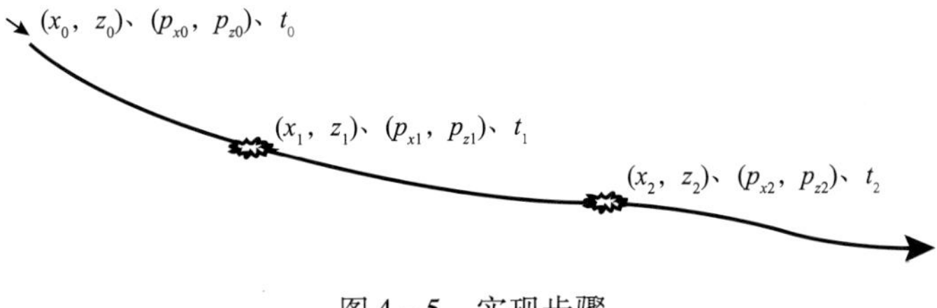


图 4-5 实现步骤

(1) 已知入射点坐标 $(x_0,z_0)$、入射方向 $(p_{x0},p_{z0})$ 以及入射时刻 $t_0$，给定积分步长 $s$，代入常微分方程组求解射线下一点坐标 $(x_1,z_1)$、出射方向 $(p_{x1},p_{z1})$ 和走时 $t_1$。

(2) 将上一点的坐标 $(x_1,z_1)$、出射方向 $(p_{x1},p_{z1})$ 和走时 $t_1$ 代入常微分方程组求解射线第三点的坐标 $(x_2,z_2)$、出射方向 $(p_{x2},p_{z2})$ 和走时 $t_2$。

(3) 重复上述两步计算出整条射线路径上每点的坐标、方向和走时。

上面描述的是 TI 介质射线追踪的基本算法实现过程，该射线追踪得到的是等时间间隔的射线路径，因此无法直接用于获取网格内的射线长度，而层析反演需要计算射线在网格内的射线长度，即层析反演中的核函数 $L$，下面主要介绍核函数 $L$ 的计算方法。

#### 4.1.1.4 模型数值实验

1. 常速模型旅行时数值实验对比

常速度为2000m/s，射线扫描角度范围为0° ~ 360°，角度间隔为0.1°。

图4-6~图4-11中，(a) 表示求解 Alkhalifah (2000) 射线方程得到的旅行时等值线，(b) 表示新射线方程得到的旅行时等值线，(c) 表示将二者叠合后的对比结果。

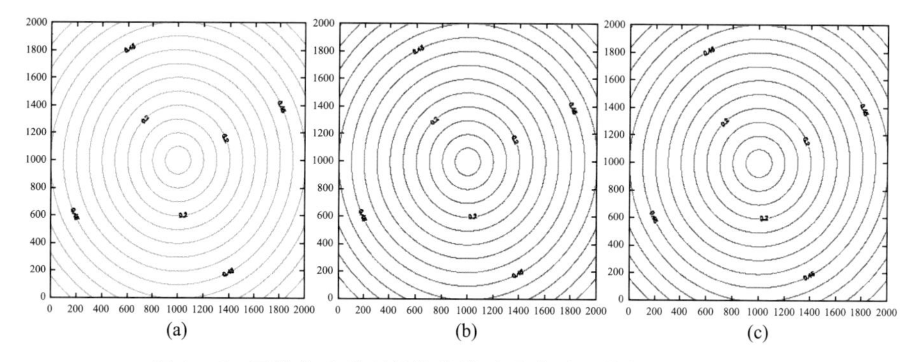

图4-6 两种方法得到的等值线及叠合对比分析 ($\varepsilon=\delta=0$)

(a) Alkhalifah 射线方程的旅行时等值线；(b) 新射线方程的旅行时等值线；(c) 将二者叠合后的对比结果

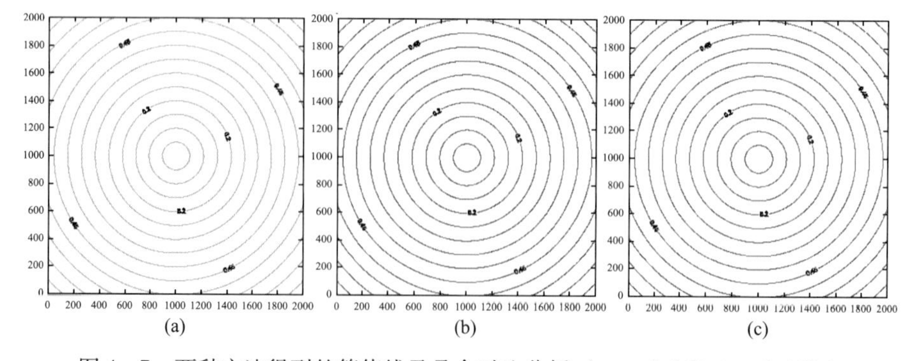

图4-7 两种方法得到的等值线及叠合对比分析 ( $\varepsilon = 0.065,\delta = 0.059$ )

(a) Alkhalifah 射线方程的旅行时等值线；(b) 新射线方程的旅行时等值线；(c) 将二者叠合后的对比结果

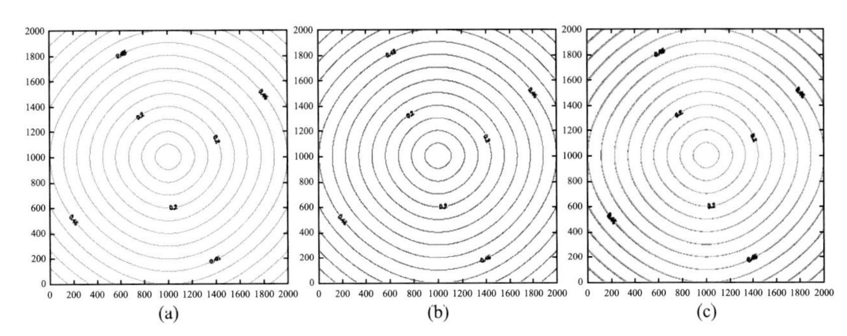


图 4-8 两种方法得到的等值线及叠合对比分析（$\varepsilon=0.11,\delta=-0.035$）

(a) Alkhalifah 射线方程的旅行时等值线；(b) 新射线方程的旅行时等值线；(c) 将二者叠合后的对比结果

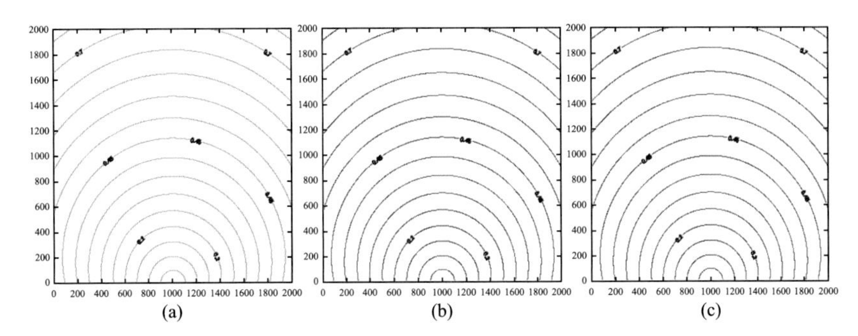


图 4-9 各向同性介质速度常梯度模型中等值线及叠合对比分析（$\varepsilon=\delta=0$）

(a) Alkhalifah 射线方程旅行时等值线；(b) Zhan 射线方程旅行时等值线；(c) 二者叠合对比结果

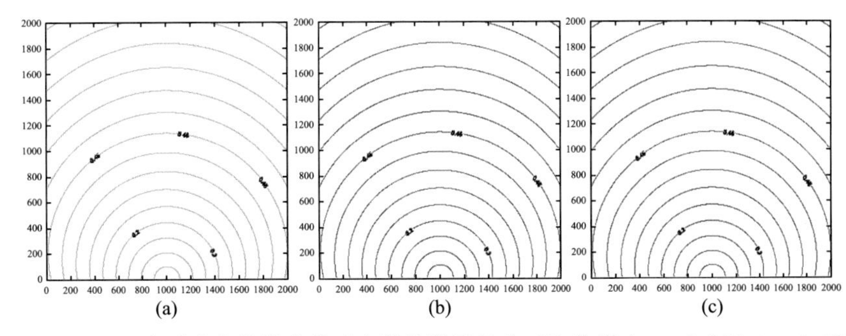


图 4-10 VTI 介质速度常梯度模型中等值线及叠合对比分析（$\varepsilon=0.065,\delta=0.059$）

(a) Alkhalifah 射线方程旅行时等值线；(b) Zhan 射线方程旅行时等值线；(c) 二者叠合对比结果

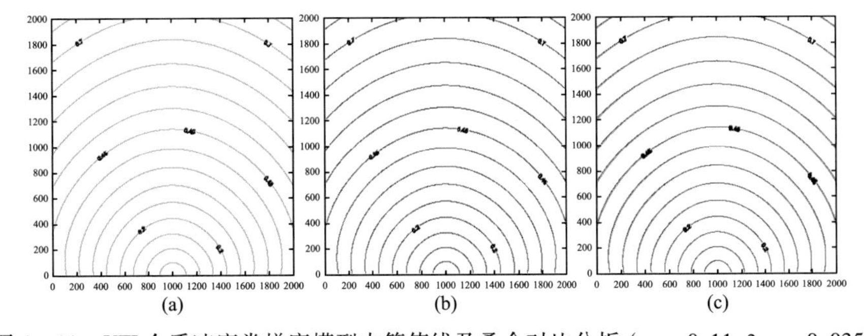


图 4-11 VTI 介质速度常梯度模型中等值线及叠合对比分析（$\varepsilon=0.11,\delta=-0.035$）

(a) Alkhalifah 射线方程旅行时等值线；(b) Zhan 射线方程旅行时等值线；(c) 二者叠合对比结果

由图4－7可知，各向同性介质的旅行时等值线是规则的圆，利用两组射线方程得到的旅行时等值线完全没有差异。介质所呈现的各向异性会改变射线传播的相速度，相速度的差异导致相应射线点坐标、传播方向和旅行时的不同。当各向异性强度较弱时，旅行时等值线不再是一个规则的圆，两组旅行时等值线几乎没有差异。这表明，当各向异性参数较小，且$|\varepsilon-\delta|$很小时，利用新射线方程得到的P波旅行时与Alkhalifah（2000）射线方程计算的旅行时没有差别。

当各向异性强度增大，且δ变为负值，即$|\varepsilon-\delta|$变大时（图4－8），旅行时等值线呈现为明显的椭圆。随着相角的增大，两组射线方程得到的旅行时等值线略有差异。当$|\varepsilon-\delta|$较大时，新相速度的准确度略低于Alkhalifah的相速度，利用新射线方程计算的旅行时较Alkhalifah射线方程得到的旅行时精度略低，但二者误差非常小，因此，基于新射线方程同样能够准确且有效地用于各向异性介质旅行时的计算。

2. 速度常梯度模型旅行时数值实验对比

对速度常梯度模型（2000～4000m/s，梯度为1m/s）进行射线追踪，射线震源点坐标为（1000m，0m），射线扫描范围为－90°～90°，角度间隔为0.1°。

从（图4－9～图4－11）可以看出，梯度模型中速度沿纵轴增加，相应波前传播的快，无论是各向同性介质，还是各向异性介质，其相应旅行时等值线不再是常速模型的等间隔分布，而是沿纵轴方向等值线间隔变大。

对于各向同性介质速度常梯度的旅行时等值线对比结果（图4－9），求解两组射线方程得到的旅行时等值线没有差别，这表明，各向同性介质的速度梯度对两组射线方程没有影响。当各向异性参数很小，且$|\varepsilon-\delta|$很小时（图4－10），两组旅行时等值线几乎没有差异；当各向异性参数变大，且δ为负值，相应$|\varepsilon-\delta|$较大时（图4－11），两组旅行时等值线在大角度处表现出略有差异但差异很小，再次证明，基于新的射线追踪方法能够准确地计算射线路径和旅行时。

3. 射线追踪算法稳定性对比

Alkhalifah（2000）认为qP波方程解的振幅项是正负指数的形式，当$\eta<0$时，四组解中至少有一个解的振幅会随时间呈指数快速增大，这会严重影响数值计算的稳定性。因此，当$\eta<0$时，qP波方程不能用于模拟波场传播。

为了验证两种射线方程的稳定性，针对$\eta<0$，选取各向异性参数$\varepsilon=0.1,\delta=-0.51$，分别进行数值实验。其中，图4－12（a）表示在常速模型中利用新射线方程求解的旅行时等值线，图4－12（b）表示速度常梯度模型的新射线方程的旅行时等值线。

通过数值实验，当选取$\varepsilon=0.1,\delta=-0.51$，即$\eta<0$时，求解Alkhalifah的射线方程出现数值计算的不稳定，得到的射线点坐标和相应旅行时为无限大，这一现象与Alkhalifah给出的结论一致，说明基于Alkhalifah的qP波方程、程函方程和射线方程在数值求解时都有稳定性条件的约束，即要求$\eta\geqslant0$。而从图4－11可以看出，基于新的射线方程在$\eta<0$时，仍可以进行准确且有效的旅行时计算，该方程不存在稳定性条件的局限，对任

意 $\eta$ 均适用。可见，新的射线追踪算法稳定性好，适用性更强。

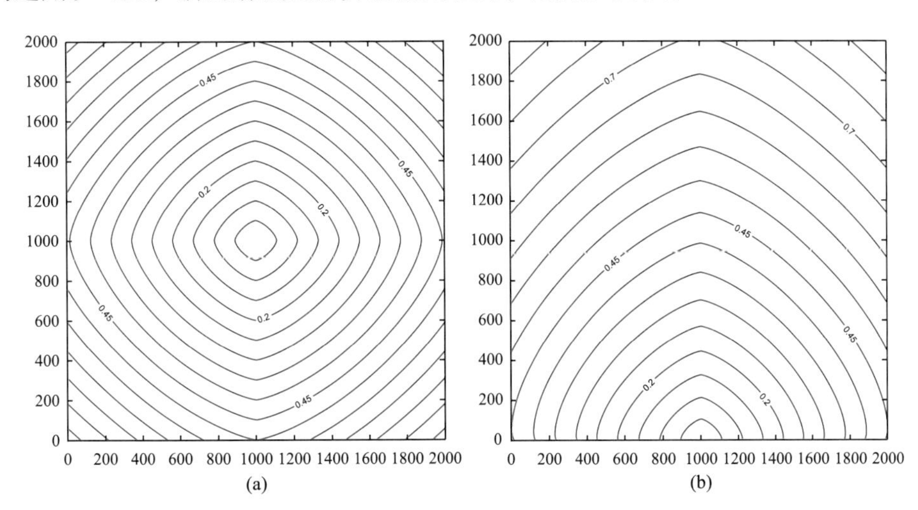


图 4-12 新射线方程等值线及叠合对比分析（$\varepsilon=0.1, \delta=-0.51$）

（a）VTI 介质速度常梯度模型；（b）VTI 介质速度常梯度模型

4. 射线追踪算法精度对比

程函方程和射线方程作为刻画地震波运动学特性的基本方程用于旅行时的计算。VTI 介质的程函方程是由相应 qP 波频散关系经反傅里叶变换得到 qP 波方程，再将平面波解代入其中，最后通过高频近似得到的，射线方程是相应程函方程的等价变换，用于实际的射线追踪计算。可见，程函方程和射线方程的准确度直接受频散关系的控制。

Alkhalifah（2000）导出的程函方程对应声学近似下的频散关系，即令准确相速度中的 $V_{S0}=0$，而新的射线方程基于的频散关系是将准确相速度进行一阶 Taylor 级数展开，得到 P-SV 波分离后的 qP 波频散关系。通过将两种不同的近似频散关系与准确频散关系进行精度对比，来考量两种程函方程和相应射线方程的准确度。

我们知道，频散关系与相应相速度一致，因此针对三种典型模型对比不同相速度表达式的精度，其中 $V_{P0}=2000\text{m/s}, V_{S0}=1000\text{m/s}$，相角范围为 0°～90°。图 4-13～图 4-15 中，黑线表示利用准确相速度公式计算的相速度，绿线表示利用 Alkhalifah 声学近似 $V_{S0}=0$ 计算的相速度，红线表示将 P-SV 波分离后的 qP 波相速度。

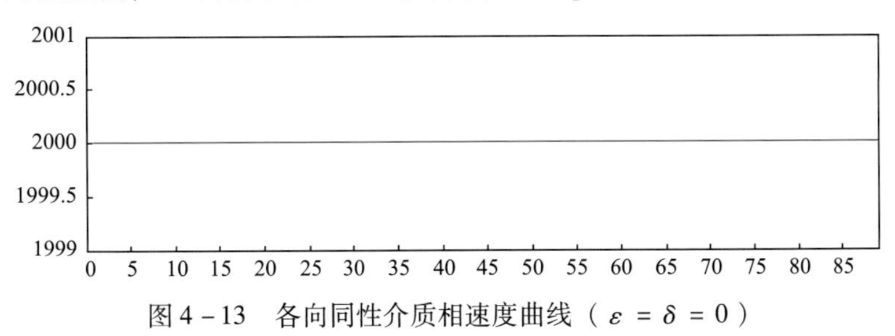


图 4-13 各向同性介质相速度曲线（$\varepsilon=\delta=0$）

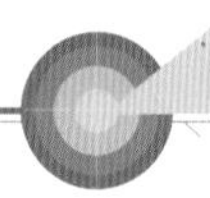

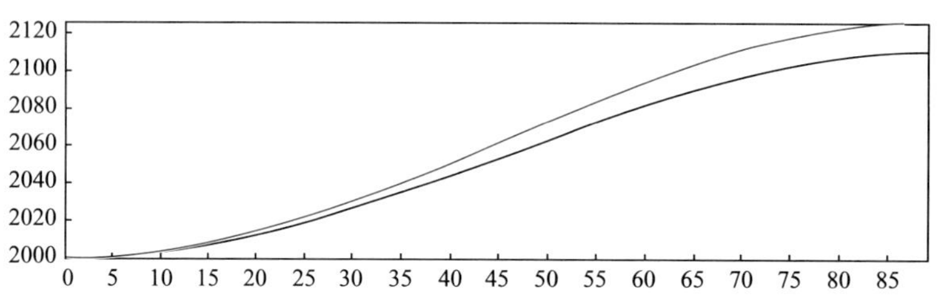

图 4-14　Mesa clay Shale VTI 介质相速度曲线（$\varepsilon = 0.065, \delta = 0.059$）

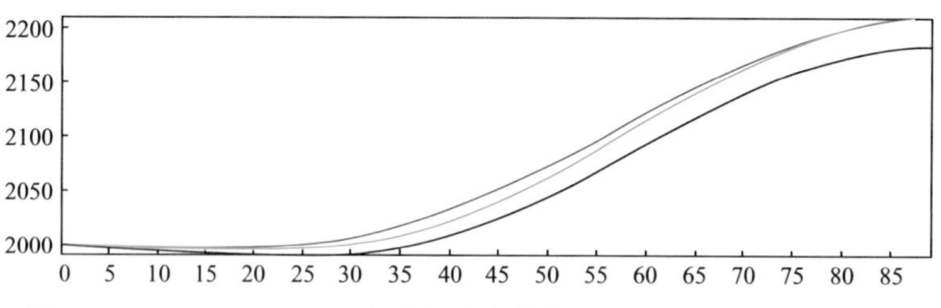

图 4-15　Taylor Sand VTI 介质相速度曲线（$\varepsilon = 0.11, \delta = -0.035$）

由图 4-13 可知，当介质为各向同性时，Alkhalifah 声学近似的相速度曲线和 P-SV 波分离后的 qP 波相速度曲线都与准确相速度曲线完全相同。对于各向异性介质，Alkhalifah 和本文的相速度曲线不再与准确相速度曲线重合，而出现差异。当各向异性较弱时（图 4-14），Alkhalifah 和本文的相速度曲线几乎没有差别，二者与准确相速度的误差随相角的增大而变大。各向异性逐渐增大，且 $\delta$ 变为负值时（图 4-15），Alkhalifah 和本文的相速度与准确相速度的误差同样存在随相角增大的趋势，但二者的差异很小。整体看来，Alkhalifah 的相速度与本文的相速度的精度相当，因此，基于本文相速度用于准确的射线追踪是行之有效的。

综上所述，本文提出的新方法比常规方法的精度更高、稳定性更强，是一种更为精确的射线追踪方法。但是从公式中可以发现，两种方法的步长均为时间 d$s$，而且在整个追踪过程中保持不变，导致在浅层速度较小的情况下追踪速度明显变慢，无形之中增加了计算量，给实际生产带来不便。而且经过测试发现，虽然新方法精度高，但是运行速度非常之慢，不利于实际生产，所以结合实际生产的需要，加之两种方法的精度差在精度允许的范围之内，本文以后采用的方法均为常规射线追踪方法。

5. 基于 qP 波方程的波场快照对比

在对比两组射线方程旅行时计算精度之前，本节给出求解两种不同频散关系对应 qP 波方程的波场快照（记录 0.15s 和 0.4s 的波场）（图 4-16）。数值试验时设计如下模型：速度场的纵横向网格间距为 10m，纵横向采样点数都为 201 个，背景速度 $V_{P0} = 2000$m/s，$\varepsilon = 0.11$，$\delta = -0.035$ 震源坐标为（1000m，1000m）。

由图 4-16 所示的波场快照可知，求解 Alkhalifah qP 方程得到的波场成分中存在声介质中不该有的 SV 波［图 4-16（a）］，而基于 P-SV 波分离后的 qP 波频散关系，并求解对应的 qP 波方程得到的波场中仅有 P 波成分［图 4-16（b）］，可见，基于分离后 qP 波频散关系得到的 qP 波方程能够更准确地描述 qP 波在 VTI 介质中的动力学特性。

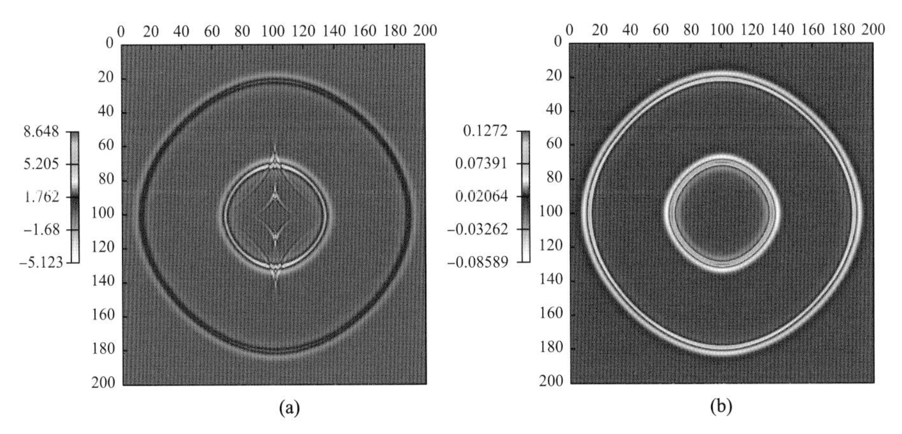


图 4－16　基于 qP 波方程的波场快照对比（$\varepsilon=0.11, \delta=-0.035$）
（a）求解基于 Alkhalifah 频散关系的 qP 波方程得到的波场快照；
（b）求解基于解耦后 qP 波频散关系的 qP 波方程得到的波场快照

6. 射线追踪结果与正演结果对比

下面用 VTI 介质正演结果验证常规射线追踪方法的正确性。

首先设计观测系统：

（1）工区大小：1000m × 1000m × 1000m；

（2）线数：101，线间距：10m；

（3）cdp 数：101，cdp 间距：10m；

（4）深度采样点数：101，深度采样间隔：10m；

（5）时间采样点数：2000，时间采样间隔：1ms；

（6）中间放炮，炮点坐标：（0m，0m，10m）；

（7）检波点坐标范围：（－500～500m，－500～500m）；

（8）检波点个数 101 × 101；

（9）检波点深度分别位于 330m、660m 和 990m。

将 3D 射线追踪得到的旅行时与 3D 有限差分 qP 波正演炮记录（认为是精确的）进行对比，从而验证 3D 射线追踪的准确性。

设计 2 套 3D 各向异性模型（均匀介质和层状介质），分别在 2～3 个深度层位面上设置检波点，记录 3D 射线追踪旅行时和 3D 有限差分炮记录，对比两种方法得到的初至波旅行时。如果 3D 射线追踪法得到的旅行时与 3D 有限差分正演得到的旅行时一致，则认为 3D 射线追踪是正确的。

由于 3D 射线追踪是体的概念，而且我们主要想验证远离炮点的测线的旅行时，因此选取几条有代表性的测线，采用与 2D 类似的方法进行验证。只有每条测线的验证结果都是正确的时候才能认为 3D 射线追踪时正确的。

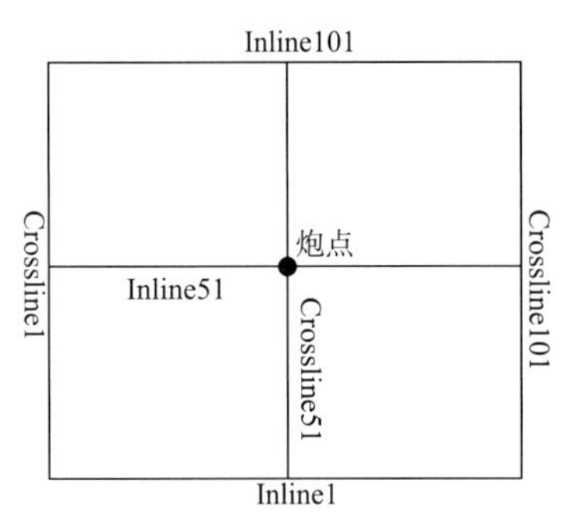


图 4－17　观测系统示意图

分别取过炮点的主测线和联络测线（Inline51 和 Crossline51），和离炮点最远的主测线和联络测线（Inline1、Inline101、Crossline1 和 Crossline101）（图 4－17）。

以下是验证结果：

模型一：均匀各向异性模型；速度：2000m/s，$\varepsilon=0.195$，$\delta=-0.22$（图 4－18～图 4－24）。

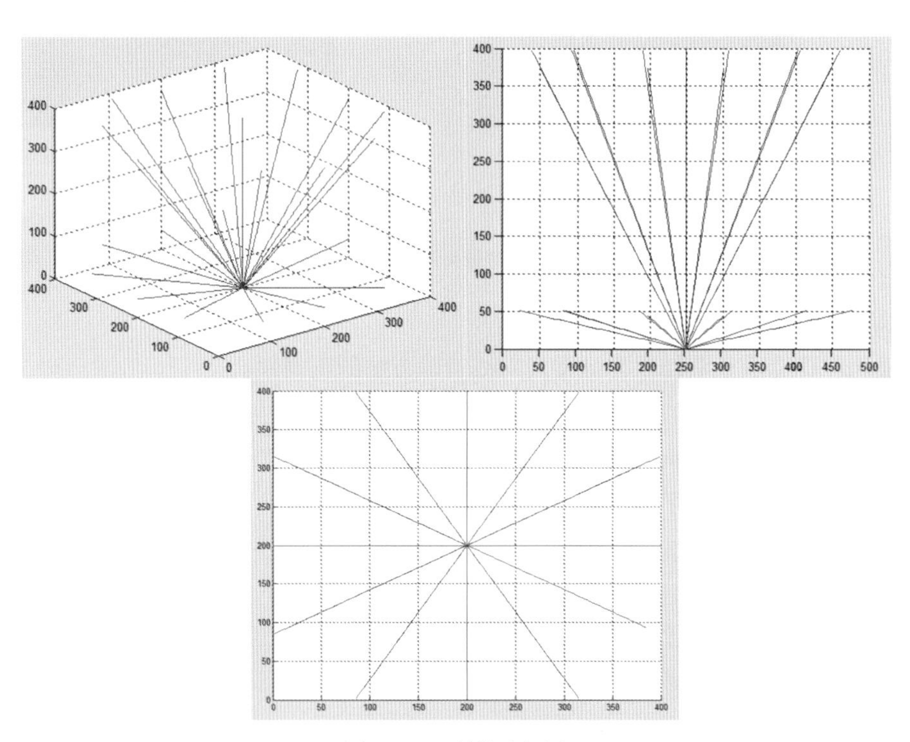

图 4－18　射线路径图

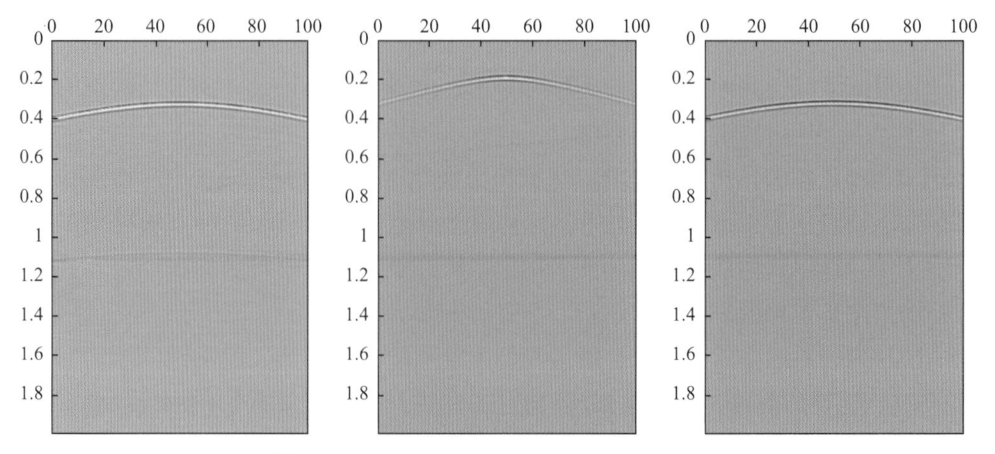


图 4－19　330m，Inline1、Inline51、Inline101

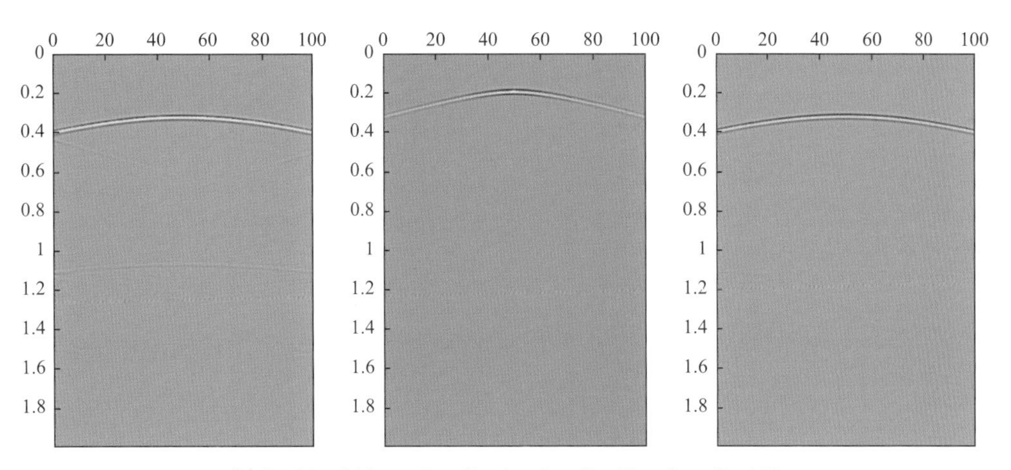


图 4－20　330m，Crossline1、Crossline51、Crossline101

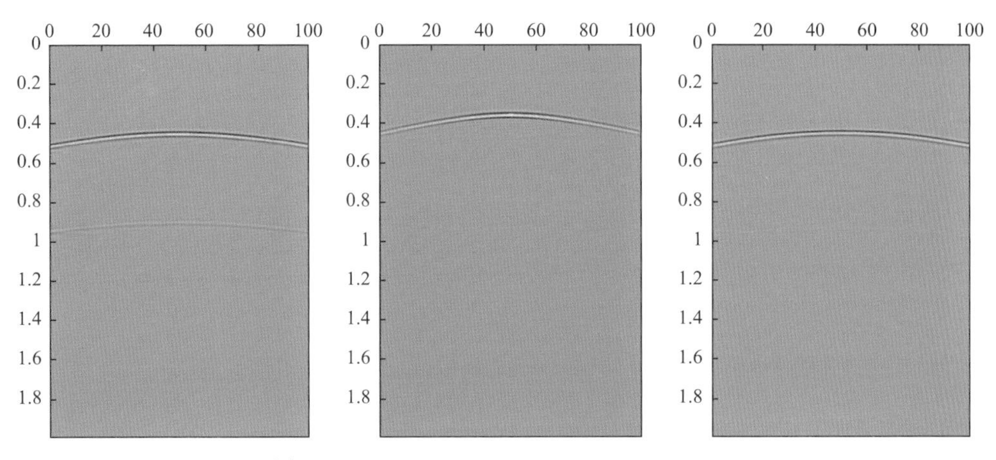


图 4－21　660m，Inline1、Inline51、Inline101

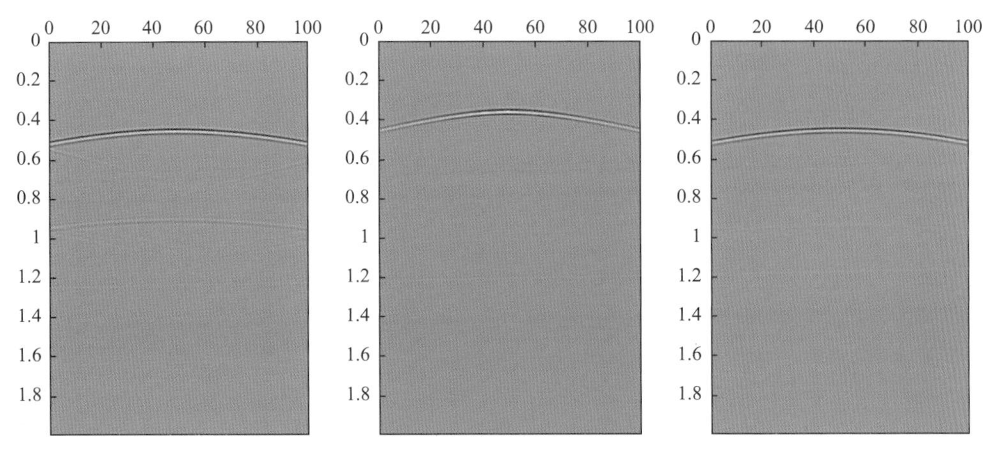


图 4－22　660m，Crossline1、Crossline51、Crossline101

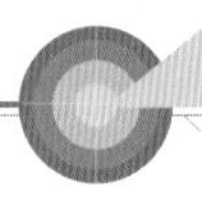

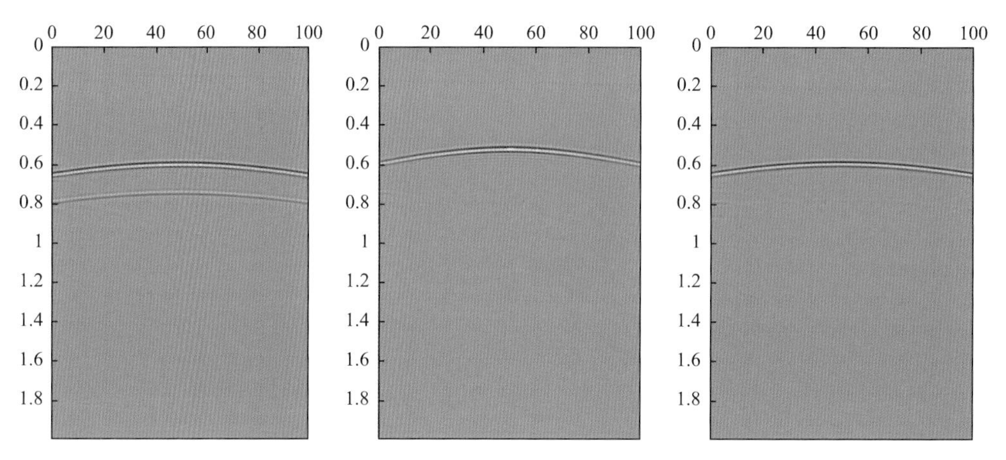

图 4－23　990m，Inline1、Inline51、Inline101

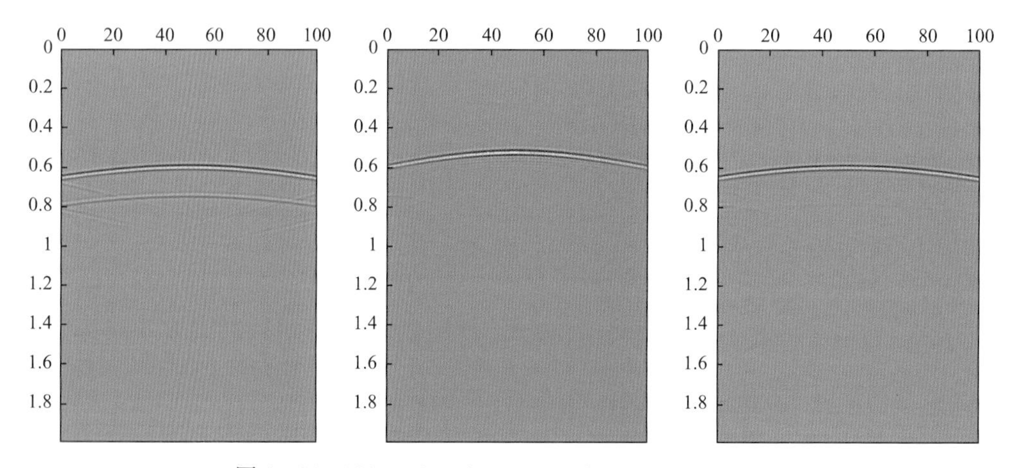

图 4－24　990m，Crossline1、Crossline51、Crossline101

模型二：水平层状各向异性模型（图 4－25～图 4－29）。

第一层：速度：2000m/s，$\varepsilon=0.065$，$\delta=0.059$。

第二层：速度：3000m/s，$\varepsilon=0.110$，$\delta=-0.035$。

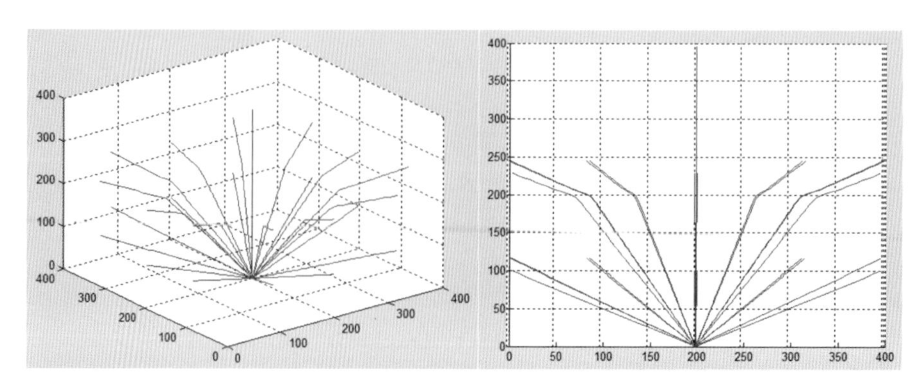

图 4－25　射线路径图

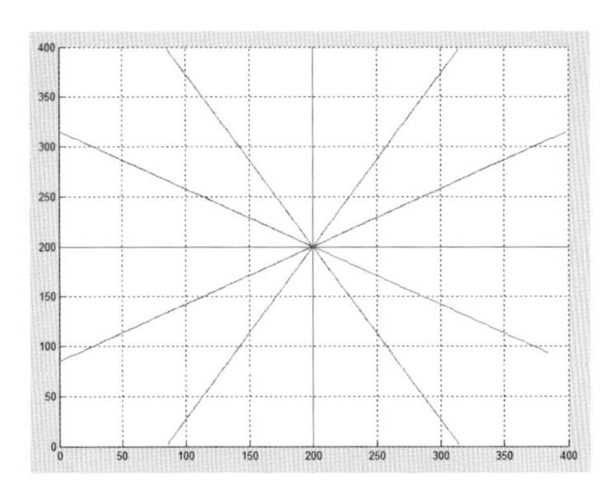


图 4－25　射线路径图（续）

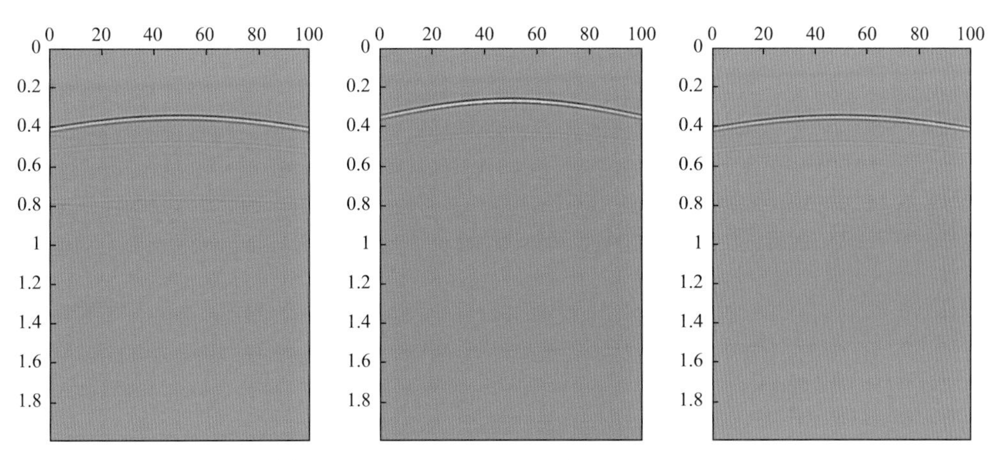


图 4－26　500m，Inline1、Inline51、Inline101

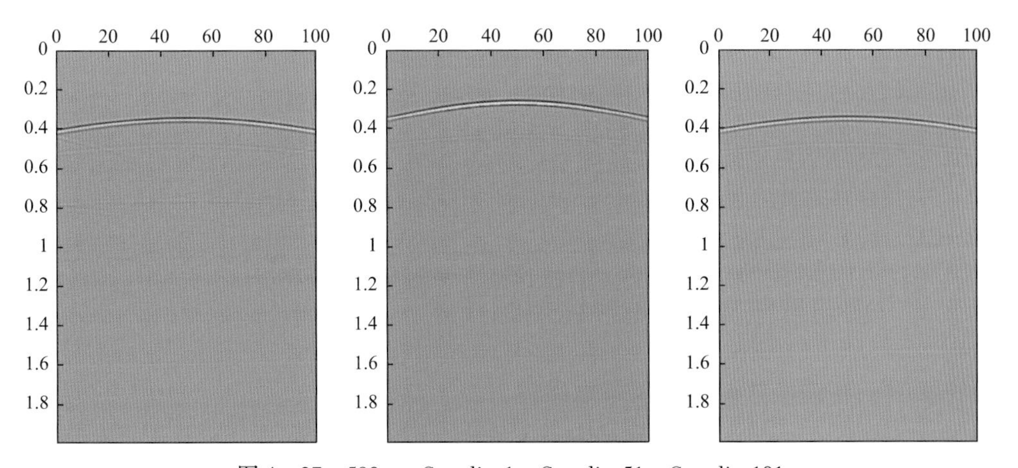


图 4－27　500m，Crossline1、Crossline51、Crossline101

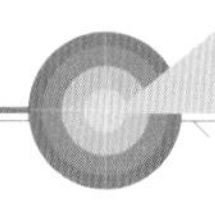

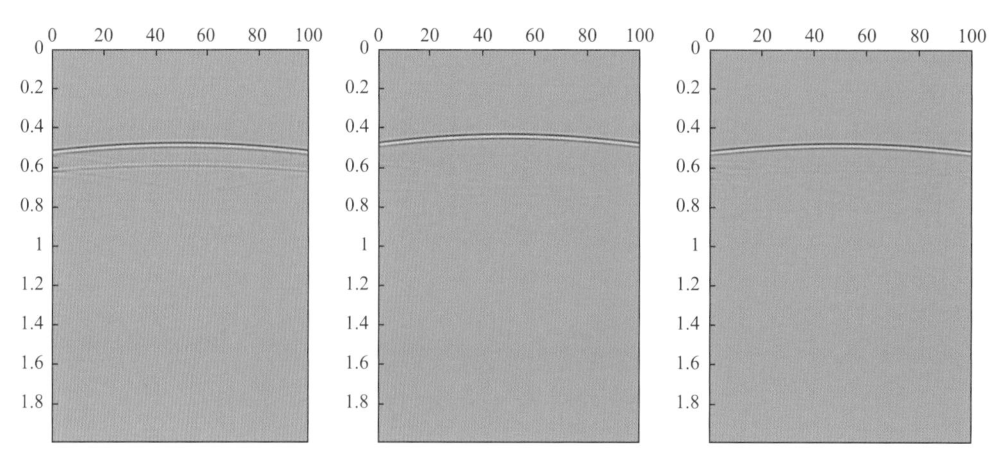


图 4-28　990m，Inline1、Inline51、Inline101

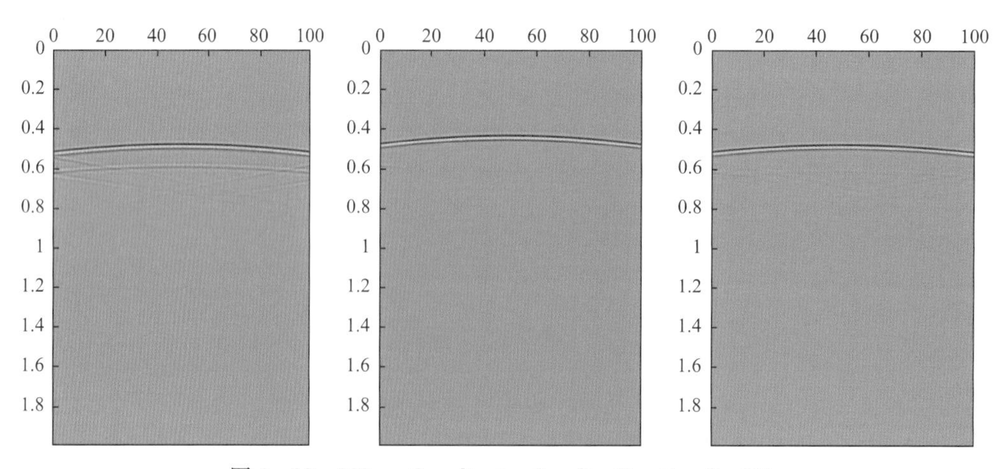


图 4-29　990m，Crossline1、Crossline51、Crossline101

从两个模型的结果可以看出，无论浅层、中层、深层，还是 Inline 方向、Crossline 方向，射线追踪得到的旅行时曲线能够和正演模拟得到的炮道集的同相轴在时间上保持一致，两者的拟合度很高，说明本文射线追踪得到的旅行时信息是准确的，可以用于后续的层析反演中。

## 4.1.2　相速度法 TI 介质射线追踪技术

### 4.1.2.1　相速度法射线追踪基本原理

传统的射线追踪系统通常采用弹性刚度来表示（Cerveny，1972），在计算每条射线的相关属性过程中，其不仅需要求解一个繁杂的特征值问题，而且弹性刚度与各向异性模型所惯用的 Thomsen 参数没有直观的对应关系，需要事先进行转化统一处理。基于声学的假设，通过简单地令 $V_{S0}=0$，并采用 Thomsen 参数表征的 VTI 介质射线追踪系统（Alkhalifah，2000），虽然具有相当高的精度，但其受到数值稳定性条件（$\eta \geqslant 0$）的约束。基于相速度表征的各向异性射线追踪系统（Tianfei Zhu 等，2005），其不仅形式简洁，计算简单，并且便于从 VTI 介质扩展到 TTI 介质，甚至是 ORT 介质的射线追踪，但仍有进一步简化的空间。

基于相速度的射线追踪方法是从 Hamilton 相速度公式出发推导运动学射线追踪系统，然后将 TTI 介质相速度和群速度代入该系统，得到 TTI 介质射线追踪方程，此时的方程是坐标、射线参数和旅行时的微分方程，解此方程就会得到当前点的坐标、射线参数及传播时间，可以用作计算下一个传播点的初始值。但是射线参数只是中间变量，与速度和时间并无联系，无法直接作为初始值使用，因此通过射线参数与角度的关系进一步将 TTI 介质射线追踪方程变为坐标、出射角和旅行时的微分方程，解方程得到的坐标、出射角及传播时间可以直接作为初始值进行计算。通过该微分方程就可以从出射点一直追踪到检波点，计算出一条射线曲线及旅行时信息。基于相速度的射线追踪方法具体推导过程如下。

首先从 Hamilton 相速度公式出发：

$$K(x_i,p_i) = \frac{v^2(x_i,n_i)p_kp_k - 1}{2} \tag{4-53}$$

得到相应的运动学射线追踪系统：

$$\begin{cases} \dfrac{\mathrm{d}x_i}{\mathrm{d}\tau} = \dfrac{\partial K}{\partial p_i} = v^2 p_i + \dfrac{1}{v}\dfrac{\partial v}{\partial p_i} = V_{Gi} \\ \dfrac{\mathrm{d}p_i}{\mathrm{d}\tau} = -\dfrac{\partial K}{\partial x_i} = -\dfrac{1}{v}\dfrac{\partial v}{\partial x_i} \\ \dfrac{\mathrm{d}T}{\mathrm{d}\tau} = p_i\dfrac{\partial x_i}{\partial \tau} = \vec{p}\,\vec{v} = 1 \end{cases} \tag{4-54}$$

式中，$x_i$ 是坐标；$T$ 是旅行时；$\tau$ 是时间步长；d 是微分符号；$K$ 是 Hamilton 相速度；$p$ 是射线参数；$n$ 是射线方向；$v$ 是 TTI 介质相速度；$V_G$ 是 TTI 介质群速度。

将 TTI 介质相速度和群速度代入射线追踪系统［式（4－54）］，可以得到基于相速度的三维 TTI 介质射线追踪方程：

$$\begin{cases} \dfrac{\mathrm{d}x}{\mathrm{d}\tau} = \left(v\sin\theta + \dfrac{\partial v}{\partial\theta}\cos\theta\right)\cos\phi - \dfrac{\sin\phi}{\sin\theta}\dfrac{\partial v}{\partial\phi} \\ \dfrac{\mathrm{d}y}{\mathrm{d}\tau} = \left(v\sin\theta + \dfrac{\partial v}{\partial\theta}\cos\theta\right)\sin\phi + \dfrac{\cos\phi}{\sin\theta}\dfrac{\partial v}{\partial\phi} \\ \dfrac{\mathrm{d}z}{\mathrm{d}\tau} = v\cos\theta - \dfrac{\partial v}{\partial\theta}\sin\theta \\ \dfrac{\mathrm{d}p_x}{\mathrm{d}\tau} = -\dfrac{1}{v}\dfrac{\partial v}{\partial x} \\ \dfrac{\mathrm{d}p_y}{\mathrm{d}\tau} = -\dfrac{1}{v}\dfrac{\partial v}{\partial y} \\ \dfrac{\mathrm{d}p_z}{\mathrm{d}\tau} = -\dfrac{1}{v}\dfrac{\partial v}{\partial z} \\ \dfrac{\mathrm{d}t}{\mathrm{d}\tau} = 1 \end{cases} \tag{4-55}$$

在式（4－55）的基础上，代入射线参数与出射角的关系式 $p_x = \sin\theta\cos\phi/v$、$p_y = \sin\theta\sin\phi/v$、$p_z = \cos\theta/v$，并将其转化为出射角形式：

$$
\begin{cases}
\dfrac{\mathrm{d}x}{\mathrm{d}\tau} = \left(v\sin\theta + \dfrac{\partial v}{\partial\theta}\cos\theta\right)\cos\phi - \dfrac{\sin\phi}{\sin\theta}\dfrac{\partial v}{\partial\phi} \\
\dfrac{\mathrm{d}y}{\mathrm{d}\tau} = \left(v\sin\theta + \dfrac{\partial v}{\partial\theta}\cos\theta\right)\sin\phi + \dfrac{\cos\phi}{\sin\theta}\dfrac{\partial v}{\partial\phi} \\
\dfrac{\mathrm{d}z}{\mathrm{d}\tau} = v\cos\theta - \dfrac{\partial v}{\partial\theta}\sin\theta \\
\dfrac{\mathrm{d}\theta}{\mathrm{d}\tau} = -\cos\theta\cos\phi\dfrac{\partial v}{\partial x} - \cos\theta\sin\phi\dfrac{\partial v}{\partial y} + \sin\theta\dfrac{\partial v}{\partial z} \\
\dfrac{\partial\phi}{\partial\tau} = \left(\sin\phi\dfrac{\partial v}{\partial x} - \cos\phi\dfrac{\partial v}{\partial y}\right)\Big/\sin\theta \\
\dfrac{\mathrm{d}t}{\mathrm{d}\tau} = 1
\end{cases}
\tag{4-56}
$$

式（4－56）即为基于相速度的 TTI 介质三维射线追踪方程，它是以等时间为步长进行延拓的，即每一点旅行时一样，计算每一步延拓点的坐标，然后采用相速度对坐标的偏导数计算出射角。基于相速度的 TTI 介质三维射线追踪方程形式简单，方程中的变量物理意义明确，并且只计算 5 个参数，运算稳定、计算效率高。

最后用龙哥库塔法求解微分方程组，可以得到射线追踪每一步延拓的坐标、出射角和时间。龙哥库塔公式为：

$$
\begin{cases}
Y_{n+1} = Y_n + \dfrac{h}{6}[K_1 + 2K_2 + 2K_3 + K_4] \\
K_1 = F(t_n, Y_n) \\
K_2 = F\left(t_n + \dfrac{1}{2}h,\ Y_n + \dfrac{h}{2}K_1\right) \\
K_3 = F\left(t_n + \dfrac{1}{2}h,\ Y_n + \dfrac{h}{2}K_2\right) \\
K_4 = F(t_n + h,\ Y_n + hK_3)
\end{cases}
\tag{4-57}
$$

式中，$Y_n$ 和 $Y_{n+1}$ 分别是 $n$ 次延拓和 $n+1$ 次延拓的值；$h$ 是延拓步长；$K$ 是龙哥库塔四阶计算值；$F$ 是函数公式；$t_n$ 是 $n$ 次延拓的时间。

#### 4.1.2.2 模型数值试验

1. 正演模拟验证

在验证方法的精度和效率之前，首先验证方法的正确性。将 TTI 声波正演模拟产生的单炮记录与 TTI 射线追踪得到的旅行时曲线进行叠合，如果完全重合，说明本文方法所得到的旅行时信息正确；如果不完全重合，说明本文方法存在问题，需要修改。

设计一个双层模型，模型大小为横向 4000m、纵向 4000m，网格大小为横向 10m、纵向 10m，网格数量为横向 401 个、纵向 401 个。模型第一层速度 $V_{P0}=3000\mathrm{m/s}$，各向异性

参数 $\varepsilon=0.1$，$\delta=0.1$，对称轴倾角 $\theta=45°$；第二层速度 $V_{P0}=3250\text{m/s}$，各向异性参数 $\varepsilon=0.12$，$\delta=0.12$，对称轴倾角 $\theta=25°$，反射界面深度为2000m，炮点位于地表（2000m，10m）处，检波器分别放在1990m和3990m处，检波点间隔为10m。将TTI声波正演所得单炮记录（黑白同相轴）与相速度法得到的旅行时曲线（绿色曲线）进行叠合，如图4－30所示，其中图4－30（a）是1990m处的叠合图，图4－30（b）是3990m处的叠合图。

从图4－30（a）可以看出，在第一层均匀模型中，通过相速度法射线追踪得到的旅行时曲线与声波正演模拟产生的单炮记录吻合程度非常高，说明相速度法射线追踪在均匀模型中的运算是正确的。通过图4－30（b）可以看出，射线从地表炮点出发，在两种介质分界面发生了一次透射，最终到达3990m处的检波点，通过相速度法射线追踪得到的旅行时曲线与声波正演模拟产生的单炮记录吻合程度同样非常高，说明相速度法射线追踪在复杂介质中依然准确。

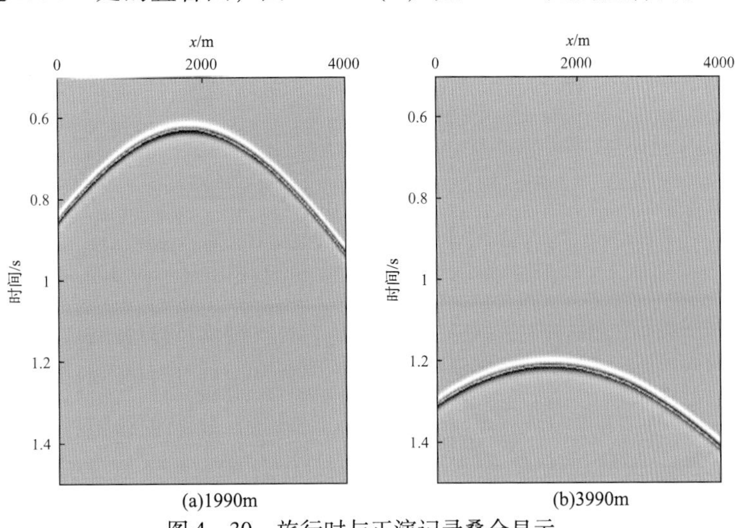


图4－30　旅行时与正演记录叠合显示

2. 二维模型试算

首先采用相速度法进行ISO和VTI介质的射线追踪试算，VTI介质参数为 $\varepsilon=0.195$，$\delta=-0.22$，是Green River Shale的实验室实测各向异性参数数值，图4－31和图4－32是ISO和VTI介质射线追踪路径和等时线图，从图中可以看出，ISO介质的波前面是圆形，说明ISO介质各个方向的射线速度是一致的，而VTI介质的波前面是椭圆，说明VTI介质的速度随出射角的不同而不同。

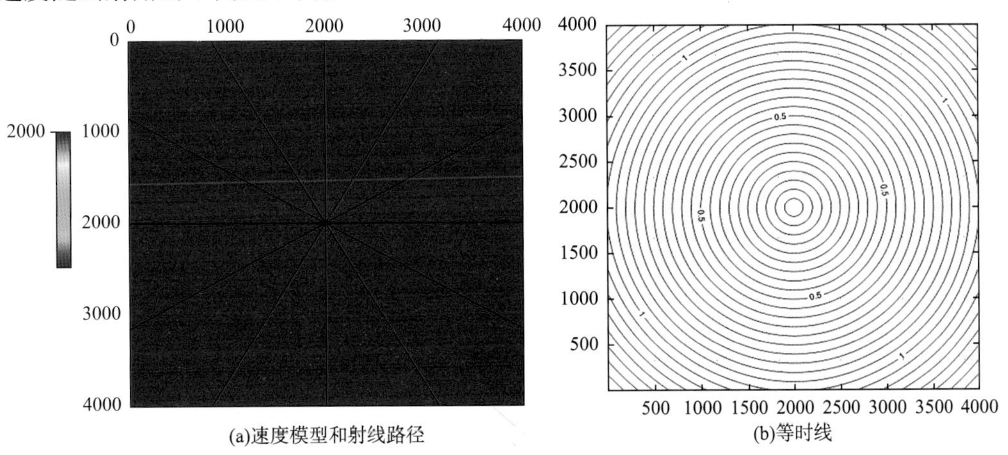


图4－31　2D-ISO介质射线追踪（$\varepsilon=0$，$\delta=0$，$\theta=0°$）

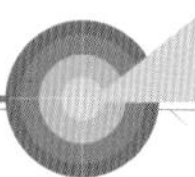

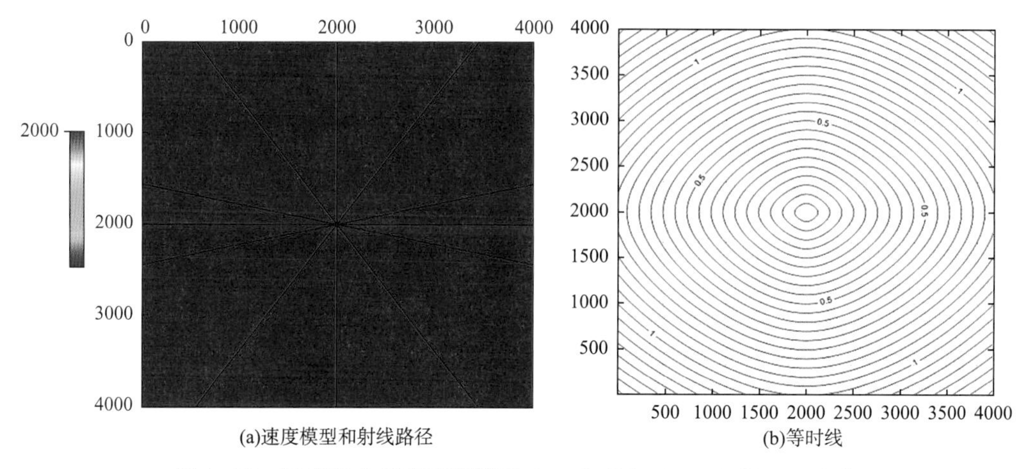

(a)速度模型和射线路径　　(b)等时线

图 4－32　2D-TTI 介质常速度模型（$\varepsilon=0.195$，$\delta=-0.22$，$\theta=0°$）

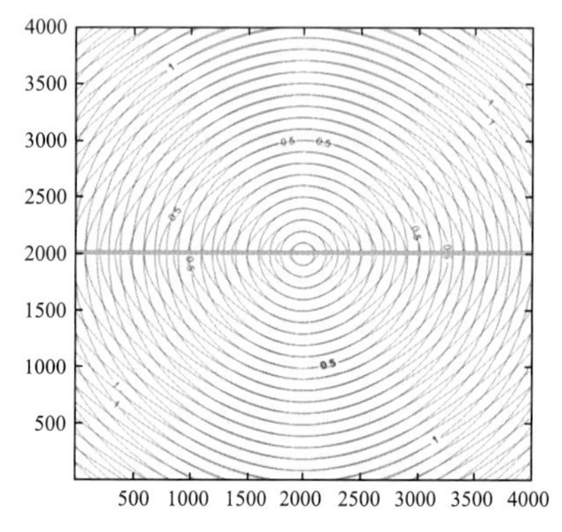

图 4－33　ISO 与 VTI 介质等时线图

图 4－33 为 ISO 和 VTI 介质等时线叠合图，其中黑色曲线为 ISO 介质等时线，红色曲线为 VTI 介质等时线，取绿色线位置的时间进行比较，图 4－34 为旅行时对比和误差分析，从误差曲线可以看出，当射线传播了 2000m 距离的时候，两者误差达到了 18%，说明各向同性与各向异性的差异非常大，做各向异性处理是非常必要的。

下面进行 TTI 介质的模型试算。程函方程法的精度很高，但是运算速度较慢，这里分别采用恒速度模型和变速度模型绘制射线路径和等时线（波前面）图，并通过等时线与程函方程法进行精度对比，如果两者等时线重合率高，说明相速度法射线追踪的精度同样很高；如果两者等时线出现了较大的偏差，则需要进一步验证哪种方法精度更高。再采用一个较为复杂的二维模型通过密集射线追踪验证相速度法的运算效率，如果相速度法的效率明显高于程函方程法，说明相速度法更具有实用性；如果相速度法的效率与程函方程法相当，则说明相速度法与程函方程法具有相同的实用性。

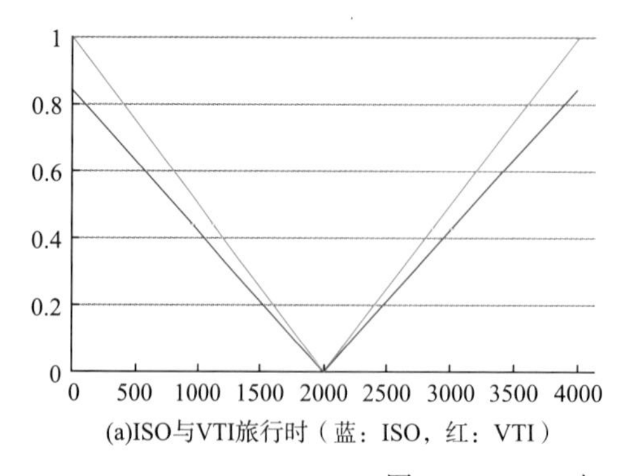

(a)ISO与VTI旅行时（蓝：ISO，红：VTI）

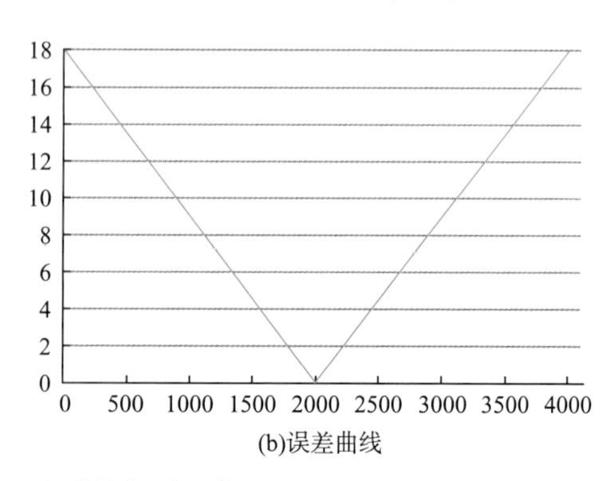

(b)误差曲线

图 4－34　ISO 与 VTI 介质旅行时比较

设计一个二维模型，模型大小为横向 4000m、纵向 4000m，网格大小为横向 10m、纵向 10m，网格数量为横向 401 个、纵向 401 个。图 4 - 35 模型速度 $V_{P0}=2000\text{m/s}$，各向异性参数 $\varepsilon=0.3$，$\delta=-0.1$，对称轴倾角 $\theta=45°$，炮点在模型正中间，坐标为（2000m，2000m）。图 4 - 36 模型速度 $V_{P0}=(2000+0.5z)$ m/s，各向异性参数 $\varepsilon=0.3$，$\delta=-0.1$，对称轴倾角 $\theta=45°$，炮点在地表中间位置，坐标为（2000m，0）。

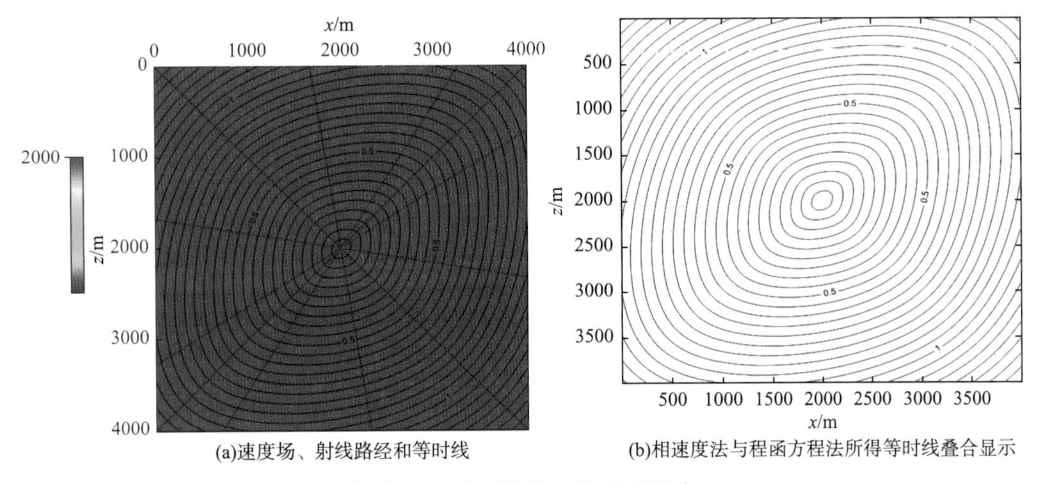

(a)速度场、射线路经和等时线　　(b)相速度法与程函方程法所得等时线叠合显示

图 4 - 35　常速 TTI 模型射线追踪

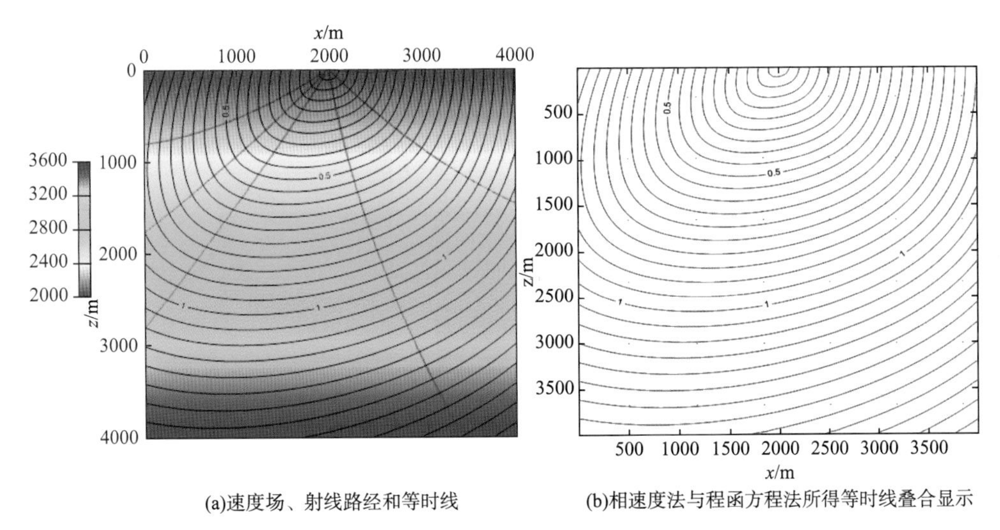

(a)速度场、射线路经和等时线　　(b)相速度法与程函方程法所得等时线叠合显示

图 4 - 36　变速 TTI 模型射线追踪

图 4 - 35 和图 4 - 36 分别为恒速度场、变速度场射线路径与等时线以及相速度法与程函方程法所得等时线叠合显示图。图 4 - 35（a）和图 4 - 36（a）为相速度法射线追踪得到的射线路径和等时线，背景为速度场。从等时线可以看出，各向异性情况下波前面不再是圆形，而是椭圆形，并且随着对称轴的倾斜发生旋转，变速情况下射线发生了弯曲，出现了回转现象。图 4 - 35（b）和图 4 - 36（b）为相速度法和程函方程法得到的等时线叠

合图，其中黑色为程函方程的等时线，红色为相速度的等时线。因为两种方法的等时线完全重合，所得到的旅行时信息一致，所以图中只能看到红色的相速度等时线，说明相速度法射线追踪的效果和精度跟程函方程法一致，验证了本文方法的有效性。

采用复杂的二维 TTI 模型进一步验证本文方法的有效性和运算效率。图 4－37（a）为速度场，图 4－37（b）为 $\varepsilon$ 场，图 4－37（c）为 $\delta$ 场，图 4－37（d）为倾角场，图 4－37（e）为射线路径图，图 4－37（f）为等时线图。该模型包含高速盐丘和高陡构造等复杂介质，射线在浅层出现了回转现象，在盐丘顶部出现了透射和全反射，等时线也体现了射线的传播方向和传播速度。

表 4－1 为该 TTI 模型采用两种方法的运算时间，射线密度 $X°/180°$ 表示的是射线出射角范围是 0°～180°，方向向下，每隔 $X°$ 出射一条射线，旅行时单位为 s。我们采用 3 组射线密度，10°、2°和 0.5°分别测试程函方程法和相速度法射线追踪的用时。从表 4－1可以看出，随着射线密度的增大，两种方法的用时都是成倍数增长，射线密度越大，两者用时差距也越大，在 0.5°时，相速度射线追踪法用时比程函方程法快了 12.62s，因此，相速度法的运算效率明显优于程函方程法，这种优势在三维模型等大规模数据中更为明显。

通过模型试算发现，虽然相速度法射线追踪与程函方程法射线追踪具有相同的精度和效果，都能够为建模和成像提供准确的射线路径和旅行时信息，但是相速度法的运算效率远超程函方程法，能够在很大程度上缩短 TTI 建模和成像的时间，比程函方程法更适用于大规模实际数据生产。

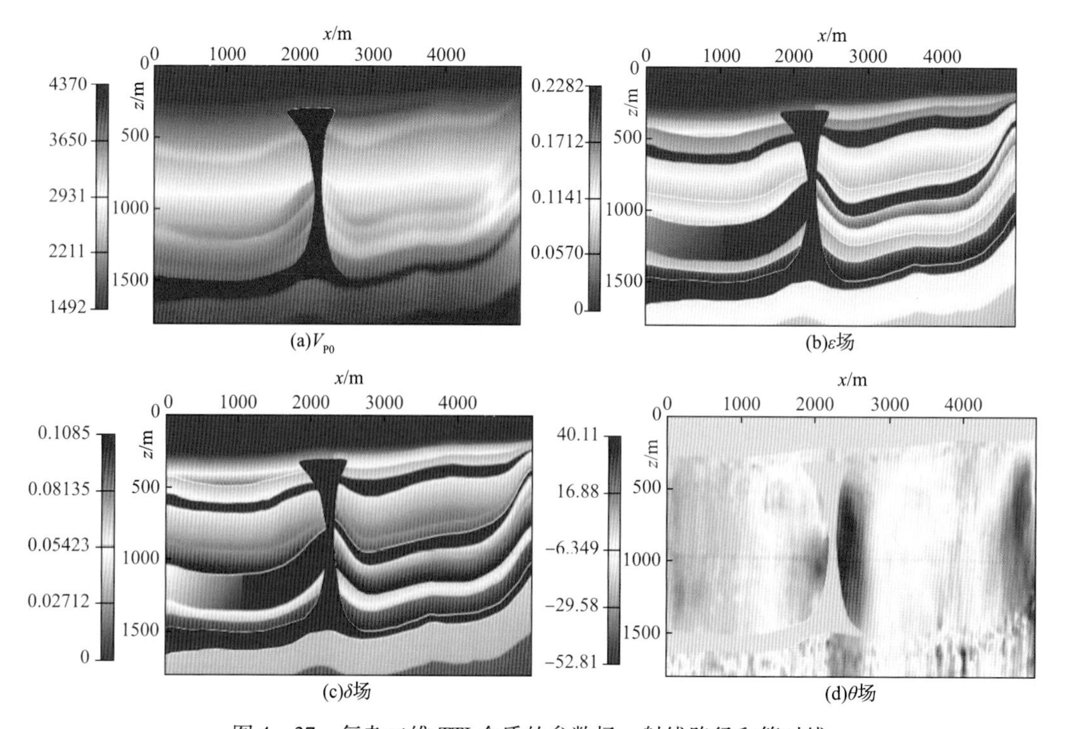


图 4－37　复杂二维 TTI 介质的参数场、射线路径和等时线

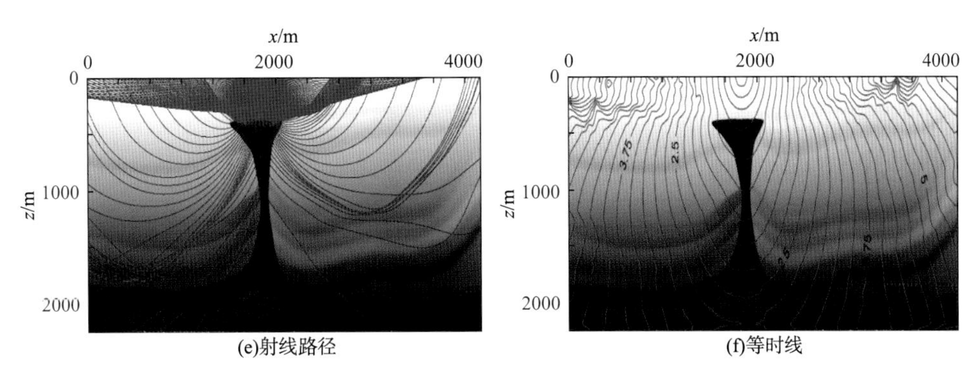


(e)射线路径　(f)等时线

图 4－37　复杂二维 TTI 介质的参数场、射线路径和等时线（续）

**表 4－1　3 种射线密度下两种方法运算时间对比**

| 射线密度 | 10°/180° | 2°/180° | 0.5°/180° |
|---|---|---|---|
| 程函方程法用时/s | 1.45 | 9.27 | 36.01 |
| 相速度法用时/s | 0.92 | 5.76 | 23.39 |

3. 三维模型试算

通过三维模型试算验证方法在三维空间中的射线追踪路径和旅行时信息，以及等时线在空间中的旋转情况。设计一个三维模型（图 4－38、图 4－39），模型大小为横 1000m、宽 1000m，深度 1000m，$x$、$y$、$z$ 方向网格大小均为 10m，$x$、$y$、$z$ 方向网格数量均为 101 个，炮点在模型正中间，坐标为（500m，500m，500m）。

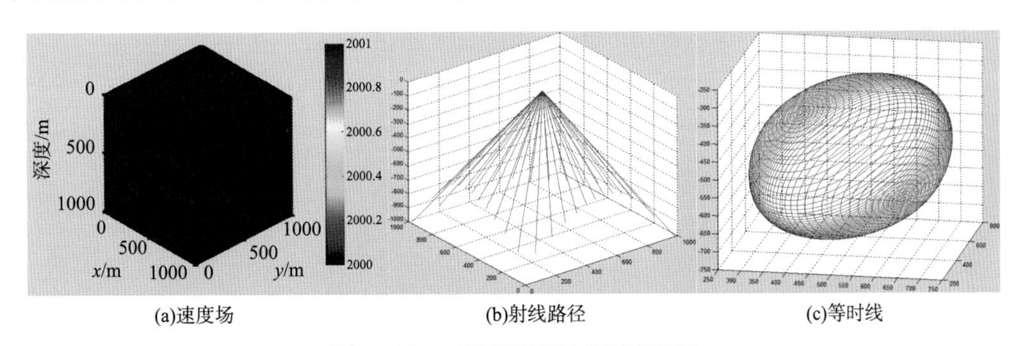


(a)速度场　(b)射线路径　(c)等时线

图 4－38　三维模型恒速度试算结果

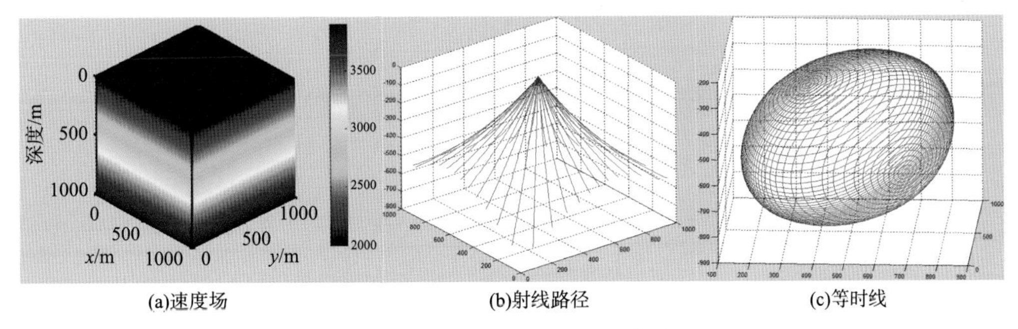


(a)速度场　(b)射线路径　(c)等时线

图 4－39　三维模型变速度试算结果

图4－38中，模型速度 $V_{P0}=2000\text{m/s}$，各向异性参数 $\varepsilon=0.3$，$\delta=-0.1$，对称轴倾角 $\theta=45°$，方位角 $\phi=45°$；图4－39中，模型速度 $V_{P0}=(2000+0.5z)$ m/s，各向异性参数 $\varepsilon=0.3$，$\delta=-0.1$，对称轴倾角 $\theta=45°$，方位角 $\phi=45°$。图4－38（a）和图4－39（a）分别为模型的速度场；图4－38（b）和图4－39（b）为射线路径图；图4－38（c）和图4－39（c）为等时线图。由图4－38（b）和图4－39（b）可以看出，恒速度场中的射线呈直线传播，变速度场中的射线呈弯曲状，出现了回转现象；由图4－38（c）和图4－39（c）可以看出，波前面不但垂向上旋转了45°（倾角），水平方向也选旋转了45°（方位角）。三维模型测试结果说明相速度射线追踪方法在三维空间中也能取得正确有效的射线路径和旅行时信息。

## 4.2 ORT介质射线追踪技术

### 4.2.1 相速度法ORT介质射线追踪原理

由Hamilton相速度导出的各向异性介质射线追踪系统是通用公式，将ORT介质的相速度公式和相应的偏导数公式代入，即可得到ORT介质的相速度射线追踪方程。

三维ORT介质相速度公式如下：

$$V(\theta,\phi)=\frac{1}{\sqrt{2}}V_{P0}\sqrt{1+2\varepsilon(\phi)\sin^2\theta+\sqrt{D}} \tag{4-58}$$

$$D=[1+2\varepsilon(\phi)\sin^2\theta]^2-8[\varepsilon(\phi)-\delta(\phi)]\sin^2\theta\cos^2\theta \tag{4-59}$$

$$\varepsilon(\phi)=\varepsilon_1\sin^4\phi+\varepsilon_2\cos^4\phi+(2\varepsilon_2+\delta_3)\sin^2\phi\cos^2\phi \tag{4-60}$$

$$\delta(\phi)=\delta_1\sin^2\phi+\delta_2\cos^2\phi \tag{4-61}$$

三维ORT介质射线方程如下：

$$\begin{cases}\dfrac{\mathrm{d}x}{\mathrm{d}\tau}=\left(V\sin\theta+\dfrac{\partial V}{\partial\theta}\cos\theta\right)\cos\phi-\dfrac{\sin\phi}{\sin\theta}\dfrac{\partial V}{\partial\phi}\\[2ex]\dfrac{\mathrm{d}y}{\mathrm{d}\tau}=\left(V\sin\theta+\dfrac{\partial V}{\partial\theta}\cos\theta\right)\sin\phi+\dfrac{\cos\phi}{\sin\theta}\dfrac{\partial V}{\partial\phi}\\[2ex]\dfrac{\mathrm{d}z}{\mathrm{d}\tau}=V\cos\theta-\dfrac{\partial V}{\partial\theta}\sin\theta\\[2ex]\dfrac{\mathrm{d}\theta}{\mathrm{d}\tau}=-\cos\theta\cos\phi\dfrac{\partial V}{\partial x}-\cos\theta\sin\phi\dfrac{\partial V}{\partial y}+\sin\theta\dfrac{\partial V}{\partial z}\\[2ex]\dfrac{\partial\phi}{\partial\tau}=\left(\sin\phi\dfrac{\partial V}{\partial x}-\cos\phi\dfrac{\partial V}{\partial y}\right)\Big/\sin\theta\\[2ex]\dfrac{\mathrm{d}t}{\mathrm{d}\tau}=1\end{cases} \tag{4-62}$$

## 4.2.2 数值模型试验

由于正交各向异性只存在于三维情况，因此这里进行的都是三维模型试算，部分二维图件是三维的纵向切片，用来说明速度的方位特性和误差。

数值模型试验采用均匀 ORT 介质，类型属于 VTI（水平薄互层）+ HTI（垂向裂缝）介质，以下分别对单组干裂缝（图 4－40、图 4－41）、单组湿裂缝（图 4－42、图4－43）、正交干裂缝（图 4－44、图 4－45）、正交湿裂缝（图 4－46、图 4－47）进行研究，分别在介质中进行射线追踪和波前等时面描绘，取出切片进行详细分析。

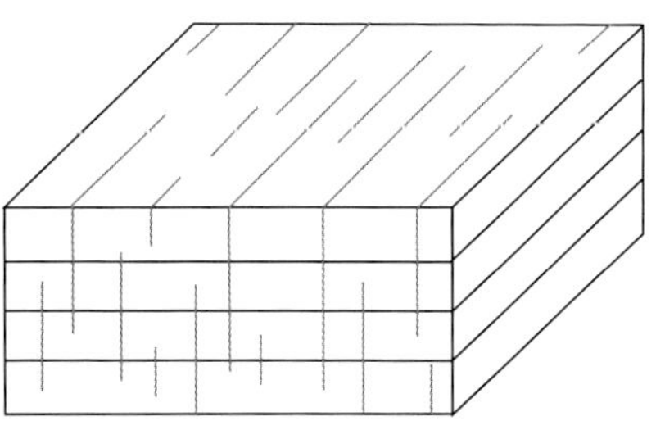

图 4－40　单组干裂缝 ORT 介质

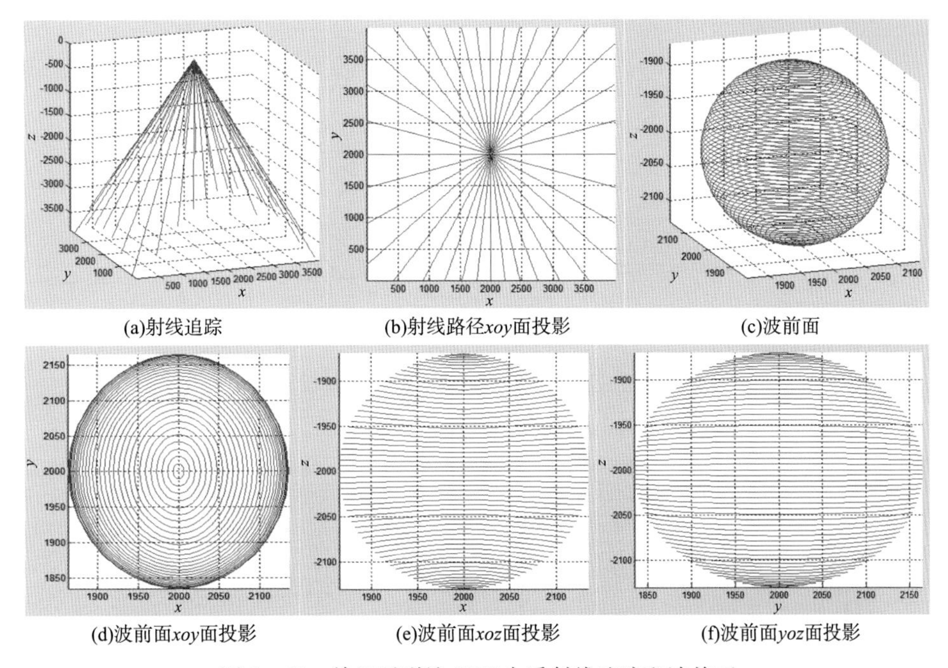


(a)射线追踪　(b)射线路径$xoy$面投影　(c)波前面

(d)波前面$xoy$面投影　(e)波前面$xoz$面投影　(f)波前面$yoz$面投影

图 4－41　单组干裂缝 ORT 介质射线追踪和波前面

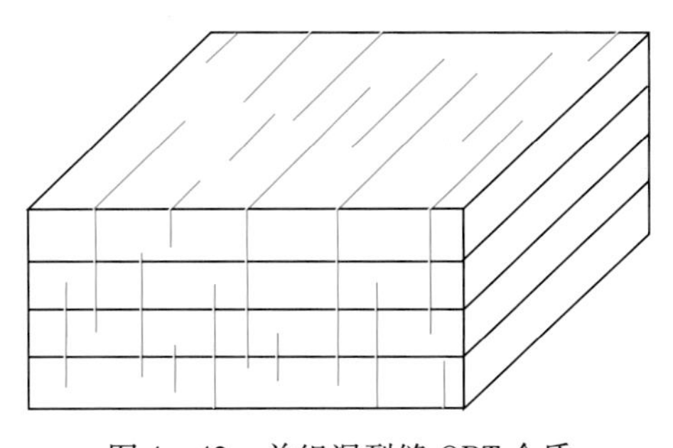

图 4－42　单组湿裂缝 ORT 介质

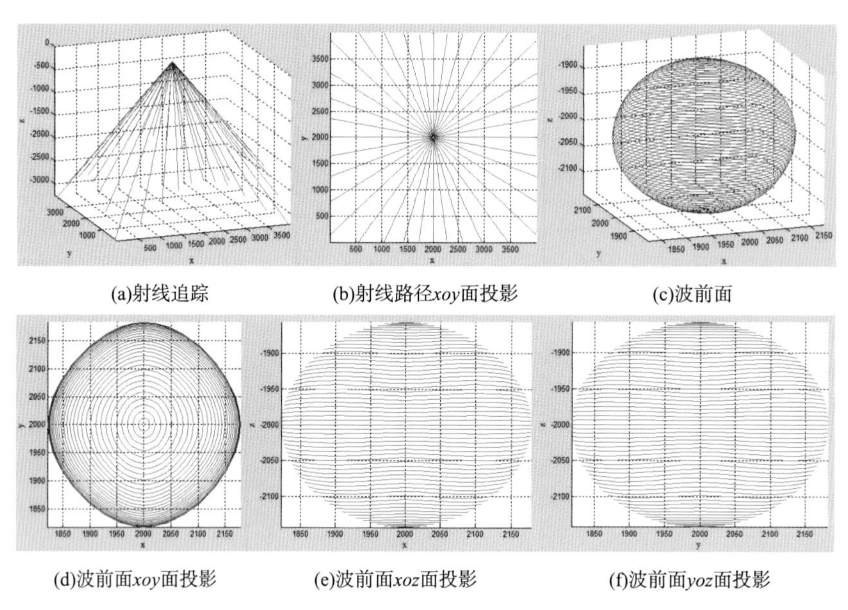

(a)射线追踪　(b)射线路径*xoy*面投影　(c)波前面

(d)波前面*xoy*面投影　(e)波前面*xoz*面投影　(f)波前面*yoz*面投影

图 4－43　单组湿裂缝 ORT 介质射线追踪和波前面

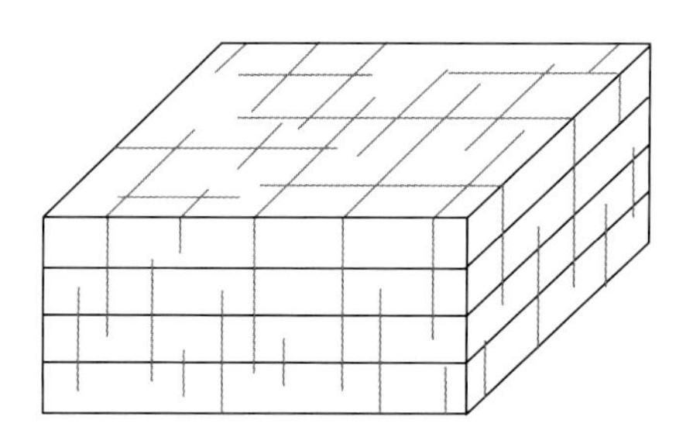

图 4－44　正交干裂缝 ORT 介质

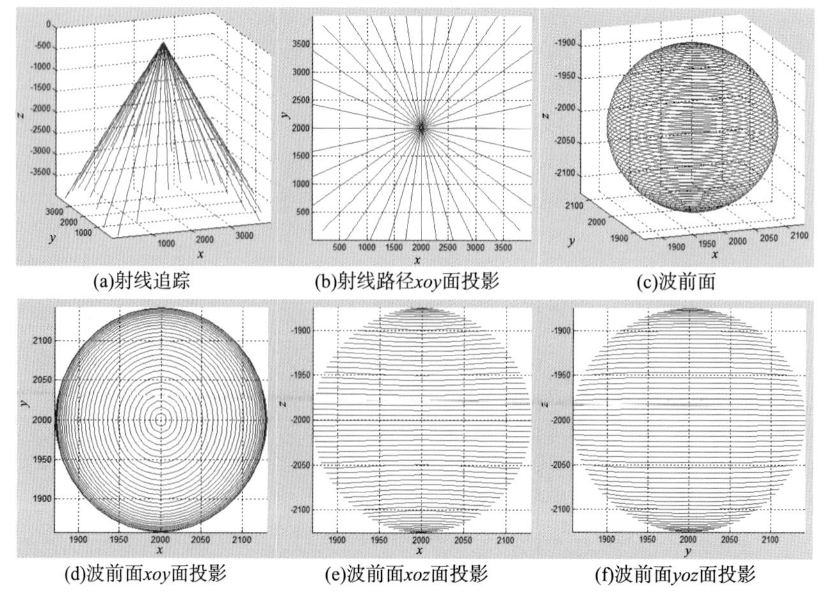

(a)射线追踪　(b)射线路径*xoy*面投影　(c)波前面

(d)波前面*xoy*面投影　(e)波前面*xoz*面投影　(f)波前面*yoz*面投影

图 4－45　正交干裂缝 ORT 介质射线追踪和波前面

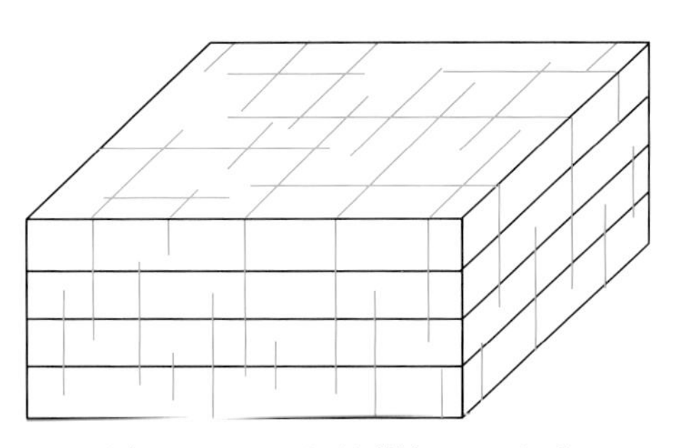

图 4－46　正交湿裂缝 ORT 介质

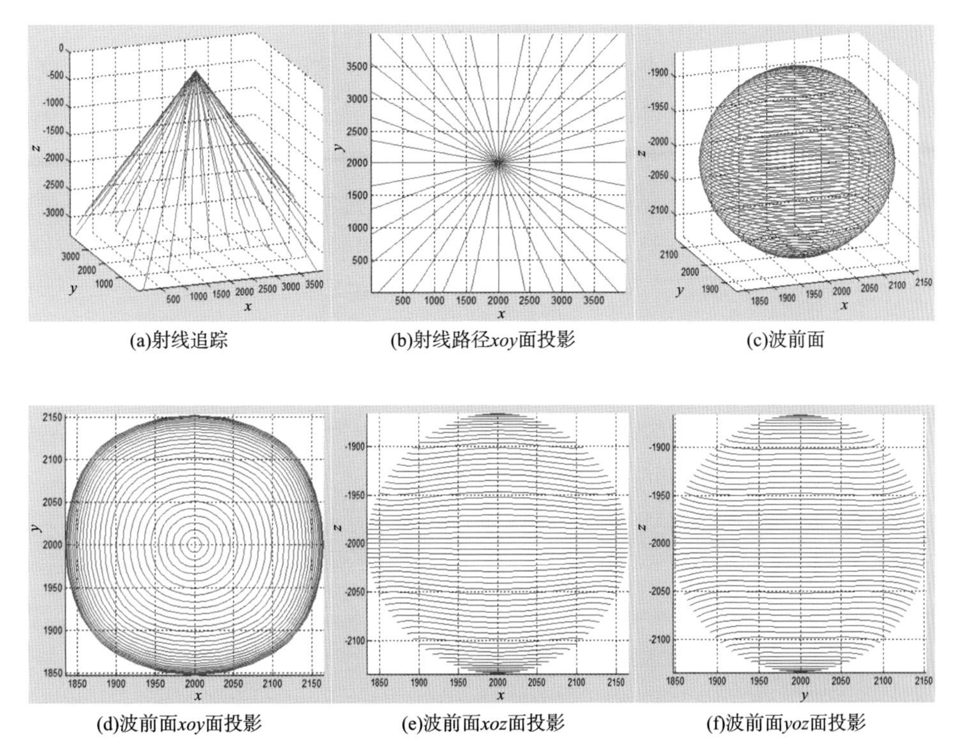


(a)射线追踪　(b)射线路径*xoy*面投影　(c)波前面

(d)波前面*xoy*面投影　(e)波前面*xoz*面投影　(f)波前面*yoz*面投影

图 4－47　正交湿裂缝 ORT 介质射线追踪和波前面

对于裂缝型各向异性参数模型，模型并无法表现出裂缝位置、大小、填充物等特性，一般情况下，ORT 各向异性介质采用的是等效模型，即将许多小尺度的裂缝，近似等效为地震波可以探测到的大尺度均匀各向异性体，观测小尺度构造群的总体弹性响应。本试验采用的是 Kachanov 等效模型，由于该部分内容不是本书的介绍重点，因此在这里不做介绍。

干裂缝是指裂缝中填充气体（本模型填充的是空气），单组平行干裂缝与水平薄互地层正交表现出正交各向异性特征。本模型的 ORT 各向异性参数为：$V_{P0}=1305\text{m/s}$，$\varepsilon^{(1)}=0.297$，$\varepsilon^{(2)}=0.035$，$\varepsilon^{(1)}=0.266$，$\varepsilon^{(2)}=0.001$，$\varepsilon^{(3)}=0.221$，裂缝密度为 0.1，即裂缝平均间隔距离为 10m。

从射线路径图可以看出，射线密度发生了变化，速度快的方向射线较密集，速度慢的方向射线较稀疏；从波前面图可以看出，波前面在空间不再规则，而是与极化角和方位有关；在横切面上，射线沿 $x$ 轴方向传播较慢，沿 $y$ 轴方向传播较快，说明裂缝沿 $y$ 轴方向发育；在纵向上，$xoz$ 面各向异性程度较小，$yoz$ 面各向异性程度较强。

湿裂缝是指裂缝中填充液体（本模型填充的是水），单组平行湿裂缝与水平薄互地层正交同样表现出正交各向异性特征。本模型的 ORT 各向异性参数为：$V_{P0}=1426\text{m/s}$，$\varepsilon^{(1)}=0.316$，$\varepsilon^{(2)}=0.273$，$\delta^{(1)}=0.290$，$\delta^{(2)}=0.180$，$\delta^{(3)}=0.228$，裂缝密度为 0.1。

从射线路径图可以看出，射线基本均匀分布，说明各个方向的速度差别不大；从波前面的横切图可以看出，射线沿 $x$ 轴方向和沿 $y$ 轴方向传播速度基本一致，说明当裂缝填充液体时，对介质整体的影响较小，肉眼很难观察出差异，这时裂缝预测将会有难度，甚至会认为没有裂缝，但是当裂缝再密集一些，就会产生差异，裂缝越稀疏，影响越小；在纵向上，$xoz$ 面和 $yoz$ 面各向异性程度都较强。

这种情况是比较复杂的正交各向异性介质，很难通过波前面预测裂缝，需要更加精细的方法预测裂缝，本书不做介绍，只是展示这种模型的射线追踪结果。本模型的 ORT 各向异性参数为：$V_{P0}=1253\text{m/s}$，$\varepsilon^{(1)}=0.139$，$\varepsilon^{(2)}=0.034$，$\delta^{(1)}=0.103$，$\delta^{(2)}=-0.003$，$\delta^{(3)}=0.068$，裂缝密度为 0.1（$x$ 方向）和 0.05（$y$ 方向），因此，$x$ 方向速度较慢，$y$ 方向速度较快。

本模型的 ORT 各向异性参数为：$V_{P0}=1339\text{m/s}$，$\varepsilon^{(1)}=0.146$，$\varepsilon^{(2)}=0.262$，$\delta^{(1)}=0.114$，$\delta^{(2)}=-0.157$，$\delta^{(3)}=0.126$，裂缝密度为 0.1（$x$ 方向）和 0.05（$y$ 方向）。

## 4.3 本章小结

射线追踪用途广泛，其效率和精度非常重要，本章着重介绍了基于相速度的各向异性介质射线追踪方法，重点在于提高射线追踪的效率，保证射线追踪的精度，能够适应各种复杂介质，并对多种模型进行了试算。结果表明，常规的基于程函方程的射线追踪技术适用于各向同性介质，但扩展到各向异性介质则由于参数的增加，降低了射线追踪的效率，程函方程法不再适用。而基于相速度的射线追踪技术则很好地弥补了这一缺点，在各向异性介质中也有很高的运算效率，同时能够保证精度。可以很好地为后续层析反演和偏移成像服务，增加层析反演迭代次数，提高偏移成像、道集提取效率。

# 5 各向异性介质深度域速度建模技术

速度问题是勘探地震学的核心问题，许多地震工作者致力于地震速度的研究，因为地震勘探等价于速度勘探，对地下介质地震波速度的描述能力的发展过程代表了勘探地震学的发展历程。地震勘探几十年的发展历程从本质上讲是围绕着对地下介质速度场的认识展开的。对速度场的认识程度基本上代表了对一个探区的地下地质情况的认识程度。一个原因是地下介质的地震波速度与岩石的物理性质有密切的关系，反映岩石类别和其中含流体（石油或天然气）的状况；另一个原因是地下介质的地震波速度决定了地震波偏移成像的结果，间接地决定了地质学家对整个探区地质构造的把握。对于任何偏移方法，速度模型的正确性都是决定构造成像质量的关键，尤其是叠前深度偏移对速度模型的依赖性更强、反应更敏感、要求更高。因此，在研究各种叠前深度偏移方法的同时，研究偏移速度模型的建立方法已是国内外偏移成像领域中又一重点课题。可以这样说：偏移速度建模是地震成像的核心，而叠前深度偏移只是检验速度场是否正确的一种工具。

速度和各向异性参数估计问题是一个标准的反演问题。在假定已知的介质参数分布情况下，通过震源激发可以预测观测波场，正是因为观测波场与介质参数分布之间存在这种可预测的关联性，才使得利用观测波场估计地下参数的分布成为可能。在地震剖面上，可以得到地震波的旅行时间，从单个旅行时推地层速度及界面深度的问题是不适定问题，不可能有唯一解。只有当存在多个偏移距的信息时，才能根据偏移距所蕴含的时间、速度、深度信息对地层速度进行分析。速度分析的方法目前主要有相干反演法、剩余速度分析法、深度聚焦分析法和层析反演速度建模法等。

基于成像道集来更新或判别速度的标准有两个：道集拉平和道集聚焦。前者认为，对于地下某一成像点，如果用于偏移的速度模型正确，则由不同的叠前道集数据得到的偏移成像结果是一致的，即成像道集中的同相轴应该是水平的，否则成像道集中的同相轴不水平而出现剩余时差，同相轴向上弯曲则认为偏移速度过小，成像道集同相轴向下弯曲则认为偏移速度过大，使用该判定准则的成像速度分析方法称为剩余曲率分析法（RCA）。深度聚焦分析法主要是基于零时间成像和零偏移距成像深度一致准则，该准则认为，在叠前深度偏移时，以错误的速度模型偏移到正确的深度与以正确的速度模型偏移到错误的深度是等价的。这两种速度分析方法都是一个共成像点道集进行的，实际上影响剩余时差或者聚焦好坏的是整个波传播路径相关的速度场。因此，基于成像道集剩余时差的层析反演速度方法以及基于模拟炮道集残差的波形反演方法能够更好地估计速度模型。叠前深度偏移与偏移速度分析相结合的处理方法则是对复杂构造成像的有力工具，它能很好地适应于速度横向变化剧烈或地质构造相当复杂的探区。

当前各向异性旅行时反演和速度分析方法已经广泛应用于各向异性参数的估算，这些方法大多数是通过分析非双曲时差公式中的高阶项来获得时间域的 NMO 速度和非椭圆参数 $\eta$，从而建立用于时间偏移的初始速度模型和各向异性模型，通过 Dix 公式计算每一层的速度和非椭圆参数 $\eta$，然而基于这种层剥离的实现方式会导致在反演过程中每一层的速度和非椭圆参数 $\eta$ 的误差随深度累积。为了获取更高质量的各向异性参数，很多学者将目光聚焦在基于共成像点道集建立各向异性模型的方法。当用于偏移的速度和各向异性参数准确时，相应的 CIG 道集呈现拉平形态，当速度或各向异性参数不准确时，CIG 道集出现非零剩余深度差。利用各向异性层析估算速度和各向异性参数，从而使道集拉平，实现了各向异性层析作为深度偏移输入工具的功能。

各向异性层析最大的挑战之一是速度与各向异性参数之间的耦合，传统的层析反演不足以解决该问题，需要利用不同形式的正则化约束各向异性层析反演，为此，很多学者就更好地估算各向异性参数进行了深入研究。地震反射层析是一个欠定反问题，需要正则化来约束层析反问题的求解。各向异性层析更为欠定，$V_{P0}$、$\varepsilon$ 和 $\delta$ 三个参数对旅行时的影响不同，且数量级不同，因此，需要给出适应三个参数不同特性的正则化方式。其中一些常用的手段包括：利用井数据通过局部各向异性层析估算 VTI 介质参数；对层析方程进行倾角滤波正则化来约束层析更新的形态，从而使更新模型与地下构造更吻合；联合多个单井局部层析得到的各向异性剖面建立全局的各向异性剖面；结合 check shot 约束和适用各向异性层析的正则化分离速度与 Thomsen 参数之间的权衡；将地质和井信息的约束加入到各向异性层析之中，在降低解的不确定度的同时，获得与地质连续的各向异性模型等。

## 5.1　TTI 介质速度初始建模技术

TTI 介质各向异性参数初始建模是在预处理后的道集数据上，结合测井数据，提取 TTI 介质各向异性参数，建立 TTI 介质各向异性参数初始深度域模型的技术。形成的初始模型可为后续层析反演提供原始数据，其准确的空间信息和数值信息能够有效提高层析反演的收敛速度和反演精度，因此，利用测井数据和构造解释信息联合实际地震资料建立相对精确的 TTI 介质各向异性参数初始模型是非常必要的。

本章主要介绍 TTI 介质各向异性参数初始建模的几种常规方法和项目创新方法，包括：全自动快速 TTI 介质对称轴扫描方法，测井和实际数据厚度比法 $\delta$ 参数提取方法，CMP 道集全偏移距时差相似性分析提取 $V_{P0}$ 和 $\varepsilon$ 参数方法，局部层析法 $\varepsilon$ 参数精细初始建模方法等。

### 5.1.1 TTI 介质对称轴扫描技术

TTI 介质的对称轴与地层成正交关系，相当于地层的法线方向，通过扫描地层的倾角和走向可以计算得到对称轴的倾角和方位角，同时，扫描得到的地层倾角和走向也可以为射线追踪提供初始数据。

#### 5.1.1.1 地层倾角扫描方法

在三维深度域成像剖面任意点处，分别沿 Inline 方向和 Crossline 方向截取二维深度域成像剖面，确定界面在两个二维成像剖面中的切向方向向量，则三维法向方向向量可以计算得到。把两个二维切向方向向量写成（$l_x, l_y, l_z$）和（$c_x, c_y, c_z$），三维法向方向向量写成（$t_x, t_y, t_z$），则有：

$$\begin{cases} t_x \cdot l_x + t_y \cdot l_y + t_z \cdot l_z = 0 \\ t_x \cdot c_x + t_y \cdot c_y + t_z \cdot c_z = 0 \\ t_x^2 + t_y^2 + t_z^2 = 1 \\ t^z < 0 \end{cases} \tag{5-1}$$

这样就把求三维法向量的问题变成了求解 Inline 和 Crossline 方向的两个二维切向方向向量的问题，使得问题的难度大大降低。下面是我们确定二维同相轴方向的方法。

首先定义互相关函数，用 $s(\vec{x}, t)$ 表示地震数据体，$\vec{x}$ 为空间坐标，$t$ 为时间坐标。对于给定的数据点（$\vec{x}_i$，$t$），该点所对应的互相关函数 $CCF$ 定义如下：

$$CCF(\vec{g}, \vec{x}_i, t) = \sum_{0 < |\vec{x}_i - \vec{x}_k|_2 < D} \int_{t-\Delta}^{t+\Delta} s(\vec{x}_i, t') s[\vec{x}_k, t' + (\vec{x}_k - \vec{x}_i) \cdot \vec{g}] \mathrm{d}t' \tag{5-2}$$

式中，$D$ 为空间窗的半径；$2\Delta$ 为时窗的长度；$\vec{g}$ 为同相轴的法线方向；同 $\vec{g}$ 垂直的超平面方向即为同相轴的方向。可以看出，当（$\vec{x}_i$，$t$）是常数时，式（5－2）的互相关函数是一个关于 $\vec{g}$ 的函数。

沿着以向量 $\vec{g}$ 为法线方向的超平面对数据过行重采样，求出重采样信号的方差 $COV$：

$$COV(\vec{g}, \vec{x}_i, t) = \sum_{\| \vec{x}_i - \vec{x}_k \|_2 < D} \| s[\vec{x}_k, t' + (\vec{x}_k - \vec{x}_i) \cdot \vec{g}] - E \|_2$$

$$E = \frac{1}{n} \sum_{\| \vec{x}_i - \vec{x}_k \|_2 < D} s[\vec{x}_k, t' + (\vec{x}_k - \vec{x}_i) \cdot \vec{g}] \tag{5-3}$$

式中，$E$ 为重采样信号的期望；$n$ 为空间窗内地震道的数量。利用上面求得的互相关函数和方差，我们可以将原始数据每一个采样点处的 $\vec{g}$ 值由下面的公式确定下来：

$$g_get(\vec{x}_i, t) = \operatorname{argmax} \frac{CCF(\vec{g}, \vec{x}_i, t)}{COV(\vec{g}, \vec{x}_i, t) + 1} \tag{5-4}$$

式中，$g_get(\vec{x}_i, t)$ 表示在点（$\vec{x}_i, t$）处求得的最终的 $\vec{g}$ 值，其值为一个向量。有了 $g_get(\vec{x}_i, t)$，我们就可以得到空间任意点处最佳的同相轴法向向量：

$$grad(\vec{x},t) = \arg\min_{\vec{g}} \sum_{\|\vec{x}_i-\vec{x}_k\|_2<D} \|\vec{g} - g_get[\vec{x}_i, t + (\vec{x}_i - \vec{x}) \cdot \vec{g}]\|_2 \qquad (5-5)$$

在二维情况下，$grad(\vec{x},t)$ 的值为同相轴的斜率，在高维线性空间中，其值为超平面的法向向量。有了 Inline 和 Crossline 的两个方向的二维切向量，成像点处的三维法向量就确定了，这样就计算得到了介质每一点的对称轴倾角和方位角。

#### 5.1.1.2 自动倾角扫描的实现

首先给定需要自动扫描倾角信息的成像点位置，再在一个给定的有效成像点（nLine, nCdp）周围内，分别沿 Inline 和 Crossline 方向读取二维成像剖面，大小为 nWL × Nz 和 nWC × Nz。nWL 和 nWC 是 Inline 和 Crossline 方向搜索角度用到的窗长度，Nz 是深度方向采样点数；然后分别在 Inline 和 Crossline 方向的局部二维成像剖面中搜索出成像点 Inline 方向和 Crossline 方向的切向向量；最后得到成像点处的法向向量。具体程序流程图如图 5-1 所示。

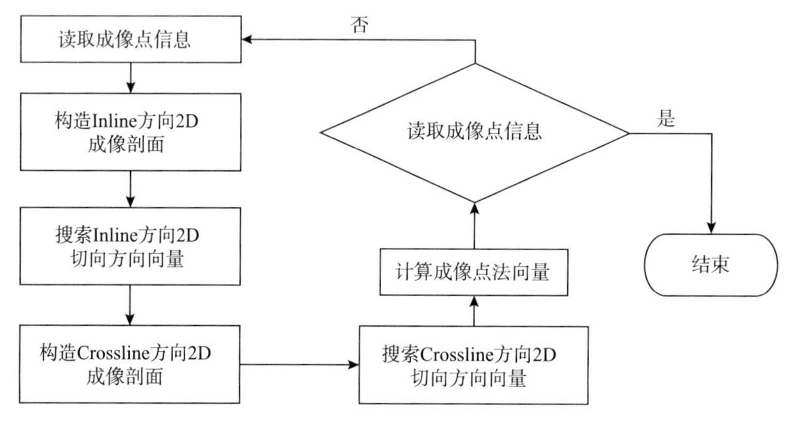


图 5-1　自动倾角扫描流程图

#### 5.1.1.3 二维理论模型测试

二维理论模型测试结果如图 5-2、图 5-3 所示，通过分析可以看出，对于同相轴信噪比较高的区域，自动拾取的结果比较可靠。一般来说，层析反演速度分析的分析点一般选在成像质量比较好的区域，因此，该方法可以用来进行自动扫描倾角信息。

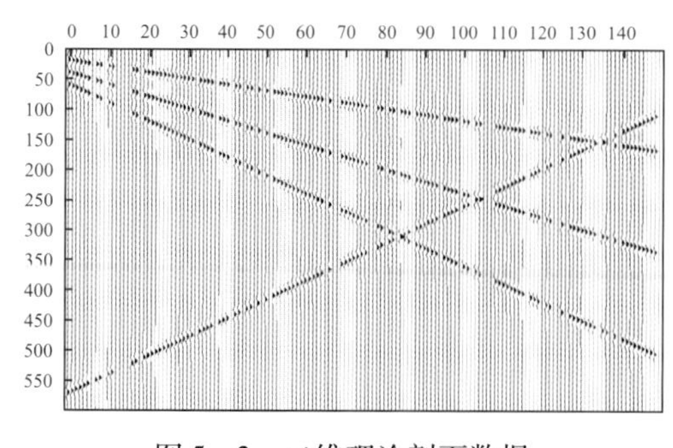


图 5-2　二维理论剖面数据

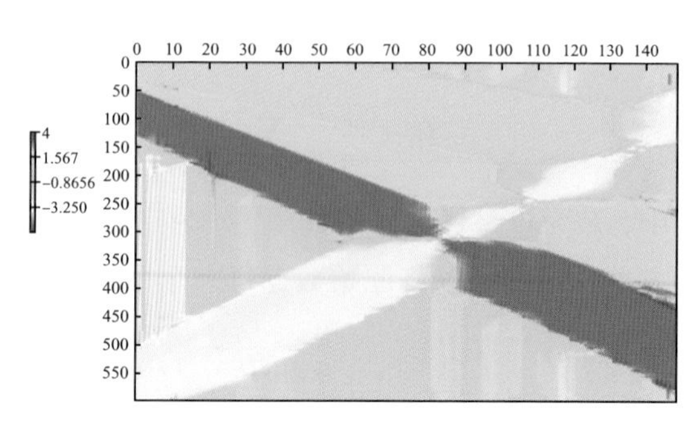


图 5-3　二维理论剖面倾角搜索结果

### 5.1.1.4 三维实际资料试处理

采用焦石坝探区三维实际资料作为测试数据，分别提取对称轴的倾角和方位角，图 5－4 为三维实际资料偏移成像剖面的二维单测线切片，图 5－5 为提取的三维对称轴倾角的二维切片，范围是 0°～90°，图 5－6 为提取的三维对称轴方位角的二维切片，范围是 0°～360°。从结果可以看出，提取的对称轴倾角和方位角符合地质构造趋势，数值准确，可以为层析反演和偏移成像提供参数模型。

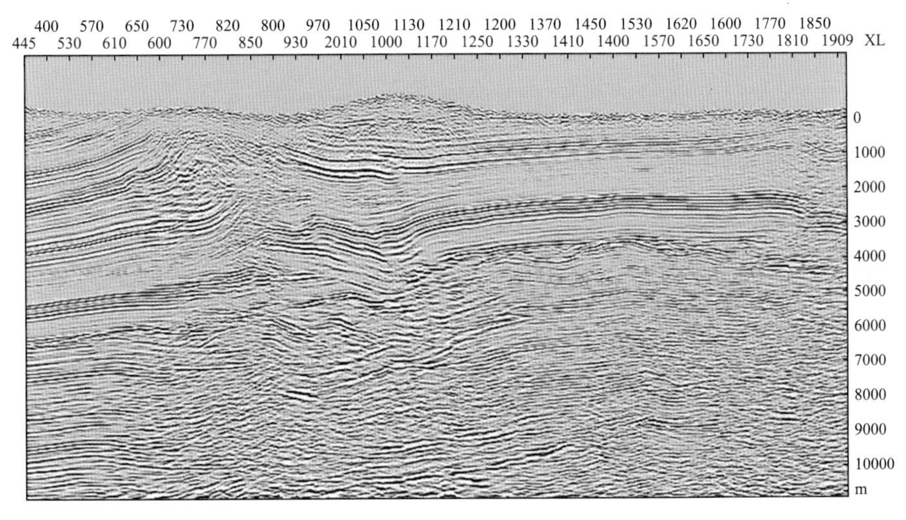


图 5－4 实际资料偏移成像剖面

图 5－5 对称轴倾角

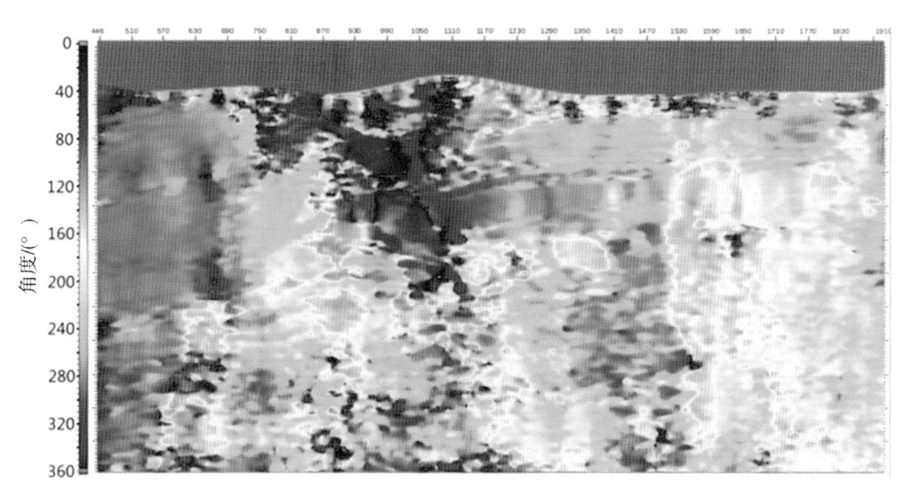


图 5－6　对称轴方位角

## 5.1.2　TTI 介质 $\delta$ 参数提取技术

$\delta$ 参数是 TTI 介质中非常重要的参数，因为它影响的是成像深度位置（图 5－7），虽然影响程度不及 $V_{P0}$ 参数，但是如果 $\delta$ 参数不准确，将会改变构造边界形态和深度位置，导致解释出现误差，最终造成钻井误差。因此，建立准确的 $\delta$ 参数模型是非常重要的。

在 TTI 三参数中，$\delta$ 参数对于射线角度的敏感性最低，也就是对射线追踪旅行时的贡献最小，存在于地震数据中的信息非常少，采用射线层析反演很难将 $\delta$ 参数反演准确，因此，在实际处理中，很少将 $\delta$ 参数作为待反演参数，而是在初始建模时就把 $\delta$ 参数建立准确，所以说 $\delta$ 参数的初始建模是非常关键的，后续层析反演无法进一步提高其精度。

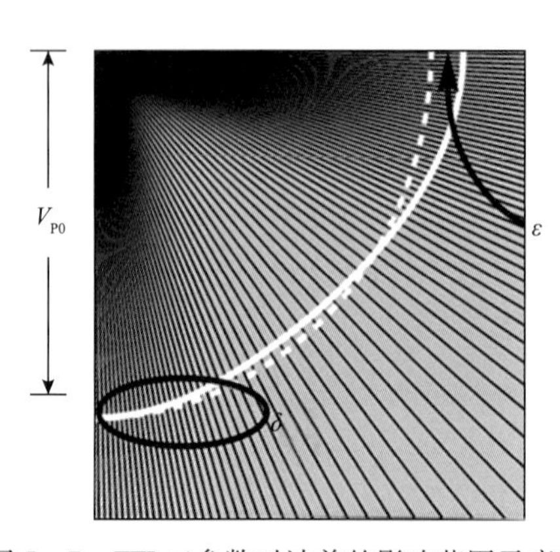


图 5－7　TTI 三参数对波前的影响范围示意图

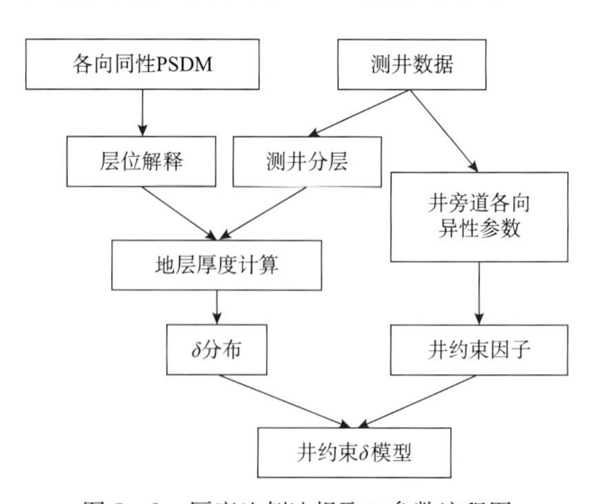


图 5－8　厚度比例法提取 $\delta$ 参数流程图

本项目采用厚度比例法提取 $\delta$ 参数，再用测井数据进行进一步约束，最终得到准确的 $\delta$ 参数模型。具体流程如图 5－8 所示。

首先，在预处理过的道集上做各向同性叠前深度偏移，在深度偏移剖面上进行层位解释（图5-9），得到每一套地层的深度位置、厚度、形态等信息。再通过测井数据提取测井分层信息（图5-10），将深度偏移剖面上得到的地层厚度和测井数据提取的地层厚度代入下式即可得到$\delta$参数全局分布：

$$\delta = \frac{1}{2}\left(\frac{Z_{\text{mig}}^2}{Z_{\text{well}}^2} - 1\right) \tag{5-6}$$

式中，$Z_{\text{mig}}$是地震剖面地层厚度；$Z_{\text{well}}$是测井数据地层厚度。

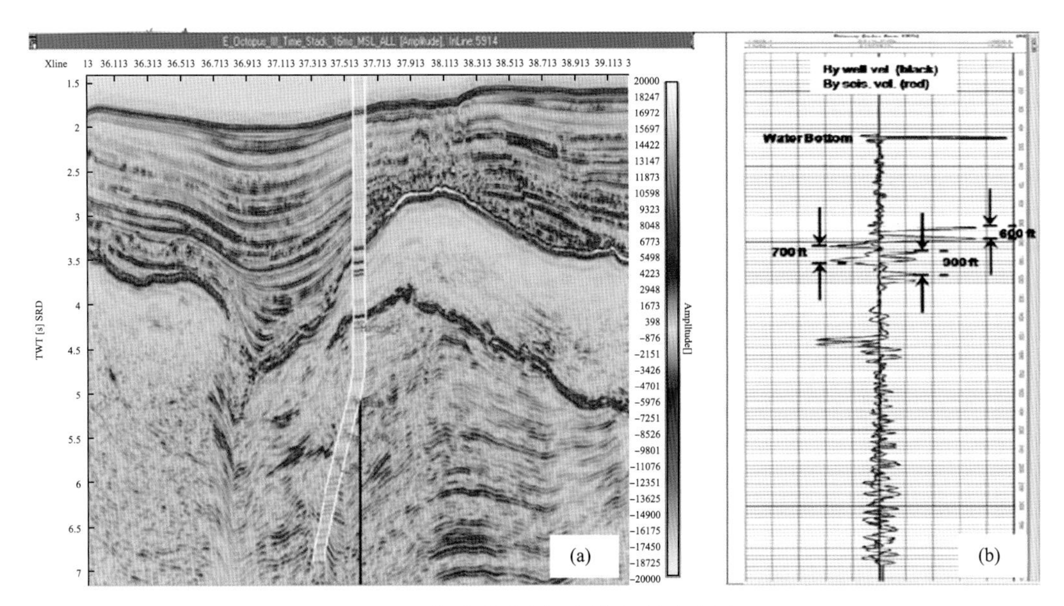


图5-9　深度偏移剖面层位解释示意图

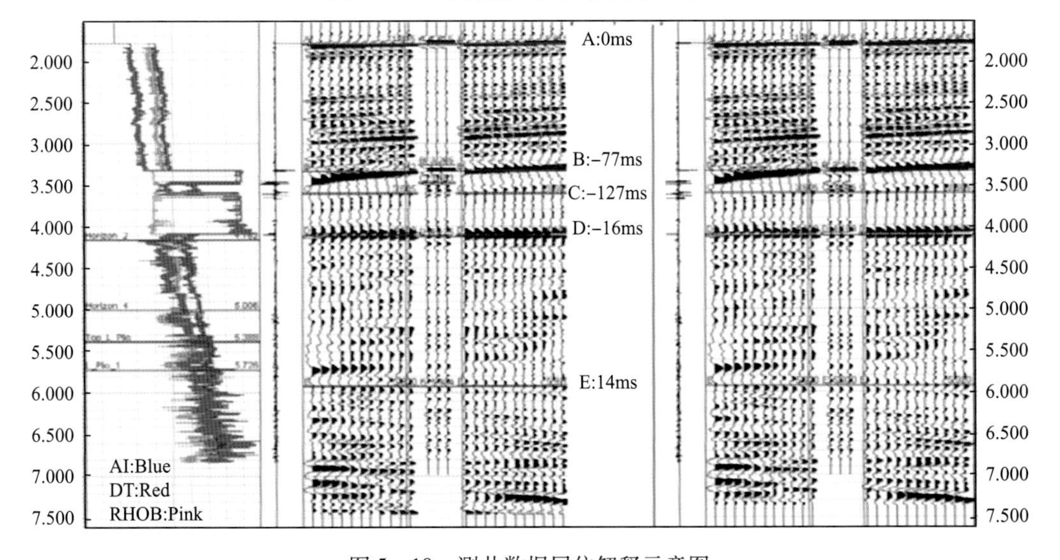


图5-10　测井数据层位解释示意图

此时的$\delta$参数较为符合地质规律，数值也较为准确。为进一步提高$\delta$参数初始模型的精度，从测井数据中提取P波和S波速度及密度$\rho$，转换为拉梅常数$\lambda$和切变模量$\mu$，通

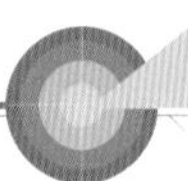

过下式就可以提取出TTI介质三参数：

$$V_{P0} = \sqrt{c/\langle\rho\rangle}, \varepsilon = \frac{a-c}{2c}, \delta = \frac{(f+l)^2-(c-l)^2}{2c(c-l)} \quad (5-7)$$

井数据提取的TTI各向异性参数认为是最准确的数据，但是仅限于井周围，离井越远越不准确，因此，设计一个井控因子，$facter = 1 - \frac{L}{R}$，离井越近控制力度越大，离井越远控制力度越小。图5-11为井控示意图，从图中可以看出，井周边控制力度非常大，颜色最深，离井越远控制力度越小，颜色越浅，当离开一定范围后，不再受井控制。其中，控制范围参数$R$需要根据地下情况而定，如果地下地质构造非常复杂，地层陡构造发育且横向变速非常剧烈，则该参数需要给一个较小的值，来降低井对远井地区的控制力度，如果地下地质构造较为简单，地层水平且横向变速不剧烈，则该参数可以给一个较大的值，提高井对远井地区的控制力度。

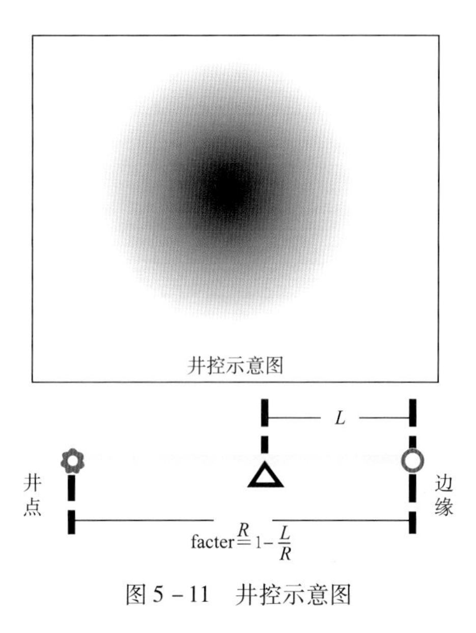


图5-11　井控示意图

## 5.1.3　TTI介质$V_{P0}$和$\varepsilon$参数提取技术

预处理后得到的CMP道集往往是弯曲的，对于各向同性介质，CMP道集的弯曲符合双曲规律，仅用速度一个参数进行动校正即可拉平道集，而对于各向异性介质，CMP道集的弯曲不再符合双曲规律，并且随着偏移距的增加与双曲线的误差越来越大，这是因为大偏移距道集不仅受到速度的影响，还受到各向异性参数$\varepsilon$的影响。因此，在各向异性介质的CMP道集上，传统的道集拟合表达式无法完全拟合道集弯曲程度，所提取的各向异性参数误差较大，需采用针对各向异性介质的道集拟合表达式提高参数提取的精度。然后加以测井数据进行约束处理，使其在深度上更加符合地质构造情况，进一步提高初始模型的精度。

### 5.1.3.1　时差相似性分析提取各向异性参数方法

纵观各向异性时距曲线表达式的研究史，可以发现，许多大家都是基于Alkhalifah（1994）提出的非椭圆率$\eta$、近偏移距动校正速度及零偏移距双程旅行时进行时距曲线描述。针对目前工业界采用的传统的时距曲线表达式（称RI表达式）在中远偏移距存在一定的不稳定性，对参数提取的精度有较大影响的因素，开展了基于Shanks变换的时距曲线表达式（称Shanks表达式）和广义时距曲线表达式（称GME表达式）。本节将对上述三种方法分别进行原理的阐述及精度分析。

1. RI 表达式

关于共中心点道集（CMP）的纯波模式（没有转换波）双曲时差方程通常由垂直轴附近处的 Taylor 展开式得到（Taner 和 Koehler，1969）：

$$t^2 = A_0 + A_2 x^2 + A_4 x^4 + \cdots \tag{5-8}$$

其中，$x$ 是炮检距，每项系数如下：

$$A_0 = t_0^2, A_2 = \left.\frac{d(t^2)}{d(x^2)}\right|_{x=0}, A_4 = \left.\frac{d}{d(x^2)}\frac{d(t^2)}{d(x^2)}\right|_{x=0} \tag{5-9}$$

式（5-9）中，$t_0$ 是零炮检距双程旅行时；$A_2$ 与 NMO 速度有关（$A_2 = V_{\text{nmo}}^{-2}$），$A_4$ 表示由各向异性引起的非双曲时差。如果仅仅基于 NMO 速度对大炮检距双曲时差进行分析，会产生较大的误差。

对式（5-8）略去高次项得到小炮检距正常时差双曲时差方程：

$$t_{\text{hyp}}^2 = t_0^2 + \frac{x^2}{V_{\text{nmo}}^2} \tag{5-10}$$

在均匀 VTI 介质中，Hake 等（1984）推导了水平层三阶项反射时差方程。如果忽略 VTI 介质横波速度的影响，qP 波反射时差方程可以表示为 $V_{\text{nmo}}$ 和各向异性参数 $\eta$ 的函数：

$$t^2(x) = t_0^2 + \frac{x^2}{V_{\text{nmo}}^2} - \frac{2\eta x^4}{t_0^2 V_{\text{nmo}}^4} \tag{5-11}$$

式中，$t$ 为总旅行时；$t_0$ 为双程零偏移距旅行时；$x$ 为偏移距。

非双曲时差公式式（5-11）由两部分构成：前两项描述的是传统的双曲时差；第三项描述的是对非双曲时差的贡献，与各向异性参数 $\eta$ 成比例，主要控制非双曲时差曲线形状。针对 Hake 方程式（5-11）的非双曲时差项，Tsvankin 和 Thomsen（1995）推导了校正因子以增加非双曲时差方程对各向异性介质大偏移距的适应性和稳定性。改进的非双曲时差方程为：

$$t^2(x) = t_0^2 + \frac{x^2}{V_{\text{nmo}}^2} - \frac{2\eta x^4}{t_0^2 V_{\text{nmo}}^4 (1 + Ax^2)} \tag{5-12}$$

式中，$A = \dfrac{2\eta}{t_0^2 V_{\text{nmo}}^4 \left(\dfrac{1}{V_{\text{h}}^2} - \dfrac{1}{V_{\text{nmo}}^2}\right)}$；$V_{\text{h}} = V_{\text{nmo}}\sqrt{1 + 2\eta}$；$V_{\text{h}}$ 是均匀各向异性介质中的水平速度。

Alkhalifah 和 Tsvankin（1995）将式（5-12）简化为：

$$t^2(x) = t_0^2 + \frac{x^2}{V_{\text{nmo}}^2} - \frac{2\eta x^4}{V_{\text{nmo}}^2 [t_0^2 V_{\text{nmo}}^2 + (1 + 2\eta) x^2]} \tag{5-13}$$

在各向异性介质中大炮检距（$x/z > 1$）情况下，随着炮检距的增大，式（5-13）精度会更高；在方程分母项中设 $x = 0$，则式（5-13）变为式（5-11）；在式（5-13）分母项中增加 $x$ 校正因子，主要是弥补泰勒展开式高阶项截断误差以提高大炮检距非双曲时差方程精度。目前，在工业界对各向异性介质非双曲时差速度分析普遍采用式（5-13），并在实际处理中得到了成功应用。式（5-13）中仅用到了两个参数，$V_{\text{nmo}}$ 和非双曲参数 $\eta$，而不是 $V_{\text{P0}}$、$\varepsilon$ 和 $\delta$，为了推导式（5-13）还用到了一个假设，即 $V_{\text{S0}} = 0$。虽然式

(5-13)是在单一水平反射层中推导出来的，但是它同样适用于倾斜地层，但双程旅行时射线就不再是垂直地层出射了。如果 $V_{nmo}$ 和 $\eta$ 比较准确，就可以消除由各向异性的影响而导致横向成像位置的误差，但是在叠前深度偏移中，$V_{P0}$ 的拾取不精确可能造成成像深度误差。

2. Shanks 表达式

由 $\eta$ 表示的 VTI 介质核函数为：

$$(1+2\eta)\left[\left(\frac{\partial\tau}{\partial x}\right)^2+\left(\frac{\partial\tau}{\partial y}\right)^2\right]+v_v^2(x,y,z)\left(\frac{\partial\tau}{\partial z}\right)^2- \\ 2\eta v^2(x,y,z)v_v^2(x,y,z)\left[\left(\frac{\partial\tau}{\partial x}\right)^2+\left(\frac{\partial\tau}{\partial y}\right)^2\right]\left(\frac{\partial\tau}{\partial z}\right)^2=1 \tag{5-14}$$

采用扰动理论求解式（5-14），假设 $\eta$ 值很小，利用级数序列表达式改写方程式得到：

$$\tau(x,y,z)\approx\tau_0(x,y,z)+\tau_1(x,y,z)\eta+\tau_2(x,y,z)\eta^2+\tau_3(x,y,z)\eta^3 \tag{5-15}$$

令式（5-14）中的 $\eta$ 为零，得到椭圆各向异性对应的表达式：

$$v^2(x,y,z)\left[\left(\frac{\partial\tau_0}{\partial x}\right)^2+\left(\frac{\partial\tau_0}{\partial y}\right)^2\right]+v_v^2(x,y,z)\left(\frac{\partial\tau_0}{\partial z}\right)^2=1 \tag{5-16}$$

令 $\eta$ 一次方项系数相等得到：

$$v^2(x,y,z)\frac{\partial\tau_0}{\partial x}\frac{\partial\tau_1}{\partial x}+v^2(x,y,z)\frac{\partial\tau_0}{\partial y}\frac{\partial\tau_1}{\partial y}+v_v^2(x,y,z)\frac{\partial\tau_0}{\partial z}\frac{\partial\tau_1}{\partial z} \\ =-\left[1-v_v^2(x,y,z)\left(\frac{\partial\tau_0}{\partial z}\right)^2\right] \tag{5-17}$$

令 $\eta$ 二次方项系数相等得到：

$$v^2(x,y,z)\frac{\partial\tau_0}{\partial x}\frac{\partial\tau_2}{\partial x}+v^2(x,y,z)\frac{\partial\tau_0}{\partial y}\frac{\partial\tau_2}{\partial y}+v_v^2(x,y,z)\frac{\partial\tau_0}{\partial z}\frac{\partial\tau_2}{\partial z} \\ =-\frac{1}{2}\left[v^2(x,y,z)\left(\frac{\partial\tau_1}{\partial x}\right)^2+v^2(x,y,z)\left(\frac{\partial\tau_1}{\partial y}\right)^2+v_v^2(x,y,z)\left(\frac{\partial\tau_1}{\partial z}\right)^2\right]+ \\ 2\left[v_v^2(x,y,z)\frac{\partial\tau_0}{\partial z}\frac{\partial\tau_1}{\partial z}-v^2(x,y,z)\left(\frac{\partial\tau_0}{\partial x}\frac{\partial\tau_1}{\partial x}+\frac{\partial\tau_0}{\partial y}\frac{\partial\tau_1}{\partial y}\right)\right]\times \\ \left[1-v_v^2(x,y,z)\left(\frac{\partial\tau_0}{\partial z}\right)^2\right] \tag{5-18}$$

令 $\eta$ 三次方项系数相等得到：

$$v^2(x,y,z)\frac{\partial\tau_0}{\partial x}\frac{\partial\tau_3}{\partial x}+v^2(x,y,z)\frac{\partial\tau_0}{\partial y}\frac{\partial\tau_3}{\partial y}+v_v^2(x,y,z)\frac{\partial\tau_0}{\partial z}\frac{\partial\tau_3}{\partial z} \\ =4v^2(x,y,z)v_v^2(x,y,z)\frac{\partial\tau_0}{\partial z}\frac{\partial\tau_1}{\partial z}\left(\frac{\partial\tau_0}{\partial x}\frac{\partial\tau_1}{\partial x}+\frac{\partial\tau_0}{\partial y}\frac{\partial\tau_1}{\partial y}\right)+ \\ 2\left[v_v^2(x,y,z)\frac{\partial\tau_0}{\partial z}\frac{\partial\tau_2}{\partial z}-v^2(x,y,z)\left(\frac{\partial\tau_0}{\partial x}\frac{\partial\tau_2}{\partial x}+\frac{\partial\tau_0}{\partial y}\frac{\partial\tau_2}{\partial y}\right)\right]\times$$

$$\left[1-v_v^2(x,y,z)\left(\frac{\partial\tau_0}{\partial z}\right)^2\right]+\left[v_v^2(x,y,z)\left(\frac{\partial\tau_1}{\partial z}\right)^2-v^2(x,y,z)\left(\frac{\partial\tau_1}{\partial x}\right)^2-\right.$$
$$\left.v^2(x,y,z)\left(\frac{\partial\tau_1}{\partial y}\right)^2\right]\times\left[1-v_v^2(x,y,z)\left(\frac{\partial\tau_0}{\partial z}\right)^2\right]-v^2(x,y,z)\frac{\partial\tau_1}{\partial x}\frac{\partial\tau_2}{\partial x}-$$
$$v^2(x,y,z)\frac{\partial\tau_1}{\partial y}\frac{\partial\tau_2}{\partial y}-v_v^2(x,y,z)\frac{\partial\tau_1}{\partial z}\frac{\partial\tau_3}{\partial z}$$

(5－19)

利用序列：

$$\begin{aligned}A_0&=\tau_0\\A_1&=\tau_0+\tau_1\eta\\A_2&=\tau_0+\tau_1\eta+\tau_2\eta^2\\A_3&=\tau_0+\tau_1\eta+\tau_2\eta^2+\tau_3\eta^3\end{aligned}\tag{5－20}$$

借助于 Shanks 变换：

$$S(A_n)=\frac{A_{n+1}A_{n-1}-A_n^2}{A_{n+1}-2A_n+A_{n-1}}\tag{5－21}$$

提高程函方程求解过程中的收敛速度，得到的不同级数序列对应的各向异性非双曲时距曲线表达式：

$$\tau(x,y,z)\approx\frac{A_0A_2-A_1^2}{A_0-2A_1+A_2}=\tau_0(x,y,z)+\frac{\eta\tau_1^2(x,y,z)}{\tau_1(x,y,z)-\eta\tau_2(x,y,z)}$$
$$\tau(x,y,z)\approx\frac{A_1A_3-A_2^2}{A_1-2A_2+A_3}=\tau_0(x,y,z)+\eta\left[\tau_1(x,y,z)+\frac{\eta\tau_2^2(x,y,z)}{\tau_2(x,y,z)-\eta\tau_3(x,y,z)}\right]$$

(5－22)

其中：

$$\tau_0(r,z)=\frac{\sqrt{r^2+z^2}}{v_{\rm nmo}^2}\qquad\tau_2(r,z)=\frac{3(r^8+4r^6z^2)}{2v_{\rm nmo}(r^2+z^2)^{7/2}}$$
$$\tau_1(r,z)=-\frac{r^4}{v_{\rm nmo}(r^2+z^2)^{3/2}}\qquad\tau_3(r,z)=-\frac{r^8(5r^4+28r^2z^2+104z^4)}{2v_{\rm nmo}(r^2+z^2)^{11/2}}$$

(5－23)

3. GME 表达式

旅行时的统一形式：

$$t^2(x)\approx t_0^2+\frac{x^2}{v^2}+\frac{Ax^4}{v^4\left[t_0^2+B\frac{x^2}{v^2}+\sqrt{t_0^4+2Bt_0^2\frac{x^2}{v^2}+C\frac{x^4}{v^4}}\right]}\tag{5－24}$$

可以退化到很多学者提出的各种不同形式的非双曲时差表达形式，如果 $A=0$，便退化到了双曲时差方程：

$$t^2(x)\approx t_0^2+\frac{x^2}{v^2}\tag{5－25}$$

如果 $A=(1-s)/2;B=s/2;C=0$，便退化到（Malovichko，1978；Castle，1994）提出的三项非双曲时差方程：

$$t(x)\approx t_0\left(1-\frac{1}{s}\right)+\frac{1}{s}\sqrt{t_0^2+s\frac{x^2}{v^2}}\tag{5－26}$$

如果 $A = -4\eta; B = 1 + 2\eta; C = (1 + 2\eta)^2$，便退化到 Alkhalifah 和 Tsvankin（1995）提出的方程：

$$t^2(x) \approx t_0^2 + \frac{x^2}{v^2} - \frac{2\eta x^4}{v^4\left[t_0^2 + (1 + 2\eta)\frac{x^2}{v^2}\right]} \tag{5-27}$$

如果 $B = 0; C = 2A$，便退化到 Blias（2009）提出的方程：

$$t^2(x) \approx \frac{t_0^2}{2} + \frac{x^2}{v^2} + \frac{1}{2}\sqrt{t_0^4 + \frac{2Ax^4}{v^4}} \tag{5-28}$$

选择 $A = 2\tan^2\theta; B = 1 - \tan^2\theta; C = 1/\cos^4\theta$，式（5－24）可写为：

$$t(x) \approx \frac{1}{2}\sqrt{t_0^2 + \frac{x(x + t_0 v\sin2\theta)}{v^2\cos^2\theta}} + \frac{1}{2}\sqrt{t_0^2 + \frac{x(x - t_0 v\sin2\theta)}{v^2\cos^2\theta}}$$

$$= \frac{\sqrt{z^2 + (y + x/2)^2}}{V} + \frac{\sqrt{z^2 + (y - x/2)^2}}{V} \tag{5-29}$$

令 $A = -4\eta; B = \frac{1 + 8\eta + 8\eta^2}{1 + 2\eta}; C = \frac{1}{(1 + 2\eta)^2}$，式（5－24）可写为：

$$t^2(x) \approx t_0^2 + \frac{x^2}{v^2} - \frac{4\eta x^4}{v^4\left[t_0^2 + \frac{1 + 8\eta + 8\eta^2}{1 + 2\eta}\frac{x^2}{v^2} + \sqrt{t_0^4 + 2\frac{1 + 8\eta + 8\eta^2}{1 + 2\eta}t_0^2\frac{x^2}{v^2} + \frac{1}{(1 + 2\eta)^2}\frac{x^4}{v^4}}\right]} \tag{5-30}$$

4. 三种表达式精度分析

设计一个双层模型，第一层为各向异性介质，令 $V_{nmo} = 2000\text{m/s}$，$t_0 = 1\text{s}$。采用射线追踪得到不同偏移距的旅行时 $t$，与三种时距曲线表达式运算得到的对应偏移距的旅行时 $t_{app}$ 进行对比，记 $|t - t_{app}|$ 为绝对误差，$|t - t_{app}|/t \times 100\%$ 为相对误差，下面是对应的误差分析结果。

从图 5－12 可以看出，对于该平层模型，在偏移距深度比和非椭圆率值变大的情况下，绝对误差和相对误差呈现增大的趋势，并且绝对误差的最大值可达到 30ms，对于地震数据采样率 1ms、2ms 和 4ms 的情况下，其误差太大，同时也说明该方法在各向异性增强和偏移距较大时误差较大，不稳定。

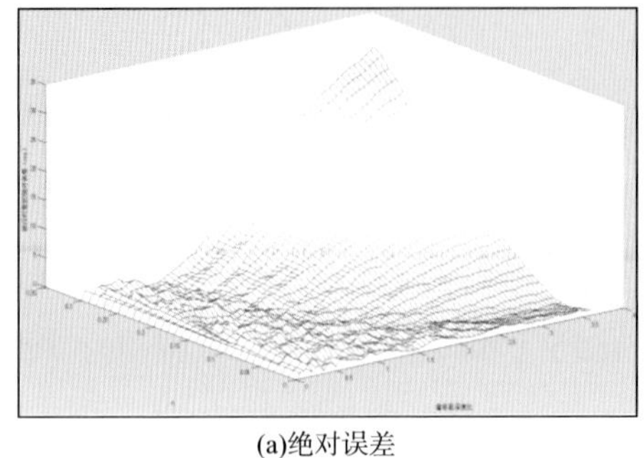

(a)绝对误差　　(b)相对误差

图 5－12　RI 表达式的绝对误差及相对误差

从图5－13可以看出，对于该平层模型，在偏移距深度比变大，非椭圆率值变大的情况下，绝对误差和相对误差增大的趋势较小，并且绝对误差的最大值才达到4ms，对于地震数据采样率1ms、2ms和4ms的情况下，该误差可以接受，并且该方法对于各向异性增强和偏移距范围增大的地震数据也很稳定，但计算效率较RI表达式有所降低。

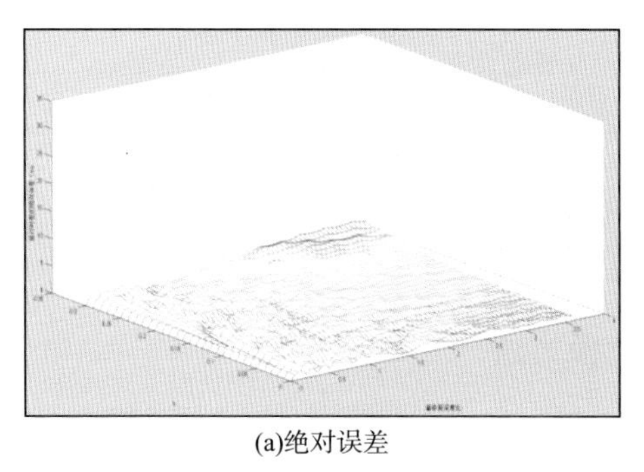

(a)绝对误差

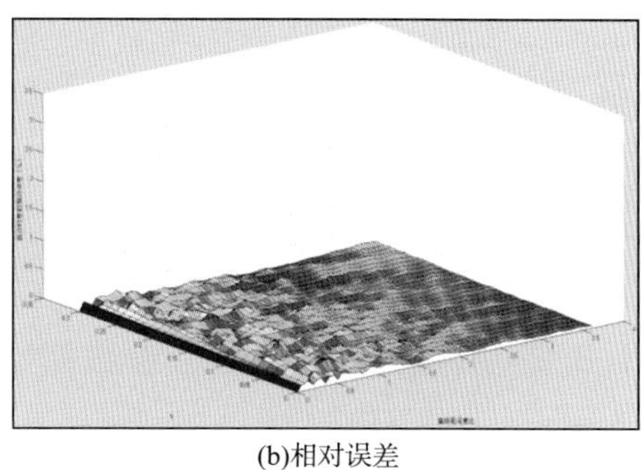

(b)相对误差

图5－13　Shanks表达式二阶序列展开的绝对误差及相对误差

从图5－14可以看出，对于该平层模型，在偏移距深度比变大，非椭圆率值变大的情况下，绝对误差和相对误差增大的趋势较小，并且绝对误差的最大值才达到2ms，对于地震数据采样率1ms、2ms和4ms的情况下，该误差可以接受，并且该方法对于各向异性增强和偏移距范围增大的地震数据很稳定，但计算效率较Shanks表达式二阶序列展开有所降低。

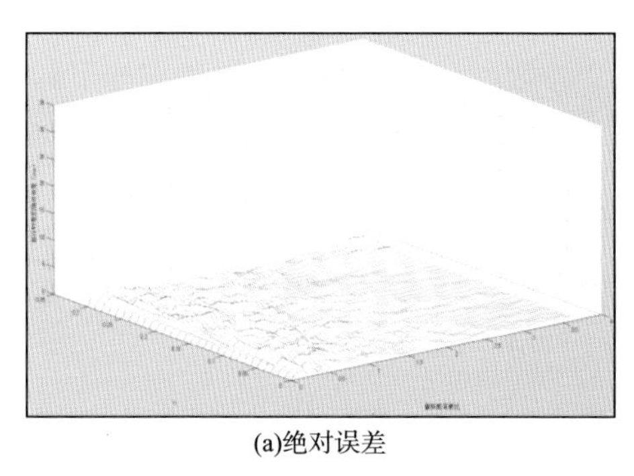

(a)绝对误差

(b)相对误差

图5－14　Shanks表达式三阶序列展开的绝对误差及相对误差

从图5－15可以看出，对于该平层模型，在偏移距深度比变大，非椭圆率值变大的情况下，绝对误差和相对误差增大的趋势较小，并且绝对误差的最大值才达到2ms，对于地震数据采样率1ms、2ms和4ms的情况下，该误差可以接受，并且该方法对于各向异性增强和偏移距范围增大的地震数据很稳定，相比前面的两类表达式，该表达式稳定性更佳，但是计算效率介于RI表达式和Shanks表达式之间。

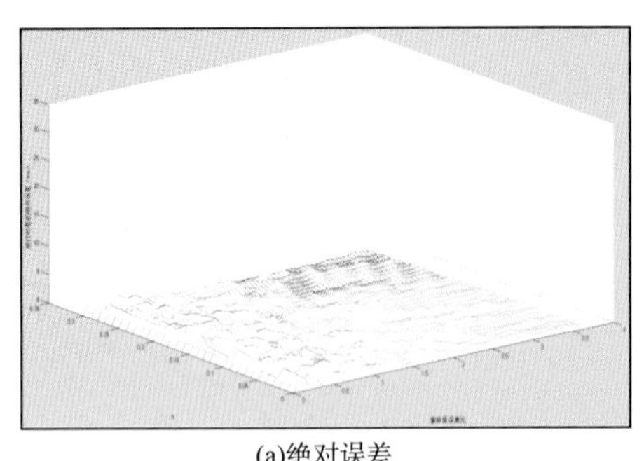
(a)绝对误差

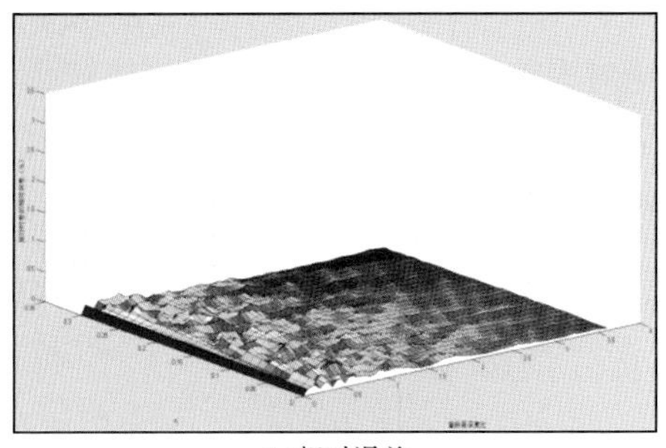
(b)相对误差

图 5－15　GME 表达式三阶序列展开的绝对误差及相对误差

#### 5.1.3.2　井震结合各向异性参数初始建模方法

TI 介质弹性矩阵具有 5 个独立的弹性常数，VTI 介质是新研究的重点对象，其弹性矩阵为：

$$\boldsymbol{C}=\begin{bmatrix} c_{11} & c_{11}-2c_{66} & c_{13} & 0 & 0 & 0 \\ c_{11}-2c_{66} & c_{11} & c_{13} & 0 & 0 & 0 \\ c_{13} & c_{13} & c_{33} & 0 & 0 & 0 \\ 0 & 0 & 0 & c_{44} & 0 & 0 \\ 0 & 0 & 0 & 0 & c_{44} & 0 \\ 0 & 0 & 0 & 0 & 0 & c_{66} \end{bmatrix} \tag{5-31}$$

根据 Stonely（1949）的思想，引入另外 5 个参数，分别与弹性参数建立如下的关系：

$$\begin{aligned} a &= c_{11}=c_{22} \\ c &= c_{33} \\ f &= c_{13}=c_{23} \\ l &= c_{44}=c_{55} \\ m &= c_{66} \end{aligned} \tag{5-32}$$

根据 Backus（1962）各向同性弹性层的加权平均属性与各向异性刚度张量之间建立如下关系：

$$\begin{aligned} a &= \left(\frac{\lambda}{\lambda+2\mu}\right)^2\left(\frac{1}{\lambda+2\mu}\right)^{-1}+4\left(\frac{\mu(\lambda+\mu)}{\lambda+2\mu}\right) \\ c &= \left(\frac{1}{\lambda+2\mu}\right)^{-1} \\ f &= \left(\frac{\lambda}{\lambda+2\mu}\right)\left(\frac{1}{\lambda+2\mu}\right)^{-1} \\ l &= \left(\frac{1}{\mu}\right)^{-1} \\ m &= (\mu) \end{aligned} \tag{5-33}$$

各向异性的程度取决于层与层之间流体参数以及加权平均窗函数的长度。层与层之间流体参数与地质、岩石参数及构造有着密切联系，窗函数的长度与地震波的传播长度密切相关，一般取地震波的传播长度为宜（图5－16）。

引入 Thomsen 参数与上述5个参数之间的关系：

$$
\begin{aligned}
v_{P0} &= \sqrt{c/(\rho)} \\
v_{S0} &= \sqrt{l/(\rho)} \\
\varepsilon &= \frac{a-c}{2c} \\
\delta &= \frac{(f+l)^2-(c-l)^2}{2c(c-l)} \\
\gamma &= \frac{m-l}{2l}
\end{aligned}
\tag{5-34}
$$

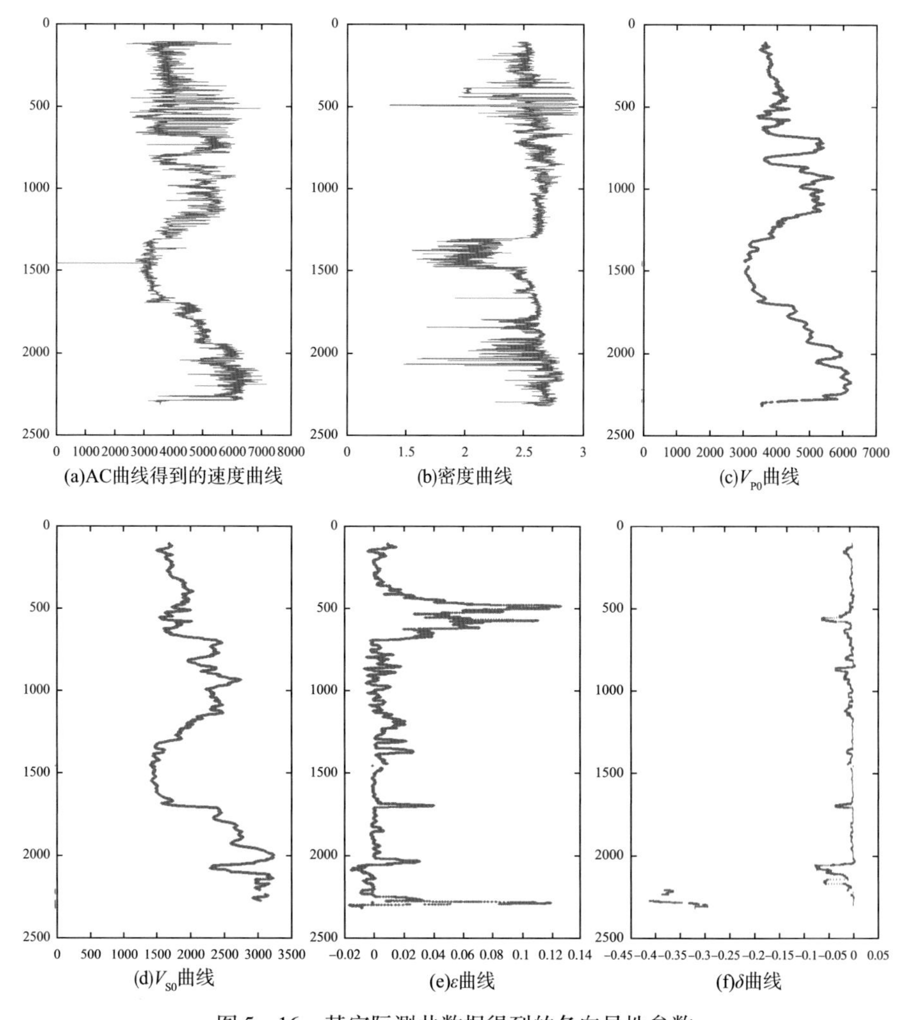


图5－16 某实际测井数据得到的各向异性参数

那么，Thomsen 参数可以看做是薄各向异性层间的加权平均。对于窗函数的设置，以采样间隔为 0. 5ft 为例，要求层的厚度小于地震传播长度（约 400ft）为宜。

1. 模型数据测试

下面是某探区一口测井数据提供的速度、密度信息，及利用速度和密度信息提取的 Thomsen 参数。

下面对一多层各向异性模型进行测试，其测试结果如图 5－17 所示。

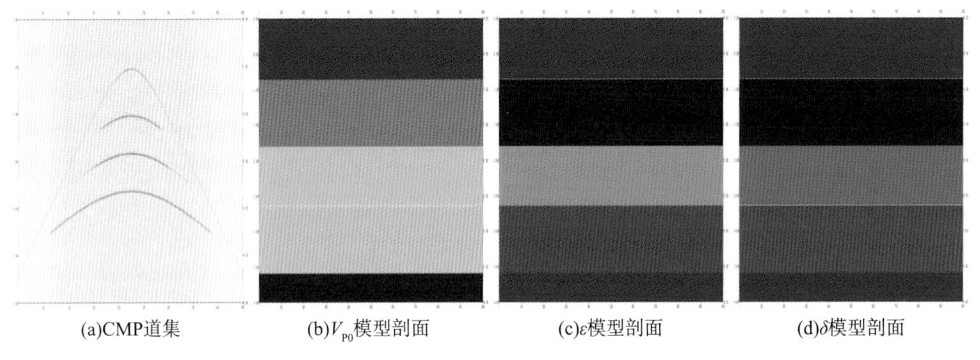

(a)CMP道集　(b)$V_{p0}$模型剖面　(c)$\varepsilon$模型剖面　(d)$\delta$模型剖面

图 5－17　模型数据

基于模型数据的 CMP 道集进行参数扫描分别得到的 $V_{NMO}$和 $V_h$ 剖面如图 5－18 所示。

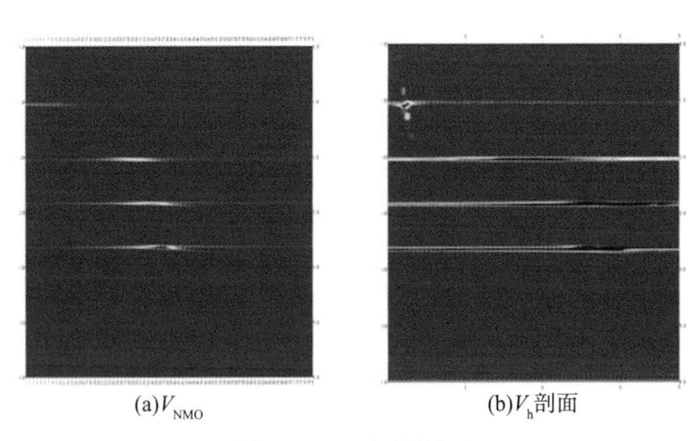

(a)$V_{NMO}$　(b)$V_h$剖面

图 5－18　参数剖面

利用 $V_{P0}$数据作时深转换得到深度域的 Thomsen 参数如图 5－19 所示。

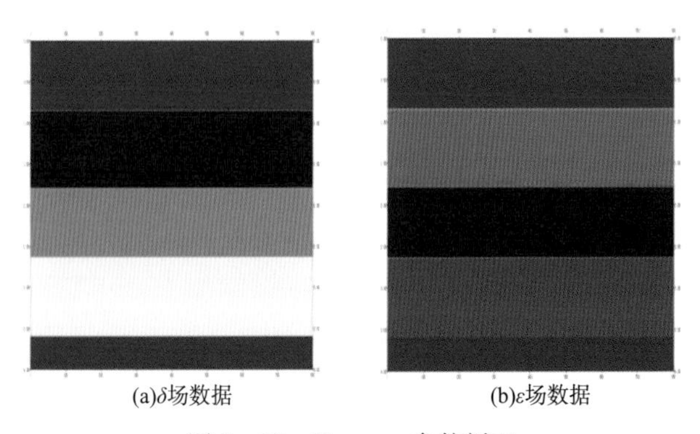

(a)$\delta$场数据　(b)$\varepsilon$场数据

图 5－19　Thomsen 参数剖面

扫描得到的各向异性参数与真实的各向异性参数场的对比分析见表5－1。

表5－1 误差分析结果

| | $V_{NMO}$（真实） | $V_{NMO}$（扫描） | 误差/% | $V_h$（真实） | $V_h$（扫描） | 误差/% | $\delta$（真实） | $\delta$（扫描） | 误差/% | $\varepsilon$（真实） | $\varepsilon$（扫描） | 误差/% |
|---|---|---|---|---|---|---|---|---|---|---|---|---|
| 第一层 | 1700 | 1700 | 0 | 1700 | 1700 | 0 | 0.0 | 0.0 | 0 | 0.0 | 0.0 | 0 |
| 第二层 | 2140.582 | 2140 | －0.027 | 2310.885 | 2280 | －1.34 | 0.369 | 0.422 | 14.4 | 0.579 | 0.665 | 15 |
| 第三层 | 2185.141 | 2180 | －0.235 | 2629.453 | 2600 | －1.12 | 0.096 | 0.0894 | 6.88 | 0.73 | 0.826 | 13.2 |
| 第四层 | 2248.948 | 2240 | －0.398 | 2607.369 | 2600 | －0.283 | 0.025 | 0.021 | 16 | 0.055 | 0.0556 | 1.1 |

方框显示数据为相对误差，如果缩小速度扫描间隔，其参数精度还会提高，但是会增加计算量。

2. 实际数据试处理

该工区位于我国西部，测线651条，线号范围为450～1100，cdp方向为1051个点，范围为450～1500，线间隔15m，cdp间隔15m，炮集数据时间采样点数3001，采样间隔2ms，最大偏移距7048m，深度采样点数1001，深度采样间隔为10m。共收集17口测井数据，其中12口井可用于各向异性参数提取。

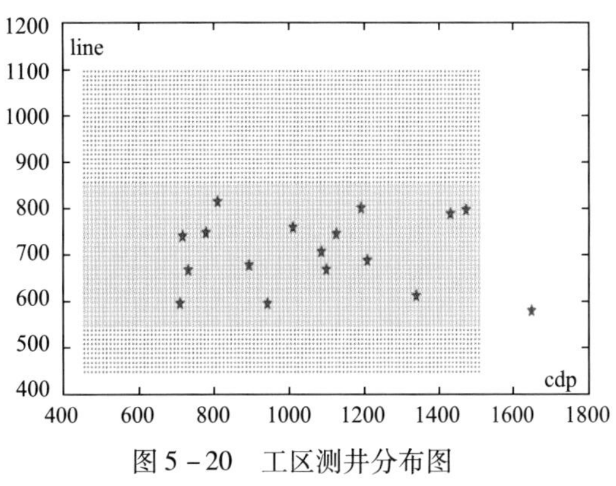


图5－20 工区测井分布图

图5－20中的蓝色区域为深度域层位解释区域，五角星为工区的测井位置。

首先对每一口可利用的测井数据制作合成记录，并进行井位标定。图5－21、图5－22是某一口井的井震标定结果。

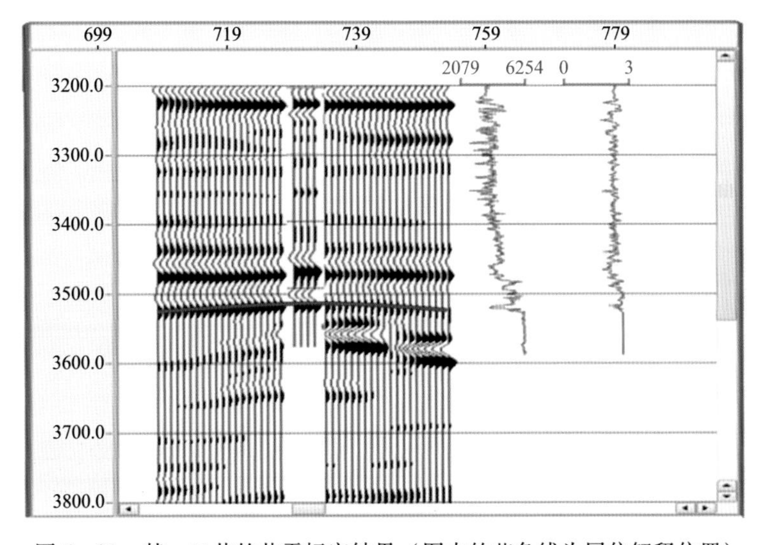


图5－21 某一口井的井震标定结果（图中的蓝色线为层位解释位置）

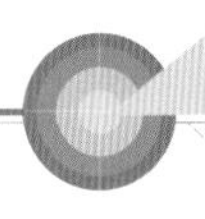

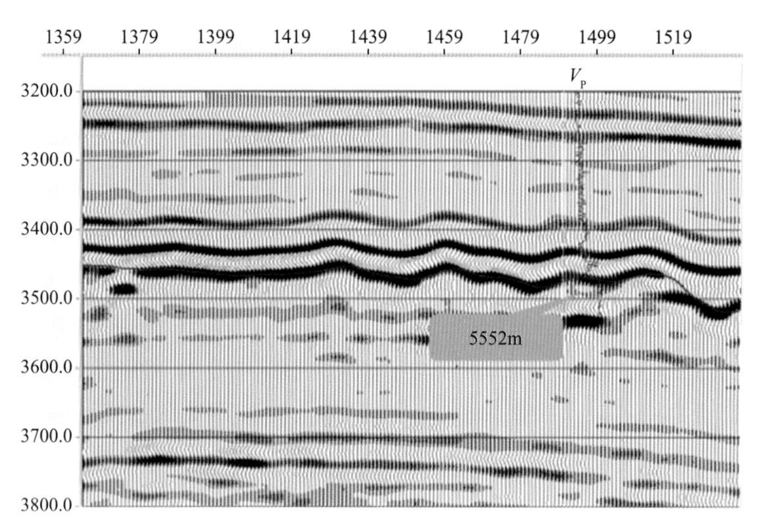


图 5－22　井震标定结果在时间域层位解释剖面上的投影

图 5－23 为对某口井进行各向异性参数提取的结果。

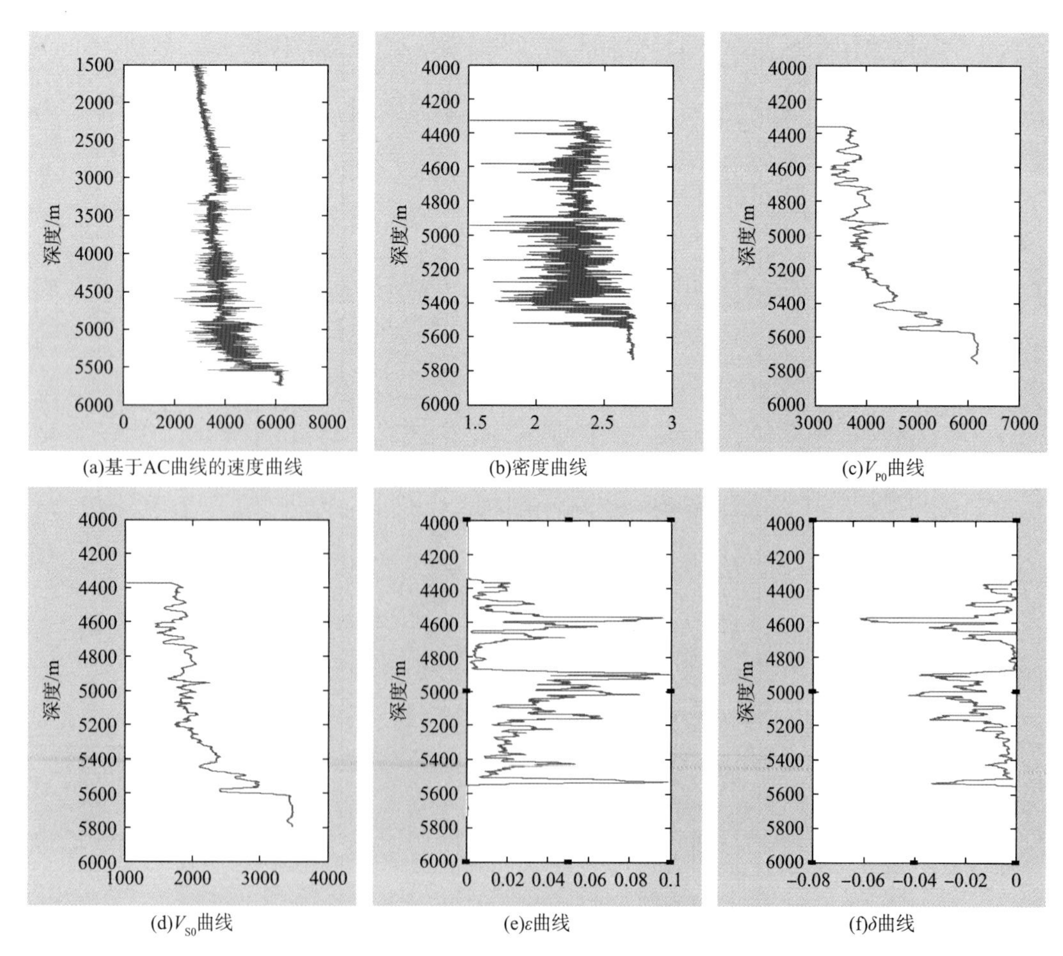


图 5－23　基于实际测井数据的各向异性参数

利用井震标定的层位对工区范围内的整体层位数据进行解释，并利用时深关系约束将层位数据作时深转换，最后对地震数据的各向异性参数模型进行约束校正。图 5－24 是对 $V_{P0}$ 校正前后的结果。

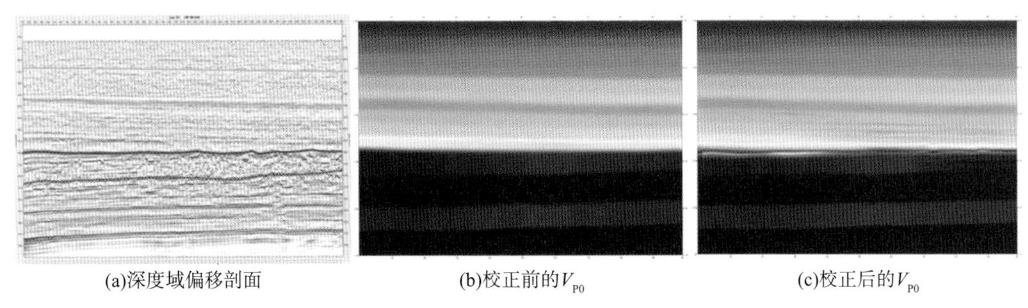

(a)深度域偏移剖面　(b)校正前的 $V_{P0}$　(c)校正后的 $V_{P0}$

图 5－24　校正前后的 $V_{P0}$ 结果

根据地震数据时深转换及测井数据得到的 Thomsen 参数、时深关系及深度域层位数据，对整个探区的参数模型进行约束校正，其结果如图 5－25 所示。

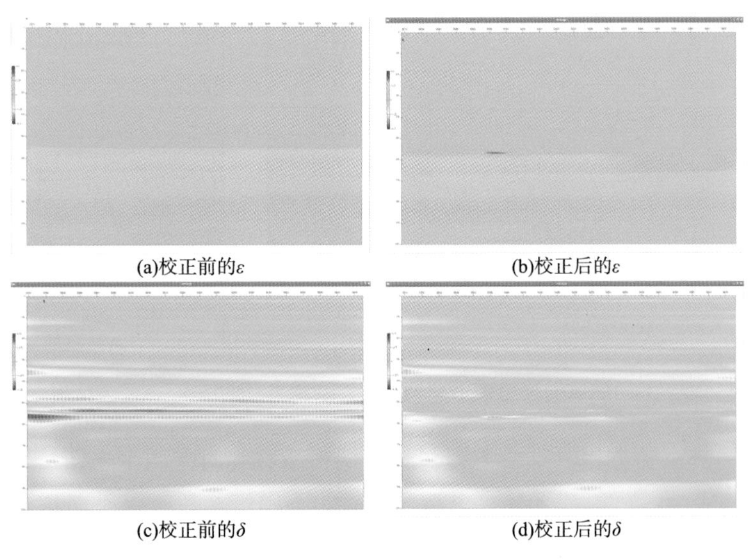

(a)校正前的 $\varepsilon$　(b)校正后的 $\varepsilon$

(c)校正前的 $\delta$　(d)校正后的 $\delta$

图 5－25　约束校正前后的 Thomsen 参数剖面

### 5.1.4　TTI 介质局部层析精细初始建模技术

局部层析的目的是提高各向异性参数初始模型的精度，数据基础是测井分层数据和各向异性参数初始模型数据，理论基础是各向异性层析反演相关技术，特点是利用精度最高的测井数据，快速实现井周各向异性参数的更新。由于各向异性参数初始模型是基于测井数据建立的，本质是构造约束建模，是沿地质构造沿层插值得到的，因此初始模型具有很明显的构造特征，局部层析基于初始模型的构造信息，沿层进行更新，使每一层内的各向异性参数更精确。

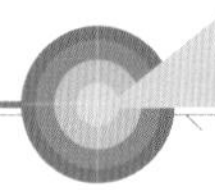

### 5.1.4.1 局部层析基本理论

局部层析的输入数据包括：各向异性参数的背景场和共成像点道集，各向异性参数的背景场是由以上步骤得到的各向异性参数初始模型，共成像点道集是由各向异性射线偏移产生的。局部层析是剩余各向异性参数扫描方法，直接在共成像点道集上完成，目的是通过优化各向异性参数提高成像剖面同相轴的相关性。具体实现方法有两种：①逐层模式或层剥离模式，这种模式是对横向位置逐层进行分析和更新的；②垂直模式，这种模式是对局部反射层从顶端向下逐点进行分析和更新的。具体实现过程如下。

（1）局部射线追踪（此处只介绍实施方案，具体技术原理将在后续章节介绍）。利用测井分层数据，根据地质需要提取具有明显波阻抗地层和目标层的倾角、方位角信息，在背景模型中从反射点向上根据斯奈尔定律追踪到地表，模拟不同方位所有偏移距的炮检点射线对（图5－26）。在射线追踪的基础上建立层析系数矩阵，结合旅行时残差更新各向异性参数，旅行时残差包含两部分：上覆地层剩余校正量造成的旅行时残差和反射地层造成的旅行时残差（图5－27）。

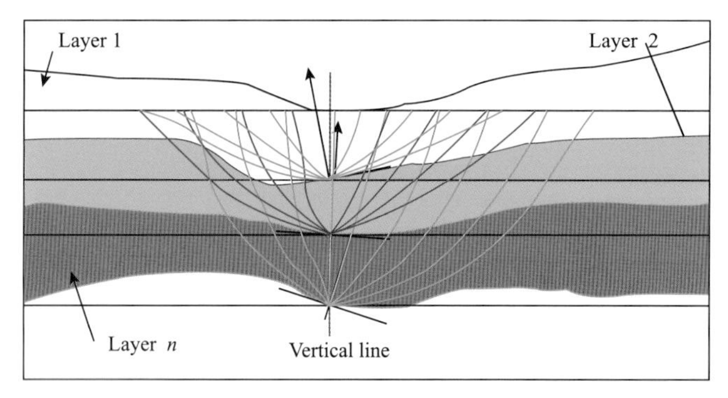


图5－26　不同层位射线追踪示意图

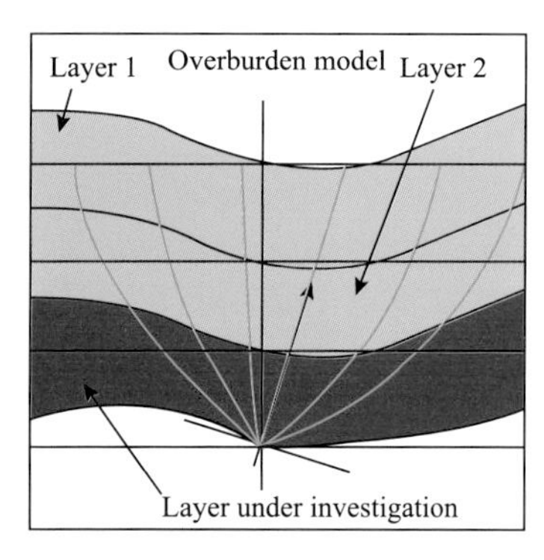


图5－27　某一反射点射线追踪示意图

（2）建立局部层析方程。层析方程包含着层析系数和时差两个未知量，层析系数是由射线追踪信息构成的，$V_{P0}$、$\varepsilon$ 和 $\delta$ 三参数各对应一个层析系数，每个层析系数由三部分构成：入射射线、反射射线和零偏移距射线，具体公式如下：

$$A_{i,k}^{m}=-\underbrace{\int_{\sigma_k}\frac{\partial G}{\partial m}\mathrm{d}\sigma}_{\text{incident ray, offset i}}-\underbrace{\int_{\sigma_k}\frac{\partial G}{\partial m}\mathrm{d}\sigma}_{\text{reflected ray, offset i}}+\frac{p_z^{\text{in}}+p_z^{\text{re}}}{p_z^{\text{zero offset}}}\underbrace{\int_{\sigma_k}\frac{\partial G}{\partial m}\mathrm{d}\sigma}_{\text{zero offset ray}}\tag{5-35}$$

式中，$m$ 表示各向异性参数；$m=\{V_{P0},\varepsilon,\delta\}$，$A_k^m=\{A_k^{V_{P0}},A_k^{\varepsilon},A_k^{\delta}\}$；$k$ 表示层位；$i$ 表示偏移距。

时差信息是由成像道集离开水平位置的深度差得到的，深度差具体公式如下：

$$\Delta z=\frac{1}{p_z^{\text{zero offset}}}\times\sum_{k=1}^{N}\int_{\sigma_k}\underbrace{\left(\frac{\partial G}{\partial V_{P0}}\Delta V_k+\frac{\partial G}{\partial\varepsilon}\Delta\varepsilon_k+\frac{\partial G}{\partial\delta}\Delta\delta_k\right)}_{\text{zero offset}}\mathrm{d}\sigma\tag{5-36}$$

时差具体公式如下：

$$\Delta t_i^{\text{horizon}} = p_{z,i}^{\text{horizon}} \Delta z = \frac{p_{z,i}^{\text{in}} + p_{z,i}^{\text{re}}}{p_z^{\text{zero offset}}} \times \sum_{k=1}^{N} \int_{\sigma_k} \underbrace{\left( \frac{\partial G}{\partial V_{P0}} \Delta V_k + \frac{\partial G}{\partial \varepsilon} \Delta \varepsilon_k + \frac{\partial G}{\partial \delta} \Delta \delta_k \right)}_{\text{zero offset}} \mathrm{d}\sigma \quad (5-37)$$

由以上信息建立局部层析方程，方程有两部分构成：上覆地层时差层析方程和反射层时差层析方程，具体公式如下：

$$\Delta t_i = \Delta t_i^{\text{overburden}} + \Delta t_i^{\text{current layer}} \quad (5-38)$$

其中，$\Delta t_i^{\text{overburden}}$ 代表上覆地层时差，$\Delta t_i^{\text{current layer}}$ 代表反射层时差，公式如下：

$$\begin{aligned} \Delta t_i^{\text{overburden}} &= \sum_{k=1}^{N-1} A_{i,k}^{V_{P0}} \Delta V_k + A_{i,k}^{\varepsilon} \Delta \varepsilon_k + A_{i,k}^{\delta} \Delta \delta_k \\ \Delta t_i^{\text{current layer}} &= A_{i,N}^{V_{P0}} \Delta V_N + A_{i,N}^{\varepsilon} \Delta \varepsilon_N + A_{i,N}^{\delta} \Delta \delta_N \end{aligned} \quad (5-39)$$

式中，$N$ 表示地层数，亦表示当前反射层。

（3）单参数扫描。通过射线追踪提取层析系数，利用成像道集计算时间残差，通过扫描参数剩余校正量消除道间时差，从而更新各向异性参数。采用近偏移距道集（出射角小于30°的射线）时差更新 $V_{P0}$ 和 $\delta$ 参数，采用中远偏移距道集（出射角大于30°的射线）时差更新 $\varepsilon$ 参数。

局部层析采用层剥离方法更新参数，即从地表开始往深层逐层更新，因此需要逐层进行扫描，浅层更新完成后深层再更新则不影响浅层更新量，深层扫描只更新当前反射层的各向异性参数，由此将每一层的成像道集都拉平，从而消除道间时差。

局部层析方法能够很好地保持初始建模环节中测井数据的约束作用，保留准确的层位信息，更新量只存在于当前反射层，更加符合地质构造情况，同时能够拉平成像道集，增加同相轴的聚焦性，提高远偏移距道集的使用率。另外，由于局部层析是在准确的测井分层数据中进行的，也就是说井周成像深度与测井数据吻合，而 $V_{P0}$ 和 $\delta$ 参数影响成像深度，因此，在更新过程中应严格控制 $V_{P0}$ 和 $\delta$ 参数的更新范围，保证更新后的成像深度依然准确。鉴于局部层析的此特点，实际应用中通常只用局部层析更新 $\varepsilon$ 参数。

### 5.1.4.2 三维层状模型试算

采用三维层状模型验证局部层析方法，图5－28为TTI介质5个各向异性参数模型和合成测井曲线，图5－29（a）为 $\varepsilon$ 参数初始模型（$\varepsilon=0$），图5－29（b）为初始模型中，按测井分层数据提取的反射点射线追踪示意图。

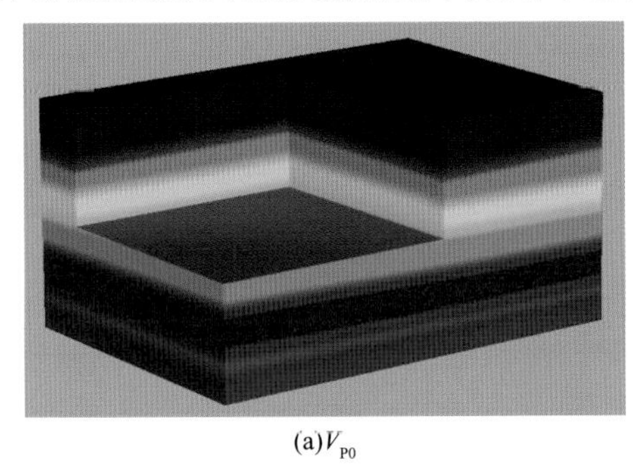
(a)$V_{P0}$

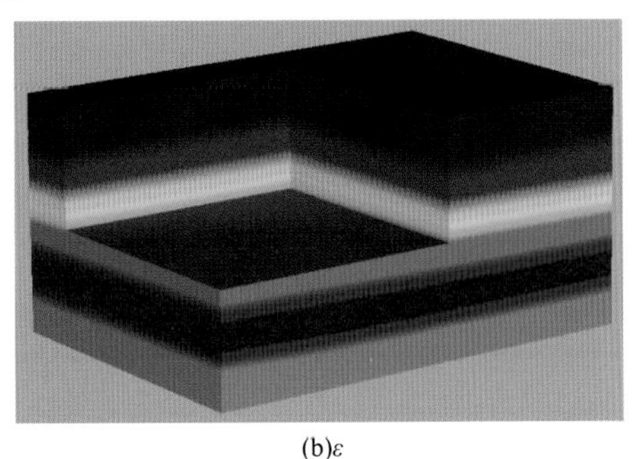
(b)$\varepsilon$

图5－28 真实模型和测井曲线

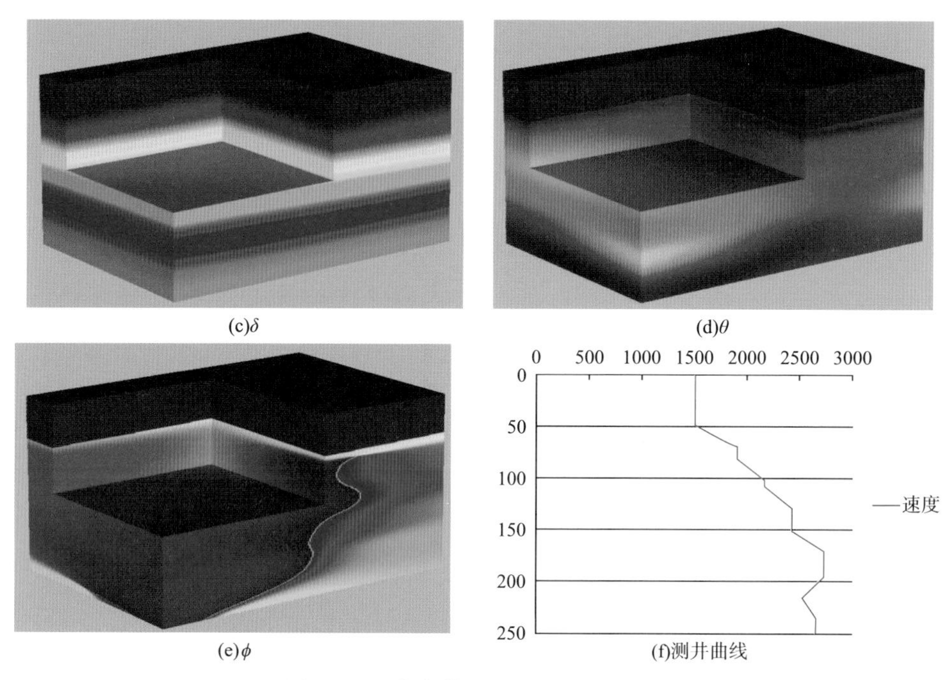


图 5－28　真实模型和测井曲线（续）

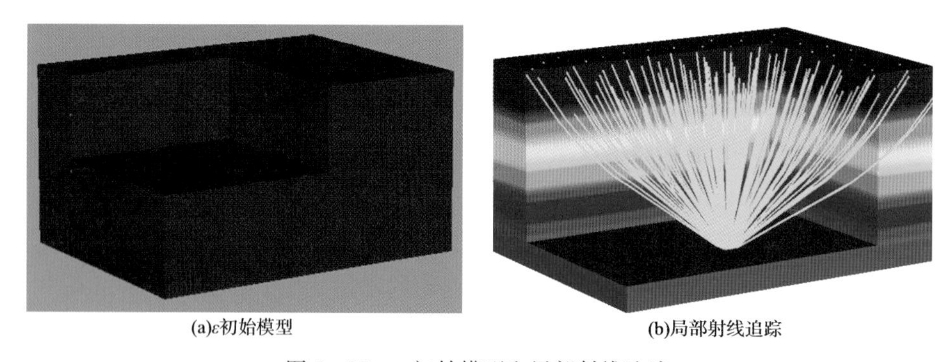


图 5－29　$\varepsilon$ 初始模型和局部射线追踪

图 5－30 为校正过程中的校正量显示，图 5－31 为局部层析后 $\varepsilon$ 参数模型，取模型两点的垂向数据进行验证，其中，一点离井较近，一点离井较远［图 5－32（a）］，从数值曲线可以看出［图 5－32（b）、（c）］，远井地区和近井地区的结果非常接近，误差浅层小，深层大，在 1700m 以上均在误差允许范围之内，可以说，局部层析方法的更新效果较好，具有一定的实际应用潜质。

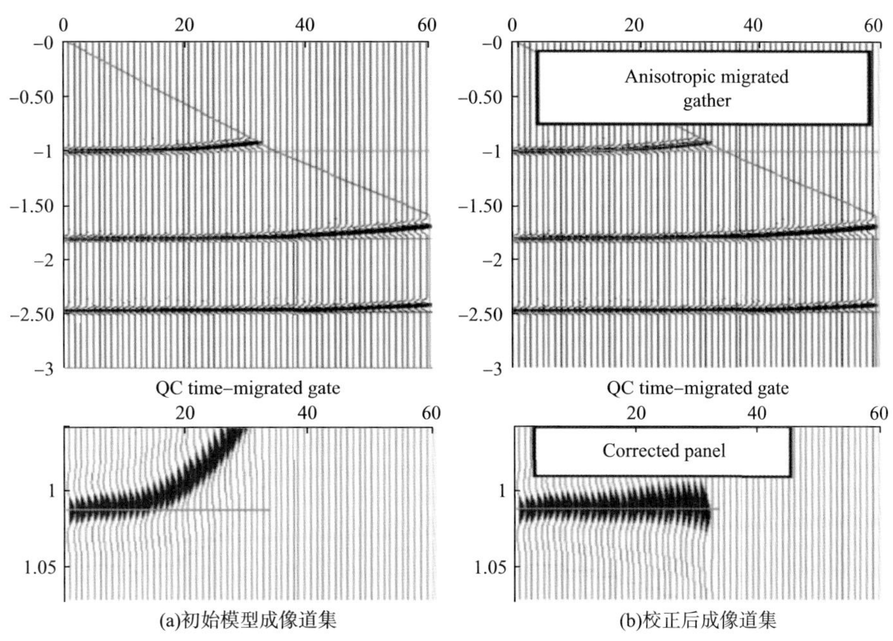


图 5－30　TTI 各向异性成像道集

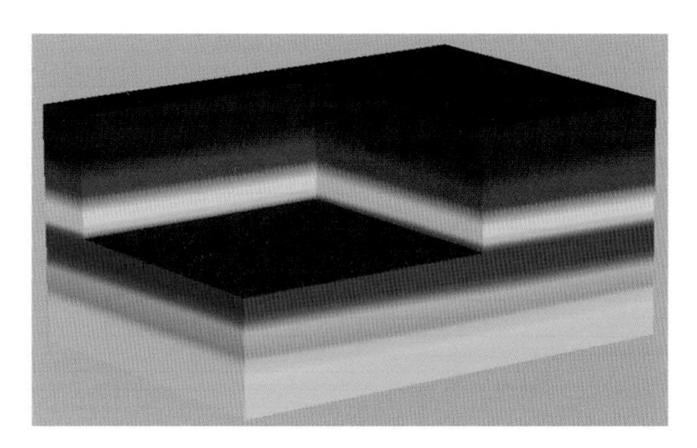

图 5－31　局部层析更新后 $\varepsilon$ 参数模型

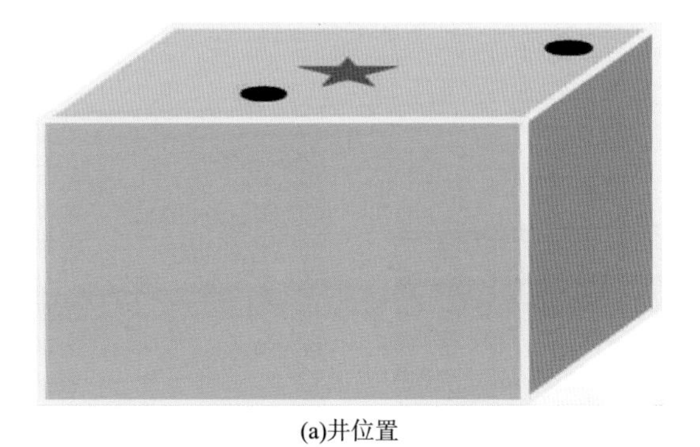

(a)井位置

图 5－32　单道数值对比

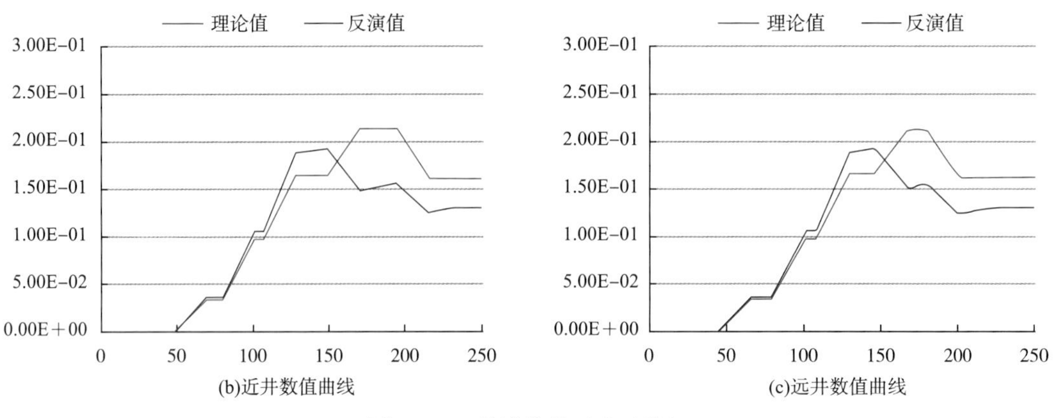


(b)近井数值曲线　　(c)远井数值曲线

图 5－32　单道数值对比（续）

### 5.1.5　实际资料测试

本项目采用的初始模型建立方法包括：TTI 介质对称轴扫描技术、厚度比法 $\delta$ 参数提取技术、时差相似性分析 $V_{P0}$ 和 $\varepsilon$ 参数提取技术、局部层析法 $\varepsilon$ 参数精细初始建模技术。基于这些技术建立面向实际资料的初始建模技术流程如图 5－33 所示。

四川某探区，应用以上 4 种方法建立初始模型如图 5－34 所示。

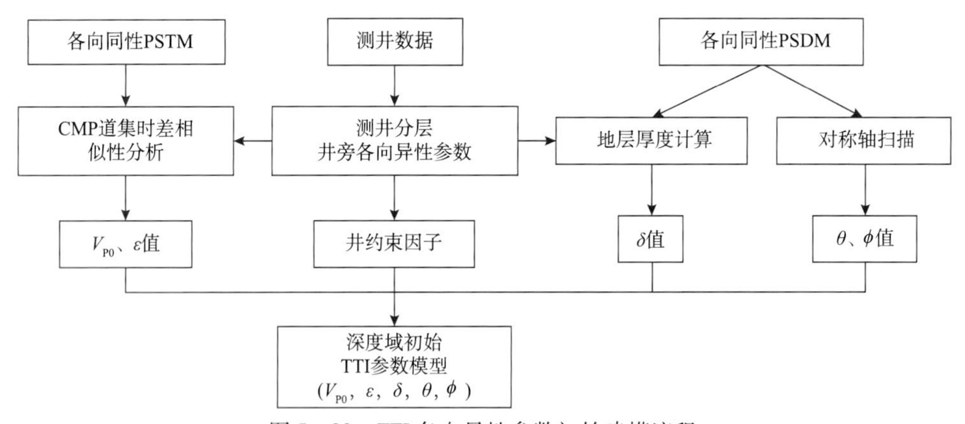


图 5－33　TTI 各向异性参数初始建模流程

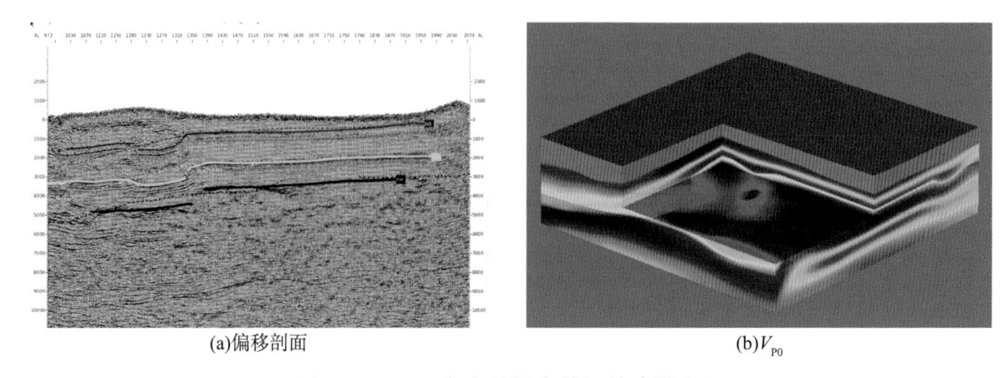

(a)偏移剖面　　(b)$V_{P0}$

图 5－34　TTI 各向异性参数初始建模流程

(c)$\varepsilon$ (d)$\delta$

(e)$\theta$ (f)$\phi$

图 5 - 34　TTI 各向异性参数初始建模流程（续）

## 5.2　TTI 介质速度精细建模技术

层析反演是速度建模非常重要的一步，之前所介绍的初始建模主要保证了构造信息的正确性，属于地层低频成分建模方法，而层析反演是要在初始模型的基础上进行细节更新，提高模型的高频成分，属于精细建模技术。层析反演输入的数据是偏移成像道集和偏移成像剖面，在成像道集上拾取剩余曲率，转换为剩余时差，在成像剖面上拾取有效反射点，进行射线追踪得到旅行时和射线路径。层析反演的效率、精度和稳定性是需要解决的主要问题，其中，层析反演的效率主要取决于射线追踪，精度主要取决于信息拾取，稳定性主要取决于反演策略。

本章从射线追踪技术出发，进而介绍高斯束成像道集提取技术，最后从各向异性层析反演的基本理论出发，推导各向异性层析矩阵方程，重点探讨各向异性正则化技术和 TTI 介质多参数联合反演技术，并给出了结合式反演策略，最后通过模型和实际资料验证其有效性和实用性。

### 5.2.1　剖面及道集属性自动拾取技术

为了实现各向异性参数层析反演的高效运行及提高实用化程度，在项目研究过程中，进一步研发了基于结构张量的反射点自动拾取技术与 CIG 自动拾取技术，从而形成了完整的层析数据全自动拾取流程。

结构张量（structure tensor）作为图像分析的有力工具，常用来估计图像结构方向场和分析图像局部几何结构。该理论在过去近 20 年里已成功地应用到图像结构方向场计算、特征检测、图像去噪等领域。

将地震剖面看作一个图像，其具有层状纹线的特征，这种带有纹理的图像的特点是方向场成为图像的一个重要信息，方向场实际上描述了该图像中每一像素点所在脊或谷在该点的切线方向。因此，不仅可以利用方向信息将不清晰的图像进行图像还原，可以最大限度地保持图像的纹理边界去除噪声，而且可以利用方向信息进行层位追踪。

#### 5.2.1.1　基于结构张量的反射点自动拾取技术

利用结构张量分析提供的高质量同相轴线性性指标，同时考虑地震同相轴的子波几何特征、同相轴的空间延续性研发适应低信噪比数据的反射点自动拾取技术。

对于图像 $f(x,y)$，在 $(x,y)$ 处的梯度定义为：

$$grad(x,y)=\begin{bmatrix} f'_x \\ f'_y \end{bmatrix}=\begin{bmatrix} \dfrac{\partial f(x,y)}{\partial x} \\ \dfrac{\partial f(x,y)}{\partial y} \end{bmatrix} \tag{5-40}$$

梯度是一个矢量，其大小和方向为：

$$|grad(x,y)|=\sqrt{f'^2_x+f'^2_y}=\sqrt{\left(\frac{\partial f(x,y)}{\partial x}\right)^2+\left(\frac{\partial f(x,y)}{\partial y}\right)^2} \tag{5-41}$$

$$\theta=\tan^{-1}(f'_x/f'_y)=\tan^{-1}\left(\frac{\partial f(x,y)}{\partial y}\Big/\frac{\partial f(x,y)}{\partial x}\right) \tag{5-42}$$

对于离散图像处理而言，常用到梯度的大小，并且一阶偏导数采用一阶差分近似表示：

$$\begin{aligned} \frac{\partial f}{\partial x}&=f(i,j)-f(i+1,j) \\ \frac{\partial f}{\partial y}&=f(i,j+1)-f(i,j) \end{aligned} \tag{5-43}$$

为简化梯度的计算，经常使用

$$G(i,j)\approx\left[\left(\frac{\partial f}{\partial x}\right)^2+\left(\frac{\partial f}{\partial y}\right)^2\right]^{\frac{1}{2}}\approx\left|\frac{\partial f}{\partial x}\right|+\left|\frac{\partial f}{\partial y}\right| \tag{5-44}$$

具体可以通过将图像与高斯函数的一阶导数求卷积来实现图像的梯度信息求取，对于 $N$ 维图像表示如下：

$$g_i=I(x)\otimes\frac{\partial}{\partial x_i}G(x,\sigma_g),i\in\{1,2,\cdots,N\} \tag{5-45}$$

式中，$I(x)$ 表示图像；$G(x,\sigma_g)$ 表示方差为 $\sigma_g$ 的高斯函数。

表示梯度结构张量（GST，gradient structure tensor）定义为：

$$T=\overline{g\cdot g^{\mathrm{T}}} \tag{5-46}$$

通过将梯度结构张量与一个方差为 $\sigma_T$ 的高斯核函数卷积进一步计算局部平均或是空间求积，如下式所示：

$$\overline{T_{ij}} = T_{ij} \otimes G(x,\sigma_T) \tag{5-47}$$

式中，$T_{ij}$ 为式（5－46）计算的GST；$G(x,\sigma_T)$ 表示方差为 $\sigma_T$ 的高斯函数。

三维图像的梯度结构张量如下式所示：

$$T = \begin{vmatrix} \overline{f_x^2} & \overline{f_xf_y} & \overline{f_xf_z} \\ \overline{f_xf_y} & \overline{f_y^2} & \overline{f_yf_z} \\ \overline{f_xf_z} & \overline{f_yf_z} & \overline{f_z^2} \end{vmatrix} \tag{5-48}$$

地震图像的方向信息包含在与GST最大特征值对应的特征向量里。由于要计算梯度，方向图提取的速度相对来说较慢，梯度的连续性保证了方向的连续性，理论上方向可以取任意多个，精度和方向准确性较高。

反射点处的基本特征是：落在波峰（或波谷）上、具有局部的线性。对于波峰（波谷）的识别可以由如下判别准则决定：

$$\begin{cases} f'_{i-1} * f'_{i+1} < 0 \\ abs(f'_{i-1}) > abs(f'_i) \\ abs(f'_{i+1}) > abs(f'_i) \\ f_{\min} < f_i < f_{\max} \end{cases} \tag{5-49}$$

如图5－35所示，$f_i$ 为一波峰处的点，$f_{i-1}$、$f_{i+1}$ 分别为紧邻波峰两侧的点。$f'_i$、$f'_{i-1}$、$f'_{i+1}$ 分别为 $f_i$、$f_{i-1}$、$f_{i+1}$ 处的一阶导数。式（5－49）的几何意义为：波峰的振幅值处于一合理区间（$f_{\min}$，$f_{\max}$）内，波峰处的导数小于其两侧的导数，且波峰处两侧点的导数是异号的。根据该准则可以初步筛选出可能的反射点。

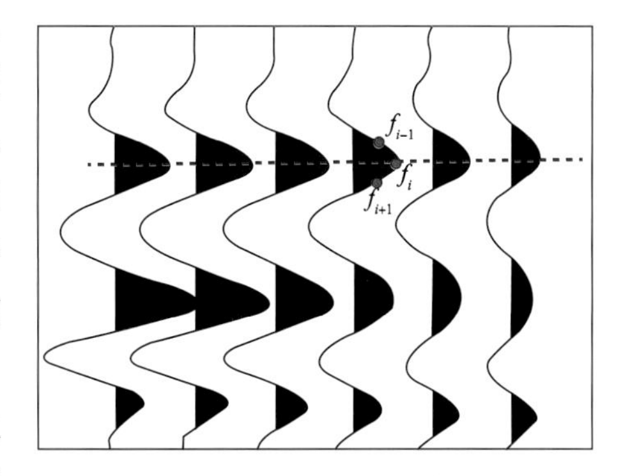


图5－35　局部同相轴几何特征

同时，反射点的另一特征是处于同相轴之上，即反射点处的图像在局部的横向邻域范围内具有局部线性，这一重要指标也可以用来进一步的筛选潜在反射点。

### 5.2.1.2　基于结构张量的CIG自动拾取技术

以结构张量分析提供的高精度倾角场作为拾取数据，研发一种基于线性反演方法的地震层位自动拾取技术，并应用于共成像点道集（CIG）的自动拾取。

这里采用了一种线性反演的方法来进行CIG道集的拾取。该方法与传统的CIG曲线拟合在原理上有较大区别，不依赖于叠加窗长、子波主频等参数的影响，同时该方法考虑的主要是图像的几何特征，不易受异常振幅值的影响（图5－36～图5－40）。

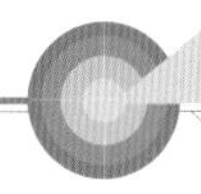

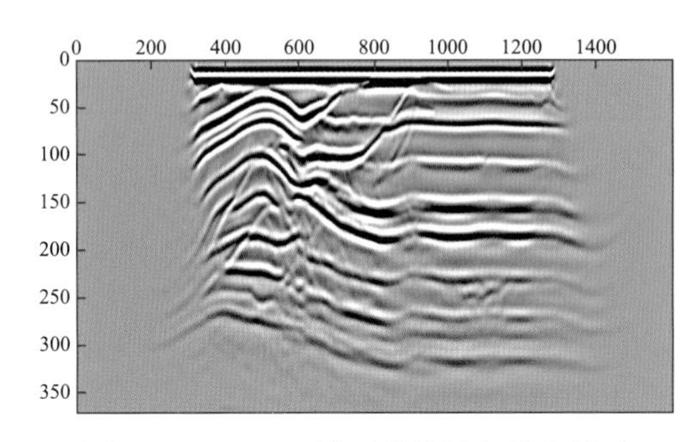


图 5－36　EAGE 模型叠前深度偏移剖面

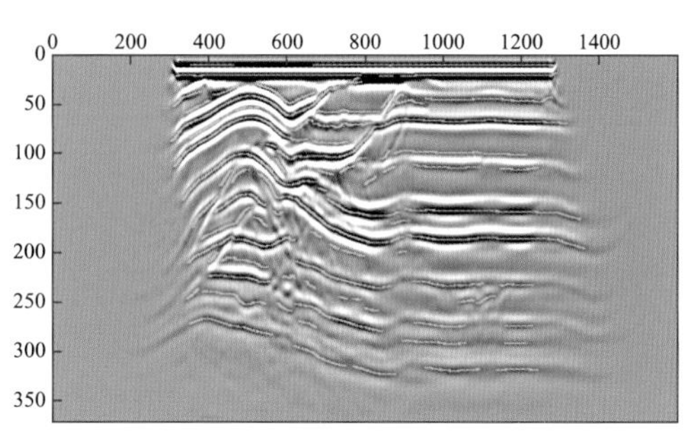


图 5－37　拾取的反射点（绿点）

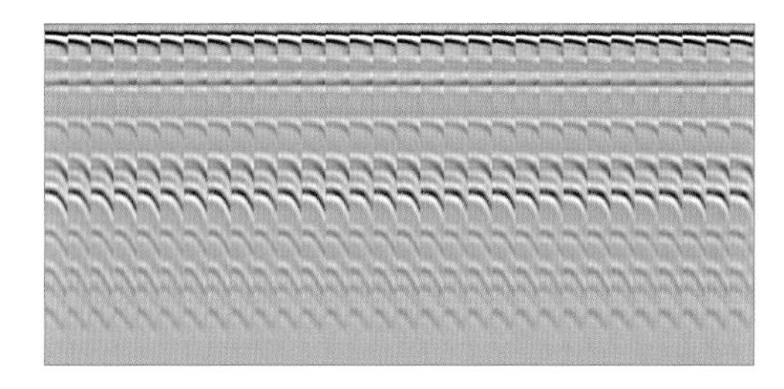

图 5－38　部分 CIG 道集

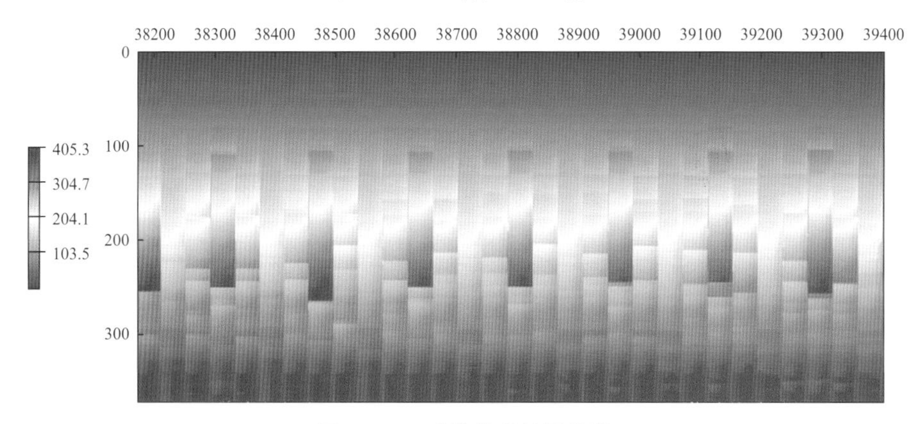


图 5－39　反演得到的层位体

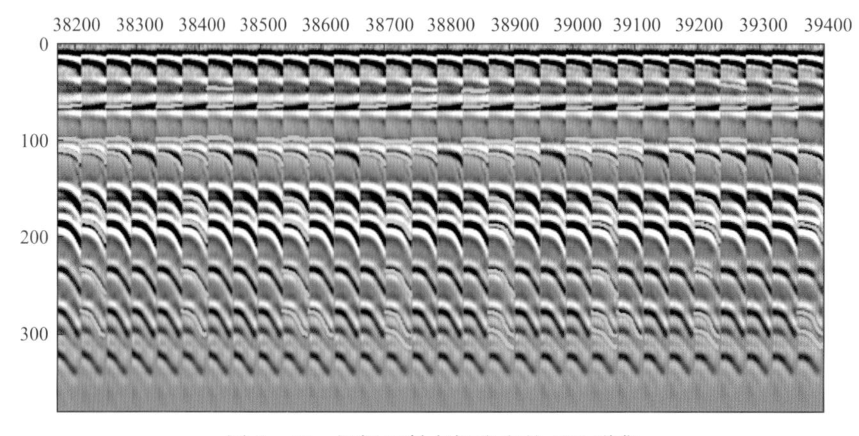


图 5－40　根据反射点提取出的 CIG 道集

CIG 道集的拾取可以视作图像的层位（同相轴）拾取，根据 Wu（2014），图像的层位可以定义为：

$$\tau(x,y,z) = z + s(x,y,z) \tag{5-50}$$

即落在同一层位上的所有点沿深度方向平移 $s(x,y,z)$ 后等于一常数值 $(x,y,z)$。

设利用结构张量算法计算得到的图像上任一点的法向量为 $(n_x,n_z)$，则层位应满足如下几何关系：

$$\begin{bmatrix} n_z \dfrac{\partial\tau}{\partial x} - n_x \dfrac{\partial\tau}{\partial z} \\ n_z \dfrac{\partial\tau}{\partial y} - n_y \dfrac{\partial\tau}{\partial z} \end{bmatrix} \approx \begin{bmatrix} 0 \\ 0 \end{bmatrix} \tag{5-51}$$

即层位曲线的切向量与法向量垂直，将式（5－50）代入式（5－51），得到关于移动量 $s(x,y,z)$ 的方程组：

$$\begin{bmatrix} n_z \dfrac{\partial s}{\partial x} - n_x \dfrac{\partial s}{\partial z} \\ n_z \dfrac{\partial s}{\partial y} - n_y \dfrac{\partial s}{\partial z} \end{bmatrix} \approx \begin{bmatrix} n_x \\ n_z \end{bmatrix} \tag{5-52}$$

求解方程组式（5－52），再结合式（5－50）即可计算得到 CIG 道集的所有层位。式（5－52）可以写作如下形式：

$$Gs = v \tag{5-53}$$

对于给定的 CIG 道集，矩阵 $G$ 为常数，这说明式（5－53）描述的反问题为线性的，这使得其不依赖于初始解。

## 5.2.2 TTI 介质层析矩阵方程的建立

### 5.2.2.1 TTI 介质层析基本理论

1. 射线层析基本理论

在高频近似理论下，射线走时和各向异性参数之间的关系如下：

$$\tau(S,R) = \int_{L(S,R)} s_{group} dl \tag{5-54}$$

式中，$S$ 和 $R$ 分别代表炮点和检波点；$\tau(S,R)$ 是炮检点之间的旅行时；$L(S,R)$ 是炮点 $S$ 与检波点 $R$ 之间的射线路径；$s_{group}$ 是各向异性参数 $v_{P0},\varepsilon,\delta$ 的函数。

因此，真实各向异性参数模型中炮检点之间的旅行时可表示为如下形式：

$$\tau_{true}(S,R) = \int_{L_{true}(S,R)} s_{group}^{true} dl \tag{5-55}$$

式中，$\tau_{true}(S,R)$ 是观测的真实旅行时；$L_{true}(S,R)$ 是真实射线路径；$s_{group}^{true}$ 是真实各向异性参数的函数。

而在初始各向异性参数模型中炮检对之间的旅行时可表示为如下形式：

$$\tau_{curr}(S,R) = \int_{L_{curr(S,R)}} s_{group}^{curr} dl \tag{5-56}$$

式中，$\tau_{curr}(S,R)$ 是在初始模型中计算的旅行时；$L_{curr}(S,R)$ 是初始模型中的射线路径；$s_{group}^{curr}$ 是初始各向异性参数的函数。

将真实旅行时和初始旅行时做差如下：

$$\tau_{true}(S,R) - \tau_{curr}(S,R) = \int_{L_{true}(S,R)} s_{group}^{true} dl - \int_{L_{curr}(S,R)} s_{group}^{curr} dl \tag{5-57}$$

式（5－57）右端真实射线路径未知，假设初始慢度模型与真实慢度模型在一定程度上接近，据 Fermat 原理知，真实模型中的射线路径与初始模型中的射线路径近似相等：

$$L_{true}(S,R) \approx L_{curr}(S,R) \tag{5-58}$$

因此，真实旅行时和初始旅行时的时差表示如下：

$$\begin{aligned}
\Delta\tau = \tau_{true}(S,R) - \tau_{curr}(S,R) &= \int_{L_{true}(S,R)} s_{group}^{true} dl - \int_{L_{curr}(S,R)} s_{group}^{curr} dl \\
&\approx \int_{L_{curr}(S,R)} s_{group}^{true} dl - \int_{L_{curr}(S,R)} s_{group}^{curr} dl \\
&= \int_{L_{curr}(S,R)} s_{group}^{true} - s_{group}^{curr} dl \\
&= \int_{L_{curr}(S,R)} \Delta s_{group} dl
\end{aligned} \tag{5-59}$$

即：

$$\Delta\tau = \int_{L_{curr}(S,R)} \Delta s_{group} dl \tag{5-60}$$

2. TTI 介质层析矩阵推导

TTI 中模型为竖直方向上的慢度和两个 Thomsen 参数，慢度参数是这三个模型参数的函数，写成：

$$\boldsymbol{P} = \boldsymbol{P}(\boldsymbol{P}_0, \boldsymbol{\varepsilon}, \boldsymbol{\delta}) \tag{5-61}$$

相应目标函数的梯度为：

$$\Delta J = \left[ \left(\frac{\partial J}{\partial \boldsymbol{P}_0}\right)^{T} \quad \left(\frac{\partial J}{\partial \boldsymbol{\varepsilon}}\right)^{T} \quad \left(\frac{\partial J}{\partial \boldsymbol{\delta}}\right)^{T} \right]^{T} \tag{5-62}$$

下面计算 $\frac{\partial J}{\partial \boldsymbol{P}_0}$、$\frac{\partial J}{\partial \boldsymbol{\varepsilon}}$ 和 $\frac{\partial J}{\partial \boldsymbol{\delta}}$。

目标函数对 $\boldsymbol{P}_0$ 的导数为：

$$\begin{aligned}
\frac{\partial J}{\partial \boldsymbol{P}_0} &= \frac{\partial}{\partial \boldsymbol{P}_0}\left(\frac{1}{2} \parallel \boldsymbol{t}^{obs} - \int_{Ray} \boldsymbol{P} ds \parallel^2\right) \\
&= -\frac{\partial}{\partial \boldsymbol{P}_0}\left[\int_{Ray} \boldsymbol{P}(\boldsymbol{P}_0, \boldsymbol{\varepsilon}, \boldsymbol{\delta}) ds\right]\Delta t \\
&= -\frac{\partial}{\partial \boldsymbol{P}}\left(\int_{Ray} \boldsymbol{P}(\boldsymbol{P}_0, \boldsymbol{\varepsilon}, \delta) ds\right)\frac{\partial \boldsymbol{P}}{\partial \boldsymbol{P}_0}\Delta t \\
&= -\boldsymbol{P}^{1T} \boldsymbol{L}^{T} \Delta \boldsymbol{t} \\
&= -(\boldsymbol{L} \boldsymbol{P}^{1})^{T} \Delta \boldsymbol{t}
\end{aligned} \tag{5-63}$$

其中：

$$\boldsymbol{P}^1 = \frac{\partial \boldsymbol{P}}{\partial \boldsymbol{P}_0}$$

矩阵元素为：

$$\boldsymbol{P}_{ij}^1 = \frac{\partial \boldsymbol{P}_i}{\partial \boldsymbol{P}_{0j}} \tag{5-64}$$

即 $\boldsymbol{P}$ 向量第 $i$ 个元素对 $\boldsymbol{P}_0$ 向量第 $j$ 个元素的导数。

同样可以得到目标函数对 Thomsen 参数的导数为：

$$\frac{\partial J}{\partial \varepsilon} = -(\boldsymbol{L}\boldsymbol{P}^2)^{\mathrm{T}}\Delta \boldsymbol{t} \tag{5-65}$$

$$\frac{\partial J}{\partial \delta} = -(\boldsymbol{L}\boldsymbol{P}^3)^{\mathrm{T}}\Delta \boldsymbol{t} \tag{5-66}$$

其中：

$$\boldsymbol{P}^2 = \frac{\partial \boldsymbol{P}}{\partial \boldsymbol{\varepsilon}},\ \boldsymbol{P}_{ij}^2 = \frac{\partial \boldsymbol{P}_i}{\partial \boldsymbol{\varepsilon}_j}$$

$$\boldsymbol{P}^3 = \frac{\partial \boldsymbol{P}}{\partial \boldsymbol{\delta}},\ \boldsymbol{P}_{ij}^3 = \frac{\partial \boldsymbol{P}_i}{\partial \boldsymbol{\delta}_j}$$

至此，TTI 层析目标函数梯度具体为：

$$\begin{aligned}\Delta J &= ((-(\boldsymbol{L}\boldsymbol{P}^1)^{\mathrm{T}}\Delta \boldsymbol{t})^{\mathrm{T}}(-(\boldsymbol{L}\boldsymbol{P}^2)^{\mathrm{T}}\Delta \boldsymbol{t})^{\mathrm{T}}(-(\boldsymbol{L}\boldsymbol{P}^3)^{\mathrm{T}}\Delta \boldsymbol{t})^{\mathrm{T}})^{\mathrm{T}} \\ &= \begin{pmatrix} -(\boldsymbol{L}\boldsymbol{P}^1)^{\mathrm{T}}\Delta \boldsymbol{t} \\ -(\boldsymbol{L}\boldsymbol{P}^2)^{\mathrm{T}}\Delta \boldsymbol{t} \\ -(\boldsymbol{L}\boldsymbol{P}^3)^{\mathrm{T}}\Delta \boldsymbol{t} \end{pmatrix} = -\begin{pmatrix} (\boldsymbol{L}\boldsymbol{P}^1)^{\mathrm{T}} \\ (\boldsymbol{L}\boldsymbol{P}^2)^{\mathrm{T}} \\ (\boldsymbol{L}\boldsymbol{P}^3)^{\mathrm{T}} \end{pmatrix}\Delta \boldsymbol{t}\end{aligned} \tag{5-67}$$

TTI 层析方程为：

$$\Delta \boldsymbol{t} = \boldsymbol{K}\Delta \boldsymbol{m} \tag{5-68}$$

其中：

$$\Delta \boldsymbol{m} = (\Delta \boldsymbol{P}_0^{\mathrm{T}} \quad \Delta \boldsymbol{\varepsilon}^{\mathrm{T}} \quad \Delta \boldsymbol{\delta}^{\mathrm{T}})^{\mathrm{T}}$$

$$\boldsymbol{K} = (\boldsymbol{L}\boldsymbol{P}^1 \quad \boldsymbol{L}\boldsymbol{P}^2 \quad \boldsymbol{L}\boldsymbol{P}^3)$$

目前用 TTI 各向异性参数表达群慢度的公式中，精度较高的是如下用 $v_{\mathrm{P0}}$、$V_{\mathrm{P}n}$ 和 $\eta$ 的慢度表达方式（Fomel，2004；Yuan，2006）：

$$p^2(\phi) = \frac{1}{4(1+\eta)}\left[\frac{3+4\eta}{E^2(\phi)} + \sqrt{\frac{1}{E^4(\phi)} + \frac{16\eta(1+\eta)\sin^2(\phi)\cos^2(\phi)}{(1+2\eta)v_{\mathrm{P}n}^2 v_{\mathrm{P0}}^2}}\right] \tag{5-69}$$

其中：

$$\begin{aligned}\frac{1}{E^2(\phi)} &= \frac{\cos^2(\phi)}{v_{\mathrm{P0}}^2} + \frac{\sin^2(\phi)}{(1+2\eta)v_{\mathrm{P}n}^2} \\ &= p_0^2\cos^2(\phi) + \frac{p_{\mathrm{P}n}^2\sin^2(\phi)}{(1+2\eta)}\end{aligned}$$

$$\frac{1}{E^4(\phi)} = p_0^4\cos^4(\phi) + \frac{p_{\mathrm{P}n}^2 p_{\mathrm{P0}}^2 \sin^2(2\phi)}{2(1+2\eta)} + \frac{p_{\mathrm{P}n}^4 \sin^4\phi}{(1+2\eta)^2}$$

令：

$$A = \frac{1}{E^2(\phi)} = p_0^2\cos^2(\phi) + \frac{p_{\mathrm{P}n}^2 \sin^2(\phi)}{(1+2\eta)} \tag{5-70}$$

$$B = \sqrt{\frac{1}{E^4(\phi)} + \frac{16\eta(1+\eta)\sin^2(\phi)\cos^2(\phi)}{(1+2\eta)v_{\mathrm{P}n}^2 v_{\mathrm{P0}}^2}}$$

$$= \sqrt{p_0^4\cos^4(\phi) + \frac{p_{\mathrm{P}n}^2 p_{\mathrm{P0}}^2 \sin^2(2\phi)}{2(1+2\eta)} + \frac{p_{\mathrm{P}n}^4 \sin^4\phi}{(1+2\eta)^2} + \frac{16\eta p_{\mathrm{P}n}^2 p_{\mathrm{P0}}^2 (1+\eta)\sin^2(\phi)\cos^2(\phi)}{(1+2\eta)}} \tag{5-71}$$

则式（5－69）可以写成：

$$p^2(\phi) = \frac{1}{4(1+\eta)}[(3+4\eta)A + B] \tag{5-72}$$

令式（5－72）两端分别对 $p_0$、$p_{\mathrm{P}n}$ 和 $\eta$ 微分，得到：

$$2p(\phi)\frac{\partial p(\phi)}{\partial p_0} = \frac{1}{4(1+\eta)}\left[2(3+4\eta)p_0\cos^2(\phi) + \frac{4p_0^3\cos^4\phi + \dfrac{(1+8\eta+8\eta^2)}{1+2\eta}}{2B}\right] \tag{5-73}$$

$$2p(\phi)\frac{\partial p(\phi)}{\partial p_{\mathrm{P}n}} = \frac{1}{4(1+\eta)}\left[\frac{2(3+4\eta)p_{\mathrm{P}n}\sin^2(\phi)}{1+2\eta} + \frac{\dfrac{4p_{\mathrm{P}n}^3\sin^4(\phi)}{(1+2\eta)^2} + \dfrac{(1+8\eta+8\eta^2)p_0^2 p_{\mathrm{P}n}\sin^2(2\phi)}{1+2\eta}}{2B}\right] \tag{5-74}$$

$$2p(\phi)\frac{\partial p(\phi)}{\partial \eta} = -\frac{1}{4(1+\eta)^2}[(3+4\eta)B + A] + \frac{1}{4(1+\eta)}$$
$$\left[4B - \frac{2(3+4\eta)p_{\mathrm{P}n}^2\sin^2(\phi)}{(1+2\eta)^2} - \frac{\dfrac{4p_{\mathrm{P}n}^4\sin^4(\phi)}{(1+\eta)^3} - \dfrac{(3+8\eta+8\eta^2)p_0^2 p_{\mathrm{P}n}^2\sin^2(2\phi)}{(1+2\eta)^2}}{2B}\right] \tag{5-75}$$

其中，$p(\phi)$ 利用式（5－69）计算得到。

在此参数系统下，层析方程式（5－68）中的模型差变成：

$$\Delta\boldsymbol{m} = (\Delta\boldsymbol{P}_0^{\mathrm{T}} \quad \Delta\boldsymbol{P}_{\mathrm{P}n}^{\mathrm{T}} \quad \Delta\boldsymbol{\eta}^{\mathrm{T}})^{\mathrm{T}} \tag{5-76}$$

核函数 $\boldsymbol{P}^2$ 和 $\boldsymbol{P}_3$ 为：

$$\boldsymbol{P}^2 = \frac{\partial \boldsymbol{P}}{\partial \boldsymbol{P}_{\mathrm{P}n}},\ \boldsymbol{P}_{ij}^2 = \frac{\partial \boldsymbol{P}_i}{\partial \boldsymbol{P}_{\mathrm{P}nj}} \tag{5-77}$$

$$\boldsymbol{P}^3 = \frac{\partial \boldsymbol{P}}{\partial \boldsymbol{\eta}},\ \boldsymbol{P}_{ij}^3 = \frac{\partial \boldsymbol{P}_i}{\partial \boldsymbol{\eta}_j} \tag{5-78}$$

事实上，我们表达 TTI 模型的习惯参数是 Thomsen 参数，Thomsen 参数与 $v_{P0}$、$v_{Pn}$ 和 $\eta$ 之间有如下关系：

$$v_{Pn} = v_{P0}\sqrt{1+2\delta} \tag{5-79}$$

$$\eta = \frac{\varepsilon-\delta}{1+2\delta} \tag{5-80}$$

把式（5－79）和式（5－80）代入群慢度表达式式（5－69），得到 Thomsen 参数系统下的群慢度公式：

$$p^2(\phi) = p_0^2\frac{1+2\delta}{4(1+\varepsilon+\delta)}\left[\frac{3+2\delta+4\varepsilon}{1+2\delta}\left[\cos^2(\phi)+\frac{\sin^2(\phi)}{1+2\varepsilon}\right]+\sqrt{\cos^4(\phi)+\frac{\sin^2(2\phi)}{2(1+2\varepsilon)}+\frac{\sin^4(\phi)}{(1+2\varepsilon)^2}+\frac{4(\varepsilon-\delta)(1+\varepsilon+\delta)\sin^2(2\phi)}{(1+2\delta)^2(1+2\varepsilon)}}\right] \tag{5-81}$$

令：

$$C = \cos^2(\phi)+\frac{\sin^2(\phi)}{1+2\varepsilon} \tag{5-82}$$

$$D = \sqrt{\cos^4(\phi)+\frac{\sin^2(2\phi)}{2(1+2\varepsilon)}+\frac{\sin^4(\phi)}{(1+2\varepsilon)^2}+\frac{4(\varepsilon-\delta)(1+\varepsilon+\delta)\sin^2(2\phi)}{(1+2\delta)^2(1+2\varepsilon)}} \tag{5-83}$$

则式（5－81）可写成：

$$p^2(\phi) = p_0^2\frac{1+2\delta}{4(1+\varepsilon+\delta)}\left(\frac{3+2\delta+4\varepsilon}{1+2\delta}C+D\right) \tag{5-84}$$

令式（5－84）两端同时对 $p_0$、$\varepsilon$ 和 $\delta$ 微分，得到：

$$2p(\phi)\frac{\partial p(\phi)}{\partial p_0} = 2p_0\frac{1+2\delta}{4(1+\varepsilon+\delta)}\left(\frac{3+2\delta+4\varepsilon}{1+2\delta}C+D\right) \tag{5-85}$$

$$2p(\phi)\frac{\partial p(\phi)}{\partial \varepsilon} = p_0^2\left\{\begin{array}{l}-\dfrac{1+2\delta}{4(1+\varepsilon+\delta)^2}\left(\dfrac{3+2\delta+4\varepsilon}{1+2\delta}C+D\right)+\dfrac{1+2\delta}{4(1+\varepsilon+\delta)}\\ \left[\dfrac{4}{1+2\delta}C-\dfrac{2(3+2\delta+4\varepsilon)\sin^2(\phi)}{(1+2\delta)(1+2\varepsilon)^2}-\dfrac{\dfrac{\sin^2(2\phi)}{(1+2\varepsilon)^2}+\dfrac{4\sin^4(\phi)}{(1+2\varepsilon)^3}-\dfrac{4(2\varepsilon^2+2\delta^2+2\varepsilon+2\delta+1)\sin^2(2\phi)}{(1+2\delta)^2(1+2\varepsilon)^2}}{2D}\right]\end{array}\right\} \tag{5-86}$$

$$2p(\phi)\frac{\partial p(\phi)}{\partial \delta} = p_0^2\left\{\begin{array}{l}\dfrac{1+2\varepsilon}{4(1+\varepsilon+\delta)^2}\left(\dfrac{3+2\delta+4\varepsilon}{1+2\delta}C+D\right)-\dfrac{1+2\delta}{4(1+\varepsilon+\delta)}\\ \left[\dfrac{4(1+2\varepsilon)}{(1+2\delta)^2}C+\dfrac{4(1+2\varepsilon)\sin^2(2\phi)}{2D(1+2\delta)^3}\right]\end{array}\right\} \tag{5-87}$$

其中，$p(\phi)$ 利用式（5-81）计算得到。

至此，TTI 介质层析矩阵核函数具体形式推导完毕，TTI 介质层析矩阵如下：

$$\boldsymbol{K}\Delta\boldsymbol{s}_{\text{group}} = \Delta\boldsymbol{\tau} \tag{5-88}$$

其中，$\Delta\boldsymbol{\tau}$ 为剩余时差矩阵；$\Delta\boldsymbol{s}_{\text{group}}$ 为各向异性参数更新量矩阵：

$$\Delta\boldsymbol{s}_{\text{group}} = [\Delta\boldsymbol{s}_{\text{P0}} \quad \Delta\boldsymbol{\varepsilon} \quad \Delta\boldsymbol{\delta}]^{\text{T}} \tag{5-89}$$

与各向同性方程组不同的是，各向异性方程组中，$\boldsymbol{K}$ 不再单是射线长度的矩阵，而是射线长度和各向异性参数导数的函数矩阵，形式如下：

$$\boldsymbol{K} = \left[\boldsymbol{L}\frac{\partial s_{\text{group}}}{\partial s_{\text{P0}}} \quad \boldsymbol{L}\frac{\partial s_{\text{group}}}{\partial \varepsilon} \quad \boldsymbol{L}\frac{\partial s_{\text{group}}}{\partial \delta}\right] \tag{5-90}$$

式中，$\boldsymbol{L}$ 是射线长度的矩阵。

求解层析方程组可以得到各向异性参数更新量 $\Delta s_{\text{group}}$，进而更新各向异性参数模型 $s_{\text{group}}$。由于上述推导中存在近似，一次层析反演得到的更新模型并不精确，因此需要通过多次迭代得到准确的各向异性参数模型。

#### 5.2.2.2 TTI 介质层析正则化

正则化在地震层析反演中占有举足轻重的地位。地震层析反演中存在着严重的先天不足，地震勘探的接收方式对变换的不满足导致了非唯一解和不适定性，因此我们在地震层析反演的过程中通过正则化的方式加进了我们所有的先验知识和对解估计的某种预期，地震层析反演得到的估计解是层析反演理论和正则化联合作用的结果，我们所得到的解严重依赖于我们在正则化过程中加入的信息量。

正则化的作用主要有如下两个方面。

（1）对欠定分量和零空间分量进行约束。地震层析问题的混定特征决定了模型参数矢量的不同分量具有不同的不确定性（这里确定性指数据模型参数矢量的分辨能力）。超定分量的不确定性弱，在迭代反演过程中能很快收敛。欠定分量的不确定性强，在迭代反演过程中收敛很慢，而处于零空间的分量不确定性非常强，由于这些分量对数据没有影响，因而是无法反演出来的，对这些具有不同收敛速度的模型分量同时和等权重反演是十分不利的。欠定分量和零空间分量对层析反演结果的影响非常大，轻则引入假象，重则使层析反演结果完全畸变。因此在层析反演过程中，对模型参数矢量中的欠定分量和零空间分量进行约束是十分必要的。

正则化对欠定分量和零空间分量的约束主要有两种方式：用超定分量约束欠定分量和零空间分量，具体体现在最平坦解和最光滑解的思想，最平坦解思想的出发点是使解的分量间只发生平缓的变化，最光滑解的思想是解的分量间的变化是光滑的，因此超定分量的解通过平坦变化和光滑变化的方式对欠定分量和零空间分量的解实现演绎和外推的过程，进而达到对其约束的目的，用先验信息来约束欠定和零空间分量，具体体现在最小长度解思想，最小长度解思想的出发点是解矢量相对于某个先验模型矢量发生最小的变化，我们对某些模型分量的先验估计，这个先验估计不局限于欠定分量和零分量，超定分量也可以都可以通过这种方式加入。

（2）对射线的不均匀覆盖和数据的不确定性进行阻尼。忽略射线的不均匀覆盖问题会对层析反演结果产生不利影响，曾得出结论如果忽略不均匀覆盖问题，则得出的模型校正量将会正比于射线的覆盖程度。射线覆盖程度高的网格被过分校正，而射线覆盖程度低的网格校正量不足，那些没有射线穿过的网格的校正量为零。这里覆盖程度有两方面的含义：一是指射线的覆盖次数，二是指射线的覆盖长度。这方面的影响，通过前面所述的最小简单解囊括了最平坦解、最光滑解和最小长度解，约束可以在一定程度上得到缓解，但并不能从根本上解决这一问题，因此施加阻尼性正则化是非常必要的，针对射线的不均匀覆盖的阻尼型正则化通常称为模型协方差矩阵，模型协方差矩阵根据射线对网格的覆盖程度对不同的网格参数加以不同的权重，从而达到缓解校正量正比于网格覆盖程度的目的。

在我们通常处理的数据中通常含有噪音，这些噪音影响了数据的准确性，从前面的讨论中，我们知道数据中的噪音在层析反演中会被放大，因此除了尽可能减少数据中的噪音外，另一种处理方式就是根据数据的准确程度对数据施加不同的权重进行阻尼，这个阻尼矩阵通常称为数据协方差矩阵。模型协方差矩阵和数据协方差矩阵这种阻尼型正则化形式效果的好坏严重依赖于所选择权重的合理性。

正则化的具体作用方式分为加法型和乘法型两种。加法型是指将正则化方程组补在原方程组的下面的处理方式，乘法型是指将正则化方程组与原方程组相乘的处理方式。乘法型的作用方式主要用于阻尼型正则化，阻尼型正则化通常用以对不同的分量施加不同的权重，模型协方差矩阵和数据协方差矩阵都属于乘法型的正则化方式，上文中针对射线在不同网格内的覆盖程度加入的正则化，如果选取的阻尼型正则化方程组是对角阵的形式，则在运算时不必计算矩阵相乘，只需将对角阵的相应阻尼与待阻尼的原方程组的对应行相乘即可。加法型的作用方式主要用于导数型正则化和紧约束型正则化，如上文中的最平坦解和最光滑解的约束就可以以导数型的正则化方式加入，最平坦解对应一阶导数型正则化，就二维介质而言，可以仅在横向上或垂向上取导数，也可以在两个方向上均取导数。最光滑解对应二阶导数型正则化。而关于模型中的先验信息可以通过紧约束的形式进行正则化，我们可以使模型分量前的系数为一，而模型的先验估计值写在方程的右端项中，也可以使模型分量前的系数为先验估计值的倒数，而右端项设为一，具体采用哪种方式取决于我们所建立的方程组的模型和数据对应的量纲。

除正则化作用以外，在层析问题中，加入平滑作用也是非常重要的。由于问题的不适定性，层析问题的解通常含有某些不符合实际的高波数的起伏，因此通常在层析的最终结果、甚至在层析的中间结果上进行平滑。平滑有很多方式，如中值平滑、均值平滑等。一般来说中值平滑倾向于保留构造的边界高波数成分，而均值平滑更倾向于保留构造的低波数成分。平滑也可以分为静态平滑和动态平滑，静态平滑倾向于在全局采用同样的平滑程度，动态平滑则在不同的区域针对不同的构造形态选择平滑程度。

1. 模型正则化技术

层析问题在模型预条件件（Clapp，2004）思想下可以表示为：

$$\boldsymbol{ASu} = \Delta\boldsymbol{d} \tag{5-91}$$

$$\Delta\boldsymbol{m} = \boldsymbol{Su} \tag{5-92}$$

式中，$\boldsymbol{S}$ 是预条件算子。先求解方程式（5－91），求解结果 $\boldsymbol{u}$ 代入式（5－92）即可得到最终的解 $\Delta\boldsymbol{m}$。预条件层析方程式（5－91）的阻尼最小二乘方程为：

$$\boldsymbol{S}^{\mathrm{T}}\boldsymbol{A}^{\mathrm{T}}\boldsymbol{ASu} + \varepsilon\boldsymbol{u} = \boldsymbol{S}^{\mathrm{T}}\boldsymbol{A}^{\mathrm{T}}\Delta\boldsymbol{d} \tag{5-93}$$

对应的解是方程式（5－91）的阻尼最小二乘解（Backus 和 Gilbert，1968；杨文采，1997）。

1）阻尼项

以一个非常小的 3×3 个网格的区域为例，对于这样的区域，参数的个数为 9 个，其排列顺序以列方向为快维（图 5－41）。

| 1 | 4 | 7 |
|---|---|---|
| 2 | 5 | 8 |
| 3 | 6 | 9 |

图 5－41　3×3 网格区域

对于阻尼型正则化方式来说，补入维数为 9×9 的矩阵，形式如下：

$$\begin{bmatrix} \lambda_1 & 0 & 0 & 0 & 0 & 0 & 0 & 0 & 0 \\ 0 & \lambda_2 & 0 & 0 & 0 & 0 & 0 & 0 & 0 \\ 0 & 0 & \lambda_3 & 0 & 0 & 0 & 0 & 0 & 0 \\ 0 & 0 & 0 & \lambda_4 & 0 & 0 & 0 & 0 & 0 \\ 0 & 0 & 0 & 0 & \lambda_5 & 0 & 0 & 0 & 0 \\ 0 & 0 & 0 & 0 & 0 & \lambda_6 & 0 & 0 & 0 \\ 0 & 0 & 0 & 0 & 0 & 0 & \lambda_7 & 0 & 0 \\ 0 & 0 & 0 & 0 & 0 & 0 & 0 & \lambda_8 & 0 \\ 0 & 0 & 0 & 0 & 0 & 0 & 0 & 0 & \lambda_9 \end{bmatrix} \tag{5-94}$$

式中，$\lambda_1, \lambda_2, \cdots, \lambda_9$ 分别是对每个参数所取的阻尼，对应每一个参数网格的权重根据射线在相应网格内的覆盖程度（包括覆盖次数和覆盖角度）决定。

本项目在上述基础上再补入两个矩阵：一阶导数型正则化矩阵（最平坦解）和二阶导数型正则化矩阵（最光滑解）。一阶导数型正则化对于横向取一阶导数型正则化的约束方式来说，补入维数为 9×9 的矩阵，对区域的最右一列，取向后差商，其他部分取向前差商，如下所示：

$$
\begin{bmatrix}
-1 & 0 & 0 & 1 & 0 & 0 & 0 & 0 & 0 \\
0 & -1 & 0 & 0 & 1 & 0 & 0 & 0 & 0 \\
0 & 0 & -1 & 0 & 0 & 1 & 0 & 0 & 0 \\
0 & 0 & 0 & -1 & 0 & 0 & 1 & 0 & 0 \\
0 & 0 & 0 & 0 & -1 & 0 & 0 & 1 & 0 \\
0 & 0 & 0 & 0 & 0 & -1 & 0 & 0 & 1 \\
0 & 0 & 0 & 0 & -1 & 0 & 1 & 0 & 0 \\
0 & 0 & 0 & 0 & 0 & -1 & 0 & 1 & 0 \\
0 & 0 & 0 & 0 & 0 & 0 & -1 & 0 & 1
\end{bmatrix} \tag{5-95}
$$

同理，对于垂向取一阶导数型正则化的约束方式来说，亦补入维数为 $9\times9$ 的矩阵，对于区域的最后一行取向后差商，其他部分均取向前差商，如下所示：

$$
\begin{bmatrix}
-1 & 1 & 0 & 0 & 0 & 0 & 0 & 0 & 0 \\
0 & -1 & 1 & 0 & 0 & 0 & 0 & 0 & 0 \\
0 & -1 & 1 & 0 & 0 & 0 & 0 & 0 & 0 \\
0 & 0 & 0 & -1 & 1 & 0 & 0 & 0 & 0 \\
0 & 0 & 0 & 0 & -1 & 1 & 0 & 0 & 0 \\
0 & 0 & 0 & 0 & -1 & 1 & 0 & 0 & 0 \\
0 & 0 & 0 & 0 & 0 & 0 & -1 & 1 & 0 \\
0 & 0 & 0 & 0 & 0 & 0 & 0 & -1 & 1 \\
0 & 0 & 0 & 0 & 0 & 0 & 0 & -1 & 1
\end{bmatrix} \tag{5-96}
$$

二阶导数型正则化对于横向取二阶导数型正则化的约束方式来说，需补入维数为 $9\times9$ 的矩阵，对于区域的第一列和最后一列取一阶导数型正则化方式，对区域的中间部分取二阶导数型正则化方式，如下所示：

$$
\begin{bmatrix}
-1 & 0 & 0 & 1 & 0 & 0 & 0 & 0 & 0 \\
0 & -1 & 0 & 0 & 1 & 0 & 0 & 0 & 0 \\
0 & 0 & -1 & 0 & 0 & 1 & 0 & 0 & 0 \\
-1 & 0 & 0 & 2 & 0 & 0 & -1 & 0 & 0 \\
0 & -1 & 0 & 0 & 2 & 0 & 0 & -1 & 0 \\
0 & 0 & -1 & 0 & 0 & 2 & 0 & 0 & -1 \\
0 & 0 & 0 & -1 & 0 & 0 & 1 & 0 & 0 \\
0 & 0 & 0 & 0 & -1 & 0 & 0 & 1 & 0 \\
0 & 0 & 0 & 0 & 0 & -1 & 0 & 0 & 1
\end{bmatrix} \tag{5-97}
$$

对于垂向取二阶导数型正则化的约束方式来说，也需补入维数为 $9\times9$ 的矩阵，对于区域的第一行和最后一行取一阶导数型正则化方式，对区域的中间部分取二阶导数型正则

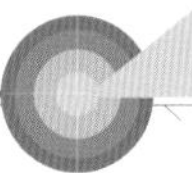

化方式，如下所示：

$$\begin{bmatrix} -1 & 1 & 0 & 0 & 0 & 0 & 0 & 0 & 0 \\ -1 & 2 & -1 & 0 & 0 & 0 & 0 & 0 & 0 \\ 0 & -1 & 1 & 0 & 0 & 0 & 0 & 0 & 0 \\ 0 & 0 & 0 & -1 & 1 & 0 & 0 & 0 & 0 \\ 0 & 0 & 0 & -1 & 2 & -1 & 0 & 0 & 0 \\ 0 & 0 & 0 & 0 & -1 & 1 & 0 & 0 & 0 \\ 0 & 0 & 0 & 0 & 0 & 0 & -1 & 1 & 0 \\ 0 & 0 & 0 & 0 & 0 & 0 & -1 & 2 & -1 \\ 0 & 0 & 0 & 0 & 0 & 0 & 0 & -1 & 1 \end{bmatrix} \tag{5-98}$$

2）预条件光滑矩阵

光滑矩阵的一行是地下介质空间中的一个光滑函数（Zhou，2009）。本文中令此光滑函数为高斯光滑函数，不考虑地质构造时光滑矩阵中第 $i$ 行第 $j$ 列的元素为

$$S_i^j = \frac{1}{(2\pi)^{3/2}\sigma_x\sigma_y\sigma_z}\exp\left\{-\frac{1}{2}\left[\frac{(x_j-x_i)^2}{\sigma_x^2}+\frac{(y_j-y_i)^2}{\sigma_y^2}+\frac{(z_j-z_i)^2}{\sigma_z^2}\right]\right\} \tag{5-99}$$

式中，$x_i$、$y_i$、$z_i$ 分别是第 $i$ 行高斯函数中心点空间坐标的三个分量；$x_j$、$y_j$、$z_j$ 是第 $j$ 列对应的空间位置的三个坐标分量；$\sigma_x$、$\sigma_y$、$\sigma_z$ 是高斯函数在三个坐标方向的标准差。把地质构造特征加入光滑矩阵中，式（5－99）表达的高斯函数在三维空间平移加旋转至一个局部笛卡尔坐标系中，该局部坐标系的坐标方向标记为 $u$、$v$、$w$，其中 $u$ 与地质界面的走向一致，$w$ 坐标轴与地质界面垂直，$u$、$v$、$w$ 组成一个右手系，下文中称此坐标系为“局部地质坐标系”。在此局部坐标系中定义光滑矩阵中的高斯函数：

$$S_i^j = \frac{1}{(2\pi)^{3/2}\sigma_{ui}\sigma_{vi}\sigma_{wi}}\exp\left[-\frac{1}{2}\left(\frac{u_j^2}{\sigma_{ui}^2}+\frac{v_j^2}{\sigma_{vi}^2}+\frac{w_j^2}{\sigma_{wi}^2}\right)\right] \tag{5-100}$$

式中，$\sigma_{ui}$、$\sigma_{vi}$、$\sigma_{wi}$是高斯函数在局部坐标系中的标准差。实际应用中 $\sigma_{ui}$ 和 $\sigma_{vi}$ 比 $\sigma_{wi}$ 大，即在平行于地质界面方向的光滑范围较大，垂直于地质界面方向的光滑范围小。这样，层析反演模型参数的空间分布特征被已知的地质特征约束。

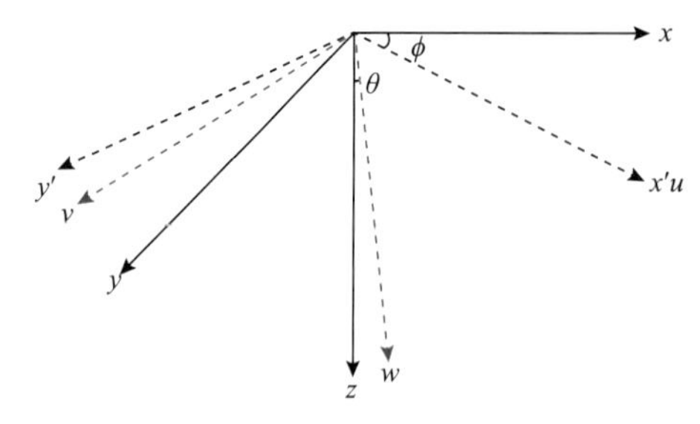


图 5－42　三维坐标旋转示意图

局部地质坐标系由原始笛卡尔坐标系的平移和旋转得到。原始坐标系的原点位于 $(0,0,0)^{\mathrm{T}}$，局部地质坐标系的原点在原始坐标系中位于 $(x_i,y_i,z_i)^{\mathrm{T}}$，所以坐标变换中的平移量等于 $(x_i,y_i,z_i)^{\mathrm{T}}$。平移后的坐标系通过三维旋转可得局部地质坐标系。如图 5－42 所示，首先把坐标系以 $z$ 坐标轴为中心旋转角度 $\phi$，$x$ 坐标轴旋

转至与地质走向一致，此时 $x$、$y$ 坐标分别写成 $x'$、$y'$；然后以 $x'$ 坐标轴为中心旋转角度 $\theta$，$z$ 坐标轴旋转至垂直于地质界面的方向。旋转后的坐标系即为局部地质坐标系。旋转角度的定义为面对中心坐标轴观察时沿逆时针方向旋转的角度，如图 5－42 所示。以 $z$ 轴与 $x$ 轴为中心旋转的旋转矩阵分别为：

$$\boldsymbol{T}_z = \begin{pmatrix} \cos\phi & \sin\phi & 0 \\ -\sin\phi & \cos\phi & 0 \\ 0 & 0 & 1 \end{pmatrix} \tag{5-101}$$

$$\boldsymbol{T}_x = \begin{pmatrix} 1 & 0 & 0 \\ 0 & \cos\theta & \sin\theta \\ 0 & -\sin\theta & \cos\theta \end{pmatrix} \tag{5-102}$$

局部地质坐标系中的坐标 $(u,v,w)^{\mathrm{T}}$ 与原始坐标系中坐标 $(x,y,z)^{\mathrm{T}}$ 的关系写成：

$$(u,v,w)^{\mathrm{T}} = \boldsymbol{T}_x \boldsymbol{T}_z (x - x_0, y - y_0, z - z_0)^{\mathrm{T}} \tag{5-103}$$

式中，$(x_0,y_0,z_0)^{\mathrm{T}}$ 是局部地质坐标系原点在原始坐标系中的坐标。

从上述过程可知，构建含构造特征的光滑矩阵时需要地质构造的倾角信息以及高斯光滑函数的标准差 $\boldsymbol{\sigma}_{ui}$、$\boldsymbol{\sigma}_{vi}$、$\boldsymbol{\sigma}_{wi}$。数值实验部分将结合具体数据给出倾角信息和标准差的提取过程。

2. 数据正则化技术

层析反演中针对数据施加正则化是把我们对数据的认识加入层析反演中。层析反演中正则化关注的数据特点主要有两种。第一，类似于不同模型参数间的关系，不同数据之间也存在一定的关联性，例如单炮数据中同一波前的信号特征（如旅行时、振幅、相位）在不同检波点的变化应连续。第二，不同观测数据在测量过程中有不同的准确性，即不同数据的可信程度不同，例如层析反演中检测波前到达时，不同数据的检测精度不同。如何在层析过程中考虑数据的特点是数据正则化的主要任务。本文在基于角度域共成像点道集的层析偏移速度分析中考虑数据正则化问题。

数据之间的关联性同样可以通过对数据进行光滑加入层析反演中。此时需对相关联的数据平滑，消除它们之间由人为因素引入的突变。层析方程在考虑数据关联性后可表达为

$$\boldsymbol{A}\Delta\boldsymbol{m} = \boldsymbol{C}\Delta\boldsymbol{d} \tag{5-104}$$

式中，矩阵 $\boldsymbol{C}$ 对数据向量 $\Delta\boldsymbol{d}$ 改造，使得相关联的数据之间变化平缓，符合物理规律。层析偏移速度分析在成像域（偏移剖面和共成像点道集）测量数据，实现反射波旅行时层析，具体实现方法不再赘述，可参考 Woodward（2008）和张兵（2011）的工作。层析偏移速度分析中考虑数据关联性主要包括两方面，如图 5－43 所示，一为反射点临近、反射角相同的射线对应的数据残差不应存在突变，另一为同一反射点反射角临近的反射射线对应的数据残差不应存在突变。矩阵 $\boldsymbol{C}$ 修改满足上述两个条件的数据，使数据间满足上述物理规律。

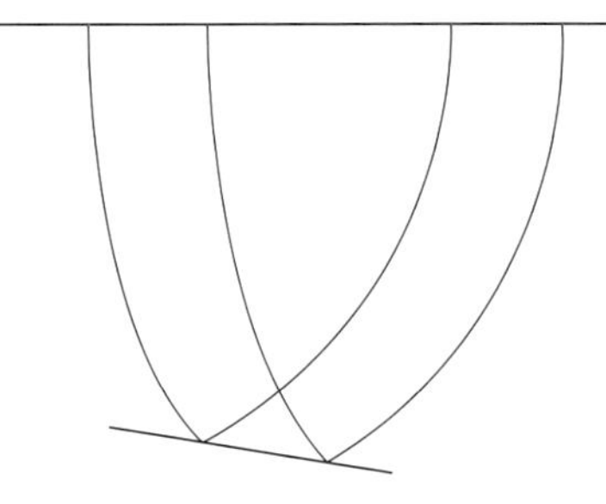

(a)临近反射点反射角相同的反射射线

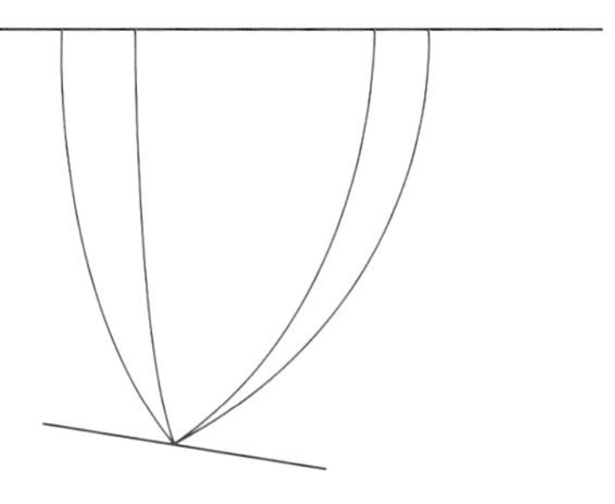
(b)同一反射点反射角临近的反射射线

图 5－43　存在关联性的反射射线示意图
黑色水平直线表示地表，蓝色斜线段是地下反射层，红色曲线是反射射线

不同于其他层析方法，层析偏移速度分析中的数据测量过程比较复杂（张兵，2011），首先在偏移剖面中扫描反射面倾角，同时在成像道集中拾取不同反射角度的反射点成像深度，最后把不同角度之间的成像深度差转换成反射射线的旅行时残差。复杂的数据测量过程可能导致测量数据的误差较大，例如反射面倾角误差、不同反射角成像深度误差等都将转移至最终的数据误差中。所以在层析偏移速度分析中考虑测量数据的准确性尤为重要。本文对此问题的解决方案是压制精度较低数据同时提升精度较高数据在层析反演过程中所起的作用，具体策略是在层析方程中加入权系数矩阵，即：

$$\boldsymbol{W A \Delta m} = \boldsymbol{W \Delta d} \tag{5-105}$$

式中，矩阵 $\boldsymbol{W}$ 是对角阵，对角元素是数据对应的权系数，数据精度越高系数越大，数据精度越低系数越小。关于数据质量的正则化的关键点是如何考察不同数据的测量精度。层析偏移速度分析中数据测量精度取决于在偏移剖面上扫描反射面倾角和在共成像点道集中拾取成像深度的精度，所以只需考察反射面倾角和成像深度的精度即可。反射面倾角准确时，偏移剖面上反射同相轴沿倾角方向连续性较好，否则同相轴不连续，如图 5－44 所示。

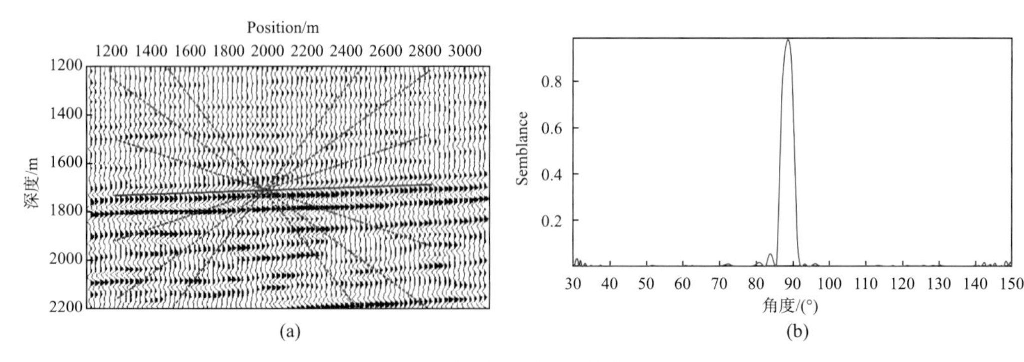


图 5－44　加权矩阵

（a）反射点附近的局部偏移剖面（其中红色实线是正确反射面倾角方向，虚线是不正确的参考倾角方向）；
（b）不同方向计算的相似系数［定义竖直向上方向的角度为 0°，逆时针方向为正角度，其中极值对应（a）中准确的倾角方向］

在偏移剖面中通过沿倾角方向信号的相似系数考察所测倾角的精度，倾角方向准确时计算的相似系数接近1，其他方向的相似系数相对非常小。同样，在共成像点道集中拾取不同角度成像深度的精度也用相似系数考察。如图5－45所示，图5－45（a）中是在角度域共成像点道集中自动拾取的成像深度，图5－45（b）是不同层位拾取结果的相似系数对比，可见拾取质量比较好的同相轴对应的相似系数接近1，拾取质量较差的同相轴对应的相似系数较小。最终式（5－105）中矩阵 **W** 中的权系数通过上述两种相似系数确定：

$$w_i = s_i^{\text{image}} \cdot s_i^{\text{cig}} \tag{5-106}$$

式中，$w_i$ 是矩阵 **W** 中第 $i$ 个对角元素；$s_i^{\text{image}}$ 是偏移剖面中相应反射点处反射面同相轴沿地质界面方向的相似系数；$s_i^{\text{cig}}$ 是成像道集中同相轴的相似系数。

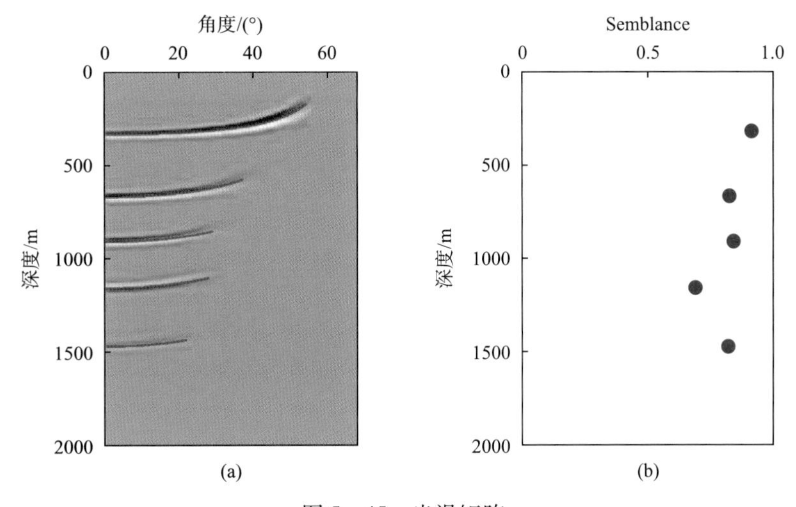


图5－45 光滑矩阵

（a）角度域共成像点道集和拾取的不同角度的成像深度（蓝色曲线）；

（b）同相轴的连续性用相似系数考察［五个红色圆点是（a）中五个同相轴拾取位置的相似系数］

## 5.2.3 TTI介质层析矩阵方程的求解

常用的求解线性方程组的方法主要分为两大类：分析法和代数重建法。其中分析法中包含Radon变化法、傅里叶投影法（Fourier projection）和滤波反投影法（filtered backprojection）等；代数重建法包含矩阵反演法、ART法、SIRT法、LSQR法等。

本项目主要采用SIRT和LSQR方法进行求解，下面重点介绍这两种方法。

### 5.2.3.1 SIRT求解方法

本节主要参考“Exploration seismic-tomography：fundamentals”（Stewart，1991）。

SIRT是同时迭代重建方法（simultaneous iterative reconstruction method）的简称，此方法是代数重建方法（ART，algebraic reconstruction technique）的一个变种，所以首先了解什么是ART。

矩阵方程：

$$Ax = b \tag{5-107}$$

式中，$\boldsymbol{A}$ 是 $m$ 行 $n$ 列的矩阵；$\boldsymbol{x}$ 是 $n\times1$ 的列向量；$\boldsymbol{b}$ 是 $m\times1$ 的行向量；已知矩阵 $\boldsymbol{A}$ 和向量 $\boldsymbol{b}$，求解 $\boldsymbol{x}$。

ART 方法在给定的初始解 $\boldsymbol{x}^0$ 的情况下，逐个利用矩阵的行向量更新解。即利用 $\boldsymbol{A}$ 第一行的方程更新解为 $\boldsymbol{x}^1$，以 $\boldsymbol{x}^1$ 为初值利用 $\boldsymbol{A}$ 第二行的方程更新解为 $\boldsymbol{x}^2$，以此类推，以 $\boldsymbol{x}^i$ 为初值利用 $\boldsymbol{A}$ 第 $i+1$ 行的方程更新解为 $\boldsymbol{x}^{i+1}$，其中 $i+1\leqslant m$。如此更新至 $\boldsymbol{x}^m$，即到 $\boldsymbol{A}$ 的最后一个行向量后，再重新回到第一行继续迭代。这个过程实际上等价于 Kaczmarz 法（Kaczmarz，1937）。

ART 利用一个方程更新解时的一个原则是令解 $\boldsymbol{x}^i$ 的更新量 $\Delta\boldsymbol{x}^i$ 二范数最小，即下式值最小：

$$M = \sum_j (\Delta x_j^i)^2 \tag{5-108}$$

同时满足式（5－107），此时有：

$$\sum_j A_j^i \Delta x_j^i = \Delta b^i \tag{5-109}$$

其中：

$$\begin{aligned} \Delta x_j^i &= x_j^{i+1} - x_j^i \\ \Delta b^i &= b - b^i \\ b^i &= \sum_j A_j^i x_j^i \end{aligned} \tag{5-110}$$

则可利用 Lagrange 乘子法建立如下的目标函数：

$$K = \sum_j [(\Delta x_j^i)^2 - \lambda A_j^i \Delta x_j^i] + \lambda \Delta b^i \tag{5-111}$$

式中，$\lambda$ 是 Lagrange 乘子。式（5－111）对 $\Delta x_j^i$ 微分为零时目标函数 $K$ 有极值，此时有：

$$\frac{\partial K}{\partial \Delta x_j^i} = 2\Delta x_j^i - \lambda A_j^i = 0 \tag{5-112}$$

即：

$$\Delta x_j^i = \frac{\lambda A_j^i}{2} \tag{5-113}$$

把式（5－113）代入式（5－108）中，得到：

$$\lambda = \frac{2\Delta b^i}{\sum_j (A_j^i)^2} \tag{5-114}$$

把式（5－114）代入式（5－113），即得到 ART 利用 $\boldsymbol{A}$ 一行的方程计算解更新量的公式：

$$\Delta x_j^i = \frac{A_j^i \Delta b^i}{\sum_j (A_j^i)^2} \tag{5-115}$$

SIRT 在给定初始解 $\boldsymbol{x}^0$ 的基础上，以 $\boldsymbol{x}^0$ 作为初始值利用式（5－115）同时计算所有的

更新量 $\Delta x_j^{i1}$，计算所有行向量方程计算的更新量 $\Delta x_j^{i1}$ 的平均值，即：

$$\Delta x_j^1 = \frac{1}{N_j^1} \sum_i \Delta x_j^{i1} \tag{5-116}$$

式中，$\Delta x_j^1$ 是第一次迭代中计算的第 $j$ 个未知数的更新量；$N_j^1$ 是第一次迭代中 $\boldsymbol{A}$ 矩阵第 $j$ 列的非零值个数。至此，结合式（5－115）和式（5－116）可以得到 SIRT 第 $l$ 次迭代中更新量的计算公式：

$$\Delta x_j^l = \frac{1}{N_j^l} \sum_i \frac{A_j^i \left( b^i - \sum_k A_k^i x_k^l \right)}{\sum_j (A_j^i)^2} \tag{5-117}$$

### 5.2.3.2 LSQR 求解方法

本节主要参考 Paige 和 Saunders 于 1982 年的两篇文章，“LSQR：An algorithm for sparse linear equations and sparse least squares” 和 “Algorithm 583 LSQR：Sparse linear equations and least squares problems”。

1. Lanczos 过程

Lanczos 方法（Lanczos，1950）是一个求解对称矩阵方程的方法，LSQR 方法把普通的矩阵改造成对称矩阵，再利用 Lanczos 法求解该对称矩阵方程。

本节中 $\boldsymbol{A}$，$\boldsymbol{B}$，…表示矩阵；$\boldsymbol{u}$，$\boldsymbol{v}$，…表示向量；$\alpha$，$\beta$，…表示标量。

Lanczos 法把一个对称矩阵方程变换为三对角矩阵方程，再求解此三对角矩阵方程。上述变换过程称为 Lanczos 过程，Lanczos 过程具体描述如下。

对称矩阵方程写成：

$$\boldsymbol{B}\boldsymbol{x} = \boldsymbol{b} \tag{5-118}$$

式中，矩阵 $\boldsymbol{B}$ 是 $n \times n$ 的方阵。

具体变换过程为：

$$\beta_1 \boldsymbol{v}_1 = \boldsymbol{b}$$

$$\left.\begin{aligned} \boldsymbol{w}_i &= \boldsymbol{B}\boldsymbol{v}_i - \beta_i \boldsymbol{v}_{i-1} \\ \alpha_i &= \boldsymbol{v}_i^{\mathrm{T}} \boldsymbol{w}_i \\ \beta_{i+1} \boldsymbol{v}_{i+1} &= \boldsymbol{w}_i - \alpha_i \boldsymbol{v}_i \end{aligned}\right\} i = 1,2,\cdots \tag{5-119}$$

且有：

$$\begin{aligned} \boldsymbol{v}_0 &= 0 \\ \| \boldsymbol{v}_i \| &= 1, i > 0 \\ \beta_i &\geqslant 0 \end{aligned} \tag{5-120}$$

上述过程计算 $k$ 步之后，得到矩阵方程：

$$\boldsymbol{B}\boldsymbol{V}_k = \boldsymbol{V}_k \boldsymbol{T}_k + \beta_{k+1} \boldsymbol{v}_{k+1} \boldsymbol{e}_k^{\mathrm{T}} \tag{5-121}$$

其中：

$$\begin{aligned} \boldsymbol{T}_k &= \mathrm{tridiag}(\beta_i, \alpha_i, \beta_{i+1}) \\ \boldsymbol{V}_k &= (\boldsymbol{v}_1, \boldsymbol{v}_2, \cdots, \boldsymbol{v}_k) \\ \boldsymbol{e}_k &= (0,0,\cdots,1)^{\mathrm{T}} \end{aligned} \tag{5-122}$$

且存在关系：

$$V_k^{\mathrm{T}} V_k = I \tag{5-123}$$

变换过程式（5－119）的一个终止条件是：

$$\beta_{k+1} = 0 \tag{5-124}$$

根据过程式（5－119），有如下关系：

$$V_k(\beta_1 e_1) = b \tag{5-125}$$

矩阵方程式（5－120）两端同时右乘向量 $y_k$，得到：

$$B V_k y_k = V_k T_k y_k + \beta_{k+1} v_{k+1} \eta_k \tag{5-126}$$

式中，$\eta_k$ 是向量 $y_k$ 的第 $k$ 个元素。变换过程终止时有关系式（5－124），所以式（5－126）变成：

$$B V_k y_k = V_k T_k y_k \tag{5-127}$$

对比初始矩阵方程式（5－118）和变换后的矩阵方程式（5－127），有：

$$x_k = V_k y_k \tag{5-128}$$

$$b = V_k T_k y_k \tag{5-129}$$

把式（5－115）代入式（5－129）式得到：

$$T_k y_k = \beta_1 e_1 \tag{5-130}$$

至此可以得到利用 Lanczos 过程求解对称矩阵方程的方法。首先利用式（5－119）计算 $T_k$、$V_k$ 和 $\beta_1$，然后求解三对角矩阵方程式（5－130），利用式（5－128）得到最终的解。

2. 双对角过程

把普通矩阵方程按两种不同方式构造成对称矩阵方程后，这两种对称矩阵方程类似于 Lanczos 过程，分别有双对角过程和上双对角过程（Golub，1965；Parge，1982）。双对角矩阵通过 QR 分解恰好得到上双对角矩阵。利用双对角矩阵、上双对角矩阵的 QR 分解关系可得到一个快速的节省内存算法。这一小节介绍双对角过程。

带阻尼的普通矩阵方程写成：

$$\begin{pmatrix} Ax \\ \lambda I \end{pmatrix} x = \begin{pmatrix} b \\ 0 \end{pmatrix} \tag{5-131}$$

式中，$\lambda$ 是阻尼因子。矩阵方程式（5－131）可以构造出如下两种对称矩阵方程：

$$\begin{pmatrix} I & A \\ A^{\mathrm{T}} & -\lambda^2 I \end{pmatrix} \begin{pmatrix} r \\ x \end{pmatrix} = \begin{pmatrix} b \\ 0 \end{pmatrix} \tag{5-132}$$

$$\begin{pmatrix} I & A \\ A^{\mathrm{T}} & -\lambda^2 I \end{pmatrix} \begin{pmatrix} s \\ x \end{pmatrix} = \begin{pmatrix} 0 \\ -A^{\mathrm{T}} b \end{pmatrix} \tag{5-133}$$

其中：

$$r = b - Ax \tag{5-134}$$

$$s = -Ax \tag{5-135}$$

对称矩阵方程式（5－132）和式（5－133）存在类似于 Lanczos 过程的矩阵分解过程，只不过分解的矩阵分别为双对角矩阵和上双对角矩阵，而非三对角矩阵。

对称矩阵方程式（5－132）的双对角矩阵分解过程为：

$$\beta_1 \boldsymbol{u}_1 = \boldsymbol{b}, \alpha_1 \boldsymbol{v}_1 = \boldsymbol{A}^{\mathrm{T}} \boldsymbol{u}_1$$
$$\left.\begin{aligned} \beta_{i+1} \boldsymbol{u}_{i+1} &= \boldsymbol{A} \boldsymbol{v}_i - \alpha_i \boldsymbol{u}_i \\ \alpha_{i+1} \boldsymbol{v}_{i+1} &= \boldsymbol{A}^{\mathrm{T}} \boldsymbol{u}_{i+1} - \beta_{i+1} \boldsymbol{v}_i \end{aligned}\right\} i = 1,2,\cdots \tag{5-136}$$

其中：

$$\begin{gathered} \alpha_i \geqslant 0 \\ \beta_i \geqslant 0 \\ \| \boldsymbol{u}_i \| = \| \boldsymbol{v}_i \| = 1 \end{gathered} \tag{5-137}$$

式（5－136）也可以写成矩阵的形式：

$$\boldsymbol{U}_{k+1}(\beta_1 \boldsymbol{e}_1) = \boldsymbol{b} \tag{5-138}$$

$$\boldsymbol{A} \boldsymbol{V}_k = \boldsymbol{U}_{k+1} \boldsymbol{B}_k \tag{5-139}$$

$$\boldsymbol{A}^{\mathrm{T}} \boldsymbol{U}_{k+1} = \boldsymbol{V}_k \boldsymbol{B}_k + \alpha_{k+1} \boldsymbol{v}_{k+1} \boldsymbol{e}_{k+1}^{\mathrm{T}} \tag{5-140}$$

其中：

$$\begin{gathered} \boldsymbol{U}_k = (\boldsymbol{u}_1 \quad \boldsymbol{u}_2 \quad \cdots \quad \boldsymbol{u}_k) \\ \boldsymbol{V}_k = (\boldsymbol{v}_1 \quad \boldsymbol{v}_2 \quad \cdots \quad \boldsymbol{v}_k) \\ \boldsymbol{U}_{k+1}^{\mathrm{T}} \boldsymbol{U}_{k+1} = \boldsymbol{I} \\ \boldsymbol{V}_k^{\mathrm{T}} \boldsymbol{V}_k = \boldsymbol{I} \end{gathered}$$

$$\boldsymbol{B}_k = \begin{pmatrix} \alpha_1 & & & \\ \beta_1 & \alpha_2 & & \\ & \beta_2 & \ddots & \\ & & \ddots & \alpha_k \\ & & & \beta_k \end{pmatrix} \tag{5-141}$$

同样，式（5－133）的上双对角矩阵分解过程为：

$$\theta_1 \boldsymbol{v}_1 = \boldsymbol{A}^{\mathrm{T}} \boldsymbol{b}, \quad \rho_1 \boldsymbol{p}_1 = \boldsymbol{A} \boldsymbol{v}_1$$
$$\left.\begin{aligned} \theta_{i+1} \boldsymbol{v}_{i+1} &= \boldsymbol{A}^{\mathrm{T}} \boldsymbol{p}_i - \rho_i \boldsymbol{v}_i \\ \rho_{i+1} \boldsymbol{p}_{i+1} &= \boldsymbol{A} \boldsymbol{v}_{i+1} - \theta_{i+1} \boldsymbol{p}_i \end{aligned}\right\} i = 1,2,\cdots \tag{5-142}$$

其中：

$$\begin{gathered} \rho_i \geqslant 0 \\ \theta_i \geqslant 0 \\ \| \boldsymbol{p}_i \| = \| \boldsymbol{v}_i \| = 1 \end{gathered} \tag{5-143}$$

分解过程式（5－142）也可写成矩阵的形式：

$$\boldsymbol{V}_k(\theta_1 \boldsymbol{e}_1) = \boldsymbol{A}^{\mathrm{T}} \boldsymbol{b} \tag{5-144}$$

$$\boldsymbol{A} \boldsymbol{V}_k = \boldsymbol{P}_k \boldsymbol{R}_k \tag{5-145}$$

$$\boldsymbol{A}^{\mathrm{T}} \boldsymbol{P}_k = \boldsymbol{V}_k \boldsymbol{R}_k^{\mathrm{T}} + \theta_{k+1} \boldsymbol{v}_{k+1} \boldsymbol{e}_k^{\mathrm{T}} \tag{5-146}$$

其中：

$$\begin{gathered} \boldsymbol{P}_k = (\boldsymbol{p}_1 \quad \boldsymbol{p}_2 \quad \cdots \quad \boldsymbol{p}_k) \\ \boldsymbol{V}_k = (\boldsymbol{v}_1 \quad \boldsymbol{v}_2 \quad \cdots \quad \boldsymbol{v}_k) \end{gathered}$$

$$P_k^{\mathrm{T}} P_k = I$$

$$V_k^{\mathrm{T}} V_k = I$$

$$R_k = \begin{pmatrix} \rho_1 & \theta_2 & & & \\ & \rho_2 & \theta_3 & & \\ & & \ddots & \ddots & \\ & & & \rho_{k-1} & \theta_k \\ & & & & \rho_k \end{pmatrix} \tag{5-147}$$

上述两个分解的矩阵有如下关系：

$$B_k^{\mathrm{T}} B_k = R_k^{\mathrm{T}} R_k \tag{5-148}$$

此外，一个更重要的关系是对矩阵 $B_k$ 进行 $QR$ 分解可以得到矩阵 $R_k$，即有：

$$Q_k B_k = \begin{pmatrix} R_k \\ 0 \end{pmatrix} \tag{5-149}$$

3. LSQR

至此，可以利用上述的矩阵分解过程求解方程组式（5－131）。

令：

$$x_k = V_k y_k \tag{5-150}$$

$$r_k = b - A x_k \tag{5-151}$$

$$t_{k+1} = \beta_1 e_1 - B_k y_k \tag{5-152}$$

求解方程组式（5－131）等价于令 $\| r_k \|$ 最小，把式（5－138）和式（5－139）代入式（5－151），结合式（5－152）得到：

$$\begin{aligned} r_k &= b - A x_k \\ &= b - A V_k y_k \\ &= U_{k+1}(\beta_1 e_1) - U_{k+1} B_k y_k \\ &= U_{k+1} t_{k+1} \end{aligned} \tag{5-153}$$

对于固定的矩阵方程式（5－131），矩阵 $U_{k+1}$ 是固定的，且有界，所以 $\| r_k \|$ 的极小问题等价于 $\| r_k \|$ 的极小问题，即：

$$\operatorname{argmin} \rightarrow (\beta_1 e_1 - B_k y_k) \tag{5-154}$$

根据式（5－149），矩阵 $B_k$ 的 QR 分解结果通过上双对角矩阵分解可以得到，所以 $y_k$ 可以通过利用 QR 分解求解式（5－154）得到，最后利用式（5－150）计算矩阵方程式（5－131）的解向量 $x_k$。

#### 5.2.3.3 两种求解方法对比

实验参数：模型网格为 501×501；网格大小为 10m×10m；炮点数为 49，所有炮的接收点相同，均为 49 个；炮点位置为 $x_{is} = 50 + 100^{*} is$m，$z_{is} = 50$m；接收点位置为 $x_{ir} = 50 + 100^{*} ir$m，$z_{ir} = 4950$m；标准模型为正 Gaussian 异常模型；初始模型为 3500m/s 的常速模型。观测系统一（密集观测）和观测系统二（稀疏观测）如图 5－46 所示。

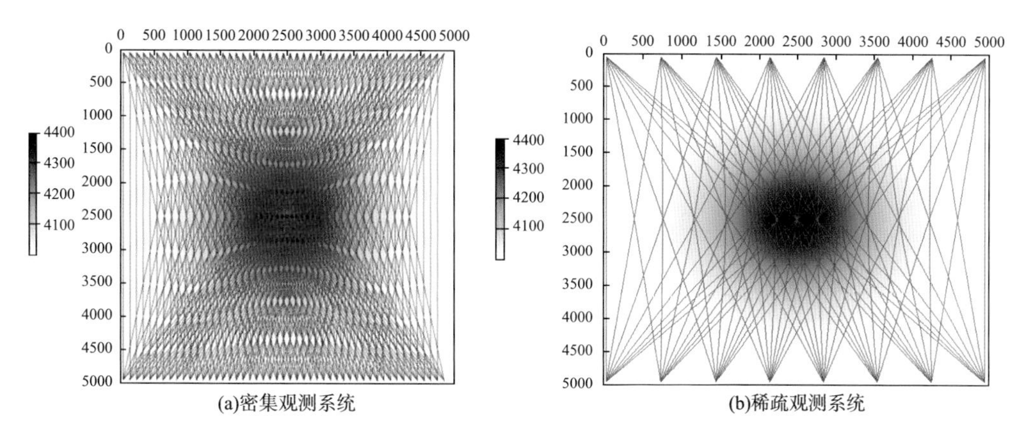


图 5 - 46　观测系统及射线追踪路线

观测系统一每 10 个炮检对显示一个，观测系统二显示所有炮检对

实验目的：在一个好的观测系统中对比 SIRT 和 LSQR 两种方法求解层析方程的优劣。

实验结果：射线层析对比。图 5 - 47 对比了 SIRT 和 LSQR 方法应用在射线层析中的收敛曲线。图 5 - 48 是两种解方程方法得到的反演结果。

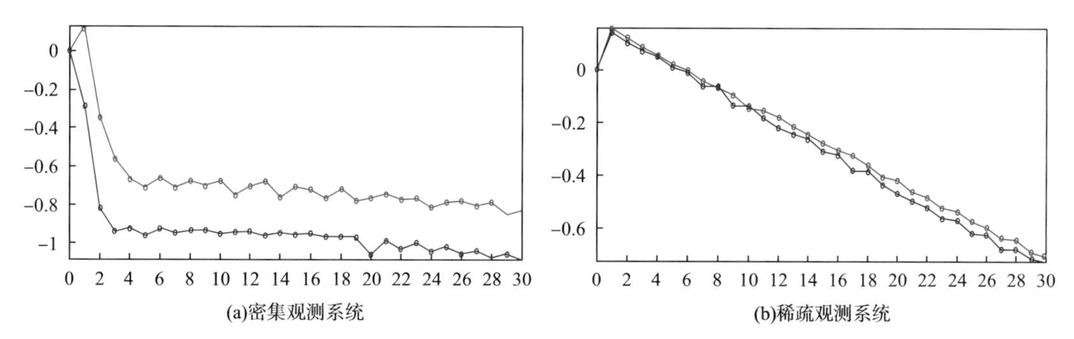


图 5 - 47　正 Gaussian 异常射线层析收敛曲线对比

红色：LSQR；蓝色：SIRT；横轴：迭代次数；纵轴：误差的标准对数

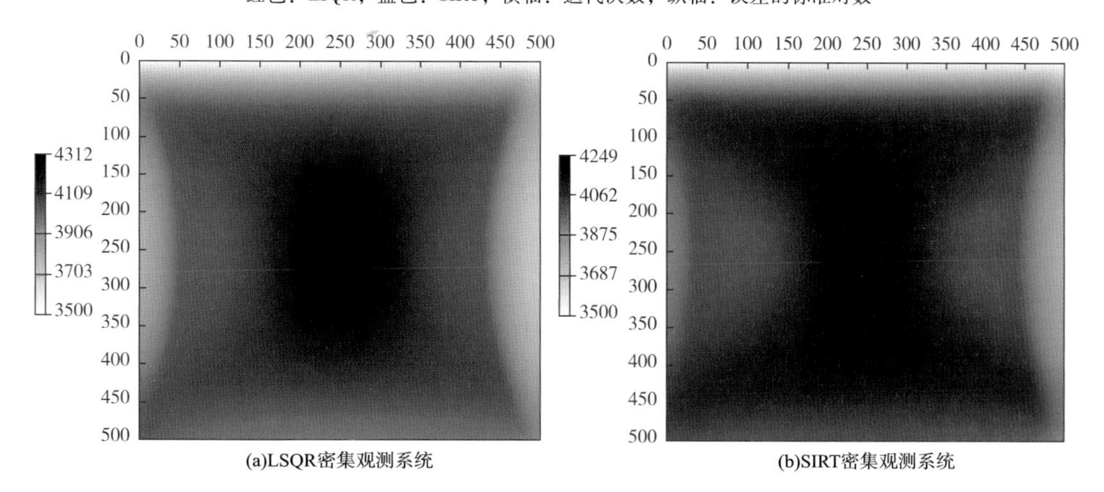


图 5 - 48　正 Gaussian 异常射线层析结果对比（31 次迭代）

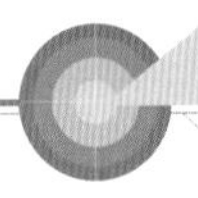

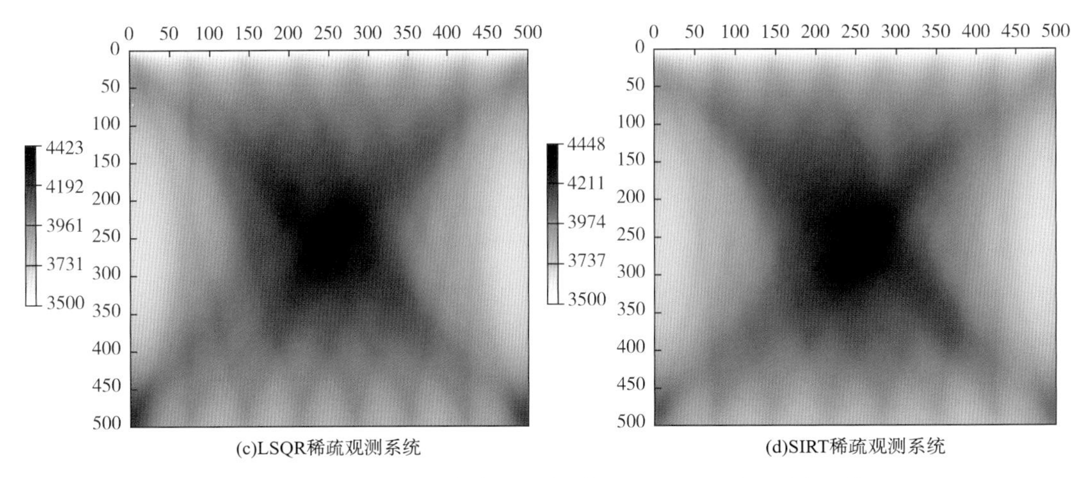


图 5－48　正 Gaussian 异常射线层析结果对比（31 次迭代）（续）

实验结论：

（1）射线层析中，LSQR 和 SIRT 方法的层析收敛曲线和层析结果相差均不大，无论是好的还是差的观测系统。

（2）LSQR 的计算量大于 SIRT。

### 5.2.4　TTI 介质多参数反演策略

TTI 各向异性层析反演流程如图 5－49 所示。

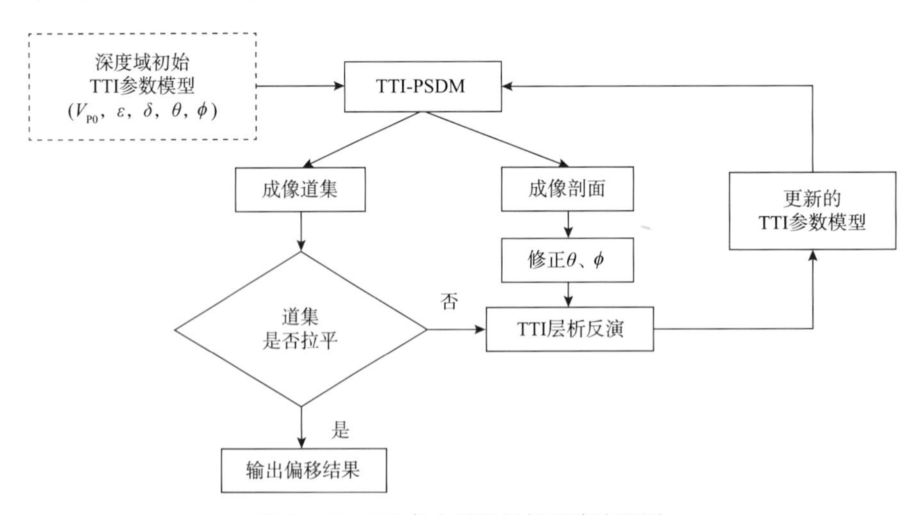


图 5－49　TTI 各向异性层析反演流程图

TTI 各向异性参数层析反演是在深度域 TTI 初始模型的基础上，通过 TTI-PSDM 得到成像剖面和成像道集，在成像剖面上扫描对称轴倾角和方位角，通过成像道集提取反演所需成像点和时差等信息，代入层析反演公式进行 TTI 参数模型的更新，直到将成像道集拉平，输出最终的偏移成像结果。

从层析反演流程可知，对称轴的倾角和方位角信息是通过偏移剖面扫描得到，不代入层析反演过程中，层析反演只反演三个参数：$V_{P0}$、$\varepsilon$ 和 $\delta$，但是这三个参数数量级相差非常大，$V_{P0}$的数量级为 $10^3$，而 $\varepsilon$ 和 $\delta$ 的数量级只有 $10^{-2} \sim 10^{-1}$，相差 $10^4 \sim 10^5$倍之多，给求解带来困难。下面主要讨论 TTI 介质三参数的一些反演策略，包括单参数顺序反演和多参数联合反演，最后根据每种策略的优缺点提出了新的反演策略。

5.2.4.1　单参数顺序反演

利用层析反演进行更新的参数 $V_{P0}$、$\varepsilon$ 和 $\delta$ 对旅行时的影响程度不同，反演更新量的量级也不同，因此需要对这三个参数的敏感度进行分析以确定反演策略。

设计一个均匀各向异性模型，$n_x = n_z = 1001$，$d_x = d_z = 10\text{m}$，$V_{P0} = 3000\text{m/s}$，$\varepsilon = 0.15$，$\delta = 0.1$，检验由于速度模型和各向异性参数误差引起不同角度方向的旅行时误差。

炮点坐标（20m，20m），检波点位于以炮点为中心、半径为 9000m 的四分之一圆上，检波点间隔为 1°，检波器个数为 91，射线扫描角度范围为 0° ~90°（图 5 -50）。

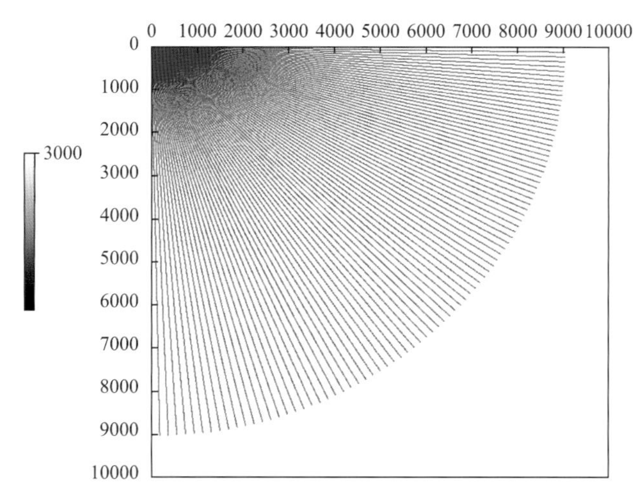


图 5 -50　上述观测系统下的射线路径

1. $V_{P0}$敏感性分析

参数信息见表 5 -2。

**表 5 -2　参数信息**

| 准确值 $V_{P0}$/(m/s) | 误差比例/% | 误差 $V_{P0}$/(m/s) | 准确值 $\varepsilon$ | 准确值 $\delta$ |
|---|---|---|---|---|
| 3000 | -20 | 2400 | 0.15 | 0.1 |
| | -15 | 2550 | | |
| | -5 | 2850 | | |
| | 5 | 3150 | | |
| | 15 | 3450 | | |
| | 20 | 3600 | | |

由图5－51所示，不同颜色的曲线代表不同误差引起的旅行时随角度的变化曲线。其中，深蓝色、绿色、红色、黑色、浅蓝色、紫红色和黄色曲线分别代表误差比例为－20%、－15%、－5%、0%、5%、15%和20%的旅行时曲线。

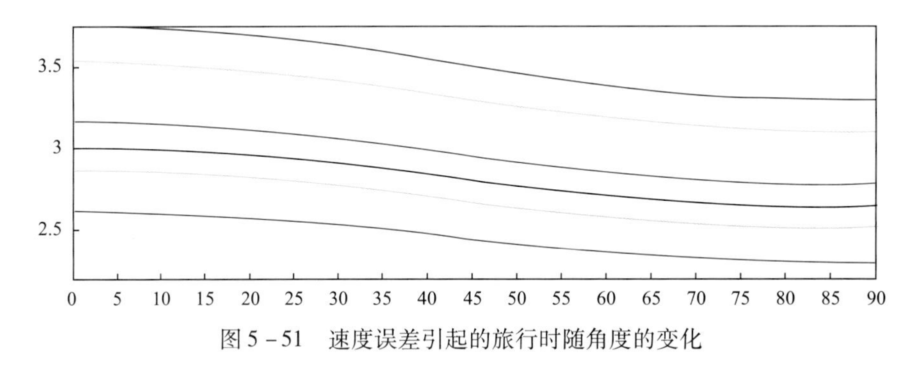


图5－51　速度误差引起的旅行时随角度的变化

由图5－51可知，$V_{P0}$的误差对所有角度的旅行时影响程度几乎相同，旅行时误差随$V_{P0}$误差的变大而增大。

2. $\varepsilon$ 敏感性分析

参数信息见表5－3。

**表5－3　参数信息**

| 准确值 $\varepsilon$ | 误差比例/% | 误差 $V_{P0}$/(m/s) | 准确值 $V_{P0}$/(m/s) | 准确值 $\delta$ |
|---|---|---|---|---|
| 0. 15 | －20 | 0. 1200 | 3000 | 0. 1 |
| | －15 | 0. 1275 | | |
| | －5 | 0. 1425 | | |
| | 5 | 0. 1575 | | |
| | 15 | 0. 1725 | | |
| | 20 | 0. 1800 | | |

由图5－52可知，在0°～30°之间，$\varepsilon$ 误差几乎对旅行时没有影响，在30°～90°之间，随 $\varepsilon$ 误差的变大和角度的增大，相应旅行时误差也越大。这表明，$\varepsilon$ 对大角度的旅行时敏感，反演 $\varepsilon$ 时需要大角度的旅行时信息。

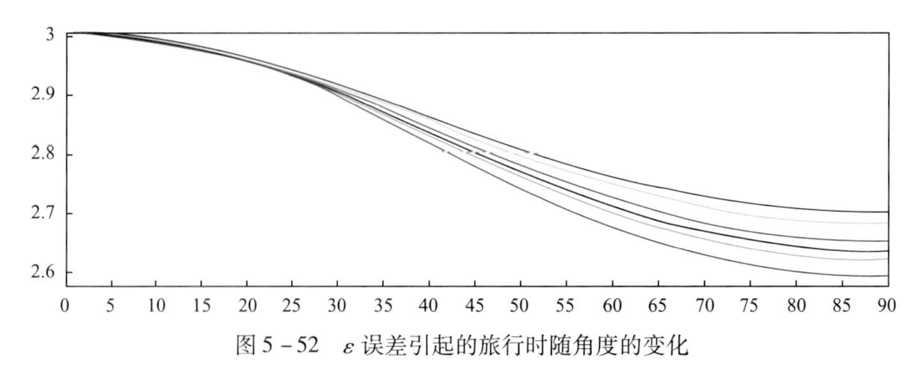


图5－52　$\varepsilon$ 误差引起的旅行时随角度的变化

3. $\delta$ 敏感性分析

参数信息见表 5－4。

表 5－4　参数信息

| 准确值 $\delta$ | 误差比例/% | 误差 $V_{P0}$/(m/s) | 准确值 $V_{P0}$/(m/s) | 准确值 $\varepsilon$ |
|---|---|---|---|---|
| 0.1 | －20 | 0.080 | 3000 | 0.15 |
| | －15 | 0.085 | | |
| | －5 | 0.095 | | |
| | 5 | 0.105 | | |
| | 15 | 0.115 | | |
| | 20 | 0.120 | | |

由图 5－53 可知，在 15°～60°之间，$\delta$ 的误差对旅行时的影响变得明显，旅行时误差呈现由小变大再变小的趋势，在 0°～15°和 60°～90°之间，$\delta$ 的误差对旅行时几乎没有影响。这表明，$\delta$ 对中等角度的旅行时敏感，反演 $\delta$ 时需要中等角度的旅行时信息。

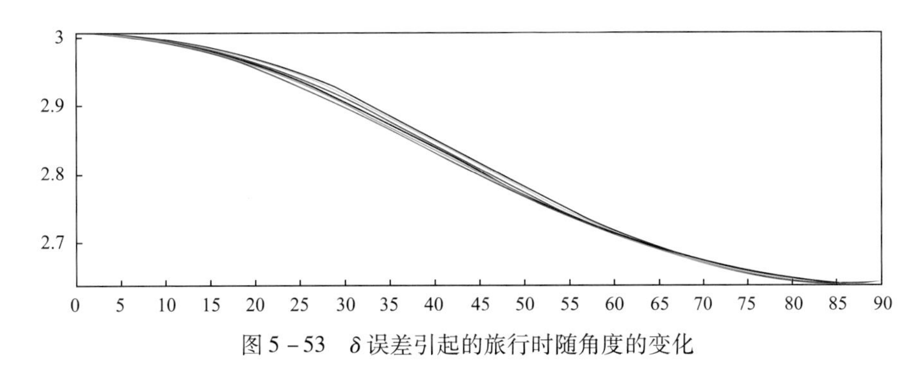


图 5－53　$\delta$ 误差引起的旅行时随角度的变化

根据 TTI 介质三参数的敏感程度分析可知，$V_{P0}$对所有角度的敏感程度一致，也就是说 $V_{P0}$对所有角度射线的旅行时影响一样。$\varepsilon$ 只对大角度敏感，也就是说 $\varepsilon$ 对大角度射线的旅行时影响较大，而对小角度射线的旅行时基本没影响。$\delta$ 对所有角度都不敏感，也就是说 $\delta$ 对所有角度射线的旅行时的影响都非常小，几乎可以忽略不计。

针对 VTI 介质各向异性三参数的这些特性，可以指定如下反演策略。

（1）对初始 $V_{P0}$、$\varepsilon$、$\delta$ 三个模型进行平滑处理，避免射线追踪出现全反射情况。

（2）首先用小角度射线的时间残差反演 $V_{P0}$，此时认为小角度范围内的时差都是由 $V_{P0}$ 一个参数造成的，多次迭代后得到反演后的 $V_{P0}$，如果此时 $V_{P0}$的精度达到要求，则进行下一步。

（3）将初始 $V_{P0}$替换为更新后的 $V_{P0}$，用大角度射线的时间残差反演 $\varepsilon$，此时认为大角度范围内由 $V_{P0}$造成的时差都已消除，只剩下 $\varepsilon$ 造成的时差，多次迭代后得到反演后的 $\varepsilon$，如果此时 $\varepsilon$ 的精度达到要求，则进行下一步。

（4）将初始 $\varepsilon$ 替换为更新后的 $\varepsilon$，用所有角度射线的时间残差反演 $\delta$，此时认为由 $V_{P0}$

和 $\varepsilon$ 造成的时差都已消除，只剩下 $\delta$ 造成的时差，多次迭代后得到反演后的 $\delta$，如果此时 $\delta$ 的精度达到要求，则三个参数反演完成。

这种反演方法是建立在参数的敏感性基础之上的，而且每次针对一个参数的顺序反演相对比较稳定。但是对于三个参数而言，不可能存在敏感性为零的情况，所以该方法存在一定的误差，反演精度受到影响。

#### 5.2.4.2 多参数联合反演

1. 归一化联合反演

TTI 介质的三个各向异性参数 $V_{P0}$、$\varepsilon$、$\delta$，数量级不一致，$V_{P0}$的数量级为 $10^3$，而 $\varepsilon$ 和 $\delta$ 的数量级只有 $10^{-2}\sim10^{-1}$，三参数直接同时反演会产生不稳定现象。

SIRT 和 LSQR 方法一般只用于单参数反演，其中，LSQR 可实现多参数输入的矩阵求解，输入参数之前需要把三参数做归一化处理。SIRT 则无法直接实现，现推导 SIRT 方法的归一化联合反演公式。

SIRT 方法的矩阵形式如下：

$$\begin{aligned} \boldsymbol{K}\Delta\boldsymbol{m} &= \Delta\boldsymbol{\tau} \\ \boldsymbol{K} &= \left[\boldsymbol{L}\frac{\partial s}{\partial s_{P_0}} \quad \boldsymbol{L}\frac{\partial s}{\partial \varepsilon} \quad \boldsymbol{L}\frac{\partial s}{\partial \delta}\right] \\ \Delta\boldsymbol{m} &= [\Delta \boldsymbol{s}_{P0} \quad \Delta\boldsymbol{\varepsilon} \quad \Delta\boldsymbol{\delta}]^{T} \end{aligned} \tag{5-155}$$

相比于单一参数反演，矩阵 $\boldsymbol{K}$ 的大小变为之前的三倍，矩阵 $\boldsymbol{m}$ 的大小也变为之前的三倍，而 $\boldsymbol{t}$ 不变。这样一次反演的时差认为是三个参数共同影响造成的，反演公式变为：

$$[\Delta s_j^l \quad \Delta\varepsilon_j^l \quad \Delta\delta_j^l] = \frac{1}{N_j^l}\sum_i [K_{sj}^{\,i} \quad K_{\varepsilon j}^{\,i} \quad K_{\delta j}^{\,i}] \frac{(b^i - \sum_k [K_{sk}^{\,i} \quad K_{\varepsilon k}^{\,i} \quad K_{\delta k}^{\,i}][s_k^l \quad \varepsilon_k^l \quad \delta_k^l]^T)}{\sum_j [(K_{sj}^{\,i})^2 + (K_{\varepsilon j}^{\,i})^2 + (K_{\delta j}^{\,i})^2]} \tag{5-156}$$

式（5－156）可以同时反演慢度 $\Delta s$、Thomsen 参数 $\Delta\varepsilon$ 和 $\Delta\delta$。在更新相应模型时加入先验信息进行约束，表达式如下：

$$\begin{cases} s = s_0 + \lambda_s\Delta s \\ \varepsilon = \varepsilon_0 + \lambda_\varepsilon\Delta\varepsilon \\ \delta = \delta_0 + \lambda_\delta\Delta\delta \end{cases} \tag{5-157}$$

式中，$\lambda$ 为先验约束因子，用来约束一次迭代更新量和总更新量的值，以免出现更新异常值。

多参数反演的实质是把时差按比例分配给各个参数进行反演，但是实际中不可能做到如此的分配。仔细观察上述反演公式可以发现，该方法实际上是把射线长度按照比例分配给了各个参数，比例因子是相速度相对于各个参数的偏导数。反观 VTI 的这三个参数，$V_{P0}$的数量级有 $10^3$，而 $\varepsilon$ 和 $\delta$ 的数量级只有 $10^{-2}\sim10^{-1}$，数量级差别较大，最大能达到

$10^5$。这样会导致反演非常不稳定，多次迭代之后会造成反演异常。

针对上述问题，本文加入约束矩阵解决数量级不一致问题，更新后的方程如下：

$$\boldsymbol{K}\boldsymbol{w}\,\boldsymbol{w}^{-1}\Delta\boldsymbol{m} = \Delta\boldsymbol{\tau} \tag{5-158}$$

式中，$\boldsymbol{w} = \begin{bmatrix} \boldsymbol{w}_s & & \\ & \boldsymbol{w}_\varepsilon & \\ & & \boldsymbol{w}_\delta \end{bmatrix}$，$\boldsymbol{w}^{-1} = \begin{bmatrix} \boldsymbol{w}_s^{-1} & & \\ & \boldsymbol{w}_\varepsilon^{-1} & \\ & & \boldsymbol{w}_\delta^{-1} \end{bmatrix}$，为约束矩阵。加入了约束矩阵后，没有改变原有矩阵的本质形态，但是能够使三参数调整为统一数量级，从本质改善了数量级造成的不稳定情况。

改变之后同等数量级的参数表示如下：

$$\begin{aligned} \Delta\tilde{m}_{nj}^l &= \frac{1}{N_j^l}\sum_i \frac{\tilde{K}_{nj}^i \Delta b^i}{\sum_j [(\tilde{K}_{sj}^i)^2 + (\tilde{K}_{\varepsilon j}^i)^2 + (\tilde{K}_{\delta j}^i)^2]} \\ &= \frac{1}{N_j^l}\sum_i \frac{w_n K_{nj}^i \Delta b^i}{\sum_j [(w_s K_{sj}^i)^2 + (w_\varepsilon K_{\varepsilon j}^i)^2 + (w_\delta K_{\delta j}^i)^2]} \end{aligned} \tag{5-159}$$

式中，$n = (s, \varepsilon, \delta)$，代表三个参数。由于经约束矩阵校正后，三参数的数量级达到一致，因此，$w_s K_s$、$w_\varepsilon K_\varepsilon$ 和 $w_\delta K_\delta$ 的数量级也一致，式（5-159）可表示成如下形式：

$$\begin{aligned} \Delta\tilde{m}_{nj}^l &= \frac{1}{N_j^l}\sum_i \frac{w_n K_{nj}^i \Delta b^i}{\sum_j \lambda_n (w_n K_{nj}^i)^2} \\ &= \frac{1}{N_j^l}\sum_i \frac{w_n K_{nj}^i \Delta b^i}{\lambda_n w_n^2 \sum_j (K_{nj}^i)^2} \\ &= \frac{1}{N_j^l}\sum_i \frac{K_{nj}^i \Delta b^i}{\lambda_n w_n \sum_j (K_{nj}^i)^2} \\ &= \frac{1}{\lambda_n w_n}\frac{1}{N_j^l}\sum_i \frac{K_{nj}^i \Delta b^i}{\sum_j (K_{nj}^i)^2} = \frac{1}{\lambda_n w_n}\Delta m_{nj}^l \end{aligned} \tag{5-160}$$

式中，$\lambda_n$ 为三个参数的各占比重的倒数，一般取 2 ~ 4 之间。

因此，真实校正量可表示成如下形式：

$$\Delta m_{nj}^l = \lambda_n w_n \Delta\tilde{m}_{nj}^l \tag{5-161}$$

至此，稳定的联合反演公式推导完毕。

2. 等效参数联合反演

TTI 介质的三个 Thomsen 参数 $V_{P0}$、$\varepsilon$、$\delta$ 数量级相差大，导致层析反演不稳定，等效参数法将 Thomsen 参数转换为三个数量级一致的速度参数：$V_{P0}$、$V_{HOR}$、$V_{NMO}$，转换公式如下：

$$V_{HOR} = V_{P0}\sqrt{1 + 2\varepsilon} \tag{5-162}$$

$$V_{\text{NMO}} = V_{\text{P0}} \sqrt{1 + 2\delta} \tag{5-163}$$

基于这三个速度参数，层析反演矩阵可转换为如下形式：

$$\boldsymbol{K}\boldsymbol{\Delta m} = \boldsymbol{\Delta\tau}$$

$$\boldsymbol{K} = \left[\boldsymbol{L}\frac{\partial s}{\partial s_{\text{P0}}}, \boldsymbol{L}\frac{\partial s}{\partial s_{\text{HOR}}}, \boldsymbol{L}\frac{\partial s}{\partial s_{\text{NMO}}}\right] \tag{5-164}$$

$$\boldsymbol{\Delta m} = [\Delta \boldsymbol{s}_{\text{P0}}, \Delta \boldsymbol{s}_{\text{HOR}}, \Delta \boldsymbol{s}_{\text{NMO}}]$$

式中，待反演参数由 $V_{\text{P0}}$、$\varepsilon$、$\delta$ 变为 $V_{\text{P0}}$、$V_{\text{HOR}}$、$V_{\text{NMO}}$，参数数量级一致，为 $10^3$。

等效参数转换后，TTI 介质相速度变为如下形式：

$$V(\theta,\theta') = \frac{1}{\sqrt{2}}\sqrt{V_{\text{H}}^2 F + V_{\text{P0}}^2 E^2 + \sqrt{D}} \tag{5-165}$$

式中，$D = (V_{\text{H}}^2 F - E^2)^2 + 4V_{\text{P0}}^2 V_{\text{N}}^2 E^2 F$，$V_{\text{H}} = V_{\text{P0}}\sqrt{1+2\varepsilon}$，$V_{\text{N}} = V_{\text{P0}}\sqrt{1+2\delta}$，$\varepsilon = (V_{\text{H}}^2/V_{\text{P0}}^2 - 1)/2$，$\delta = (V_{\text{N}}^2/V_{\text{P0}}^2 - 1)/2$。

相慢度对三慢度的偏导数如下：

$$\begin{aligned}
\frac{\partial s}{\partial s_{\text{P0}}} &= r_1\left(-2V_{\text{P0}}^3 E^2 + \frac{1}{2\sqrt{D}}\frac{\partial D}{\partial s_{\text{P0}}}\right) \\
\frac{\partial s}{\partial s_{\text{H}}} &= r_1\left(-2V_{\text{H}}^3 F + \frac{1}{2\sqrt{D}}\frac{\partial D}{\partial s_{\text{H}}}\right) \\
\frac{\partial s}{\partial s_{\text{N}}} &= r_1\frac{1}{2\sqrt{D}}\frac{\partial D}{\partial s_{\text{N}}}
\end{aligned} \tag{5-166}$$

其中：

$$\frac{\partial D}{\partial s_{\text{P0}}} = -8V_{\text{P0}}^3 V_{\text{N}}^2 E^2 F$$

$$\frac{\partial D}{\partial s_{\text{H}}} = -4V_{\text{H}}^3 (V_{\text{H}}^2 F - E^2)$$

$$\frac{\partial D}{\partial s_{\text{N}}} = -8V_{\text{P0}}^2 V_{\text{N}}^3 E^2 F$$

$$r_1 = -\frac{1}{\sqrt{2}}(V_{\text{H}}^2 F + V_{\text{P0}}^2 E^2 + \sqrt{D})^{-\frac{3}{2}}$$

#### 5.2.4.3 顺序+联合反演策略

单参数顺序反演为 TTI 介质三参数 $V_{\text{P0}}$、$\varepsilon$、$\delta$ 按照对角度敏感性从大到小依次进行反演，该策略的优点是每次只反演一个参数，反演过程较为稳定，并且由于每个参数单独反演，剩余时差全部作用于单个参数进行反演，不受角度敏感性的约束，不会出现某些角度反演不出来的现象。但是该策略同时存在一些缺点，首先，由于每次只反演一个参数，三个参数全部反演需要迭代三次，计算量增加了三倍，加大了机器成本和人工成本，延长了项目周期；其次，由于是顺序反演，如果第一个参数反演不准确，误差会被累积到下一个参数反演中，导致了反演过程的误差累积，例如，当 $V_{\text{P0}}$欠反演，也就是 $V_{\text{P0}}$的反演量不足时，$V_{\text{P0}}$的剩余时差会被延续到$\varepsilon$反演中，导致$\varepsilon$过反演，也就是$\varepsilon$反演量增加；反之，当

$V_{P0}$过反演时，会导致 $\varepsilon$ 欠反演。最后，顺序反演毕竟是一种近似手段，只是为了提高反演稳定性，理论上还有进步空间。

多参数联合反演为一次迭代即反演 $V_{P0}$、$\varepsilon$、$\delta$ 三个参数，该策略的优点是计算量小，用时短，能够大大加快反演迭代效率，有效缩短项目周期，另外，联合反演更符合反演理论，在保证稳定性的前提下，反演结果更加合理精确。它的缺点也很明显，由于三参数数量级相差极大，反演稳定性很差，即便通过各种手段提高了稳定性，但是对角度的依赖性很大，即某些角度反演不出各向异性参数数值。

本项目综合单参数顺序反演和多参数联合反演的优缺点，提出了顺序＋联合反演策略，该策略能够有效避免两种策略的缺点，结合两者的优点，既提高了反演稳定性，同时又增加了反演精度，降低反演耗时。该策略首先用稳定的顺序反演更新各向异性参数，当各参数较接近真实值时，再用更为精确的联合反演进行更新，得到最终的精细模型。这种策略在初始模型较为不准的时候，采用稳定性较高的顺序反演策略，降低了不稳定性带来的不收敛风险，待误差缩小到一定范围的时候，再用联合反演策略，此时，顺序反演已经无法再继续更新，而联合反演则能够继续缩小误差，同时由于误差较小，可以很好地保证稳定性。

#### 5.2.4.4 SEG 标准 TTI 模型试算

SEG 标准 TTI 模型是二维 TTI 模型，内含三种介质：ISO、VTI、TTI。其中，TTI 介质又分为三个不同的角度：30°、51°和 61°，具体情况如图 5－54 所示。

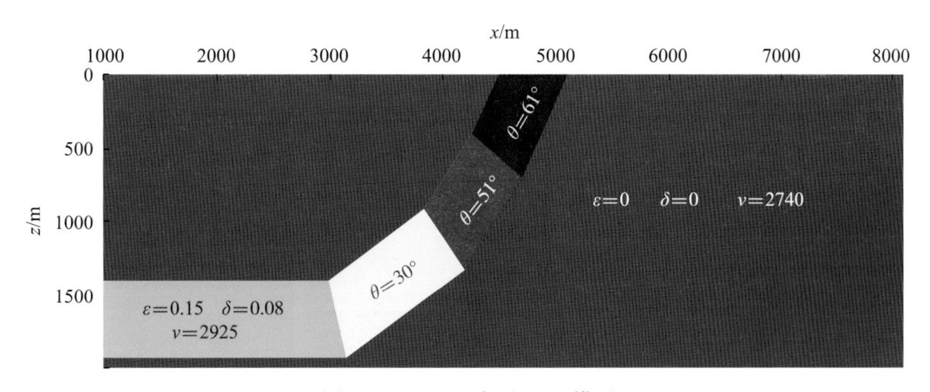


图 5－54 SEG 标准 TTI 模型

从真实模型的偏移结果可以看出，同相轴连续、清晰、聚焦性强，构造边界成像位置准确，高速体下水平构造能够恢复真实形态。从成像道集能够看出，无论在水平层状区域还是高陡构造区域，成像道集均为水平形态，质量较高、聚焦效果较好（图 5－55～图 5－57）。

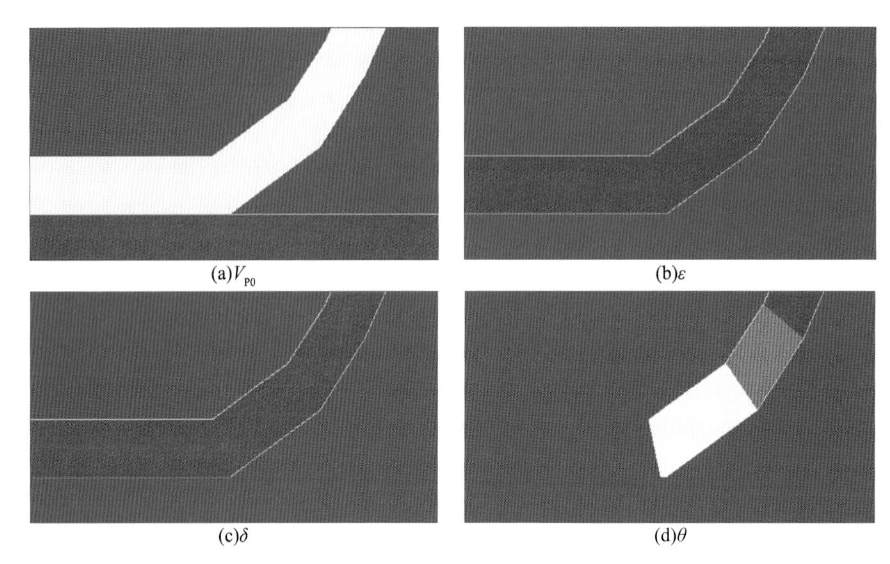


图 5－55　各向异性参数真实模型

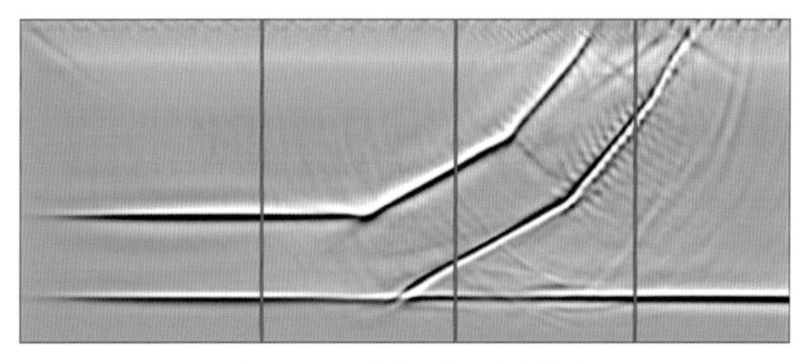

图 5－56　真实模型偏移成像结果

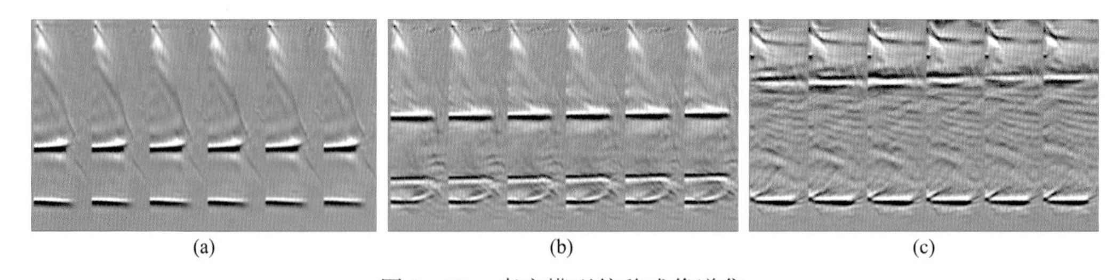


图 5－57　真实模型偏移成像道集

（a）、（b）、（c）分别对应偏移剖面上三条红线处的 cdp 位置

从初始模型的偏移结果可以看出，同相轴模糊、不连续、聚焦性变差，局部出现同相轴交叉现象，整体存在画弧噪声，构造边界成像位置不准确，特别是成像深度出现误差，高速体下水平构造形态失真严重。从成像道集能够看出，道集整体上翘严重，聚焦

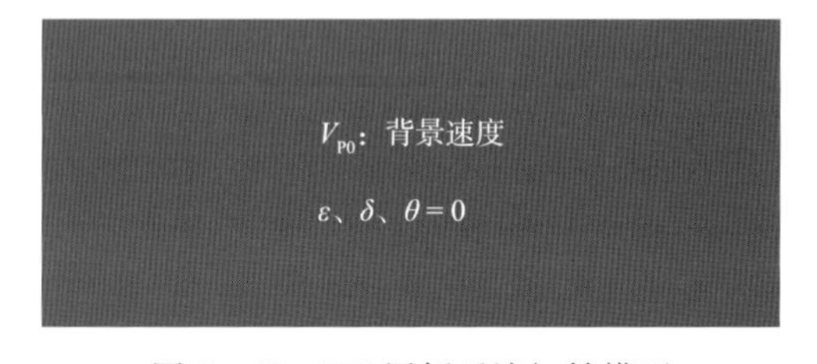


图 5－58　TTI 层析反演初始模型

效果差，说明速度和各向异性参数不准确（图 5－58～图 5－60）。

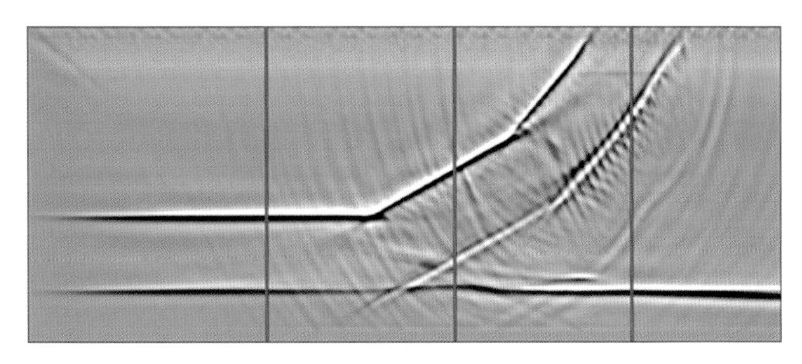

图 5－59　初始模型偏移成像结果

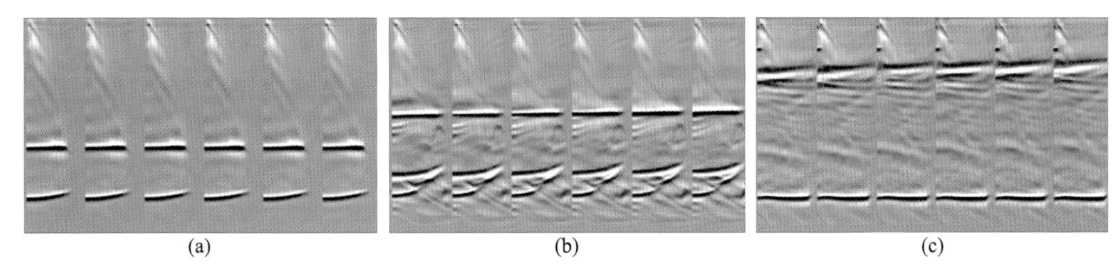

(a)　(b)　(c)

图 5－60　初始模型偏移成像道集

（a）、（b）、（c）分别对应偏移剖面上三条红线处的 cdp 位置

从层析反演模型的偏移结果可以看出，同相轴的连续性和聚焦性变好，消除了部分同相轴交叉现象和画弧噪声，高速体下水平构造基本能够恢复真实形态，提高了总体成像质量（图 5－61、图 5－62）。从深度对比图能够看出，恢复了构造边界成像位置，特别是成像深度，与标准模型成像结果一致（图 5－63）。从成像道集能够看出，上翘程度有所降低，相比初始模型的成像道集更加接近水平形态，聚焦效果提高，说明速度和各向异性参数较为准确（图 5－64）。

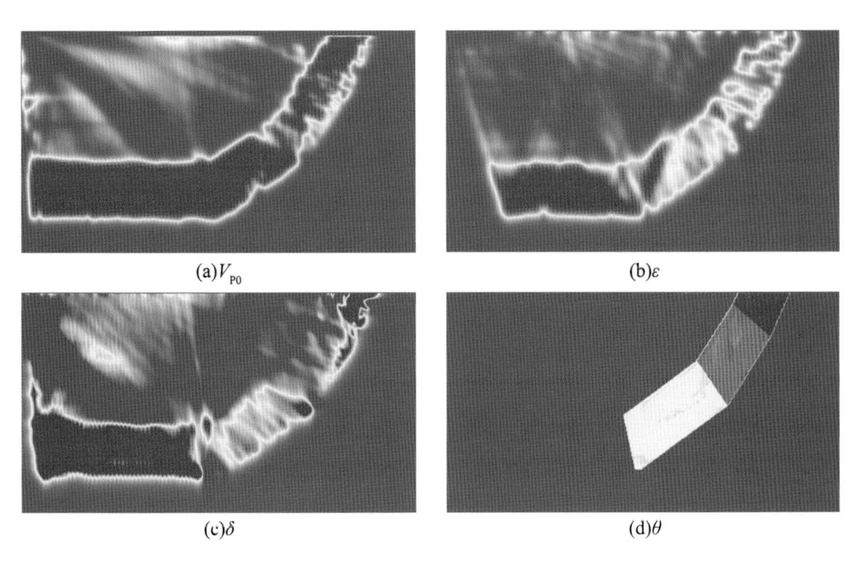

(a)$V_{P0}$　(b)$\varepsilon$　(c)$\delta$　(d)$\theta$

图 5－61　顺序层析反演结果

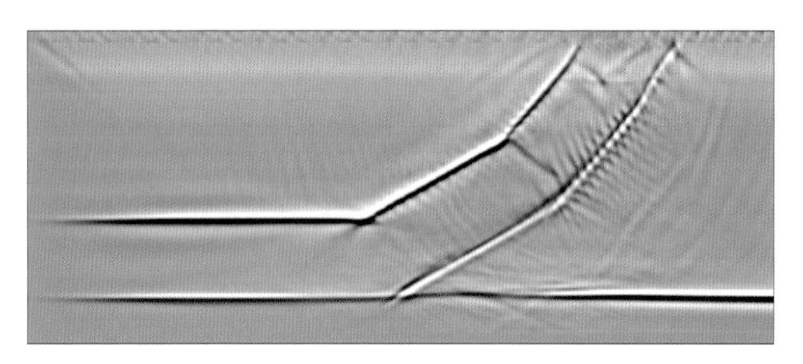

图 5－62　顺序层析反演偏移成像结果

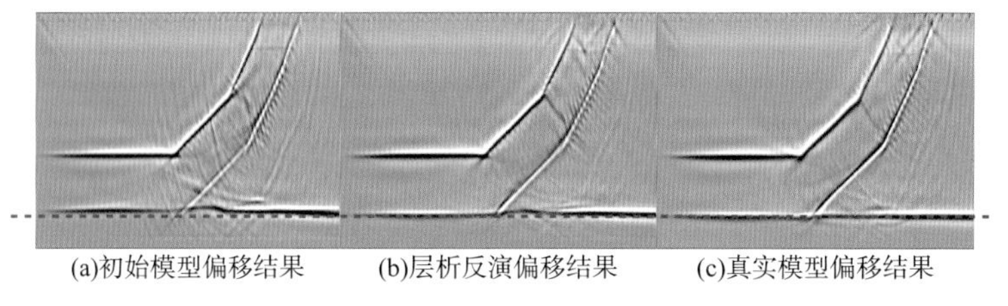


图 5－63　成像深度对比

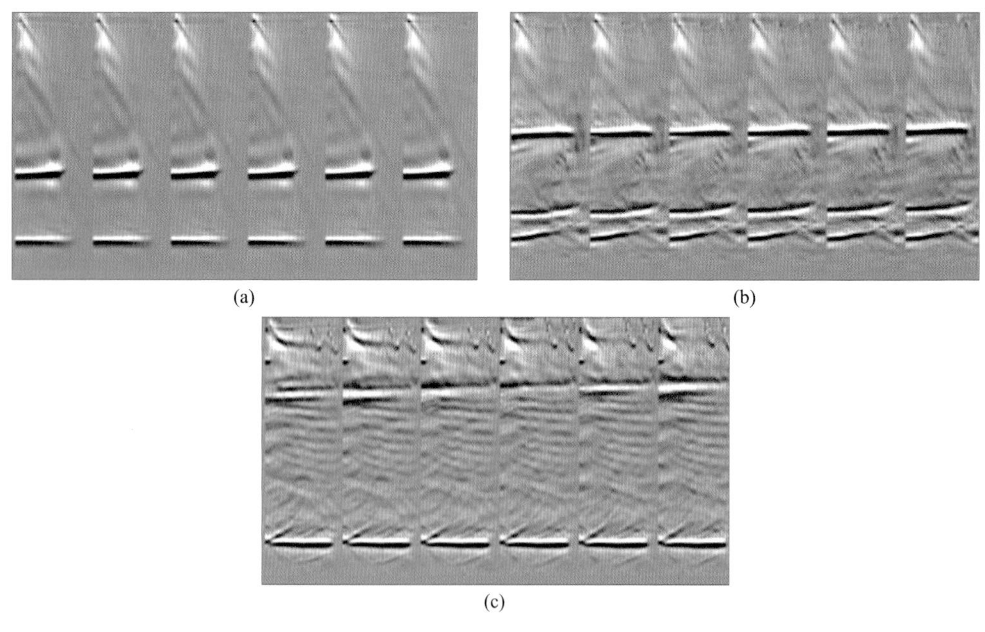


图 5－64　初始模型偏移成像道集

（a）、（b）、（c）分别对应偏移剖面上三条红线处的 cdp 位置

但是，从层析反演的模型结果和成像结果能够看出，层析反演效果还有可提升的空间，因此，本项目在此基础上加入了正则化手段，进一步提高层析反演效果。

从正则化层析反演结果可以看出，使用正则化后，管道内的反演效果更加平均、光滑、准确，并且，模型+数据正则化结果的管道内部更加接近真实值，外部由于正则化平滑造成的噪声更少，结果要优于模型正则化结果（图5-65、图5-66）。从深度对比图能

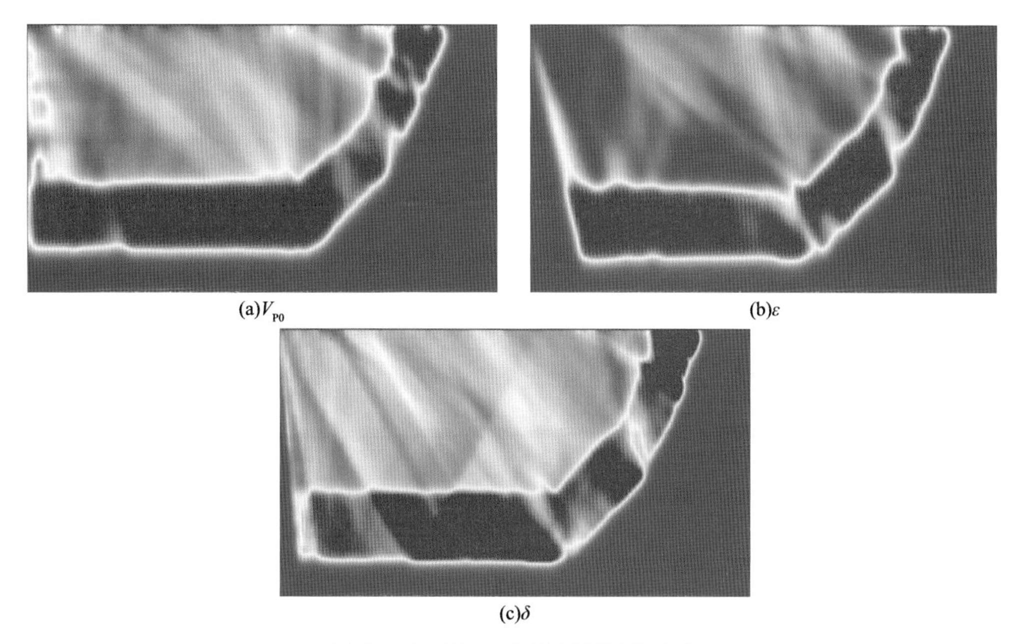


图5-65　模型正则化层析反演结果

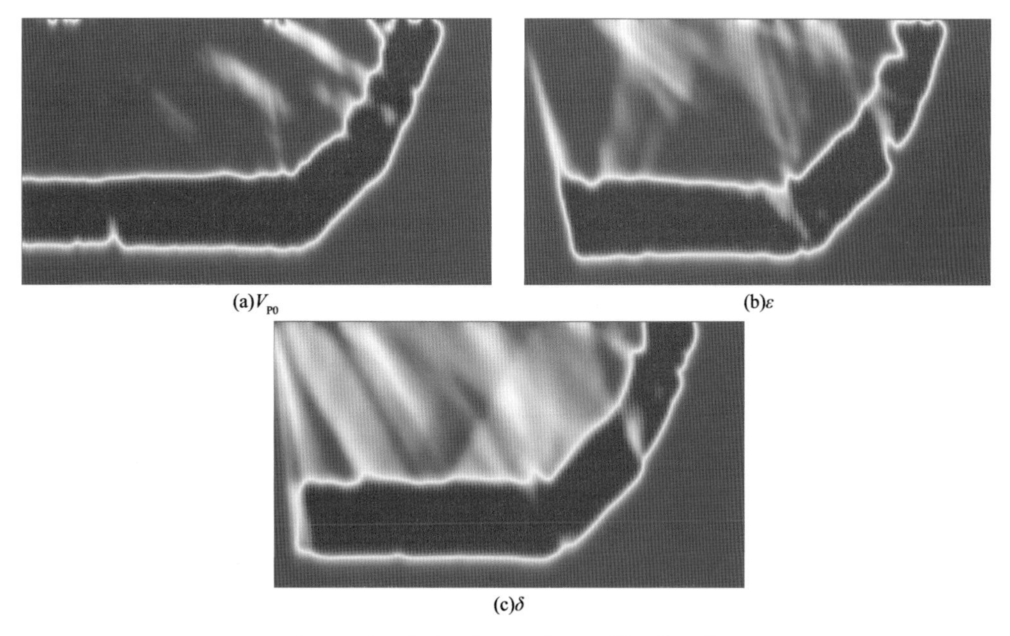


图5-66　模型+数据正则化层析反演结果

够看出，恢复了构造边界成像位置，特别是成像深度，与标准模型成像结果一致（图5-67）。从成像道集能够看出，上翘程度有所降低，相比初始模型的成像道集更加接近水平形态，

聚焦效果提高，说明速度和各向异性参数较为准确（图 5－68）。

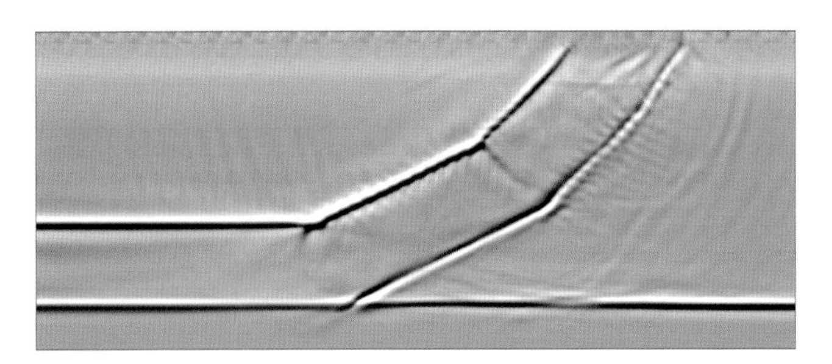

图 5－67　模型＋数据正则化成像年度对比

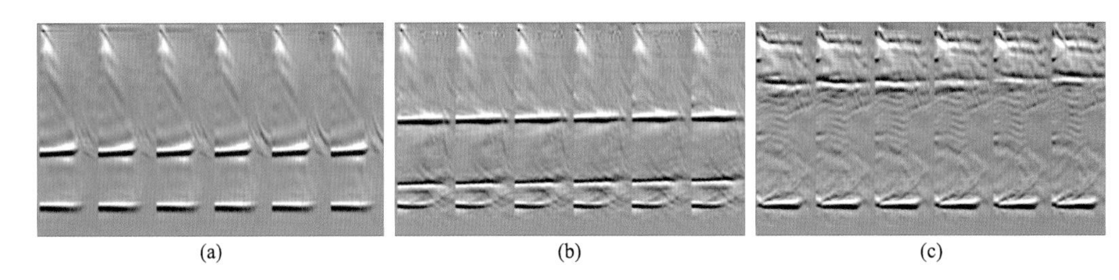

(a)　(b)　(c)

图 5－68　模型＋正则化层析反演偏移成像道集

顺序反演 TTI 三参数是一种近似手段，但是该手段较为稳定，是目前工业界使用最广泛的方法。本项目研发了三参数同时反演技术，该技术在理论上更先进，但需要其他手段配合其提高稳定性。

从联合层析反演结果可以看出，联合反演在增加了稳定性后能够取得较好的效果，等效参数法比归一化法的稳定性和精度更高（图 5－69、图 5－70）。无论是归一化方法还是

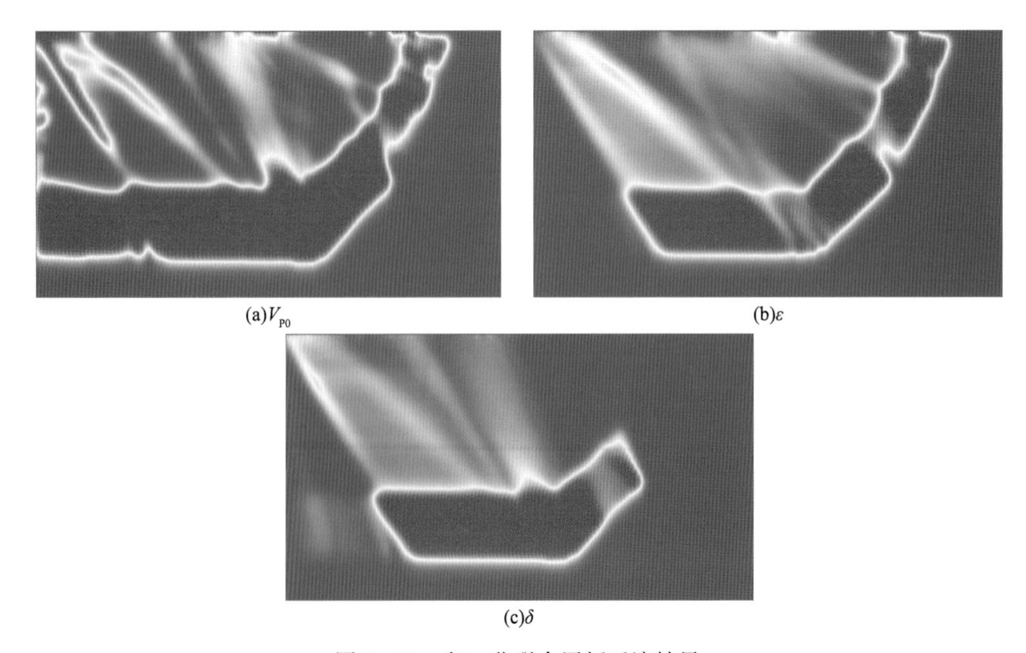

(a)$V_{P0}$　(b)$\varepsilon$　(c)$\delta$

图 5－69　归一化联合层析反演结果

等效参数方法，$\varepsilon$ 和 $\delta$ 两个参数的反演值都存在局部性，从图中能够观察出，$\varepsilon$ 在小出射角时得不到反演值，$\delta$ 在小出射角和大出射角时都得不到反演值，而 $V_{P0}$ 则不受角度限制。这是因为每个参数对出射角的敏感性不同造成的，例如，$\varepsilon$ 对小角度出射角的敏感性较低，意味着小角度射线的旅行时中 $\varepsilon$ 的贡献非常小，反过来，小角度射线包含的 $\varepsilon$ 信息也非常少，采用小角度射线则反演不出 $\varepsilon$ 值，同理可知 $\delta$ 的情况。

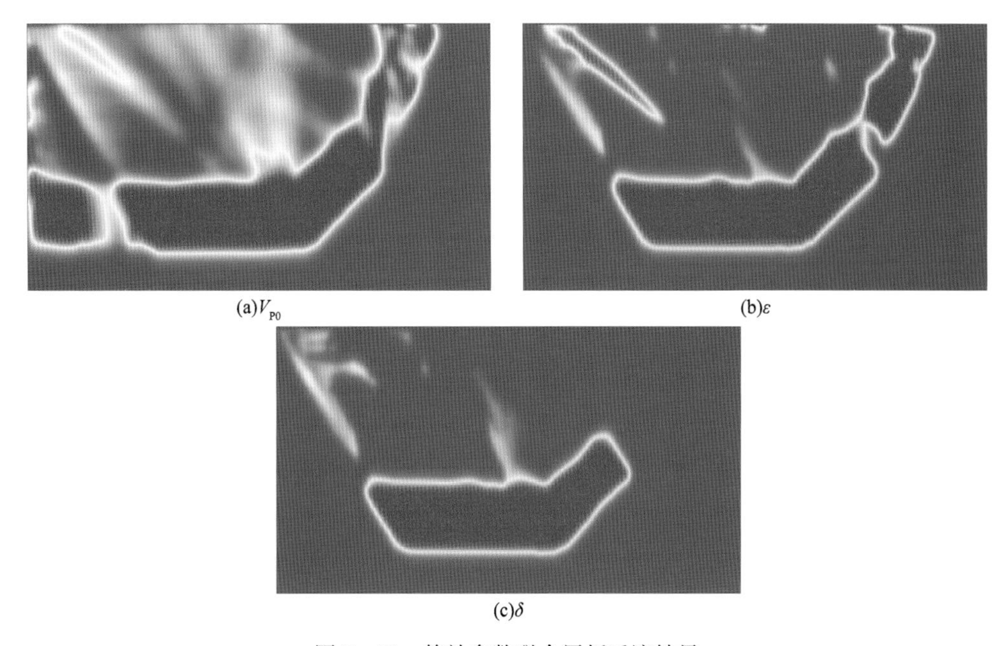


图 5－70　等效参数联合层析反演结果

#### 5.2.4.5　三维 TTI 盐丘模型试算

三维 TTI 盐丘模型较为复杂，本项目采用 90% 和 110% 的模型作为层析反演初始模型，采用顺序＋联合反演策略进行反演（图 5－71、图 5－72）。

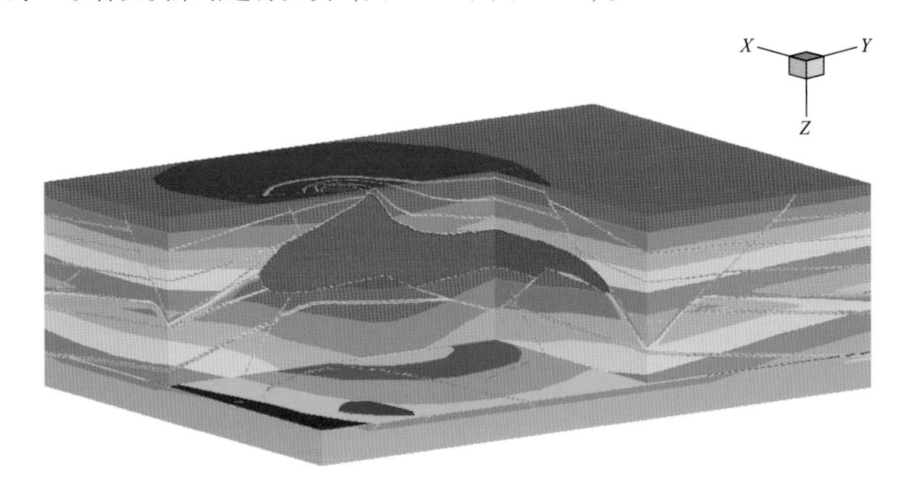


图 5－71　三维 TTI 盐丘模型示意图

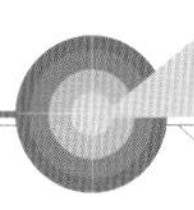

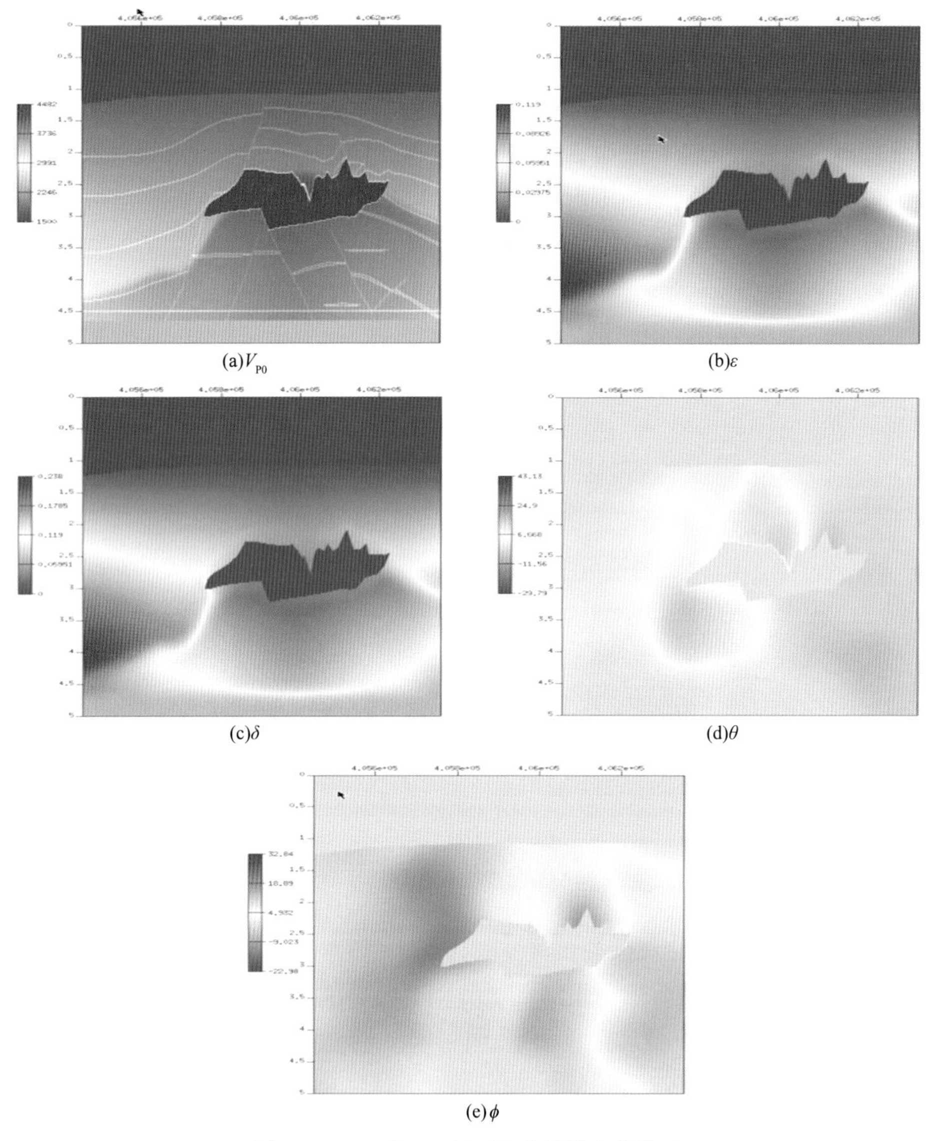

(a)$V_{P0}$ (b)$\varepsilon$ (c)$\delta$ (d)$\theta$ (e)$\phi$

图 5－72 三维 TTI 盐丘各向异性参数模型

从层析反演结果可以看出，$V_{P0}$和 $\varepsilon$ 参数的第一轮顺序反演结果和第二轮联合反演结果取得了较好的效果，盐丘边界清晰，收敛方向正确（图 5－73、图 5－74）。从偏移成像结果可以看出，通过第一轮顺序反演后，成像结果有了明显改善，同相轴清晰、聚焦性提高，盐丘形态正确，但是成像道集在远偏移距依然存在上翘现象，通过第二轮联合反演后，成像道集完全被拉平，成像结果的质量进一步提升（图 5－75）。从误差曲线图可以看出，通过第一轮顺序反演后，$V_{P0}$参数朝真实值方向收敛，$\varepsilon$ 参数在盐丘内部反演效果很好，但是在盐丘外部有过反演现象，这是因为 $V_{P0}$欠反演造成的，通过第二轮联合反演后，$V_{P0}$更加接近真实值，误差达到了允许的范围内，而 $\varepsilon$ 参数则往真实值收敛，与真实值的误差进一步缩小（图 5－76）。

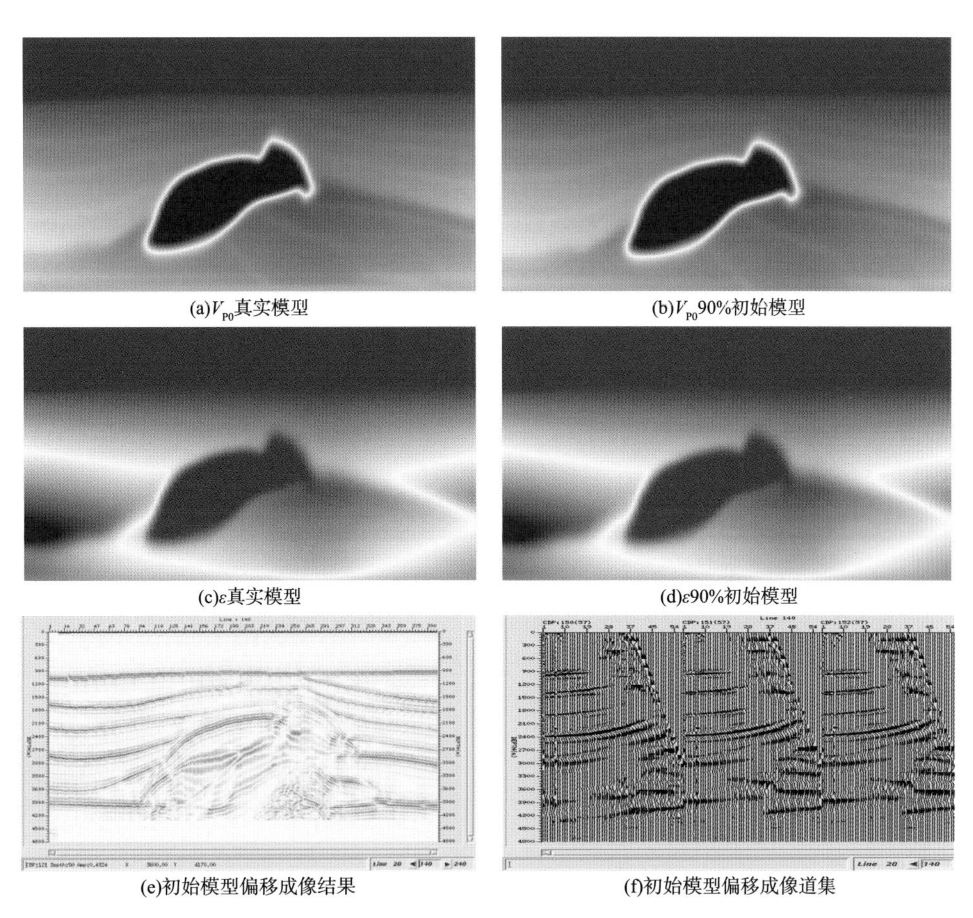
(a)$V_{P0}$真实模型　(b)$V_{P0}$90%初始模型
(c)$\varepsilon$真实模型　(d)$\varepsilon$90%初始模型
(e)初始模型偏移成像结果　(f)初始模型偏移成像道集

图 5－73　真实模型、90%初始模型和偏移成像结果

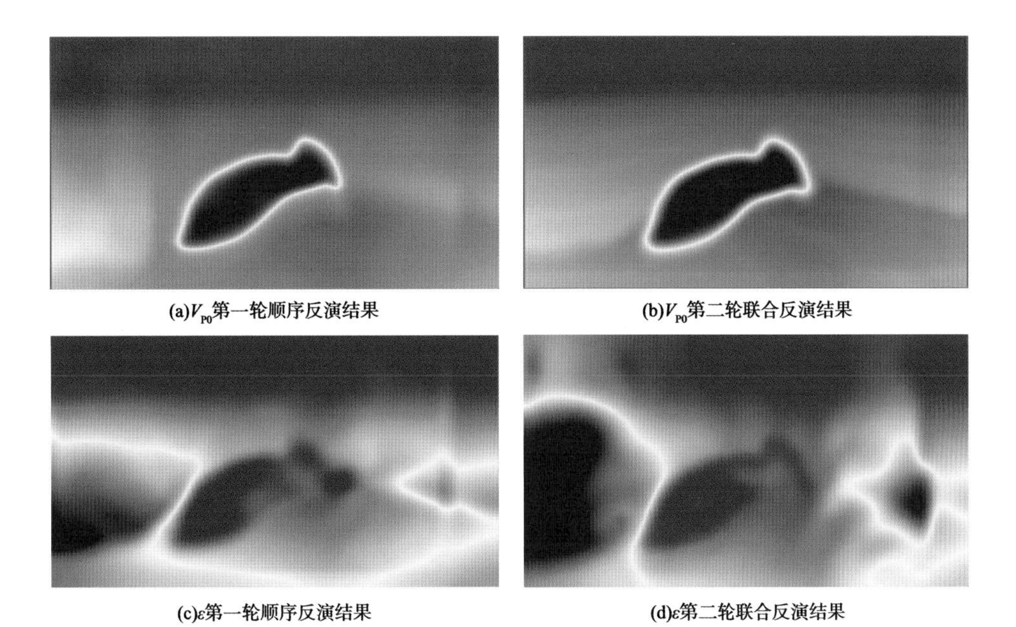
(a)$V_{P0}$第一轮顺序反演结果　(b)$V_{P0}$第二轮联合反演结果
(c)$\varepsilon$第一轮顺序反演结果　(d)$\varepsilon$第二轮联合反演结果

图 5－74　顺序＋联合反演结果

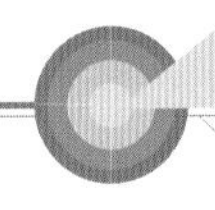

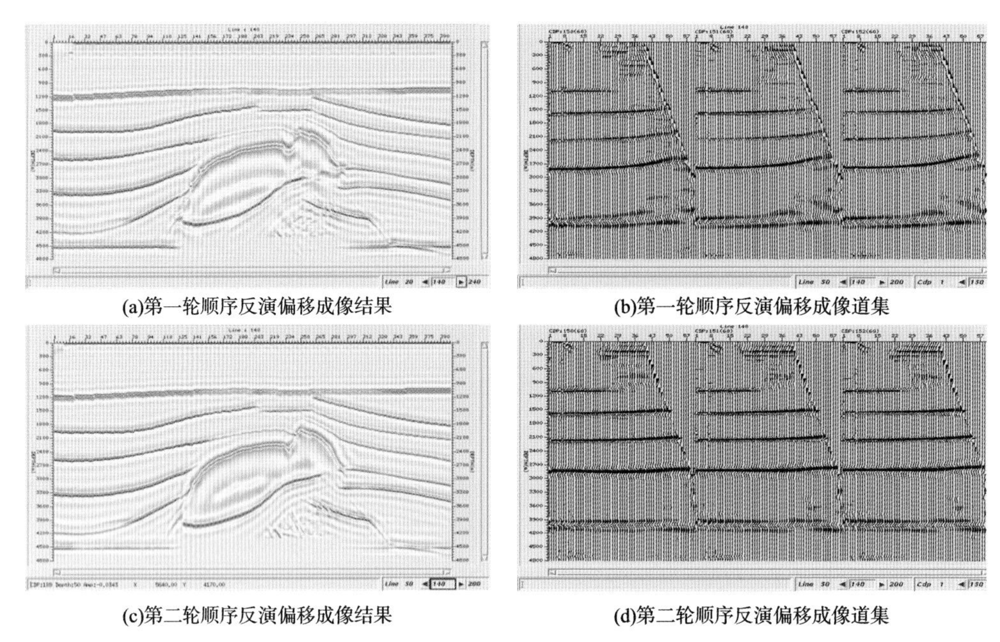

(a)第一轮顺序反演偏移成像结果　(b)第一轮顺序反演偏移成像道集

(c)第二轮顺序反演偏移成像结果　(d)第二轮顺序反演偏移成像道集

图 5－75　顺序＋联合反演偏移成像结果

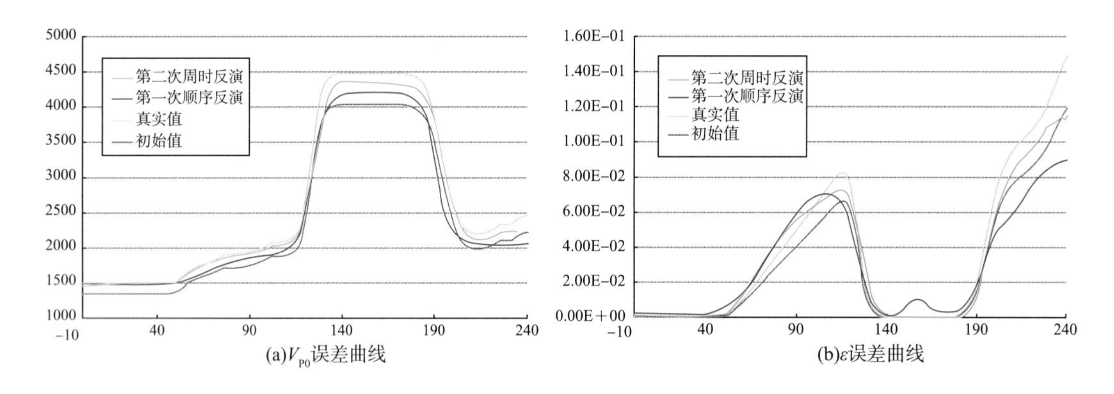


(a)$V_{P0}$误差曲线　(b)$\varepsilon$误差曲线

图 5－76　误差曲线图

从结果可以看出，110%的初始模型的反演结果与90%的初始模型反演结果基本一致。从层析反演结果可以看出，$V_{P0}$和$\varepsilon$参数的第一轮顺序反演结果和第二轮联合反演结果取得了较好的效果，盐丘边界清晰，收敛方向正确（图5－77、图5－78）。从偏移成像结果可以看出，通过第一轮顺序反演后，成像结果有了明显改善，同相轴清晰、聚焦性提高，盐丘形态正确，但是成像道集在远偏移距依然存在下拉现象，通过第二轮联合反演后，成像道集基本被拉平，成像结果的质量进一步提升（图5－79）。从误差曲线图可以看出，通过第一轮顺序反演后，$V_{P0}$参数朝真实值方向收敛，$\varepsilon$参数在盐丘内部反演效果很好，但是在盐丘外部有过反演现象，这是因为$V_{P0}$欠反演造成的，通过第二轮联合反演后，$V_{P0}$更加接近真实值，误差达到了允许的范围内，而$\varepsilon$参数则往真实值收敛，与真实值的误差进一步缩小（图5－80）。

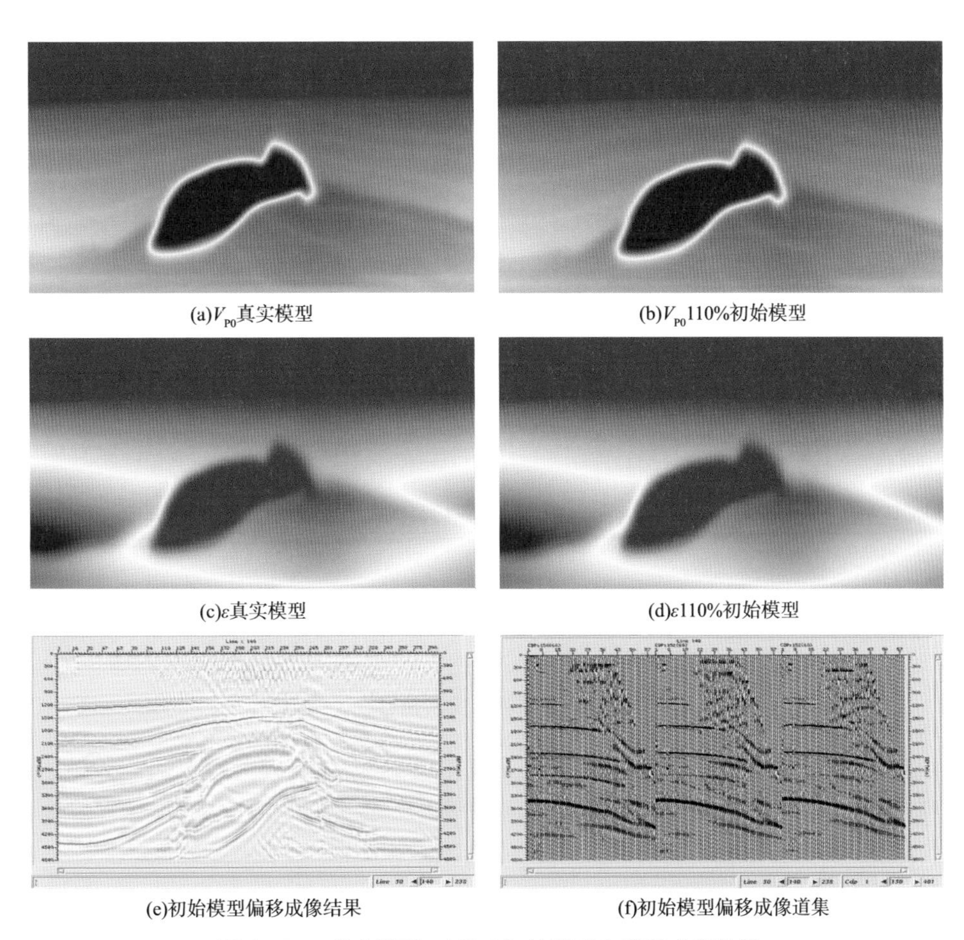

(a)$V_{P0}$真实模型　(b)$V_{P0}$110%初始模型

(c)$\varepsilon$真实模型　(d)$\varepsilon$110%初始模型

(e)初始模型偏移成像结果　(f)初始模型偏移成像道集

图 5－77　真实模型、110%初始模型和偏移成像结果

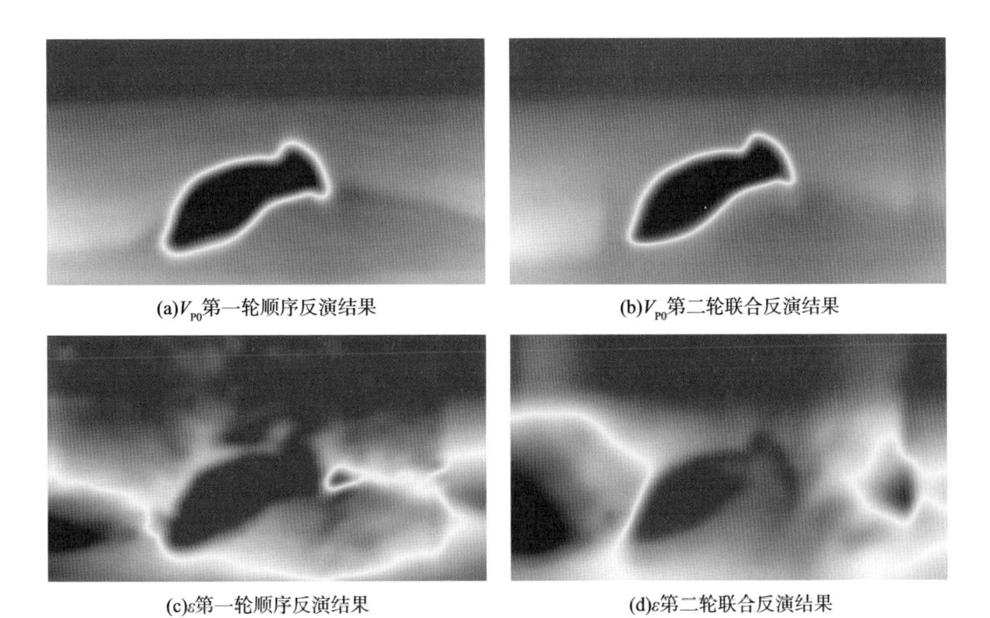

(a)$V_{P0}$第一轮顺序反演结果　(b)$V_{P0}$第二轮联合反演结果

(c)$\varepsilon$第一轮顺序反演结果　(d)$\varepsilon$第二轮联合反演结果

图 5－78　顺序＋联合反演结果

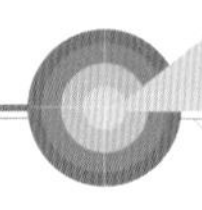

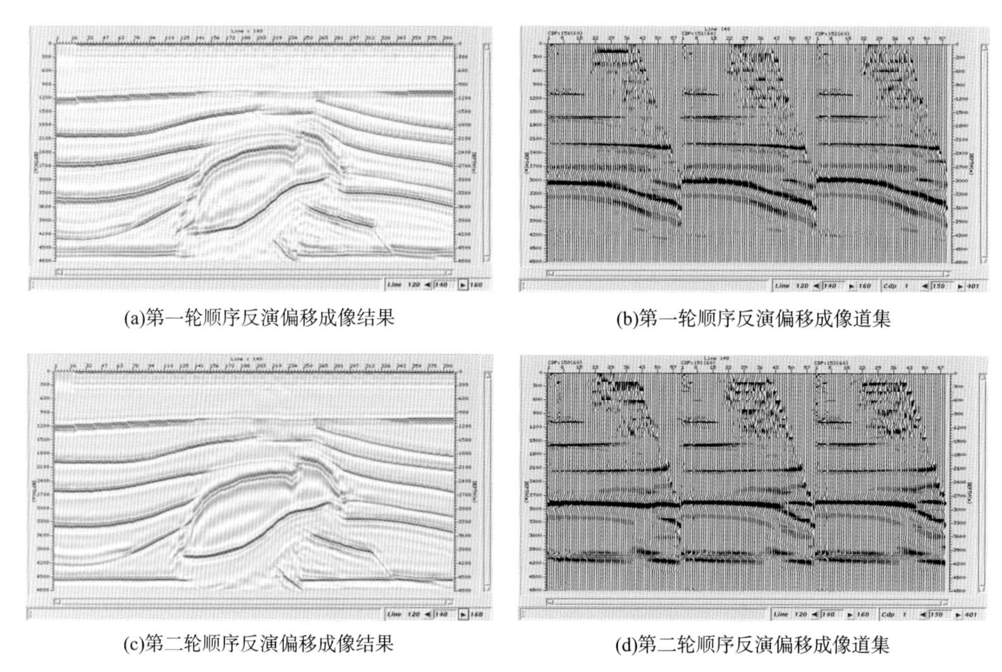

(a)第一轮顺序反演偏移成像结果　(b)第一轮顺序反演偏移成像道集

(c)第二轮顺序反演偏移成像结果　(d)第二轮顺序反演偏移成像道集

图 5－79　顺序＋联合反演偏移成像结果

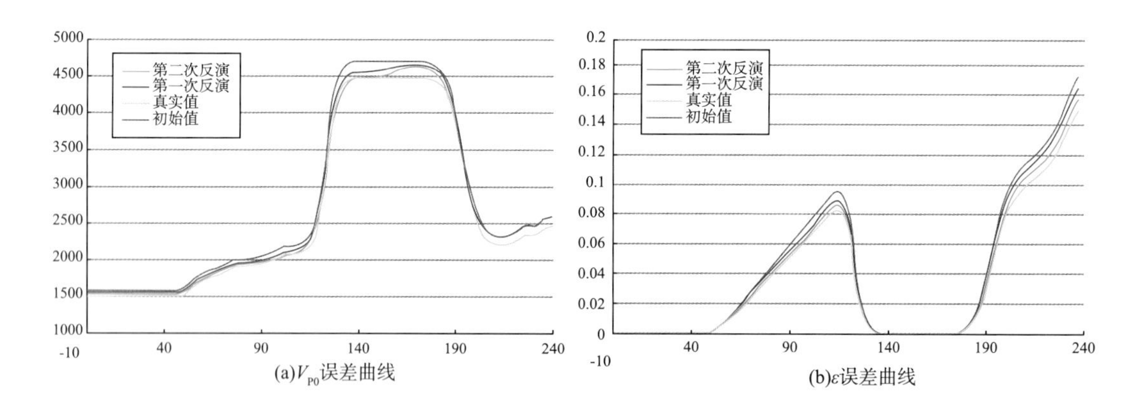


(a)$V_{P0}$误差曲线　(b)$\varepsilon$误差曲线

图 5－80　误差曲线图

## 5.3　本章小结

从应用的角度看，叠前深度域速度建模可依据如下的递进式深度域建模处理流程：首先利用 CMP 道集作常规叠加速度分析得到简单的速度模型，再对 PSTM 成像道集进行偏移速度分析，建议使用剩余曲率偏移速度分析方法（RCA 方法）。如果数据质量较差，比如山前带低信噪比数据，可考虑对道集进行 Fresnel 带同相叠加，以提高速度估计的覆盖次数；然后在时间偏移剖面上解释层位，并结合均方根速度模型可得到初始深度域模型；PSDM 偏移速度分析是速度估计和建模的核心环节，基于成像道集的剩余曲率速度分析和基于成像道集剩余时差的层析速度反演可进一步提高速度估计的精度。

递进式各向异性参数建模流程可以对深度域速度模型和各向异性模型进行有效的修正，并得到高质量的反演结果和偏移剖面。在对各向异性模型参数扰动在不同传播角度上引起的旅行时误差分析的基础上，提出了一种合理的反演速度和各向异性参数的策略，即先利用中近偏移距的成像道集信息反演 $V_{P0}$，多次层析迭代后将 $V_{P0}$ 固定，之后利用中远偏移距数据信息反演 $\varepsilon$，由于 $\delta$ 对旅行时很不敏感，因此不建议利用旅行时层析反演 $\delta$，$\delta$ 的获取可通过其他方式获得，如结合井资料和地表数据得到 $\delta$ 的分布。由于速度和各向异性参数之间的差异性太大，传统层析不足以将二者进行解耦，为了降低解的不确定度，需将井信息（如 VSP 数据、测井速度和 check shot 信息）和地质信息的约束加入到各向异性层析反演框架中，从而建立精度和可靠性更高的各向异性模型。

常规层析速度反演利用统一的规则网格表达模型，然而各向异性参数和速度的物理意义不同，其对旅行时的影响也有差异，用统一规则网格表达各向异性模型是不合适的。因此要针对速度和各向异性参数选取不同的模型网格，进行多尺度反演。同时考虑到各向异性参数提取信息的局限性，需要引入井信息、地质信息和岩石物理信息等约束信息，如何将这些先验信息有机地结合，并加入到各向异性层析方程的建立和求解过程中，增加求解的稳定性和可靠性是我们必须重点考虑的问题。

# 6 各向异性介质高斯束叠前深度偏移技术

叠前深度偏移技术在过去的几十年里得到了很大的发展，产生了许多适应不同地质特点、具有各自优势的成像算法。主要可以分为两大类：射线类方法以及波动方程类偏移方法。这两类方法都是以波动方程为理论基础，不同之处在于射线类偏移方法利用几何射线理论计算波场的振幅及相位信息，从而实现波场的延拓成像；而波动方程偏移则是基于波动方程的数值解法。两类方法具有各自的优势与不足，一般来说，波动方程偏移具有更高的成像精度，而射线类偏移则具有更高的计算效率和灵活性。

Kirchhoff 偏移是最常用的射线类偏移方法，利用波动方程的积分解来实现地震波场的反向传播及成像。Kirchhoff 偏移很容易实现局部目标体成像，可以定义任意地下成像点的偏移孔径，可以通过控制地下射线的角度信息来选定参与成像的数据采样，可以利用射线追踪的角度信息来计算地下的偏移张角以及地质构造的倾角。除了上述特点之外，Kirchhoff 偏移还具有很高的计算效率以及对观测系统良好的适应性，可以适应复杂的地表条件以及不规则的观测系统。综合上述各种优点，自 20 世纪 80 年代开始，Kirchhoff 偏移在勘探地球物理界进行了深入的研究，并在工业界得到了广泛的应用。Kirchhoff 偏移同样也有缺陷，其依赖于常规的射线方法来计算地震波的旅行时。一方面，常规的射线方法存在射线的焦散区及阴影区等缺陷，使得射线振幅计算在复杂区存在问题；另一方面，若地下介质复杂，震源、接收点和地下成像点之间往往存在多次波至时，Kirchhoff 偏移算法利用最小走时或最大能量算法只选择其中的单次波至，而单次波至往往难以对复杂构造进行有效成像，且导致偏移算子的截断会造成较严重的偏移噪声。虽然基于多值走时的 Kirchhoff 偏移算法在成像质量上得到了明显的提高，但其计算效率明显降低。

作为射线类偏移方法的另一个分支，射线束偏移是一种改进的积分类偏移方法，其不但提高了成像算子的精度，而且可以对多次波至进行成像，并具有较高的成像信噪比。Hill（1990、2001）奠定了此类方法的理论基础，此后衍生出一系列的束偏移方法。高斯射线束（高斯束）的本质是傍轴近似方程在射线中心坐标系中描述波传播。高斯束叠前深度偏移成像技术包括单个高斯束的求解及所有高斯束叠加成像两个步骤。单个独立的高斯束传播分两步求得，即通过运动学射线追踪求取中心射线的路径及走时，通过动力学射线追踪获取中心射线附近的高频能量分布。利用相互独立的高斯束描述波传播，既保持了射线方法的高效性和灵活性，又考虑了波场的动力学特征。高斯束偏移利用相互独立的高斯束叠加并成像，解决了射线类方法中的多路径问题，兼具了初至波到达时 Kirchhoff 积分偏移的灵活性及波动方程偏移的精确性，是一种精确且实现上灵活高效的深度偏移方法。高斯束偏移方法没有成像倾角限制，同时容易将其推广到起伏地表情况。

Hill 于 1990 年首先提出高斯束叠后深度偏移方法，并于 2001 年将该方法推广到叠前深度偏移。Hill 利用共偏移距道集和共方位角道集中的某种对称性解决了高斯束叠前深度偏移中的执行效率问题，非常适合处理海上拖缆地震数据的成像处理。其算法的关键是：①对共偏移距数据体进行局部平面波分解，用射线参数标识分解后的局部平面波数据；②利用一个基于渐进分析的技巧，即对于一个已知的中点 - 射线参数，找出一个偏移距 - 射线参数对。把共偏移距数据与中点 - 射线参数标识的局部平面波数据关联起来，可以得到较高的计算效率。然而，对陆上地震数据的成像处理，该方法不甚合适，其计算效率不高。另一方面，地表高程变化及地表速度的横向变化对于高斯束方法中的局部平面波分解也是很大的挑战。Gray 于 2005 年提出快速精确的、适合于陆地起伏地表数据的炮道集高斯束叠前深度偏移方法。

基于傍轴近似的常规射线类方法是目前应用于地震数据正演、层析及偏移的主要方法。传统的射线追踪方法一般局限于对射线路径及走时的描述，凭借其灵活高效、没有倾角限制且容易拓展到起伏地表情况的优点，射线追踪技术已成为在实用化生产中应用最广的 Kirchhoff 积分叠前深度偏移的重要组成部分。高频近似下的常规射线追踪认为中心射线代表着地震波的主能量，在实现上仅仅利用中心射线来描述地震波传播，这样的近似处理只能反映地震波的运动学特征。且对于复杂介质，在数值计算上可能存在焦散及多到达时问题，因此应用效果并不十分理想。

常规射线追踪在笛卡尔坐标系中的数值计算方法不是很完善，特别是振幅的求取存在焦散问题。Cerveny 提出的高斯束动力学射线追踪方法是一种较好的改进。高斯束动力学射线追踪方法的基本思想是在射线中心坐标系中表达波动方程，进行高频近似，得到不同于笛卡尔坐标系中的动力学射线追踪方程。在射线中心坐标系中，波场的估计按抛物波动方程方法进行。射线中心坐标系中的抛物波动方程沿着射线给出笛卡尔坐标系中的双曲波动方程的解。射线中心坐标系中的解对应于高斯束，介质空间中任意一点的波场由这点附近的不同的高斯束叠加而成，该方程形式简单，易于计算，可以克服焦散区、阴影区和临界区域的振幅计算问题。Ross Hill、Dave Hale 以及 Popov 等将高斯束方法应用到偏移处理中并取得了较好的成像效果。由于高斯束偏移利用初值射线追踪技术进行中心射线追踪，保持了常规射线追踪的高效灵活且没有倾角限制的优点。相对于水平地表，起伏地表情况下只需引进地表高程来限制每根射线的运行轨迹，使其不超出地表高程面即可实现起伏地表情况下的高斯束传播，因此容易将其推广到起伏地表偏移。

## 6.1 各向同性介质高斯束方法基本原理

高斯束是波动方程集中于射线附近的高频渐近解，射线中心坐标系中的高斯束波传播类似于球面波传播沿着一个特定的波矢量在局部点进行傍轴近似展开，沿射线中心坐标系进行傍轴近似方程的波传播。高斯束偏移就是利用高斯束近似描述波传播并利用一定的成像条件提取成像值，因此，单个高斯束是高斯束偏移中描述波传播的最小单位。

### 6.1.1 射线中心坐标系

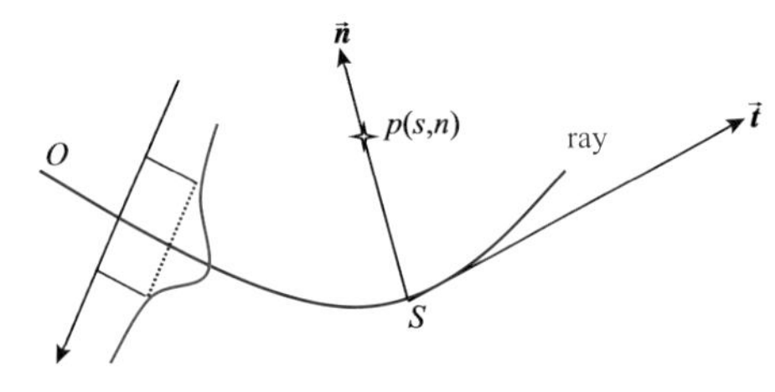

图 6－1 射线中心（ray-centered）坐标系

图 6－1 中射线从 $O$ 点出发，蓝色曲线代表射线路径，射线周围一定范围内任意一点可用射线中心坐标表示。对空间中的任意一点 $p$，过该点向射线作垂线 $\boldsymbol{n}$ 交射线于 $S$ 点，$\boldsymbol{n}$ 指向射线某一固定侧（如左侧），过 $S$ 点作射线的切线 $\boldsymbol{t}$，指向与射线传播方向相同。$s$ 表示 $O$ 点到 $S$ 点的射线长度，这样就建立了一条射线的中心坐标系。在该坐标系中，$p$ 点的坐标可写成，

$$\boldsymbol{p} = x\boldsymbol{i} + y\boldsymbol{j} = s\boldsymbol{t} + n\boldsymbol{n} \tag{6-1}$$

式（6－1）中的 $\boldsymbol{t}$ 是有向曲线。值得注意的是，在射线中心坐标系中，某点的坐标是相对于某条确定的射线而言的，其坐标值可能并不唯一，这有别于笛卡尔坐标系。

### 6.1.2 射线中心坐标系的属性

在射线中心坐标系中，向量 $\boldsymbol{r}$ 有：

$$\begin{cases} \boldsymbol{r}(n,s) = \boldsymbol{r}(0,s) + n\boldsymbol{n}(s) \\ \dfrac{\mathrm{d}\boldsymbol{n}}{\mathrm{d}s} = (\boldsymbol{n}\cdot\nabla V)\boldsymbol{p} \end{cases} \tag{6-2}$$

式中，$\boldsymbol{p}(s)$ 是慢度向量，方向与 $\boldsymbol{n}(s)$ 垂直。$\boldsymbol{n}(s)$ 是一个单位向量。式（6－2）的物理含义为：第一式是坐标 $(n,s)$ 处的向量 $\boldsymbol{r}$ 的表达；第二式是 $(n,s)$ 构成一个正交坐标系的条件。第二式也说明了单位矢量 $\boldsymbol{n}(s)$ 的方向是随着射线长度 $s$ 的变化而变化的。

基于式（6－2），可以进行如下的运算：

$$\begin{aligned} \mathrm{d}\boldsymbol{r} &= \frac{\mathrm{d}\boldsymbol{r}}{\mathrm{d}s}\mathrm{d}s + \frac{\mathrm{d}\boldsymbol{r}}{\mathrm{d}n}\mathrm{d}n \\ &= \left[\frac{\mathrm{d}\boldsymbol{r}(0,s)}{\mathrm{d}s} + n\frac{\mathrm{d}\boldsymbol{n}}{\mathrm{d}s}\right]\mathrm{d}s + \boldsymbol{n}(s)\mathrm{d}n \\ &= [\boldsymbol{t} + n\boldsymbol{p}(\boldsymbol{n}\cdot\nabla V)]\mathrm{d}s + \boldsymbol{n}(s)\mathrm{d}n \end{aligned}$$

$$= \left[ \boldsymbol{t} + n\frac{\boldsymbol{t}}{V}(\boldsymbol{n} \cdot \nabla V) \right] \mathrm{d}s + \boldsymbol{n}(s)\mathrm{d}n$$

$$= \left[ 1 + \left( V^{-1}\frac{\partial V}{\partial n} \right)_{n=0} n \right] \boldsymbol{t}\mathrm{d}s + \boldsymbol{n}(s)\mathrm{d}n \tag{6-3}$$

$$= h\boldsymbol{t}\mathrm{d}s + \boldsymbol{n}(s)\mathrm{d}n$$

其中：

$$h = 1 + \left( V^{-1}\frac{\partial V}{\partial n} \right)_{n=0}, n = 1 + v^{-1}\frac{\partial v}{\partial n}n \tag{6-4}$$

式中，$V(n,s)$ 是射线中心坐标系中任意一点的速度；$v(s)$ 是对应射线中心坐标系中射线上点的速度；$\boldsymbol{t} = \frac{\mathrm{d}\boldsymbol{r}(0,s)}{\mathrm{d}s} = \left( \frac{\mathrm{d}x}{\mathrm{d}s}, \frac{\mathrm{d}y}{\mathrm{d}s}, \frac{\mathrm{d}z}{\mathrm{d}s} \right)$。

则由式（6－4）得：

$$\mathrm{d}\boldsymbol{r} \cdot \mathrm{d}\boldsymbol{r} = h^2\mathrm{d}^2 s + \mathrm{d}^2 n \tag{6-5}$$

从式（6－4）和式（6－5）可以清楚地看到，$(n,s)$ 构成的坐标系一般情况下并非正交。当 $h = 1$ 时是一个正交坐标系。当 $\partial v / \partial n$ 较大或 $n$ 较大时，$(n,s)$ 构成的坐标系的正交性变差。由于只有 $n$ 是可以控制的，因此只有中心射线附近的波场才能使得 $(n,s)$ 构成的坐标系的正交性得到基本的保证。

在三维情形下，射线中心坐标系可用图 6－2 表示，其中 $\boldsymbol{r}_0(s)$ 代表中心射线，$\boldsymbol{t}$ 代表射线的单位切向量，$\boldsymbol{t} = \frac{\mathrm{d}\boldsymbol{r}_0}{\mathrm{d}s}$。$\boldsymbol{e}_1$ 和 $\boldsymbol{e}_2$ 分别代表垂直中心射线的平面内，以射线与该垂直平面交点为原点的两个垂直的单位矢量，这两个矢量加上中心射线形成射线中心坐标系。图中 $M$ 点代表中心射线附近的一个点。

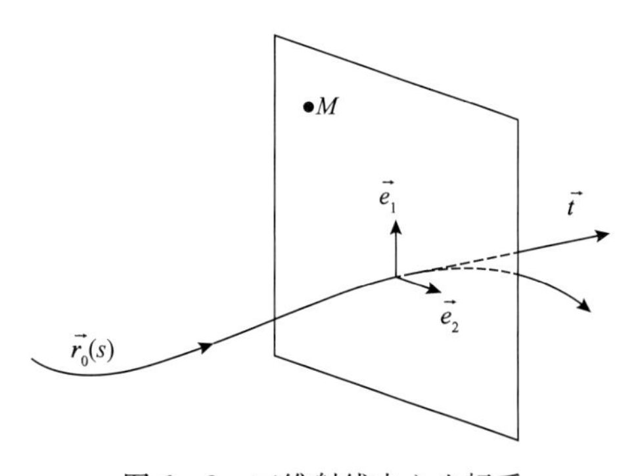


图 6－2　三维射线中心坐标系

笛卡尔坐标系中，射线表示：

$$\boldsymbol{r} = \boldsymbol{r}_0(s) = x(s)\boldsymbol{i} + y(s)\boldsymbol{j} + z(s)\boldsymbol{k} \tag{6-6}$$

首先定义：

$$\begin{cases} \dfrac{\mathrm{d}\boldsymbol{e}_1}{\mathrm{d}s} = \kappa_1(s)\boldsymbol{t}(s) \\ \dfrac{\mathrm{d}\boldsymbol{e}_2}{\mathrm{d}s} = \kappa_2(s)\boldsymbol{t}(s) \end{cases} \tag{6-7}$$

式中，$\kappa_1(s)$ 和 $\kappa_2(s)$ 与射线附近的沿 $\boldsymbol{e}_1$ 和 $\boldsymbol{e}_2$ 的速度变化率有关。它们决定了射线的弯曲程度。

在中心射线附近，引入局部坐标系 $(s,q_1,q_2)$。在此坐标系中，$M$ 点的射线可以表示为：

$$\boldsymbol{r}_M(s) = \boldsymbol{r}_0(s) + q_1\boldsymbol{e}_1(s) + q_2\boldsymbol{e}_2(s) \tag{6-8}$$

式中，$\boldsymbol{r}_M(s)$ 是一个以 $\boldsymbol{r}_0(s)$ 为中心的射线，$M$ 总在图 6－2 中的垂直于射线的平面内。

$d\boldsymbol{r}_M(s)$ 定义的面元大小为：

$$dS^2 = (d\boldsymbol{r}_M(s), d\boldsymbol{r}_M(s)) \tag{6-9}$$

因为：
$$\begin{aligned} d\boldsymbol{r}_M(S) &= \frac{d\boldsymbol{r}_0(s)}{ds}ds + dq_1\boldsymbol{e}_1(s) + dq_2\boldsymbol{e}_2(s) + q_1\frac{d\boldsymbol{e}_1(s)}{ds}ds + q_2\frac{d\boldsymbol{e}_2(s)}{ds}ds \\ &= \boldsymbol{t}(s)ds + q_1\kappa_1(s)\boldsymbol{t}(s)ds + q_2\kappa_2(s)\boldsymbol{t}(s)ds + dq_1\boldsymbol{e}_1(s) + dq_2\boldsymbol{e}_2(s) \\ &= \boldsymbol{t}(s)[1 + q_1\kappa_1(s) + q_2\kappa_2(s)]ds + dq_1\boldsymbol{e}_1(s) + dq_2\boldsymbol{e}_2(s) \\ &= hds\boldsymbol{t}(s) + dq_1\boldsymbol{e}_1(s) + dq_2\boldsymbol{e}_2(s) \end{aligned} \tag{6-10}$$

式中，$h = 1 + q_1\kappa_1(s) + q_2\kappa_2(s)$，有：

$$dS^2 = (d\boldsymbol{r}_M(s), d\boldsymbol{r}_M(s)) = h^2ds^2 + dq_1^2 + dq_2^2 \tag{6-11}$$

可见，在三维情形下，射线中心坐标系 $(\boldsymbol{t}(s), \boldsymbol{e}_1(s), \boldsymbol{e}_2(s))$ 也仅仅在射线 $\boldsymbol{r}_0(s)$ 附近是近似正交的。

### 6.1.3 射线中心坐标系下高斯束函数的推导

本节从波动方程出发，以二维为例推导射线中心坐标系下的高斯束函数。

二维声波方程为：

$$\frac{\partial^2 U}{\partial^2 x} + \frac{\partial^2 U}{\partial^2 y} = \frac{1}{V^2(x,z)}\frac{\partial^2 U}{\partial^2 t} \tag{6-12}$$

在射线中心坐标系中表达方程式（6－12）如下：

$$\begin{cases} \dfrac{\partial U}{\partial x} = \dfrac{\partial U}{\partial s}\dfrac{\partial s}{\partial x} + \dfrac{\partial U}{\partial n}\dfrac{\partial n}{\partial x} \\ \dfrac{\partial^2 U}{\partial x^2} = \dfrac{\partial}{\partial x}\dfrac{\partial U}{\partial x} = \dfrac{\partial}{\partial x}\left(\dfrac{\partial U}{\partial s}\dfrac{\partial s}{\partial x} + \dfrac{\partial U}{\partial n}\dfrac{\partial n}{\partial x}\right) \\ \qquad = \left(\dfrac{\partial}{\partial s}\dfrac{\partial s}{\partial x} + \dfrac{\partial}{\partial n}\dfrac{\partial n}{\partial x}\right)\left(\dfrac{\partial U}{\partial s}\dfrac{\partial s}{\partial x} + \dfrac{\partial U}{\partial n}\dfrac{\partial n}{\partial x}\right) \\ \qquad = \dfrac{\partial^2 U}{\partial s^2}\left(\dfrac{\partial s}{\partial x}\right)^2 + \dfrac{\partial^2 U}{\partial n\partial s}\dfrac{\partial n}{\partial x}\dfrac{\partial s}{\partial x} + \dfrac{\partial^2 U}{\partial s\partial n}\dfrac{\partial s}{\partial x}\dfrac{\partial n}{\partial x} + \dfrac{\partial^2 U}{\partial n^2}\left(\dfrac{\partial n}{\partial x}\right)^2 \\ \qquad = \dfrac{\partial^2 U}{\partial s^2}\left(\dfrac{\partial s}{\partial x}\right)^2 + 2\dfrac{\partial^2 U}{\partial n\partial s}\dfrac{\partial n}{\partial x}\dfrac{\partial s}{\partial x} + \dfrac{\partial^2 U}{\partial n^2}\left(\dfrac{\partial n}{\partial x}\right)^2 \\ \dfrac{\partial^2 U}{\partial z^2} = \dfrac{\partial^2 U}{\partial s^2}\left(\dfrac{\partial s}{\partial z}\right)^2 + 2\dfrac{\partial^2 U}{\partial n\partial s}\dfrac{\partial n}{\partial z}\dfrac{\partial s}{\partial z} + \dfrac{\partial^2 U}{\partial n^2}\left(\dfrac{\partial n}{\partial z}\right)^2 \end{cases} \tag{6-13}$$

将上述变换代入方程式（6－12）得到：

$$\frac{\partial^2 U}{\partial^2 s}\left[\left(\frac{\partial s}{\partial x}\right)^2 + \left(\frac{\partial s}{\partial z}\right)^2\right] + 2\frac{\partial^2 U}{\partial n\partial s}\left(\frac{\partial n}{\partial x}\frac{\partial s}{\partial x} + \frac{\partial n}{\partial z}\frac{\partial s}{\partial z}\right) + \frac{\partial^2 U}{\partial^2 n}\left[\left(\frac{\partial n}{\partial x}\right)^2 + \left(\frac{\partial n}{\partial z}\right)^2\right] = \frac{1}{V^2}\frac{\partial^2 U}{\partial^2 t} \tag{6-14}$$

式中，$V = V(n,s)$，$v = v(s)$。

现在用抛物方程法（parabolic wave equation method）解射线中心坐标系下的波动方程式（6－14）。波动方程的平面波解或 WKBJ 近似解可以写成如下形式：

$$U(s,n,t) = \exp\{-i\omega[t - \tau(s)]\}\cdot u(s,n,\omega) \tag{6-15}$$

式中，$U(s,n,t)$ 是波动方程的高频近似解，$u(s,n,\omega)$ 是在局部坐标系 $(s,n)$ 中的波场展布，不是波的传播，传播项是由指数项 $\exp\{-i\omega[t-\tau(s)]\}$ 决定的。因此，后面的讨论主题是如何求解 $u(s,n,\omega)$ 在局部坐标系 $(s,n)$ 中的波场展布。

由式（6－15）可以定义如下各式：

$$\begin{cases}\dfrac{\partial U}{\partial s}=\left(\dfrac{\partial u}{\partial s}+i\omega u\dfrac{\partial \tau}{\partial s}\right)\exp\{-i\omega[t-\tau(s)]\}\\ \quad=\left[\dfrac{\partial u}{\partial s}+u\dfrac{i\omega}{v(s)}\right]\exp\{-i\omega[t-\tau(s)]\}\\ \dfrac{\partial^2 U}{\partial s^2}=\dfrac{\partial}{\partial s}\left(\dfrac{\partial U}{\partial s}\right)=\dfrac{\partial}{\partial s}\left\{\left[\dfrac{\partial u}{\partial s}+u\dfrac{i\omega}{v(s)}\right]\exp\{-i\omega[t-\tau(s)]\}\right\}\\ \quad=\left\{\left[\dfrac{\partial^2 u}{\partial s^2}+\dfrac{i\omega}{v(s)}\dfrac{\partial u}{\partial s}-i\omega u\dfrac{1}{v^2(s)}\dfrac{\partial v}{\partial s}\right]+\left[\dfrac{\partial u}{\partial s}+u\dfrac{i\omega}{v(s)}\right]i\omega\dfrac{\partial \tau}{\partial s}\right\}\exp\{-\omega[t-\tau(s)]\}\\ \quad=\left[\dfrac{\partial^2 u}{\partial s^2}+\dfrac{2i\omega}{v(s)}\dfrac{\partial u}{\partial s}-\dfrac{i\omega u}{v^2(s)}\dfrac{\partial v}{\partial s}-\dfrac{\omega^2 u}{v^2(s)}\right]\exp\{-i\omega[t-\tau(s)]\}\\ \quad=\left[\dfrac{\partial^2 u}{\partial s^2}+\dfrac{2i\omega}{v(s)}\dfrac{\partial u}{\partial s}-\dfrac{u}{v(s)^2}\left(i\omega\dfrac{\partial v}{\partial s}+\omega^2\right)\right]\exp\{-i\omega[t-\tau(s)]\}\end{cases} \tag{6－16}$$

$$\begin{cases}\dfrac{\partial U}{\partial n}=\dfrac{\partial u}{\partial n}\exp\{-i\omega[t-\tau(s)]\}\\ \dfrac{\partial^2 U}{\partial n^2}=\dfrac{\partial^2 u}{\partial n^2}\exp\{-i\omega[t-\tau(s)]\}\end{cases} \tag{6－17}$$

$$\begin{cases}\dfrac{\partial U}{\partial t}=-i\omega u\exp\{-i\omega[t-\tau(s)]\}\\ \dfrac{\partial^2 U}{\partial t^2}=-u\omega^2\exp\{-i\omega[t-\tau(s)]\}\end{cases} \tag{6－18}$$

$$\begin{aligned}\frac{\partial^2 U}{\partial s\partial n}&=\frac{\partial}{\partial n}\left(\frac{\partial U}{\partial s}\right)=\frac{\partial}{\partial n}\left\{\left[\frac{\partial u}{\partial s}+u\frac{i\omega}{v(s)}\right]\exp\{-i\omega[t-\tau(s)]\}\right\}\\ &=\left[\frac{\partial^2 u}{\partial s\partial n}+\frac{i\omega}{v(s)}\frac{\partial u}{\partial n}\right]\exp\{-i\omega[t-\tau(s)]\}\end{aligned} \tag{6－19}$$

把上述若干式子代入式（6－14）可以导出：

$$\left[\frac{\partial^2 u}{\partial s^2}+\frac{2i\omega}{v(s)}\frac{\partial u}{\partial s}-\frac{u}{v(s)^2}\left(i\omega\frac{\partial v}{\partial s}+\omega^2\right)\right]\left[\left(\frac{\partial s}{\partial x}\right)^2+\left(\frac{\partial s}{\partial z}\right)^2\right]\exp\{-i\omega[t-\tau(s)]\}+$$

$$2\left[\frac{\partial^2 u}{\partial s\partial n}+\frac{i\omega}{v(s)}\frac{\partial u}{\partial n}\right]\left[\frac{\partial s}{\partial x}\frac{\partial n}{\partial x}+\frac{\partial s}{\partial z}\frac{\partial n}{\partial z}\right]\exp\{-i\omega[t-\tau(s)]\}+\frac{\partial^2 u}{\partial n^2}\left[\left(\frac{\partial n}{\partial x}\right)^2+\left(\frac{\partial n}{\partial z}\right)^2\right]$$

$$\exp\{-i\omega[t-\tau(s)]\}=-\frac{\omega^2 u}{V^2}\exp\{-i\omega[t-\tau(s)]\}$$

$$\begin{aligned}&\left[\frac{\partial^2 u}{\partial s^2}+\frac{2i\omega}{v(s)}\frac{\partial u}{\partial s}-\frac{u}{v(s)^2}\left(i\omega\frac{\partial v}{\partial s}+\omega^2\right)\right]\left[\left(\frac{\partial s}{\partial x}\right)^2+\left(\frac{\partial s}{\partial z}\right)^2\right]+\\ &2\left[\frac{\partial^2 u}{\partial s\partial n}+\frac{i\omega}{v(s)}\frac{\partial u}{\partial n}\right]\left[\frac{\partial s}{\partial x}\frac{\partial n}{\partial x}+\frac{\partial s}{\partial z}\frac{\partial n}{\partial z}\right]+\frac{\partial^2 u}{\partial n^2}\left[\left(\frac{\partial n}{\partial x}\right)^2+\left(\frac{\partial n}{\partial z}\right)^2\right]=-\frac{\omega^2 u}{V^2}\end{aligned} \tag{6－20}$$

很显然，式（6－20）类似输运方程，它不再是一个波动方程。在射线中心坐标系中式（6－20）还可以进一步写为：

$$\begin{aligned}&\frac{1}{h}\left\{\left[-\frac{\omega^2}{v^2}+i\omega\frac{\partial}{\partial s}\left(\frac{1}{v}\right)\right]u+\frac{2i\omega}{v}\frac{\partial u}{\partial s}+\frac{\partial^2 u}{\partial s^2}\right\}+h\frac{\partial^2 u}{\partial n^2}+\frac{h}{V^2}\omega^2 u+\\&\left(\frac{i\omega}{v}u+\frac{\partial u}{\partial s}\right)\frac{\partial}{\partial s}\left(\frac{1}{h}\right)+\frac{\partial u}{\partial n}\frac{\partial h}{\partial n}=0\end{aligned}\tag{6-21}$$

引入新变量 $\gamma=\omega^{1/2}n$，有，

$$\begin{cases}\dfrac{\partial u}{\partial n}=\dfrac{\partial u}{\partial\gamma}\dfrac{\partial\gamma}{\partial n}=\omega^{1/2}\dfrac{\partial u}{\partial\gamma}\\[2ex]\dfrac{\partial^2 u}{\partial n^2}=\dfrac{\partial}{\partial\gamma}\dfrac{\partial u}{\partial n}\cdot\dfrac{\partial\gamma}{\partial n}=\omega\dfrac{\partial^2 u}{\partial\gamma^2}\end{cases}\tag{6-22}$$

把式（6－22）代入式（6－21）得到：

$$\begin{aligned}&\omega^2 h\left(\frac{1}{V^2}-\frac{1}{h^2v^2}\right)u+\omega\left[-\frac{i}{hv^2}\frac{\partial v}{\partial s}u+\frac{i}{v}\frac{\partial}{\partial s}\left(\frac{1}{h}\right)u+\frac{2i}{hv}\frac{\partial u}{\partial s}+h\frac{\partial^2 u}{\partial\gamma^2}\right]+\\&\omega^{1/2}\frac{\partial u}{\partial\gamma}\frac{\partial h}{\partial n}+\frac{1}{h}\frac{\partial^2 u}{\partial s^2}+\frac{\partial u}{\partial s}\frac{\partial}{\partial s}\left(\frac{1}{h}\right)=0\end{aligned}\tag{6-23}$$

通过变量代换后得到简化的方程式（6－23）就是一个类输运方程。根据一般的输运方程的推导方法，在高频近似的条件下，约去 $\omega^k$ 中 $k<1$ 的项，只保留 $k\geqslant 1$ 的部分。因此，式（6－23）后三项可以忽略。

为了进一步简化式（6－23），对 $V$（$n$，$s$）进行 Taylor 展开，保留至第三项，有：

$$V(n,s)\approx v(s)+\frac{\partial v(s)}{\partial n}+\frac{1}{2}\frac{\partial^2 v(s)}{\partial n^2}n^2\tag{6-24}$$

式（6－23）中第一项可以由式（6－24）化简得到：

$$\begin{aligned}&\omega^2 h\left(\frac{1}{V^2}-\frac{1}{h^2v^2}\right)\\&=\omega^2 h\left[\frac{1}{\left(v+\frac{\partial v}{\partial n}+\frac{1}{2}\frac{\partial^2 v}{\partial n^2}n\right)^2}-\frac{1}{\left(1+v^{-1}\frac{\partial^2 v}{\partial n^2}\right)^2 v^2}\right]\\&=\omega^2 h^2\frac{v^2+2v\frac{\partial^2 v}{\partial n^2}+\left(\frac{\partial v}{\partial n}\right)^2 n^2-\left[v^2+2v\frac{\partial^2 v}{\partial n^2}+\left(\frac{\partial v}{\partial n}\right)^2 n^2+v\frac{\partial^2 v}{\partial n^2}n^2+\frac{\partial v}{\partial n}\frac{\partial^2 v}{\partial n^2}n^3+\frac{1}{4}\left(\frac{\partial^2 v}{\partial n^2}\right)^2 n^4\right]}{\left(v+\frac{\partial v}{\partial n}+\frac{1}{2}\frac{\partial^2 v}{\partial n^2}n^2\right)^2\left(1+v^{-1}\frac{\partial^2 v}{\partial n^2}\right)^2 v^2}\\&=\omega^2\left[1+2v^{-1}\frac{\partial v}{\partial n}\omega^{-\frac{1}{2}}+v^{-2}\left(\frac{\partial v}{\partial n}\right)^2\omega^{-1}\right]\left[v\frac{\partial^2 v}{\partial n^2}+\frac{\partial v}{\partial n}\frac{\partial^2 v}{\partial n^2}\omega^{-\frac{1}{2}}+\frac{1}{4}\left(\frac{\partial^2 v}{\partial n^2}\right)^2\omega^{-1}\right]\\&=\frac{\gamma^2}{v^4}\omega v\frac{\partial^2 v}{\partial n^2}=\frac{\omega}{v^3}\gamma^2\frac{\partial^2 v}{\partial n^2}\end{aligned}\tag{6-25}$$

假设 $h=1$，这种情形对应垂直于射线方向的速度变化率很小或讨论的区域局限在射线附近的情况，那么式（6－23）中第二项也可以简化为：

$$\omega\left[-\frac{i}{hv^2}\frac{\partial v}{\partial s}u+\frac{i}{v}\frac{\partial}{\partial s}\left(\frac{1}{h}\right)+\frac{2i}{hv}\frac{\partial u}{\partial s}+h\frac{\partial^2 u}{\partial\gamma^2}\right]=\omega\left[-\frac{i}{v^2}\frac{\partial v}{\partial s}u+\frac{2i}{v}\frac{\partial u}{\partial s}+\frac{\partial^2 u}{\partial\gamma^2}\right]\tag{6-26}$$

式（6－23）中第三、四、五项的 $\omega^k$ 系数 $k$ 均小于 1，被忽略掉，最后式（6－23）重写为：

$$\frac{2i}{v}\frac{\partial u}{\partial s}+\frac{\partial^2 u}{\partial \gamma^2}-\left(\frac{1}{v^3}\gamma^2\frac{\partial^2 v}{\partial n^2}+\frac{i}{v^2}\frac{\partial v}{\partial s}\right)u=0 \tag{6-27}$$

引入新变量 $W$（$s$，$\gamma$），定义为：

$$u(s,\gamma)=\sqrt{v(s)}W(s,\gamma) \tag{6-28}$$

则有：

$$\frac{\partial u}{\partial s}=\sqrt{v}\frac{\partial W}{\partial s}+\frac{1}{2}\frac{1}{\sqrt{v}}W \tag{6-29}$$

$$\frac{\partial^2 u}{\partial \gamma^2}=\sqrt{v}\frac{\partial^2 W}{\partial \gamma^2} \tag{6-30}$$

把上述两式代入式（6－27），得：

$$\frac{2i}{v}\left(\sqrt{v}\frac{\partial W}{\partial s}+\frac{1}{2\sqrt{v}}W\right)+\sqrt{v}\frac{\partial^2 W}{\partial \gamma^2}-\left(\frac{1}{v^3}\gamma^2\frac{\partial^2 v}{\partial n^2}+\frac{i}{v^2}\frac{\partial v}{\partial s}\right)\sqrt{v}W=0 \tag{6-31}$$

重写式（6－31）得到：

$$\frac{2i}{v}\frac{\partial W}{\partial s}+\frac{\partial^2 W}{\partial \gamma^2}-\frac{1}{v^3}\gamma^2\frac{\partial^2 v}{\partial n^2}W=0 \tag{6-32}$$

把式（6－32）的解代入式（6－28），得到：

$$U(s,n,t)=\sqrt{v}\exp\{-i\omega[t-\tau(s)]\}W(s,\gamma) \tag{6-33}$$

至此，可以从式（6－32）中解出 $W$（$s$，$\gamma$），代入到式（6－33），得到高频近似下的解 $U$（$s$，$n$，$t$）。

下面讨论如何解方程式（6－32）。

对 $W$（$s$，$\gamma$）再做一次类 WKBJ 近似，如式（6－34）：

$$W(s,\gamma)=A(s)\exp\left[\frac{i}{2}\gamma^2\Gamma(s)\right] \tag{6-34}$$

代入式（6－32），得到：

$$i\left(\frac{2}{v}\frac{\partial A}{\partial s}+A\Gamma\right)-A\gamma^2\left(\frac{1}{v}\frac{\partial \Gamma}{\partial s}+\Gamma^2+\frac{1}{v^3}\frac{\partial^2 v}{\partial n^2}\right)=0 \tag{6-35}$$

令式（6－35）中实部和虚部分别等于零，得到：

$$\frac{\partial \Gamma}{\partial s}+v\Gamma^2+v^{-2}\frac{\partial^2 v}{\partial n^2}=0 \tag{6-36a}$$

$$\frac{\partial A}{\partial s}+\frac{1}{2}vA\Gamma=0 \tag{6-36b}$$

现在可以通过解常微分方程组式（6－36），给出式（6－32）的解。关键是如何给出式（6－36a）的解，式（6－36a）是一个非线性常微分方程，可以引入新变量转化为一个线性常微分方程组。引入新变量 $q$（$s$），满足：

$$\Gamma(s)=\frac{1}{vq}\frac{\partial q}{\partial s} \tag{6-37}$$

把式（6－37）代入式（6－36a），有：

$$v\frac{\partial^2 q}{\partial s^2}-\frac{\partial v}{\partial s}\frac{\partial q}{\partial s}+\frac{\partial^2 v}{\partial n^2}q=0 \tag{6-38}$$

式（6－38）已经是二阶线性常微分方程，可以再引入一个新变量将之化为一阶线性常微分方程组。引入新变量 $p$（$s$）满足：

$$\frac{\partial q}{\partial s}=vp \tag{6-39}$$

则有，$\Gamma(s)=\frac{1}{vq}\frac{\partial q}{\partial s}=\frac{1}{vq}vp=\frac{p}{q}$。

从而式（6－39）可以写为：

$$\begin{cases}\dfrac{\partial q}{\partial s}=vp\\[2ex] \dfrac{\partial p}{\partial s}=-\dfrac{1}{v^2}\dfrac{\partial^2 v}{\partial n^2}q\end{cases} \tag{6-40}$$

可以用 Runge-Kutta 法求解该一阶常微分方程组得到 $p$（$s$）和 $q$（$s$）的数值解，这是一个关键的步骤。确定了沿射线的 $p$（$s$）和 $q$（$s$）分布，就可以得到式（6－15）定义的高频近似下的波场模拟公式。

$\Gamma$ 的解析为：

$$\Gamma=\frac{1}{vq}\frac{\partial q}{\partial s}=\frac{1}{v}\frac{\partial(\ln q)}{\partial s} \tag{6-41}$$

将式（6－41）代入方程式（6－36b），有下面的推导过程及结果：

$$\begin{aligned}&\frac{\partial A}{\partial s}=\frac{1}{2}vA\Gamma\\ &\frac{1}{A}\frac{\partial A}{\partial s}=\frac{1}{2}v\Gamma\\ &\frac{1}{A}\frac{\partial A}{\partial s}=-\frac{1}{2}v\frac{1}{v}\frac{\partial(\ln q)}{\partial s}=-\frac{1}{2}\frac{\partial(\ln q)}{\partial s}\\ &\frac{\partial(\ln A)}{\partial s}=-\frac{1}{2}\frac{\partial(\ln q)}{\partial s}\end{aligned} \tag{6-42}$$

对式（6－42）两端积分，得到：

$$\ln A=-\frac{1}{2}\ln q+const \tag{6-43}$$

式（6－43）可以重写为：

$$A=e^{const}q^{-\frac{1}{2}}=const\cdot q^{-\frac{1}{2}} \tag{6-44}$$

又可以记为：

$$A=\psi\cdot q^{-\frac{1}{2}} \tag{6-45}$$

因此有：

$$\begin{aligned}W(s,\gamma)&=\psi q^{-1/2}\exp\left(\frac{i}{2}\gamma^2\Gamma(s)\right)\\ &=\psi q^{-1/2}\exp\left(\frac{i}{2}\omega n^2\Gamma(s)\right)\\ &=\psi q^{-1/2}\exp\left[\frac{i}{2}\omega n^2\frac{p(s)}{q(s)}\right]\end{aligned} \tag{6-46}$$

则有：

$$u(s,\gamma) = \sqrt{v(s)}W(s,\gamma) = \Psi\left[\frac{v(s)}{q(s)}\right]\exp\left[\frac{i}{2}\omega\frac{p(s)}{q(s)}n^2\right] \quad (6-47)$$

把式（6－47）代入式（6－15）可以得到二维射线中心坐标系中的波传播公式：

$$U(s,n,t) = \Psi\left[\frac{v(s)}{q(s)}\right]^{1/2}\exp\left\{-i\omega[t-\tau(s)] + \frac{i\omega}{2}\frac{p(s)}{q(s)}n^2\right\} \quad (6-48)$$

考虑到模拟波场值大小的问题，所有对计算点有贡献的 Beam 计算出的波场叠加时存在一个系数，这样 Beam 模拟结果才可能规则。令式（6－48）中 $\Psi=1$，某一角度 $\phi$ 产生的波场可写成：

$$u_\phi(s,n,t) = \Psi\left[\frac{v(s)}{q(s)}\right]^{1/2}\exp\left\{-i\omega[t-\tau(s)] + \frac{i\omega}{2}\frac{p(s)}{q(s)}n^2\right\} \quad (6-49)$$

则任一点 $M$ 处的总波场值应为：

$$u(M,t) = \int_0^{2\pi}\Phi(\phi)u_\phi(s,n)\mathrm{d}\phi \quad (6-50)$$

Cerveny（1982）推导出在线震源情况下，有，

$$u(M,t) = -\frac{i}{4\pi}\left(\frac{\varepsilon}{v_0}\right)^{1/2}\int_0^{2\pi}u_\phi(s,n)\mathrm{d}\phi \quad (6-51)$$

George 和 Virieux 等（1987）对波场值归一化，即对式（6－50）进一步改进。对式（6－51）中积分离散化之后，计算得到的波场值存在空间上不规整的问题，解决的办法如下。

选择角度步长 $\Delta\phi$ 为：

$$\Delta\phi = \frac{\Delta x\cos(\psi)}{q_2} \quad (6-52)$$

式中，$\psi$ 是地面入射角度，$\Delta x$ 可选，一般小于0.5倍的主频波长。实际实现时，$q$ 和 $p$ 是用两组实数的复组合来表达的，形式如下：

$$\pi(s) = \begin{pmatrix} q_1(s) & q_2(s) \\ p_1(s) & p_2(s) \end{pmatrix} \quad (6-53)$$

矩阵中每一列是一组实数解。实际上：

$$q(s) = z_1q_1(s) + z_2q_2(s),\ p(s) = z_1p_1(s) + z_2p_2(s) \quad (6-54a)$$

也可写成：

$$q(s) = z_2[\varepsilon q_1(s) + q_2(s)],p(s) = z_2[\varepsilon p_1(s) + p_2(s)] \quad (6-54b)$$

其中：

$$\varepsilon = \frac{z_1}{z_2} \quad (6-55)$$

则 $p/q$ 可以写成：

$$\frac{p}{q} = \frac{\varepsilon p_1 + p_2}{\varepsilon q_1 + q_2} \quad (6-56)$$

这里 $\varepsilon$ 对一根射线（Beam）来说是一个复常数，通过下式确定：

$$\varepsilon = -i\frac{\omega}{2v_0}L_M^2 \quad (6-57)$$

其中：

$$L_M = \left(\frac{2v_0}{\omega}\right)^{\frac{1}{2}}\left|\frac{q_2}{q_1}\right|^{\frac{1}{2}} \quad (6-58)$$

而且，$q_2$ 和 $q_1$ 是接收点处的两个 $q$ 的实数解，初值在下面给出，具体参见 Cerveny

(1982)。$q$ 和 $p$ 的初值选择为:

$$\pi(s) = \begin{pmatrix} 1 & 0 \\ 0 & v_0^{-1} \end{pmatrix} \tag{6-59}$$

### 6.1.4 从程函方程和输运方程到高斯束函数

在中心射线 $\boldsymbol{r}_0$ ($s$) 附近, 用射线中心坐标 ($s$, $q_1$, $q_2$) 表示的程函方程的解的 Taylor 展开式为:

$$\tau(s,q_1,q_2) = \tau_0(s) + \frac{1}{2}\sum_{i,j=1}^{2}\Gamma_{i,j}(s)q_iq_j + \cdots \tag{6-60}$$

旅行时 $\tau$ ($s$, $q_1$, $q_2$) 关于 $q_1$, $q_2$ 的导数等于零。在与中心射线垂直的面上及中心射线附近, 旅行时 $\tau$ ($s$, $q_1$, $q_2$) 是常数。因此:

$$\left.\frac{\partial\tau}{\partial q_1}\right|_{q_1=q_2=0} = \left.\frac{\partial\tau}{\partial q_2}\right|_{q_1=q_2=0} = 0 \tag{6-61}$$

式 (6-60) 中 $\Gamma_{i,j}$是一个 Hessian 矩阵, $\Gamma_{12}=\Gamma_{21}$。若引入 $\boldsymbol{q}=\begin{pmatrix} q_1 \\ q_2 \end{pmatrix}$, 则有如下的二次型定义:

$$\frac{1}{2}\sum_{i,j=1}^{2}\Gamma_{i,j}(s)q_iq_j = \frac{1}{2}(\Gamma\boldsymbol{q},\boldsymbol{q}) \tag{6-62}$$

射线中心坐标系中的程函方程为:

$$(\nabla\tau,\nabla\tau) = \frac{1}{h^2}\left(\frac{\partial\tau}{\partial s}\right)^2 + \left(\frac{\partial\tau}{\partial q_1}\right)^2 + \left(\frac{\partial\tau}{\partial q_2}\right)^2 = \frac{1}{V^2(s,q_1,q_2)} \tag{6-63a}$$

其中:

$$\nabla\tau = \frac{\boldsymbol{t}}{h}\frac{\partial\tau}{\partial s}\frac{\partial\tau}{\partial q_1}\boldsymbol{e}_1 + \frac{\partial\tau}{\partial q_2}\boldsymbol{e}_2 \tag{6-63b}$$

为了在中心射线附近近似表达程函方程, 需要把式 (6-63a) 中的 $1/h^2$ 和 $1/V^2$ ($s$, $q_1$, $q_2$) 进行 Taylor 展开:

$$\frac{1}{h} = \frac{1}{1+\sum_{j=1}^{2}\kappa_jq_j} = 1 - \sum_{j=1}^{2}\kappa_jq_j + \left(\sum_{j=1}^{2}\kappa_jq_j\right)^2 + \cdots \tag{6-64}$$

则有:

$$\frac{1}{h_2} = 1 - 2\sum_{j=1}^{2}\kappa_jq_j + 3\left(\sum_{j=1}^{2}\kappa_jq_j\right)^2 + \cdots \tag{6-65}$$

同样地:

$$\begin{aligned}\frac{1}{V} &= \frac{1}{V_0} - \frac{1}{V_0^2}\left.\frac{\partial V}{\partial q_1}\right|_{q_1=q_2=0}q_1 - \frac{1}{V_0^2}\left.\frac{\partial V}{\partial q_2}\right|_{q_1=q_2=0}q_2 + \\ &\quad \frac{1}{2}\left.\frac{\partial^2V^{-1}}{\partial q_1^2}\right|_{q_1=q_2=0}q_1^2 + \left.\frac{\partial^2V^{-1}}{\partial q_1\partial q_2}\right|_{q_1=q_2=0}q_1q_2 + \frac{1}{2}\left.\frac{\partial^2V^{-1}}{\partial q_2^2}\right|_{q_1=q_2=0}q_2^2 + \cdots \\ &= \frac{1}{V} - \frac{1}{V_0}\sum_{j=1}^{2}\kappa_jq_j + \frac{1}{V_0}\left(\sum_{j=1}^{2}\kappa_jq_j\right)^2 - \frac{1}{2V_0}\sum_{i,j=1}^{2}C_{i,j}q_iq_j + \cdots \end{aligned} \tag{6-66a}$$

$$\frac{1}{V^2} = \frac{1}{V_0^2} - \frac{2}{V_0^2}\sum_{j=1}^{2}\kappa_jq_j + \frac{3}{V_0^2}\left(\sum_{j=1}^{2}\kappa_jq_j\right)^2 - \frac{1}{V_0^3}\sum_{i,j=1}^{2}C_{i,j}q_iq_j + \cdots \tag{6-66b}$$

对式（6－60）求导有：

$$\frac{\partial \tau(s,q_1,q_2)}{\partial s} = \tau'_0(s) + \frac{1}{2}\sum_{i,j=1}^{2}\Gamma'_{i,j}(s)q_iq_j + \cdots$$

$$\left(\frac{\partial \tau}{\partial s}\right)^2 = [\tau'_0(s)]^2 + \tau'_0(s)\sum_{i,j=1}^{2}\Gamma'_{i,j}(s)q_iq_j + \cdots \tag{6－67}$$

另外：

$$\left(\frac{\partial \tau}{\partial q_1}\right)^2 = (\Gamma_{11}q_1 + \Gamma_{12}q_2)^2 \tag{6－68a}$$

$$\left(\frac{\partial \tau}{\partial q_2}\right)^2 = (\Gamma_{12}q_1 + \Gamma_{22}q_2)^2 \tag{6－68b}$$

首先把式（6－68a）和式（6－68b）合起来：

$$\left(\frac{\partial \tau}{\partial q_1}\right)^2 + \left(\frac{\partial \tau}{\partial q_2}\right)^2 = (\Gamma_{11}^2 + \Gamma_{21}^2)q_1^2 + 2(\Gamma_{11}\Gamma_{21} + \Gamma_{12}\Gamma_{22})q_1q_2 + (\Gamma_{21}^2 + \Gamma_{22}^2)q_2^2$$

$$= \sum_{i,j=1}^{2}\Gamma_{i,j}^2 q_1q_2 \tag{6－69}$$

把式（6－65）、式（6－66b）、式（6－67）和式（6－69）代入程函方程式（6－63a）有：

$$\left[1 - 2\sum_{j=1}^{2}\kappa_jq_j + 3\left(\sum_{j=1}^{2}\kappa_jq_j\right)^2\right]\left[(\tau'_0)^2 + (\tau'_0)\sum_{i,j=1}^{2}\Gamma_{i,j}q_iq_j\right] + \sum_{i,j=1}^{2}\Gamma_{i,j}q_1q_2$$

$$= \frac{1}{V_0^2} - \frac{2}{V_0^2}\sum_{j=1}^{2}\kappa_jq_j + \frac{3}{V_0^2}\left(\sum_{j=1}^{2}\kappa_jq_j\right)^2 \tag{6－70}$$

按 $p_1$，$p_2$ 和 $q_1$，$q_2$ 的幂次，式（6－70）可以分为三组：

第一组：

$$\tau'_0 = \frac{1}{V_0} \Rightarrow \tau_0 = \int_{s_0}^{s}\frac{ds}{V_0} + \tau_0(s_0) \tag{6－71}$$

第二组：

$$-2(\tau'_0)^2\sum_{j=1}^{2}\kappa_jq_j = -\frac{2}{V_0^2}\sum_{j=1}^{2}\kappa_jq_j \tag{6－72}$$

第三组：

$$3(\tau'_0)^2\left(\sum_{j=1}^{2}\kappa_jq_j\right)^2 + (\tau'_0)\sum_{i,j=1}^{2}\Gamma_{i,j}q_iq_j + \sum_{i,j=1}^{2}(\Gamma^2)_{i,j}q_iq_j = \frac{3}{V_0^2}\left(\sum_{j=1}^{2}\kappa_jq_j\right)^2 - \frac{1}{V_0^3}C_{i,j}q_iq_j \tag{6－73}$$

式（6－73）可以重写为：

$$\sum_{i,j=1}^{2}q_iq_j\left\{\tau'_0\Gamma'_{i,j} + \Gamma_{i,j}^2 + \frac{1}{V_0^3}C_{i,j}\right\} = 0 \tag{6－74}$$

若式（6－74）成立，必有：

$$\frac{d}{ds}\Gamma + V_0\Gamma_{ij}^2 + \frac{1}{V_0^2}C_{i,j} = 0 \quad (i,j = 1,2) \tag{6－75a}$$

式（6－75a）的矩阵形式为：

$$\frac{d}{ds}\boldsymbol{\Gamma} + V_0\boldsymbol{\Gamma}^2 + \frac{1}{V_0^2}\boldsymbol{C} = 0 \tag{6－75b}$$

由于 $\boldsymbol{\Gamma}^2$ 的存在，式（6－75b）为非线性常微分方程，为了把该式化为线性的，令：

$$\boldsymbol{\Gamma}=\boldsymbol{P}\boldsymbol{Q}^{-1} \tag{6-76}$$

则有：

$$\frac{\mathrm{d}\boldsymbol{\Gamma}}{\mathrm{d}s}=\frac{\mathrm{d}\boldsymbol{P}}{\mathrm{d}s}\boldsymbol{Q}^{-1}+\boldsymbol{P}\frac{\mathrm{d}\boldsymbol{Q}^{-1}}{\mathrm{d}s} \tag{6-77}$$

又有 $\boldsymbol{Q}\boldsymbol{Q}^{-1}=\boldsymbol{I}$，则：

$$\frac{\mathrm{d}}{\mathrm{d}s}(\boldsymbol{Q}\boldsymbol{Q}^{-1})=\frac{\mathrm{d}\boldsymbol{Q}}{\mathrm{d}s}\boldsymbol{Q}^{-1}+\boldsymbol{Q}\frac{\mathrm{d}\boldsymbol{Q}^{-1}}{\mathrm{d}s}=\frac{\mathrm{d}}{\mathrm{d}s}(\boldsymbol{I})=0 \tag{6-78a}$$

进一步地：

$$\frac{\mathrm{d}\boldsymbol{Q}}{\mathrm{d}s}\boldsymbol{Q}^{-1}=-\boldsymbol{Q}\frac{\mathrm{d}\boldsymbol{Q}^{-1}}{\mathrm{d}s} \tag{6-78b}$$

把式（6－77）和式（6－78b）代入式（6－75b）得到：

$$\begin{aligned}&\frac{\mathrm{d}\boldsymbol{P}}{\mathrm{d}s}\boldsymbol{Q}^{-1}-\boldsymbol{P}\boldsymbol{Q}^{-1}\frac{\mathrm{d}\boldsymbol{Q}}{\mathrm{d}s}\boldsymbol{Q}^{-1}+V_0\boldsymbol{P}\boldsymbol{Q}^{-1}\boldsymbol{P}\boldsymbol{Q}^{-1}+\frac{1}{V_0^2}\boldsymbol{C}\\&=\frac{\mathrm{d}\boldsymbol{P}}{\mathrm{d}s}\boldsymbol{Q}^{-1}+\frac{1}{V_0^2}\boldsymbol{C}-\boldsymbol{P}\boldsymbol{Q}^{-1}\left(\frac{\mathrm{d}\boldsymbol{Q}}{\mathrm{d}s}-V_0\boldsymbol{P}\right)\boldsymbol{Q}^{-1}=0\end{aligned} \tag{6-79}$$

为了使上式成立，必有：

$$\begin{cases}\dfrac{\mathrm{d}\boldsymbol{Q}}{\mathrm{d}s}=V_0\boldsymbol{P}\\[2ex]\dfrac{\mathrm{d}\boldsymbol{P}}{\mathrm{d}s}=-\dfrac{1}{V_0^2}\boldsymbol{C}\boldsymbol{Q}\end{cases} \tag{6-80}$$

式（6－75b）是一个 Ricatti 方程。为解此方程，我们导出了式（6－80）的变分方程，这与前一节所推导的高斯束函数求取走时项的结果相一致。下面推导高斯束函数的振幅项。

求解一阶输运方程可以得到波场高频近似解的振幅主项。一阶输运方程形式为：

$$2(\nabla A_0,\nabla\tau)+A_0\Delta\tau=0 \tag{6-81}$$

同样地，我们仅仅求中心射线附近的点的振幅。因此，有如下的 Taylor 展开：

$$A_0(s,q_1,q_2)=A_0(s)+\sum_{j=1}^{2}A_0^j(s)q_j+\cdots \tag{6-82}$$

但是，在实际计算中，我们仅仅关注 $A_0$（$s$），其他点上的振幅通过高斯束来近似。为此，我们需要计算中心射线附近的 $\nabla A_0$、$\nabla\tau$ 和 $\nabla\tau$，前面已经讨论过 $\nabla\tau$ 的计算。

在射线中心坐标系中，有：

$$\nabla=\frac{\boldsymbol{t}}{h}\frac{\partial}{\partial s}+\frac{\partial}{\partial q_1}\boldsymbol{e}_1+\frac{\partial}{\partial q_2}\boldsymbol{e}_2 \tag{6-83}$$

对应的旅行时的 Laplace 运算结果为：

$$\begin{aligned}\Delta\tau&=\frac{1}{h}\left[\frac{\partial}{\partial s}\left(\frac{1}{h}\frac{\partial\tau}{\partial s}\right)+\frac{\partial}{\partial q_1}\left(h\frac{\partial\tau}{\partial s}q_1\right)+\frac{\partial}{\partial q_2}\left(h\frac{\partial\tau}{\partial s}q_2\right)\right]\\&=\frac{1}{h_2}\frac{\partial^2\tau}{\partial s^2}-\frac{1}{h_3}\frac{\partial h}{\partial s}\frac{\partial\tau}{\partial s}+\frac{\partial^2\tau}{\partial q_1^2}+\frac{\partial^2\tau}{\partial q_2^2}+\frac{1}{h}\frac{\partial h}{\partial q_1}\frac{\partial\tau}{\partial q_1}+\frac{1}{h}\frac{\partial h}{\partial q_2}\frac{\partial\tau}{\partial q_2}\end{aligned} \tag{6-84}$$

把式（6－82）、式（6－83）和式（6－84）代入输运方程式（6－81）可以计算高频近似场的振幅分布。此处我们仅仅处理中心射线上的振幅分布 $A_0$（$s$）。

首先：
$$(\nabla A_0,\nabla\tau)\mid_{q_1=q_2=0}=\left(\boldsymbol{t}\frac{\mathrm{d}\tau_0}{\mathrm{d}s},\boldsymbol{t}\frac{\mathrm{d}A_0^{(0)}}{\mathrm{d}s}\right)=\frac{\mathrm{d}A_0^{(0)}}{\mathrm{d}s}\frac{\mathrm{d}\tau_0}{\mathrm{d}s}=\frac{1}{V_0}\frac{\mathrm{d}A_0^{(0)}}{\mathrm{d}s} \tag{6-85}$$

$$\begin{aligned}\Delta\tau\mid_{q_1=q_2=0}&=\left(\frac{\partial^2\tau}{\partial s^2}+\frac{\partial^2\tau}{\partial q_1^2}+\frac{\partial^2\tau}{\partial q_2^2}+\kappa_1\frac{\partial\tau}{\partial q_1}+\kappa_2\frac{\partial\tau}{\partial q_2}\right)\Bigg|_{q_1=q_2=0}\\&=\frac{\partial^2\tau_0}{\partial s^2}+\mathrm{tr}(\boldsymbol{\Gamma})=-\frac{1}{V_0^2}\frac{\mathrm{d}V_0}{\mathrm{d}s}+\mathrm{tr}(\boldsymbol{\Gamma})\end{aligned} \tag{6-86}$$

其中，$\mathrm{tr}(\boldsymbol{\Gamma})=\Gamma_{11}+\Gamma_{22}$。把式（6－85）和式（6－86）代入式（6－81）有：

$$\frac{2}{V_0}\frac{\mathrm{d}A_0^{(0)}}{\mathrm{d}s}+A_0^{(0)}\left[-\frac{1}{V_0^2}\frac{\mathrm{d}V_0}{\mathrm{d}s}+\mathrm{tr}(\boldsymbol{\Gamma})\right]=0 \tag{6-87}$$

求解式（6－87）：

$$\begin{aligned}&\frac{1}{A_0^{(0)}}\frac{\mathrm{d}A_0^{(0)}}{\mathrm{d}s}=\frac{1}{2}\frac{1}{V_0}\frac{\mathrm{d}V_0}{\mathrm{d}s}-\frac{V_0}{2}\mathrm{tr}(\boldsymbol{\Gamma})\Rightarrow\\&\frac{\mathrm{d}}{\mathrm{d}s}\ln A_0^{(0)}=\frac{1}{2}\frac{d}{\mathrm{d}s}\ln V_0-\frac{V_0}{2}\mathrm{tr}(\boldsymbol{\Gamma})\Rightarrow\\&\ln A_0^{(0)}=\ln\sqrt{V_0}-\frac{1}{2}\int_{s_0}^{s}V_0\mathrm{tr}(\boldsymbol{\Gamma})\mathrm{d}s+\ln\psi_0\Rightarrow\\&A_0^{(0)}=\psi_0\sqrt{V_0}\exp\left\{-\frac{1}{2}\int_{s_0}^{s}V_0\mathrm{tr}(\boldsymbol{\Gamma})\mathrm{d}s\right\}\end{aligned} \tag{6-88}$$

式（6－88）中最后一式的积分处理需要用到变分方程。为此计算，

$$\frac{\mathrm{d}\boldsymbol{Q}}{\mathrm{d}s}=V_0P\boldsymbol{Q}^{-1}Q=V_0\boldsymbol{\Gamma}\boldsymbol{Q} \tag{6-89}$$

而且：
$$\begin{aligned}\frac{\mathrm{d}}{\mathrm{d}s}\det(\boldsymbol{Q})&=\frac{\mathrm{d}}{\mathrm{d}s}(Q_{1,1}Q_{2,2}-Q_{1,2}Q_{2,1})\\&=V_0(\Gamma_{11}Q_{1,1}+\Gamma_{12}Q_{2,1})Q_{2,2}-V_0(\Gamma_{11}Q_{1,}+\Gamma_{12}Q_{2,2})Q_{2,1}+\\&\quad V_0(\Gamma_{21}Q_{1,2}+\Gamma_{22}Q_{2,2})Q_{1,1}-V_0(\Gamma_{21}Q_{1,1}+\Gamma_{22}Q_{2,1})Q_{1,2}\\&=V_0\mathrm{tr}(\boldsymbol{\Gamma})\det(\boldsymbol{Q})\end{aligned} \tag{6-90}$$

因此：
$$V_0\mathrm{tr}(\boldsymbol{\Gamma})=\frac{1}{\det(\boldsymbol{Q})}\frac{\mathrm{d}}{\mathrm{d}s}\det(\boldsymbol{Q})\Rightarrow\ln\det(\boldsymbol{Q})=\int_{s_0}^{s}V_0\mathrm{tr}(\boldsymbol{\Gamma})\mathrm{d}s+const \tag{6-91}$$

把式（6－91）代入式（6－88）最后一式得到：

$$A_0^{(0)}=\frac{\psi_0}{\sqrt{\frac{1}{V_0}\mid\det(\boldsymbol{Q})\mid}} \tag{6-92}$$

此为中心射线上的高频近似波场的零阶振幅主项。以此为基础，加上高斯束波场衰减，就可以算出中心射线附近的波场值，到此为止焦散问题自然地被克服。

## 6.2 TTI介质动力学射线追踪方程近似

各向异性介质中的射线方程最早由 Cerven ý（1972）给出，简单回顾其推导过程。Christoffel 方程为：

$$|G_{ik}-\rho V^2\delta_{ik}|U_k=0 \tag{6-93}$$

式（6-93）描述了一个标准 3×3 的对称矩阵的 $G_{ik}$ 的特征值（$\rho V^2$）与特征向量（$U_k$）的问题，并且对应一个标准的特征值问题，且特征值满足 $G(p_i,x_i)=1$。可将式（6-93）可改写为：

$$(G_{jk}-G\delta_{jk})g_k=0 \tag{6-94}$$

式中，$g_k$ 是单位特征向量（即极化矢量）。式（6-94）两边同乘以 $g_j$，结合 $g_kg_k=1$，可得到：

$$G=\Gamma_{jk}g_jg_k=a_{ijkl}p_ip_lg_jg_k \tag{6-95}$$

式（6-94）是一个非线性一阶偏微分方程。这个方程可通过汉密尔顿方程：

$$H(x_i,p_i)=[G(x_i,p_i)-1]/2 \tag{6-96}$$

求解表示成一般各向异性介质的运动学射线追踪方程组：

$$\frac{\mathrm{d}x_i}{\mathrm{d}\tau}=\frac{\partial H}{\partial p_i}=\frac{1}{2}\frac{\partial G}{\partial p_i}=a_{ijkl}p_lg_jg_k \tag{6-97a}$$

$$\frac{dp_i}{\mathrm{d}\tau}=\frac{\partial H}{\partial x_i}=\frac{1}{2}\frac{\partial G}{\partial x_i}=-\frac{1}{2}\frac{\partial a_{ijkl}}{\partial x_i}p_mp_lg_jg_k \tag{6-97b}$$

引入射线坐标系（$\gamma_1$，$\gamma_2$，$\tau$）来辅助描述动力学射线方程。其中 $\gamma_1$ 和 $\gamma_2$ 为射线参数，$\tau$ 为射线上的走时。那么在笛卡尔坐标系中基于弹性参数表征的动力学射线追踪可以通过对偏微分方程组式（6-97）求导得到：

$$\begin{aligned}\frac{\mathrm{d}Q_i^x}{\mathrm{d}\tau}&=\frac{\partial^2H}{\partial p_i^x\partial x_j}Q_j^x+\frac{\partial^2H}{\partial p_i^x\partial p_j^x}P_j^x\\ \frac{\mathrm{d}P_i^x}{\mathrm{d}\tau}&=\frac{\partial^2H}{\partial x_i\partial x_j}Q_j^x+\frac{\partial^2H}{\partial x_i\partial p_j^x}P_j^x\end{aligned} \tag{6-98}$$

式中，$Q_i^x=\partial x_i/\partial\gamma$，$P_i^x=\partial p_i/\partial\gamma$，$\gamma$ 表示 $\gamma_1$ 或者 $\gamma_2$。方程组中汉密尔顿算子 $H$ 的二阶偏导数可以通过求解方程组式（6-98）得到。

上述运动学及动力学射线方程组等式右侧的函数非常复杂，计算起来不但费时，且需要在射线追踪每一步求解特征值问题。此外，方程组式（6-97）与式（6-98）用刚度系数来描述介质的弹性性质，与实际地震资料处理中通常用 Thomsen 参数的情况不一致。为此，下面讨论由相速度表征的各向异性射线方程。

为了克服刚度系数表示的射线方程的复杂性及其计算上的麻烦，Zhu（2006、2010）等重新推导了各向异性介质中的动力学射线方程与运动学射线追踪方程。根据文献（Cerven ý，1972)，沿 $x_i$ 方向的群速度可表示为 $V_i = a_{ijkl} p_l g_j g_k$。于是，式（6－97a）改写为：

$$\mathrm{d}x_i / \mathrm{d}\tau = V_{Gi} \tag{6-99}$$

式中，$G_{Gi}$ 为群速度对空间坐标 $x_i$ 的导数。设 $n_i$ 为单位慢度矢量，$v = v$（$x_i$，$n_i$）为相速度。考虑到式（6－94）中特征值 $G$ 及其偏导数 $\partial G / \partial x_i$ 都是 $p_i$ 的齐次方程，容易得到 $v^2 = G$（$x_i$，$n_i$），故而有：

$$\frac{\partial G(x_i, p_i)}{\partial x_i} = \frac{1}{v^2} \frac{\partial G(x_i, n_i)}{\partial x_i} = \frac{2}{v} \frac{\partial v}{\partial x_i} \tag{6-100}$$

式中，$n_i$ 为单位慢度矢量，$v = v$（$x_i$，$n_i$）为相速度。将式（6－100）代入方程（6－97b）并联立式（6－99）得到：

$$\frac{\mathrm{d}x_i}{\mathrm{d}\tau} = V_{Gi} \tag{6-101a}$$

$$\frac{\mathrm{d}p_i}{\mathrm{d}\tau} = \frac{\partial \ln v}{\partial x_i} \tag{6-101b}$$

各向异性介质中，群速度可以表达为 $V_{Gi} = v^2 p_i + \frac{1}{v} \frac{\partial v}{\partial p_i}$，为了方便动力学射线追踪的推导，式（6－101a）再次改写为：

$$V_{Gi} = v^2 p_i + \frac{1}{v} \frac{\partial v}{\partial p_i} \tag{6-102}$$

设相速度法向矢量为 $\boldsymbol{n} = -(\cos\phi\sin\theta, \sin\phi\sin\theta, \cos\theta)$，其中，$\theta$ 和 $\phi$ 分别为相角及其方位角。于是可将式（6－97）偏微分项改为如下形式：

$$\begin{pmatrix} \mathrm{d}x_1 / \mathrm{d}\tau \\ \mathrm{d}x_2 / \mathrm{d}\tau \\ \mathrm{d}x_3 / \mathrm{d}\tau \end{pmatrix} = \begin{pmatrix} \cos\phi\sin\theta & \cos\phi\sin\theta & -\sin\phi/\sin\theta \\ \sin\phi\sin\theta & \sin\phi\cos\theta & \cos\phi/\sin\theta \\ \cos\theta & -\sin\theta & 0 \end{pmatrix} \begin{pmatrix} v \\ \partial v / \partial\theta \\ \partial v / \partial\phi \end{pmatrix} \tag{6-103}$$

根据式（6－98），对方程组式（6－101）求偏导数可推导出笛卡尔坐标系中 6 个偏微分方程组成的由相速度表征的动力学射线追踪方程组：

$$\begin{aligned} \frac{\mathrm{d}Q_i^x}{\mathrm{d}\tau} &= A_{ij}^x Q_j^x + B_{ij}^x P_j^x \\ \frac{\mathrm{d}P_i^x}{\mathrm{d}\tau} &= -C_{ij}^x Q_j^x - D_{ij}^x P_j^x \quad (i, j = 1, 2, 3) \end{aligned} \tag{6-104}$$

其中几个系数为：

$$\begin{aligned} A_{ij}^x &= 2v \frac{\partial v}{\partial x_j} p_i^x + \frac{1}{v^2} \frac{\partial v}{\partial x_j} \frac{\partial v}{\partial p_i^x} + \frac{1}{v} \frac{\partial^2 v}{\partial x_j \partial x_j} \\ B_{ij}^x &= 2v \left( \frac{\partial v}{\partial p_j^x} p_i^x + \frac{\partial v}{\partial p_i^x} p_j^x \right) + v^2 \delta_{ij} + \frac{1}{v^2} \frac{\partial v}{\partial p_j^x} \frac{\partial v}{\partial p_i^x} + \frac{1}{v} \frac{\partial^2 v}{\partial p_i^x \partial p_j^x} \\ C_{ij}^x &= \frac{1}{v^2} \frac{\partial v}{\partial x_i} \frac{\partial v}{\partial x_j} + \frac{1}{v} \frac{\partial^2 v}{\partial x_j \partial x_j} \\ D_{ij}^x &= \frac{1}{v^2} \frac{\partial v}{\partial p_j^x} \frac{\partial v}{\partial x_i} + \frac{1}{v} \frac{\partial^2 v}{\partial x_j \partial p_j^x} - 2 \frac{\partial v}{\partial x_i} p_j^x \end{aligned} \tag{6-105}$$

对于许多动力学射线追踪的应用，如高斯束，傍轴射线计算，人们通常用以射线为中心的局部坐标来描述动力学射线方程。这种局部坐标可使得方程组式（6-104）由6个一阶偏微分方程减少到4个。为此，前人讨论了两种局部坐标系：射线中心坐标系和波前正交坐标系。各向异性介质中，射线中心坐标系不再是一个正交坐标系，因此，相比各向同性情况（射线中心坐标系为正交坐标系），将动力学射线方程从笛卡尔坐标系转换到射线中心坐标系变得更加复杂（Cervený，1972、2001）。而各向异性介质中，波前正交坐标系仍然是一个正交坐标系。本文仅讨论波前正交坐标系下的动力学射线追踪方程。

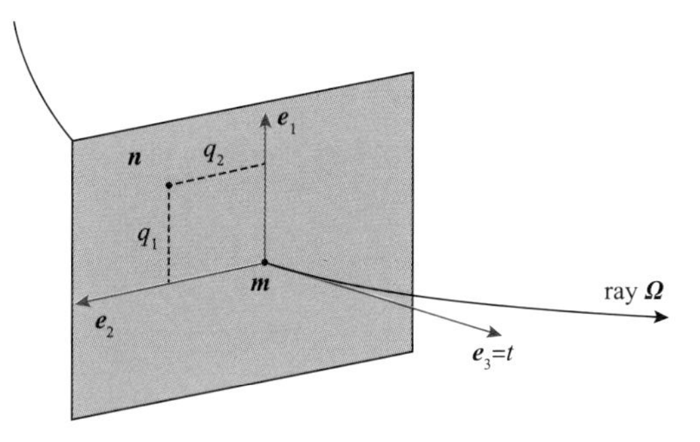


图6-3　波前正交坐标系示意图

用 $y=(y_1,y_2,y_3)$ 表示波前正交坐标系，该坐标系对应的慢度矢量可表示为 $p_i^y=\partial\tau/\partial y_i$。如图6-3所示，波前正交坐标系的一组基向量为（$\boldsymbol{e}_1$，$\boldsymbol{e}_2$，$\boldsymbol{e}_3$），其中 $\boldsymbol{e}_3=\boldsymbol{n}$ 与波前垂直。单位向量 $\boldsymbol{e}_1$ 和 $\boldsymbol{e}_2$ 与波前相切，并且满足：

$$\mathrm{d}\boldsymbol{e}_I/\mathrm{d}\tau = v(\boldsymbol{e}_I\cdot\nabla v)\boldsymbol{p}^x \quad (I=1,2) \tag{6-106}$$

由上述基向量为元素所组成的转换矩阵可将方程组式（6-104）由笛卡尔坐标系转化到波前正交坐标系，最终得到由四个一阶偏微分方程组成的方程组：

$$\begin{aligned}\frac{\mathrm{d}Q_M^y}{\mathrm{d}\tau} &= A_{MN}^yQ_N^y+B_{MN}^yP_N^y\\ \frac{\mathrm{d}P_M^y}{\mathrm{d}\tau} &= C_{MN}^yQ_N^y-D_{MN}^yP_N^y\end{aligned} \tag{6-107}$$

式中，$M=N=1$，2，且系数满足：

$$\begin{aligned}A_{MN}^y &= \frac{1}{v^2}\frac{\partial v}{\partial p_M^y}\frac{\partial v}{\partial py_N}+\frac{1}{v}\frac{\partial^2 v}{\partial p_M^y\partial y_N}-\frac{1}{v}\frac{\partial v}{\partial y_N}V_M^y\\ B_{MN}^y &= v^2\partial_{MN}+\frac{1}{v^2}\frac{\partial v}{\partial p_M^y}\frac{\partial v}{\partial p_N^y}+\frac{1}{v}\frac{\partial^2 v}{\partial p_M^y\partial p_N^y}-V_M^yV_N^y\\ C_{MN}^y &= \frac{1}{v}\frac{\partial^2 v}{\partial y_M\partial y_N}\\ D_{MN}^y &= \frac{1}{v^2}\frac{\partial v}{\partial p_N^y}\frac{\partial v}{\partial y_M}+\frac{1}{v}\frac{\partial^2 v}{\partial y_M\partial p_N^y}-\frac{1}{v}\frac{\partial v}{\partial y_M}V_N^y\end{aligned} \tag{6-108}$$

式中，$V_M^y$ 和 $V_N^y$ 分别代表群速度在波前正交坐标系中沿 $y_1$ 和 $y_2$ 方向上的分量。与各向同性介质中运动学及动力学射线追踪方程相似，射线方程组式（6-101）和式（6-107）右侧不再是复杂的弹性参数表达形式，而是由相速度及群速度表达的形式。由于群速度可通过相速度计算得出，因此它们就组成了相速度表示、适应一般各向异性介质的运动学及动力学射线方程组。这样就回避了传统各向异性射线追踪过程中每一步都要计算特征值的问题。注意，由于空间矢量 $\boldsymbol{x}$ 与单位慢度矢量 $\boldsymbol{n}$ 都是相速度方程 $v=v$（$x_i$，

$n_i$）的独立变量，因此上述方程对相速度求偏导数时，其隐函数的链式求导不依赖 $n_i$。

在进行各向异性高斯束合成时，需用到方程组式（6－101）与式（6－107）来计算中心射线路径上的走时、动力学参量 ***P***、***Q*** 等信息。观察式（6－107）不难发现，其系数的表达式依然很复杂，由多个相速度的一阶及二阶偏导数组成。这些偏导数在计算过程中，不仅编程复杂，而且计算成本很高。特别是当考虑 TTI 等更复杂各向异性介质时，对称轴角度参数也是空间坐标的函数，相速度关于空间坐标的偏导数变得更加复杂。为此，本节引入一些近似来提高计算效率，基本想法就是射线路径计算（运动学射线追踪部分）时考虑各向异性，且不做其他近似，但在高斯束合成（动力学射线追踪部分）时，借用各向同性介质算法，只不过其传播方向要考虑各向异性影响。由于地震波在各向异性介质中传播时相速度与群速度的传播方向不一致，在合成高斯束时需要沿着相速度矢量的方向计算该高斯束上的振幅及走时。这样，方程组式（6－107）的系数可简化成：

$$A_{MN}^{y}=D_{MN}^{y}=0,B_{MN}^{y}=v^{2},C_{MN}^{y}=\frac{1}{v}\frac{\partial^{2}v}{\partial y_{M}\partial y_{M}} \qquad (6-109)$$

在许多地质条件下，受构造运动或其他因素影响，一些横向各向同性地层大多数情况下都不是水平层状的，其对称轴通常与垂向存在一定的夹角。这时，采用 TTI 模型来描述速度各向异性就更合理。

## 6.3 TTI 介质高斯束偏移技术

高斯束叠前深度偏移作为 Kirchhoff 偏移方法的一种有效改进，它不但可以对多次波至进行成像，还克服了 Kirchhoff 偏移中存在的焦散问题，同时又保留了它高效、灵活的优点以及对陡倾构造成像的能力，使其成像精度接近波动方程偏移，但计算效率远远高于波动方程偏移。高斯束方法最早由 Cervený（1972、2001）引入地球物理领域，并应用于地震波场模拟中。随后 Hill（1990、2001）提出高斯束叠后偏移，并于 2001 年将其拓展到适用于共偏移距、共方位角道集的叠前偏移。Nowack（2003）和 Gray（2005）分别针对 Hill（2001）方法对观测系统适应性不足的问题，提出了适用于共炮道集的叠前偏移方法。Gray（2009）基于 Bleistein 提出的广义真振幅共炮道集偏移理论，将高斯束偏移同真振幅单程波方程偏移相结合，提出了基于炮道集的真振幅高斯束偏移。李振春等（2010）提出了一种各向同性介质高斯束偏移角道集的提取方法（利用走时慢度），岳玉波等（2012）讨论了复杂地表情况下保幅高斯束叠前深度偏移方法。

Alkhalifah（1995）和 Zhu（2007）等分别讨论了各向异性介质中的高斯束叠后和叠前偏移方法。Zhu 等（2005、2007）的工作使得高斯束叠前深度偏移可以很容易的拓展到一般 TI 介质及弱正交各向异性介质中。

从炮点和检波点分别进行高斯束的传播，利用时间一致性原理进行成像，高斯束叠前偏移的公式可以表达为：

$$I_s(x,z) = \int_{\gamma_0}^{\gamma} \mathrm{d}\gamma \int_{\phi_0}^{\phi} [\bar{A}_r b(\bar{T}_r, \bar{T}_i) - \bar{A}_i b_H(\bar{T}_r, \bar{T}_i)] \mathrm{d}\phi \tag{6-110}$$

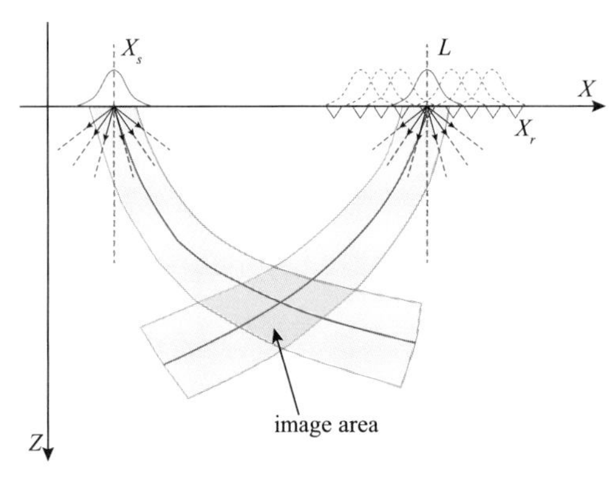


图 6－4　共炮道集高斯束偏移原理

式中，双重循环应该包括所有对成像点（$x$，$z$）有贡献的检波点、炮点处激发的高斯射线束对，此时的复值走时和振幅是由检波点、炮点的上、下行（波）高斯束对共同决定的：

$$\begin{cases} \bar{T} = T_s(\gamma) + T_r(\phi) \\ \bar{A} = [A_s(\gamma) + A_r(\phi)]/2 \end{cases} \tag{6-111}$$

式中，下标 $s$ 表示炮点走时与振幅；$\gamma$ 表示检波点的走时与振幅。

炮道集数据进行高斯束叠前偏移的基本原理如图 6－4 所示，此时需要在对应单炮的接收排列上确定高斯束中心的位置。

依据上述理论，对于每个高斯束中心，其成像的计算流程可以大致归结为（Gray，2005）：

对于每个束中心位置 {

加窗局部倾斜叠加并计算由震源和接收点出射的各向异性高斯束

对于每个震源射线参数 {

对于每个接收点射线参数 {

对于局部孔径内的每个成像点 {

根据高斯束的走时以及振幅利用所对应的倾斜叠加数据进行成像、并根据高斯束的角度参数提取角度域成像道集

} 成像点循环结束

} 接收点高斯束循环结束

} 震源点循环结束

} 束中心循环结束

## 6.4　TTI 介质高斯束偏移成像道集提取技术

通常来讲，叠前偏移不仅可以输出成像结果，还可以利用多次覆盖技术带来的数据冗余输出未完全叠加的部分成像数据。它们之间的差异体现了与介质速度、岩石和流体性质有关的信息。把所有这些部分成像数据中成像点横向位置相同的道组合起来，就形成了共成像点道集（CIGs）。这些共成像点道集至少有三方面的用途：①基于共成像点道集的偏移速度分析；②在振幅保真程度较高的共成像点道集上进行 AVO/AVA、AVAZ 分析；③对共成像点道集进行去噪处理、剩余曲率校正等，然后再叠加成像，会进一步提高构造图像的质量。

共成像点道集有多种类型，其中偏移距域共成像点道集是大家较为熟悉的，它广泛用于偏移速度分析中。按偏移距（有时按偏移距和方位角）把地震数据分选成单次覆盖的地震道集，然后逐个偏移这些小数据体，得到未叠加的成像结果，再把同一成像点的成像道组合在一起，就形成了偏移距域的共成像道集。当前，几乎所有商业软件中 Kirchhoff 叠前偏移方法都有基于偏移距域共成像点道集的速度分析模块。而且，在偏移距域共成像道集上进行 AVO 分析也较为普遍。

同其他叠前偏移方法一样，基于共炮集叠前偏移也可输出共成像道集。在所有共炮集偏移未完全叠加的成像数据中，把对应同一成像点的成像道分选出来按炮点位置（或者按炮点与成像点横向距离）排放在一起，就形成了炮域的共成像道集。虽然偏移距域和炮域共成像点道集是人们最熟悉也是最常用的共成像点道集，但近来一些学者指出，在复杂地质条件下，即使偏移速度是合理的，传统的偏移距域和炮域共成像点道集都可能存在假象干扰（Ten Kroode 等，1994；Nolan 等，1996）。为了避开这些不希望的假象，De Hoop 等（1994）、Xu 等（2001）建议在角度域进行成像，从而得到角度域的共成像道集。

根据矢量运算法则，四个局部角度参数分别满足（Cheng 等，2012）：

$$\cos\theta = \cos(2\gamma) = \frac{\boldsymbol{p}_s \cdot \boldsymbol{p}_r}{|\boldsymbol{p}_s||\boldsymbol{p}_r|} \tag{6-112a}$$

$$\cos\phi = \frac{(\boldsymbol{p}_m \times \boldsymbol{y}) \cdot (\boldsymbol{p}_r \times \boldsymbol{p}_s)}{|\boldsymbol{p}_m \times \boldsymbol{y}||\boldsymbol{p}_r \times \boldsymbol{p}_s|} \tag{6-112b}$$

$$\cos\vartheta = \frac{\boldsymbol{p}_m \cdot \boldsymbol{z}}{|\boldsymbol{p}_m||\boldsymbol{z}|} = \frac{\boldsymbol{p}_{m_z}}{|\boldsymbol{p}_m|} \tag{6-112c}$$

$$\cos\varphi = \frac{(\boldsymbol{z} \times \boldsymbol{p}_m) \cdot (\boldsymbol{z} \times \boldsymbol{y})}{|\boldsymbol{z} \times \boldsymbol{p}_m||\boldsymbol{z} \times \boldsymbol{y}|} = \frac{(\boldsymbol{z} \times \boldsymbol{p}_m) \cdot \boldsymbol{x}}{|\boldsymbol{z} \times \boldsymbol{p}_m|} \tag{6-112d}$$

式中，$\boldsymbol{x}$、$\boldsymbol{y}$ 与 $z$ 分别代表沿坐标轴的单位矢量，其中 $\boldsymbol{y}$ 指向正北方向并作为定义方位角的参考方向，$\boldsymbol{p}_{m_z}$ 为照明矢量的垂向分量。可见，角度域成像的关键就是计算得到成像点处入射与散射慢度矢量，便可根据上述方程求取四个局部角度参数。运动学射线追踪过程中，如果成像点落在追踪到的射线上时，可以直接得到该点的慢度矢量。如果成像点落在射线附近，则可通过以下步骤计算得到。

在三维波前正交坐标系中（图 6－3），$n$ 点处高斯束的实值走时满足如下公式：

$$T(n) = T(m) + \frac{1}{2}\boldsymbol{q}^{\mathrm{T}}\mathrm{Re}[\boldsymbol{M}(m)]\boldsymbol{q} \tag{6-113}$$

式中，$T(m)$ 为源点到中心射线 $\Omega$ 上参考点 $m$ 的实值走时，$\boldsymbol{q}^{\mathrm{T}} = (q_I, q_J)$ 为描述波前正交坐标系中点位置 $n$ 的二维矢量。$\boldsymbol{M}(m)$ 为走时的二阶偏导数，三维介质中为 2×2 矩阵；二维介质中为一个标量。假设 $\mathrm{Re}[\boldsymbol{M}(m)]$ $\begin{bmatrix} M_{II} & M_{IJ} \\ M_{IJ} & M_{JJ} \end{bmatrix}$，那么式（6－113）及其空间偏导数为：

$$T(n) = T(m) + \frac{1}{2}q_I q_J M_{IJ} \tag{6-114}$$

$$\frac{\partial T(n)}{\partial x_i} = \frac{\partial T(m)}{\partial x_i} + \frac{1}{2}\left(\frac{\partial q_I}{\partial x_i}q_J + \frac{\partial q_J}{\partial x_i}q_I\right)M_{IJ} \tag{6-115}$$

于是得到 $n$ 点的射线慢度矢量为：

$$P_i = P_i(m) + \frac{1}{2}\left(\frac{\partial q_I}{\partial x_i}q_J + \frac{\partial q_J}{\partial x_i}q_I\right)M_{IJ} \tag{6-116}$$

最终可以求得高斯束上 $n$ 点的单位矢量：

$$\boldsymbol{P}(n) = v(n)(P_1, P_2, P_3) \tag{6-117}$$

一旦获得入射与反射慢度矢量，便可通过式（6-112）求得成像点处的四个局部角度参数。

在进行高斯束偏移时，计算角度参数不但可以输出局部角度域共成像点道集，还可以控制成像角度，以期提高成像质量。成像角度过大通常会导致非反射波成像，往往造成成像剖面浅层出现大量的低频噪声（逆时偏移也会遇到类似问题）。我们认为，折射波只是造成这种情况的原因之一，事实上更多的假象是那些波路径或射线路径上震源下来的时间与接收波场退回到相同时间时二者有比较强的相关能量体现在成像结果中（图6-5），而这些空间位置不是反射点，仅是等时点（零时移成像条件），它与RTM假象原因一致。

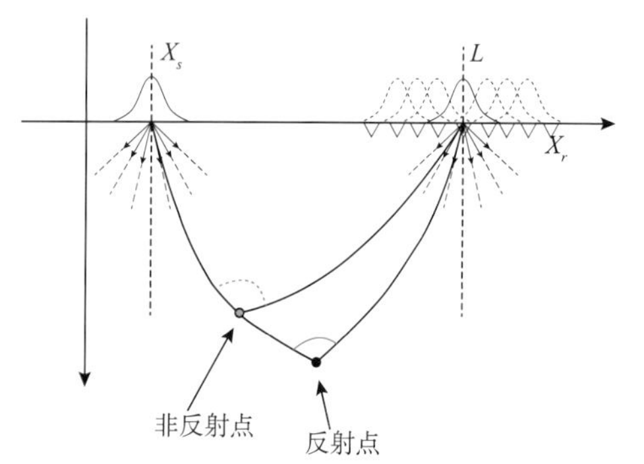

图6-5　非反射点成像示意图

不论是在Kirchhoff叠前偏移或是高斯束叠前偏移中，选取一个较好的成像角度参数往往是得到高质量成像剖面的关键。如果不进行成像角度控制，即成像角度范围在0°~180°之间，那么此时对反射波成像的同时也会对非反射波进行成像，导致成像剖面浅层存在大量低频噪音，影响成像质量。我们以Marmousi模型为例展示成像角度控制的重要性，如图6-6（a）所示为未进行成像角度控制的偏移剖面，显然，在偏移剖面浅层有大量因折射波成像而导致的噪音。图6-6（b）为控制成像角度为90°的偏移剖面，低频噪音得到明显压制，成像效果较为理想。

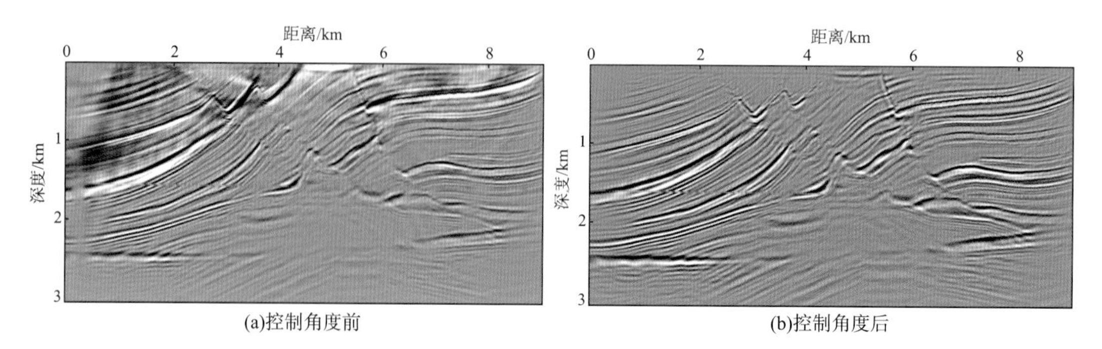

图6-6　Marmousi模型偏移测试

我们知道，高斯束偏移相比单程波偏移的一个优势便是没有成像角度限制，也就是说对于陡倾构造能够进行成像，那么此时成像角度的选取不能太小。因此，在实际偏移过程中，需要根据实际情况适当的选取成像角度。

## 6.5 优选束偏移技术

常规高斯束叠前深度偏移技术保持了 Kirchhoff 偏移与波动方程偏移的诸多共同优点，已成为一种复杂构造高精度成像的有力工具。作为束偏移技术的理论基础，高斯束偏移在工业界的应用中发展出了多种“加强版”的特色偏移技术，包括诸如快速束偏移技术（FBM，fast beam migration）、控制束偏移技术（CBM，controlled beam migration）等。其中，FBM 技术主要应用于快速速度建模，其偏移效率相较于 Kirchhoff 偏移，可提高至少一个数量级以上；而 CGGVeritas 公司所研发的 CBM 技术在提高成像信噪比及改进高陡构造成像质量方面有明显优势。

高斯束偏移需要利用局部倾斜叠加合成与初始入射高斯束方向一致的局部平面波，即线性局部 $\tau-p$ 变换［式（6－118）］。将原始数据（如炮道集）分解为局部平面波数据，然后对每个局部平面波数据利用其初始入射角所确定的高斯束进行延拓并成像。局部倾斜叠加得到平面波数据，同时也压制了原始数据的随机噪音，提高了数据信噪比：

$$F(\tau,p)=\int_{x_1}^{x_2}f(t=\tau+px,x)\,\mathrm{d}x \tag{6-118}$$

式中，$f(t,x)$ 代表输入数据（如炮道集）；积分范围 $x_1$ 与 $x_2$ 确定了局部 $\tau-p$ 变换的输入范围；$p$ 代表变换后的平面波分量的方向，同时也确定了该平面波分量对应的高斯束初始入射角度。

利用相似系数［式（6－119）］可以在 $\tau-p$ 变换时判断原始数据局部同相轴的相干程度，从而在高斯束延拓及成像时区分该合成的平面波数据是“噪音”还是“信号”，仅对“信号”进行高斯束延拓及成像可以明显提高高斯束成像信噪比。

$$s(\tau_i,p_j)=\frac{\sum_{w}\left[\sum_{k=1}^{N}f(\tau_i+p_jX_k,X_k)\right]^2}{N\sum_{w}\sum_{k=1}^{N}\left[f(\tau_i+p_jX_k,X_k)\right]^2} \tag{6-119}$$

实际处理时，可以对相似系数设置一个阀值，只有相似系数大于该阀值的平面波分量才被认为是“信号”进而参与高斯束延拓及成像（图 6－7）。对原始数据在局部平面波分解时进行信噪分离，使得高斯束偏移方法相对于其他偏移方法可以明显提高成像信噪比（图 6－8），这一优点在低信噪比数据的成像处理中尤为重要。

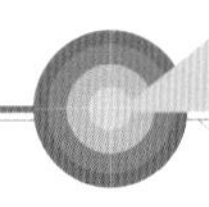

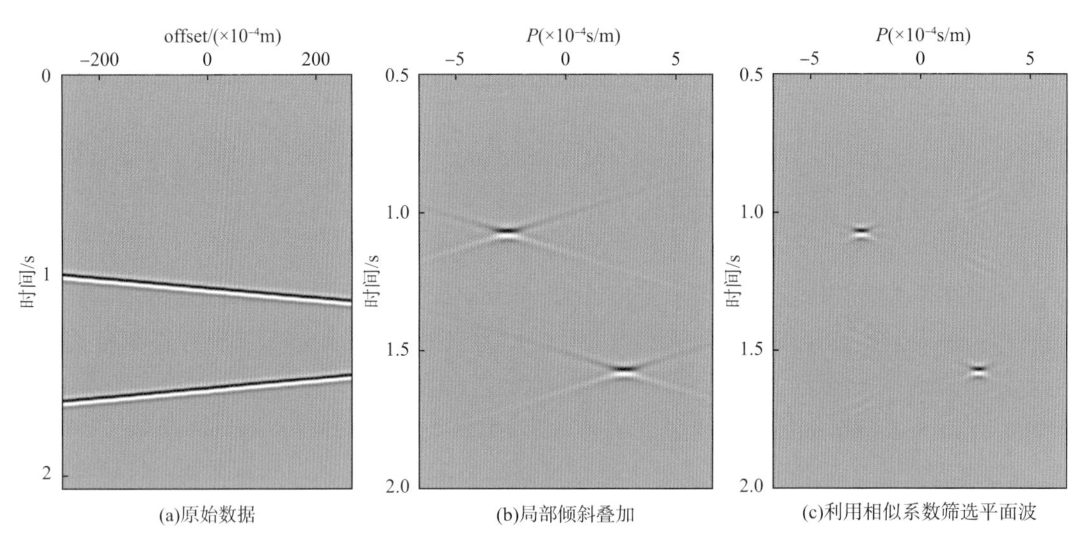


(a)原始数据　(b)局部倾斜叠加　(c)利用相似系数筛选平面波

图6－7　利用相似系数筛选合成的局部平面波

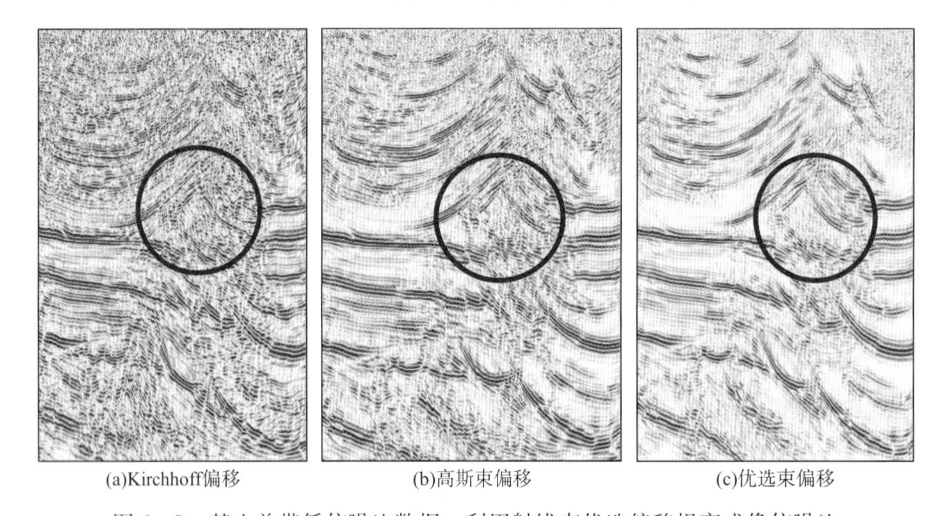

(a)Kirchhoff偏移　(b)高斯束偏移　(c)优选束偏移

图6－8　某山前带低信噪比数据，利用射线束优选偏移提高成像信噪比

## 6.6　应用实例

### 6.6.1　模型数据测试

下面以国际上通用的二维逆冲管道模型和三维盐丘模型为例来测试TTI介质高斯束叠前深度偏移成像算法（图6－9）。从ISO偏移结果可以看出，偏移结果出现较大偏差，特别是管道下方同相轴出现交叉现象。VTI结果则显示管道角度变化处的同相轴交叉现象基本消除，同时管道边界同相轴成像质量提升，管道内部噪音明显减少，但是管道下方反射层的同相轴依然存在交叉现象，进而导致该底部反射界面未能准确成像。TTI介质高斯束叠前

深度偏移结果显示管道的刻画质量进一步提高，并且管道下方反射层的同相轴完全拉平，交叉现象消失，此时底部的水平界面得到了正确成像，成像道集基本被拉平（图6－10、图6－11）。

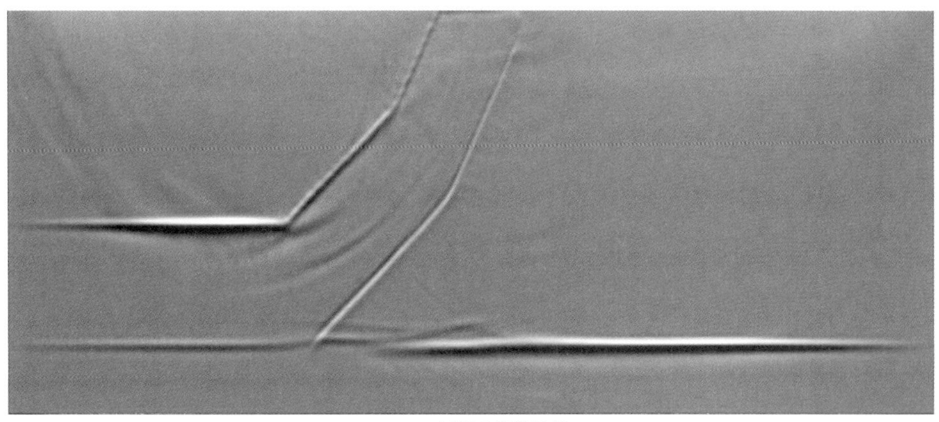

(a)ISO 高斯束偏移结果

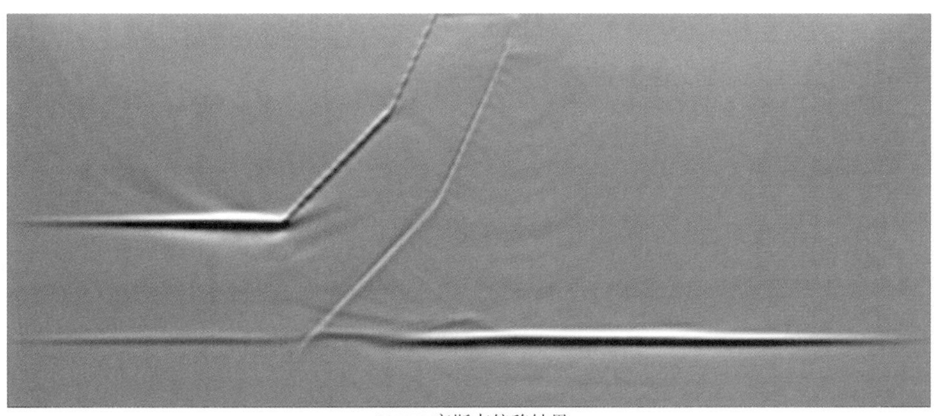

(b)VTI 高斯束偏移结果

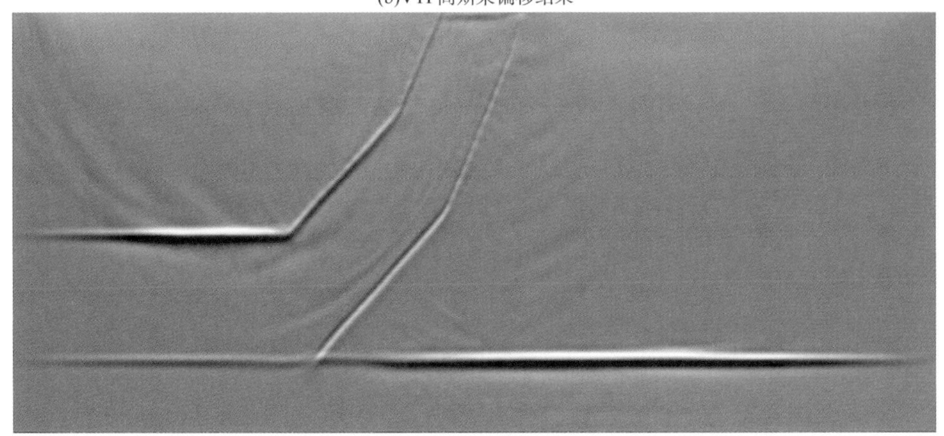

(c)TTI 高斯束偏移结果

图6－9　TTI 逆冲模型偏移结果

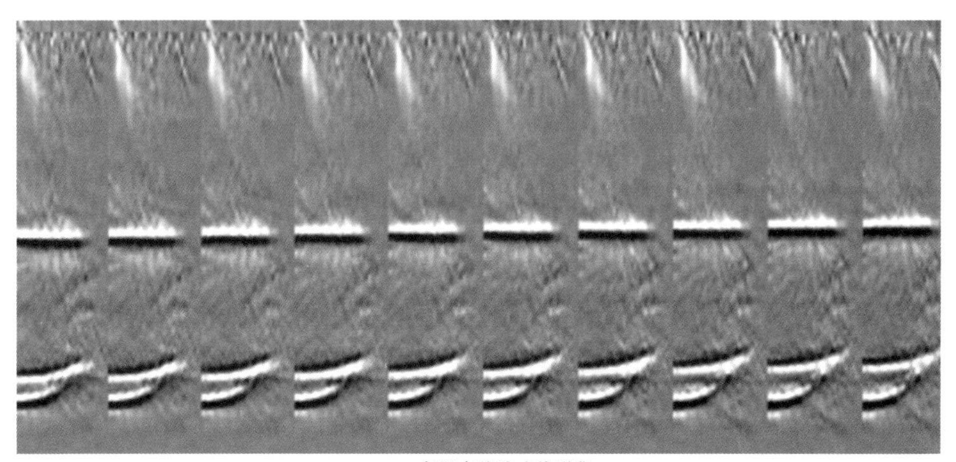

(d)ISO 高斯束偏移成像道集

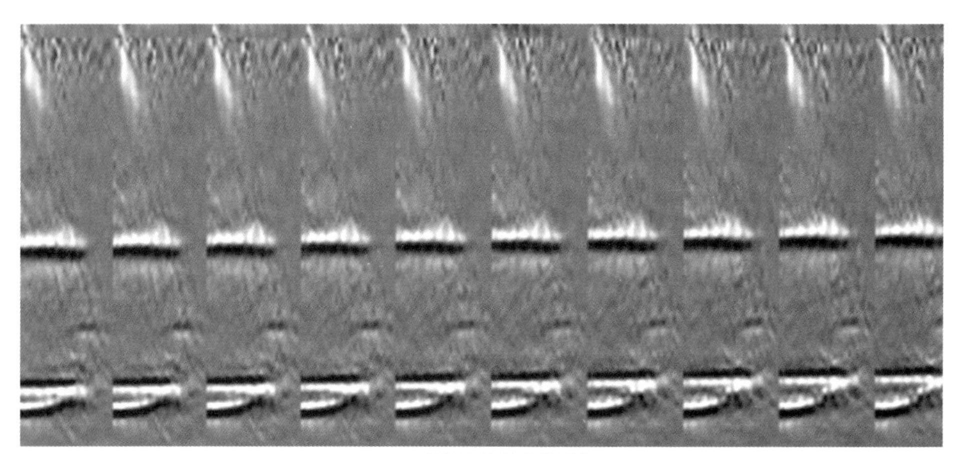

(e)VTI 高斯束偏移成像道集

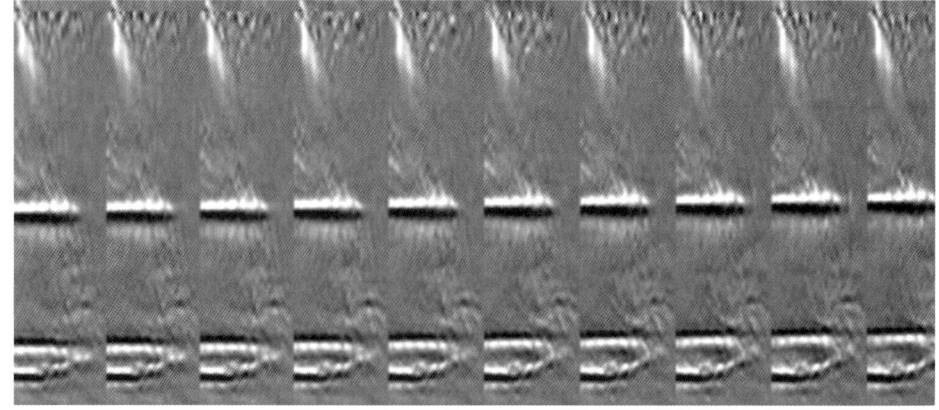

(f)TTI 高斯束偏移成像道集

图 6－9　TTI 逆冲模型偏移结果（续）

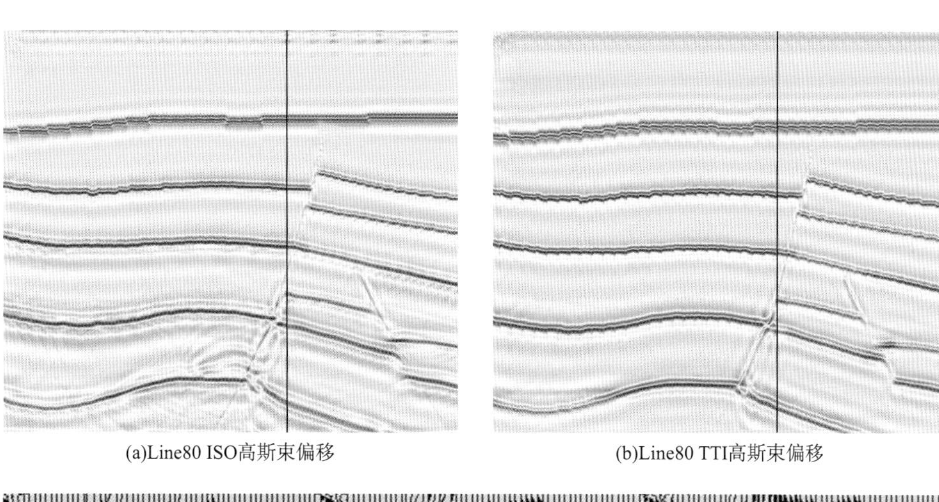

(a)Line80 ISO高斯束偏移　　(b)Line80 TTI高斯束偏移

(c)Line80 CDP240 ISO高斯束偏移成像道集

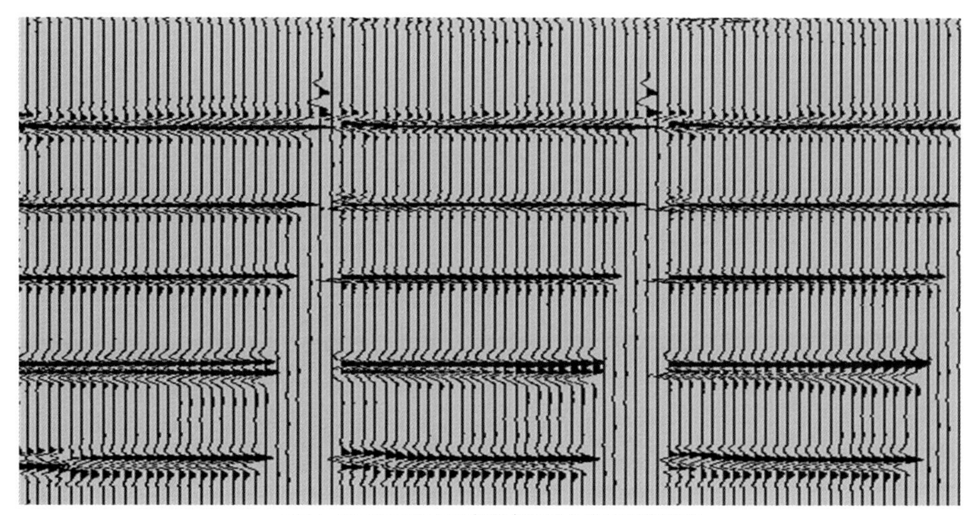

(d)Line80 CDP240 TTI高斯束偏移角度域成像道集

图 6－10　三维盐丘模型 L80 偏移结果

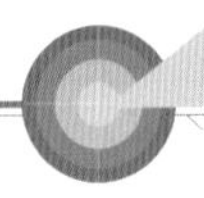

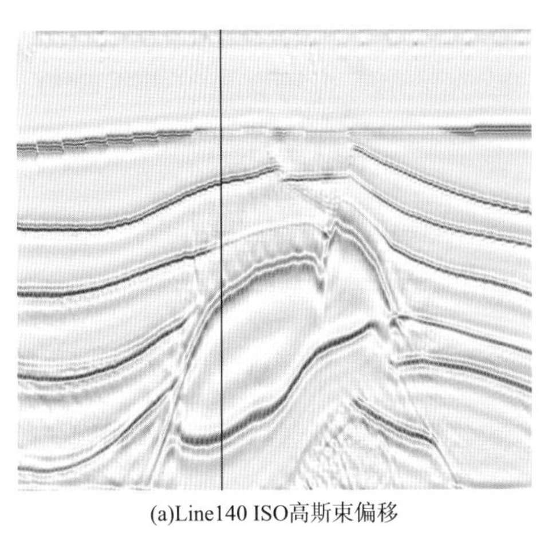

(a)Line140 ISO高斯束偏移

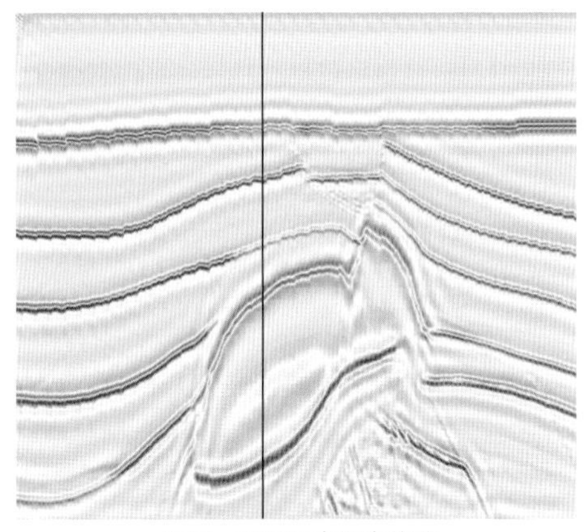

(b)Line140 TTI高斯束偏移

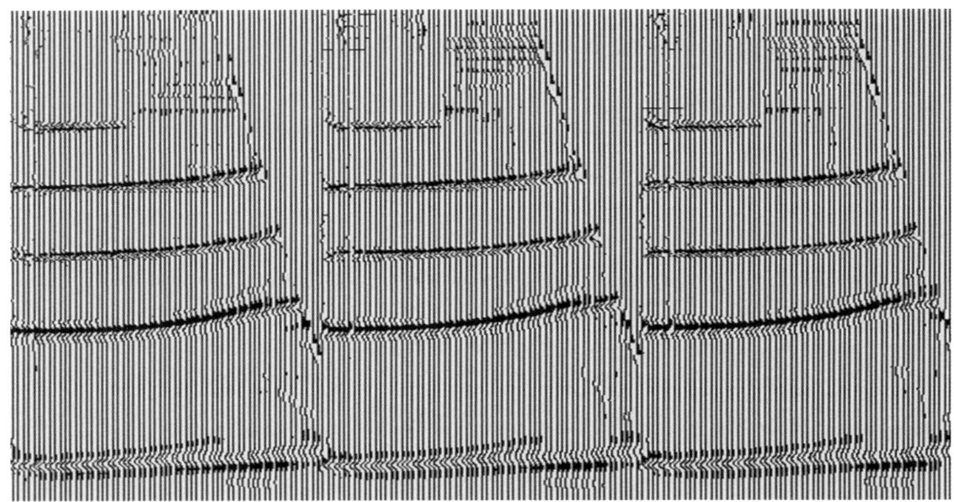

(c)Line140 CDP150 ISO高斯束偏移成像道集

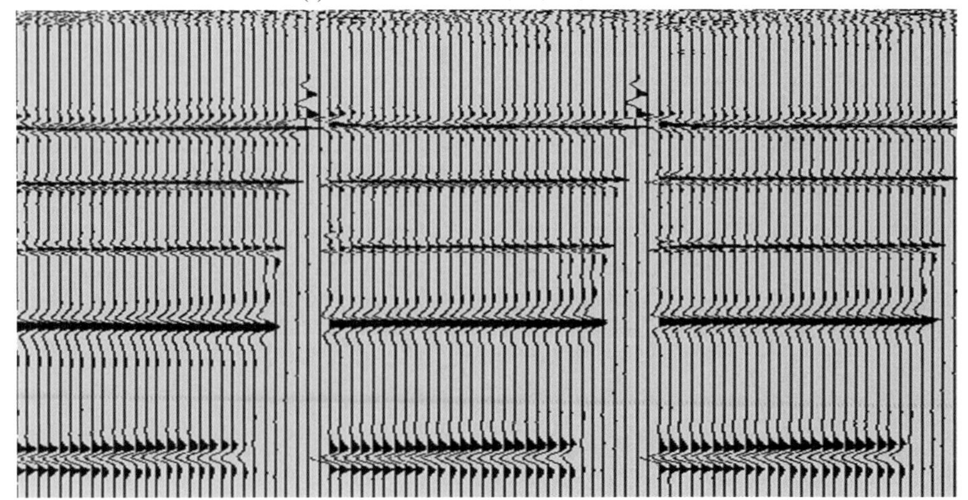

(d)Line140 CDP150 TTI高斯束偏移角度域成像道集

图 6－11　三维盐丘模型 L140 偏移结果

## 6.6.2 实际资料处理

实际数据试处理选择了具有典型 TTI 特征的国外某探区数据。

图 6－12 为探区位置。图 6－13 为该地区前期处理的 PSTM 老剖面，剖面整体品质较高，一些大套地层成像还是比较好的。但浅层成像信噪比偏低，成像模糊，中深层分辨率偏低，断层成像不清晰。特别重要的一点是，后期通过与测井资料及分层信息验证，处理结果存在较大深度差，并且相比于构造高部位，构造侧翼深度差更大。甲方通过前期资料分析，认为在该地区存在较明显的各向异性，并对成像结果带来较大影响，要求在新处理时采取各向异性成像技术。由于该工区构造主体表现为一套背斜构造，在倾角较大的构造侧翼会有相对明显的 TTI 特征，因此该数据适合进行 TTI 叠前深度偏移处理（图 6－14、图 6－15）。

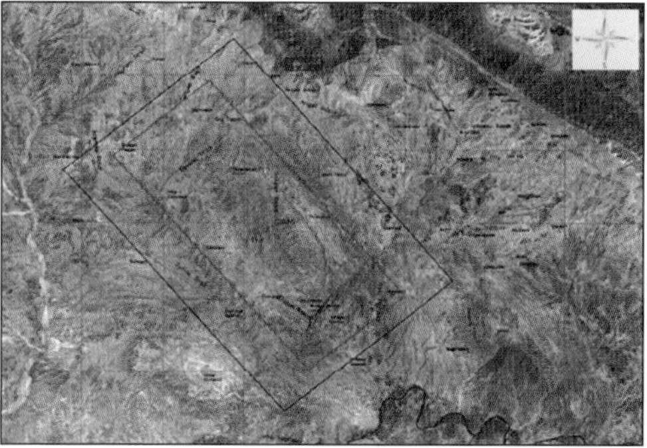

图 6－12　工区位置

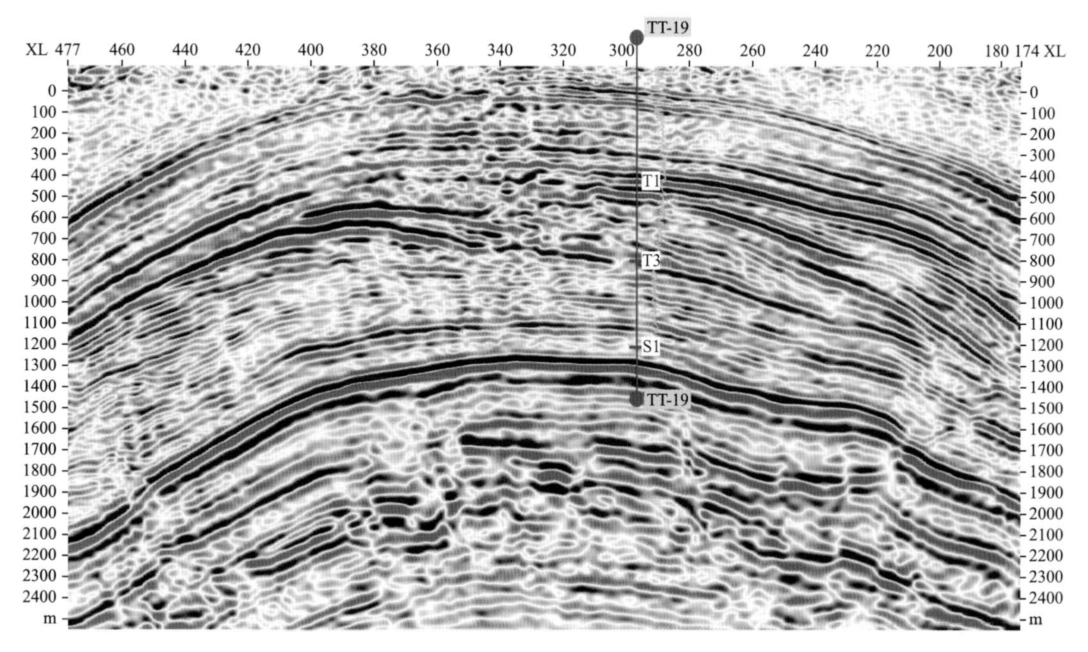


图 6－13　老剖面（PSTM）

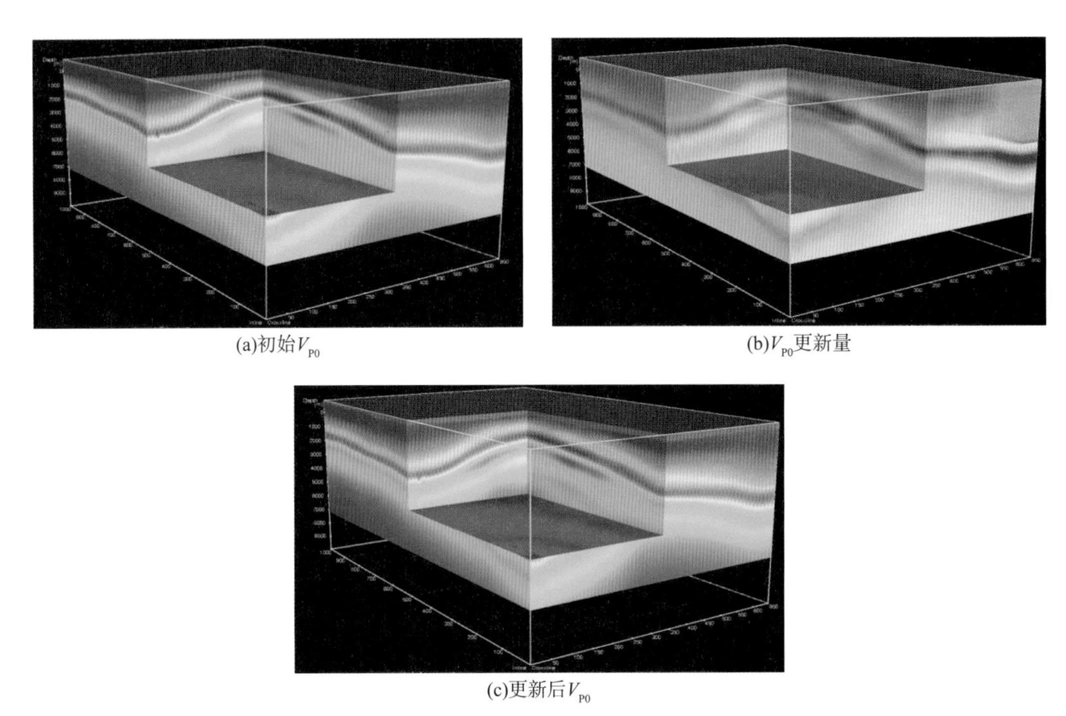
(a)初始$V_{P0}$　(b)$V_{P0}$更新量　(c)更新后$V_{P0}$

图 6－14　层析反演更新 $V_{P0}$

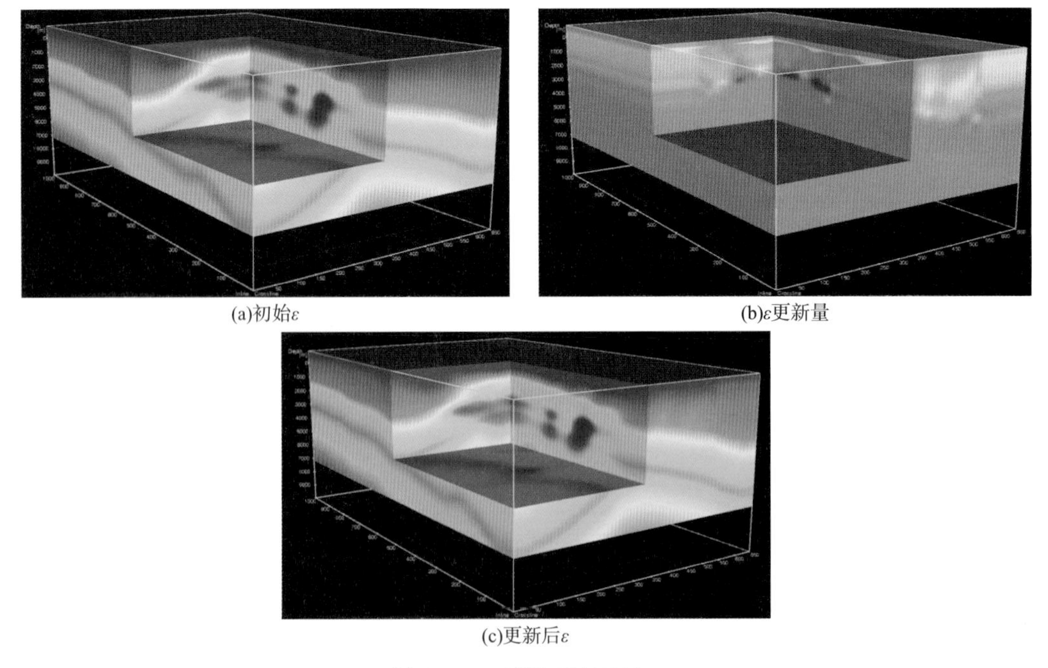
(a)初始$\varepsilon$　(b)$\varepsilon$更新量　(c)更新后$\varepsilon$

图 6－15　层析反演更新 $\varepsilon$

图 6－16～图 6－22 分别为该工区 5 条 Inline 过井线和 2 条 Crossline 线的偏移效果对比图。可以看到，与常规的 ISO-KPSDM 剖面相比，VTI-RTM 成像剖面品质更高，信噪比

和分辨率都有不同程度的提高，浅层成像更加清晰，中深层断层成像更加清楚，地层之间的接触关系更加合理，目的层位与测井分层数据之间的深度差也有一定的减轻，但在具有较大倾角的构造侧翼处，由于TTI特性的影响，仍然存在较大的深度差。而TTI-GBM剖面成像在保持品质与VTI-RTM成像剖面相当的情况下，目的层位与测井分层数据之间几乎没有明显的深度差，与测井数据的匹配更加准确，图6－23的统计图更加验证了这一点。

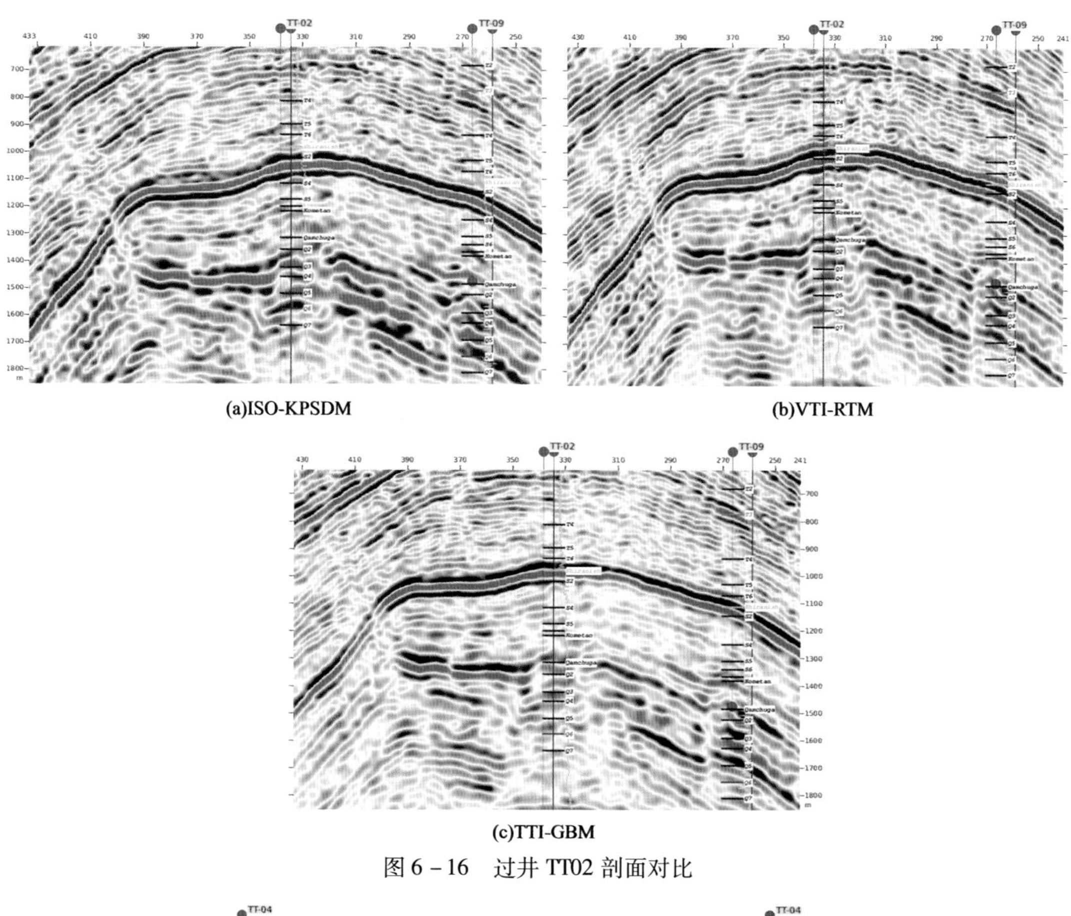


(a)ISO-KPSDM

(b)VTI-RTM

(c)TTI-GBM

图6－16　过井TT02剖面对比

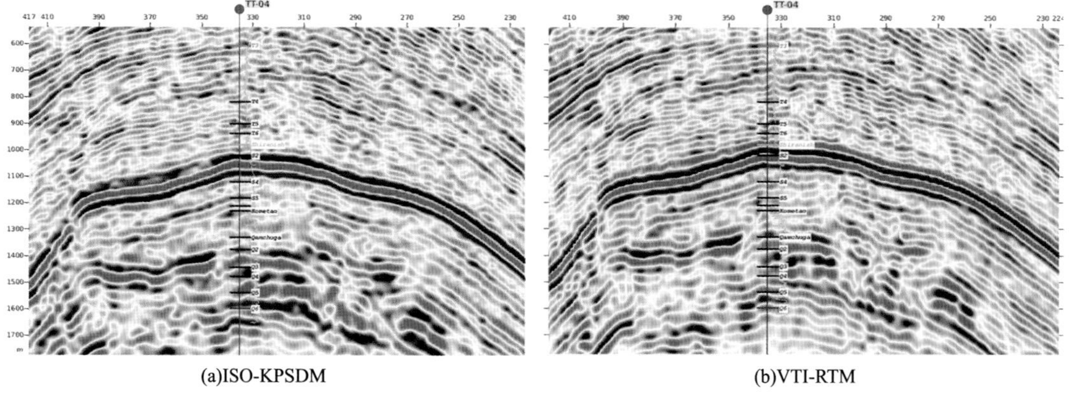


(a)ISO-KPSDM

(b)VTI-RTM

图6－17　过井TT04剖面对比

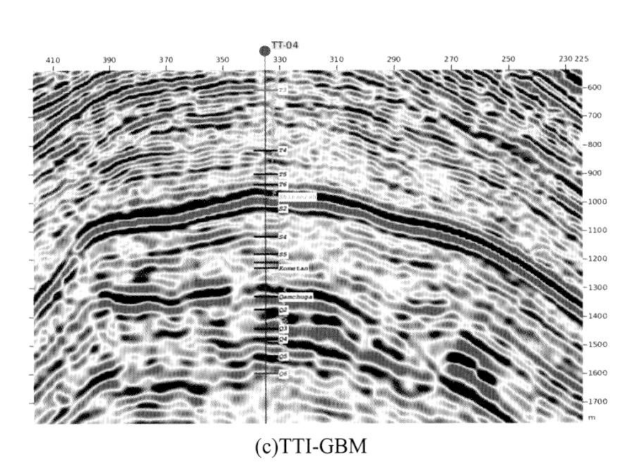


(c)TTI-GBM

图 6 - 17　过井 TT04 剖面对比（续）

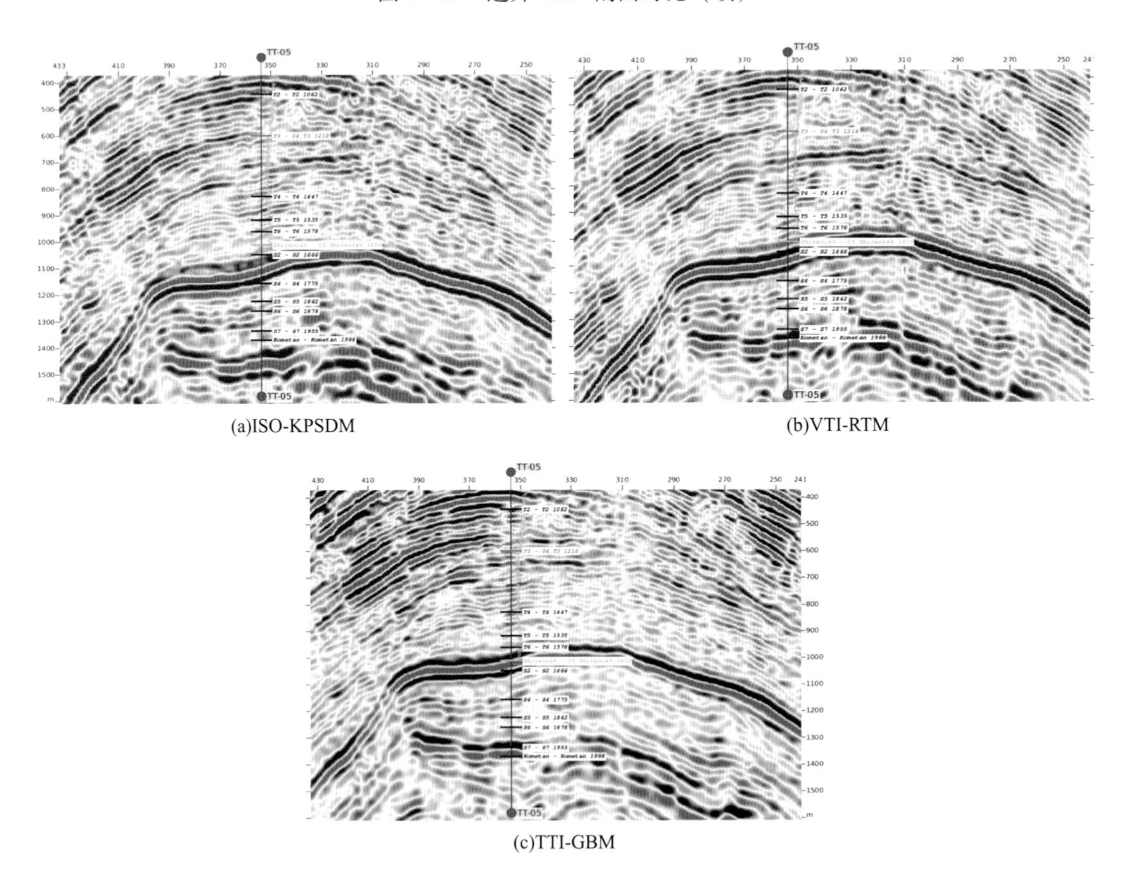


(a)ISO-KPSDM

(b)VTI-RTM

(c)TTI-GBM

图 6 - 18　过井 TT05 剖面对比

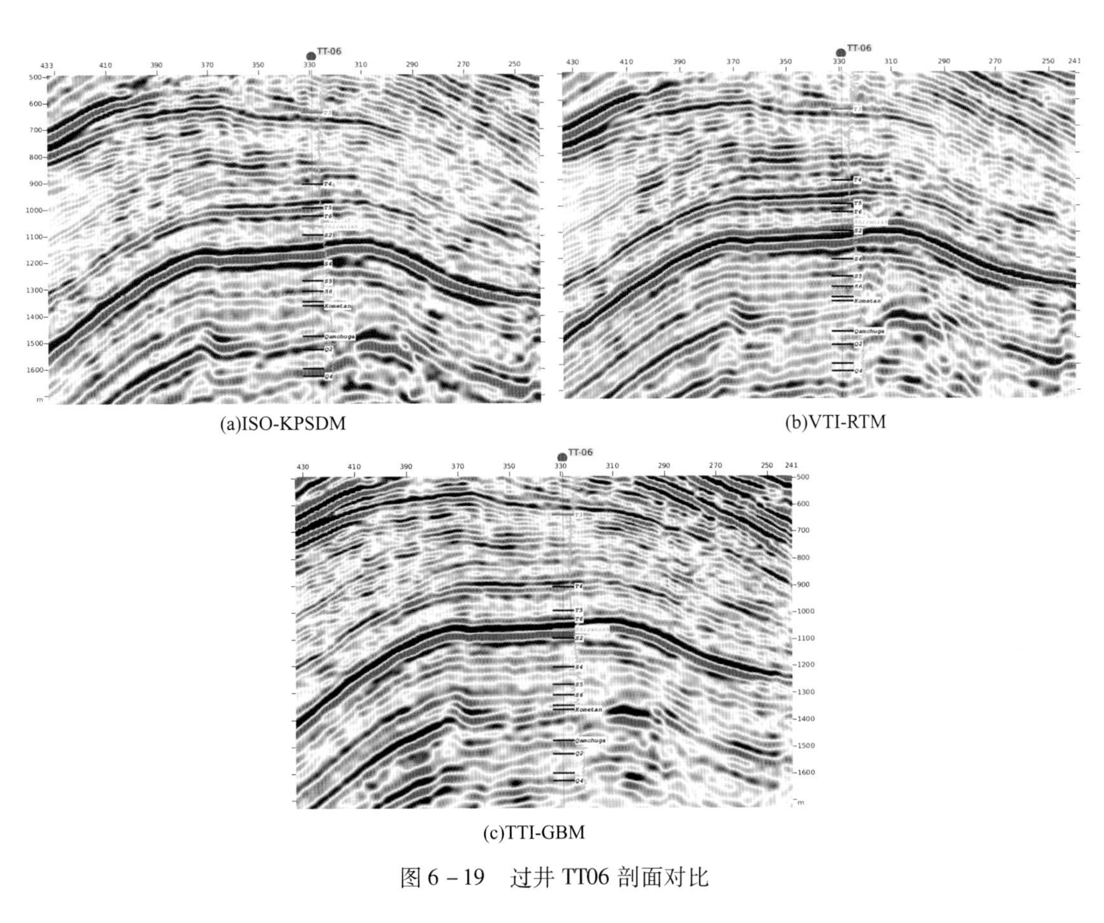

(a)ISO-KPSDM

(b)VTI-RTM

(c)TTI-GBM

图 6－19　过井 TT06 剖面对比

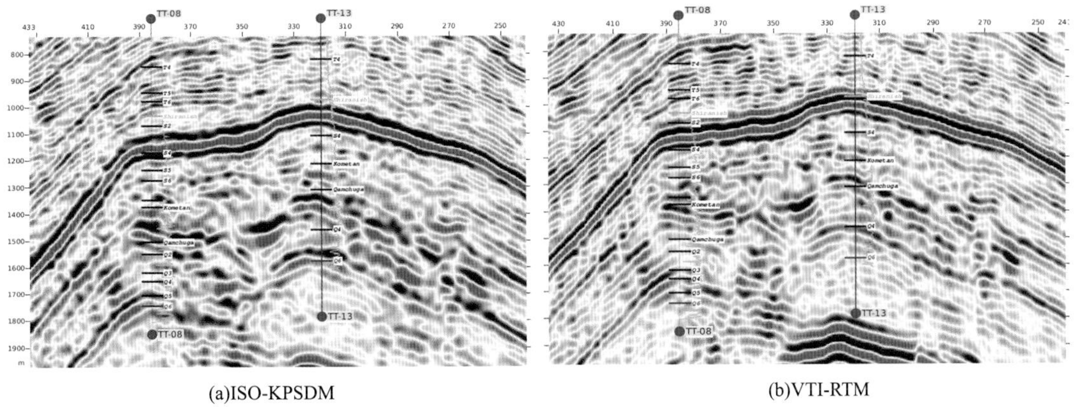

(a)ISO-KPSDM

(b)VTI-RTM

图 6－20　过井 TT08 剖面对比

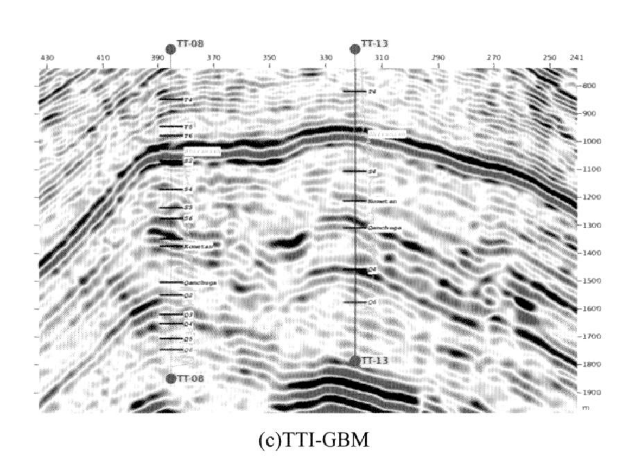


(c)TTI-GBM

图 6－20　过井 TT08 剖面对比（续）

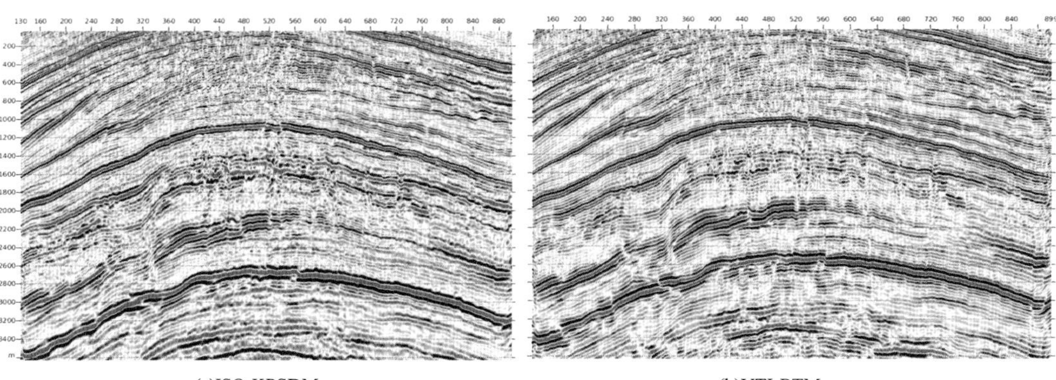


(a)ISO-KPSDM　　　　(b)VTI-RTM

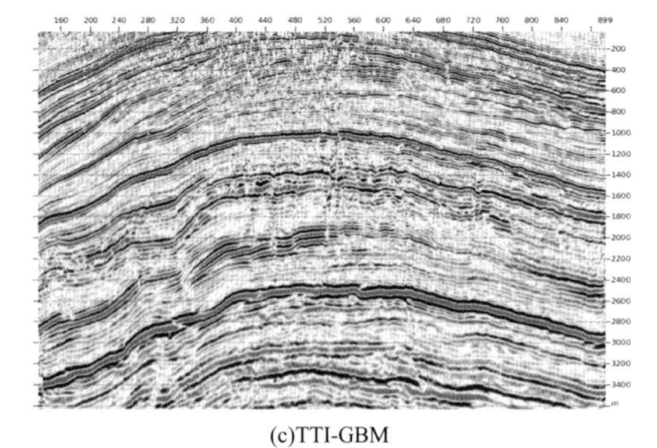


(c)TTI-GBM

图 6－21　Crossline300 剖面对比

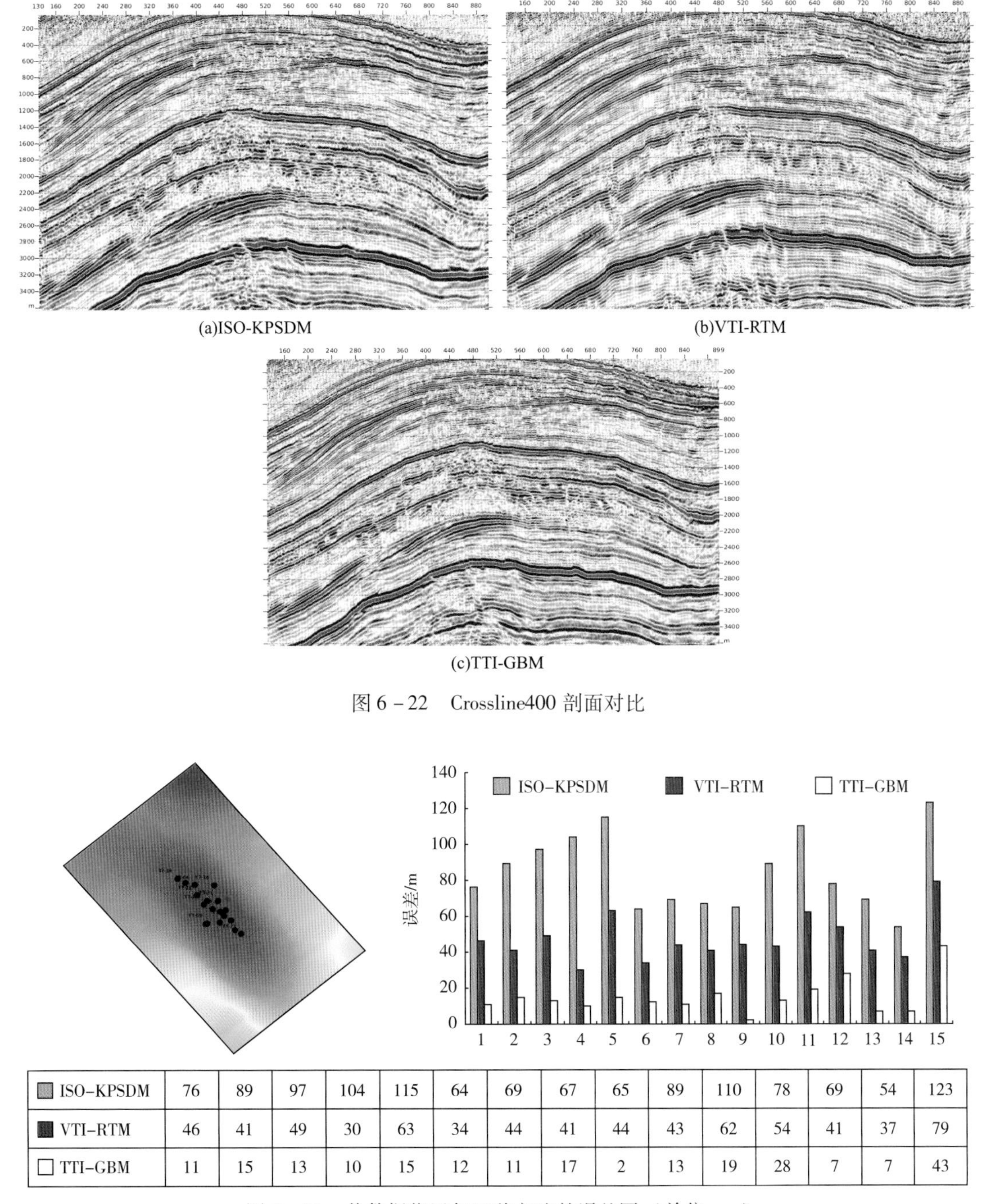


(a)ISO-KPSDM

(b)VTI-RTM

(c)TTI-GBM

图 6－22　Crossline400 剖面对比

| | | | | | | | | | | | | | | | |
|---|---|---|---|---|---|---|---|---|---|---|---|---|---|---|---|
| ISO-KPSDM | 76 | 89 | 97 | 104 | 115 | 64 | 69 | 67 | 65 | 89 | 110 | 78 | 69 | 54 | 123 |
| VTI-RTM | 46 | 41 | 49 | 30 | 63 | 34 | 44 | 41 | 44 | 43 | 62 | 54 | 41 | 37 | 79 |
| TTI-GBM | 11 | 15 | 13 | 10 | 15 | 12 | 11 | 17 | 2 | 13 | 19 | 28 | 7 | 7 | 43 |

图 6－23　井数据位置与三种方法的误差图（单位：m）

## 6.7　本章小结

地震勘探中体波的描述，射线理论依然占据着重要的地位。无论是叠前深度偏移还是层析成像速度估计，积分理论下的波场传播理论都起着核心作用。射线中心坐标系中的高斯束波传播非常类似于球面波传播，沿着一个特定的波矢量在局部点进行傍轴近似展开，也就是沿射线中心坐标系进行傍轴近似方程的波传播，它兼具了射线理论和波动理论的优势。而高斯束偏移是一种精致的叠前深度偏移成像方法，其不但具有很高的计算效率和灵活性，还可以对多次波至进行成像，具有优于常规 Kirchhoff 偏移且接近于波动方程偏移的成像精度。此外，高斯束偏移还可以对陡倾角构造成像以及方便地提取角度道集。

作为射线类偏移方法的新代表，高斯束偏移由于其灵活高效以及适于低信噪比数据成像的优点而具有较高的实用价值以及广阔的应用前景。其不但可以适用于不同道集（共偏移距道集或炮道集）的叠前数据以及复杂的地表条件，还可以明显地提高成像信噪比，并能够抽取不同类型的成像道集用于偏移速度分析。除此之外，具有较高的成像精度及计算效率，使得其非常适合三维情况下的深度域偏移成像，并且利用其信噪比较高的成像道集进行速度建模迭代。不同类型共成像点道集的提取也是高斯束偏移的一大优点，特别是角度域共成像点道集（ADCIGs）。与波动方程偏移所需的复杂的映射转换不同，高斯束偏移可以直接利用其隐含的传播角度信息来解析地提取 ADCIGs，精度及计算效率较高。

各向异性高斯束叠前深度偏移具有各向同性的所有优点，由于其运算效率高、道集质量高，适于为层析反演提供输入数据，尤其是高质量道集能够有效加快层析反演的迭代效率，促进层析反演收敛性，提高层析反演建模的精度。

射线束偏移是一种改进的 Kirchhoff 偏移方法，已然成为射线类偏移方法的一个分支，其改进的优点体现在多次波至的成像、潜在的效率上的优势及提高成像信噪比。而作为射线束偏移方法的理论基础，高斯束偏移在具体实现上衍生出了一系列新的束偏移方法，包括诸如快速束偏移技术、自适应束偏移技术、控制束偏移技术等，适应于不同的地质特点及不同的应用目的。基于束偏移在操作上的足够灵活性，我们有理由相信，随着应用需求的改变，束偏移将进一步发展出各种不同的特色成像技术。

# 7 各向异性介质逆时叠前深度偏移技术

随着勘探开发程度的不断深入，地震资料处理对偏移成像的要求越来越高。目前，叠前深度偏移是成像精度最高的一类方法，在工业界应用最多的主要有基于射线理论的Kirchhoff积分法叠前深度偏移和基于单程波动理论的波动方程叠前深度偏移两类方法。Kirchhoff积分偏移算法的理论基于波场的高频近似，而它的实现通常采用单走时路径的假设，从而使得该技术不适用于速度横向变化剧烈的介质成像；而单程波动方程偏移算法的理论来源于对全声波方程的单程波逼近，其有效的数值实现需要对描述单程波的拟微分方程实行进一步地简化，从而导致了该偏移算法存在偏移倾角限制，不适应高陡构造成像。

基于全声波方程的逆时叠前深度偏移（RTM）是具有明确物理意义的精确成像方法。它采用描述地震波在复杂介质中传播过程的波场延拓算子进行偏移成像，物理概念清晰，且更稳健、更精确，能自然地处理多路径问题以及由速度变化引起的聚焦或焦散效应，并具有很好的振幅保持特性；避免了上、下行波场的分离，对波动方程的近似较少，从而克服了偏移倾角和偏移孔径的限制，汇集了Kirchhoff方法和单程波动方程方法的优点于一体，可以有效地处理纵横向速度存在剧烈变化。该技术具有相位准确、成像精度高、对介质速度横向变化和高陡倾角适应性强、甚至可以利用回转波和多次波正确成像等优点。RTM是目前理论最先进、成像精度最高的地震偏移成像方法。

对于各向异性介质，严格意义上的声波是不可能存在的，但对于构造成像来说，与各向同性介质相类似，只需作各向异性介质P波运动学特征的声学近似就能进行$p$波波场的外推和成像。Alkhalifah（1998）首先提出了拟声波近似这一概念，在耦合的频散关系中令垂直方向上SV波速度为零，简化了频散关系，导出了可解的qP波方程，Alkhalifah（2000）、Zhou（2006）、Du（2008）利用不同辅助变量简化了方程；Kile和Toro（2001）、Zhang（2003）、Chu（2011）、Reynam（2011）、Gezhan（2011）利用二维情况下解耦的P-SV关系导出了不同形式的“纯P波”方程，但“纯P波”方程的快速数值算法仍不是太成熟；Dellinger和Etgen（1990）、Jia Yan和Paul Sava（2010）在弹性波场外推过程中，利用P-SV极化方向相互垂直，求解Christoffel方程得到极化方向投影算子进行P-SV波分离，但这样需要计算弹性波方程组，其计算量巨大。

# 7.1 各向异性介质 RTM 偏移算子构建

## 7.1.1 VTI 介质 RTM 偏移算子

### 7.1.1.1 弹性波方程的声学近似

对于各向异性介质，严格意义上的声波是不可能存在的，但对于构造成像来说，与各向同性介质相类似，我们需要一个代表各向异性介质中 P 波运动学特征的声学近似就能进行 $p$ 波波场的外推和成像。Alkhalifah（1998）首先提出了拟声波近似这一概念，在耦合的频散关系中令垂直方向上 SV 波速度为零，简化了频散关系，导出了可解的 qP 波方程。声学近似的意义（目标）在于用标量场而非矢量场去描述各向异性介质中的波场，不用外推矢量波的方程组，大大减少了计算量，这点在逆时偏移中十分重要；所导出的控制方程能很好地逼近实际介质中 P 波分量的运动学特征，能保证构造成像的精确性；不用做波场分离，就能较好的解决 P、S 波耦合的问题，使得 P 波成像不受 S 波的干扰（这点现阶段做得还不完美）。

Alkhalifah（1998）首先提出了声波近似想法（虽然这种方式现在看来并非是最好的方式），认为通过设定竖直方向上的 S 波速度为零速度可以从运动学上很好地近似描述 P 波分量，同时大大简化控制方程的形式。

二维情况下，求解 Christoffel 方程，并代入 Thomsen 表征，得到不同极化类型波的相速度公式：

$$\frac{V^2(\theta)}{V_{P0}^2} = 1 + \varepsilon\sin^2\theta - \frac{f}{2} \pm \sqrt{1 + \frac{4\sin^2\theta}{f}(2\delta\cos^2\theta - \varepsilon\cos2\theta) + \frac{4\varepsilon^2\sin^4\theta}{f^2}} \quad (7-1)$$

式中，$f=1-\frac{v_{S0}^2}{v_{P0}^2}=1-\frac{c_{55}}{c_{33}}$；“+”代表 P 波，“-”代表 SV 波。

Alkhalifah 利用耦合的频散做近似，将式（7-1）两边平方，经过整理，得到 P-SV 耦合的频散关系：

$$k_z^2 = \frac{v_{nmo}^2}{v_{P0}^2}\left[\frac{\omega^2}{v_{nmo}^2} - \frac{\omega^2(k_x^2+k_y^2)}{\omega^2 - v_{nmo}^2\eta(k_x^2+k_y^2)}\right] \quad (7-2)$$

两边同时乘上 F-K 域的波场 $F(k_x, k_y, k_z, \omega)$，反变换到时间域得到最终控制方程：

$$\frac{\partial^4 F}{\partial t^4} - (1+2\eta)v_{nmo}^2\left(\frac{\partial^4 F}{\partial x^2\partial t^2} + \frac{\partial^4 F}{\partial y^2\partial t^2}\right) = v_{P0}^2\frac{\partial^4 F}{\partial z^2\partial t^2} - 2\eta v_{nmo}^2 v_{P0}^2\left(\frac{\partial^4 F}{\partial x^2\partial z^2} + \frac{\partial^4 F}{\partial y^2\partial z^2}\right) \quad (7-3)$$

### 7.1.1.2 控制方程的降阶

式（7-3）中有时间的 4 阶偏导数项，如果直接解，涉及到的时间层过多，所需储存的波场多，计算效率低。因此，不少学者提出了不同的解法以降低式（7-3）时间偏导阶数，代表性的解法大致有以下三种。

1. Alkhalifah 解法

引入中间辅助变量 $P=\dfrac{\partial^2 F}{\partial t^2}$，则对以下两个方程求解：

$$\begin{aligned}
\frac{\partial^2 p}{\partial t^2} &= (2+2\eta)v_{\mathrm{nmo}}^2\left(\frac{\partial^2 p}{\partial x^2}+\frac{\partial^2 p}{\partial y^2}\right)+v_{\mathrm{P0}}^2\frac{\partial^2 p}{\partial z^2}-2\eta v_{\mathrm{nmo}}^2 v_{\mathrm{P0}}^2\left(\frac{\partial^4 F}{\partial x^2\partial z^2}+\frac{\partial^4 F}{\partial y^2\partial z^2}\right)+f_{\mathrm{source}} \\
P &= \frac{\partial^2 F}{\partial t^2}
\end{aligned} \tag{7-4}$$

2. Zhou 解法

利用下式：

$$\begin{aligned}
v_{\mathrm{nmo}} &= v_{\mathrm{P0}}\sqrt{1+2\delta} \\
\eta &= \frac{\varepsilon-\delta}{1+2\delta}
\end{aligned} \tag{7-5}$$

重写式（7－2）成：

$$k_z^2=\frac{\omega^2}{v_{\mathrm{P0}}^2}-(1+2\delta)(k_x^2+k_y^2)-(1+2\delta)(k_x^2+k_y^2)\frac{2v_{\mathrm{P0}}^2(\varepsilon-\delta)(k_x^2+k_y^2)}{\omega^2-2v_{\mathrm{P0}}^2(\varepsilon-\delta)(k_x^2+k_y^2)} \tag{7-6}$$

在式（7－6）两边乘上 $p$（$\omega$，$k_x$，$k_y$，$k_z$），并引入辅助变量：

$$q(\omega,k_x,k_y,k_z)=\frac{2v_{\mathrm{P0}}^2(\varepsilon-\delta)(k_x^2+k_y^2)}{\omega^2-2v_{\mathrm{P0}}^2(\varepsilon-\delta)(k_x^2+k_y^2)}p(\omega,k_x,k_y,k_z) \tag{7-7}$$

那么式（7－6）可以写作：

$$\begin{aligned}
k_z^2 p(\omega,k_x,k_y,k_z) = {} & \left[\frac{\omega^2}{v_{\mathrm{P0}}^2}-(1+2\delta)(k_x^2+k_y^2)\right]p(\omega,k_x,k_y,k_z)- \\
& (1+2\delta)(k_x^2+k_y^2)q(\omega,k_x,k_y,k_z)
\end{aligned} \tag{7-8}$$

联立式（7－7）、式（7－8），反变到时空域，得到控制方程：

$$\begin{aligned}
\frac{\partial^2 p}{\partial t^2} &= v_n^2\left(\frac{\partial^2 p}{\partial x^2}+\frac{\partial^2 p}{\partial y^2}+\frac{\partial^2 q}{\partial x^2}+\frac{\partial^2 q}{\partial y^2}\right)+v_z^2\frac{\partial^2 p}{\partial z^2}+f_{\mathrm{source}} \\
\frac{\partial^2 q}{\partial t^2} &= (v_x^2-v_n^2)\left(\frac{\partial^2 p}{\partial x^2}+\frac{\partial^2 p}{\partial y^2}+\frac{\partial^2 q}{\partial x^2}+\frac{\partial^2 q}{\partial y^2}\right)
\end{aligned} \tag{7-9}$$

为表述简洁，用 $v_n$ 代表 NMO 速度，$v_z$ 表示沿 $z$ 方向的 P 波速度，$v_x=v_z\sqrt{1+2\varepsilon}$代表 $x$ 方向上的 P 波速度。

3. X. Du 解法

利用式（7－9），将式（7－6）重写为：

$$\omega^4-[v_x^2(k_x^2+k_y^2)+v_z^2k_z^2]\omega^2-v_z^2(v_n^2-v_x^2)(k_x^2+k_y^2)k_z^2=0 \tag{7-10}$$

在式（7－10）两边乘上 $p$（$\omega$，$k_x$，$k_y$，$k_z$），并引入辅助变量：

$$q(\omega,k_x,k_y,k_z)=\frac{\omega^2+(v_n^2-v_x^2)(k_x^2+k_y^2)}{\omega^2}p(\omega,k_x,k_y,k_z) \tag{7-11}$$

式（7－10）可以重写成：

$$\omega^2 p(\omega,k_x,k_y,k_z)=v_x^2(k_x^2+k_y^2)p(\omega,k_x,k_y,k_z)+v_z^2k_z^2q(\omega,k_x,k_y,k_z) \tag{7-12}$$

联立式（7－11）、式（7－12），反变到时间域，有：

$$\begin{aligned}\frac{\partial^2 p}{\partial t^2}&=v_x^2\left(\frac{\partial^2 p}{\partial x^2}+\frac{\partial^2 p}{\partial y^2}\right)+v_z^2\frac{\partial^2 q}{\partial z^2}+f_{\text{source}}\\ \frac{\partial^2 q}{\partial t^2}&=v_n^2\left(\frac{\partial^2 p}{\partial x^2}+\frac{\partial^2 p}{\partial y^2}\right)+v_z^2\frac{\partial^2 q}{\partial z^2}+f_{\text{source}}\end{aligned} \tag{7-13}$$

#### 7.1.1.3　TX 域波场校正

以上三种方程基于相同的频散关系式（7－6），只是引入的辅助变量的形式不一样，不同的辅助函数的引入导致求解的波场有差别（但 P 波的运动学特征是一致的，因为采用的是同一个频散关系），但由于采用的都是耦合频散关系，令 $v_{S0}=0$ 是考虑控制方程的简化，无论用那种具体形式的控制方程，P 波分量中都会有耦合的 SV 波分量（二维情况下），如图 7－1 所示。

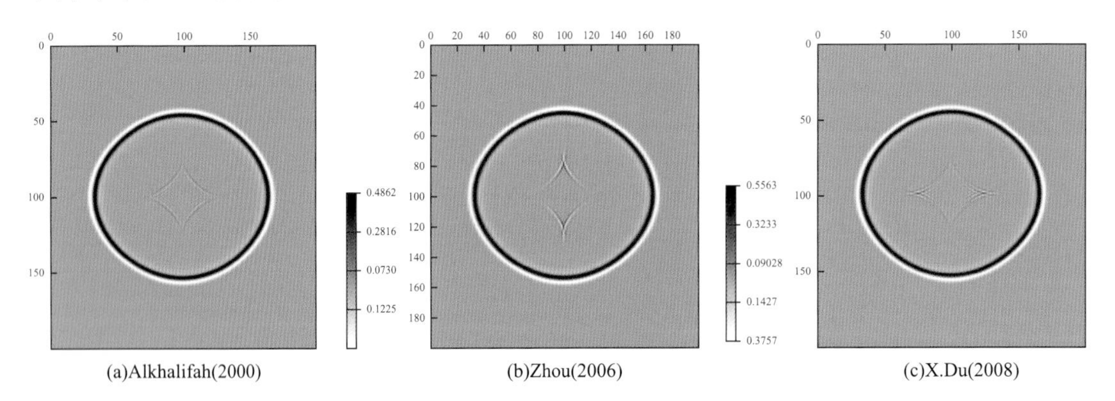


(a)Alkhalifah(2000)　(b)Zhou(2006)　(c)X.Du(2008)

图 7－1　拟声近似下不同计算策略均与介质波场快照

Grechka（2004）对声学各向异性中的横波干扰进行了全面的叙述，就是令 $v_{S0}=0$ 并不意味着 SV 波相速度处处为零，据 Thomsen（1986），有：

$$\begin{aligned}\lim_{v_{S0}\to 0}v_{SV}^2(\theta)&=\lim_{v_{S0}\to 0}\left\{v_{S0}^2\left[1+\frac{v_{P0}^2}{v_{S0}^2}(\varepsilon-\delta)\sin^2\theta\cos^2\theta\right]\right\}\\&=v_{P0}^2(\varepsilon-\delta)\sin^2\theta\cos^2\theta\end{aligned} \tag{7-14}$$

从式（7－14）可以明显看出，在 $v_{S0}=0$ 的假设下，仅当相角为 0°和 90°时，才有 $v_{S0}=0$，在其余处均不为零。

比较三种不同的计算策略，第一种和第二种的物理意义比较明确，P 波波场的控制方程均可以看作一个椭圆各向异性部分再加上一个校正部分。我们知道在椭圆各向异性介质中，胀缩震源不产生转化的 SV 波，我们可以利用这一点对波场进行校正以减小波场中的横波分量的影响。

1. FK 域校正

Yu Zhang（2009）认为可做如下校正。

定义校正项为：

$$q \frac{(1+2\delta)k_x^2}{(1+2\delta)k_x^2+k_z^2} \tag{7-15}$$

则校正后的波场为：

$$p_c^{\ n} = p^n + q^n \frac{(1+2\delta)k_x^2}{(1+2\delta)k_x^2+k_z^2} \tag{7-16}$$

从后面的讨论可以看出，这种校正后的波场实际上是在常数假设下近似的纯 P 波波场。

在常速介质的假设下，利用 Alkhalifah（2000）提出的控制方程进行这种校正所包含的有效 P 波能量更小，校正有更好的效果（图 7-2）。对式（5-108），定义新的校正项：

$$q \frac{2[(\varepsilon-\delta)k_x^2k_z^2]v_z^4}{[(1+2\varepsilon)k_x^2+k_z^2]v_z^2} \tag{7-17}$$

校正后的波场可以表示为：

$$p_c = p + q \frac{2[(\varepsilon-\delta)k_x^2k_z^2]v_z^4}{[(1+2\varepsilon)k_x^2+k_z^2]v_z^2} \tag{7-18}$$

相当于对椭圆各向异性介质背景下的扰动场 $q$ 用频散关系做了“rescaled”，本质上，还是利用了背景场和扰动场波场成分的差异。

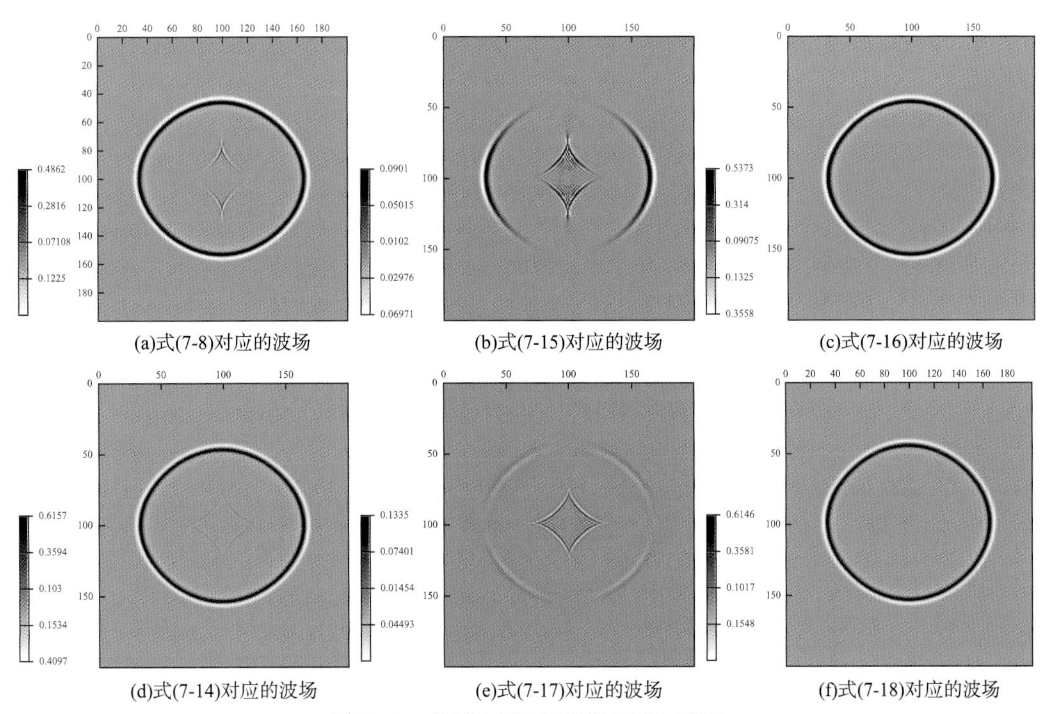

(a)式(7-8)对应的波场 (b)式(7-15)对应的波场 (c)式(7-16)对应的波场

(d)式(7-14)对应的波场 (e)式(7-17)对应的波场 (f)式(7-18)对应的波场

图 7-2 常速介质下 FK 域校正示意图

然而，上述的 FK 域中的校正注定无法在实际生产中发挥更大的作用，首先是常速介质的假设，在变速介质中上述的校正存在误差；另外，在大规模波场逆时外推中，每一个时间步都要进行 FT，这会大大的降低计算效率。

2. TX 域校正

H. Guan（2011）直接利用式（7－12）时空域对应波场的特征，进行如下的校正：

$$p_c = v_n^2 H_2(p+q) + v_z^2 H_1 p \tag{7-19}$$

式（7－19）实际上就是式（7－16）在时空域的近似表达。利用式（7－16）和式（7－19）进行校正的比较如图 7－3 所示。在变速介质中式（7－19）的校正效果要好于式（7－16），但是这两种方式都没能完全消除 SV 波分量，因为都不是严格意义上的波场分离。

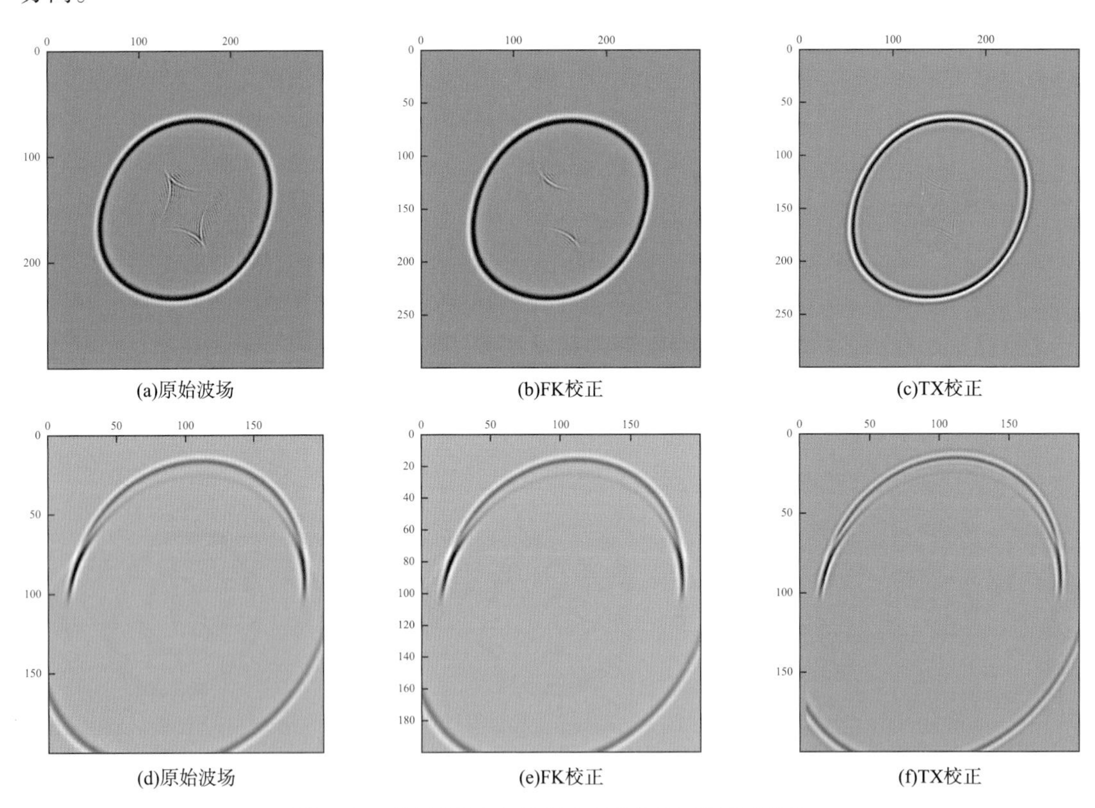


图 7－3　常速/变速介质下 FK 域和 TX 域校正对比

#### 7.1.1.4　基于紧致差分的 VTI-RTM 成像算子

由空间离散点 $x_j - jh$，$f_j = f(x_j)$ 近似处 $x_j$ 的导数 $f'_j$，有下式成立：

$$\sum_{k=-L}^{R} b_k f'_{j+k} = \frac{1}{h}\sum_{k=-l}^{r} a_k f_{j+k} + o(h^n) \tag{7-20}$$

式中，$h$ 为步长，$\frac{1}{h}$起到加权因子的作用，并令 $b_0 = 1$，简化了表达形式。

对式（7－20）两边同时泰勒展开并整理，可以得到如下形式的紧致差分格式：

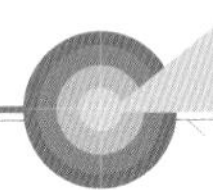

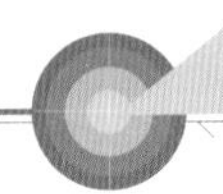

$$(a_{-l}+a_{-l+1}+\cdots+a_{-1}+a_0+a_1+\cdots+a_{r-1}+a_r)f_j+h[(-la_{-l}-\cdots-a_{-1}+a_0+a_1+\cdots+ra_r)+(b_{-L}+\cdots+b_{-1}+b_0+b_1+\cdots+b_R)]f_j+\frac{h^2}{2!}[(l^2a_{-l}+\cdots+a_{-1}+a_0+a_1+\cdots+r^2a_r)+(-Lb_{-L}-\cdots-b_{-1}+b_0+b_1+\cdots+Rb_R))]f_j+\cdots\cdots+h^n[(-l)^na_{-l}+(-l+1)^na_{-l+1}+\cdots+(-1)^na_{-1}+a_0+a_1+\cdots+(r-1)^na_{r-1}+r^na_r+(-L)^nb_{-L}-\cdots(-1)^nb_{-1}+b_0+b_1+\cdots+R^nb_R]f_j^{(n)}=0 \tag{7-21}$$

利用多项式插值拟合紧致有限差分格式，一阶导近似由 Hermite-Birkhoff 插值多项式得出；二阶导近似可以看成是广义 Birkhoff 插值的一个特例。

1. (0, 2) 多项式插值推导二阶导近似格式

(0, $p$) 插值多项式，指一系列函数值或 $p$ 阶导数值为已知，或两者均为已知的离散点，其导数值和函数值线性组合形成的多项式，来近似某一节点的函数值。由于求解波动方程中只涉及到二阶导，所以此处只给出二阶导近似格式的推导过程，一阶导近似格式的推导过程完全与二阶导类似。

设由 $n$ 个点组成的点集 $I_n$，其中离散点的函数值和二阶导均为已知；由 $m$ 个点组成的点集 $I_m$，其中只有离散点的函数值为已知。显然，集合 $I_n$ 与 $I_m$ 无交集。

设有 $2n+m-1$ 次多项式 $u(x)$ 满足插值条件：

$$\begin{aligned}&u(x_i)=u_i,u''(x_i)=u''_i,\forall i\in I_n\\&u(x_j)=u_j,\forall j\in I_m\end{aligned} \tag{7-22}$$

设插值多项式为：

$$u(x)=\sum_{i\in I_n}u_ip_i(x)+\sum_{i\in I_n}u''_iq_i(x)+\sum_{i\in I_m}u_ir_i(x) \tag{7-23}$$

则由插值条件，多项式 $p_i(x)$、$q_i(x)$、$r_i(x)$ 满足下列条件：

$$\begin{aligned}&p_i(x_j)=\delta_{ij},\forall i\in I_n,\forall j\in I_n\cup I_m;p''_i(x_j)=0,\forall i\in I_n,\forall j\in I_n;\\&q_i(x_j)=0,\forall i\in I_n,\forall j\in I_n\cup I_m;q''_i(x_j)=\delta_{ij},\forall i\in I_n,\forall j\in I_n;\\&r_i(x_j)=\delta_{ij},\forall i\in I_m,\forall j\in I_n\cup I_m;r''_i(x_j)=0,\forall i\in I_m,\forall j\in I_n;\end{aligned} \tag{7-24}$$

下面分别求取三个插值基函数。

1) $p_i(x)$, $i\in I_n$

由式 (7-24) 可设 $p_i(x)$ 形式如下：

$$p_i(x)=\frac{\prod_m(x)}{\prod_m(x_i)}l_i^n(x)\left[1+\sum_{r=1}^{n}A_r(x-x_i)^r\right],i\in I_n \tag{7-25}$$

其中，$l_i^n(x)$ 为 Lagrange 插值基函数：

$$l_i^n(x)=\frac{\prod_{j\in I_n\neq i}(x-x_j)}{\prod_{j\in I_n\neq i}(x_i-x_j)} \tag{7-26}$$

$$\prod_m(x) = \prod_{j\in I_m}(x - x_j) \tag{7-27}$$

对式（7－25）求一阶导和二阶导，由式（7－24）中 $p''_i(x_j)=0$，$\forall i\in I_n$，$\forall j\in I_n$ 可得：

$j=i\in I_n$ 时，$l_i^n(x)=1$，$\dfrac{\prod_m(x)}{\prod_m(x_i)}=1$，有：

$$2A_1\left[l_i^n(x)' + \frac{\prod_m(x)'}{\prod_m(x_i)}\right]\Bigg|_{x=x_i} + 2A_2 + \left[l_i^n(x)'' + \frac{\prod_m(x)''}{\prod_m(x_i)} + 2\frac{\prod_m(x)'}{\prod_m(x_i)}l_i^n(x)'\right]\Bigg|_{x=x_i} = 0 \tag{7-28}$$

$j\in I_n\neq i\in I_n$ 时，$l_i^n(x)=0$，有：

$$\sum_{r=1}^{n}A_r(x-x_i)^r\left[2\frac{\prod_m(x)'}{\prod_m(x_i)}l_i^n(x)' + \frac{\prod_m(x)}{\prod_m(x_i)}l_i^n(x)''\right]\Bigg|_{x=x_j} + 2\frac{\prod_m(x)}{\prod_m(x_i)}l_i^n(x)'\left[\sum_{r=1}^{n}A_r r(x-x_i)^{r-1}\right]\Bigg|_{x=x_j} + 2\left[\frac{\prod_m(x)'}{\prod_m(x_i)}l_i^n(x)' + \frac{\prod_m(x)}{\prod_m(x_i)}l_i^n(x)''\right]\Bigg|_{x=x_j} = 0 \tag{7-29}$$

$\forall i\in I_n$，上面两组等式，可形成一个由 $n$ 个方程组成的，含有 $n$ 个未知量 $A_r$（$r=1$，2，…，$n$）的方程组，解方程组求得系数组合 $A_r$（$r=1$，2，…，$n$），从而得出基函数 $p_i(x)$。

2）$q_i(x)$，$i\in I_n$

与求取基函数 $p_i(x)$ 的过程相同，不再赘述。

3）$r_i(x)$，$i\in I_m$

与求取基函数 $p_i(x)$、$q_i(x)$ 的过程相同，不再赘述。

得出插值多项式式（3－32）后，对其两边同时求两次导数，并令 $x=x_i$，$i\in I_m$，得到关于节点 $x_i$ 二阶导的近似格式：

$$u''_i + \sum_{i\in I_n}a_i u''_i = b_i u_i + \sum_{i\in I_n}b_i u_i + \sum_{i\in I_m\neq i}b_j u_j \tag{7-30}$$

总体而言，利用（0，2）多项式插值求紧致格式包括以下步骤：

（1）确定近似过程中涉及的点，即 $I_n$、$I_m$。

（2）将 $I_n$、$I_m$ 中的元素代入方程组，求取插值基函数中的系数组合，得到基函数 $p_i(x)$，$q_i(x)$，$i\in I_n$ 和 $r_i(x)$，$i\in I_m$，进而得到插值多项式。

（3）对插值基函数 $p_i(x)$、$q_i(x)$、$r_i(x)$ 求二阶导，并取 $x=x_i$，$i\in I_m$，分别代入插值多项式，得最终结果。

（4）处理边界，形成一个完整的问题。

2. 三对角紧致差分格式的导出

1）确定网格点

所谓三对角，就是用于近似 $u''_i$ 的点中，涉及到的二阶导只有 $u'_{i+1}$ 和 $u'_{i-1}$，即 $I_n=$

$\{i-1,\ i+1\}$，$n=2$，且 $i\in I_m$，$m$ 待定，$I_m$ 中点数的多少，即 $m$ 决定能达到的近似精度 $2n+m-1$。

2）求插值基函数、插值多项式

按上述方法，可以求取 $p_{i-1}(x)$、$p_{i+1}(x)$、$q_{i-1}(x)$、$q_{i+1}(x)$、$r_i(x)$，进而获得插值多项式。

$$p_{i-1}(x)=\frac{\prod_m(x)}{\prod_m(x_{i-1})}l_{i-1}^n(x)\left[1+\sum_{r=1}^{n}A_r^{i-1}(x-x_{i-1})^r\right] \tag{7-31}$$

$$\begin{aligned}A_1^{i-1}=&-4\frac{\prod_m(x_{i-1})'}{\prod_m(x_{i-1})}-2\frac{\prod_m(x_{i+1})'}{\prod_m(x_{i+1})}-2(x_{i+1}-x_{i-1})\left[\frac{\prod_m(x_{i+1})'}{\prod_m(x_{i+1})}\frac{\prod_m(x_{i-1})'}{\prod_m(x_{i-1})}-\frac{\prod_m(x_{i-1})''}{\prod_m(x_{i-1})}\right]+\\&(x_{i+1}-x_{i-1})^2\frac{\prod_m(x_{i+1})'}{\prod_m(x_{i+1})}\frac{\prod_m(x_{i-1})'}{\prod_m(x_{i-1})}\\A_2^{i-1}=&4\frac{\prod_m(x_{i+1})'}{\prod_m(x_{i+1})}\frac{\prod_m(x_{i-1})'}{\prod_m(x_{i-1})}-\frac{\prod_m(x_{i-1})''}{\prod_m(x_{i-1})}-\frac{2}{(x_{i+1}-x_{i-1})}\left[\frac{\prod_m(x_{i-1})'}{\prod_m(x_{i-1})}-\frac{\prod_m(x_{i+1})'}{\prod_m(x_{i+1})}\right]-\\&(x_{i+1}-x_{i-1})\frac{\prod_m(x_{i+1})'}{\prod_m(x_{i+1})}\frac{\prod_m(x_{i-1})''}{\prod_m(x_{i-1})}\end{aligned} \tag{7-32}$$

$$p_{i+1}(x)=\frac{\prod_m(x)}{\prod_m(x_{i+1})}l_{i+1}^n(x)\left[1+\sum_{r=1}^{n}A_r^{i+1}(x-x_{i+1})^r\right] \tag{7-33}$$

$$\begin{aligned}A_1^{i+1}=&-4\frac{\prod_m(x_{i+1})'}{\prod_m(x_{i+1})}-2\frac{\prod_m(x_{i-1})'}{\prod_m(x_{i-1})}+2(x_{i+1}-x_{i-1})\left[\frac{\prod_m(x_{i-1})'}{\prod_m(x_{i-1})}\frac{\prod_m(x_{i+1})'}{\prod_m(x_{i+1})}-\frac{\prod_m(x_{i+1})''}{\prod_m(x_{i+1})}\right]+\\&(x_{i-1}-x_{i+1})^2\frac{\prod_m(x_{i-1})'}{\prod_m(x_{i-1})}\frac{\prod_m(x_{i+1})'}{\prod_m(x_{i+1})}\\A_2^{i+1}=&4\frac{\prod_m(x_{i-1})'}{\prod_m(x_{i-1})}\frac{\prod_m(x_{i+1})'}{\prod_m(x_{i+1})}-\frac{\prod_m(x_{i+1})''}{\prod_m(x_{i+1})}+\frac{2}{(x_{i+1}-x_{i-1})}\left[\frac{\prod_m(x_{i+1})'}{\prod_m(x_{i+1})}-\frac{\prod_m(x_{i-1})'}{\prod_m(x_{i-1})}\right]+\\&(x_{i+1}-x_{i-1})\frac{\prod_m(x_{i+1})'}{\prod_m(x_{i+1})}\frac{\prod_m(x_{i-1})''}{\prod_m(x_{i-1})}\end{aligned} \tag{7-34}$$

$$q_{i-1}(x)=\frac{\prod_m(x)}{\prod_m(x_{i-1})}l_{i-1}^n(x)\left[1+\sum_{r=1}^{n}B_r^{i-1}(x-x_{i-1})^r\right] \tag{7-35}$$

$$\begin{cases} B_1^{i-1} = -(x_{i+1}-x_{i-1})^2\left[\dfrac{2}{(x_{i+1}-x_{i-1})}+\dfrac{\prod\limits_m(x_{i+1})'}{\prod\limits_m(x_{i+1})}\right] \\ B_2^{i-1} = 1-(x_{i+1}-x_{i-1})\left[\dfrac{\prod\limits_m(x_{i+1})'}{\prod\limits_m(x_{i+1})}\right] \end{cases} \tag{7-36}$$

$$q_{i+1}(x) = \frac{\prod\limits_m(x)}{\prod\limits_m(x_{i+1})}l_{i+1}^n(x)\left[\sum_{r=1}^n B_r^{i+1}(x-x_{i+1})^r\right] \tag{7-37}$$

$$\begin{cases} B_1^{i+1} = -(x_{i+1}-x_{i-1})^2\left[\dfrac{2}{(x_{i-1}-x_{i+1})}+\dfrac{\prod\limits_m(x_{i-1})'}{\prod\limits_m(x_{i-1})}\right] \\ B_2^{i+1} = 1-(x_{i-1}-x_{i+1})\left[\dfrac{\prod\limits_m(x_{i-1})'}{\prod\limits_m(x_{i-1})}\right] \end{cases} \tag{7-38}$$

$$r_i(x) = \frac{\prod\limits_n(x)}{\prod\limits_n(x_i)}l_i^m(x)\left[1+\sum_{r=1}^n C_r(x-x_i)^r\right] \tag{7-39}$$

$$\begin{aligned} C_1^i = {} & \frac{x_{i+1}+x_{i-1}-x_i}{(x_{i+1}-x_i)(x_i-x_{i-1})}\left[10+\frac{4(x_{i+1}-x_{i-1})^2}{(x_{i+1}-x_i)(x_i-x_{i-1})}\right]+2(x_{i+1}-x_{i-1})\left(\frac{x_{i+1}-x_i}{x_{i-1}-x_i}+\frac{x_{i-1}-x_i}{x_{i+1}-x_i}\right)\times \\ & \frac{\prod\limits_m(x_{i-1})'}{\prod\limits_m(x_{i-1})}\frac{\prod\limits_m(x_{i+1})'}{\prod\limits_m(x_{i+1})}+\frac{\prod\limits_m(x_{i-1})'}{\prod\limits_m(x_{i-1})}\left[4\frac{x_{i+1}-x_{i-1}}{x_{i-1}-x_i}+4\frac{x_{i+1}-x_{i-1}}{x_{i+1}-x_i}-2\left(\frac{x_{i+1}-x_{i-1}}{x_{i+1}-x_i}\right)^2\right]- \\ & \frac{\prod\limits_m(x_{i+1})'}{\prod\limits_m(x_{i+1})}\left[4\frac{x_{i+1}-x_{i-1}}{x_{i-1}-x_i}+4\frac{x_{i+1}-x_{i-1}}{x_{i+1}-x_i}+2\left(\frac{x_{i+1}-x_{i-1}}{x_{i+1}-x_i}\right)^2\right] \end{aligned} \tag{7-40}$$

$$\begin{aligned} C_2^i = {} & 2\left[\frac{1}{(x_{i-1}-x_i)^2}+\frac{1}{(x_{i+1}-x_i)^2}+\frac{1}{(x_{i+1}-x_i)(x_i-x_{i-1})}\right]-2\frac{(x_{i+1}-x_{i-1})^2}{(x_{i+1}-x_i)(x_i-x_{i-1})} \\ & \frac{\prod\limits_m(x_{i-1})'}{\prod\limits_m(x_{i-1})}\frac{\prod\limits_m(x_{i+1})'}{\prod\limits_m(x_{i+1})}+\frac{\prod\limits_m(x_{i-1})'}{\prod\limits_m(x_{i-1})}\left(\frac{1}{x_{i-1}-x_i}+\frac{1}{x_{i+1}-x_i}\right)-2\frac{\prod\limits_m(x_{i+1})'}{\prod\limits_m(x_{i+1})}\left(\frac{1}{x_{i-1}-x_i}+\frac{1}{x_{i+1}-x_i}\right)- \\ & \frac{\prod\limits_m(x_{i+1})'}{\prod\limits_m(x_{i+1})}\left[4\frac{x_{i+1}-x_{i-1}}{x_{i-1}-x_i}+4\frac{x_{i+1}-x_{i-1}}{x_{i+1}-x_i}+2\left(\frac{x_{i+1}-x_{i-1}}{x_{i+1}-x_i}\right)^2\right] \end{aligned} \tag{7-41}$$

插值多项式表示为：

$$\begin{aligned} u(x) = {} & \left[\frac{(x-x_{i+1})\prod\limits_m(x)}{(x_{i-1}-x_{i+1})\prod\limits_m(x_{i-1})}\right]\left[1+A_1^{i-1}(x-x_{i-1})+A_2^{i-1}(x-x_{i-1})^2\right]u_{i-1}+ \\ & \left[\frac{(x-x_{i-1})\prod\limits_m(x)}{(x_{i+1}-x_{i-1})\prod\limits_m(x_{i+1})}\right]\left[1+A_1^{i+1}(x-x_{i+1})+A_2^{i+1}(x-x_{i+1})^2\right]u_{i+1}+ \\ & \left[\frac{(x-x_{i+1})\prod\limits_m(x)}{(x_{i-1}-x_{i+1})\prod\limits_m(x_{i-1})}\right]\left[B_1^{i+1}(x-x_{i-1})+B_2^{i+1}(x-x_{i-1})^2\right]u''_{i-1}+ \end{aligned}$$

$$\left[\frac{(x-x_{i-1})\prod_{m}(x)}{(x_{i+1}-x_{i-1})\prod_{m}(x_{i+1})}\right][B_1^{i+1}(x-x_{i+1})+B_2^{i+1}(x-x_{i+1})^2]u''_{i+1}+$$

$$\sum_{j\in I_m}\left[\frac{(x-x_{i-1})(x-x_{i+1})}{(x_j-x_{i-1})(x_j-x_{i+1})}\right]l_j^m(x)[1+C_1^j(x-x_j)+C_2^{i+1}(x-x_j)^2]u_j \tag{7-42}$$

式（7-42）两边同时求二阶导，并取 $x_{xi}$，$i\in I_m$，可得如下形式的三对角紧致格式近似二阶导的表达式：

$$a_{i-1}u''_{i-1}+u''_i+a_{i+1}u''_{i+1}=b_{i-1}u_{i-1}+b_iu_i+b_{i+1}u_{i+1}+\sum_{j\in I_m\neq i}b_ju_j \tag{7-43}$$

其中：

$$a_{i-1}=\frac{\begin{gathered}2\prod_{m}(x_i)'[B_1^{i-1}(2x_i-x_{i+1}-x_{i-1})+B_2^{i-1}(x_i-x_{i+1})(3x_i-2x_{i+1}-x_{i-1})]+\\ \prod_{m}(x_i)''(x_i-x_{i+1})(x_i-x_{i-1})[B_1^{i-1}+B_2^{i-1}(x_i-x_{i-1})]\end{gathered}}{\prod_{m}(x_{i-1})(x_{i+1}-x_{i-1})} \tag{7-44}$$

$$a_{i+1}=\frac{\begin{gathered}2\prod_{m}(x_i)'[B_1^{i+1}(2x_i-x_{i+1}-x_{i-1})+B_2^{i+1}(x_i-x_{i+1})(3x_i-2x_{i+1}-x_{i-1})]+\\ \prod_{m}(x_i)''(x_i-x_{i+1})(x_i-x_{i-1})[B_1^{i+1}+B_2^{i+1}(x_i-x_{i-1})]\end{gathered}}{\prod_{m}(x_{i+1})(x_{i+1}-x_{i-1})} \tag{7-45}$$

$$b_{i-1}=\frac{\begin{gathered}2\prod_{m}(x_i)'[1+A_1^{i-1}(2x_i-x_{i+1}-x_{i-1})+A_2^{i-1}(x_i-x_{i+1})(3x_i-2x_{i+1}-x_{i-1})]+\\ \prod_{m}(x_i)''(x_i-x_{i+1})[1+A_1^{i-1}(x_i-x_{i-1})+A_2^{i-1}(x_i-x_{i-1})^2]\end{gathered}}{\prod_{m}(x_{i-1})(x_{i+1}-x_{i-1})} \tag{7-46}$$

$$b_{i+1}=\frac{\begin{gathered}2\prod_{m}(x_i)'[1+A_1^{i+1}(2x_i-x_{i+1}-x_{i-1})+A_2^{i+1}(x_i-x_{i+1})(3x_i-2x_{i+1}-x_{i-1})]+\\ \prod_{m}(x_i)''(x_i-x_{i+1})[1+A_1^{i+1}+(x_i-x_{i-1})+A_2^{i+1}+(x_i-x_{i-1})^2]\end{gathered}}{\prod_{m}(x_{i+1})(x_{i+1}-x_{i-1})} \tag{7-47}$$

$$b_i=2C_2^i+2C_1^i\left[\frac{2x_i-x_{i-1}-x_{i+1}}{(x_i-x_{i-1})(x_i-x_{i+1})}+l_i^m(x_i)'\right]+\frac{2+2l_i^m(x_i)'(2x_i-x_{i-1}-x_{i+1})}{(x_i-x_{i-1})(x_i-x_{i+1})}+l_i^m(x_i)'' \tag{7-48}$$

$$\begin{aligned}b_j=&\left[C_1^j\left(1+\frac{x_i-x_j}{x_i-x_{i+1}}+\frac{x_i-x_j}{x_i-x_{i-1}}\right)+C_2^j\left(1+\frac{x_i-x_j}{x_i-x_{i+1}}+\frac{x_i-x_j}{x_i-x_{i-1}}\right)(x_i-x_j)+\right.\\ &\left.\frac{1}{x_i-x_{i+1}}+\frac{1}{x_i-x_{i-1}}\right]\times 2l_i^m(x_i)'\frac{(x_i-x_{i-1})(x_i-x_{i+1})}{(x_j-x_{i-1})(x_j-x_{i+1})}+\frac{(x_i-x_{i-1})(x_i-x_{i+1})}{(x_j-x_{i-1})(x_j-x_{i+1})}\\ &[1+C_1^j(x_j-x_j)+C_2^j(x_j-x_j)^2]l_i^m(x_i)''\end{aligned} \tag{7-49}$$

3）边界处理

处理三对角格式中，边界节点 $I_n=2$ 时，点集 $I_m$ 中必包含 $I_m=1$，此时插值多项式为：

$$u(x)=\sum_{j\in I_m}\left(\frac{x-x_2}{x_j-x_2}\right)l_j^m(x)\left[1-\frac{(x-x_j)l_j^m(x)'}{l_j^m(x_2)+(x_2-x_j)l_j^m(x_2)'}\right]u_j+$$
$$\frac{\prod\limits_m(x)}{\prod\limits_m(x_2)}\left[1-\frac{x-x_2}{2}\frac{\prod\limits_m(x_2)''}{\prod\limits_m(x_2)'}\right]u_2+\frac{x-x_2}{2}\frac{\prod\limits_m(x_2)}{\prod\limits_m(x_2)'}u''_2 \tag{7-50}$$

两点同时求二阶导，并取 $x=x_i$，得：

$$u''_1+a_2u''_2=b_1u_1+b_2u_2+\sum_{j\in I_m\neq 1}b_ju_j \tag{7-51}$$

其中，系数分别为：

$$a_2=\frac{x_2-x_1}{2}\frac{\prod\limits_m(x_1)''}{\prod\limits_m(x_2)'}-\frac{\prod\limits_m(x_1)'}{\prod\limits_m(x_2)'} \tag{7-52}$$

$$b_1=l_1^m(x_1)''+2\frac{l_1^m(x_1)'}{x_1-x_2}\frac{l_1^m(x_1)+2(x_2-x_1)l_1^m(x_2)'}{l_1^m(x_2)+(x_2-x_1)l_1^m(x_2)'}+\frac{2l_1^m(x_2)'}{(x_2-x_1)l_1^m(x_2)+(x_2-x_1)^2l_1^m(x_2)'} \tag{7-53}$$

$$b_2=\frac{\prod\limits_m(x_1)''}{\prod\limits_m(x_2)}+\frac{x_2-x_1}{2}\frac{\prod\limits_m(x_1)''}{\prod\limits_m(x_2)}\frac{\prod\limits_m(x_2)''}{\prod\limits_m(x_2)}-\frac{\prod\limits_m(x_1)'}{\prod\limits_m(x_2)}\frac{\prod\limits_m(x_2)''}{\prod\limits_m(x_2)} \tag{7-54}$$

$$b_j=l_1^m(x_1)''\frac{(x_1-x_2)l_j^m(x_2)+(x_1-x_2)^2l_j^m(x_2)'}{(x_j-x_2)l_j^m(x_2)+(x_j-x_2)^2l_j^m(x_2)'}+2\frac{l_1^m(x_1)'}{x_j-x_2}\frac{l_j^m(x_2)-2(x_1-x_2)l_j^m(x_2)'}{l_j^m(x_2)-(x_1-x_2)l_1^m(x_2)'} \tag{7-55}$$

类似地，对于边界节点 $I_n=N-1$ 时，点集 $I_m$ 中必包含 $I_m=N$，插值多项式为：

$$u''_N+a_{N-1}u''_{N-1}=b_Nu_N+b_{N-1}u_{N-1}+\sum_{j\in I_m\neq N}b_ju_j \tag{7-56}$$

3. 四阶、六阶紧致差分格式

1）四阶，$I_m=\{i\}$

内部节点：

$$\frac{1}{10}u''_{i-1}+u''_i+\frac{1}{10}u''_{i+1}=\frac{6}{5h^2}u_{i-1}-\frac{12}{5h^2}u_i+\frac{6}{5h^2}u_{i+1} \tag{7-57}$$

边界节点：

$i=1$：

$$u''_1+44u''_2=\frac{13}{h^2}u_1-\frac{27}{h^2}u_2+\frac{15}{h^2}u_3-\frac{1}{h^2}u_4 \tag{7-58}$$

$i=N$：

$$u''_N+44u''_{N-1}=\frac{13}{h^2}u_N-\frac{27}{h^2}u_{N-1}+\frac{15}{h^2}u_{N-2}-\frac{1}{h^2}u_{N-3} \tag{7-59}$$

2）六阶，$I_m=\{i-2,\ i,\ i+2\}$

内部节点：

$$\frac{2}{11}u''_{i-1}+u''_i+\frac{2}{11}u''_{i+1}=\frac{3}{44h^2}u_{i+2}+\frac{12}{11h^2}u_{i+1}-\frac{51}{22h^2}u_i+\frac{12}{11h^2}u_{i-1}+\frac{3}{44h^2}u_{i-2} \tag{7-60}$$

边界节点：

$i=1$：

$$u''_1+11u''_2=\frac{13}{h^2}u_1-\frac{27}{h^2}u_2+\frac{15}{h^2}u_3-\frac{1}{h^2}u_4 \tag{7-61}$$

$i=N$：

$$u''_N+11u''_{N-1}=\frac{13}{h^2}u_N-\frac{27}{h^2}u_{N-1}+\frac{15}{h^2}u_{N-2}-\frac{1}{h^2}u_{N-3} \tag{7-62}$$

将上面二式写成矩阵形式，一维情况，有：

$$\boldsymbol{A}_{N\times N}(\boldsymbol{U}_{xx})_{N\times 1}=\boldsymbol{B}_{N\times N}\boldsymbol{U}_{N\times 1} \tag{7-63}$$

具体形式如下：

$$\begin{bmatrix} 1 & 11 & & & & & \\ \frac{2}{11} & 1 & \frac{2}{11} & & & & \\ & \frac{2}{11} & 1 & \frac{2}{11} & & & \\ & & & & & & \\ & & & \frac{2}{11} & 1 & \frac{2}{11} & \\ & & & & \frac{2}{11} & 1 & \frac{2}{11} \\ & & & & & 11 & 1 \end{bmatrix}_{N\times N} \begin{bmatrix} u''_1 \\ u''_2 \\ u''_3 \\ \\ u''_{N-2} \\ u''_{N-1} \\ u''_N \end{bmatrix}_{N\times 1} =$$

$$\frac{1}{h^2}\begin{bmatrix} 13 & -27 & 15 & 1 & & & & & \\ \frac{12}{11} & -\frac{51}{22} & \frac{12}{11} & \frac{3}{44} & & & & & \\ \frac{3}{44} & \frac{12}{11} & -\frac{51}{22} & \frac{12}{11} & \frac{3}{44} & & & & \\ & \frac{3}{44} & \frac{12}{11} & -\frac{51}{22} & \frac{12}{11} & \frac{3}{44} & & & \\ & & & & & & & & \\ & & & & \frac{3}{44} & \frac{12}{11} & -\frac{51}{22} & \frac{12}{11} & \frac{3}{44} \\ & & & & & \frac{3}{44} & \frac{12}{11} & -\frac{51}{22} & \frac{12}{11} & \frac{3}{44} \\ & & & & & & \frac{3}{44} & \frac{12}{11} & -\frac{51}{22} & \frac{12}{11} \\ & & & & & & 1 & 15 & -27 & 13 \end{bmatrix}_{N\times N} \begin{bmatrix} u_1 \\ u_2 \\ u_3 \\ u_4 \\ \\ u_{N-3} \\ u_{N-2} \\ u_{N-1} \\ u_N \end{bmatrix}_{N\times 1} \tag{7-64}$$

显格式的构成实际就是将式（7-64）变为：

$$U_{xx} = A^{-1}BU \tag{7-65}$$

式中，系数矩阵 $\boldsymbol{A}^{-1}\boldsymbol{B}$ 为准确的紧致差分格式的系数，舍去其中影响较小的项，即得显格式的系数，调用 C++语言中矩阵求逆和矩阵相乘程序，取 $N=100$，即计算 $100\times100$ 的矩阵，舍去 $10^{-5}$级的系数，可以得到六阶三对角紧致差分格式对应的显格式的系数组合：

$$u''_i = \frac{1}{2h^2}\left[\omega_0 u_i + \sum_{m=1}^{6}\omega_m(u_{i-m} + u_{i+m})\right] \tag{7-66}$$

其中：

$$\omega_0 = -5.8485948, \omega_1 = -3.3336356, \omega_2 = -0.4864012, \omega_3 = 0.091571014,$$

$$\omega_4 = -0.017239371, \omega_5 = 0.0032455238, \omega_6 = -0.0006110098$$

3）紧致差分算法的频散分析

紧致差分格式的频散分析式：

$$\frac{V}{V_0} = \frac{\sqrt{2a[1-\cos(k\Delta x)] + (b/2)[1-\cos(2k\Delta x)] + (2c/9)[1-\cos(3k\Delta x)]}}{1 + 2\alpha\cos(k\Delta x) + 2\beta\cos(2k\Delta x)} \tag{7-67}$$

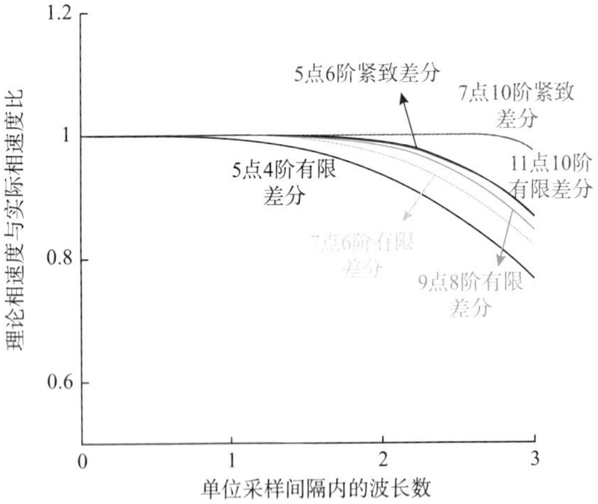

与六阶和十阶相应的系数组合，即可得六阶和十阶紧致差分格式频散分析式。

首先比较紧致差分与高阶有限差分的频散关系（图 7-4），用 Grapher 软件分别做出 5 点 6 阶、7 点 10 阶紧致差分，5 点 4 阶、7 点 6 阶、9 点 8 阶和 11 点 10 阶有限差分格式的频散曲线。

图 7-4　紧致差分与高阶有限差分的频散比较

再来比较不同网格点数六阶紧致差分与 11 点 10 阶有限差分的频散关系。将六阶紧致有限差分格式分别取 9 点、11 点和 13 点，与 11 点 10 阶有限差分进行比较，利用计算相速度与理论相速度的比值衡量频散大小。

11 点 10 阶有限差分格式如下：

$$u''_i = \frac{1}{2h^2}\left[\omega_0 u_i + \sum_{m=1}^{5}\omega_m(u_{i-m} + u_{i+m})\right] \tag{7-68}$$

其中，$h$ 为网格间距；

$$\omega_0 = -5.8544445, \omega_1 = 3.333333, \omega_2 = -0.4761901,$$

$$\omega_3 = 0.07936513, \omega_4 = -0.009920621, \omega_5 = 0.0006349185$$

如图 7-5 所示，利用 Grapher 软件分别做出十阶有限差分（11 点），六阶紧致差分

（9点、11点和13点）的频散曲线。

通过比较可以发现，13点6阶紧致差分格式与11点10阶有限差分格式频散基本相同，11点6阶紧致差分只在一个采样间隔内波长数很少，即小采样间隔很小时才略有不足，相比之下，9点6阶紧致差分频散则略大。因此，出于计算量与精度的权衡考虑，RTM适宜采用11点6阶紧致差分格式。

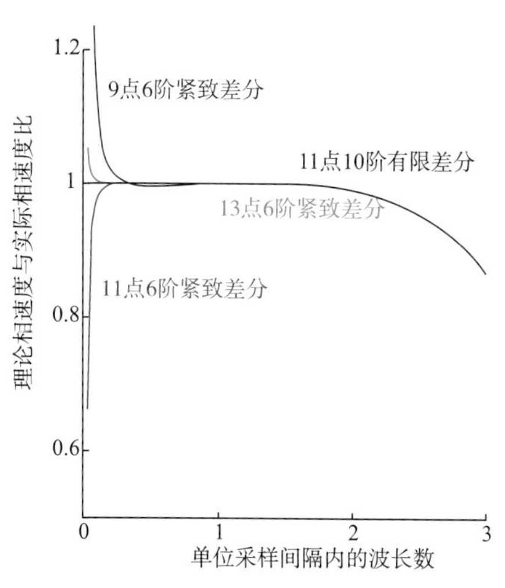


图7-5　六阶紧致差分与十阶有限差分频散曲线图

4）紧致差分算法的稳定性条件分析

二维声波方程空间六阶精度的紧致差分格式可以简写为：

$$u(t+\Delta t)=2u(t)-u(t-\Delta t)+\frac{V^2\Delta t^2}{\Delta x^2}\sum_{m=1}^{5}(u_{i-m}-2u_i+u_{i+m})+\frac{V^2\Delta t^2}{\Delta z^2}\sum_{m=1}^{5}(u_{k-m}-2u_k+u_{k+m}) \tag{7-69}$$

对其两边进行时间和空间Fourier变换，有：

$$\cos(\omega\Delta t)-1=\frac{V^2\Delta t^2}{\Delta x^2}\sum_{m=1}^{5}\omega_m[\cos(\hat{k}_x m\Delta x)-1]+\frac{V^2\Delta t^2}{\Delta z^2}\sum_{m=1}^{5}[\cos(\hat{k}_x m\Delta z)-1] \tag{7-70}$$

差分系数 $\omega_m$ 正负交替，所以当 $k_x$ 取最大值，即Nyquist波数 $k_x=\frac{\pi}{\lambda}$ 时，$\hat{k}_x$ 最大。因此，二维声波方程六阶紧致差分格式的稳定性条件为；

$$0\leqslant V^2\Delta t^2\left(\frac{1}{\Delta x^2}+\frac{1}{\Delta z^2}\right)\sum_{m=1}^{5}\omega_m[1-(-1)^n]\leqslant 2 \tag{7-71}$$

代入差分系数，得六阶紧致差分格式的稳定条件为：

$$V\Delta t\sqrt{\frac{1}{\Delta x^2}+\frac{1}{\Delta z^2}}\leqslant 0.763,\text{当}\ \Delta x=\Delta z\ \text{时},\frac{V\Delta t}{\Delta x}\leqslant 0.536 \tag{7-72}$$

类似地，可以得到三维声波方程六阶紧致差分解法地稳定性条件；

$$0\leqslant V^2\Delta t^2\left(\frac{1}{\Delta x^2}+\frac{1}{\Delta y^2}+\frac{1}{\Delta z^2}\right)\sum_{m=1}^{5}[1-(-1)^n]\leqslant 2 \tag{7-73}$$

即：

$$V\Delta t\sqrt{\frac{1}{\Delta x^2}+\frac{1}{\Delta y^2}+\frac{1}{\Delta z^2}}\leqslant 0.763,\text{当}\ \Delta x=\Delta y=\Delta z\ \text{时},\frac{V\Delta t}{\Delta x}\leqslant 0.441 \tag{7-74}$$

## 7.1.2　TTI介质RTM偏移算子

### 7.1.2.1　TI介质标量波RTM的问题分析

1. 从VTI到TTI

从VTI（TI with vertical axis of symmetry）介质到TTI（TI with tilted axis of symmetry）

介质，并没有引入新的波现象，但是却会使得控制方程变得更为复杂，也就是引入了更多的交叉导数项，这会大大增加计算量；另外，在TTI介质中耦合的横波分量会导致计算不稳定，这个问题在后面的章节中会单独讨论。通过对式（7-4）、式（7-9）、式（7-13）坐标旋转，可以方便地推广到TTI介质，例如二维情况下，对于式（7-9）推广到TTI介质后，变为：

$$
\begin{aligned}
\frac{\partial^2 p}{\partial t^2} &= v_n^2 H_2(p+q) + v_z^2 H_1 p + f_{\text{source}} \\
\frac{\partial^2 q}{\partial t^2} &= (v_x^2 - v_n^2) H_2(p+q)
\end{aligned}
\tag{7-75}
$$

其中：

$$
\begin{aligned}
H_2 &= \cos^2\theta_0 \frac{\partial^2}{\partial x^2} + \sin^2\theta_0 \frac{\partial^2}{\partial z^2} - \sin 2\theta_0 \frac{\partial^2}{\partial x \partial z} \\
H_1 &= \sin^2\theta_0 \frac{\partial^2}{\partial x^2} + \cos^2\theta_0 \frac{\partial^2}{\partial z^2} - \sin 2\theta_0 \frac{\partial^2}{\partial x \partial z}
\end{aligned}
\tag{7-76}
$$

2. 数值稳定性

TTI介质相较于各向同性VTI介质中的标量波数值模拟，会存在数值计算不稳定的问题，据Tsvankin（2001）、Fletcher（2009），主要原因如下：

（1）令 $v_{S0}$ 会导致SV波波前面形成三角结（triplications），如图7-6所示，这些三角结在对称轴变化剧烈的处会出现数值不稳定。

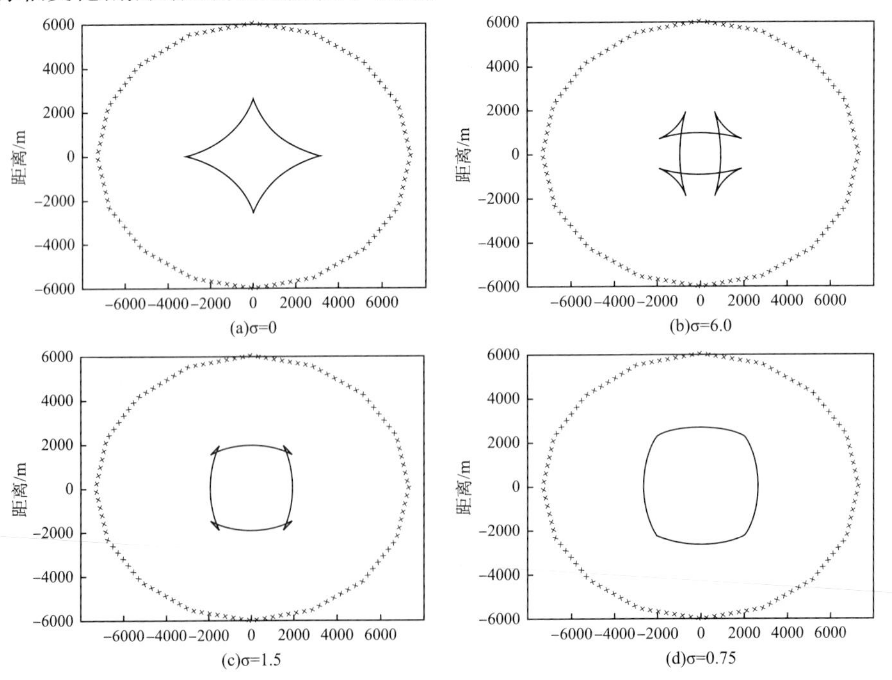


图7-6　VTI介质中P波和SV波的运动学特征（据Fletcher，2009）

［$V_{\text{Pz}} = 3000\text{m/s}; \varepsilon = 0.24; \delta = 0.1$；参数 $\sigma = \frac{V_{\text{Pz}}^2}{V_{\text{Sz}}^2}(\varepsilon - \delta)$ 控制 $SV$ 波前面］

（2）SV 波在对称轴变化剧烈处的反射也会导致不稳定。

我们知道 $\sigma = \frac{v_{Pz}^2}{v_{Sz}^2}(\varepsilon - \delta)$ 是与 SV 波波前面形态十分相关的一个量，不同 $\sigma$ 值对应的 SV 波波前面的形态如图 7－6 所示，我们发现当 $\sigma$ 足够小时，三角结会消失掉，因此，针对问题（1），我们可以设定 $\sigma$ 始终为一个小值（即设定 $v_{Sz}$ 为一个有限值）。对于问题（2），我们有：

$$R_{amiso,SV}(\theta) = \frac{1}{2}(\sigma_1 - \sigma_2)\sin^2\theta \tag{7-77}$$

式中，$R_{\text{amiso,SV}}$ 为介质的各向异性反射系数；$\sigma_1$、$\sigma_2$ 分别为为界面两侧的 $\sigma$ 值，我们若能使 $\sigma$ 处处为一常数，则 $R_{\text{amiso,SV}}$ 处处为零。显然，（1）、（2）很容易同时满足。

#### 7.1.2.2 TTI 介质中的 P-SV 波动方程

相速度表达了实际的地震波速度在 TTI 介质中的变化规律，描述能量的传播过程。通过对相速度研究可以获得很多关于地震波传播相关的信息，下面介绍如何利用相速度来获得表达 TTI 介质中的波动方程表达式。

地震波传播角度、相速度、频率与波数之间的有如下关系：

$$\sin\theta = \frac{V_P(\theta)k_x}{\omega}, \quad \cos\theta = \frac{V_P(\theta)k_z}{\omega} \tag{7-78}$$

$$V_P^2(\theta) = \frac{\omega^2}{k_x^2 + k_z^2} = \frac{\omega^2}{k^2} \tag{7-79}$$

将式（7－78）代入相速度的计算公式可以得到 P-SV 波的频散关系如下：

$$\begin{aligned}\omega^4 = {} & V_{Pz}{}^4\{(1+2\varepsilon)(f-1)k_x^4 + (f-1)k_z^4 + [(2\delta - 2\varepsilon) - (1-f)(2+2\delta)]k_x^2k_z^2\} + \\ & \omega^2 V_{Pz}{}^2\{[1+2\varepsilon) + (1-f)]k_x^2 + (2-f)k_z^2\}\end{aligned} \tag{7-80}$$

将式（7－80）两边同时加入波函数 $p$，再利用反傅里叶变换可以得到相应的时空域的波动方程表达式。但是由于式（7－80）是一个四阶的多项式，对应时空域将是一个四阶的偏微分方程，引入辅助变量：

$$q = \frac{[(1+2\delta) - (1-f)]V_{Pz}{}^2k_z^2}{\omega^2 - (1-f)V_{Pz}{}^2k_z^2 - V_{Pz}{}^2k_x^2}p \tag{7-81}$$

可将式（7－80）转化为两个二阶的多项式，表达如下：

$$\begin{aligned}\omega^2 p &= (1+2\varepsilon)V_{Pz}{}^2k_z^2p + (1-f)V_{Pz}{}^2k_x^2p + fV_{Pz}{}^2k_x^2q \\ \omega^2 q &= [(1+2\delta) - (1-f)]V_{Pz}{}^2k_z^2p + (1-f)V_{Pz}{}^2k_z^2q + V_{Pz}{}^2k_x^2q\end{aligned} \tag{7-82}$$

令 $\eta = 1-f$，其物理意义为横波速度与纵波速度之比。式（4－9）可化为：

$$\frac{\omega^2}{V_{Pz}{}^2}\begin{pmatrix}p\\q\end{pmatrix} = \begin{pmatrix}(1+2\varepsilon)k_z^2 + \eta k_x^2 & k_x^2 - \eta k_x^2 \\ (1+2\delta)k_z^2 + \eta k_z^2 & k_x^2 - \eta k_z^2\end{pmatrix}\begin{pmatrix}p\\q\end{pmatrix} \tag{7-83}$$

利用时空域与频率波数域的对应关系式：

$$\omega^2 \to \partial t^2 \qquad k_x^2 \to \partial x^2 \qquad k_z^2 \to \partial z^2 \tag{7-84}$$

可以将式（7－84）转换到时空域偏微分方程组的表达式：

$$\frac{1}{V^2}\frac{\partial^2}{\partial t^2}\begin{pmatrix}p\\q\end{pmatrix}=\begin{pmatrix}(1+2\varepsilon)\partial z^2+\eta\partial x^2 & \partial x^2-\eta\partial k^2\\(1+2\delta)\partial z^2-\eta\partial z^2 & \partial x^2+\eta\partial z^2\end{pmatrix}\begin{pmatrix}p\\q\end{pmatrix} \tag{7-85}$$

式（7－85）为 VTI 介质中的波动方程表达式，该表达式满足 P-SV 波在 VTI 介质中的相速度传播规律。利用坐标旋转可以得到相应的 TTI 介质中的波动方程表达式：

$$\frac{1}{V^2}\frac{\partial^2}{\partial t^2}\begin{pmatrix}p\\q\end{pmatrix}=\begin{pmatrix}(1+2\varepsilon)H_2+\eta H_1 & H_1-\eta H_1\\(1+2\delta)H_2-\eta H_2 & H_1+\eta H_2\end{pmatrix}\begin{pmatrix}p\\q\end{pmatrix} \tag{7-86}$$

其中：

$$\begin{aligned}H_1&=\sin^2\beta\partial^2x+\cos^2\beta\partial^2z+\sin2\beta\partial x\partial z\\H_2&=\cos^2\beta\partial x^2+\sin^2\beta\partial z^2-\sin2\beta\partial x\partial z\end{aligned} \tag{7-87}$$

式中，$\beta$ 为 TTI 介质的对称轴与垂直方向的夹角，即 VTI 介质的对称轴旋转角度。

#### 7.1.2.3 TTI 介质的波场正演差分模拟

利用二阶中心差分格式近似二阶时间偏导数，从式（7－86）可以得到如下的差分方程：

$$\begin{pmatrix}p\\q\end{pmatrix}^{t+1}=2\begin{pmatrix}p\\q\end{pmatrix}^{t}-\begin{pmatrix}p\\q\end{pmatrix}^{t-1}+V^2\mathrm{d}t^2\begin{pmatrix}(1+2\varepsilon)H_2+\eta H_1 & H_1-\eta H_1\\(1+2\delta)H_2-\eta H_2 & H_1-\eta H_2\end{pmatrix}^{t+1}\begin{pmatrix}p\\q\end{pmatrix}^{t} \tag{7-88}$$

空间微分利用高阶空间差分近似可得：

$$\begin{aligned}H_1&\approx\sin^2\beta L^2(x)+\cos^2\beta L^2(z)+\sin2\beta L(x)L(z)\\H_2&\approx\cos^2\beta L^2(x)+\sin^2\beta L^2(z)-\sin2\beta L(x)L(z)\end{aligned} \tag{7-89}$$

其中：

$$L(x)=\frac{\partial}{\partial x}\qquad L(y)=\frac{\partial}{\partial y}\qquad L(z)=\frac{\partial}{\partial z} \tag{7-90}$$

利用 $N$ 阶中心差分近似：

$$\begin{aligned}L^2(x)P^t_{x,z}&=\sum_{l=-N}^{N}\frac{a_l}{\Delta x^2}P^t_{x+l,z}\\L^2(z)P^t_{x,z}&=\sum_{l=-N}^{N}\frac{a_l}{\Delta z^2}P^t_{x,z+l}\\L(x)L(z)P^t_{x,z}&=\frac{1}{\Delta x\Delta Z}\sum_{n=-N}^{N}\sum_{j=-N}^{N}b_nb_jP^t_{x+n,z+j}\end{aligned} \tag{7-91}$$

式中，分别用 $\Delta x$、$\Delta y$、$\Delta z$ 表示差分网格的间距；$a_l$、$b_l$ 分别为二阶偏导数和交叉导数的差分系数。

上述差分方程的稳定性条件，可以先假设方程中 $\varepsilon=\delta$，此时两个波场相等即 $p=q$，那么求取其中一个方程的稳定性条件即可：

$$V^2\mathrm{d}t^2\,|\,(1+2\mu)H_2+H_1\,|<4 \tag{7-92}$$

利用差分系数表示，并将延拓步长表示如下：

$$dt < \frac{2h}{V_{max}\sqrt{(2+2\mu)}\left(\sum_{n=-N}^{N}a_n+\sum_{j=1}^{N}\sum_{n=1}^{N}b_nb_j\right)^{\frac{1}{2}}} \tag{7-93}$$

$$\mu = \max(\varepsilon,\delta) \tag{7-94}$$

式中，$V_{max}$是 P 波速度的最大值；$h$ 表示最大网格间距。

另一个物理稳定条件为 P-SV 波相速度的平方不能小于零：

$$1-\frac{1}{2}f+\varepsilon\sin^2\theta \pm \frac{f}{2}\sqrt{1+\left(\frac{2\varepsilon\sin^2\theta}{f}\right)^2-\frac{4\varepsilon\sin^2\theta\cos2\theta}{f}+\frac{2\delta}{f}\sin^2\theta} \geqslant 0 \tag{7-95}$$

当假设横波速度为零时式（7-95）可化简为：

$$\varepsilon \geqslant \delta \tag{7-96}$$

对于各向异性介质中的逆时偏移方法实现，主要以各向异性介质的弹性波方程为理论基础，对地面接收到的三分量波场进行逆时延拓，应用成像条件实现地震波场的偏移归位。这个思路的优点主要在于具有严谨的理论，对矢量波场进行成像，更接近于地下介质的真实情况，但也有明显的局限性：①要求输入数据是三分量的数据，而目前地震勘探主要得到的是纵波数据；②偏移所需的参数模型难以获取，尤其是弹性参数在生产中很难提取；③外推弹性波方程组的计算量极大，内存消耗大，计算效率低。如果以各向异性介质的拟声波方程为理论基础，利用纵波资料进行波场延拓，来实现各向异性介质的逆时偏移，那么以上问题将得以解决。因此，研究各向异性介质中的标量波逆时偏移成像问题，对各向异性逆时偏移技术在实际生产中的应用有着重要意义。

### 7.1.3 各向异性介质 RTM 边界条件

逆时偏移最为核心的问题即正问题，通常正演模拟是一个初值问题，常用有限差分法进行正演模拟计算，它算法简单并能够自动适应速度场的任意变化。利用高阶差分形式时，在一定计算精度下，时空网格可取得大一些，从而大大减少内存的占用和计算的时间。高阶有限差分法同样也适用于逆时外推计算。因此，选择一种高精度、高效率的偏移算子十分重要。

3D 全声波波动方程形式如下：

$$\frac{\partial^2 p}{\partial x^2}+\frac{\partial^2 p}{\partial y^2}+\frac{\partial^2 p}{\partial z^2}=\frac{1}{v^2(x,y,z)}\frac{\partial^2 p}{\partial t^2} \tag{7-97}$$

式中，$p$ 是记录的波场，$v$（$x$，$y$，$z$）是介质的纵波速度。求解方程式（7-97）即可实现逆时偏移的波场延拓，由于实际地下介质是无限延伸的，而进行波场延拓时的区间却是有限的，因此，必须引入边界条件以消除由于有限的延拓区间造成的边界反射。

由于模拟的地震波传播是个无限延伸的过程，而在实际模拟波场的正向延拓和逆时外推时，计算的区域却是有限的，即相当于人为的引入了一个反射界面，如果不做任何处理，波场的延拓就会受到边界反射的影响，最终造成成像结果的不准确。为此，一般需要构建一个边界条件，来解决由计算网格的边界所引起的边界反射能量的问题，以便更真实地模拟地震波在无限介质中的传播过程。可见，在利用有限差分法进行波场模拟时，边界条件的选取是一个十分关键问题。

关于边界条件的设计有很多，简单地可分为衰减边界、吸收边界及混合边界。对于逆时偏移，常用的边界条件有随机边界条件、阻尼衰减边界和完全匹配层（PML）吸收边界条件。目前测试效果最好的边界条件是 PML 边界条件，但不管是 PML 还是其他边界都会对计算区域进行扩道，如果扩的道数不够多，就不能完全吸收边界反射，而扩道的数目过多，则对逆时偏移计算效率的影响较大。

完全匹配层（PML）吸收边界条件是 Berenger（1994）针对电磁波传播问题所提出的一种边界条件，理论上通过该条件可以完全吸收任意角度、任意频率的入射波，而不产生其他反射。目前，PML 吸收边界条件被认为是吸收效果最好的边界条件，被广泛应用到了多种研究领域。

PML 吸收边界条件的基本思想是：在研究区域的边界上引入一定厚度的吸收层，波传播到吸收层后不产生任何反射，一般吸收层由含有衰减因子的波动方程按传播距离的指数规律实现波场的衰减，从而达到削弱或消除边界作用的效果。

逆时偏移中应用 PML 吸收边界条件这种吸收的思想是合适的，PML 吸收边界条件的优点是计算量增加不大，并且对边界效应的吸收效果较好。下面，给出一般 PML 边界条件的控制方程：

$$\begin{cases}(\partial_t+\beta)^2u_1=v^2\dfrac{\partial^2u}{\partial x^2}\\(\partial_t+\beta)^3u_2=-1v^2\beta\dfrac{\partial u}{\partial x}\\\partial_t^2u_3=v^2\left(\dfrac{\partial^2u}{\partial y^2}+\dfrac{\partial^2u}{\partial z^2}\right)\end{cases}\tag{7-98}$$

式中，$\beta$ 是边界吸收衰减因子；$u$，$v$ 是位移波场分裂成的三个部分。

### 7.1.4 各向异性介质 RTM 成像条件

成像条件是地震偏移成像算法的关键之一，它直接影响成像剖面的质量效果和计算成本。对于叠后偏移，爆炸反射界面成像方法是最常用的一种成像方法，其适合于单程旅行时零偏移距剖面的叠后偏移成像，但不适合于叠前成像。其假设地下反射界面为无数个震源，形状与位置和反射界面的形状与位置完全一致，界面处作为二次震源所激发的脉冲强度和极性与界面反射系数的大小和正负也是完全一致的。假设在零时刻所有爆炸反射界面上的震源同时激发，并由地表检波器接收，然后将地表接收到的波场沿逆时间方向延拓至零时刻，此时的波场值就能够正确描述地下反射界面的形状，实现叠后逆时深度成像。对于叠前逆时偏移，当前常用的逆时偏移成像条件主要有三类：激发时间成像条件、互相关成像条件以及振幅比成像条件。Sandip Chattopadhyay 等（2008）对逆时偏移成像条件，特别是以上三种成像条件做了比较全面的对比研究。

1. 激发时间成像条件

上行波的到达时等于下行波的出发时即为激发时间成像条件。激发时间成像条件可以通过计算地震波从震源传播到介质中各个点的单程时间来得到。初至时间可以利用射线追踪和波场延拓两种方法得到，即射线追踪初至走时成像条件和最大振幅成像条件。其实现过程为：通过射线追踪求取初至走时成像条件或用差分法求取最大振幅成像条件并保存，将检波点波场沿时间轴反向逆推，每反推一个时间步长运用成像条件提取成像值。

激发时刻成像条件的优点是只需要存储成像条件即走时表，而不需要存储炮点波场传播历史信息；缺点是多波至问题处理困难，容易丢失波场信息，使成像效果受影响。

2. 互相关成像条件

在当前的逆时偏移研究中，互相关成像条件的应用更为广泛，其成像条件主要是从 Claerbout 提出的互相关成像条件为理论基础。

互相关成像数学表达式为：

$$Image(x,z) = \sum_t r(x,z,t)s(x,z,t) \tag{7-99}$$

式中，函数 $r(x, z, t)$ $s(x, z, t)$ 表示在某一时刻对震源波场和检波器波场做一次相关运算，最后的成像结果为时间上的积分求和。Sandip Chattopadhyay 等（2008）的对比研究表明互相关成像条件保幅效果不是很理想，增加归一化（照明补偿）处理后，保幅效果得到一定程度上的改善，其表达式变为：

$$Image(x,z) = \frac{\sum_t r(x,z,t)s(s,z,t)}{\sum_t s^2(x,z,t)} \tag{7-100}$$

3. 振幅比成像条件

振幅比成像条件也是基于 Claerbout 的时间一致性成像原理，即反射界面存在于震源波场和接收波场在时间和空间重合的位置，那么两者的比值反映了反射系数的大小，在求取成像条件时用检波点波场和炮点波场的比值作为成像结果。其表达式为：

$$Image(x,z) = \frac{U(x,z,t)}{D(x,z,t)} \tag{7-101}$$

式中，$U(x, z, t)$ 是接收（上行）波场；$D(x, z, t)$ 是震源（下行）波场。振幅比成像条件的优点是更好地保留了振幅的信息并具有更高的分辨率，对于振幅比成像条件 Guitton A 等（2006）引入了一个衰减因子可以避免分母为零的出现。

为了分析各成像条件的相对保幅能力，Sandip Chattopadhyay 和 M C Mechan（2008）基于如图 7－7 所示的水平层状介质模型，对上述不同成像条件的偏移结果进行了详细的比较。由图 7－8 可知，激发时间成像条件和零延迟互相关成像条件的偏移剖面分辨率都比较低，并且成像振幅值不能正确反映反射系数；加入能量归一化处理后的成像条件的成

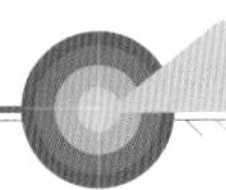

像振幅能较好地反映界面的反射系数，但是分辨率仍然很低。振幅比成像条件则具有较好的成像分辨率，但存在计算公式中除数为零的问题难于解决。Zhang 等（2007）的研究表明，零延迟互相关成像条件是获取共反射点角道集的一种有效途径。

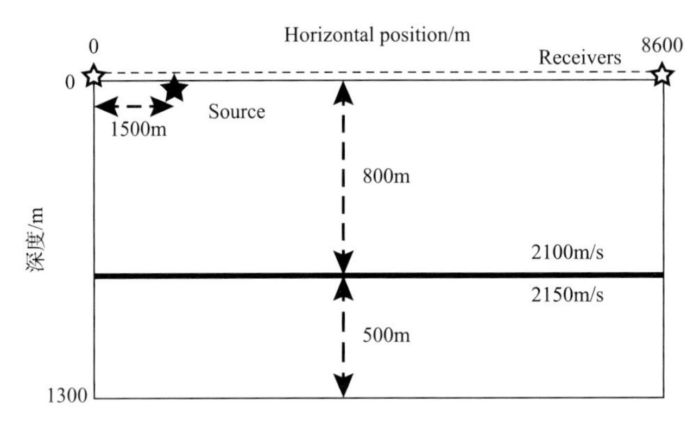


图 7－7　二维水平层状模型及其单炮观测系统（据 Chattopadhyay 等，2008）

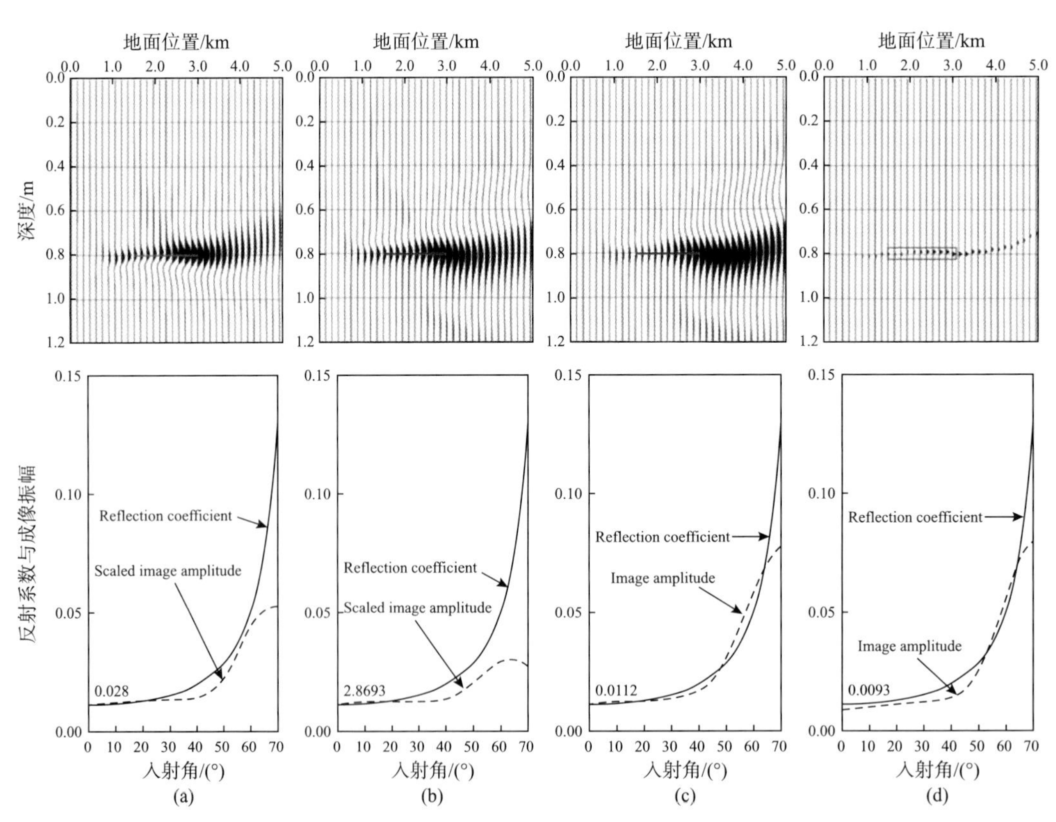


图 7－8　RTM 偏移结果及成像振幅与真实反射系数的对比（据 Chattopadhyay 等，2008）

（a）激发时刻成像条件；（b）零延迟互相关成像条件；

（c）归一化互相关成像条件；（d）振幅比成像条件

## 7.2 基于 GPU 平台的各向异性 RTM 成像技术

GPU 上实现 RTM 计算主要包括两个关键部分，即并行策略和存储策略。因为 GPU 的并行计算属于细粒度的，其并行结构分为三个层次：线程、线程块以及由线程块组成的线程网格，它可以针对数据体中的每个元素进行并行计算，粒度之细是 CPU 无法相比的。RTM 的主要计算热点为有限差分计算，有限差分算子可以抽象为向量乘法问题。因此，将整个 RTM 计算过程中计算量最密集的波场延拓通过 GPU 并行策略实现，最能提高计算效率。需要注意的是，利用高阶有限差分法计算需要大的内存读写，以三维时间二阶、空间 8 阶差分网格为例，每计算一个网格点的值都需要读取周围 25 个网格点的数据，内存读取冗余度非常高。在 GPU 计算中，一组线程构成一个线程块进行运算（一个线程块内的各个线程公用共享存储器）。理想的情况是将一个线程块所需的数据一次调入共享存储器，GPU 计算核心从共享存储器读取数据进行运算。对于三维高阶差分运算，需要导入共享存储器的数据已经远远超过 GPU 的共享存储器大小。Micikevicius（2008）提出只把两维数组放入共享存储器，另外一维利用每个线程的寄存器存储，从而可解决共享存储器空间不足的问题，如图 7－9 所示。

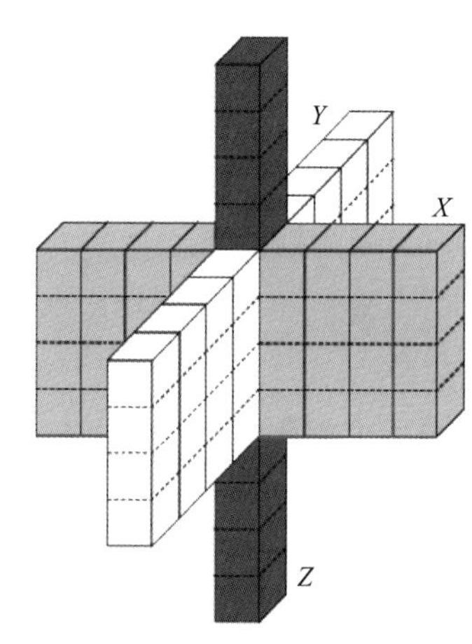

图 7－9　差分计算格式

### 7.2.1 单卡 GPU 实现策略

由于 GPU 的显存空间有限，目前的 Tesla 10 系列的显卡只有 4GB 的内存。当数据量较小时，单卡的 GPU 显存能够满足数据存储的要求，此时的 RTM 计算模式相对简单，每炮数据的 RTM 计算只需在一块 GPU 卡上进行，如图 7－10 所示。

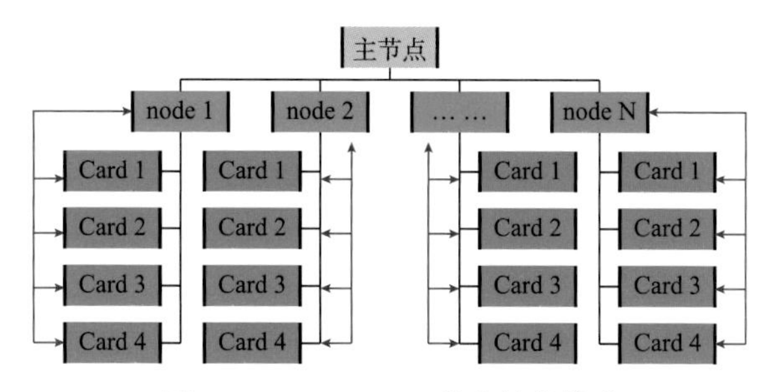

图 7－10　GPU-RTM 单卡计算模式

具体实现过程如图 7－11 所示。

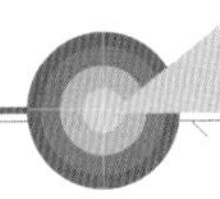

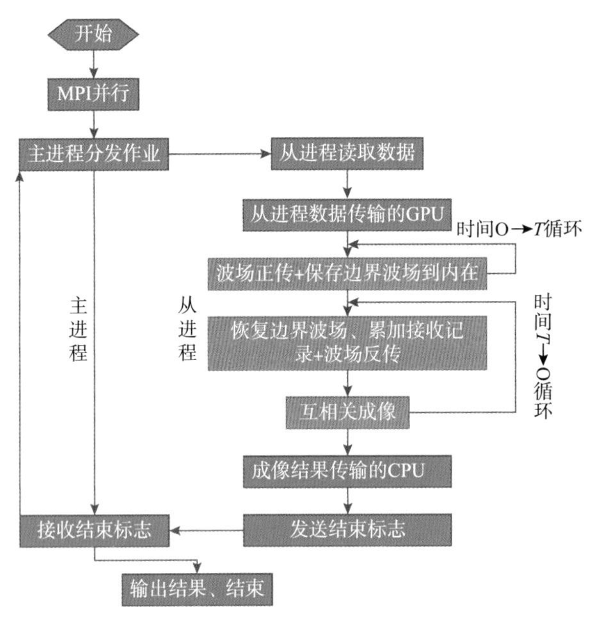


图7-11　GPU-RTM 单卡计算流程

在 GPU 开始计算之前还需要对程序进行初始化及 GPU 计算设备的选择。

CUT_ DEVICE_ INIT ( ); //初始化 CUDA 环境

cudaSetDevice (idx); //选择 ID 号为 idx 的 CUDA 设备进行计算

由于 GPU 不能对系统内存进行直接操作，因此需要将所需数据（炮集数据，速度数据）先从主机内存传输至 GPU 显存中（由 cudaMalloc 开辟显存空间，cudaMemcpy 进行数据传输）。

在上述准备工作完成之后，才可以开始 GPU 计算。

dim3 dimBlock (BSIZE, BSIZE, 1); //设置线程块大小

dim3 dimGrid ( (nnz + dimBlock. x - 1) /dimBlock. x, (nnx + dimBlock. y - 1) /dimBlock. y, 1); //根据数组大小和线程块大小获得线程网格结构

for (0 - >T) //震源波场正向延拓 {

extrapolation < < < dimGrid, dimBlock > > > (d_ wave_ s); //由上述线程网格进行波场延拓计算;

save_ bound_ wave_ single ( ); //将计算完成的波场边界保存

}

for (T - >0) //接收器波场反向延拓 {

recov_ bound_ wave ( ); //接收当前时间震源波场边界

extrapolation < < < dimGrid, dimBlock > > > (d_ wave_ s); //恢复当前时间震源波场

extrapolation < < < dimGrid, dimBlock > > > (d_ wave_ r); //当前时间接收波场

```
延拓
    imaging<<<dimGrid1, dimBlock>>> (d_ rimage, d_ wave_ s, d_ wave_ r); //当前时间震源波场和接收波场相关成像
    }
    cudaMemcpy (RIMAGE, d_ rimage, sizeof (float) * nx_ apt * ny_ apt * nz, cudaMemcpyDeviceToHost); //将计算结果通过 GPU 显存传回主机内存中
```

以上就是 GPU-RTM 单卡实现的详细过程，因为没有节点间数据传输，相对实现较容易，计算的加速比也较高。

### 7.2.2 多卡 GPU 实现策略

当处理数据量较大时，GPU 单卡显存已经不能满足单炮数据的存储量。为了解决这一难题，可采用多卡联合作业模式。首先将数据空间划分成 $N$ 块，每块 GPU 卡计算其中一块数据，如图 7－12 所示。此时相应的 RTM 计算模式也较复杂，即不仅 GPU 与主机间需要进行数据传输，还需要 GPU 卡之间进行数据交换。而 GPU 卡之间是不能直接进行数据传输的，只能通过主机这一桥梁才能进行数据交换，因此增加了计算的复杂度和数据的 I/O 量，该计算模式如图 7－13 所示。

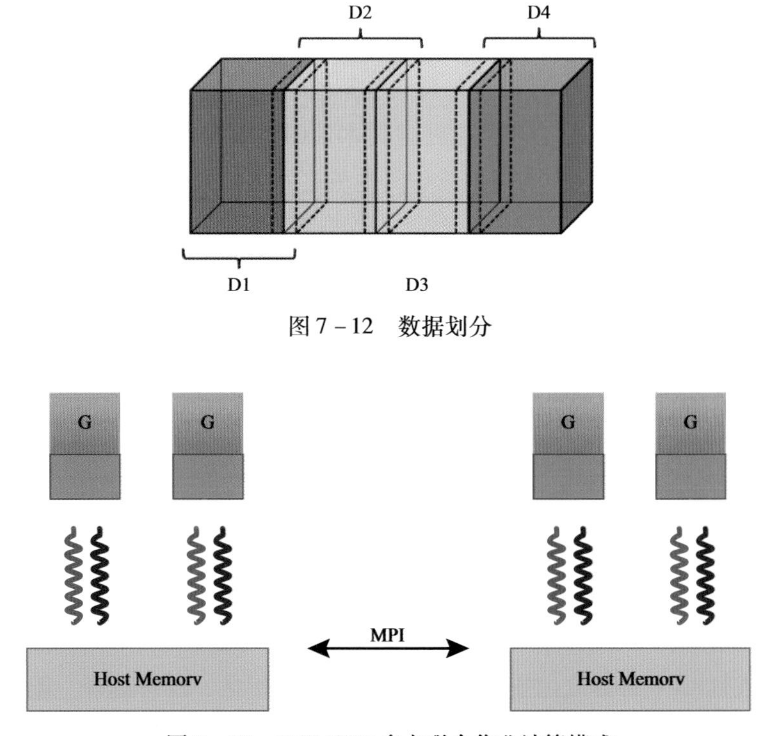


图 7－12 数据划分

图 7－13 GPU-RTM 多卡联合作业计算模式

为了使算法满足大规模地震数据的处理，可设计利用内存作为中转站的数据交换机

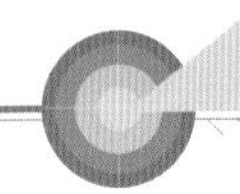

制，这种机制不限定每个节点 GPU 卡的数量，根据计算需求动态规划每炮计算需要的节点数和 GPU 卡的数量。那么一次数据交换就需要 4 次 GPU 与 CPU 之间的数据传输，以及一次 CPU 内存间的传输，而 CPU 与 GPU 的数据 I/O 具有一定的访存延迟。通过 GPU 多卡处理可以解决 GPU 显存不足的限制，但同时引入了通讯量的问题。利用多卡联合计算一炮数据，意味着将一个炮数据体分别用不同的 GPU 卡计算，那么在计算过程中就需要卡与卡之间的数据交换，从而增加了 GPU 卡之间的 I/O 通讯量。为了优化 GPU 卡间的数据通讯，可采用数据 I/O 隐藏策略，将数据体按照 GPU 显存进行划分，每块 GPU 卡可分为独立计算部分和边界的重叠计算部分。计算过程分为两步进行，如图 7 – 14 所示：①对重叠数据部分进行计算；②在计算独立数据部分的同时，进行卡与卡之间重叠数据的交换。通过数据计算与数据 I/O 通讯的同时进行，可实现数据 I/O 的隐藏策略。在新一代 GPU 架构中（Fermi 架构）增加了 GPU Direct™技术，该技术可以直接读取和写入 CUDA 主机内存，消除不必要的系统内存拷贝和 CPU 开销，还支持 GPU 之间以及类似 NUMA 结构的 GPU 与 GPU 间内存的直接访问的 P2P DMA 传输。这些功能为未来版本的 GPU 与其他设备之间的直接点对点通信奠定了基础。

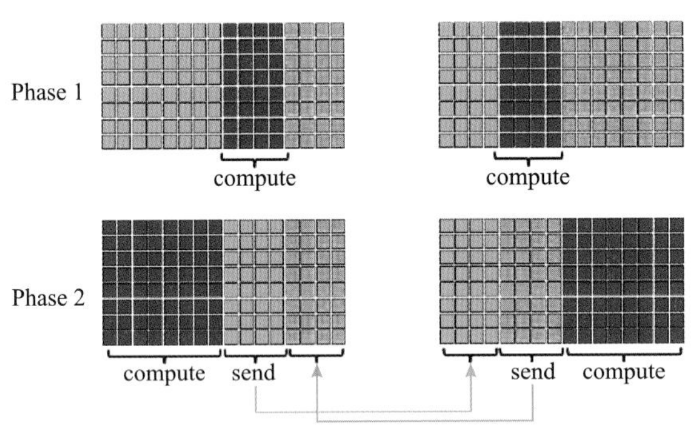


图 7 – 14　数据 I/O 的隐藏策略

实现数据 I/O 隐藏必须利用 GPU 流处理技术。GPU 计算中可以创建多个流，每个流是按顺序执行的一系列操作，而不同的流与其他流之间可以是乱序执行的，也可以是并行执行的，即可以使一个流的计算与另一个流的数据传输同时进行，从而提高 GPU 的资源利用率。

流的定义是创建一个 cudaStream_ t 对象，并在启动内核和进行 memcpy 时将该对象作为参数传入，参数相同的对象属于同一个流，参数不同的对象属于不同的流。

```
cudaStream_ t stream1, stream2; //创建两个流
ghost_ area < < <stream1 > > >; //流1计算重合区域
separate_ area < < <stream2 > > >; //流2计算独立区域
exchange_ data < < <stream1 > > >; //流1交换重合区域数据
save_ bound_ wave < < <stream1 > > >; //流1存储波场
```

具体计算流程如图 7 – 15 所示。

同样，在进行 GPU 计算之前要对 GPU 设备进行初始化、设备选择、输出传输、线程网格的设定等，然后开始基于流的多卡 GPU-RTM 计算。

```
for (0 - >T) //震源波场正向延拓 {
ghost_ area (d_ wave_ s, stream1); //流 1 进行重合区域震源波场延拓计算
```

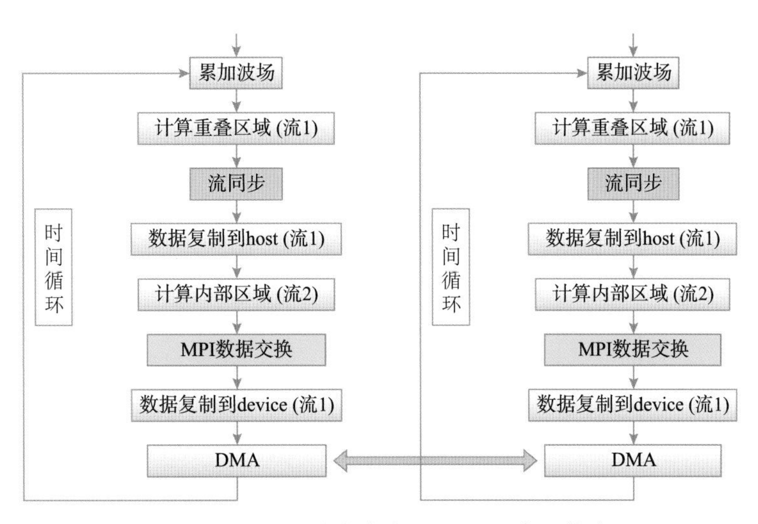


图 7-15　基于流的多卡 GPU-RTM 实现策略

```
separate_ area (d_ wave_ s, stream2); //流 2 进行独立区域震源波场延拓计算
exchange_ data (stream1); //流 1 交换数据
save_ bound_ wave (stream1); //流 1 将计算完成的震源波场边界保存
}
for (T - >0) //接收器波场反向延拓 {
recov_ bound_ wave (stream1); //流 1 接收当前时间震源波场边界
ghost_ area (d_ wave_ r, stream1); //流 1 计算当前时间重合区域接收波场
ghost_ area (d_ wave_ s, stream1); //流 1 计算当前时间重合区域震源波场
separate_ area (d_ wave_ s, stream2); //流 2 计算当前时间独立区域震源波场
separate_ area (d_ wave_ r, stream2); //流 2 计算当前时间独立区域接收器波场
imaging< < < dimGrid, dimBlock > > > (d_ rimage, d_ wave_ s, d_ wave_ r, stream2); //流 2 进行当前时间震源波场和接收器波场相关成像
exchange_ data (d_ wave_ s, stream1); //流 1 交换震源波场重合区域数据
exchange_ data (d_ wave_ r, stream1); //流 1 交换接收波场重合区域数据
}
cudaMemcpy (RIMAGE, d_ rimage, sizeof (float) * nx_ apt * ny_ apt * nz, cudaMemcpyDeviceToHost); //将计算结果通过 GPU 显存传回主机内存
```

从以上实现过程可以看出，在实现多卡 GPU-RTM 程序设计时不仅要考虑 GPU 卡之间的数据交换，还要利用 GPU 流技术来实现计算与传输的并行，实现过程较复杂。但是基于流的 GPU-RTM 程序设计解决了 GPU 显存不足的问题，从而可实现大规模地震数据的 RTM 处理。

### 7.2.3 震源波场重构存储策略

基于震源波场重构的逆时偏移实现思路如下：①将震源波场正向外推到 $T_{max}$，外推过程中只存储边界波场信息；②对检波点波场进行逆时反向传播，同时，利用存储的边界波场重构震源正向传播的波场；③重构的震源波场与逆时传播的记录波场进行零时互相关提取成像值。

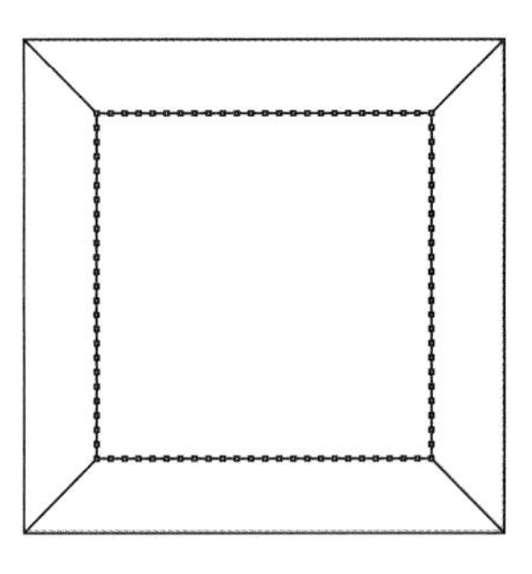
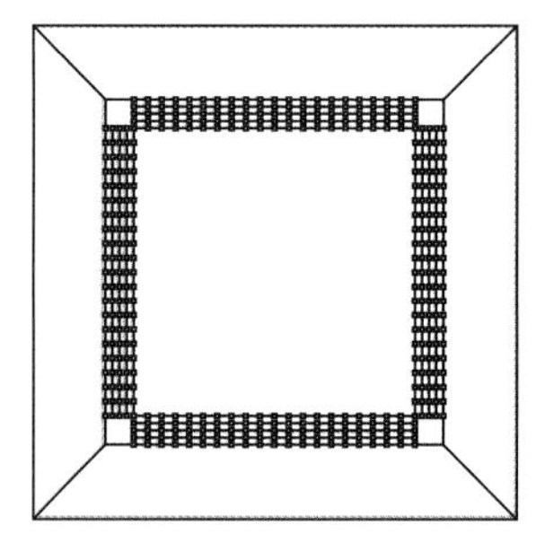

图 7－16　存储边界示意图

第一步中存储边界的示意图如图 7－16 所示，里面的方形表示波场模拟区域，外面表示吸收边界区域，虚点线表示要存储的边界，左侧表示仅仅存储一层边界，右侧表示存储边界及其内部相邻的网格点。

第二步中波场重构相当于求解一个偏微分方程，方程表达式就是一个声波波动方程，震源正向外推时最后两个时间的波场作为其初值条件，第一步存储的波场作为其边值条件。通过有限差分算法比较容易求出每一个时间的震源传播波场，实现震源波场的重构，而后与逆时传播的记录波场相关成像。

计算效率方面，采用震源波场重构存储策略，增加了 0.5 倍的计算量，但存储量和 I/O 量得到大幅度降低，偏移的整体计算效率会有较大提升。

### 7.2.4 基于 GPU 平台的算法优化

相对于各向同性逆时偏移，各向异性逆时偏移算法更加复杂，数据量更大。在算法上，各向异性逆时偏移增加了交叉导数项，增加了计算量；在数据上，各向异性逆时偏移需要 5 个参数，是各向同性逆时偏移参数的 5 倍。我们知道，GPU 的显存空间是有限的，各向异性逆时偏移需要更多的存储空间，这对 GPU 来说是一个挑战。因此，针对各向异性逆时偏移的特点，如何进行 GPU 并行优化是一项重要的研究内容。

GPU 具有三个层次的存储器，在执行期间，CUDA 线程可能访问来自多个存储器空间的数据，如图 7－17 所示。每个线程有私有的本地存储器。每个块有对块内所有线程可见的共享存储器，共享存储器的生命期和块相同。所有的线程可访问同一全局存储器。其中，全局存储器的访存速度是最慢的，共享存储器和本地存储器具有快速的数据读写速度。因此，本项目着重利用共享存储器和本地存储器对算法进行优化改进。

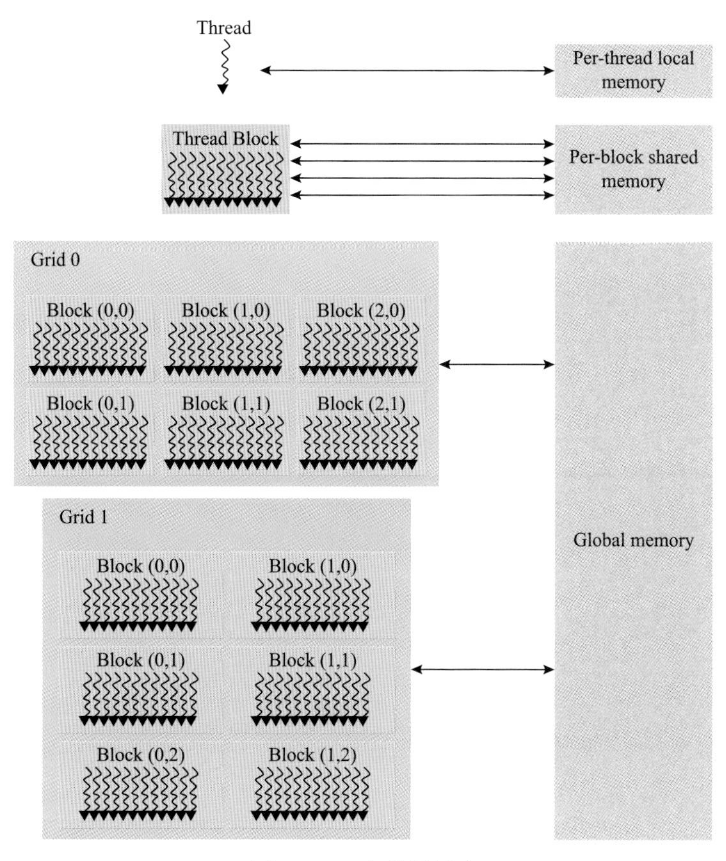


图 7－17　存储器层次

在算法实现上，TTI-RTM 算法比 ISO-RTM 算法更加复杂，它增加了交叉导数项。

在 GPU 的计算中，这部分计算是既复杂又耗时的，为了优化这部分计算，首先设定两个共享存储器 s_ pp 和 s_ px 和三个本地寄存器 local_ px、local_ py、local_ pxy，如图 7－18 和图 7－19 所示。

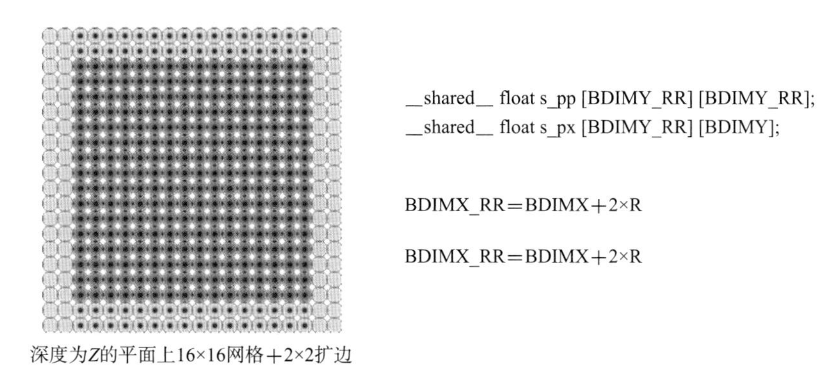


图 7－18　共享存储器数组分配方案

计算过程如下。

(1) 每个线程分别从共享存储器 s_ pp 中读取数据并计算 $x$ - 导数，放在局部存储器 local_ px 中。

(2) 每个线程分别从共享存储器 s_ pp 中读取数据并计算 $y$ - 导数，放在局部存储器 local_ py 中;

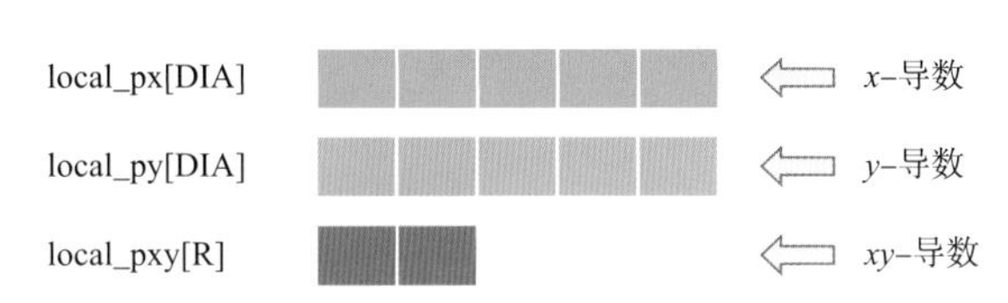


图 7 - 19 寄存器数组分配方案

(3) 图 7 - 19 中紫色的共享存储器 s_ px 存放由 s_ pp 中数据计算得出的 $x$ - 导数，然后再计算 $y$ - 导数，即得 $xy$ - 导数，放在局部存储器 local_ pxy 中。

通过上述计算可分别得到 $x$ - 导数、$y$ - 导数和 $xy$ - 导数，并且整体计算效率得到了有效提升（图 7 - 20）。

| 工　区 | Salt-3D | TaqTaq |
|---|---|---|
| 网格面元 | 15 × 15 × 10 | 25 × 25 × 10 |
| 成像范围 | 901 × 901 × 501 | 650 × 1000 × 1001 |
| 偏移孔径 | 14000m | 7500m |
| CPU-TTI-RTM | 36h/PreShot | 24h/PreShot |
| GPU-TTI-RTM（优化前） | 6h/Pershot | 3. 5h/PreShot |
| GPU-TTI-RTM（算法优化后） | 2. 8h/Pershot | 1. 5h/PreShot |

图 7 - 20 算法优化前后计算时间对比

在 GPU 的性能优化中可分为三种类型：内存密集型优化、指令密集型优化和延迟密集型优化。之前的 GPU 算法优化主要就是针对内存密集进行的性能优化，下面主要从指令密集型和延迟密集型两个方面进行性能优化。

(1) 针对指令密集型，我们采取的措施减少 warp（cuda 计算单元）内的计算分支。warp0 中所有的线程都执行同样的命令，那么一次就可以完成计算；warp1 中有两个指令，那么就要分两次执行才能完成所有线程的计算，显然这种计算是事倍功半的。所以，在线程的分配和处理中尽量避免 warp1 这种类型。

另外，采用一些 cuda 自带的快速计算函数也可提高计算速度。

(2) 针对延迟密集型计算的优化主要从两方面开展。

①循环展开：提高 GPU 上 SM 的并行性，有效隐藏数据读取时间。

②采用异步流技术实现计算和传输的异步执行。GPU 计算中可以创建多个流，每个流是按顺序执行的一系列操作，而不同的流与其他的流之间可以是乱序执行的，也可以是并行执行的。这样，可以使一个流的计算与另一个流的数据传输同时进行，从而提高 GPU 中资源的利用率。

③全局读优化：将输入数据和系数合并读入共享存储器。

④全局写优化：合并输出，通过设定临时变量，将部分和保存到寄存器中，直到全部写完。

通过上述两方面优化，将 GPU-TTI-RTM 计算效率提高了三倍（图 7－21）。

| 工　区 | Salt-3D | TaqTaq |
|---|---|---|
| 网格面元 | 15×15×10 | 25×25×10 |
| 成像范围 | 901×901×501 | 650×1000×1001 |
| 偏移孔径 | 14000m | 7500m |
| CPU-TTI-RTM | 36h/PreShot | 24h/PreShot |
| GPU-TTI-RTM（优化前） | 6h/Pershot | 3.5h/PreShot |
| GPU-TTI-RTM（算法优化后） | 2.8h/Pershot | 1.5h/PreShot |
| GPU-TTI-RTM（算法优化＋性能优化后） | 2h/Pershot | 1.2h/PreShot |

图 7－21　GPU 优化前后计算时间对比

## 7.3　组合噪音压制技术（针对偏移噪音）

### 7.3.1　RTM 偏移噪音的产生机理

RTM 中的互相关成像条件对于任何类型的波场，只要满足“入射波到达时等于反射波的出发时”的条件都会产生相干能量，产生真的和假的反射界面的成像结果，但仅仅是反射界面处的满足“入射波到达时等于反射波的出发时”条件的相干结果才是所要的图像。单向波偏移时，震源下行波场中仅有下行波，检波点上行波场中仅有上行波，二者可以完全分离，不会在没有反射界面的地方产生假的图像。但是，双向波偏移时震源下行波场中有上、下行波场，检波点上行波场中也有上、下行波场，当震源下行波场中的上行波与检波点上行波场中的某下行波场在某点相遇，或者震源下行波场中的下行波与检波点上行波场中的某上行波场在某点相遇，便会形成假的成像结果，两波相遇的空间位置上根本没有反射界面。图 7－22 为一简单水平层状模型的速度剖面，图 7－23 为该模型正演数据的单程波偏移结果，可以看到由于单程波偏移限制了波场的传播方向，成像只发生在炮点与检波点波场传播方向相反的位置，因此没有低频偏移噪音干

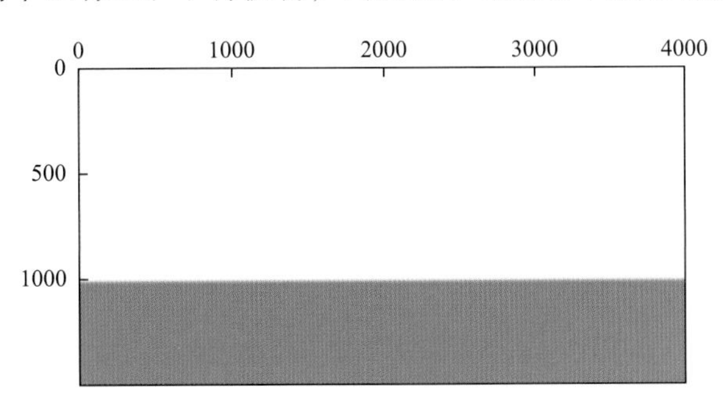


图 7－22　水平层状模型速度剖面

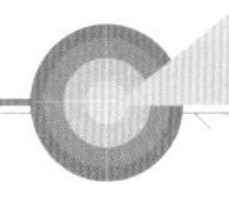


扰，而图7－24为RTM偏移结果，低频噪声对称地分布在炮两端的整条路径上，频率低而且能量强，几乎完全模糊了真实的反射界面。

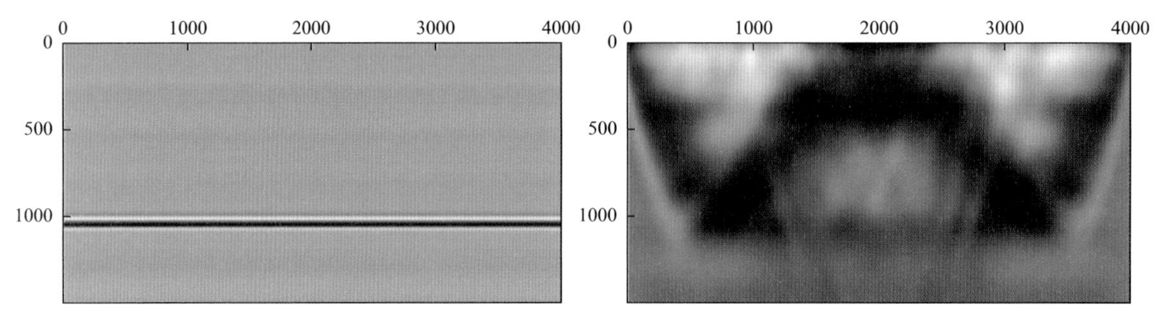


图7－23　单程波偏移剖面　　　图7－24　RTM偏移剖面

### 7.3.2　RTM偏移噪音的特点

基于RTM偏移噪音的产生机理，可以归纳出该类RTM偏移噪音主要具有以下特点：①振幅强，频率低；②主要是传播方向相同的震源和检波点波场相关所致；③噪音主要出现在浅层，尤其是存在强反射界面的地方，原因在于在这种情况下，震源下行波场和检波点上行波场中均含有丰富的、多次的上下行波；④在浅层产生的噪音对应的传播时间很长，这相当于大角度入射的波。

### 7.3.3　RTM偏移噪音的压制

根据RTM偏移噪音的产生机理和特点，地球物理界主要从以下三个领域进行RTM偏移噪音压制方法的研究。

（1）波场传播类算法：通过修改波动方程，来达到衰减界面反射的作用。

（2）成像条件类算法：通过修改成像条件，使得最后的像中只保留真正的反射所产生的能量。

（3）后成像条件类算法：对得到的带有假象的成像结果进行滤波，滤波器可以作用在时空域或角度域。

1. *波场传播类算法*

波场传播过程中去噪主要是基于波动方程，应用一定的条件对声波方程进行改造使其满足特定情况，并具有压制反射界面噪声的作用。

1）双程无反射波动方程

传统方法中，地震模型正演或偏移中经常用到的波动方程（速度变化、密度恒定）是只包含一个传播方向的单程波方程（上行或下行波），在波场传播过程中不会产生多次波和层间混响，但是其局限性是当模型速度梯度变化很大时，不能模拟回转波。Baysal等（1984）利用“波阻抗匹配技术”，即在方程中引入密度项，使得波阻抗为常数（密度与速度均为变化值，但两者乘积为常数)。此时，全声波方程退化为双程无反射波动方程，使介质边界的反射系数为零或很小，因此强波阻抗处逆向散射造成的低频噪声问题得到很好解决。特别地，当波垂直入射时将完全压制反射波。

双程无反射波动方程为：

$$C\frac{\partial}{\partial X}\left(C\frac{\partial p}{\partial x}\right)+C\frac{\partial}{\partial z}\left(C\frac{\partial p}{\partial z}\right)=\frac{\partial p}{\partial t^2} \tag{7-102}$$

令入射角为 $\theta_1$，折射角为 $\theta_2$，界面上下的密度和速度分别 $\rho_1$，$c_1$；$\rho_2$，$c_2$。反射系数为：

$$R=\left[\frac{\rho_2 c_2/\cos\theta_2-\rho_1 c_1/\cos\theta_1}{\rho_2 c_2/\cos\theta_2+\rho_1 c_1/\cos\theta_1}\right] \tag{7-103}$$

当波阻抗为常数，即：

$$\rho_2 c_2=\rho_1 c_1, R=\left[\frac{\cos\theta_2-\cos\theta_1}{\cos\theta_2+\cos\theta_1}\right] \tag{7-104}$$

由式（7-104）可知，当垂直入射即入射角 $\theta_1$ 时，反射系数 $R=0$。

对速度差异大或复杂的地质模型进行正演或偏移时，射线路径会发生回转。相对于全波动方程而言，当入射波垂直入射或入射角较小时，双程无反射波动方程可以有效压制强反射面上的逆向散射，避免多次反射的产生，压制了层间混响，使成像效果在一定程度上得到改善。其局限性有：随着入射角度的增大，非垂直入射波反射系数不为零，反射波的能量逐渐增强，这种方法也就失去了作用。由于只能完全消除垂直入射的内反射，所以这种方法比较适用于叠后数据。

2）模型慢度平滑

声波介质中，在小于一个波长长度内速度的突变会引起波阻抗的变化而产生反射。Loewenthal（1987）指出：对模型进行平滑，既可以是对速度的平滑，也可以是对慢度的平滑，通过实验研究表明速度的平滑虽然也可以达到压制反射的目的，但是会改变波长旅行时，而慢度的平滑既达到压制反射的目的，同时又保持旅行时的正确性。模型慢度平滑去噪方法是用大于波长长度的窗函数算子对模型慢度做平滑，从而消除内反射和多次波。

这种方法要优于双程无反射波动方程的成像结果，因为波阻抗的匹配只能沿着一定的方向上进行，而慢度的平滑没有方向的限制。其缺点是：消除了反射的同时也消除了有用的信息，比如棱柱波等信息，会影响逆时偏移成像质量。

3）定向阻尼去噪

Robin P Fletcher 等（2005）在速度模型产生噪声的位置，对双程无反射波动方程加入定向阻尼项来衰减内反射造成的成像噪音，其方法类似于吸收边界条件。2D 情况下的方程可表示为：

$$\frac{\partial^2 p}{\partial t^2}=v^2[\nabla^2 p]+v[\nabla p\cdot\nabla v]-\varepsilon L(\eta)p \tag{7-105}$$

式中，$L(\eta)=(\partial p/\partial t)+v(\nabla p\cdot\eta)$ 是波场中 $\eta$ 方向的线性导数算子；$\varepsilon(x, z)$ 为边界区

域的阻尼系数，其值在界面处取得最大值（一般为0.1左右），远离反射界面其值逐渐减小至零。

双程无反射波动方程只对垂直入射波去噪明显，而加了定向阻尼后对散射波的压制不受入射角的限制，这是这种方法的优点所在。但是定向阻尼的加入需要已知波能量的传播方向，人工交互判断噪音产生的位置，实现起来比较困难。另外，虽然可以控制加入阻尼系数的方向，但是还是会不可避免地损害棱柱波等有用信息，影响逆时偏移的成像质量。

2. 成像条件类算法

零延迟互相关成像条件具有成像稳健、容易实现等优点，并且遵循 Claerbout 的成像理论，但是零延迟互相关成像条件会产生成像噪声。许多学者从不同的方面对互相关成像条件进行改进，已达到去噪的目的。

1）检波点照明成像条件去噪

Bruno Kaelin 等（2006）针对互相关成像条件会产生低频噪声的缺点，对成像条件提出改进。其主要思想是：根据成像噪音与检波点波场的相关性，在相关成像条件基础上对检波点波场进行正则化，从而达到去噪的目的。

炮点照明成像条件与检波点照明成像条件表达式分别为：

$$I(z,x) = \sum_{s} \frac{\sum_{t} S_s(t,z,x)R_s(t,z,x)}{\sum_{t} S_s^2(t,z,x)} \tag{7-106}$$

$$I(z,x) = \sum_{s} \frac{\sum_{t} S_s(t,z,x)R_s(t,z,x)}{\sum_{t} R_s^2(t,z,x)} \tag{7-107}$$

Bruno Kaelin 等研究表明：炮点（或检波点）能量归一化成像条件只压制了炮点（或检波点）一侧的噪声，同时增加了检波点（或炮点）一侧的噪声。但是相比之下，对于复杂的地质构造，检波点能量归一化成像条件压制噪声的效果更好，同时可以反映深部反射界面的成像。这种去噪方法的优点是实现起来比较方便，并且检波点的照明可以直接从检波点波场直接求出，计算量小；但是其缺点是去噪效果不太明显。

2）波场分离成像条件去噪

传统的 RTM 相关成像条件为：

$$I(z,x) = \sum_{t=0}^{t_{\max}} s(z,x,t)r(z,x,t) \tag{7-108}$$

在 RTM 中，震源和检波点波场都包含了沿所有方向传播的波场分量。假如我们选定垂向为参考方向，这两个波场都可分解为上行波和下行波两个分量，亦即：

$$s(z,x,t) = s_u(z,x,t) + s_d(z,x,t) \tag{7-109}$$

$$r(z,x,t) = r_u(z,x,t) + r_d(z,x,t) \tag{7-110}$$

式中，$s_u(z, x, t)$、$s_d(z, x, t)$ 和 $r_u(z, x, t)$、$r_d(z, x, t)$ 分别是下行波和上行

波分量（假设向下为正）。将式（7－109）和式（7－110）代入式（7－108）中，我们可以得到：

$$I(z,x) = \sum_{t=0}^{t_{max}} s_u(z,x,t)r_u(z,x,t) + \sum_{t=0}^{t_{max}} s_u(z,x,t)r_d(z,x,t) + \sum_{t=0}^{t_{max}} s_d(z,x,t)r_u(z,x,t) + \sum_{t=0}^{t_{max}} s_d(z,x,t)r_d(z,x,t) \tag{7-111}$$

式中，第三项是下行震源波场分量与上行检波点波场分量的相关，这正是单程波方程偏移的结果。而第二项则是上行震源波场分量与下行检波点波场分量的互相关。但是，另外两项分别是上行震源波场分量与上行检波点波场分量之间的互相关，以及下行震源波场分量与下行检波点波场分量之间的互相关，这两项构成了逆时偏移噪音噪声。

图 7－25 为 2D Sigabee 模型第 251 炮的成像公式中各分量的结果，可见噪音大部分存

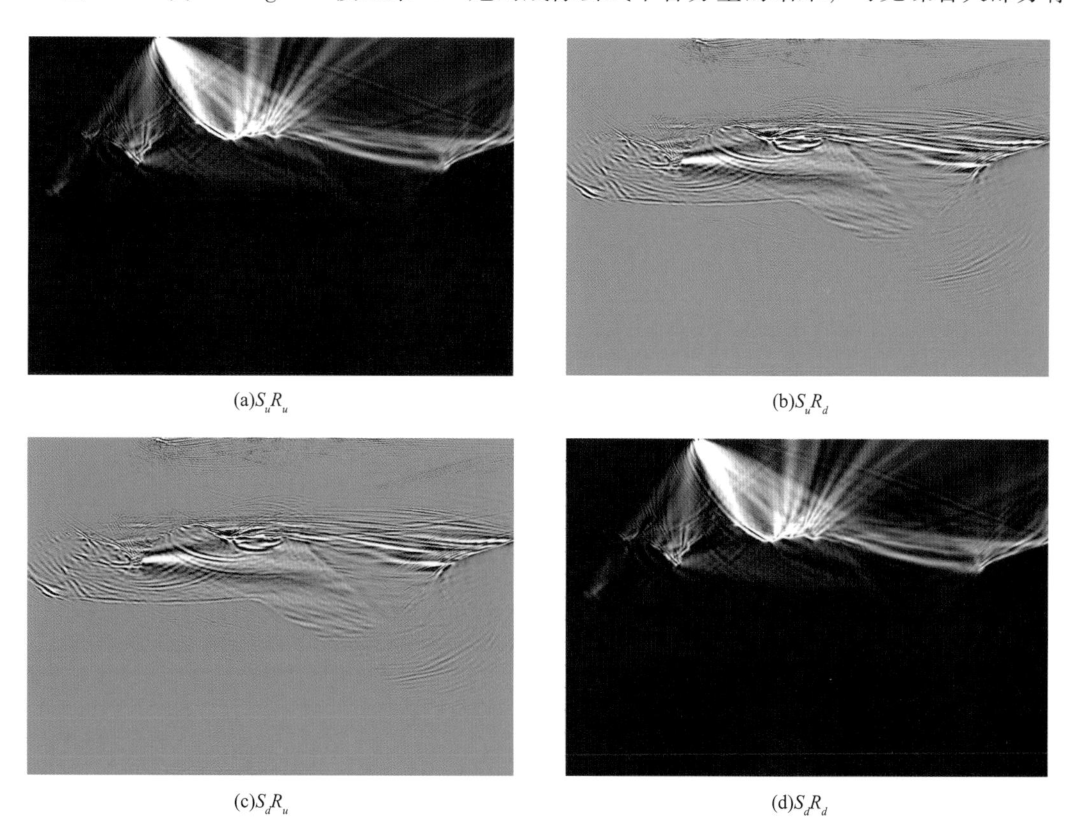

(a)$S_uR_u$　(b)$S_uR_d$　(c)$S_dR_u$　(d)$S_dR_d$

图 7－25　各波场分量成像结果

在于对角线上（公式中的第一、第四项），我们将这两项的能量去除，就得到了波场分解去除噪音后的结果，效果如图 7－26 所示。

可以看到，噪音得到了比较有效的压制。但同时我们也看到，部分有效能量也受到损失，当然也有部分噪音还有残留。这主要是由于我们所采用的波场分解方法是垂直分解方

(a)相关成像结果

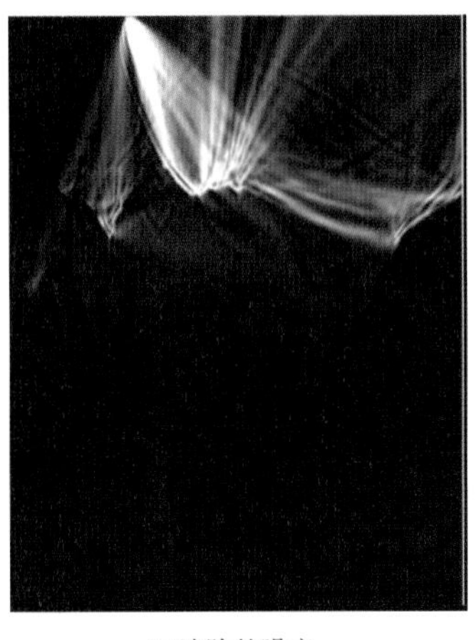
(b)滤除的噪音

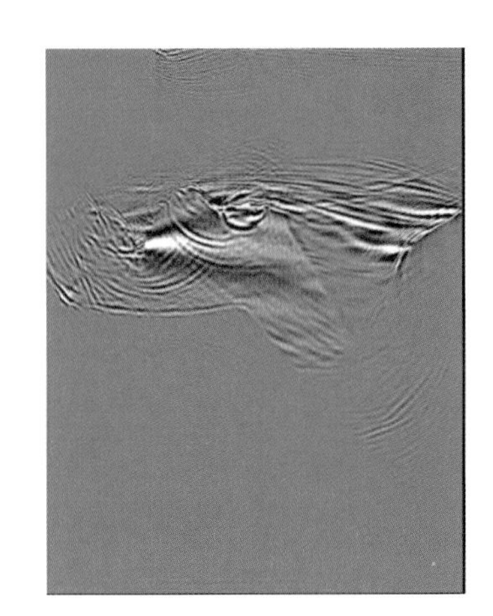
(c)噪音压制后的结果

图 7－26　波场分解去噪效果

法，采用了一种依赖于傅里叶变换的方法进行波场分离，分别将 $k_z>0$ 和 $k_z<0$ 对应的波场定义为下行波和上行波。这种方法在大多数情况下比较合理，如图 7－27（a）所示，但在有些复杂的情况下［图 7－27（b）］就不合适。因此，为了避免损失有效信号的成像，波场的分解或许需要沿不止一个方向进行。

(a)常规情况

(b)复杂情况

图 7－27　不同情况下的传播路径

为了避免损失有效信号的成像，尽可能地保留有效信号，我们将波场做进一步细分解，同样依赖于傅里叶变换的方法，分别将 $k_x>0$ 和 $k_x<0$ 对应的波场定义为左行波和右行波（图 7－28）。则波场可分解为：

$$s(z,x,t)=s_{lu}(z,x,t)+s_{ld}(z,x,t)+s_{ru}(z,x,t)+s_{rd}(z,x,t) \tag{7-112}$$

$$r(z,x,t)=r_{lu}(z,x,t)+r_{ld}(z,x,t)+r_{ru}(z,x,t)+r_{rd}(z,x,t) \tag{7-113}$$

成像公式就可以变为：

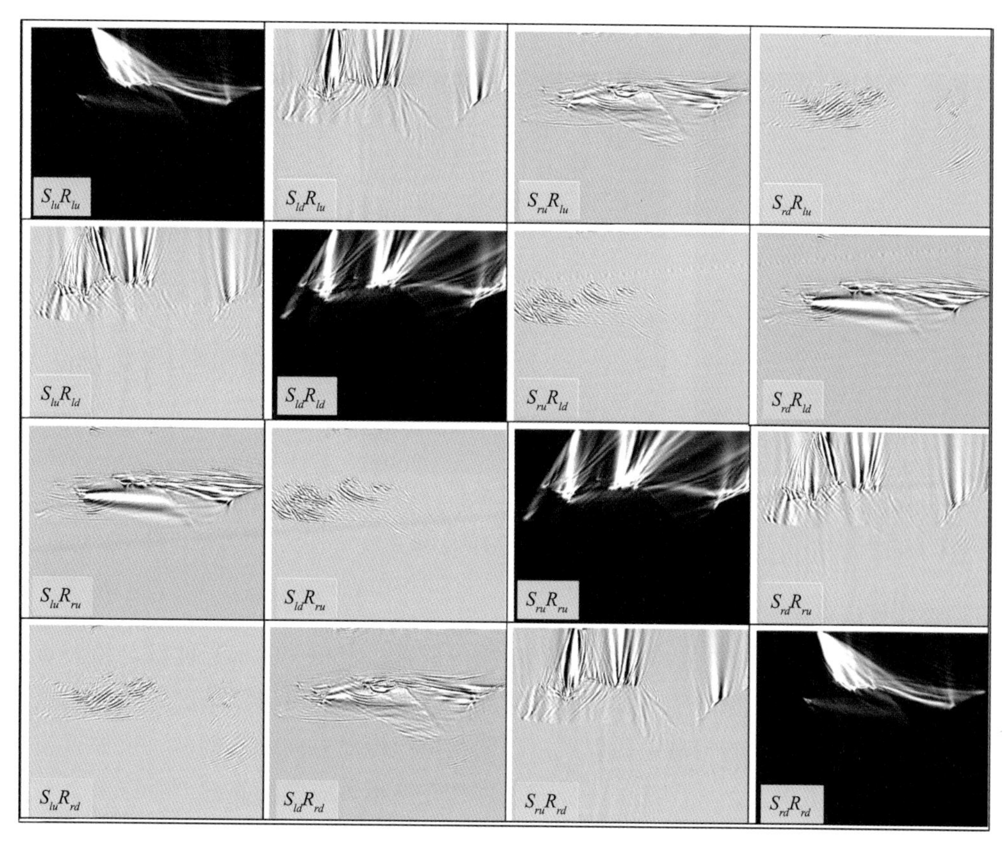


图 7－28　各波场分量成像结果

$$
\begin{aligned}
I(z,x) = & \sum_{t=0}^{t_{\max}} s_{lu}(z,x,t) r_{lu}(z,x,t) + \sum_{t=0}^{t_{\max}} s_{ld}(z,x,t) r_{lu}(z,x,t) + \sum_{t=0}^{t_{\max}} s_{ru}(z,x,t) r_{lu}(z,x,t) + \\
& \sum_{t=0}^{t_{\max}} s_{rd}(z,x,t) r_{lu}(z,x,t) + \sum_{t=0}^{t_{\max}} s_{lu}(z,x,t) r_{ld}(z,x,t) + \sum_{t=0}^{t_{\max}} s_{ld}(z,x,t) r_{ld}(z,x,t) + \\
& \sum_{t=0}^{t_{\max}} s_{ru}(z,x,t) r_{ld}(z,x,t) + \sum_{t=0}^{t_{\max}} s_{rd}(z,x,t) r_{ld}(z,x,t) + \sum_{t=0}^{t_{\max}} s_{lu}(z,x,t) r_{ru}(z,x,t) + \\
& \sum_{t=0}^{t_{\max}} s_{ld}(z,x,t) r_{ru}(z,x,t) + \sum_{t=0}^{t_{\max}} s_{ru}(z,x,t) r_{ru}(z,x,t) + \sum_{t=0}^{t_{\max}} s_{rd}(z,x,t) r_{ru}(z,x,t) + \\
& \sum_{t=0}^{t_{\max}} s_{lu}(z,x,t) r_{rd}(z,x,t) + \sum_{t=0}^{t_{\max}} s_{ld}(z,x,t) r_{rd}(z,x,t) + \sum_{t=0}^{t_{\max}} s_{ru}(z,x,t) r_{rd}(z,x,t) + \\
& \sum_{t=0}^{t_{\max}} s_{rd}(z,x,t) r_{rd}(z,x,t)
\end{aligned}
\tag{7-114}
$$

图 7－29（a）为传统相关成像结果，图 7－29（b）为去除的噪音分量，而图 7－29（c）为噪音去除后的结果。可以看到，噪音得到了比较有效的压制，有效能量得到了比较好的

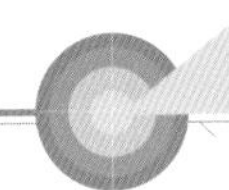

保留。

(a)相关成像结果

(b)滤除的噪音

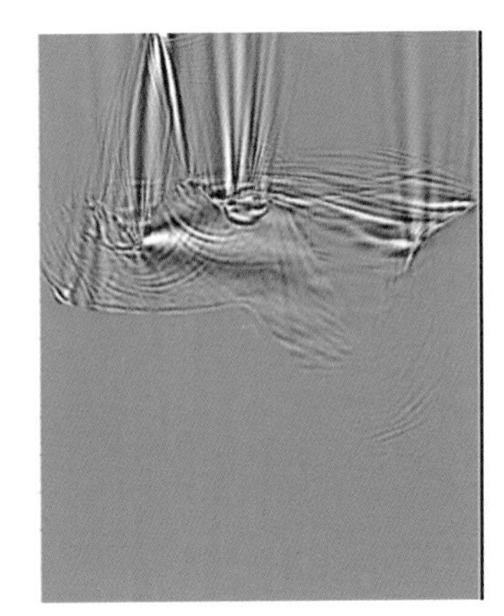

(c)噪音压制后的结果

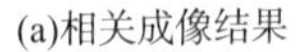

图 7－29　波场分解去噪效果

3）坡印廷成像条件去噪

逆时偏移噪音有一个共同的特征：在产生噪声位置，求相关的炮点波场与检波点波场传播方向相反。坡印廷矢量作为一种衡量能量流的数学工具，可以用来区分在散射点处传播方向一致且同相位的波与沿着一段射线路径同相位但传播方向相反的波，比如首波、潜水波、层间混响、散射波。坡印廷矢量成像条件是在互相关成像的基础上乘以一个与传播方向有关的权重系数 $w$［cos（$\alpha$）］得到的，即：

$$I=\int_0^{t_{\max}} w\cdot P_s(x,z,t)\cdot P_r(x,z,t)\,\mathrm{d}t \tag{7-115}$$

式中，$w$［cos（$\alpha$）］是与角度相关的权系数，用来衡量炮点波场和检波点波场的成像角度，且有：

$$\cos(\alpha)\frac{\overline{V}_s\cdot\overline{V}_r}{|V_s|\cdot|V_r|} \tag{7-116}$$

式中，$\overline{V}_s$、$\overline{V}_r$ 分别为震源和检波点的坡印廷矢量，其为矢量表达式，在数值上与射线方向矢量和压力场成正比，其表达式为：

$$Poynting\ vector\cong vP \tag{7-117}$$

二维时，射线方向矢量 $v=-\frac{\mathrm{d}P}{\mathrm{d}t}\left(\frac{\mathrm{d}P}{\mathrm{d}x},\frac{\mathrm{d}P}{\mathrm{d}z}\right)$，则式（7－117）坡印廷矢量表达式化为：

$$Poynting\ verctor\cong vP=-\nabla P\frac{\mathrm{d}P}{\mathrm{d}t}P \tag{7-118}$$

式中，$P$ 为压力场；（$\mathrm{d}P/\mathrm{d}x$，$\mathrm{d}P/\mathrm{d}z$）为射线方向向量。

式（7－115）表明：坡印廷矢量成像条件可以通过控制坡印廷矢量的夹角 $\alpha$ 的权重，来保留一定角度范围内的互相关成像，同时过滤掉噪声成像部分以此来达到去噪的目的，权重 $w$ 的计算公式为：

$$
W=\begin{cases}0 & (\theta_1 \leqslant \alpha \leqslant 180^\circ) \\ \cos\alpha & (\theta_2 \leqslant \alpha \leqslant \theta_1) \\ 1 & (0 \leqslant \alpha \leqslant \theta_2)\end{cases} \tag{7-119}
$$

坡印廷矢量成像条件的优点是去噪效果明显，并且不会像简单滤波那样对所有的有效信息产生影响或改变成像的相位和振幅值，并且可以通过求出的坡印廷矢量的夹角 $\alpha$，对多炮的炮数据进行角道集的提取，在角道集中低频噪声主要集中分布在大角度处，这使得对噪声的去除变得更加简单。但是其局限性是需要额外计算和存储波场传播方向矢量，另外，在波场复杂区域，提取波场传播矢量一般比较困难，难以实现。图 7－30 为经典 Mar-

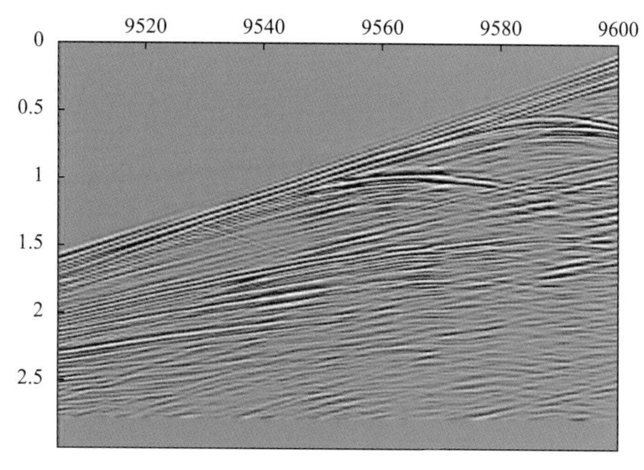


图 7－30　Marmousi 模型第 100 炮单炮数据

mousi 模型第 100 炮的单炮数据，图 7－31 分别为基于传统零延迟互相关成像条件（a）和

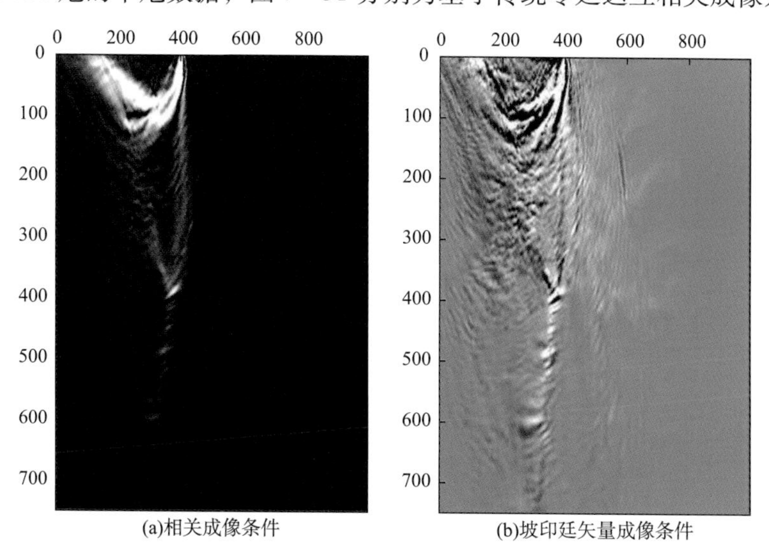


图 7－31　RTM 偏移结果

坡印廷矢量成像条件（b）的 RTM 偏移结果，可以看到应用印廷矢量成像条件低频噪声，特别是浅层反射路径上的噪声得到有效压制。图 7－32 是两者的频谱对比，说明应用坡印

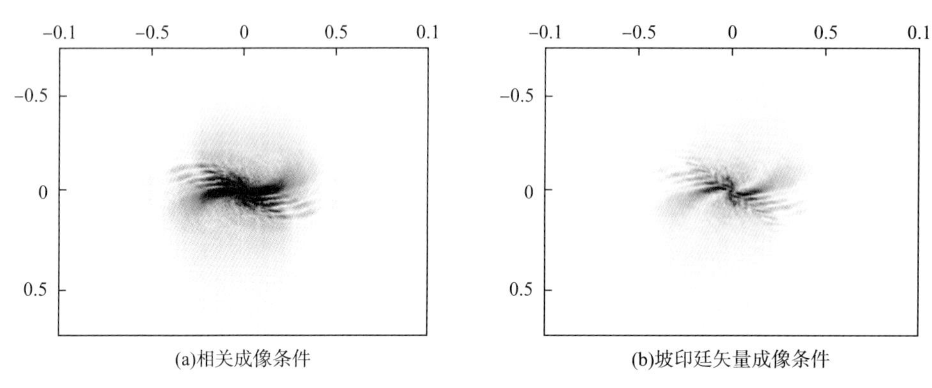


(a)相关成像条件　　(b)坡印廷矢量成像条件

图 7－32　RTM 偏移结果频谱

廷矢量成像条件后的成像结果可以使近零频率（低频）部分得到压制。但同时也可以看到，相对去噪前高频有效信息也部分损失，这是由于我在设定应用成像权重 $w$ 的时候造成的，因此在对噪声的去除上如何选定 $\theta_1$、$\theta_2$ 的取值将直接关系到对噪声和有用信息的压制程度。Kwangjin Yoon 等（2006）在文章中指出，一般选定 120°作为区分噪声和有效信息的坡印廷矢量夹角 $\alpha$，即权重值 $w$ 为 －0.5。图 7－33、图 7－34 为 Marmousi 模型应用互相关成像条件和坡印廷成像条件逆时偏移结果，图 7－35 为对应的 2D 频谱对比图。

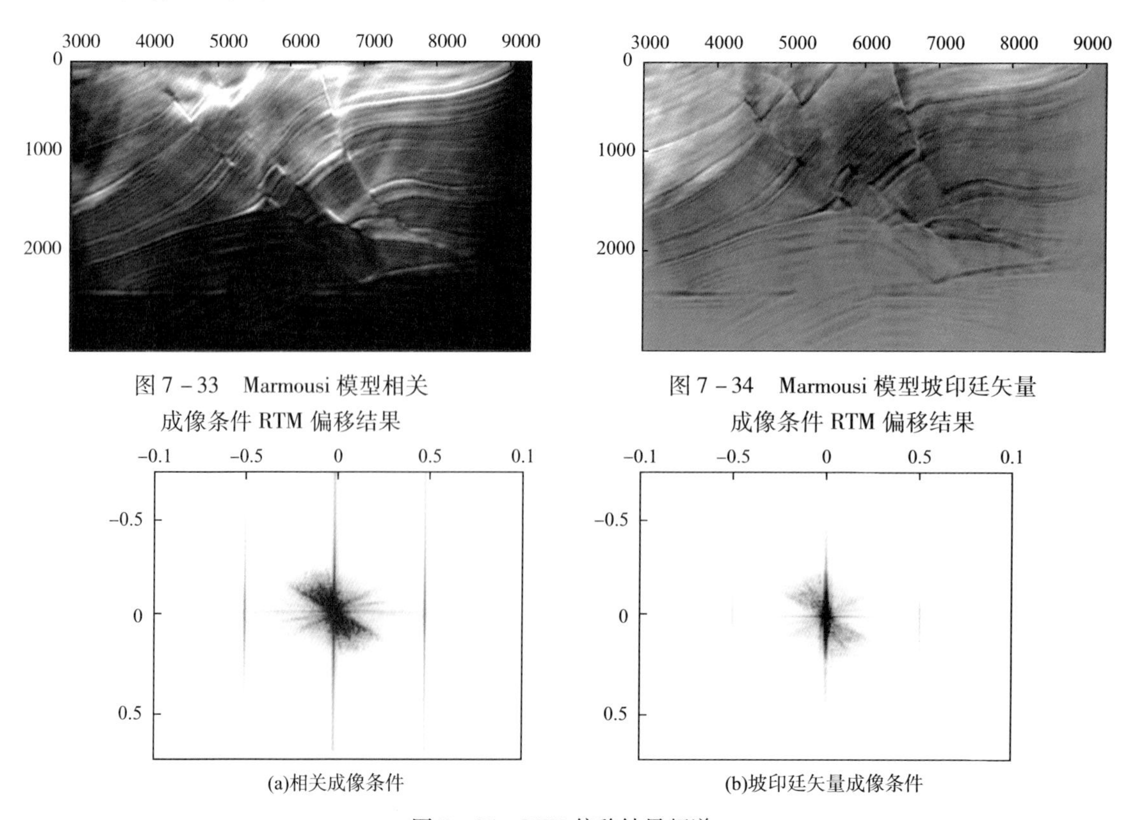


图 7－33　Marmousi 模型相关成像条件 RTM 偏移结果

图 7－34　Marmousi 模型坡印廷矢量成像条件 RTM 偏移结果

(a)相关成像条件　　(b)坡印廷矢量成像条件

图 7－35　RTM 偏移结果频谱

3. 后成像条件类算法

后成像条件类算法不需要对逆时偏移延拓和成像两大环节做出修改，而只是对最后成像的结果进行类似滤波的图像处理，因而具有能适应任何复杂介质、简单、方便实现等特点。

1）高通滤波和导数滤波

逆时偏移产生的特殊噪音主要集中在低频，因此一些学者考虑使用空间域高通滤波来进行噪音压制，这种方法简单、易于实现，但是噪声消除不彻底，并且会破坏波场含低频的有效信息，目前工业界仅仅把该方法作为逆时偏移噪音压制的一个辅助手段。

定义 $S=S_z\cdot S_x$，其中 $S_z$、$S_x$ 代表深度 $Z$ 方向和水平 $X$ 方向。在每一个坐标方向上与 {0.25，0.5，0.25} 作卷积，将系数 $[n_1, n_2, n_3]$ 作用在算子 $S_x^{n_3}S^{n_2}(I-S^{n_1})$ 上即可得到高通滤波算子。如取 $[n_1, n_2, n_3]=[32, 0, 2]$，则高通滤波的实现过程为：对逆时偏移结果平滑 $n_1$ 次并求差值，然后对偏移结果平滑 $n_2$ 次，最后仅在 $X$ 方向平滑 $n_3$ 次得最后的去噪结果。如图 7－36 为 Marmousi 模型经空间高通滤波后的逆时偏移结果，图 7－37为空间高通滤波前后的 2D 频谱对比结果。

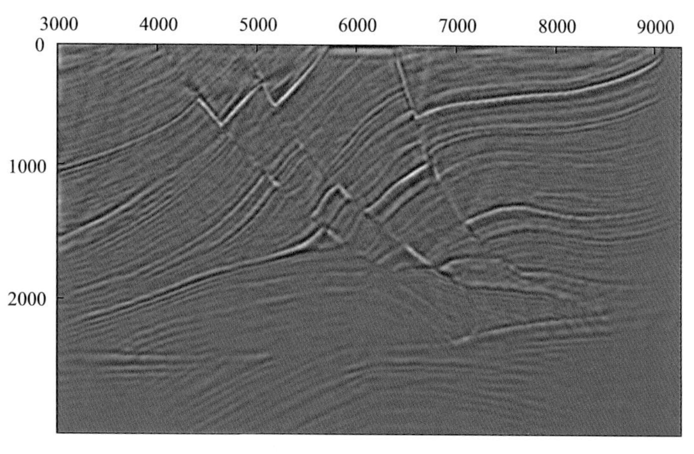


图 7－36　高通滤波结果

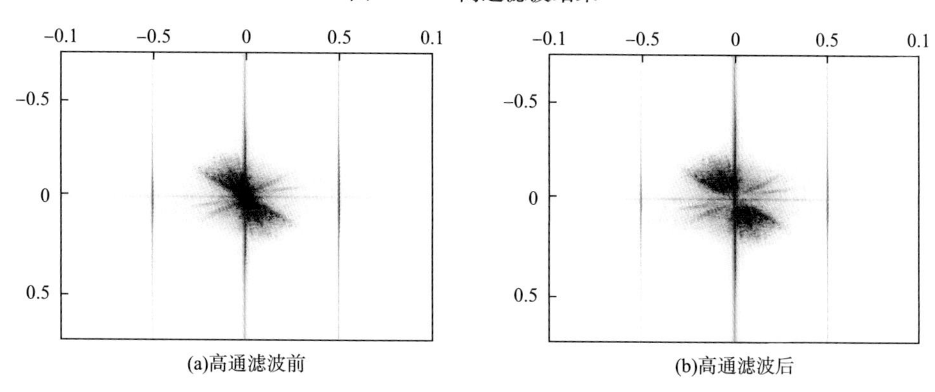


图 7－37　高通滤波前后频谱

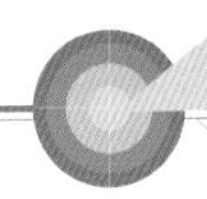


由于低频噪声谱中含有近零频率成分，因此可以在水平或垂直方向进行求导来达到去噪目的。图7－38为Marmousi模型经导数滤波后的逆时偏移结果，图7－39为导数滤波前后的2D频谱对比。

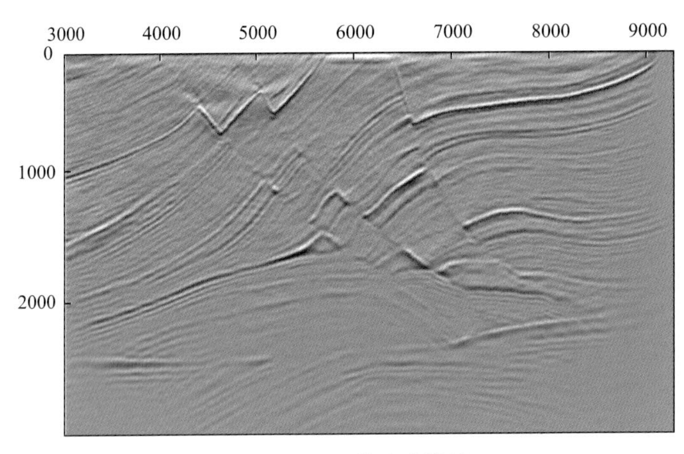


图7－38 导数滤波结果

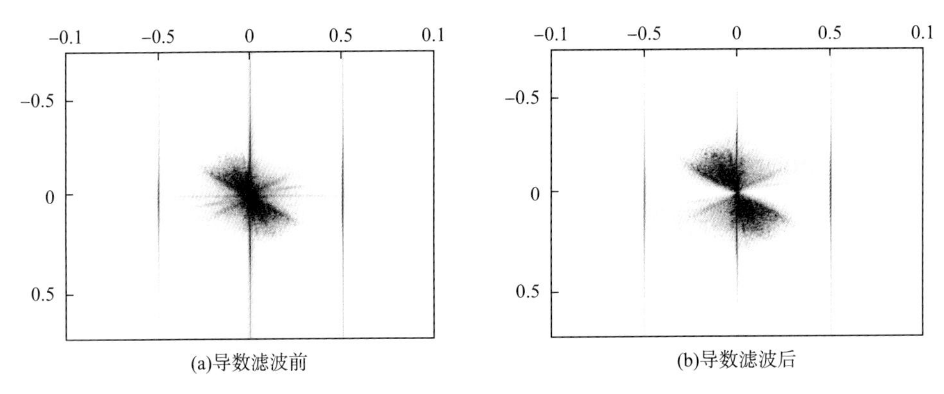


图7－39 导数滤波前后频谱

通过高通或在垂直（水平）方向求导滤波可以达到一定程度上去噪的目的，但是这种简单的滤波作用会出现：①若进行垂向求导，F-K域$K_z=0$处能量明显减弱，垂向噪声受到压制；②导数滤波会使波场的相位发生改变；③虽然低频部分得到压制，但是却增强了高频部分，产生额外噪声。

2）预测误差滤波器的最小二乘滤波

Antoine Guitton等（2006）指出传统简单的滤波方法会改变成像结果相位和频谱等有用信息，而理想的滤波方法应该是在去除噪声的同时保留反射信息的完整性。为此，Antoine Guitton等提出采用预测误差滤波器实现最小二乘滤波，该方法的思想是应用S/N分离理论（Guitton，2005）将去噪问题转化为S/N分离问题，并尽可能地保留有效反射信息。

假设存在噪声滤波器A与反射滤波器R，成像$m$定义如下：

$$m = m_r + m_a \tag{7-120}$$

式中，$m_r$ 为反射成像，$m_a$ 为噪声成像。引入残余向量 $r_a$，$r_r$，则有：

$$0 \approx r_a = A(m - m_r), 0 \approx \varepsilon r_r = \varepsilon R m_r \tag{7-121}$$

我们的目标是求出 $m_r$，利用最小二乘，即：

$$f(m_r) = \| r_a \|^2 + \varepsilon^2 \| r_r \|^2 \tag{7-122}$$

其反演解为：

$$\vec{m}_r = (A'A + \varepsilon^2 R'R)^{-1} A'A_m \tag{7-123}$$

假设噪声滤波器 A 与反射滤波器 R 为预测误差滤波器，并令 $R$ 为单位算子，$\varepsilon$ 的值为接近零（0.01）的权值，则式（7-123）变为：

$$\vec{m}_r = (A'A + \varepsilon^2 I)^{-1} A'A_m \tag{7-124}$$

由噪声估算出噪声滤波器 A 可求出 $m_r$。

Antoine Guitton 等通过模型验证了这种成像后滤波方法可以在去除噪声的同时保留有效反射信息，并指出如果对噪声和反射分别采用局部滤波器、用真正的反射滤波器 R 而非单位算子 $I$，将会得到更好的成像效果。

3）波场分离后进行扇形滤波

波场分离作为一种去噪方法可以有效地去除内反射，但是还是会存在剩余噪声，为了压制剩余噪声，Sang Yong Suh 等（2009）提出在 F-K 域对波场进行波场分离成像后，再在空间域对每个波场快照进行扇形滤波，并通过模型验证了这种结合方法的有效性。

波场分离后进行扇形滤波的方法虽然几乎可以完全去除逆时偏移中的低频噪声，但是计算所花费的时间是传统零延迟互相关的 6 倍以上；并且由于要同时保存震源和检波点波场，所以所要求的储存量也是 2 倍以上（Sang Yong Suh，2009），因此使其应用受到限制。

4）拉普拉斯滤波

Zhang 等（2007）指出如果我们能够得到角度域道集，那么噪声的去除就会变得很简单，因为噪声都是在入射角接近 90°处产生，那么我们可以对偏移后的角度域道集进行叠加，然后对大角度部分进行切除即可达到去噪的目的，但是输出角度域道集的代价比较高。拉普拉斯算子滤波相当于成像波场角度域滤波，并且这种滤波不需要输出角度域道集，是一种类角度域去噪方法。拉普拉斯滤波是目前工业界应用最为普遍的逆时偏移噪音压制方法。

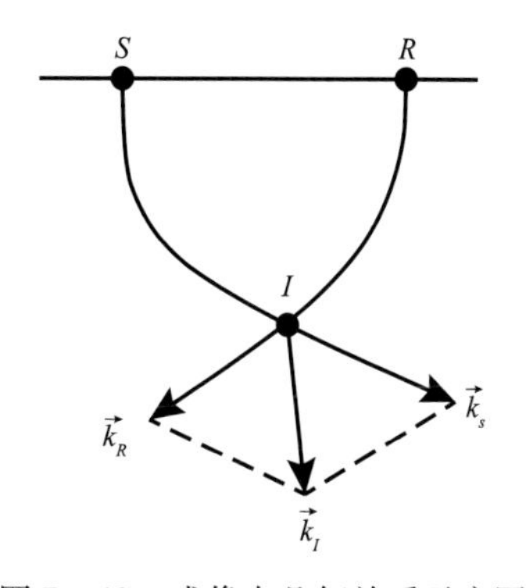

图 7-40　成像点几何关系示意图

Laplacian 算子的傅里叶变换可以表示为：

$$FT(\nabla^2) = -|\vec{k}|^2 = -(k_x^2 + k_y^2 + k_z^2) \tag{7-125}$$

式中，$FT$ 表示傅里叶变换，$\nabla^2$ 表示 Laplacian 算子，$k_x$、$k_y$、$k_z$ 分别表示 $x$、$y$、$z$ 方向的波

数。通过式（7－125）可以看出，Laplacian 滤波的实质就是在波数域乘以波数的平方。而波数又与波的运动学信息有很大的联系，根据图7－40所示，由余弦定理可知：

$$\begin{aligned}-(k_x^2+k_y^2+k_z^2) &= -|\vec{k}_I|^2 = -|\vec{k}_S+\vec{k}_R|^2 \\ &= -(|\vec{k}_S|^2+|\vec{k}_R|^2-2|\vec{k}_S||\vec{k}_R|\cos 2\theta)\end{aligned} \tag{7-126}$$

式中，$\vec{k}_S$、$\vec{k}_R$、$\vec{k}_I$ 分别表示震源点、检波点以及成像点处的波数矢量；$\theta$ 是反射角，也就是 $\vec{k}_S$ 和 $\vec{k}_R$ 夹角的一半。又因为：

$$|\vec{k}_S| = |\vec{k}_R| = \frac{\omega}{v} \tag{7-127}$$

式中，$\omega$ 是圆频率，$v$ 表示速度。将式（7－127）代入式（7－126）中，可得：

$$-(k_x^2+k_y^2+k_z^2) = -\frac{\omega^2}{v^2}(2-2\cos 2\theta) = -4\frac{\omega^2}{v^2}\cos^2\theta \tag{7-128}$$

通过式（7－128）可以看出 Laplacian 算子相当于一个反射角滤波。对偏移图像进行 Laplacian 滤波相当于在角度域乘以 $\cos^2\theta$ 因子。由 $\cos^2\theta$ 的图像可知，当成像反射角为90°时，成像噪音可以被完全消除，而对于较小角度的反射面成像，成像能量可以很好地保留。

但是通过式（7－128）也可以看出，对偏移结果进行 Laplacian 滤波不单纯是一个角度滤波，同时还包含 $4\omega^2/v^2$ 因子，这个因子会扭曲偏移图像的振幅和相位。为了校正 Laplacian 滤波带来的振幅和相位变化，首先对输入地震记录乘以 $1/\omega^2$ 因子（补偿频率），然后再进行逆时偏移，最后对滤波结果乘以 $v^2$ 因子（补偿振幅），整个 Laplacian 流程为：

$$Q(\vec{x},\omega) \xrightarrow{\text{filter}} \frac{1}{\omega^2}Q(\vec{x},\omega) \xrightarrow{\text{RTM}} R(\vec{k}) \xrightarrow{\text{filter}} \nabla^2 R(\vec{k}) \xrightarrow{\text{scaling}} -v^2\nabla^2 R(\vec{k}) \tag{7-129}$$

式中，$Q$（$\vec{k}$，$\Omega$）为输入的地震记录；$R$（$\vec{k}$）表示逆时间偏移成像的结果。图7－41用一个简单的层状速度模型来展示 Laplacian 滤波以及频率补偿和振幅补偿的效果。图7－41（b）是图7－41（a）所示层状模型的逆时偏移结果，可以看出在第一个强反射层的上方有明显的成像噪音，图7－41（c）是对图7－41（b）所示偏移结果直接进行 Laplacian 滤波的结果，通过 Laplacian 滤波偏移噪音被很好的去除，但是可以看到，与图7－41（b）相比子波的相位和不同深度的同相轴能量关系有着明显的变化，这就是 Laplacian 滤波带来的频率和振幅扭曲。图7－41（d）是通过上述补偿流程得到的 Laplacian 滤波剖面，这个剖面同样去除了成像噪音，与图7－41（b）的原始偏移剖面相比，子波的相位与同相轴之间的能量关系基本一致。这就证明了通过上述流程进行 Laplacian 滤波不仅可以去除偏移噪音，还有效的保持了振幅和相位特征。

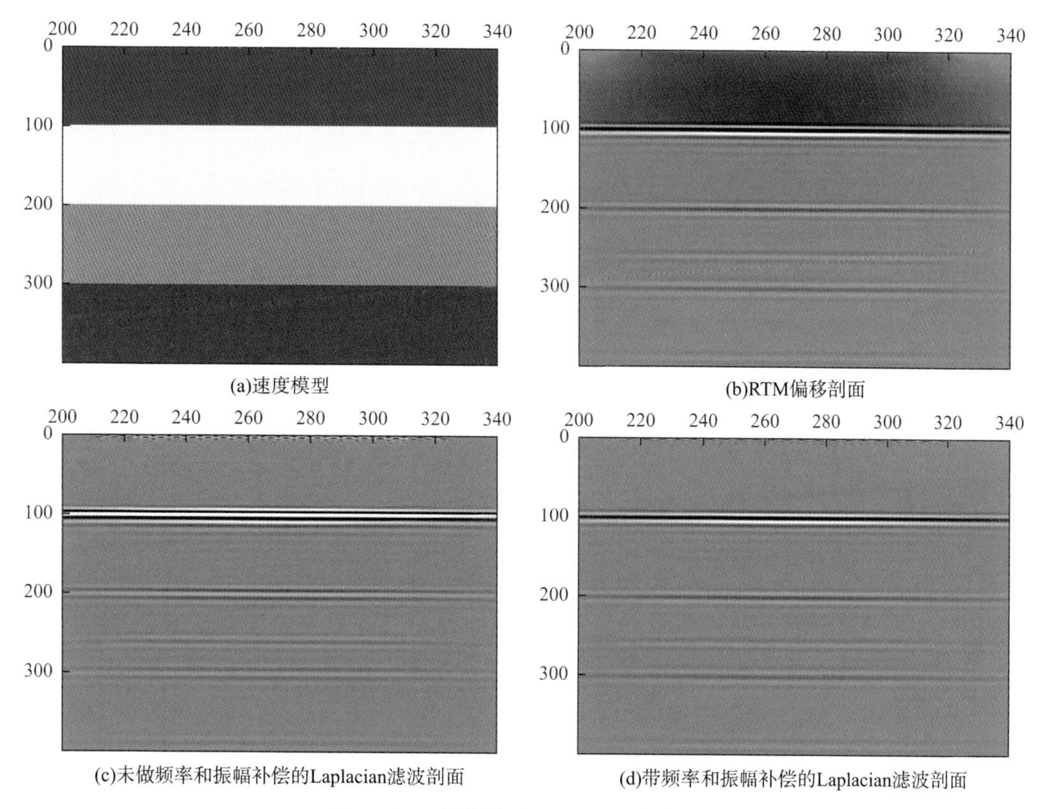


(a)速度模型　(b)RTM偏移剖面

(c)未做频率和振幅补偿的Laplacian滤波剖面　(d)带频率和振幅补偿的Laplacian滤波剖面

图 7－41　层状模型 Laplacian 滤波效果

## 7.3.4　伪横波去噪技术

目前主要的 TTI 传播方程以使用非解耦的 P 波传播方程为主。利用耦合的方程进行 qP 波传播和成像具有原理清晰、编程简单、qP 波方程能准确地反映弹性波波场中 P 波分量运动学信息等特点。因此，这种方式在当前工业界应用得较为广泛。

然而，利用耦合的 qP 波方程进行各向异性介质中波传播与成像也有一些问题，比如 qP 波依然和 qS 波耦合，处理不当容易出现数值计算不稳定现象，另外利用耦合的 qP 方程通常是耦合的偏微分方程组，显然这会大规模计算时的计算量和存储量。因此，研究各向异性介质中解耦的 qP 波方程传播和成像对于推动技术发展，使得各向异性 RTM 计算更好地服务实际生产仍然有十分重要的意义。

### 7.3.4.1　TTI 梯度法方程纯 P 波波场延拓技术

TI 介质中 P-SV 波耦合的频散关系为：

$$\omega^4 - \omega^2[(v_{Px}^2 + v_{S0}^2)k_x^2 + (v_{P0}^2 + v_{S0}^2)k_z^2] + v_{Px}^2 v_{S0}^2 k_x^4 + v_{P0}^2 v_{S0}^2 k_z^4 + [v_{P0}^2(v_{Px}^2 - v_{Pn}^2) + v_{S0}^2(v_{Pn}^2 + v_{P0}^2)]k_x^2 k_z^2 = 0 \tag{7-130}$$

其中：

$$
\begin{aligned}
v_{Px} &= v_{P0}\sqrt{1+2\varepsilon} \\
v_{Pn} &= v_{P0}\sqrt{1+2\delta} \\
v_{Pn}^2 - v_{Px}^2 &= 2v_{P0}^2(\varepsilon-\delta)
\end{aligned}
\tag{7-131}
$$

将式（7－130）看作是关于 $\omega$ 的高次多项式，从中可以分别解耦出 P-SV 对应的频散关系，其中对应 P 波的为：

$$
\omega^2 - \frac{v_{P0}^2}{2}\{(1+2\varepsilon)(k_x^2+k_y^2)+k_z^2+\sqrt{[(1+2\varepsilon)(k_x^2+k_y^2)+k_z^2]^2-8(\varepsilon-\delta)(k_x^2+k_y^2)k_z^2}\}=0 \tag{7-132}
$$

对应 SV 波的为：

$$
\omega^2 - \frac{v_{P0}^2}{2}\{(1+2\varepsilon)(k_x^2+k_y^2)+k_z^2-\sqrt{[(1+2\varepsilon)(k_x^2+k_y^2)+k_z^2]^2-8(\varepsilon-\delta)(k_x^2+k_y^2)k_z^2}\}=0 \tag{7-133}
$$

求解式（7－132）、式（7－133）即可得到 TI 介质中单独传播的 qP 波和 qSV 波。

然而，解耦方程式（7－132）、式（7－133）是拟微分方程，传统上认为该类方程无法利用传统的数值求解方法（利用有限差分方法）求解，对于其中的拟微分算子一般采用数值逼近的方法求解。傅里叶基函数是最为常用的逼近基函数。

然而利用以上方式求解解耦的 qP 波方程效率比较低，主要是因为褶积算子大规模要大于常用的有限差分算子（图 7－42）。那么如何提高求解解耦后的 qP 波方程的计算效率呢？可以利用波前矢量的概念。现在来讨论利用旋转交错网格来求解 Xu（2014）提出的纯 P 波方程，方程的形式为：

$$
\frac{\partial^2 u}{\partial t^2} = \nabla\cdot(v_0^2 S\nabla u) \tag{7-134}
$$

其中，$S$ 的定义为：

$$
S=\frac{1}{2}(2+2\varepsilon)(n_x^2+n_y^2)+n_z^2+\sqrt{((1+2\varepsilon)(n_x^2+n_y^2)+n_z^2)^2-8(\varepsilon-\delta)(n_x^2+n_y^2)n_z^2} \tag{7-135}
$$

当将式（7－134）推广到 TTI 介质情景时，为了保持方程能量在传播过程中守恒，我们构造式（7－134）的 TTI 对应形式为：

$$
\frac{\partial^2 u}{\partial t^2} = D^{\mathrm{T}}\cdot(v_0^2 SDu) \tag{7-136}
$$

其中：

$$
D = diag(R_1^{\mathrm{T}}\nabla, R_2^{\mathrm{T}}\nabla, R_3^{\mathrm{T}}\nabla) \tag{7-137}
$$

$R_i$ 为如下旋转矩阵的列向量（按照 Duveneck 的定义）：

$$
\begin{bmatrix}
\cos\theta\cos\phi & -\sin\varphi & \sin\theta\cos\varphi \\
\cos\theta\sin\phi & \cos\varphi & \sin\theta\sin\varphi \\
-\sin\theta & 0 & \cos\theta
\end{bmatrix} \tag{7-138}
$$

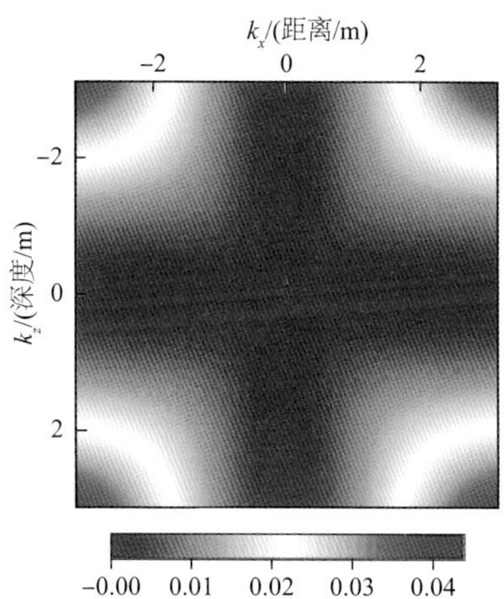


(a)式(7-131)/式(7-132)中拟微分算子在波数域响应(即是利用傅里叶基函数逼近时的系数)

(b)式(7-131)/式(7-132)中拟微分算子傅里叶逼近系数在空间域响应(为了避免在波数域求解方程)

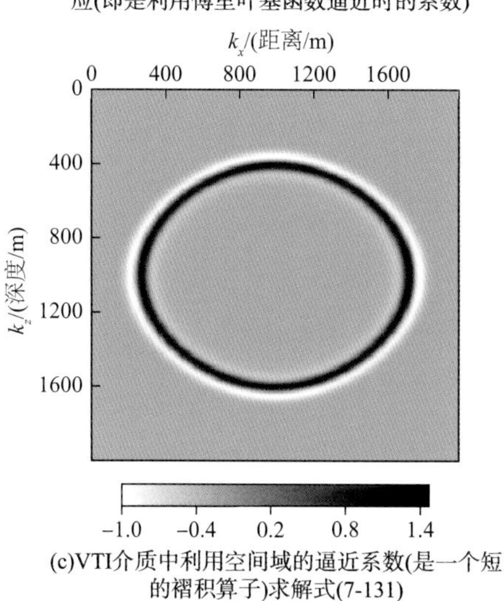


(c)VTI介质中利用空间域的逼近系数(是一个短的褶积算子)求解式(7-131)

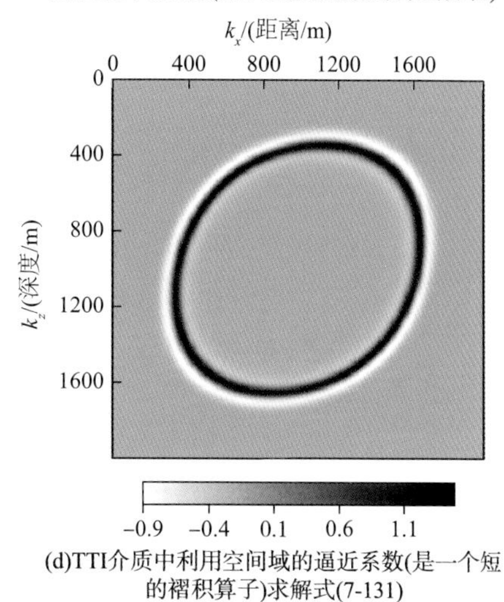


(d)TTI介质中利用空间域的逼近系数(是一个短的褶积算子)求解式(7-131)

图 7－42　波前响应示意图

联立式（7－136）、式（7－137）、式（7－138），将方程写开有：

$$\begin{aligned}\frac{\partial^2 u}{\partial u^2} = v_0^2 S[ & \partial_x \cos\theta\cos\varphi(\cos\theta\cos\varphi\partial_x u) + \partial_x \cos\theta\cos\varphi(\cos\theta\sin\varphi\partial_y u) + \partial_x\cos\theta\cos\varphi(-\sin\theta\partial_z u) + \\ & \partial_y\cos\theta\sin\varphi(\cos\theta\cos\varphi\partial_x u) + \partial_y\cos\theta\sin\varphi(\cos\theta\sin\varphi\partial_y u) + \partial_y\cos\theta\sin\varphi(-\sin\theta\partial_z u) - \\ & \partial_z\sin\theta(\cos\theta\cos\varphi\partial_x u) - \partial_z\sin\theta(\cos\theta\sin\varphi\partial_y u) - \partial_z\sin\theta(-\sin\theta\partial_z u) - \partial_x\sin\varphi(-\sin\varphi\partial_x u) - \\ & \partial_x\sin\varphi(\cos\varphi\partial_y u) + \partial_y\cos\varphi(-\sin\varphi\partial_x u) + \partial_y\cos\varphi(\cos\varphi\partial_y u) + \partial_x\sin\theta\cos\varphi(\sin\theta\cos\varphi\partial_x u) + \\ & \partial_x\sin\theta\cos\varphi(\sin\theta\sin\varphi\partial_y u) + \partial_y\sin\theta\cos\varphi(\cos\theta\partial_z u) + \partial_y\sin\theta\sin\varphi(\sin\theta\cos\varphi\partial_x u) + \\ & \partial_y\sin\theta\sin\varphi(\sin\theta\sin\varphi\partial_y u) + \partial_y\sin\theta\sin\varphi(\cos\theta\partial_x u) + \partial_z\cos\theta(\sin\theta\cos\varphi\partial_x u) + \\ & \partial_z\cos\theta(\sin\theta\sin\varphi\partial_y u) + \partial_z\cos\theta(\cos\theta\partial_z u)]\end{aligned} \tag{7-139}$$

在二维情况下，式（7－139）退化为：

$$\begin{aligned}\frac{\partial^u}{\partial t^2} = v_0^2 S[&\partial_x\cos\theta(\cos\theta\partial_x u) + \partial_x\cos\theta(-\sin\theta\partial_z u) - \partial_z\sin\theta(\cos\theta\partial_x u) - \\ &\partial_z\sin\theta(-\sin\theta\partial_z u) + \partial_z\sin\theta(\sin\theta\partial_x u) + \partial_z\sin\theta(\cos\theta\partial_z u) + \\ &\partial_z\cos\theta(\sin\theta\partial_x u) + \partial_z\cos\theta(\cos\theta\partial_z u)]\end{aligned} \tag{7-140}$$

为了更好的求解式（7－140），我们讨论一阶形式的声波方程，从各向同性介质中的弹性波出发：

$$\begin{aligned}\rho\frac{\partial v_1}{\partial t} &= \frac{\partial\sigma_{11}}{\partial x_1} + \frac{\partial\sigma_{13}}{\partial x_3} \\ \rho\frac{\partial v_3}{\partial t} &= \frac{\partial\sigma_{31}}{\partial x_1} + \frac{\partial\sigma_{33}}{\partial x_3} \\ \rho\frac{\sigma_{11}}{\partial t} &= C_{11}\frac{\partial v_1}{\partial x_1} + C_{13}\frac{\partial v_3}{\partial x_3} \\ \rho\frac{\sigma_{33}}{\partial t} &= C_{13}\frac{\partial v_1}{\partial x_1} + C_{33}\frac{\partial v_3}{\partial x_3} \\ \rho\frac{\sigma_{13}}{\partial t} &= C_{44}\left(\frac{\partial v_1}{\partial x_3} + \frac{\partial v_3}{\partial x_1}\right)\end{aligned} \tag{7-141}$$

令 $\mu = 0$，则有：

$$\begin{aligned}C_{11} &= C_{33} = C_{13} = \lambda = \rho v^2 \\ C_{44} &= 0\end{aligned} \tag{7-142}$$

将式（7－142）代入式（7－141），则有：

$$\begin{aligned}\rho\frac{\partial v_1}{\partial t} &= \frac{\partial\sigma_{11}}{\partial x_1} \\ \rho\frac{\partial v_3}{\partial t} &= \frac{\partial\sigma_{33}}{\partial x_3} \\ \frac{1}{C_{11}}\frac{\partial\sigma_{11}}{\partial t} &= \frac{\partial v_1}{\partial x_1} + \frac{\partial v_3}{\partial x_3} \\ \frac{1}{C_{11}}\frac{\partial\sigma_{33}}{\partial t} &= \frac{\partial v_1}{\partial x_1} + \frac{\partial v_3}{\partial x_3}\end{aligned} \tag{7-143}$$

对应力更新方程两边求时间导数，消除速度分量有：

$$\begin{aligned}\frac{\partial}{\partial t}\left(\frac{1}{C_{11}}\frac{\partial\sigma_{11}}{\partial t}\right) &= \frac{\partial}{\partial x_1}\left(\frac{1}{\rho}\frac{\partial\sigma_{11}}{\partial x_1}\right) + \frac{\partial}{\partial x_3}\left(\frac{1}{\rho}\frac{\partial\sigma_{33}}{\partial x_3}\right) \\ \frac{\partial}{\partial t}\left(\frac{1}{C_{11}}\frac{\partial\sigma_{33}}{\partial t}\right) &= \frac{\partial}{\partial x_1}\left(\frac{1}{\rho}\frac{\partial\sigma_{11}}{\partial x_1}\right) + \frac{\partial}{\partial x_3}\left(\frac{1}{\rho}\frac{\partial\sigma_{33}}{\partial x_3}\right)\end{aligned} \tag{7-144}$$

注意到此时两个变量是一致的，则式（7－144）可以进一步简化为：

$$\frac{\partial}{\partial t}\left(\frac{1}{C_{11}}\frac{\partial u}{\partial t}\right)=\frac{\partial}{\partial x_1}\left(\frac{1}{\rho}\frac{\partial u}{\partial x_1}\right)+\frac{\partial}{\partial x_3}\left(\frac{1}{\rho}\frac{\partial u}{\partial x_3}\right) \tag{7-145}$$

现在的问题是，我们已有形如式（7－145）的二阶方程，如何将其再变为一阶方程组。显然，式（7－145）可以化为如下一阶方程组：

$$\begin{aligned}\partial_t u &= C_{11}\partial_{x_1}p + C_{11}\partial_{x_3}q\\ \partial_t p &= \frac{1}{\rho}\partial_{x_1}u\\ \partial_t p &= \frac{1}{\rho}\partial_{x_3}u\end{aligned} \tag{7-146}$$

式（7－146）写成矩阵的形式为：

$$\partial_t\begin{bmatrix}u\\p\\q\end{bmatrix}=\begin{bmatrix}0 & C_{11} & 0\\ \frac{1}{\rho} & 0 & 0\\ 0 & 0 & 0\end{bmatrix}\partial_{x_1}\begin{bmatrix}u\\p\\q\end{bmatrix}+\begin{bmatrix}0 & 0 & C_{11}\\ 0 & 0 & 0\\ \frac{1}{\rho} & 0 & 0\end{bmatrix}\partial_{x_3}\begin{bmatrix}u\\p\\q\end{bmatrix} \tag{7-147}$$

类似的，可以将式（7－140）写为：

$$\begin{aligned}\partial_t u &= v_0^2\partial_{rT_{x_1}}p + v_0^2\partial_{rT_{x_3}}q\\ \partial_t p &= S\partial_{rx_1}u\\ \partial_t q &= S\partial_{rx_3}u\end{aligned} \tag{7-148}$$

其中：

$$\begin{aligned}\partial_{rT_{x_1}}p &= (R_1^{\mathrm{T}}\nabla)^{\mathrm{T}} = (\partial_{x_1}\cos\theta - \partial_{x_3}\sin\theta)p\\ \partial_{rT_{x_1}}q &= (R_3^{\mathrm{T}}\nabla)^{\mathrm{T}} = (\partial_{x_1}\sin\theta + \partial_{x_3}\cos\theta)q\\ \partial_{rx_1}u &= R_1^{\mathrm{T}}\nabla = (\cos\theta\partial_{x_1} - \sin\theta\partial_{x_3})u\\ \partial_{rx_3}u &= R_3^{\mathrm{T}}\nabla = (\cos\theta\partial_{x_1} - \sin\theta\partial_{x_3})u\end{aligned} \tag{7-149}$$

据 Xu（2015），我们可以将 TI 介质中的频散关系改写为：

$$\begin{aligned}\omega^2 &= \frac{v_{\mathrm{P0}}^2}{2}\left\{(1+2\varepsilon)(k_x^2+k_y^2)+k_z^2+\sqrt{[(1+2\varepsilon)(k_x^2+k_y^2)+k_z^1]^2-8(\varepsilon-\delta)(k_x^2+k_y^2)k_z^2}\right\}\\ &= \frac{v_{\mathrm{P0}}^2}{2}\left\{(1+2\varepsilon)(k_x^2+k_y^2)+k_z^2+[(1+2\varepsilon)(k_x^2+k_y^2)+k_z^2]\right.\\ &\quad\left.\sqrt{1-[8(\varepsilon-\delta)(k_x^2+k_y^2)k_z^2]/[(1+2\varepsilon)(k_x^2+k_y^2)+k_z^2]^2}\right\}\\ &= v_{\mathrm{P0}}^2[(1+2\varepsilon)(k_x^2+k_y^2)+k_z^2]+\frac{v_{\mathrm{P0}}^2}{2}[(1+2\varepsilon)(k_x^2+k_y^2)+k_z^2]\\ &\quad\left\{\sqrt{1-[8(\varepsilon-\delta)(k_x^2+k_y^2)k_z^2]/[(1+2\varepsilon)(k_x^2+k_y^2)+k_z^2]^2}-1\right\}\\ &= v_{\mathrm{P0}}^2[(1+2\varepsilon)(k_x^2+k_y^2)+k_z^2]+v_{\mathrm{P0}}^2[(1+2\varepsilon)(k_x^2+k_y^2)+k_z^2]\\ &\quad\frac{1}{2}\left\{\sqrt{1-[8(\varepsilon-\delta)(k_x^2+k_y^2)k_z^2]/[(1+2\varepsilon)(k_x^2+k_y^2)+k_z^2]^2}-1\right\}\end{aligned} \tag{7-150}$$

将根号下的项上下同时除以 $k^4$，其定义为 $k^2=k_x^2+k_y^2+k_z^2$，并利用：

$$\vec{n}=(k_x,k_y,k_z)/|k_x^2+k_y^2+k_z^2| = \frac{\nabla u}{|\nabla u|} \quad (7-151)$$

则式（7－142）可以写成：

$$\omega^2=v_{P0}^2[(1+2\varepsilon)(k_x^2+k_y^2)+k_z^2]+v_{P0}^2[(1+2\varepsilon)(k_x^2+k_x^2)+k_z^2]$$
$$\frac{1}{2}\{\sqrt{1-[8(\varepsilon-\delta)(n_x^2+n_y^2)n_z^2]/[(1+2\varepsilon)(n_x^2+n_y^2)+n_z^2]^2}-1\} \quad (7-151)$$

令：

$$\Delta s_e=\frac{1}{2}\{\sqrt{1-[8(\varepsilon-\delta)(n_x^2+n_y^2)n_z^2]/[(1+2\varepsilon)(n_x^2+n_y^2)+n_z^2]^2}-1\} \quad (7-153)$$

把式（7－153）代入式（7－152）我们有：

$$\omega^2=v_{P0}^2[(1+2\varepsilon)(k_x^2+k_y^2)+k_z^2]+v_{P0}^2[(1+2\varepsilon)(k_x^2+k_y^2)+k_z^2]\Delta s_e \quad (7-154)$$

在 TTI 介质下，式（7－153）与式（7－154）变为：

$$\omega^2=v_{P0}^2[(1+2\varepsilon)(k_{x'}^2+k_{y'}^2)+k_{z'}^2]+v_{P0}^2[(1+2\varepsilon)(k_{x'}^2+k_{y'}^2)+k_{z'}^2]\Delta s_e \quad (7-155)$$

$$\Delta s_e=\frac{1}{2}\{\sqrt{1-[8(\varepsilon-\delta)(n_{x'}^2+n_{y'}^2)n_{z'}^2]/[(1+2\varepsilon)(n_{x'}^2+n_{y'}^2)+n_{z'}^2]^2}-1\} \quad (7-156)$$

式中，$k_{x'}$，$k_{y'}$，$k_{z'}$，$n_{x'}$，$n_{y'}$，$n_{z'}$分别为旋转坐标系下波矢量及单位波矢量，对于 TTI 介质，其定义为：

$$\begin{aligned} k_{x'}&=\cos\theta\cos\phi k_x+\cos\theta\sin\phi k_y-\sin\theta k_z \\ k_{y'}&=-\sin\phi k_x+\cos\phi k_y \\ k_{z'}&=\sin\theta\cos\phi k_x+\sin\theta\sin\phi k_y+\cos\theta k_z \end{aligned} \quad (7-157)$$

对式（7－157）两边平方有：

$$\begin{aligned} {k_{x'}}^2&=\cos^2\theta\cos^2\phi {k_x}^2+\cos^2\theta\sin^2\varphi {k_y}^2+\sin^2\theta {k_z}^2+ \\ &\quad \cos^2\theta\sin2\varphi k_xk_y-\sin^2\theta\sin\varphi k_yk_z-\sin2\theta\cos\varphi k_xk_z \\ {k_{y'}}^2&=\sin^2\varphi {k_x}^2+\cos^2\varphi {k_y}^2-\sin^2\varphi k_xk_y \\ {k_{x'}}^2&=\sin^2\theta\cos^2\varphi {k_x}^2+\sin^2\theta\sin^2\varphi {k_y}^2+\cos^2\theta {k_z}^2+ \\ &\quad \sin^2\theta\sin2\varphi k_xk_y+\sin2\theta\sin\varphi k_yk_z+\sin2\theta\cos\varphi {k_x}^z \end{aligned} \quad (7-158)$$

对于二维情况，式（7-158）简化为：

$$k_{x'}{}^2 = \cos^2\theta k_x{}^2 + \sin^2\theta k_z^2 - \sin 2\theta k_x k_z$$

$$k_{z'}{}^2 = \sin^2\theta k_x{}^2 + \cos^2\theta k_z^2 + \sin 2\theta k_x k_z \tag{7-159}$$

为了数值实施方便，将式（7-155）写成一阶形式，有：

$$\begin{aligned}\omega^2 &= v_{P0}^2[(1+2\varepsilon)(k_{x'}^2 + k_{y'}^2) + k_{z'}^2] + v_{P0}^2[(1+2\varepsilon)(k_{x'}^2 + k_{y'}^2) + k_{z'}^2]\Delta s_e \\ &= v_{P0}^2[(1+2\varepsilon)(k_{x'}^2 + k_{y'}^2) + k_{z'}^2](1+\Delta s_e)\end{aligned} \tag{7-160}$$

式（7-160）可以进一步写成：

$$\omega^2 = v_{P0}^2[(1+2\varepsilon)(k_{x'}^2 + k_{y'}^2) + k_{z'}^2]s_e \tag{7-161}$$

其中：

$$\begin{aligned}s_e &= (1+\Delta s_e) \\ &= \frac{1}{2}\left\{1 + \sqrt{1 - [8(\varepsilon-\delta)(n_{x'}^2 + n_{y'}^2)n_{z'}^2]/[(1+2\varepsilon)(n_{x'}^2 + n_{y'}^2) + n_{z'}^2]^2}\right\}\end{aligned} \tag{7-162}$$

变回到时间-空间域我们可以得到二阶形式的纯P波方程：

$$\partial_t^2 u = v_{P0}^2[(1+2\varepsilon)(\partial_{x'}^2 u + \partial_{y'}^2 u) + \partial_{z'}^2 u]s_e \tag{7-163}$$

#### 7.3.4.2 不分裂的PML（NPML）技术

我们首先利用传统的拉伸函数导出NPML的表达式，然后再加以改进。我们以各向同性介质中声波方程为例：

$$\begin{aligned}\rho\frac{\partial v_x}{\partial t} &= \frac{\partial p}{\partial x} \\ \rho\frac{\partial v_X}{\partial t} &= \frac{\partial p}{\partial X} \\ \frac{\partial p}{\partial t} &= \lambda\left(\frac{\partial v_x}{\partial x} + \frac{\partial v_z}{\partial z}\right)\end{aligned} \tag{7-164}$$

PML的基本思想是引入拉伸坐标系替换掉原来的坐标，使得波在新坐标系下传播随着距计算边界的距离而逐步衰减，新旧坐标关系可由如下积分式表达：

$$\tilde{x} = \int_0^x s_x(\eta)\mathrm{d}\eta \tag{7-165}$$

据式（7-165），有新旧坐标系下微分关系式（以 $x$ 方向正方向为例）：

$$
\begin{aligned}
\frac{\partial \tilde{p}}{\partial \tilde{x}} &= \frac{\partial \tilde{p}}{\partial \tilde{x}}\frac{\partial x}{\partial \tilde{x}} \\
&= \frac{\partial \tilde{p}}{\partial x}\frac{1}{\frac{\partial \tilde{x}}{\partial x}}\text{（利用反函数求导法则）} \\
&= \frac{\partial \tilde{p}}{\partial x}\frac{1}{\frac{\partial\left[\int_0^x s_x(\eta)\,d\eta\right]}{\partial x}} \\
&= \frac{\partial \tilde{p}}{\partial x}\frac{1}{s_x(x)}
\end{aligned}
\tag{7-166}
$$

其中：

$$
s_i = \beta_i + \frac{d_i}{\alpha_i + i\omega},\ i \in \{x, y, z\} \tag{7-167}
$$

对于式（7－166）中拉伸函数的倒数 $1/s_x$（$x$），有：

$$
\begin{aligned}
1/s_x &= 1/\left(\beta_x + \frac{d_x}{\alpha_x + i\omega}\right) \\
&= 1/\left[\frac{d_x + \beta_x(\alpha_x + i\omega)}{\alpha_x + i\omega}\right] \\
&= \frac{\alpha_x + i\omega}{d_x + \beta_x(\alpha_x + i\omega)} \\
&= \frac{d_x/\beta_x + \alpha_x + i\omega - d_x/\beta_x}{d_x + \beta_x(\alpha_x + i\omega)} \\
&= \frac{d_x/\beta_x + \alpha_x + i\omega - d_x/\beta_x}{d_x + \beta_x(\alpha_x + i\omega)} \\
&= 1/\beta_x - \frac{d_x/\beta_x}{d_x + \beta_x(\alpha_x + i\omega)} \\
&= 1/\beta_x - \frac{d_x}{\beta_x^{\ 2}}\frac{1}{(d_x/\beta_x + \alpha_x) + i\omega}
\end{aligned}
\tag{7-168}
$$

式（7－168）中 $s_x$ 是所谓 CFS（complex-frequency-shifted）拉伸函数，当 $\beta_i = 1$，$\alpha_i = 0$ 时，拉伸函数变为标准的拉伸函数，此时有：

$$
1/s_x = \frac{i\omega}{d_x + i\omega} \tag{7-169}
$$

将式（7－169）代入式（7－163）得到 PML 区域内方程式为：

$$\rho \frac{\partial v_x}{\partial t} = \frac{\partial \tilde{p}^x}{\partial x}$$

$$\rho \frac{\partial v_z}{\partial t} = \frac{\partial \tilde{p}^z}{\partial z} \tag{7-170}$$

$$\frac{\partial p}{\partial t} = \lambda\left(\frac{\partial \tilde{v}_x^x}{\partial x} + \frac{\partial \tilde{v}_z^z}{\partial z}\right)$$

其中，$\tilde{p}^x$，$\tilde{p}^z$，$\tilde{v}_x^x$，$\tilde{v}_z^z$ 为经过拉伸后的波场，其定义为：

$$\tilde{p}^i = p/s_i, \tilde{v}_i^i = v_i/s_i \tag{7-171}$$

为了接下来推导的方便，将式（7－142）中新坐标系下的导数写开有（以 $\partial\tilde{v}_x^x/\partial x$ 为例）：

$$\begin{aligned}\frac{\partial \tilde{v}_x^x}{\partial x} &= \frac{1}{s_x}\frac{\partial v_x}{\partial x} \\ &= \left[1/\beta_x - \frac{d_x}{\beta_x^{\ 2}}\frac{1}{(d_x/\beta_x + \alpha_x) + i\omega}\right]\frac{\partial v_x}{\partial x}\end{aligned} \tag{7-172}$$

我们引入所谓辅助函数 ：

$$Q_x^{v_x} = -\frac{d_x}{\beta_x^{\ 2}}\frac{1}{(d_x/\beta_x + \alpha_x) + i\omega}\frac{\partial v_x}{\partial x} \tag{7-173}$$

则式（7－172）可以写成：

$$\frac{\partial \tilde{v}_x^x}{\partial x} = 1/\beta_x\frac{\partial v_x}{\partial x} + Q_x^{v_x} \tag{7-174}$$

为了得到辅助函数的更新方程，将式（7－172）进一步变形有：

$$Q_x^{v_x}(d_x/\beta_x + \alpha_x + i\omega) = -\frac{d_x}{\beta_x^{\ 2}}\frac{\partial v_x}{\partial x} \tag{7-175}$$

我们将式（7－175）变到时空域中有：

$$Q_x^{v_x}(d_x/\beta_x + \alpha_x) + \frac{\partial Q_x^{v_x}}{\partial t} = -\frac{d_x}{\beta_x^{\ 2}}\frac{\partial v_x}{\partial x} \tag{7-176}$$

利用式（7－174）及式（7－176）可以计算 PML 区域控制式（7－170）中的 $\partial_x\tilde{v}_x^x$ 项，其余项的计算可以由类似的方式给出。我们最终可以将式（7－142）写成：

$$\rho\frac{\partial v_x}{\partial t} = 1/\beta_x\frac{\partial p}{\partial x} + Q_x^p$$

$$\rho\frac{\partial v_z}{\partial t} = 1/\beta_z\frac{\partial p}{\partial z} + Q_z^p$$

$$\frac{\partial p}{\partial t} = \lambda\left(1/\beta_x\frac{\partial v_x}{\partial x} + Q_x^{v_x} + 1/\beta_z\frac{\partial v_z}{\partial z} + Q_z^{v_z}\right)$$

$$\frac{\partial Q_x^{v_x}}{\partial t} = -\frac{d_x}{\beta_x^{\ 2}}\frac{\partial v_x}{\partial x} - Q_x^{v_x}(d_x/\beta_x + \alpha_x)$$

$$\frac{\partial Q_z^{v_z}}{\partial t} = -\frac{d_z}{\beta_z^{\ 2}}\frac{\partial v_z}{\partial z} - Q_z^{v_z}(d_z/\beta_z + \alpha_z)$$
$$\frac{\partial Q_x^{p}}{\partial t} = -\frac{d_x}{\beta_x^{\ 2}}\frac{\partial v_z}{\partial x} - Q_x^{p}(d_x/\beta_x + \alpha_x) \tag{7-177}$$
$$\frac{\partial Q_z^{p}}{\partial t} = -\frac{d_z}{\beta_z^{\ 2}}\frac{\partial v_z}{\partial z} - Q_z^{p}(d_z/\beta_z + \alpha_z)$$

为了导出二阶方程对应 PML 区域内满足的方程，对式（7－149）中的应力更新方程两边对时间求偏导有：

$$\frac{\partial^2 p}{\partial t^2} = \lambda\frac{\partial}{\partial t}\left(1/\beta_x\frac{\partial v_x}{\partial x} + Q_x^{v_x} + 1/\beta_z\frac{\partial v_z}{\partial z} + Q_z^{v_z}\right) \tag{7-178}$$

在式（7－178）中交换微分顺序并将式（7－149）中的速度更新方程代入有（常密度假设下）：

$$\frac{\partial^2 p}{\partial t^2} = \lambda\left[1/\beta_x\frac{\partial}{\partial x}\left(1/\beta_x\frac{\partial p}{\partial x} + Q_x^{p}\right) + \frac{\partial Q_x^{v_x}}{\partial t} + 1/\beta_z\frac{\partial}{\partial z}\left(1/\beta_z\frac{\partial p}{\partial z} + Q_z^{p}\right) + \frac{\partial Q_z^{v_z}}{\partial t}\right] \tag{7-179}$$

式（7－179）中的速度辅助变量时间导数 $\partial_t Q_x^{v_x}$、$\partial_t Q_z^{v_z}$ 仍然包含速度变量，为了消去速度变量利用如下关系：

$$\frac{\partial Q_x^{v_x}}{\partial t} = -\frac{d_x}{\beta_x^{\ 2}}\frac{\partial v_x}{\partial x} - Q_x^{v_x}(d_x/\beta_x + \alpha_x)$$
$$= -\frac{d_x}{\beta_x^{\ 2}}\left(1/\beta_x\frac{\partial p}{\partial x} + Q_x^{p}\right) - Q_x^{v_x}(d_x/\beta_x + \alpha_x) \tag{7-180}$$
$$\frac{\partial Q_z^{v_z}}{\partial t} = -\frac{d_z}{\beta_z^{\ 2}}\frac{\partial v_z}{\partial z} - Q_z^{v_z}(d_z/\beta_z + \alpha_z)$$
$$= -\frac{d_z}{\beta_z^{\ 2}}\left(1/\beta_z\frac{\partial p}{\partial z} + Q_z^{p}\right) - Q_z^{v_z}(d_z/\beta_z + \alpha_z)$$

最终我们可以得到二阶方程非分裂格式 PML 边界中的控制方程为：

$$\frac{\partial^2 p}{\partial t^2} = \lambda\left[1/\beta_x\frac{\partial}{\partial x}\left(1/\beta_x\frac{\partial p}{\partial x} + Q_x^{p}\right) + \frac{\partial Q_x^{v_x}}{\partial t} + 1/\beta_z\frac{\partial}{\partial z}\left(1/\beta_z\frac{\partial p}{\partial z} + Q_z^{p}\right) + \frac{\partial Q_z^{v_z}}{\partial t}\right]$$
$$\frac{\partial Q_x^{v_x}}{\partial t} = -\frac{d_x}{\beta_x^{\ 2}}\left(1/\beta_x\frac{\partial p}{\partial x} + Q_x^{p}\right) - Q_x^{v_x}(d_x/\beta_x + \alpha_x)$$
$$\frac{\partial Q_z^{v_z}}{\partial t} = -\frac{d_z}{\beta_z^{\ 2}}\left(1/\beta_z\frac{\partial p}{\partial z} + Q_z^{p}\right) - Q_z^{v_z}(d_z/\beta_z + \alpha_z) \tag{7-181}$$
$$\frac{\partial Q_x^{p}}{\partial t} = -\frac{d_x}{\beta_x^{\ 2}}\frac{\partial v_x}{\partial x} - Q_x^{p}(d_x/\beta_x + \alpha_x)$$
$$\frac{\partial Q_z^{p}}{\partial t} = -\frac{d_z}{\beta_z^{\ 2}}\frac{\partial v_z}{\partial z} - Q_z^{p}(d_z/\beta_z + \alpha_z)$$

忽略掉 $\beta_i$ 的空变，可以将式（7－153）中应力的更新方程进一步写为：

$$\begin{aligned}\frac{\partial^2 p}{\partial t^2} &= \lambda\left(1/\beta_x^2\frac{\partial^2 p}{\partial x^2}+1/\beta_x\frac{\partial Q_x^p}{\partial x}+\frac{\partial Q_x^{v_x}}{\partial t}+1/\beta_z^2\frac{\partial^2 p}{\partial z^2}+1/\beta_z\frac{\partial Q_z^p}{\partial z}+\frac{\partial Q_z^{v_z}}{\partial t}\right)\\ &= \lambda\left[1/\beta_x^2\left(\frac{\partial^2 p}{\partial x^2}+\frac{\partial^2 p}{\partial z^2}\right)+1/\beta_x\left(\frac{\partial Q_x^p}{\partial x}+\frac{\partial Q_z^p}{\partial z}\right)+\frac{\partial Q_x^{v_x}}{\partial t}+\frac{\partial Q_z^{v_z}}{\partial t}\right]\end{aligned} \tag{7-182}$$

特别的，当 $\alpha_i=0$，$\beta_i=1$ 时，我们可以得到利用传统拉伸函数的非分裂二阶 PML 边界条件：

$$\begin{aligned}\frac{\partial^2 p}{\partial t^2} &= \lambda\left(\frac{\partial^2 p}{\partial x^2}+\frac{\partial^2 p}{\partial z^2}+\frac{\partial Q_x^p}{\partial x}+\frac{\partial Q_z^p}{\partial z}+\frac{\partial Q_x^{v_x}}{\partial t}+\frac{\partial Q_z^{v_z}}{\partial t}\right)\\ \frac{\partial Q_x^{v_x}}{\partial t} &= -d_x\left(\frac{\partial p}{\partial x}+Q_x^p\right)-d_xQ_x^{v_x}\\ \frac{\partial Q_z^{v_z}}{\partial t} &= -d_z\left(\frac{\partial p}{\partial z}+Q_z^p\right)-d_zQ_z^{v_z}\\ \frac{\partial Q_x^p}{\partial t} &= -d_x\frac{\partial v_x}{\partial x}-d_xQ_x^p\\ \frac{\partial Q_z^p}{\partial t} &= -d_z\frac{\partial v_z}{\partial z}-d_zQ_z^p\end{aligned} \tag{7-183}$$

PML 边界条件中涉及到诸多参数，对这些参数的选择，许多学者做了很多细致的研究工作。这里利用 Zhang（2010）给出的推荐参数：

$$\begin{aligned}d_x &= d_0\left(\frac{x}{L}\right)^{p_d}\\ \beta_x &= 1+(\beta_0-1)\left(\frac{x}{L}\right)^{p_B}\\ \alpha_x &= \alpha_0\left[1-\left(\frac{x}{L}\right)^{p_a}\right]\end{aligned} \tag{7-184}$$

式中，$L$ 是 PML 边界层的厚度，其余参数的选择为：

$$\begin{aligned}d_x &= d_0\left(\frac{x}{L}\right)^{p_d}\\ \beta_x &= 1+(\beta_0-1)\left(\frac{x}{L}\right)^{p_B}\\ \alpha_x &= \alpha_0\left[1-\left(\frac{x}{L}\right)^{p_a}\right]\\ p_a &= 1\\ p_\beta &= 2\\ p_d &= 2\\ d_0 &= -\frac{(p_d+1)v_p}{2L}\ln R\end{aligned}$$

$$\lg R = -\frac{\lg N - 1}{\lg 2} - 3$$
$$\alpha_0 = \pi f_0 \qquad (7-185)$$
$$\beta_0 = \frac{v_p}{0.5PPW_0 \Delta h f_0}$$

式中，$PPW_0$ 表示数值方法中一个波长内所需的最少点数。

#### 7.3.4.3 数值模型测试

平层模型比较简单，是验证方法的重要手段，我们使用的平层速度模型如图7－43所示，各项异性参数均采用常数。

通过对比波场快照和单炮记录可以看出，弹性波正演得到的数据会产生纵波、横波和面波等波现象，这些波只有纵波在实际成像中有作用，其他波场会产生干扰。传统qP波方程正演能量以P波为主，但是也会产生伪横波干扰（图7－44）。使用纯P波方程就可

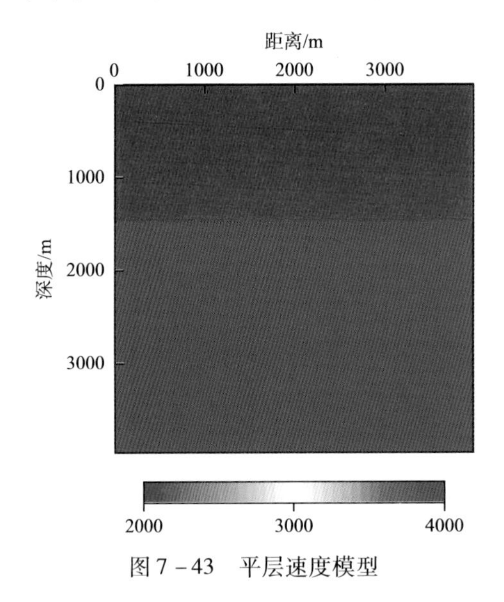


图7－43　平层速度模型

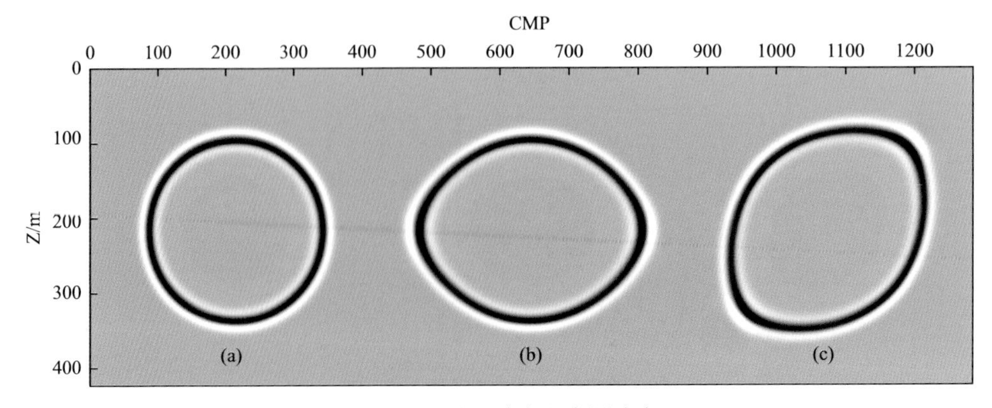


图7－44　纯P波方程点源响应

以只模拟纵波成分，不产生任何横波干扰。并且通过与弹性波正演对比可以看出，纯P波方程模拟的纵波与弹性波方程模拟的纵波从运动学到动力学上均一致，可以保证成像位置和振幅的有效性（图7-45、图7-46）。

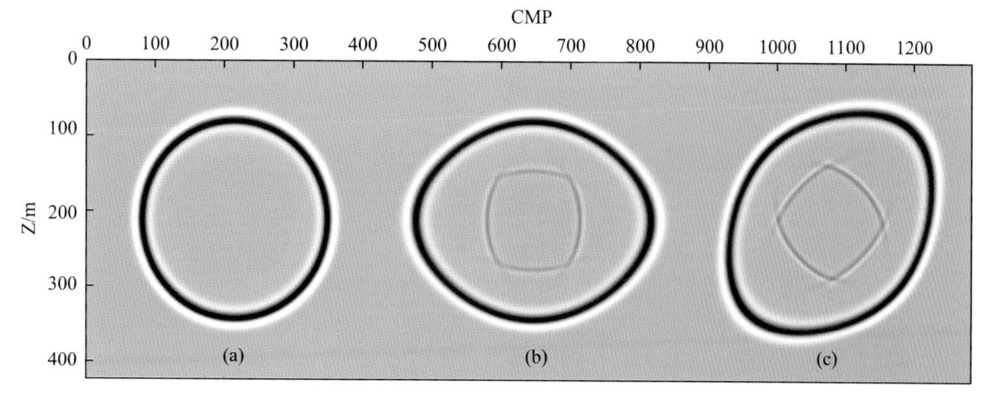


图7-45 qP波点源响应

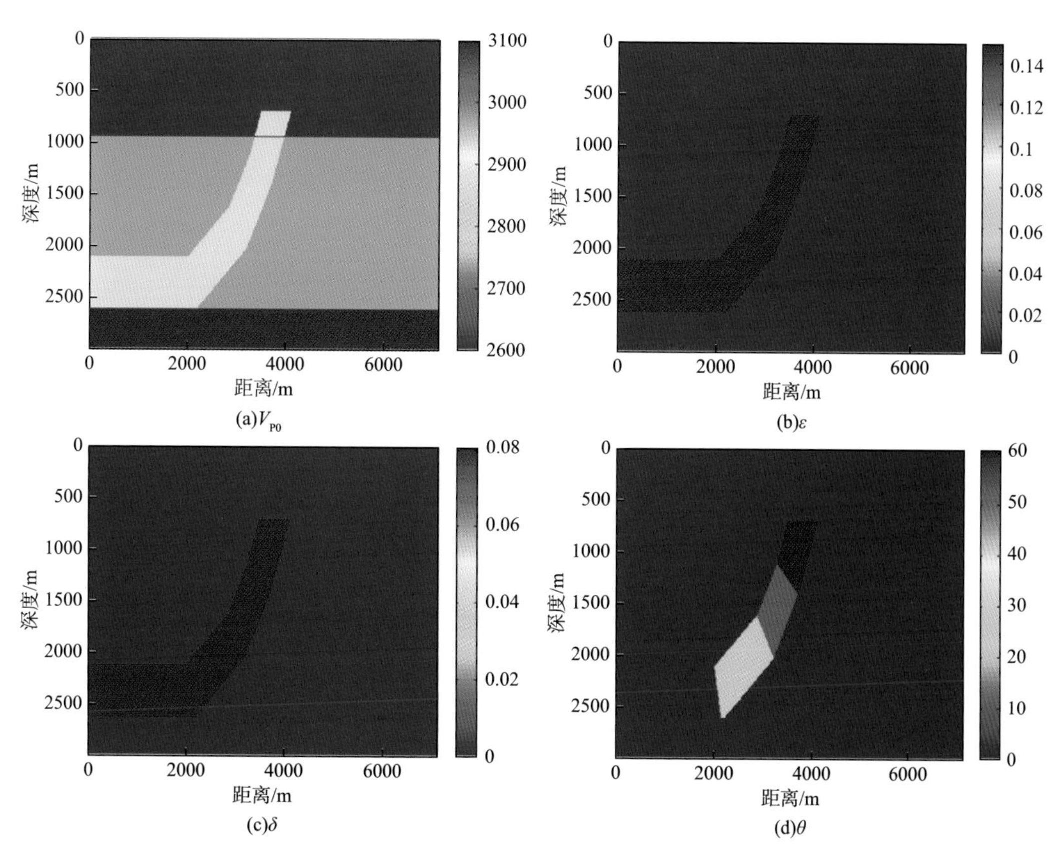


图7-46 FootHill模型参数

Foothill模型是一个经典的TTI模型，通过这个模型可以验证方法在大倾角复杂情况下的稳定性。图7-46是FootHill模型的速度和各向异性参数模型。

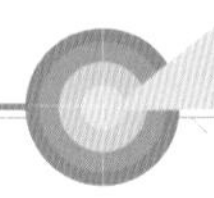



通过对比波场快照和单炮记录可以看出，纯 P 波方程正演的结果更像通常使用的声波方程，并且纯 P 波方程在走时方面与传统的 qP 波方程高度一致。在噪音方面纯 P 波方程没有横波干扰，正演结果更为干净，在横波干扰比较强烈的位置很好的保持了纵波同相轴的连续性（图 7 –47、图 7 –48）。

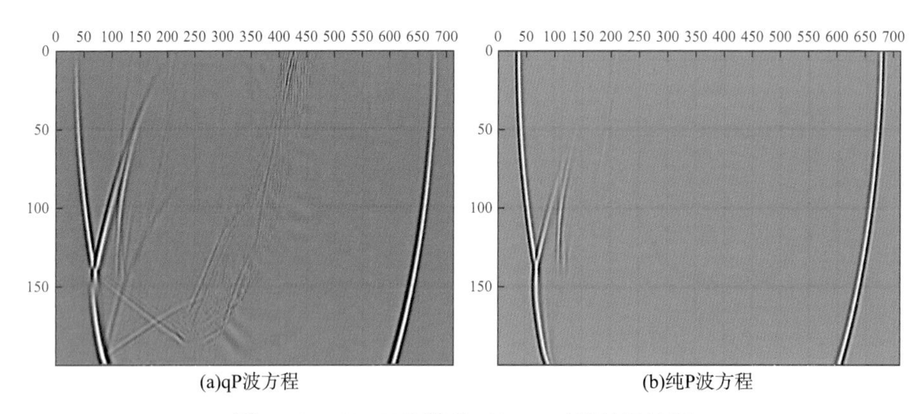


(a)qP波方程　　(b)纯P波方程

图 7 –47　FootHill 模型 1200ms 时的波场快照

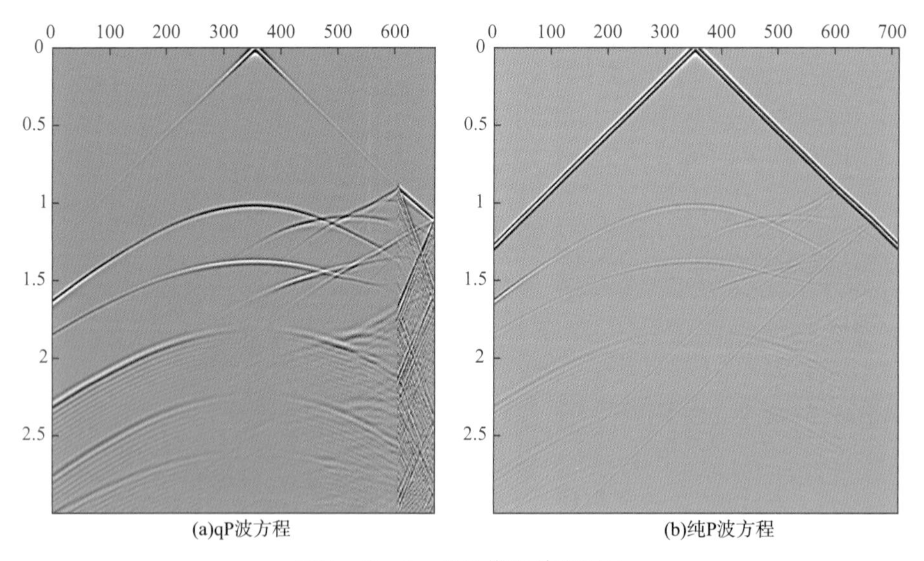


(a)qP波方程　　(b)纯P波方程

图 7 –48　FootHill 模型单炮记录

## 7.4　各向异性介质 RTM 共成像点道集提取技术

一般来讲，叠前偏移除了可以输出成像结果，还可以利用多次覆盖技术带来的数据冗余度输出未完全叠加的部分成像数据。把所有部分成像数据中成像点横向位置相同的道组合起来，就形成了共成像道集（CIGs）。共成像道集一般有三方面的用途：其一，基于共成像道集的偏移速度分析；其二，在振幅保真程度较高的共成像道集上进行 AVO/AVA 分析；其三，对共成像道集进行适当的去噪处理、剩余曲率校正，然后再叠加成像，会进一步提高构造图像的质量。

共成像点道集有多种类型，其中最为大家熟知并且在地震偏移成像方面应用广泛的是炮检距域共成像道集。按炮检距（有时按炮检距和方位角）把地震数据分选成单次覆盖的地震道集，然后逐个偏移这些小数据体，得到未叠加的部分成像结果，再把同一成像点的成像道组合在一起，就形成了炮检距域的共成像道集。在 Kirchhoff 积分偏移中，直接将不同偏移距的地震道的成像结果按一定的顺序排放即可输出偏移距域共成像点道集。然而，在波动方程偏移中要输出该类型的道集则不太容易，我们在逆时偏移中采用先偏移后抽道集的方式获取偏移距域共成像点道集。

### 7.4.1　共成像点道集提取方法

逆时偏移成像中，通常采用互相关成像条件：

$$I(\vec{x},t) = \int s(\vec{x},t) \cdot r(\vec{x},t)\,\mathrm{d}t \tag{7-186}$$

式中，$\vec{k}$ =（$x$，$y$，$z$）表示成像点空间位置；$s$ 和 $r$ 分别表示震源端正向传播的波场和检波器端逆向传播的波场。由成像条件可以计算单炮的成像结果，在成像网格的每个点上都存在有成像值。

偏移距共成像点道集提取的思路是：对逆时偏移后的单炮成像数据，按炮点－成像点位置关系计算方位角和偏移距，将成像值投影到相应道集上。

偏移距计算为：

$$l = |\vec{x} - \vec{s}| \tag{7-187}$$

方位角计算为：

$$\alpha = \sin^{-1}\left(\frac{y - y_0}{l}\right) \tag{7-188}$$

式中，$\vec{x}$ =（$x_0$，$y_0$，$z_0$）表示炮点坐标。

不分方位角和分方位角的偏移距共成像点道集提取示意图如图 7－49、图 7－50 所示。

### 7.4.2　共成像点道集提取算法实现

上述逆时偏移共成像点道集提取方法简单，关键问题是如何将该方法高效率实现。由于逆时偏移计算中，每个节点将炮偏移结果存放在本地磁盘中，因此需要利用 MPI 并行模式实现道集提取。

MPI（message passing interface）并行模式是由学术界、政府和工业协会共同开发的一个消息传递编程模型的实现标准是目前分布式存储系统上的主流编程模型。它不是一门独立的编程语言，而是一个库提供了与 FORTRAN 和 C/C 语言的绑定。MPI 适用于共享和分

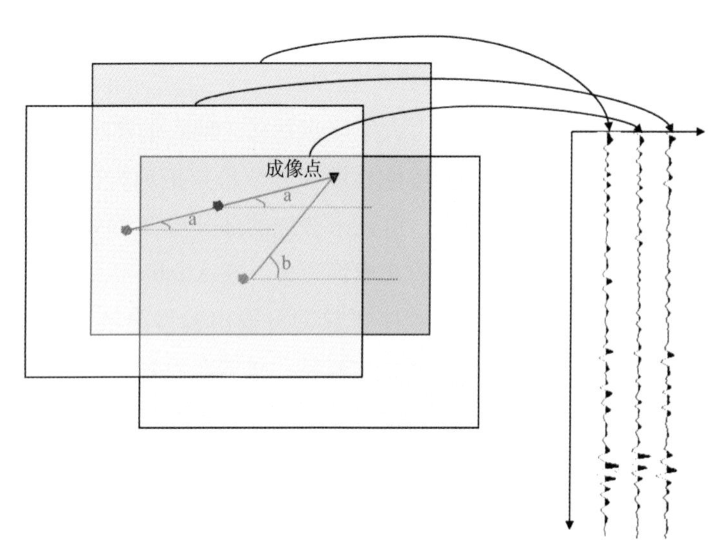


图 7－49　RTM 不分方位角的偏移距共成像点道集提取示意图

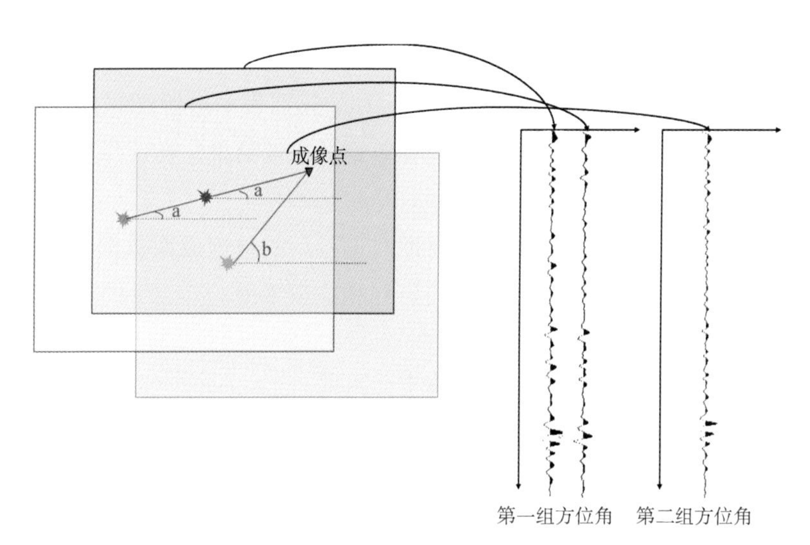


图 7－50　RTM 分方位角的偏移距共成像点道集提取示意图

布式存储的并行计算环境，用它编写的程序可以直接在集群上运行。MPI 具有可移植性好、功能强大、效率高等优点，特别适用于粗粒度的并行，几乎被所有多线程操作系统支持，是目前超大规模并行计算最可信赖的平台。使用 MPI 实现单程序多数据并行模型时，每个进程只能读/写本地内存中的数据，对远程数据的访问则通过进程间显示的消息传递库函数调用来完成。MPI 包含了多种优化的组通信库函数，可供编程人员选择使用最佳的通信模式。

逆时偏移计算中，由于每节点存放的偏移结果数据量较大（几百 GB），如果利用 MPI_ Send 和 MPI_ Recv 将每个节点的偏移结果传回，存放在同一位置后再进行抽道集操作显然不现实。为了减小主进程操作的数据量，可以先由每个节点建立一个四维道集体，每个节点对其临时盘的偏移结果进行抽道集处理，然后再用 MPI_ Reduce 命令对每个节点进行归约叠加，合成一个完整的偏移距域共成像点道集数据体。这种思路实现简单，计算效率较高，然而，它需要在每个节点的本地磁盘上都存放一个四维道集数据体。对一般三维实际地震资料而言，这个道集数据体的数据量将会过一百 GB 甚至几百 GB，严重制约了逆时偏移的实用化。

为了避免在每个节点的临时盘存放大量数据，本研究中采取一种索引+抽道集+归约叠加的思路实现高效率的 RTM 偏移距共成像点道集提取。该实现算法主要步骤如下。

（1）主节点初始化道集数据体，写入道头信息。

（2）从节点根据可用内存对道集数据体进行分块，读取逐炮偏移结果的道头信息，按照其中的成像点线号、CDP 号建立每块的索引信息，存放在内存中。

（3）从节点按照索引信息，逐块对本地盘上的偏移成像结果进行抽道集处理。

（4）所有节点对同一个块道集数据体进行归约，叠加结果由主进程写入完整道集数据体中。

（5）以上两步逐次循环，最终完成所有块的道集索引。

由于四维道集数据量比较大，初始化该数据体需要较长的时间，考虑到断点风险，在提取偏移距共成像点道集程序中设置了断点保护的功能。当采取断点保护时，程序首先根据已有道集数据体的数据量判断前次的道集初始化是否完成，若否，则重新进行道集初始化，若是，则进行道集分块和信息索引。

下面给出 RTM 偏移距域共成像点道集提取具体实现流程图（图 7－51），分方位角与不分方位角程序算法略有差异，但基本流程是一致的。

### 7.4.3 抽道集实例

本研究中利用新疆塔河 6/7 区地震资料进行了 GPU-RTM 试处理，基于偏移后的炮域成像结果抽取了不分方位角的偏移距域共成像点道集。图 7－52 是某线三个成像点的共成像点道集。从中可以看出同相轴基本水平，表示偏移速度较为精确。在道集中切除浅层噪音后再进行叠加成像，可以得到较好的偏移成像结果，见图 7－53。RTM 成像剖面中绕射波得到很好的收敛，“串珠状”清晰，反射波层次丰富，结构清晰，波组特征明显。

此外，在本研究中我们还抽取了分方位角的偏移距域共成像点道集，如图 7－54 所示。

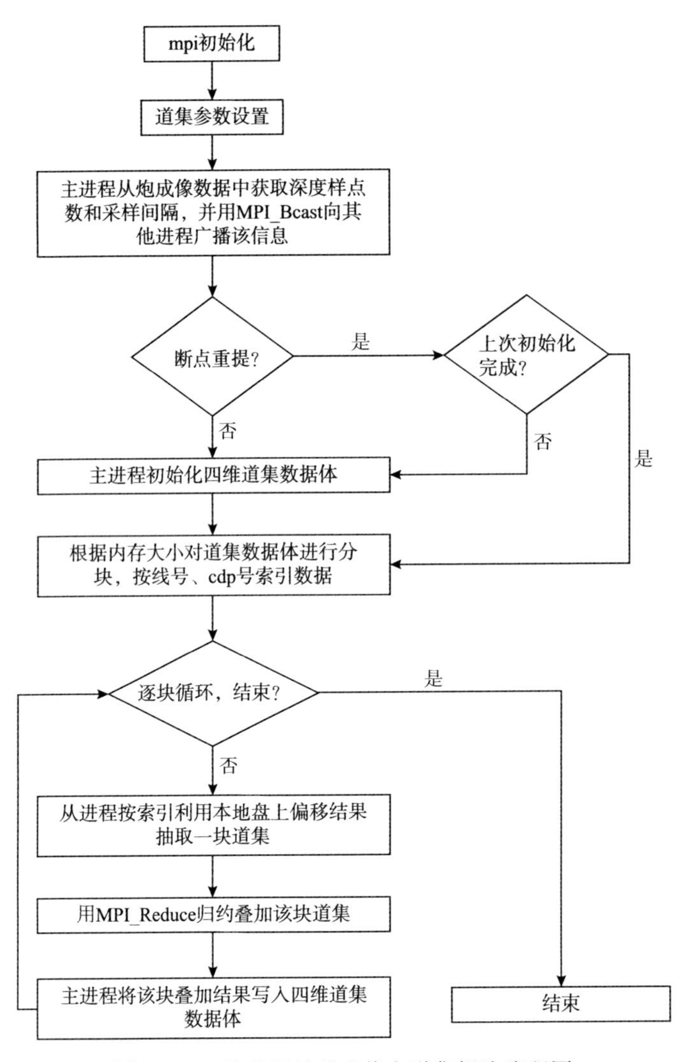


图 7－51　偏移距域共成像点道集提取流程图

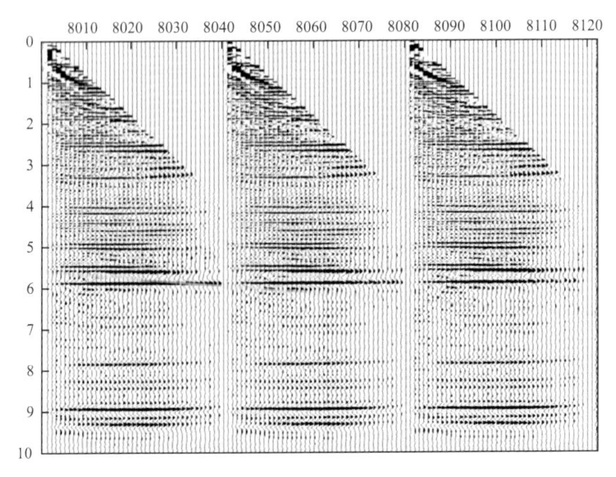


图 7－52　RTM 偏移距域共成像点道集

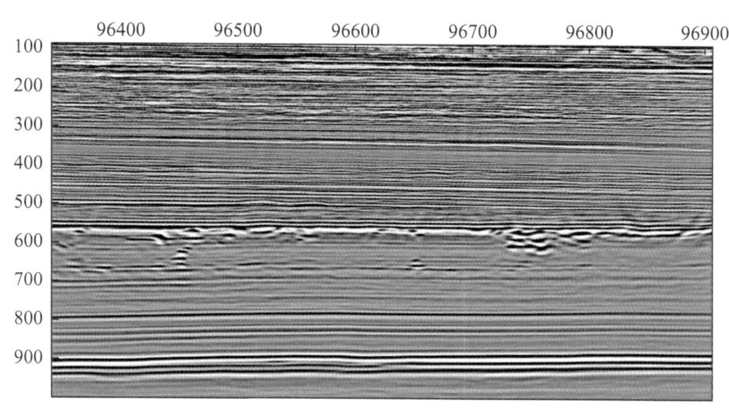


图 7-53 切除噪音后的偏移叠加剖面

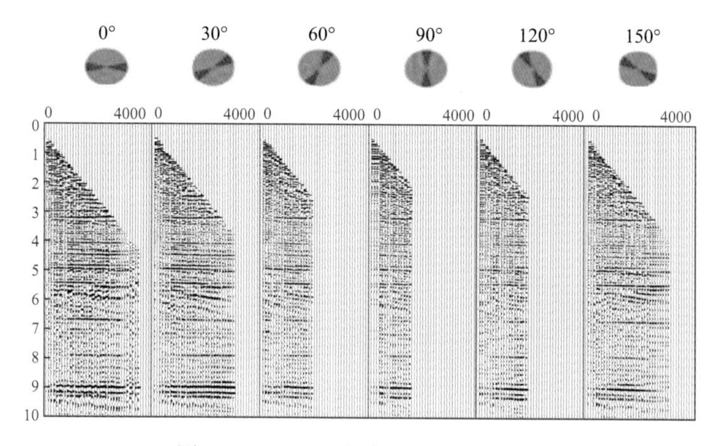


图 7-54 RTM 方位角共成像点道集

## 7.5 实际资料试处理

### 7.5.1 伊拉克 Taqtaq 探区试处理

伊拉克 Taqtaq 探区具有典型的 TTI 各向异性特征，前期 VTI 处理取得了很好的效果，消除了大部分井震误差，提高了成像质量，但是在背斜侧翼等高陡构造地区依然存在井震矛盾。本项目首先在该探区进行实际资料试处理，验证 TTI 各向异性模型技术流程实用性的同时解决该地区的剩余井震误差问题。

图 7-55 为伊拉克 Taqtaq 工区位置。图 7-56 为该地区前期处理的 PSTM 老剖面，剖面整体品质较高，一些大套地层成像还是比较好的。但浅层成像信噪比偏低，成像模糊，中深层分辨率偏低，断层成像不清晰。特别重要的一点是，后期通过与测井资料及分层信息验证，处理结果存在较大深度差，并且相比于构造高部位，构造侧翼深度差更大。甲方通过前期资料分析，认为在该地区存在较明显的各向异性，并对成像结果带来较大影响，要求在新处理时采取各向

异性成像技术。由于该工区构造主体表现为一套背斜构造，在倾角较大的构造侧翼会有相对明显的 TTI 特征，因此该数据适合进行 TTI 叠前深度偏移处理（图 7－57、图 7－58）。

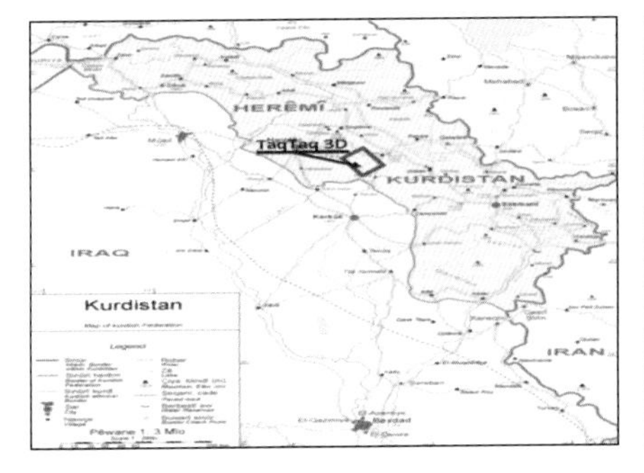

图 7－55　工区位置

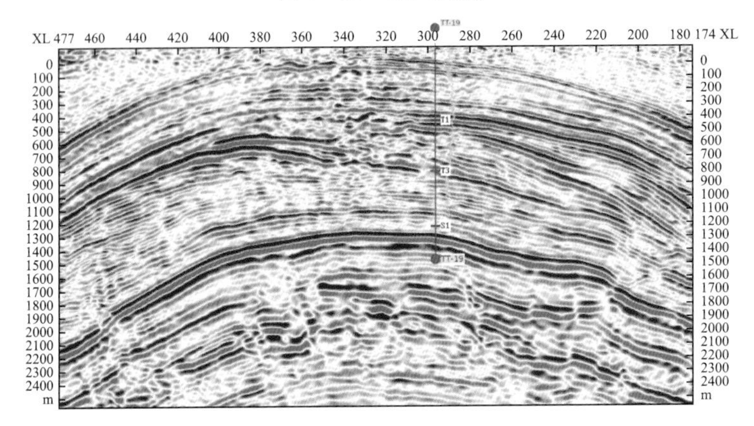


图 7－56　老剖面（PSTM）

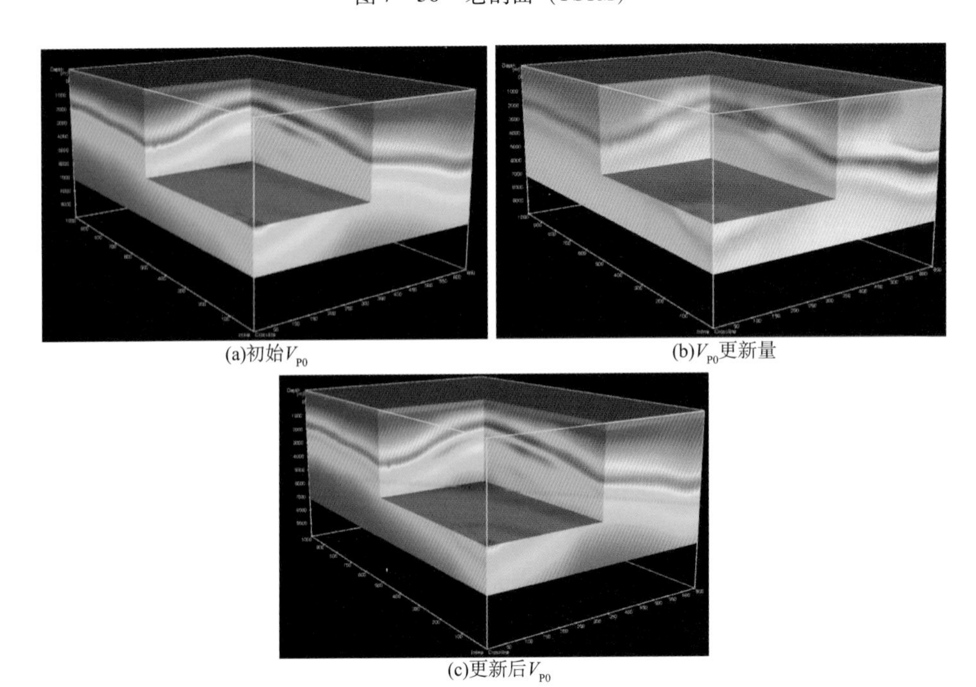

(a)初始 $V_{P0}$

(b)$V_{P0}$更新量

(c)更新后 $V_{P0}$

图 7－57　层析反演更新 $V_{P0}$

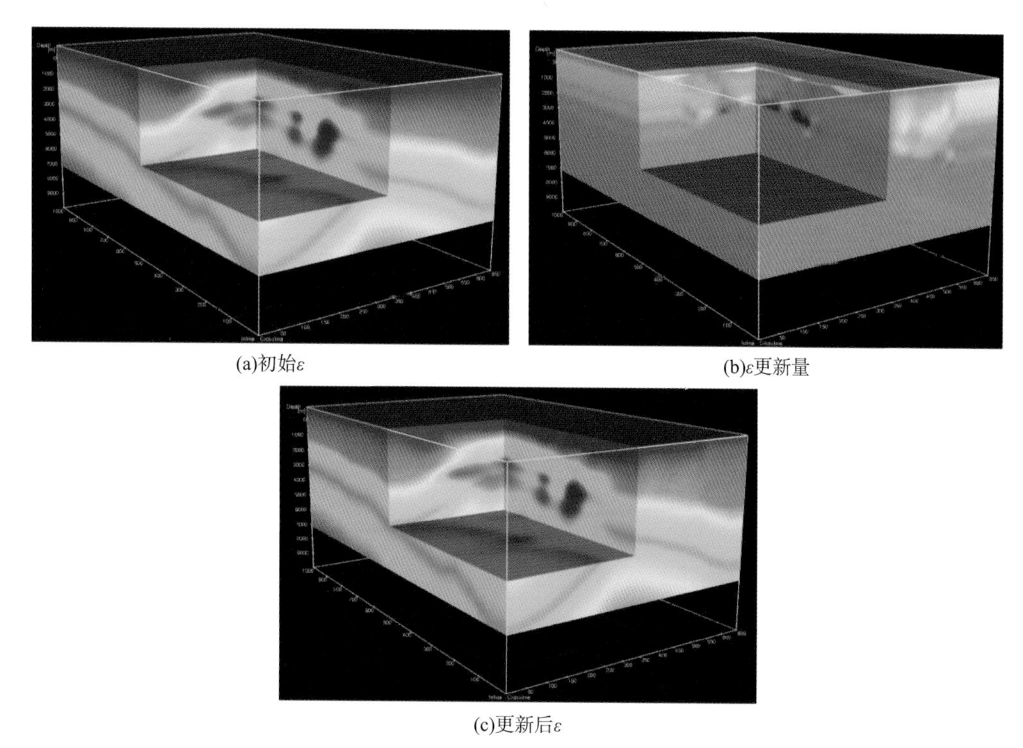

(a)初始$\varepsilon$　　(b)$\varepsilon$更新量

(c)更新后$\varepsilon$

图 7－58　层析反演更新 $\varepsilon$

图 7－59～图 7－65 分别为该工区 5 条 Inline 过井线和 2 条 Crossline 线的偏移效果对比图。可以看到，由于 TTI 特性的影响，VTI 处理后的偏移成像剖面仍然存在较大的深度差。而 TTI 处理之后，进一步消除了井震误差，目的层位与测井分层数据之间几乎没有明显的深度差，与测井数据的匹配更加准确。图 7－66 的统计图更加验证了这一点。

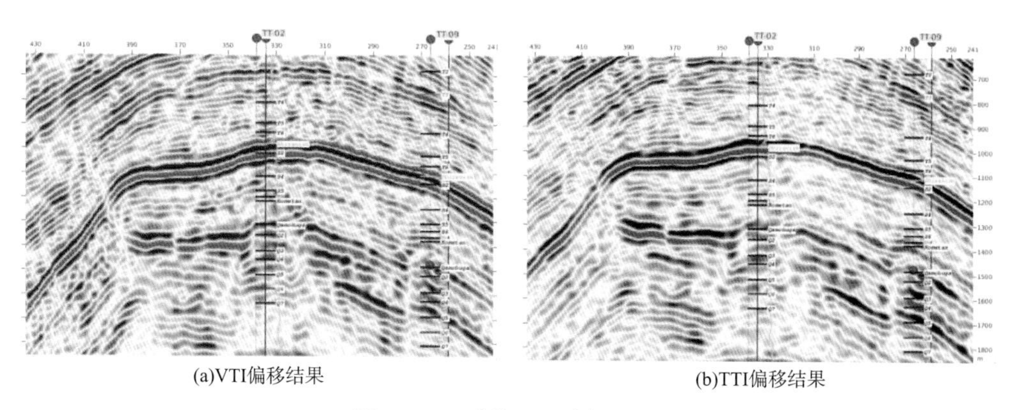


(a)VTI偏移结果　　(b)TTI偏移结果

图 7－59　过井 TT02 剖面对比

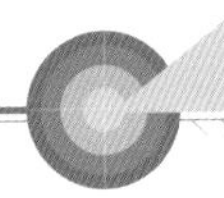

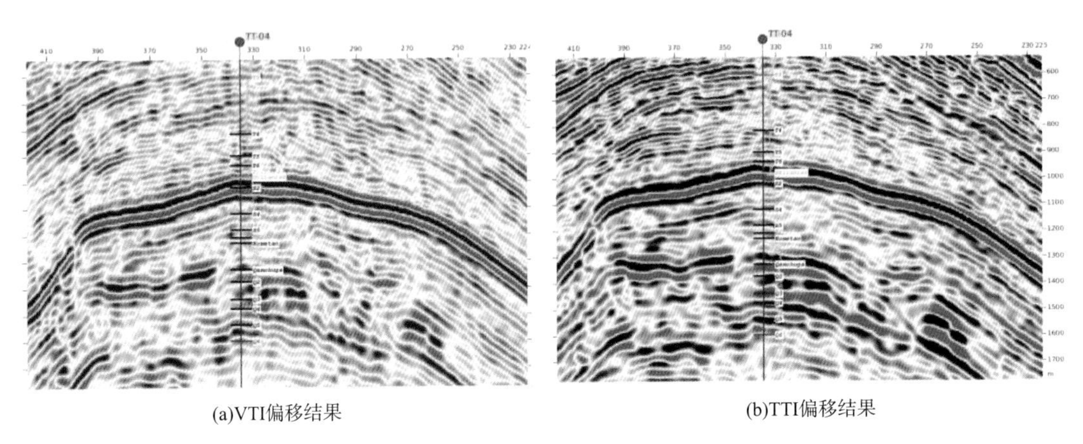

(a)VTI偏移结果　　(b)TTI偏移结果

图 7-60　过井 TT04 剖面对比

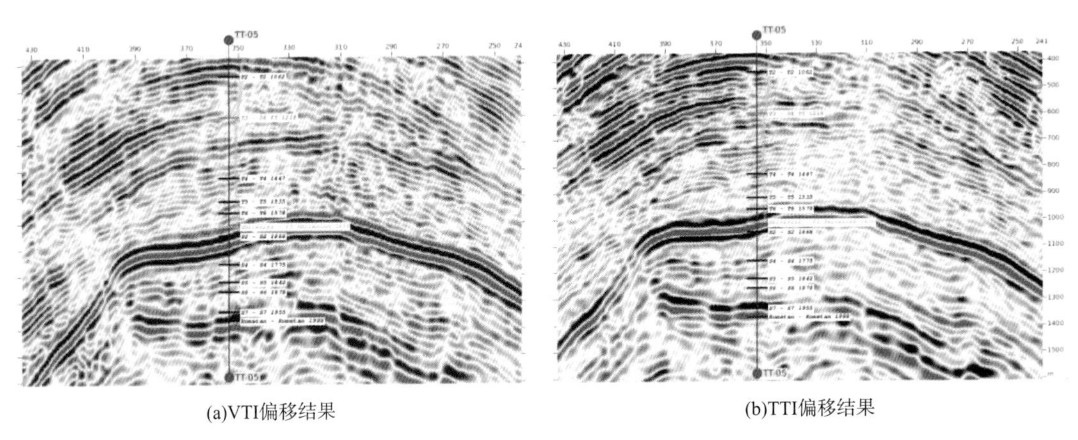

(a)VTI偏移结果　　(b)TTI偏移结果

图 7-61　过井 TT05 剖面对比

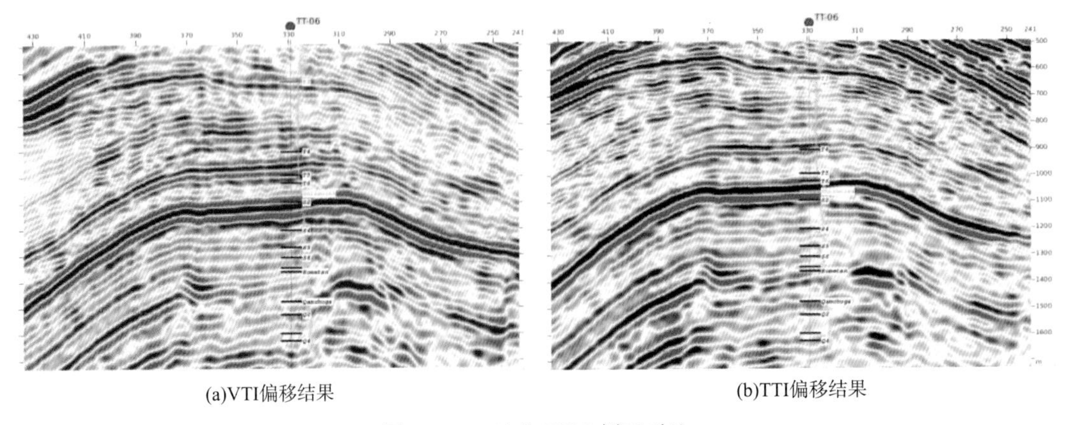

(a)VTI偏移结果　　(b)TTI偏移结果

图 7-62　过井 TT06 剖面对比

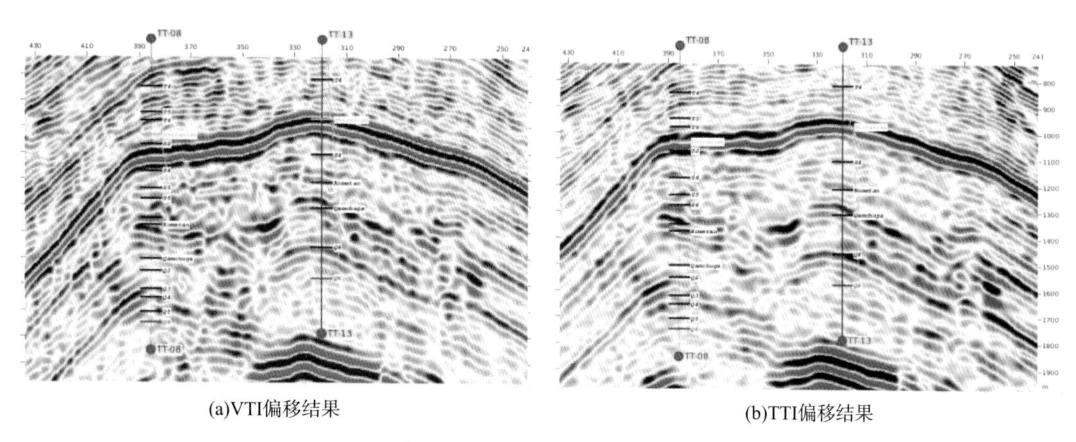


(a)VTI偏移结果　　(b)TTI偏移结果

图 7－63　过井 TT08 剖面对比

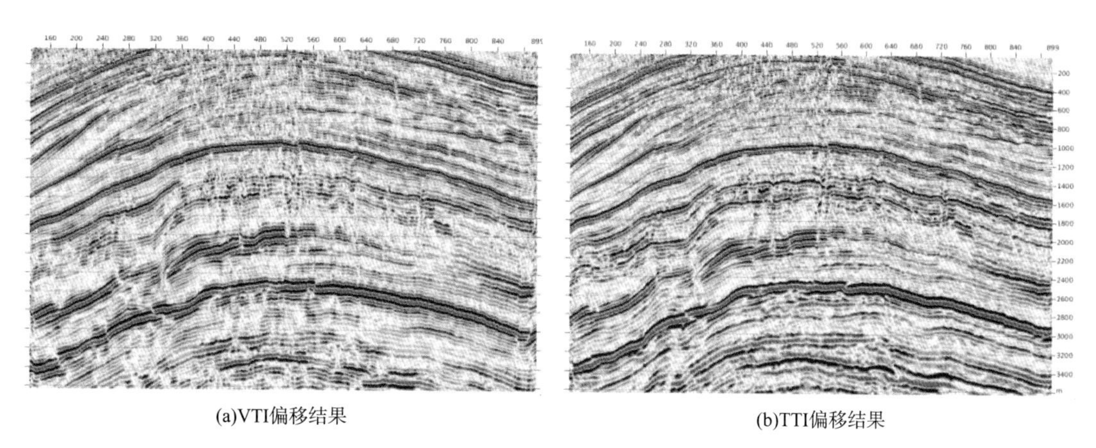

(a)VTI偏移结果　　(b)TTI偏移结果

图 7－64　Crossline300 剖面对比

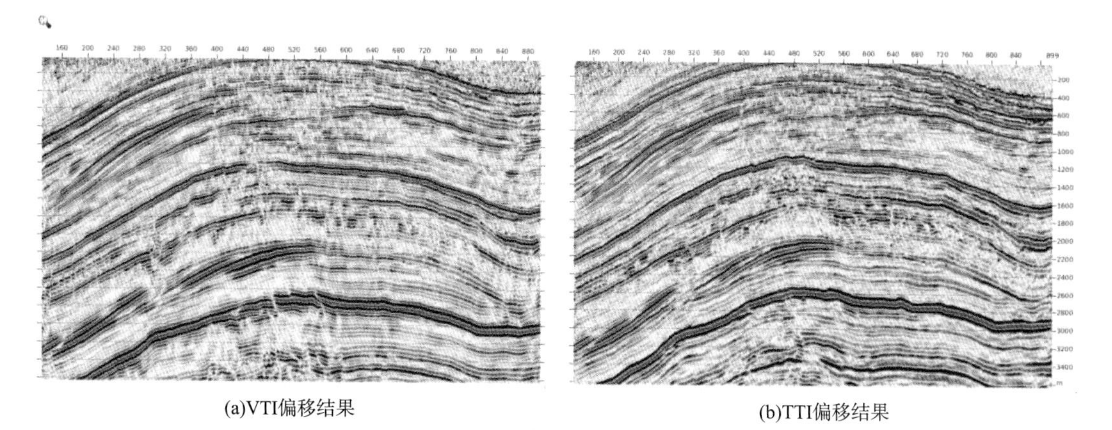

(a)VTI偏移结果　　(b)TTI偏移结果

图 7－65　Crossline400 剖面对比

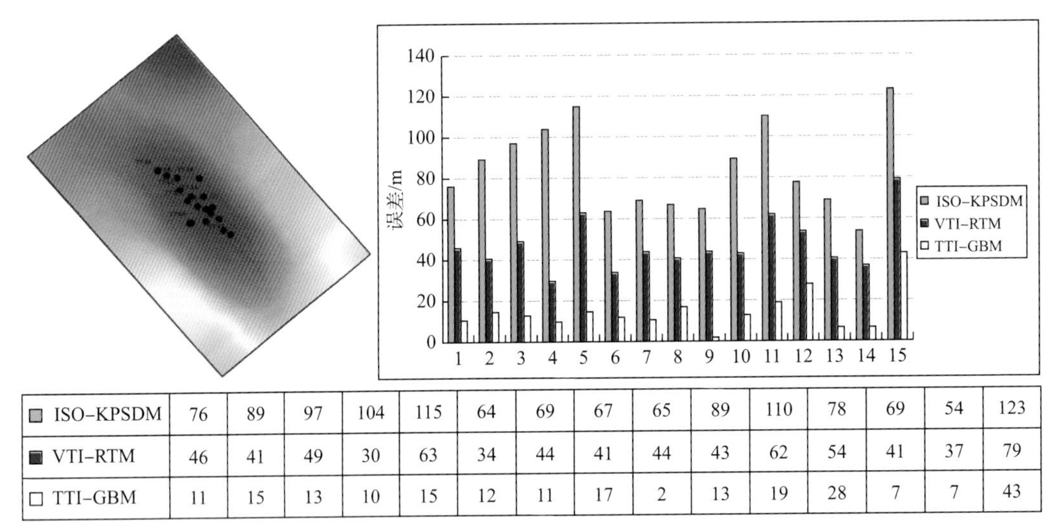


| | | | | | | | | | | | | | | | |
|---|---|---|---|---|---|---|---|---|---|---|---|---|---|---|---|
| ISO-KPSDM | 76 | 89 | 97 | 104 | 115 | 64 | 69 | 67 | 65 | 89 | 110 | 78 | 69 | 54 | 123 |
| VTI-RTM | 46 | 41 | 49 | 30 | 63 | 34 | 44 | 41 | 44 | 43 | 62 | 54 | 41 | 37 | 79 |
| TTI-GBM | 11 | 15 | 13 | 10 | 15 | 12 | 11 | 17 | 2 | 13 | 19 | 28 | 7 | 7 | 43 |

图 7－66　井数据位置与三种方法的误差图

## 7.5.2　南川平桥探区试处理

南川平桥各向异性偏移成像处理属于山地区复杂地表和地下、成像难度非常大的综合性勘探、开发研究项目。项目研究的目标是：准确落实南川—平桥区块龙马溪—五峰组页岩气层断裂位置、地层产状及深度，为南川—平桥区块三维地震解释、构造特征研究提供高品质的地震资料，为水平井轨迹设计提供依据。

工区位于川东南边缘与云贵高原过渡地带。目标储层主体位于武陵褶皱带，工区主要构造为平桥背斜、东胜背斜、白马向斜、南川鼻状构造带、大石坝背斜、石桥断洼。表层结构：工区为山区、大山区地形，表层地震地质条件复杂，海拔 158～1862m，激发、接收条件变化快，陡崖、半边山、山前破碎带、岩石裸露及破碎、薄表土植被及表土相对较厚的农作物地区在全区均有分布。出露地层多，地层、岩性变化快，灰岩比例大，垮塌堆积区多，喀斯特岩溶地貌发育。深层地质结构：从奥陶系到三叠系都存在良好的波阻抗界面，可获得连续性较好的反射波组；陆相地层须家河组及沙溪庙组反射条件也较好。构造特征：平面上具有隆凹相间，东西分带的特征。从西向东，可分为 7 个三级构造单元：南川断鼻构造带、东胜背斜构造带、平桥背斜构造带、双河口向斜构造带、石桥段洼构造带、石门—金坪断背斜构造带以及白马向斜构造带。

2013 年上半年完成了焦石坝三维地震采集项目，2013 年 12 月 20 日南页 1HF 井志留系龙马溪组发现气测异常层段，2015 年在南川地区白马向斜钻探的焦页 7 井、大石坝构造北翼钻探的焦页 8 井均在志留系龙马溪组获得比较好的显示。2016 年 1 月底完成南川三维采集。南川三维、焦石坝南三维Ⅰ标段一部分，满覆盖面积 412.1km$^2$（图 7－67、图 7－68、表 7－1）。

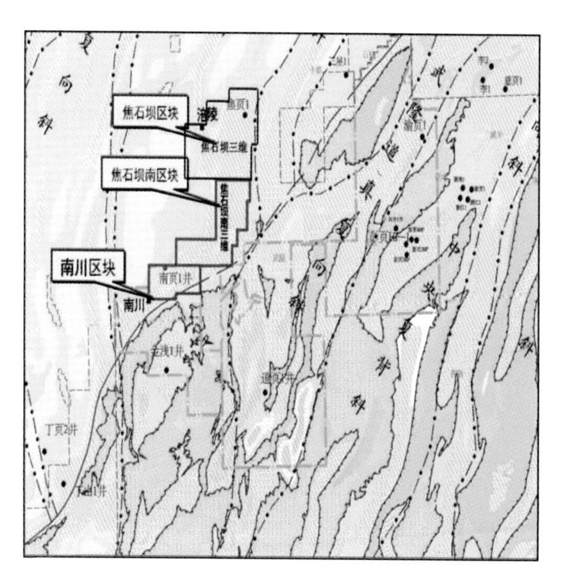


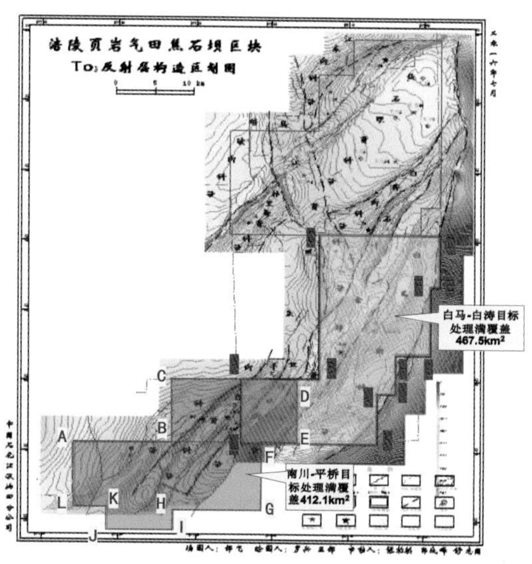


图 7－67　工区概况图

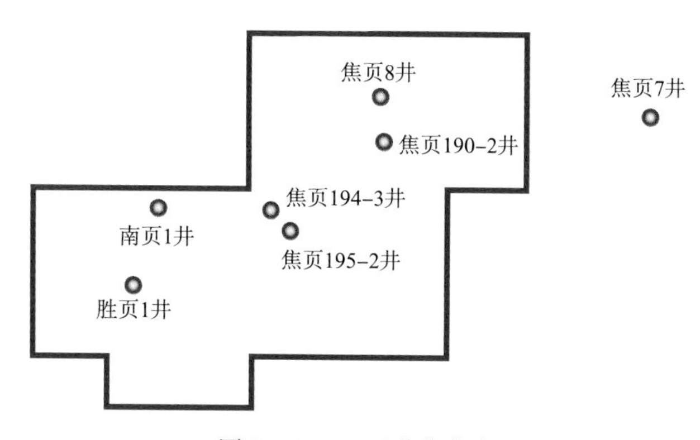


图 7－68　工区井位信息

**表 7－1　工区采集参数**

| 基本参数 | 焦石坝南三维 | 南川三维 |
| --- | --- | --- |
| 观测系统 | 26 线 6 炮 234 道 | 30 线 6 炮 234 道 |
| 炮点距/m | 40 | 40 |
| 炮线距/m | 360 | 360 |
| 检波点距/m | 40 | 40 |
| 检波线距/m | 240 | 240 |
| 纵向排列 | 4660－20－40－20－4660 | 4660－20－40－20－4660 |
| 最大炮检距/m | 5596. 9 | 5876. 4 |
| 横纵比 | 0. 67 | 0. 77 |
| 接收道数 | 234×26＝6084 | 234×30＝7020 |
| 面元大小/m | 20×20 | 20×20 |
| 叠加次数 | 13×13＝169 | 13×15＝195 |

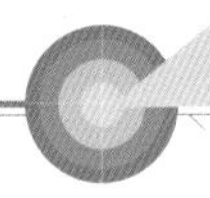


图 7－69 和图 7－70 分别为更新前后 TTI 各向异性参数模型，可以看出，更新前的初始模型较为粗糙，细节不够丰富，高频信息较少，但符合地质规律，更新后的精细模型则增加了高频成分，细节更为合理，保持了地质构造的原有形态，没有破坏地层信息和断层信息，数值更加精确。

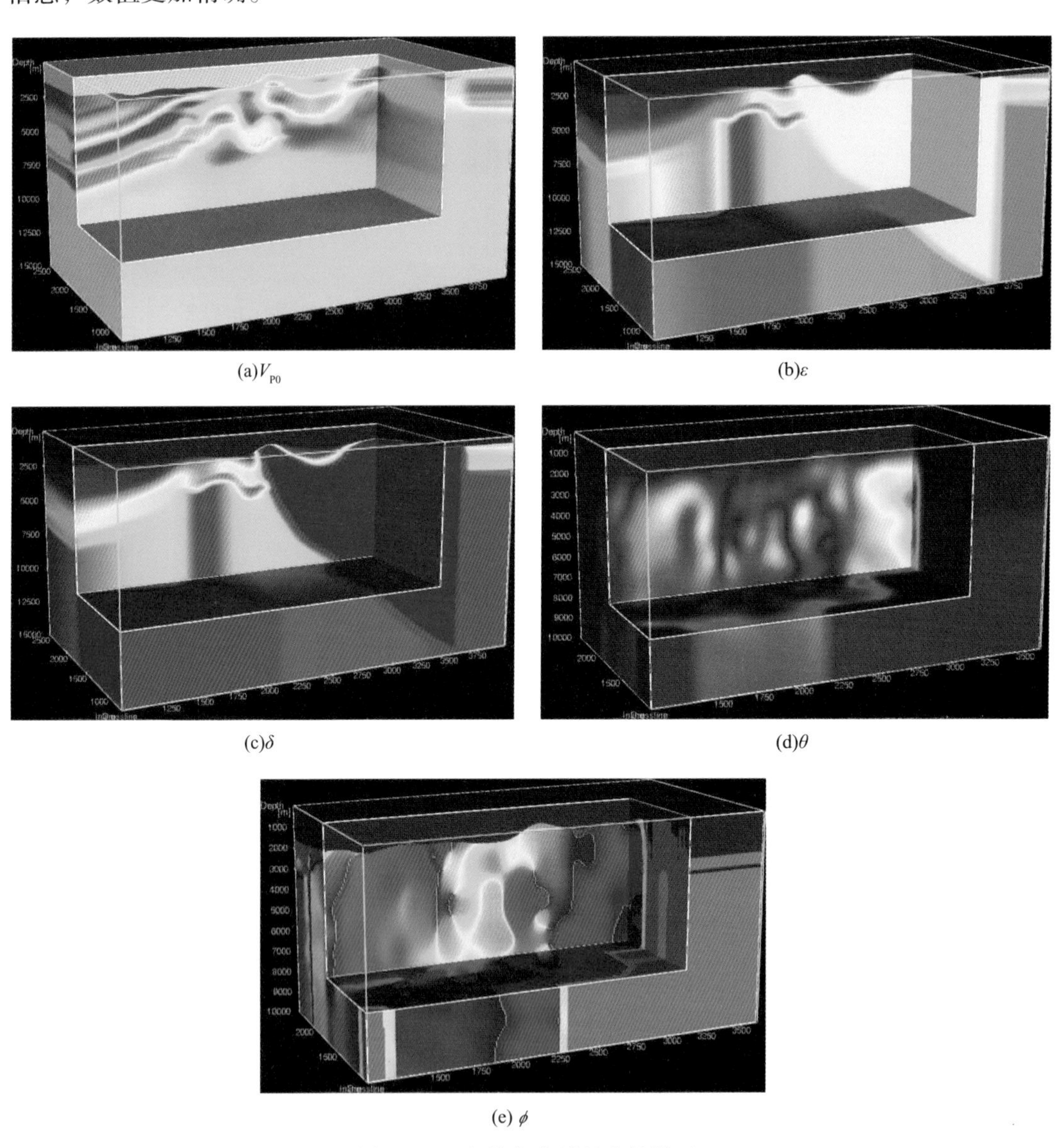

(a)$V_{P0}$　　(b)$\varepsilon$

(c)$\delta$　　(d)$\theta$

(e) $\phi$

图 7－69　初始各向异性参数模型

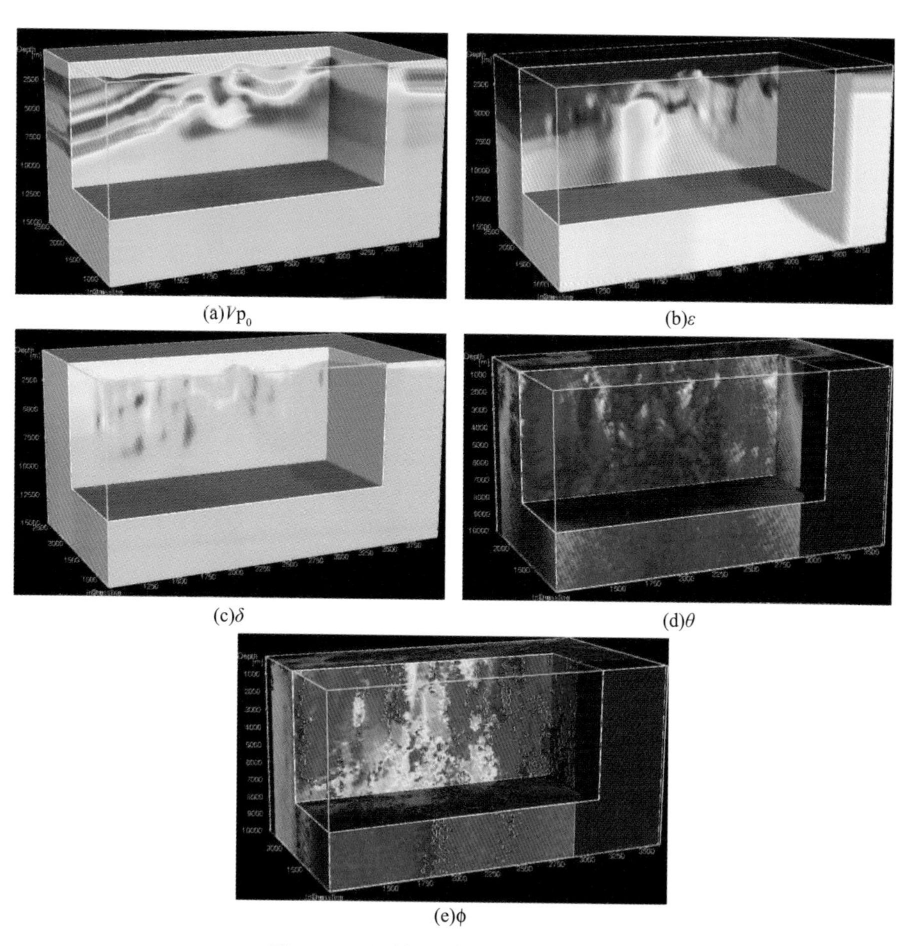

(a) $Vp_0$　　(b) $\varepsilon$

(c) $\delta$　　(d) $\theta$

(e) $\phi$

图 7－70　更新后各向异性参数模型

图 7－71～图 7－76 为 6 条过井剖面的偏移成像结果对比。从与井数据的匹配度来看，

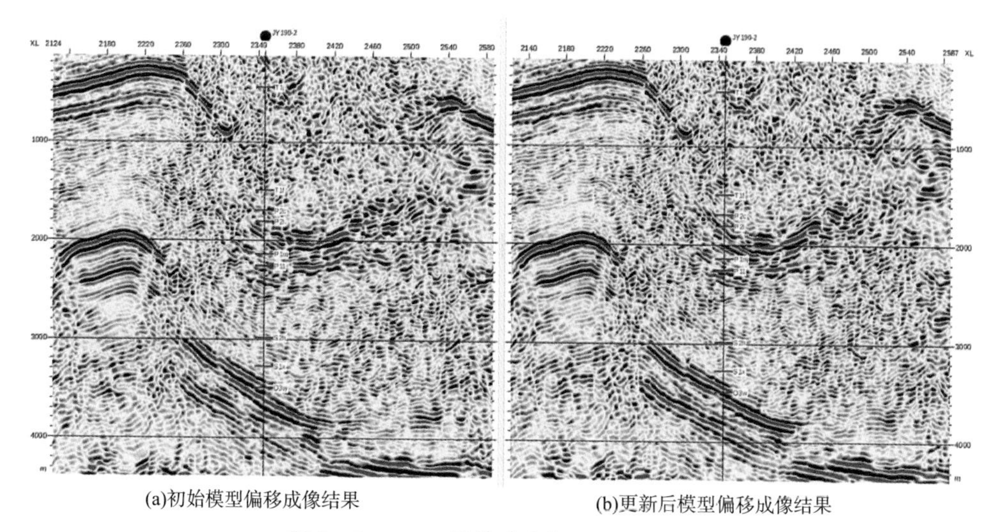

(a)初始模型偏移成像结果　　(b)更新后模型偏移成像结果

图 7－71　1865 线偏移成像结果与井数据

初始模型大部分剖面与井数据匹配度较高，这些区域的更新结果也没有破坏匹配度，基本保持了原有匹配结果。但是仍有几口井的匹配度较低，存在着较大的井震误差，而更新之后的偏移结果则基本消除了井震误差，有效提高了井震匹配度。从偏移成像质量来看，更新后的剖面同相轴聚焦性更好、连续性更强、形态更合理，总体质量得到了很好的提高。

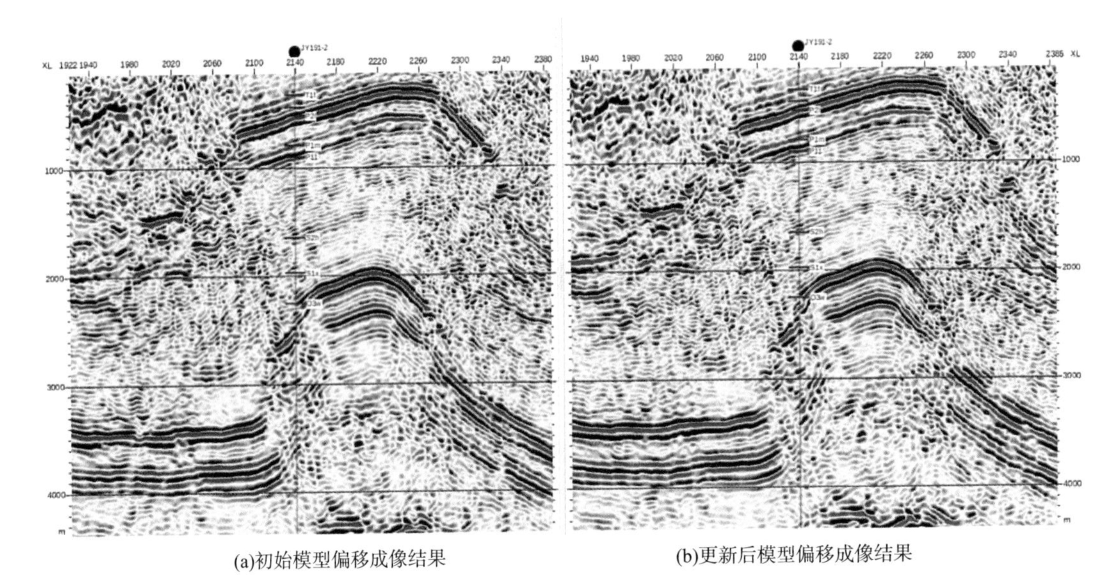


(a)初始模型偏移成像结果　　(b)更新后模型偏移成像结果

图 7－72　1890 线偏移成像结果与井数据

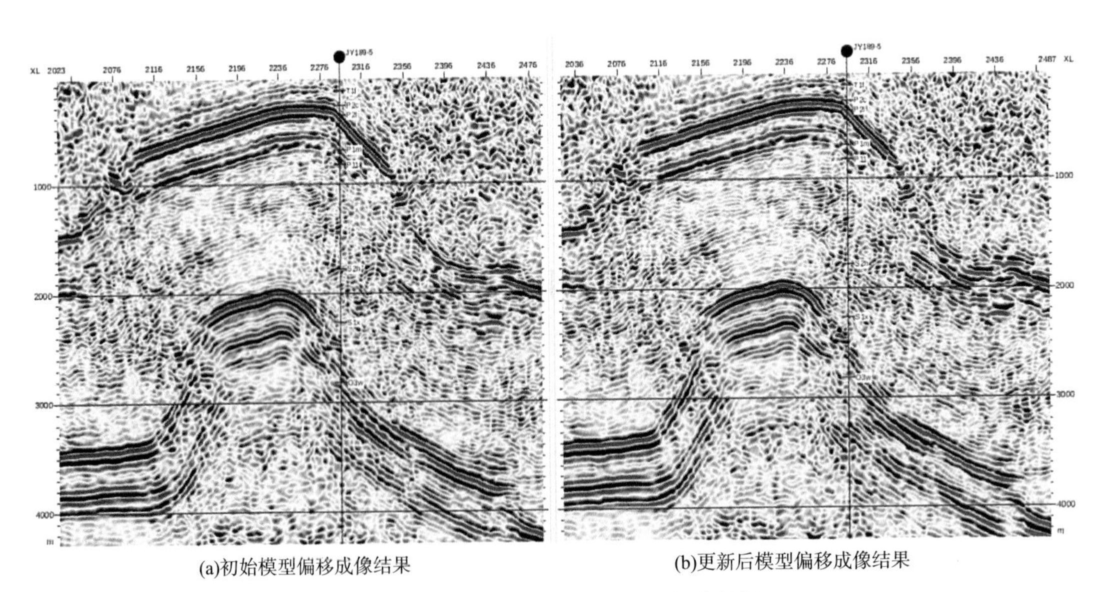


(a)初始模型偏移成像结果　　(b)更新后模型偏移成像结果

图 7－73　1907 线偏移成像结果与井数据

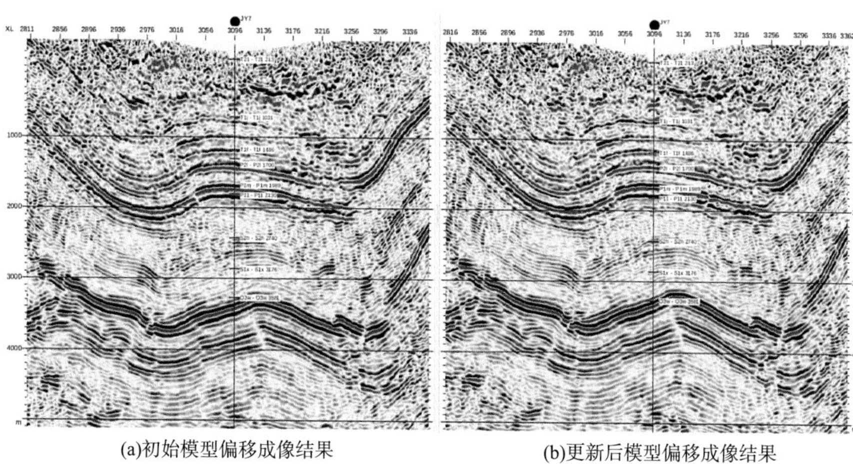

(a)初始模型偏移成像结果 (b)更新后模型偏移成像结果

图 7－74 1978 线偏移成像结果与井数据

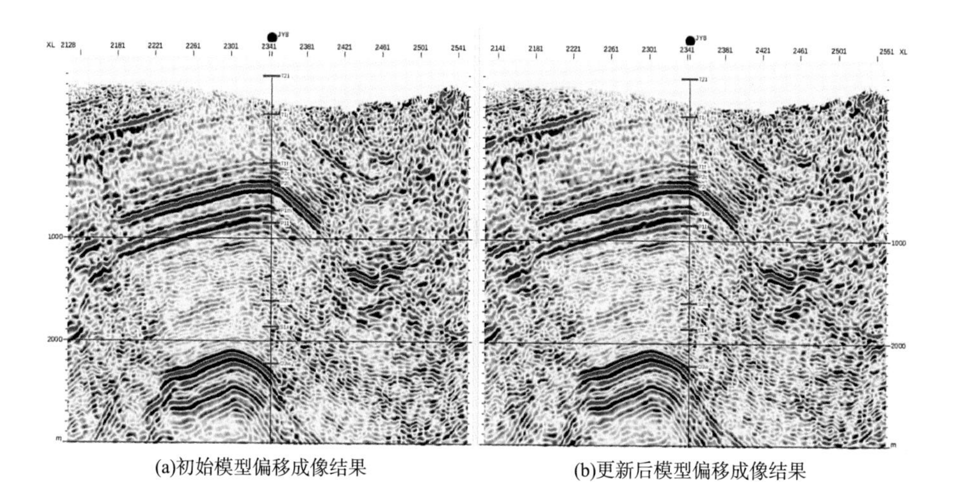

(a)初始模型偏移成像结果 (b)更新后模型偏移成像结果

图 7－75 1990 线偏移成像结果与井数据

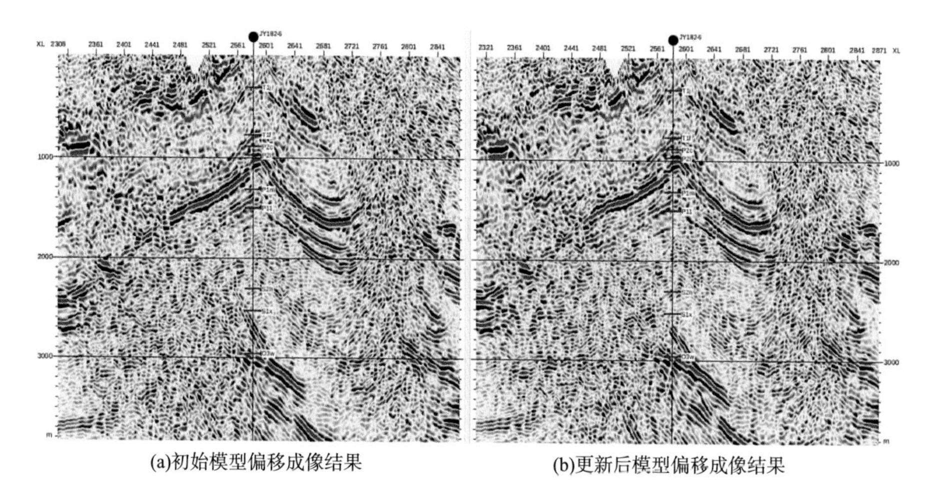

(a)初始模型偏移成像结果 (b)更新后模型偏移成像结果

图 7－76 2220 线偏移成像结果与井数据

图7-77～图7-79为JY192-6井与JY190-2井的过井剖面，从192-6井A靶点附近偏移剖面来看，平桥背斜深度偏移成像位置较时间偏移向北西方向移动300m左右，从190-2井来看，与实钻井纵向误差量386m，水平位移量640m，纵向误差缩小为48m，地震预测的目的层倾角30°，水平位移量640m，对应纵向位移量为370m。

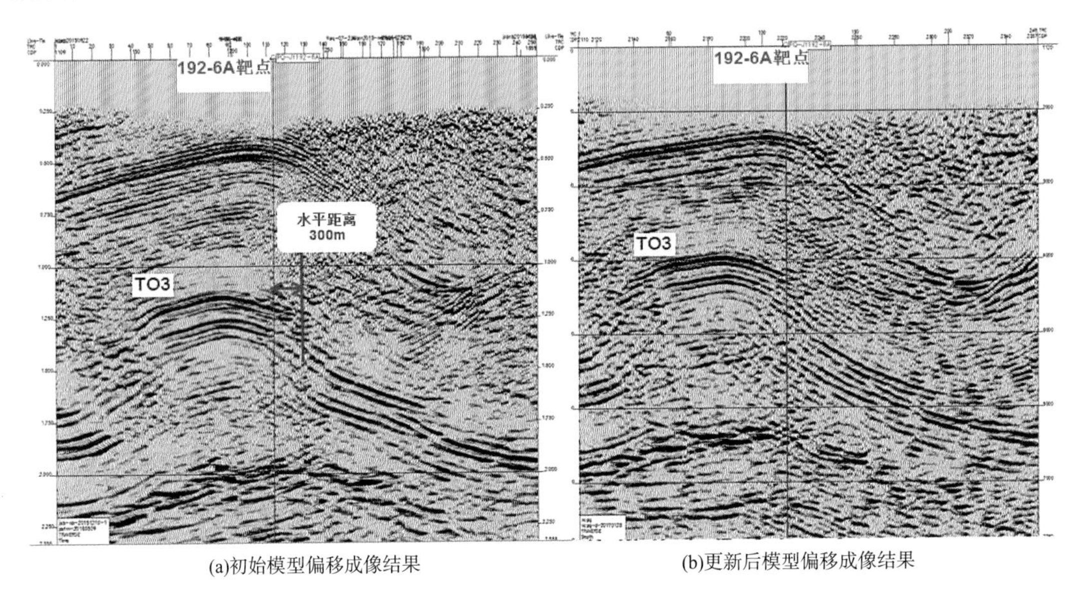


(a)初始模型偏移成像结果　　(b)更新后模型偏移成像结果

图7-77　过192-6井剖面对比

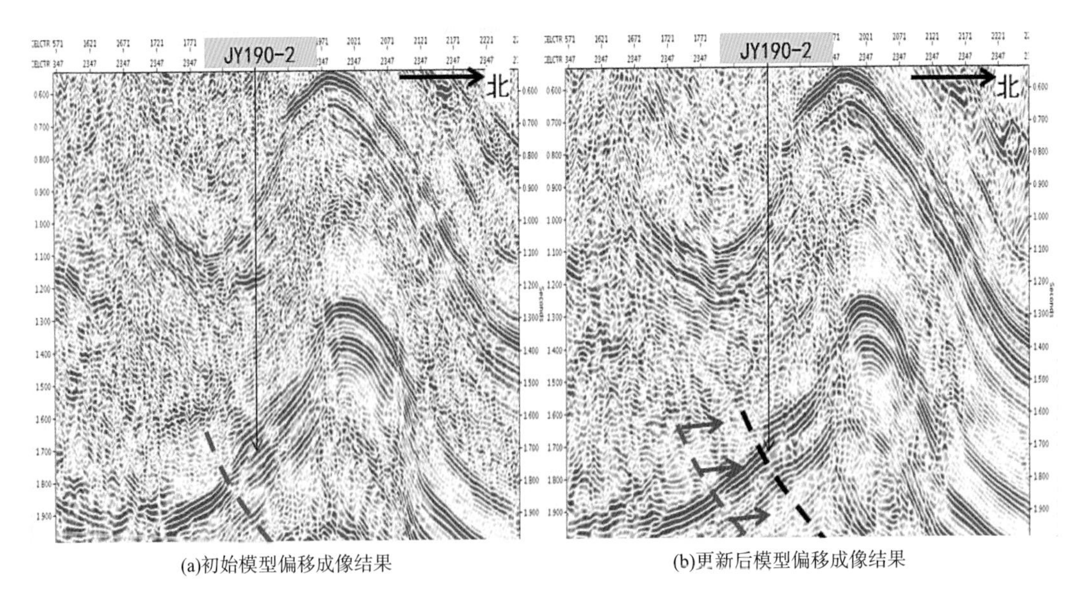


(a)初始模型偏移成像结果　　(b)更新后模型偏移成像结果

图7-78　过190-2井剖面对比

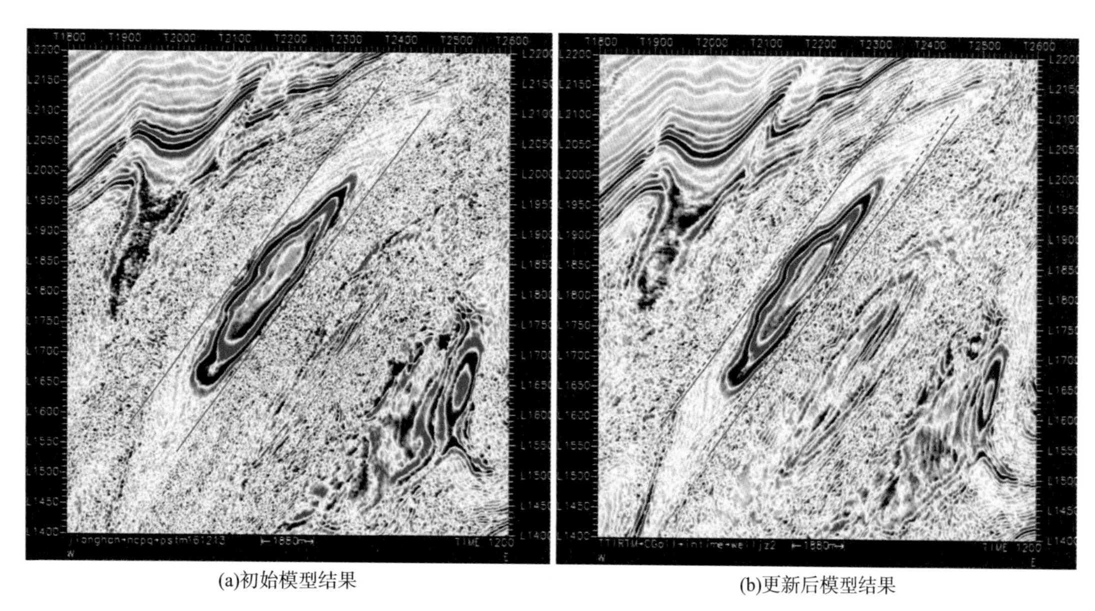

(a)初始模型结果　　(b)更新后模型结果

图 7－79　水平切片对比

图 7－80～图 7－83 为水平井测井结果，可以看出，无论深度、角度，更新后的偏移结果与水平井数据的匹配度都非常高，验证了本项目方法技术的实用性。可以看出，经 TTI 各向异性校正后，有效消除了井震误差，其结果可以很好地为勘探开发提供准确数据。

经伊拉克 Taqtaq 和南川平桥实际资料试处理结果可以看出，本项目所研发的 TTI 各向异性参数建模技术具有先进性，所建立的面向实际资料的技术流程具有很强的实用性，实际资料试处理效果较好，成果丰富，很好地验证了本项目的研究成果。

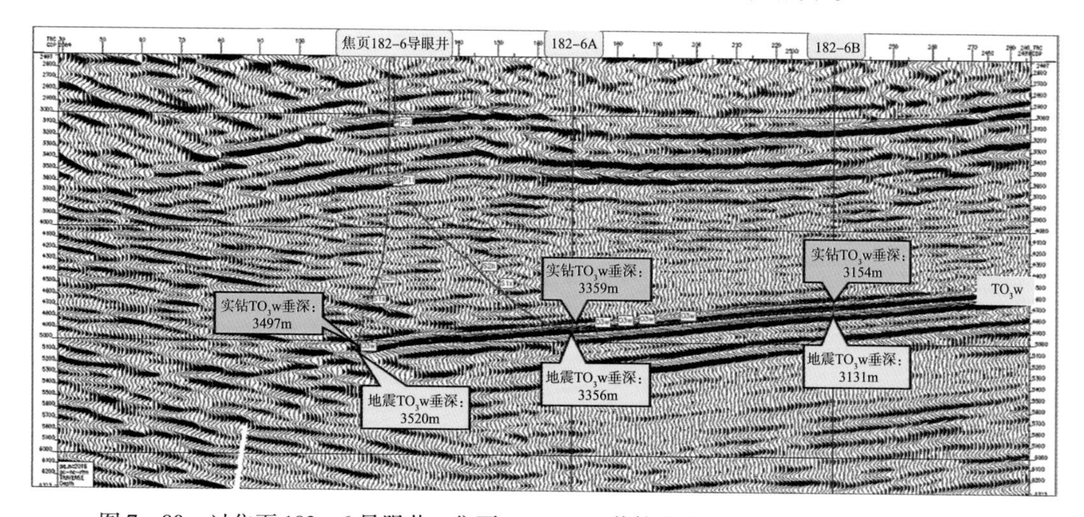


图 7－80　过焦页 182－6 导眼井—焦页 182－6HF 井轨迹焦石坝南部地区 RTM 深度剖面

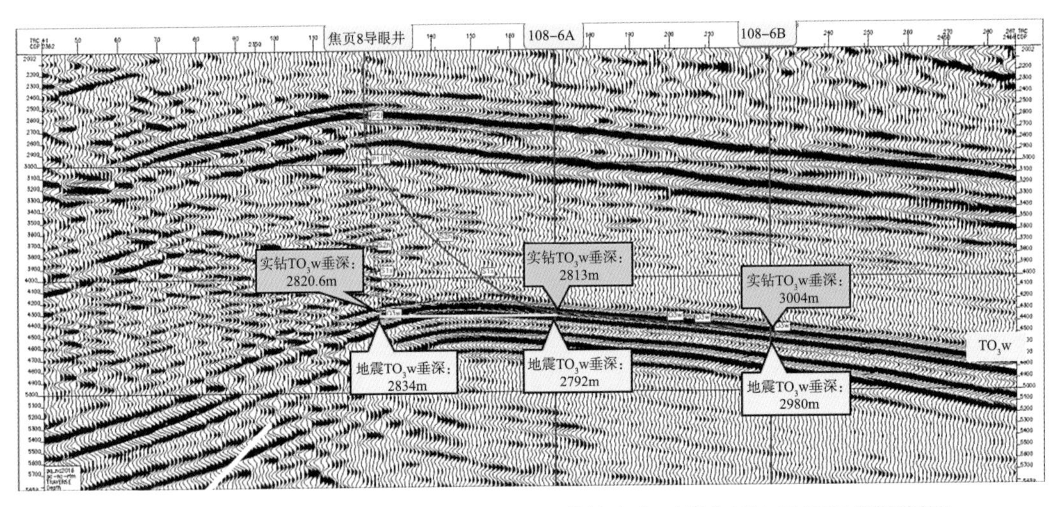


图 7－81　过焦页 8 导眼井—焦页 108－6HF 井轨迹焦石坝南部地区 RTM 深度剖面

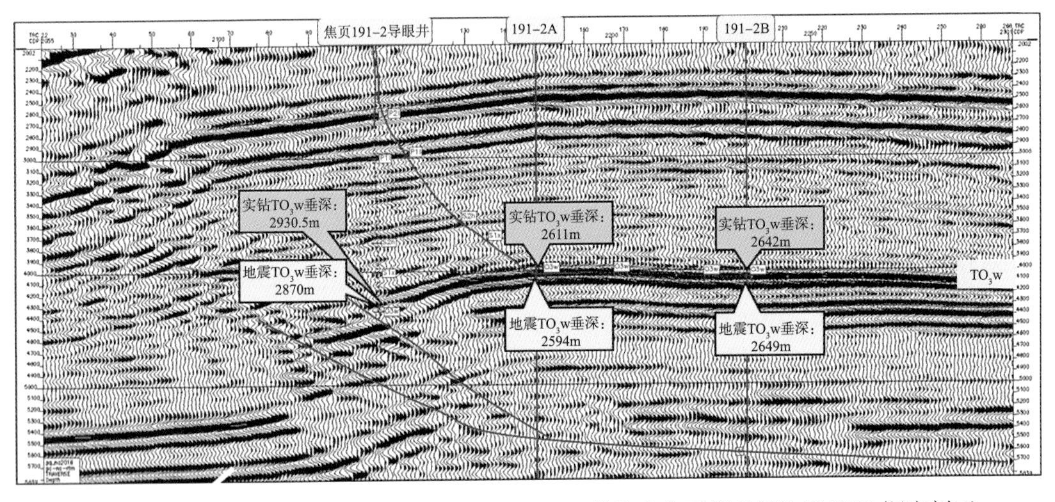


图 7－82　过焦页 191－2 导眼井—焦页 191－2HF 井轨迹焦石坝南部地区 RTM 深度剖面

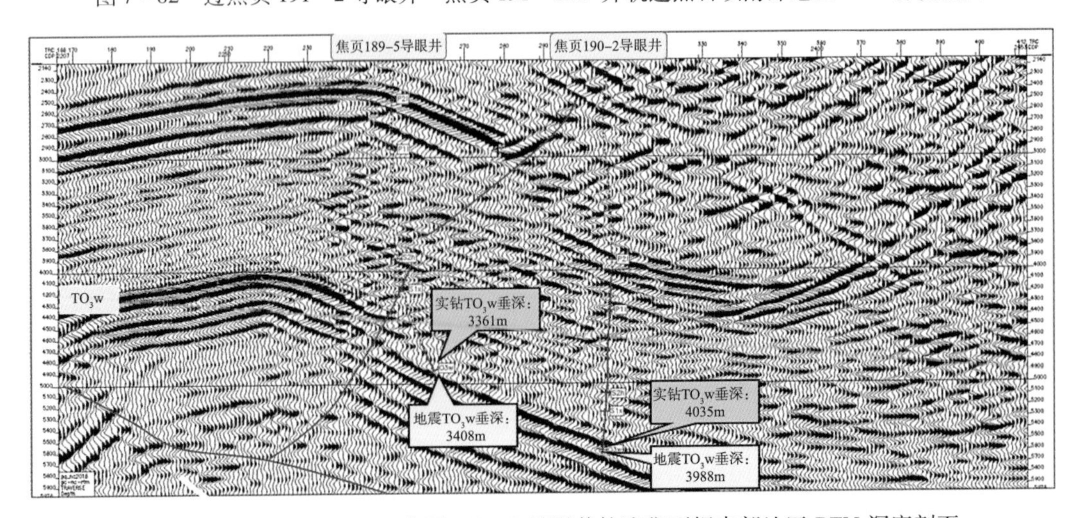


图 7－83　过焦页 189－5—焦页 190－2 导眼井轨迹焦石坝南部地区 RTM 深度剖面

## 7.6 本章小结

RTM是目前理论最先进、成像精度最高的地震偏移成像方法。它基于全声波方程因而具有明确的地质意义，物理概念清晰，其算法更稳健、更精确，能自然地处理多路径问题以及由速度变化引起的聚焦或焦散效应，并具有很好的振幅保持特性。RTM成像技术汇集了Kirchhoff方法和单程波动方程方法的优点，可以有效地处理纵横向存在剧烈变化的地球介质，具有相位准确、成像精度高、对介质速度横向变化和高陡倾角适应性强、甚至可以利用回转波、多次波正确成像等优点。在RTM成像技术日渐成熟、应用越来越广泛的基础上，根据实际生产的需要，发展了各向异性RTM成像技术。该技术延续了各向同性RTM成像技术的优势，能够适应各种复杂地质情况，并且通过引入各向异性参数进一步校正成像道集，特别是可以拉平中远偏移距成像道集，有效保护了大偏移距数据，改善了成像道集的聚焦程度，提高了成像剖面的质量。特别的，各向异性RTM成像通过各向异性参数更加准确的描述地震波波动属性，速度相比各向同性更为精确，因此，能够恢复同相轴真实深度，改善同相轴倾向不一致现象，消除井震误差，提高了成像剖面的精度，为钻井（特别是水平钻井）提供可靠指导依据。

各向异性RTM成像技术理论先进、效果明显，但是存在运算效率低、存储大的缺陷，运算效率和存储问题一直是RTM成像技术难以广泛普及的原因之一。可以通过梯度法和GPU并行策略有效降低各向异性RTM的存储空间、提高运算效率，最高可达到与各向同性RTM效率和存储相当的程度，具有很强的实用性，可用于大规模实际处理。

各向异性叠前深度偏移仅仅是各向异性地震处理系统中的重要一环。它是一个解释性的处理过程，遵循了地质与地球物理相结合及地震资料处理与解释一体化的指导思想。利用各向异性叠前深度偏移方法解决复杂构造地区的偏移成像问题是一个系统工程，除了要求有高精度的各向异性偏移算子外，还需有能正确反映地下地质情况的信噪比较高的原始采集地震数据以及与地下地质情况匹配较好的地质模型与各向异性宏观参数场。稳定、可靠的各向异性参数场更是制约地震成像效果的核心关键。

# 8 结 束 语

## 8.1 各向异性处理技术的应用前提

近几年，各向异性处理技术发展迅速，在多个工区成功应用，取得了显著效果。但是，并不是所有工区都适合采用各向异性处理技术，该技术的应用具有一定的前提条件，下面讨论各向异性处理的一些主要前提条件。

1. 地震采集因素

各向异性对地震数据的影响具有局限性，主要体现在宽方位数据和大角度出射数据中。当工区是窄方位采集时，方位各向异性并不突出，当偏移距较小时，一定深度后（即偏移距深度比较小时）各向异性也体现不出来，在这两种情况下，各向异性没有对地震数据产生过多的影响，地震数据中的各向异性特征也不明显。因此，没有必要做各向异性处理，各向同性处理就能取得好的效果，这也是地震勘探发展初期没有进行各向异性处理，并且还能取得好效果的主要原因。

2. 地下各向异性大小

地震各向异性是普遍存在的，绝对的各向同性介质是不存在的，唯一的区别是各向异性程度的大小。如果采集因素满足各向异性处理条件，当各向异性非常微弱时也没有必要进行各向异性处理。

这里产生了一个问题：如果判断地震各向异性的强弱呢？笔者通过实际处理，得到了实际处理经验，产生了一些个人见解，在这里跟读者分享。

一是，拿到资料后，第一遍必须要进行各向同性处理（业界普遍共识），在各向同性结果上进行多项分析（包括各向异性分析），如果各向同性结果质量较高（同相轴连续、聚焦性较强、信噪比较高、分辨率较高），速度无法基于地震数据进一步更新，但是存在较大的井震深度误差（各向异性最大的表现形式就是成像深度误差），此时，笔者认为存在各向异性的可能性非常大。反之，如果各向同性结果质量较差，同时还存在较大的井震误差，则不能说明井震误差是各向异性引起的，还需提高剖面质量，减少影响因素。

二是，如果该地区存在大断裂，则必会有次生裂缝，这些裂缝会引起方位各向异性，如果有多个方向发育的裂缝，或者裂缝发育区存在薄互层，则形成了更加复杂的正交各向异性。这些裂缝往往填充天然气或石油，具有很高的开采价值，因此这些各向异性构造也是研究的热点。

3. 速度模型的精度

速度模型的精度决定叠前深度偏移成像处理的质量。已知精确速度模型的情况下，叠前深度偏移被认为是能精确地获得复杂构造内部映像最有效的手段之一，如前陆冲断带、逆掩推覆、高陡构造、地下高速火成岩体等均可以取得较满意的成像效果；在速度模型不准确的情况下，深度偏移成像的质量就会受到很大的影响，因此建立高精度的速度模型是叠前深度偏移能否取得高质量成像效果的关键因素。

各向异性介质的地震波速度受多个参数的控制，想要得到准确的各向异性速度，必须要把所有各向异性参数都得到，相比于各向同性只求一个速度，各向异性求多个参数更加困难，因此，我们需要更多的处理手段去构建各向异性速度模型。

4. 偏移成像的效率

偏移孔径理论上应该是全孔径，实际资料处理中应该根据数据采集范围、偏移计算时间等因素确定有效偏移孔径。采用小孔径时一般计算耗时少，但深层和大倾角构造的成像质量会受到一定的影响；采用大孔径时会增加计算时间，一般情况下能提高深层和大倾角构造的成像质量，但孔径过大会降低成像结果的信噪比。理论上偏移孔径应通过成像点的菲涅耳带范围来确定，即大于第一菲涅耳带，小于第二菲涅耳带。

从各向同性偏移到各向异性偏移，由于各向异性参数的增加，偏移算子变得更加复杂，求解难度和时间增加，并且运算所需内存增加数倍，运算效率严重降低，无法进行大规模数据处理。本文方法有效提高了各向异性逆时偏移的运算效率，使其能够适用于大规模数据处理。

5. 质控手段

各向同性处理有一套非常成熟的质控手段，但是各向异性处理缺乏质控手段，或者说质控手段不成熟，这需要长期的实际处理才能制定一套有效的各向异性处理质控手段。特别重要的是，在项目进行之前，需要针对工区和需求制定一套针对性的质控手段，以便处理过程的顺利进行。

## 8.2 各向异性处理技术的发展趋势

近年来，地震勘探对地震处理精度的要求越来越高，各向异性处理已经成为地震勘探的常规手段，大部分工区的地震勘探都需要一个各向异性的偏移结果。现阶段，TTI 各向异性处理技术发展迅速，方法技术已经趋于成熟，各大软件公司正在向更复杂的介质推进。另外，一直困扰各向异性地震成像的效率问题也成为研究的重要方向。各向异性是地下介质的特性，只要是研究地下介质的地震方法，都绕不开各向异性，也就是说，现今的所有技术，如果想要解决各向异性地区的地震勘探问题，就必须要使用各向异性相关的技术。因此，现今所有的技术，发展成熟后都必须要进行各向异性的推进研究。

1. 高效、实用的各向异性介质逆时偏移成像技术

尽管高性能计算集群、GPU 等硬件技术的发展极大地改善了计算量和存储量对逆时偏移的制约，但相比于传统单程波或 Kirchhoff 偏移方法，仍然存在成本过高的问题。并且，各向同性推进到各向异性，导致计算成本成倍的增加，无法适应大规模数据处理。因此，如何改良各向异性逆时偏移算法和合理配置计算机硬件进一步降低逆时偏移方法的计算成本，仍然是未来相当长一段时间的研究重点。

2. 复杂各向异性介质的速度建模及地震成像技术

TTI 各向异性速度建模和地震成像技术趋于成熟，解决了地震勘探的一些精度问题，但是还远远不够，地震勘探正在向更加复杂的构造进军，需要更加先进、更加精细的技术手段作为支撑，例如垂直于地层发育的裂缝形成的正交各向异性介质，两条裂缝相交的单斜各向异性介质等。TTI 各向异性的技术已无法满足这几类介质的开发需求，需要更为先进的各向异性处理方法。因此，针对复杂各向异性构造的各向异性处理技术是今后发展的方向。

3. 各向异性介质高斯束速度层析建模技术

射线类层析速度建模构建的是背景速度场，只能反映低频信息，体现速度的大致走向，无法满足如逆时偏移等技术对于速度细节的要求。高斯束层析速度建模在射线的基础上加以改进，能够反映出部分中高频信息，有效提高了速度模型的细节信息，更有利于偏移成像的效果提升。开展基于各向异性介质的高斯束层析速度建模技术对于弥补射线类各向异性层析速度建模的不足非常有必要，也是今后发展的一个方向。

4. 基于波动方程的各向异性介质速度建模技术

波动方程层析速度建模相对于高斯束层析速度建模更加有效地提高了速度的高频成分，是速度建模的有力工具。但是鉴于波动方程层析的实现困难、反演效率低等缺点，一直没有被重视，技术手段也不成熟。笔者下一步的工作首先是实现各向同性波动方程层析反演，再拓展到各向异性介质，形成低—中—高频的各向异性速度建模流程，具有很强的实际意义。

5. 各向异性介质全波形反演

全波形反演技术是近几年新兴起的技术，全波形反演的最大优势就是能够有效提高速度的高频成分，能够很好的体现速度的细节信息，是速度建模的有效工具。各向同性全波形反演在海上取得了不错的效果，但是在陆地还没有实质性的进展。虽然推进全波形反演的实用化是现今最主要的任务，但是推进技术的先进性也要同时进行。各向异性全波形反演是今后重要的发展方向。

# 参考文献

[1] Aki K, Christoffersson A, Husebye E, et al. Three-dimensional seismic velocity anomalies in the crust and upper-mantle under the USGS, California seismic array[J]. Eos Trans. AGU, 1974, 56: 1145.

[2] Albertin U, Jaramillo H, Yingst D, et al. Aspects of true amplitude migration[M]//SEG Technical Program Expanded Abstracts 1999. Society of Exploration Geophysicists, 1999: 1358 - 1361.

[3] Alkhalifah T. Gaussian beam depth migration for anisotropic media[J]. Geophysics, 1995, 60 (5): 1474 - 1484.

[4] Alkhalifah T, Fomel S. Angle gathers in wave-equation imaging for transversely isotropic media[J]. Geophysical Prospecting, 2011, 59(3): 422 - 431.

[5] Alkhalifah T, Tsvankin I. Velocity analysis for transversely isotropic media[J]. Geophysics, 1995, 60(5): 1550 - 1566.

[6] Alkhalifah T. Velocity analysis using nonhyperbolic moveout in transversely isotropic media[J]. Geophysics, 1997, 62(6): 1839 - 1854.

[7] Alkhalifah T. An acoustic wave equation for anisotropic media[J]. Geophysics, 2000, 65 (4): 1239 - 1250.

[8] Alkhalifah T. An acoustic wave equation for orthorhombic anisotropy[J]. Geophysics, 2003, 68 (4): 1169 - 1172.

[9] Alkhalifah T. Scanning anisotropy parameters in complex media[J]. Geophysics, 2011, 76 (2): U13 - U22.

[10] Alkhalifah T. Acoustic approximations for processing in transversely isotropic media[J]. Geophysics, 1998, 63(2): 623 - 631.

[11] Al-Yahya K. Velocity analysis by iterative profile migration[J]. Geophysics, 1989, 54(6): 718 - 729.

[12] Bakulin A, Liu Y, Zdraveva O. Localized anisotropic tomography with checkshot: Gulf of Mexico case study [M]//SEG Technical Program Expanded Abstracts 2010. Society of Exploration Geophysicists, 2010: 227 - 231.

[13] Backus G E. Long-wave elastic anisotropy produced by horizontal layering[J]. Journal of Geophysical Research, 1962, 67(11): 4427 - 4440.

[14] Baig A M, Dahlen F A. Traveltime biases in random media and the S-wave discrepancy[J]. Geophysical Journal International, 2004, 158(3): 922 - 938.

[15] Baina R, Thierry P, Calandra H. 3D preserved-amplitude prestack depth migration and amplitude versus angle relevance[J]. The Leading Edge, 2002, 21(12): 1237 - 1241.

[16] Bakulin A, Woodward M, Nichols D, et al. Localized anisotropic tomography with well information in VTI media[J]. Geophysics, 2010, 75(5): D37 - D45.

[17] Bakulin A, Zdraveva O. Building geologically plausible anisotropic depth models using borehole data and horizon-guided interpolation[M]//SEG Technical Program Expanded Abstracts 2010. Society of Exploration

Geophysicists, 2010: 4118 - 4122.

[18] Baysal E, Kosloff D D, Sherwood J W C. Reverse time migration[J]. Geophysics, 1983, 48(11): 1514 - 1524.

[19] Berryman J G, Grechka V Y, Berge P A. Analysis of Thomsen parameters for finely layered VTI media[J]. Geophysical Prospecting, 1999, 47(6): 959 - 978.

[20] Bevc D. Flooding the topography: Wave-equation datuming of land data with rugged acquisition topography[J]. Geophysics, 1997, 62(5): 1558 - 1569.

[21] Bevc D. Imaging complex structures with semirecursive Kirchhoff migration[J]. Geophysics, 1997, 62(2): 577 - 588.

[22] Beydoun W, Hanitzsch C, Jin S. Why migrate before AVO? A simple example[C]//55th EAEG Meeting. 1993.

[23] Bishop T N, Bube K P, Cutler R T, et al. Tomographic determination of velocity and depth in laterally varying media[J]. Geophysics, 1985, 50(6): 903 - 923.

[24] Biondi B, Tisserant T. 3D angle-domain common-image gathers for migration velocity analysis[J]. Geophysical Prospecting, 2004, 52(6): 575 - 591.

[25] Biondi B. Angle-domain common-image gathers from anisotropic migration[J]. Geophysics, 2007, 72(2): S81 - S91.

[26] Bleistein N, Gray S. A proposal for common-opening-angle migration/inversion[J]. Center for Wave Phenomena, 2002: 293 - 303.

[27] Bleistein N. On the imaging of reflectors in the earth[J]. Geophysics, 1987, 52(7): 931 - 942.

[28] Brenders A J, Pratt R G. Efficient waveform tomography for lithospheric imaging: implications for realistic, two-dimensional acquisition geometries and low-frequency data[J]. Geophysical Journal International, 2007, 168(1): 152 - 170.

[29] Byun B S, Corrigan D, Gaiser J E. Anisotropic velocity analysis for lithology discrimination[J]. Geophysics, 1989, 54(12): 1564 - 1574.

[30] Cambois G. Can P-wave AVO be quantitative[J]? The Leading Edge, 2000, 19(11): 1246 - 1251.

[31] Cerveny V. Ray synthetic seismograms for complex two-dimensional and three-dimensional structures[J]. J. geophys, 1985, 58(2): 26.

[32] Chang W F, McMECHAN G A. 3D acoustic reverse-time migration[J]. Geophysical Prospecting, 1989, 37(3): 243 - 256.

[33] Chapman C H. Generalized Radon transforms and slant stacks[J]. Geophysical Journal International, 1981, 66(2): 445 - 453.

[34] Chang W F, McMechan G A. 3 - D elastic prestack, reverse-time depth migration[J]. Geophysics, 1994, 59(4): 597 - 609.

[35] Chattopadhyay S, McMechan G A. Imaging conditions for prestack reverse-time migration[J]. Geophysics, 2008, 73(3): S81 - S89.

[36] Cheng J, Wang T, Wang C, et al. Azimuth-preserved local angle-domain prestack time migration in isotropic, vertical transversely isotropic and azimuthally anisotropic media[J]. Geophysics, 2012, 77(2): S51 - S64.

[37] Claerbout J F. Toward a unified theory of reflector mapping[J]. Geophysics, 1971, 36(3): 467 -481.

[38] Claerbout J F. Imaging the earth's interior[M]. Oxford: Blackwell scientific publications, 1985.

[39] Clayton R. A tomographic analysis of mantle heterogeneities from body wave travel time data[J]. Eos Trans., AGU, 1983, 64: 776.

[40] Crampin S. Seismic-wave propagation through a cracked solid: polarization as a possible dilatancy diagnostic [J]. Geophysical Journal International, 1978, 53(3): 467 -496.

[41] Crampin S. A review of wave motion in anisotropic and cracked elastic-media[J]. Wave motion, 1981, 3 (4): 343 -391.

[42] Crampin S. An introduction to wave propagation in anisotropic media[J]. Geophysical Journal of the Royal Astronomical Society, 1984, 76(1): 17 -28.

[43] Dablain M A. The application of high-order differencing to the scalar wave equation[J]. Geophysics, 1986, 51(1): 54 -66.

[44] Dahlen F A, Hung S H, Nolet G. Fréchet kernels for finite-frequency traveltimes—I. Theory[J]. Geophysical Journal International, 2000, 141(1): 157 -174.

[45] Daily W. Underground oil-shale retort monitoring using geotomography[J]. Geophysics, 1984, 49(10): 1701 -1707.

[46] Fletcher R P, Fowler P J, Kitchenside P, et al. Suppressing unwanted internal reflections in prestack reverse-time migration[J]. Geophysics, 2006, 71(6): E79 - E82.

[47] Fomel S, Stovas A. Generalized nonhyperbolic moveout approximation[J]. Geophysics, 2010, 75(2): U9 - U18.

[48] Gabor H T. Image Reconstruction from Projections: the fundamentals of computerized tomography [J]. 1980.

[49] Gazdag J. Wave equation migration with the phase-shift method[J]. Geophysics, 1978, 43(7): 1342 -1351.

[50] Gazdag J, Sguazzero P. Migration of seismic data by phase shift plus interpolation[J]. Geophysics, 1984, 49(2): 124 -131.

[51] Hanitzsch C. Comparison of weights in prestack amplitude-preserving Kirchhoff depth migration[J]. Geophysics, 1997, 62(6): 1812 -1816.

[52] Hatton L, Worthington M H, Makin J. Seismic data processing: theory and practice[R]. Merlin Profiles Ltd., 1986.

[53] Hildebrand S T. Reverse-time depth migration: Impedance imaging condition[J]. Geophysics, 1987, 52 (8): 1060 -1064.

[54] Hill N R. Gaussian beam migration[J]. Geophysics, 1990, 55(11): 1416 -1428.

[55] Hill N R. Prestack Gaussian-beam depth migration[J]. Geophysics, 2001, 66(4): 1240 -1250.

[56] Huang L J, Fehler M C. Quasi-linear extended local Born Fourier migration method[M]//SEG Technical Program Expanded Abstracts 1999. Society of Exploration Geophysicists, 1999: 1378 -1381.

[57] Huang L J, Fehler M C, Roberts P M, et al. Extended local Rytov Fourier migration method[J]. Geophysics, 1999, 64(5): 1535 -1545.

[58] Huang L J, Fehler C M. Quasi-born Fourier migration[J]. Geophysical Journal International, 2000, 140

(3): 521 -534.

[59] Hubral P. Time migration—Some ray theoretical aspects[J]. Geophysical Prospecting, 1977, 25(4): 738 -745.

[60] Kessinger W. Extended split-step Fourier migration[M]//SEG Technical Program Expanded Abstracts 1992. Society of Exploration Geophysicists, 1992: 917 -920.

[61] Koren Z, Ravve I, Ragoza E, et al. Full-azimuth angle domain imaging[M]//SEG Technical Program Expanded Abstracts 2008. Society of Exploration Geophysicists, 2008: 2221 -2225.

[62] Kosloff D, Sherwood J, Koren Z, et al. Velocity and interface depth determination by tomography of depth migrated gathers[J]. Geophysics, 1996, 61(5): 1511 -1523.

[63] Langan R T, Lerche I, Cutler R T. Tracing of rays through heterogeneous media: An accurate and efficient procedure[J]. Geophysics, 1985, 50(9): 1456 -1465.

[64] Liner C L. Layer-induced seismic anisotropy from full wave sonic logs[M]//SEG Technical Program Expanded Abstracts 2006. Society of Exploration Geophysicists, 2006: 159 -163.

[65] Loewenthal D, Lu L, Roberson R, et al. The wave equation applied to migration[J]. Geophysical Prospecting, 1976, 24(2): 380 -399.

[66] Loewenthal D, Mufti I R. Reversed time migration in spatial frequency domain[J]. Geophysics, 1983, 48(5): 627 -635.

[67] Lomax A. The wavelength-smoothing method for approximating broad-band wave propagation through complicated velocity structures[J]. Geophysical Journal International, 1994, 117(2): 313 -334.

[68] Martin G S. The Marmousi2 model: Elastic synthetic data, and an analysis of imaging and AVO in a structurally complex environment[D]. University of Houston, 2004.

[69] McMechan G A. Migration by extrapolation of time-dependent boundary values[J]. Geophysical Prospecting, 1983, 31(3): 413 -420.

[70] Miller D, Oristaglio M, Beylkin G. A new slant on seismic imaging: Migration and integral geometry[J]. Geophysics, 1987, 52(7): 943 -964.

[71] Nolet G. Solving or resolving inadequate and noisy tomographic systems[J]. Journal of computational physics, 1985, 61(3): 463 -482.

[72] Nolet G. Seismic wave propagation and seismic tomography[M]//Seismic tomography. Springer, Dordrecht, 1987: 1 -23.

[73] Popov M M, Semtchenok N M, Popov P M, et al. Reverse time migration with Gaussian beams and velocity analysis applications[C]//70th EAGE Conference and Exhibition incorporating SPE EUROPEC 2008. 2008.

[74] Popov M M, Semtchenok N M, Popov P M, et al. Depth migration by the Gaussian beam summation method[J]. Geophysics, 2010, 75(2): S81 -S93.

[75] Pratt R G, Worthington M H. The application of diffraction tomography to cross-hole seismic data[J]. Geophysics, 1988, 53(10): 1284 -1294.

[76] Prucha M L, Biondi B L, Symes W W. Angle-domain common image gathers by wave-equation migration[M]//SEG Technical Program Expanded Abstracts 1999. Society of Exploration Geophysicists, 1999: 824 -827.

[77] Rajasekaran S, McMechan G A. Prestack processing of land data with complex topography[J]. Geophysics,

1995, 60(6): 1875 - 1886.

[78] Ravaut C, Operto S, Improta L, et al. Multiscale imaging of complex structures from multifold wide-aperture seismic data by frequency-domain full-waveform tomography: Application to a thrust belt[J]. Geophysical Journal International, 2004, 159(3): 1032 - 1056.

[79] Rickett J E, Sava P C. Offset and angle-domain common image-point gathers for shot-profile migration[J]. Geophysics, 2002, 67(3): 883 - 889.

[80] Ristow D, Rühl T. Fourier finite-difference migration[J]. Geophysics, 1994, 59(12): 1882 - 1893.

[81] Ristow D, Rühl T. 3-D implicit finite-difference migration by multiway splitting[J]. Geophysics, 1997, 62(2): 554 - 567.

[82] Sava P C, Fomel S. Angle-domain common-image gathers by wavefield continuation methods[J]. Geophysics, 2003, 68(3): 1065 - 1074.

[83] Sava P, Fomel S. Coordinate-independent angle-gathers for wave equation migration[M]//SEG Technical Program Expanded Abstracts 2005. Society of Exploration Geophysicists, 2005: 2052 - 2055.

[84] Sava P, Fomel S. Time-shift imaging condition in seismic migration[J]. Geophysics, 2006, 71(6): S209 - S217.

[85] Sava P, Vlad I. Wide-azimuth angle gathers for wave-equation migration[J]. Geophysics, 2011, 76(3): S131 - S141.

[86] Sava P C. Migration and velocity analysis by wavefield extrapolation[D]. Stanford University, 2004.

[87] Stoffa P L, Fokkema J T, de Luna Freire R M, et al. Split-step Fourier migration[J]. Geophysics, 1990, 55(4): 410 - 421.

[88] Stolt R H, Weglein A B. Migration and inversion of seismic data[J]. Geophysics, 1985, 50(12): 2458 - 2472.

[89] Stolt R H, Benson A K. Seismic migration: Theory and practice[M]. Pergamon, 1986.

[90] Stolt R H. Migration by Fourier transform[J]. Geophysics, 1978, 43(1): 23 - 48.

[91] Stork C, Clayton R W. Linear aspects of tomographic velocity analysis[J]. Geophysics, 1991, 56(4): 483 - 495.

[92] Stork C. Reflection tomography in the postmigrated domain[J]. Geophysics, 1992, 57(5): 680 - 692.

[93] Sun H, Schuster G T. 2-D wavepath migration[J]. Geophysics, 2001, 66(5): 1528 - 1537.

[94] Sun R, McMechan G A, Lee C S, et al. Prestack scalar reverse-time depth migration of 3D elastic seismic data[J]. Geophysics, 2006, 71(5): S199 - S207.

[95] Sun R, McMechan G A. Scalar reverse-time depth migration of prestack elastic seismic data[J]. Geophysics, 2001, 66(5): 1519 - 1527.

[96] Symes W W. Reverse time migration with optimal checkpointing[J]. Geophysics, 2007, 72(5): SM213 - SM221.

[97] Tarantola A, Valette B. Generalized nonlinear inverse problems solved using the least squares criterion[J]. Reviews of Geophysics, 1982, 20(2): 219 - 232.

[98] Tarantola A. Inversion of seismic reflection data in the acoustic approximation[J]. Geophysics, 1984, 49(8): 1259 - 1266.

[99] Tarantola A, Nercessian A. Three-dimensional inversion without blocks[J]. Geophysical Journal of the Royal Astronomical Society, 1984, 76(2): 299 - 306.

[100] Tarantola A. Inverse problem theory and methods for model parameter estimation[M]. siam, 2005.

[101] Thomsen L. Weak elastic anisotropy[J]. Geophysics, 1986, 51(10): 1954 - 1966.

[102] Tsvankin I, Thomsen L. Inversion of reflection traveltimes for transverse isotropy[J]. Geophysics, 1995, 60(4): 1095 - 1107.

[103] Tsvankin I. P-wave signatures and notation for transversely isotropic media: An overview[J]. Geophysics, 1996, 61(2): 467 - 483.

[104] Ursin B, Stovas A. Traveltime approximations for a layered transversely isotropic medium[J]. Geophysics, 2006, 71(2): D23 - D33.

[105] Van Der Hilst R D, De Hoop M V. Banana-doughnut kernels and mantle tomography[J]. Geophysical Journal International, 2005, 163(3): 956 - 961.

[106] Wang Z. Seismic anisotropy in sedimentary rocks, part 2: Laboratory data[J]. Geophysics, 2002, 67(5): 1423 - 1440.

[107] Woodward M J, Nichols D, Zdraveva O, et al. A decade of tomography[J]. Geophysics, 2008, 73(5): VE5 - VE11.

[108] Wu R S, Jin S. Windowed GSP (generalized screen propagators) migration applied to SEG-EAEG salt model data[M]//SEG Technical Program Expanded Abstracts 1997. Society of Exploration Geophysicists, 1997: 1746 - 1749.

[109] Xie X B, Wu R S. Extracting angle domain information from migrated wavefield[M]//SEG Technical Program Expanded Abstracts 2002. Society of Exploration Geophysicists, 2002: 1360 - 1363.

[110] Xu S, Zhang Y, Tang B. 3D common image gathers from reverse time migration[M]//SEG Technical Program Expanded Abstracts 2010. Society of Exploration Geophysicists, 2010: 3257 - 3262.

[111] Xu S, Zhang Y, Huang T. Enhanced tomography resolution by a fat ray technique[M]//SEG Technical Program Expanded Abstracts 2006. Society of Exploration Geophysicists, 2006: 3354 - 3358.

[112] Xu S, Zhang Y, Tang B. 3D common image gathers from reverse time migration[M]//SEG Technical Program Expanded Abstracts 2010. Society of Exploration Geophysicists, 2010: 3257 - 3262.

[113] Yomogida K. Fresnel zone inversion for lateral heterogeneities in the Earth[J]. pure and applied geophysics, 1992, 138(3): 391 - 406.

[114] Zhang Y, Xu S, Bleistein N, et al. True-amplitude, angle-domain, common-image gathers from one-way wave-equation migrations[J]. Geophysics, 2007, 72(1): S49 - S58.

[115] Zheng X. Local determination of weak anisotropy parameters from qP-wave slowness and particle motion measurements[M]//Seismic Waves in Laterally Inhomogeneous Media. Basel, 2002: 1881 - 1905.

[116] 蔡杰雄，方伍宝，杨勤勇. 高斯束深度偏移的实现与应用研究[J]. 石油物探，2012，51(5)：469 - 475.

[117] 陈飞国，葛蔚，李静海. 复杂多相流动分子动力学模拟在 GPU 上的实现[D]. 2008.

[118] 陈生昌，曹景忠，马在田. 混合域单程波传播算子及其在偏移成像中的应用[J]. 地球物理学进展，2003，18(2)：210 - 217.

[119] 陈生昌，马在田. 波动方程的高阶广义屏叠前深度偏移[J]. 地球物理學報，2006，49(5)：1445 - 1451.

[120] 陈生昌，马在田. 广义地震数据合成及其偏移成像[J]. 地球物理學報，2006，49(4)：1144 - 1149.

[121] 成谷，张宝金. 反射地震走时层析成像中的大型稀疏矩阵压缩存储和求解[J]. 地球物理学进展，2008，23(3)：674－680.

[122] 程玖兵，王华忠，马在田. 带误差补偿的有限差分叠前深度偏移方法[J]. 石油地球物理勘探，2001，36(4)：408－413.

[123] 杜启振，秦童. 横向各向同性介质弹性波多分量叠前逆时偏移[J]. 地球物理学报，2009，52(3)：801－807.

[124] 孔祥宁，张慧宇，刘守伟，等. 海量地震数据叠前逆时偏移的多 GPU 联合并行计算策略[J]. 石油物探，2013，52(3)：288－293.

[125] 李博，刘国峰，刘洪. 地震叠前时间偏移的一种图形处理器提速实现方法[J]. 地球物理学报，2009，52(1)：245－252.

[126] 李辉，冯波，王华忠. 波场模拟的高斯波包叠加方法[J]. 石油物探，2012，51(4)：327－337.

[127] 李信富，张美根. 显式分形插值在有限元叠前逆时偏移成像中的应用[J]. 地球物理学进展，2008，23(5)：1406－1411.

[128] 李振春. 地震成像理论与方法[J]. 山东东营：石油大学研究生院，2004：42－123.

[129] 李振春，岳玉波，郭朝斌，等. 高斯波束共角度保幅深度偏移[J]. 石油地球物理勘探，2010，45(3)：360－365.

[130] 刘定进，杨瑞娟，罗申玥，等. 稳定的保幅高阶广义屏地震偏移成像方法研究[J]. 地球物理学报，2012，55(7)：2402－2411.

[131] 刘定进，曾强，夏连军，等. 波动方程保幅地震偏移成像方法[J]. 复杂油气藏，2009，2(1)：20－25.

[132] 刘定进，杨勤勇，方伍宝，等. 叠前逆时深度偏移成像的实现与应用[J]. 石油物探，2011，50(6)：545－549.

[133] 刘定进，印兴耀，陆树勤，等. 波动方程保幅叠前深度偏移与 AVO 响应[J]. 中国石油大学学报(自然科学版)，2009，33(4)：45－51.

[134] 刘定进，曾强，夏连军，等. 波动方程保幅地震偏移成像方法[J]. 复杂油气藏，2009，2(1)：20－25.

[135] 刘定进，周云何，杨瑞娟，等. 高精度屏算子地震偏移成像方法研究[J]. 石油物探，2010，49(6)：531－535.

[136] 刘玉柱，董良国，李培明，等. 初至波菲涅尔体地震层析成像[J]. 地球物理学报，2009 (9)：2310－2320.

[137] 罗彩明. TI 介质速度分析与建模方法研究[D]. 东营中国石油大学，2007.

[138] 吕小林，刘洪. 波动方程深度偏移波场延拓算子的快速重建[J]. 地球物理学进展，2005，20(1)：24－28.

[139] 马在田. 高阶有限差分偏移[J]. 石油地球物理勘探，1982，17(1)：6－15.

[140] 潘宏勋，方伍宝. 地震速度分析方法综述[J]. 勘探地球物理进展，2006，29(5)：305－311.

[141] 潘艳梅，董良国，刘玉柱，等. 近地表速度结构层析反演方法综述[J]. 勘探地球物理進展，2006，29(4)：229－234.

[142] 孙建国. Kirchhoff 型真振幅偏移与反偏移[J]. 勘探地球物理进展，2002，25(6)：1－5.

[143] 孙文博，孙赞东. 基于伪谱法的 VSP 逆时偏移及其应用研究[J]. 地球物理学报，2010，53(9)：

2196－2203.

[144] 薛东川，王尚旭. 波动方程有限元叠前逆时偏移[J]. 石油地球物理勘探，2008，43(1)：17－21.

[145] 吴国忱. 各向异性介质地震波传播与成像[M]. 东营石油大学出版社，2006.

[146] 吴国忱. TI 介质 qP 波地震深度偏移成像方法研究[J]. 上海：同济大学，2006.

[147] 岳玉波，李振春，钱忠平，等. 复杂地表条件下保幅高斯束偏移[J]. 地球物理学报，2012，55(4)：1376－1383.

[148] 张兵，赵改善，黄骏，等. 地震叠前深度偏移在 CUDA 平台上的实现[J]. 勘探地球物理进展，2008，31(6)：427－432.

[149] 张慧宇，刘路佳，张兵，等. GPU 提速叠前时间体偏移技术[J]. 物探化探計算技術，2011，33(5)：568－571.

[150] 赵改善. 地球物理高性能计算的新选择：GPU 计算技术[J]. 勘探地球物理进展，2007，30(5)：399－404.

[151] 周巍，王鹏燕，杨勤勇，等. 各向异性克希霍夫叠前深度偏移[J]. 石油物探，2012，51(5)：476－485.

[152] 朱海龙，崔远红. 速度分析和层析成像[J]. 油气藏评价与开发，2003，26(6)：433－438.